计算机应用案例教程系列

CorelDRAW 2020 平面设计案例教程

谭　维◎编著

清华大学出版社

北　京

内 容 简 介

本书以通俗易懂的语言、翔实生动的案例全面介绍使用 CorelDRAW 2020 进行平面设计的方法和技巧。全书共分 12 章，内容涵盖了 CorelDRAW 2020 快速上手、掌握基本设置与应用、绘制基本矢量图形、绘制与调整轮廓线条、调整与编辑图形对象、排列与管理对象、为图形对象填充颜色、创建与管理表格对象、为图形对象添加文本、制作特殊的图形效果、制作立体图形效果和编辑图像效果。

书中同步的案例操作二维码教学视频可供读者随时扫码学习。本书还提供配套的素材文件、与内容相关的扩展教学视频以及云视频教学平台等资源的 PC 端下载地址，方便读者扩展学习。本书具有很强的实用性和可操作性，是一本适合于高等院校及各类社会培训机构的优秀教材，也是广大初、中级计算机用户的首选参考书。

本书对应的电子课件及其他配套资源可以到 http://www.tupwk.com.cn/teaching 网站下载，也可以扫描前言中的二维码推送配套资源到邮箱。

图书在版编目(CIP)数据

CorelDRAW 2020 平面设计案例教程 / 谭维编著. —北京：清华大学出版社，2022.1
(计算机应用案例教程系列)
ISBN 978-7-302-59508-3

I. ①C… II. ①谭… III. ①平面设计—图形软件—教材 IV. ①TP391.412

中国版本图书馆 CIP 数据核字(2021)第 230497 号

责任编辑：胡辰浩
封面设计：高娟妮
版式设计：妙思品位
责任校对：成凤进
责任印制：杨 艳
出版发行：清华大学出版社
网 址：http://www.tup.com.cn，http://www.wqbook.com
地 址：北京清华大学学研大厦 A 座　　邮 编：100084
社 总 机：010-62770175　　邮 购：010-62786544
投稿与读者服务：010-62776969，c-service@tup.tsinghua.edu.cn
质 量 反 馈：010-62772015，zhiliang@tup.tsinghua.edu.cn
印 装 者：北京同文印刷有限责任公司
经 销：全国新华书店
开 本：185mm×260mm　　**印 张**：18.75　　**插 页**：2　　**字 数**：480 千字
版 次：2022 年 1 月第 1 版　　**印 次**：2022 年 1 月第 1 次印刷
定 价：79.00 元

产品编号：088872-01

前言

熟练使用计算机已经成为当今社会不同年龄层次的人群必须掌握的一门技能。为了使读者在短时间内轻松掌握计算机各方面应用的基本知识，并快速解决生活和工作中遇到的各种问题，清华大学出版社组织了一批教学精英和业内专家特别为计算机学习用户量身定制了这套“计算机应用案例教程系列”丛书。

丛书、二维码教学视频和配套资源

选题新颖，结构合理，内容精炼实用，为计算机教学量身打造

本套丛书注重理论知识与实践操作的紧密结合，同时贯彻“理论+实例+实战”3 阶段教学模式，在内容选择、结构安排上更加符合读者的认知习惯，从而达到老师易教、学生易学的目的。丛书采用双栏紧排的格式，合理安排图与文字的占用空间，在有限的篇幅内为读者提供更多的计算机知识和实战案例。丛书完全以高等院校及各类社会培训学校的教学需要为出发点，紧密结合学科的教学特点，由浅入深地安排章节内容，循序渐进地完成各种复杂知识的讲解，使学生能够一学就会、即学即用。

教学视频，一扫就看，配套资源丰富，全方位扩展知识能力

本套丛书提供书中案例操作的二维码教学视频，读者使用手机微信、QQ 以及浏览器中的“扫一扫”功能，扫描下方的二维码，即可观看本书对应的同步教学视频。此外，本书配套的素材文件、与本书内容相关的扩展教学视频以及云视频教学平台等资源，可通过在 PC 端的浏览器中下载后使用。用户也可以扫描下方的二维码推送配套资源到邮箱。

(1) 本书配套素材和扩展教学视频文件的下载地址如下。

http://www.tupwk.com.cn/teaching

(2) 本书同步教学视频的二维码如下。

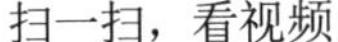

扫一扫，看视频

扫码推送配套资源到邮箱

在线服务，疑难解答，贴心周到，方便老师定制教学课件

便捷的教材专用通道(QQ：22800898)为老师量身定制实用的教学课件。老师也可以登录本丛书的信息支持网站(http://www.tupwk.com.cn/teaching)下载图书对应的电子课件。

本书内容介绍

《CorelDRAW 2020 平面设计案例教程》是这套丛书中的一种，本书从读者的学习兴趣和实际需求出发，合理安排知识结构，由浅入深、循序渐进，通过图文并茂的方式讲解使用CorelDRAW 2020 进行平面设计的基础知识和操作方法。全书共分 12 章，各章内容如下。

第 1 章：介绍 CorelDRAW 2020 的基础知识。

第 2 章：介绍掌握基本设置的方法与应用。

第 3 章：介绍绘制基本矢量图形的操作方法及技巧。

第 4 章：介绍绘制与调整轮廓线条的操作方法及技巧。

第 5 章：介绍调整与编辑图形对象的操作方法及技巧。

第 6 章：介绍分布、对齐对象与管理对象的操作方法及技巧。

第 7 章：介绍为图形对象填充颜色的操作方法及技巧。

第 8 章：介绍创建与管理表格对象的操作方法及技巧。

第 9 章：介绍为图形对象添加文本、编辑文本的操作方法及技巧。

第 10 章：介绍制作特殊图形效果的操作方法及技巧。

第 11 章：介绍制作立体图形效果的操作方法及技巧。

第 12 章：介绍编辑图像的操作方法及技巧。

读者定位和售后服务

本套丛书为所有从事计算机教学的老师和自学人员而编写，是一套适合于高等院校及各类社会培训学校的优秀教材，也可作为初、中级计算机用户的首选参考书。

如果您在阅读图书或使用计算机的过程中有疑惑或需要帮助，可以登录本丛书的信息支持网站(http://www.tupwk.com.cn/teaching)联系我们，本丛书的作者或技术人员会提供相应的技术支持。

由于作者水平有限，本书难免有不足之处，欢迎广大读者批评指正。我们的邮箱是992116@qq.com，电话是 010-62796045。

“计算机应用案例教程系列”丛书编委会

2021 年 6 月

目录

第1章

CorelDRAW 2020 快速上手

CorelDRAW 2020 是由 Corel 公司推出的一款矢量绘图软件，使用它可以绘制图形、处理图像和编排版面等，因此 CorelDRAW 被广泛应用于平面设计、图形设计、电子出版物设计等诸多设计领域。本章主要介绍 CorelDRAW 2020 的工作界面和文件管理等基础知识。

本章对应视频

- 例 1-1 自定义菜单及菜单命令
- 例 1-2 自定义工具栏
- 例 1-3 应用新工作区设置
- 例 1-4 新建空白文档
- 例 1-5 导入文件
- 例 1-6 导出文件
- 例 1-7 设置自动备份文件参数

1.1 认识 CorelDRAW 2020

CorelDRAW 2020 是由加拿大 Corel 公司开发和发行的一款平面设计软件。CorelDRAW 2020 集版面设计、图形绘制、文档排版、图形高品质输出、网页制作和发布等功能于一体，使创作出的作品更具有专业水准。

CorelDRAW 2020 具有直观、便捷的界面设计，功能设计细致入微。它为设计者提供了一整套的绘图工具，可以对各种基本对象做出更加丰富的变化。同时，它还支持绝大部分图像格式文件的输入与输出，可以很好地与其他软件自由地交换、共享文件。

CorelDRAW 2020 还提供了多种模式的调色方案以及专色、渐变、材质、网格填充等操作方式，CorelDRAW 2020 的颜色匹配管理可以使显示、打印和印刷达到颜色的一致。

除此之外，CorelDRAW 2020 提供的文字处理功能也非常优秀。CorelDRAW 提供了对不同文本对象进行精确控制的文字处理功能。

1.2 掌握图形图像常识

在 CorelDRAW 2020 中进行绘图和排版之前，必须先掌握一些相关的基础知识，如图像颜色模式、矢量图与位图图像、常用的文件格式等。

1.2.1 图像颜色模式

颜色模式是把色彩表示成数据的一种方法。CorelDRAW 应用程序支持多种颜色模式，其中包括 RGB 模式、CMYK 模式、Lab 模式、HSB 模式等。不同颜色模式中的颜色色样也有所不同。

1. RGB 模式

RGB 模式是使用最广泛的一种颜色模型。它源于光的三原色原理，其中 R(Red)代表红色，G(Green)代表绿色，B(Blue)代表蓝色。RGB 模式是一种加色模式，即所有其他颜色都是通过红色、绿色、蓝色三种颜色混合而成的。

2. CMYK 模式

CMYK 模式是一种减色模式，也是 CorelDRAW 默认的颜色模式。在 CMYK 模式中，C(Cyan)代表青色，M(Magenta)代表品红色，Y(Yellow)代表黄色，K(Black)代表黑色。CMYK 模式主要用于印刷领域。

3. Lab 格式

Lab 模式是国际颜色标准规范，是一种与设备无关的颜色模式。它使用 L 通道表示亮度，a 通道包含的颜色从深绿(低亮度值)到灰(中亮度值)再到亮粉红色(高亮度值)，b 通道包含的颜色从亮蓝(低亮度值)到灰(中亮度值)再到焦黄色(高亮度值)。该模式通过色彩混合可以产生明亮的色彩效果。Lab 模式定义的色彩最多，并且与光线及设备无关，它的处理速度与 RGB 模式同样快。将 Lab 模式转换成 CMYK 模式时，图像的颜色信息不会丢失。

4. HSB 模式

HSB 模式比 RGB 和 CMYK 模式更直观，它不基于混合颜色，是一种更接近人的视觉原理的视觉模式。HSB 颜色模式基于色调、饱和度和亮度。在 HSB 模式中，H 代表色调(Hue)，它是物体反射的光波的度量单位；S 代表饱和度(Saturation)，是指颜色的纯度，或者颜色中所包含的灰色成分的多少；B 代表亮度(Brightness)，表示颜色的光强度。

5. 灰度模式

灰度模式的图像文件中只存在颜色的明暗度，而没有色相、饱和度等色彩信息。它的应用十分广泛，在成本相对低廉的黑白印刷中许多图像文件都是采用灰度模式的 256

个灰度色阶来模拟色彩信息的，如普通图书、报纸中使用的黑白图片。任何一种图像颜色模式都可转换为灰度模式，同时色彩信息会被删除。

6. 黑白模式

黑白模式也称为位图模式，它是由黑白两种颜色组成的颜色模式。与灰度模式不同的是，黑白模式只包含黑白两个色阶，而灰度模式有 256 个灰度色阶。

1.2.2　矢量图与位图图像

矢量图与位图图像是数字图像设计中最基本的概念。在计算机中，图像大致可以分为矢量图和位图图像，CorelDRAW 2020 是基于矢量图的绘图软件。

1. 矢量图

矢量图是以数学的方式记录图像的内容。其记录的内容以线条和色块为主，由于记录的内容比较少，不需要记录每一个点的颜色和位置等，因此它的文件容量比较小，这类图像很容易进行放大、旋转等操作，且不易失真，精确度较高，在一些专业的图形软件中应用较多。

矢量图不适合制作一些色彩变化较大的图像，且由于不同应用程序存储矢量图的方法不同，在不同应用程序之间的转换也有一定的困难。

2. 位图图像

位图图像又称为点阵图像，它由许多小点组成，其中每一个点即为一像素，而每一像素都有明确的颜色。Photoshop 和其他绘画及图像编辑软件产生的图像基本上都是位图图像。

位图图像的优点在于能表现颜色的细微层次，可以在不同软件中进行应用。由于位图图像与分辨率有关，如果在屏幕上以较大的倍数放大显示，或以过低的分辨率打印，点阵图像会出现锯齿状的边缘，丢失细节。并且由于位图图像是以排列的像素集合而成的，因此不能单独操作局部的位图像素；同时位图图像所记录的信息内容较多，文件容量较大，所以对计算机硬件要求相对较高。

1.2.3　常用的文件格式

在 CorelDRAW 2020 中可以打开或导入不同格式的文件，也可以将编辑的图形以需要的格式进行存储。

1. CDR 格式

CDR 格式是 CorelDRAW 的专用图形文件格式。由于 CorelDRAW 是矢量绘图软件，因而 CDR 格式可以记录绘图文件的属性、位置和分页等信息。另外，CDR 格式文件可以导入至 Illustrator 等其他图形处理软件中使用。但用 CorelDRAW 2020 绘制的文件不能在低版本的 CorelDRAW 软件中使用，要想使 CorelDRAW 2020 的文件能够在低版本的 CorelDRAW 中使用，用户在保存文件时必须设置【版本】选项，以所需的 CorelDRAW 版本的 CDR 文件形式保存。

2. AI 格式

AI 格式是 Adobe Illustrator 文件，是由 Adobe Systems 所开发的矢量图形文件格式，大多数图形应用软件都支持该文件格式。它能够保存 Illustrator 的图层、蒙版、滤镜效果、混合和透明度等数据信息。AI 格式是 Illustrator、CorelDRAW 和 Freehand 之间进行数据交换的理想格式。因为这 3 个图形软件都支持这种文件格式，它们可以直接打开、导入或导出该格式文件，也可以对该格式文件进行一定的参数设置。

3. EPS 格式

EPS 格式是跨平台的标准格式，其文件扩展名在 Windows 平台上为 eps，在 Macintosh 平台上为 epsf，可以用于矢量图形和位图图像文件的存储。由于该格式是采用 PostScript 语言进行描述的，可以保存 Alpha 通道、分色、剪辑路径、挂网信息和色调曲线等数据信息，因此也常被用于专业印刷领域。

4. SVG 格式

SVG 格式是可缩放的矢量图形格式。它是一种开放标准的矢量图形语言，可任意放大图形显示，边缘异常清晰，文件在 SVG 图像中保留可编辑和可搜寻的状态，没有字体的限制，生成的文件很小，下载速度快，适用于设计高分辨率的 Web 图形页面。

5. WMF 格式

WMF 格式是 Microsoft Windows 中常见的一种图元文件格式，它具有文件短小、图案造型化的特点，整个图形常由各个独立的组成部分拼接而成，但其图形往往较粗糙。

1.3 启动与退出 CorelDRAW 2020

在学习 CorelDRAW 2020 前，需要掌握软件的启动与退出方法，这样有助于用户更进一步地学习该软件。

1.3.1 启动 CorelDRAW 2020

完成 CorelDRAW 2020 应用程序的安装后，可以通过以下方法启动 CorelDRAW 2020。

- 双击桌面上的 CorelDRAW 2020 快捷方式图标。
- 选择【开始】|CorelDRAW Technical Suite 2020(64-bit)|CorelDRAW 2020(64-bit) 命令。

1.3.2 退出 CorelDRAW 2020

当不需要使用 CorelDRAW 时，可以通过以下方法将其关闭。

- 单击工作界面右上角的【关闭】按钮 ×，即可关闭软件窗口。
- 选择【文件】|【退出】命令，或按 Alt+F4 组合键退出 CorelDRAW 软件。

如果当前软件中有打开的文档，那么将光标移到文档名称标签上，名称的右侧也会显示一个【关闭】按钮，单击此按钮可以关闭当前文档，而不退出整个软件。

1.4 CorelDRAW 2020 的工作界面

进入 CorelDRAW 2020 工作界面后，可以看到该工作界面包括标题栏、菜单栏、标准工具栏、属性栏、工具箱、绘图页面等内容。

1.4.1　菜单栏

菜单栏中包含 CorelDRAW 2020 中常用的各种命令，包括【文件】【编辑】【查看】【布局】【对象】【效果】【位图】【文本】【表格】【工具】【窗口】和【帮助】共 12 组菜单命令。各菜单命令又包括应用程序中的各项功能命令。

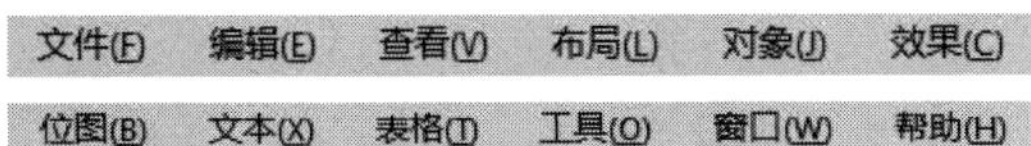

单击相应的菜单名称，即可打开该菜单。如果在菜单项右侧有一个三角符号“▸”，表示此菜单项有子菜单，只需将鼠标移到此菜单项上，即可打开其子菜单。

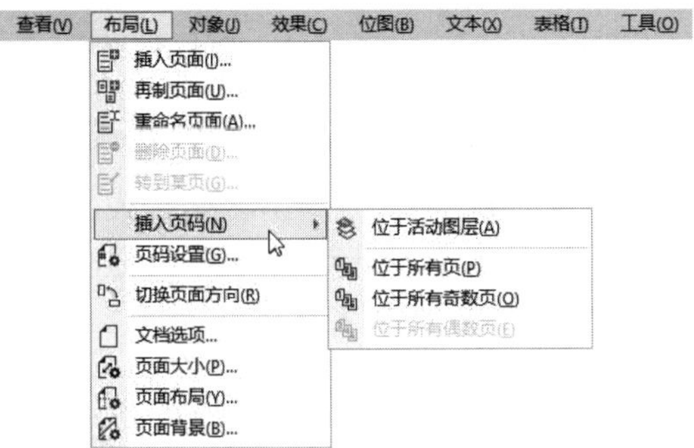

如果在菜单项右侧有“…”，则执行此菜单项时将会弹出与之相关的对话框。

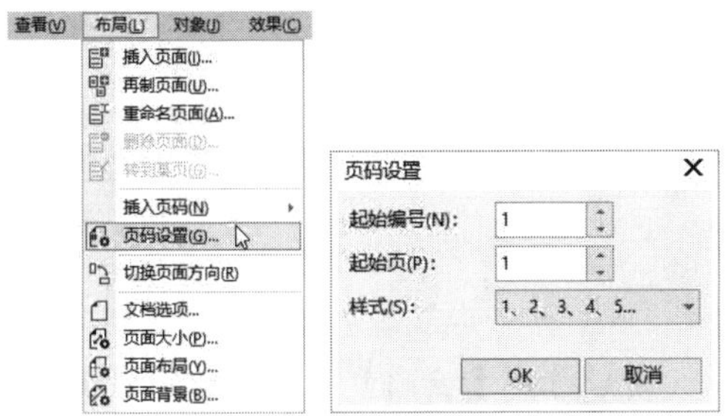

1.4.2　标准工具栏

标准工具栏中包含了一些常用的命令按钮。每个图标按钮代表相应的菜单命令。用户只需单击某图标按钮，即可对当前选择的对象执行该命令。

1.4.3　属性栏

属性栏用于查看、修改与选择与对象相关的参数选项。用户在工作区中未选择工具或对象时，工具属性栏会显示为当前页面的参数选项。选择相应工具后，属性栏会显示当前工具的参数选项。

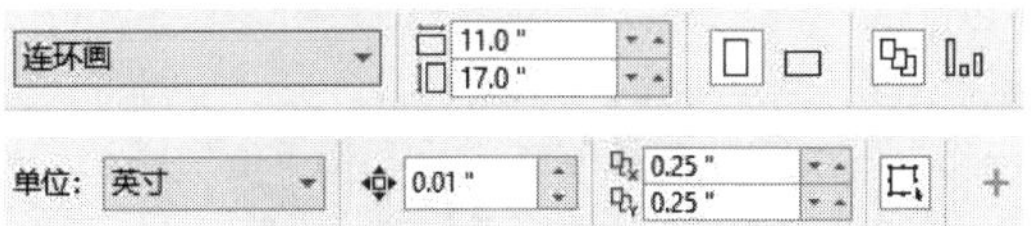

取消【窗口】|【工具栏】|【锁定工具栏】命令的选取状态后，在属性栏上按住鼠标左键并将其向工具区中拖动，使其成为浮动面板，可以将属性栏放置到工作区中的任意位置。使用鼠标将其拖回原位置，可以恢复属性栏的默认状态。

1.4.4　工具箱

工具箱位于工作界面的左侧，其中提供了绘图操作时常用的基本工具。

在工具按钮右下角显示有黑色小三角标记，表示该工具是一个工具组，在该工具按钮上按下鼠标左键不放，可展开隐藏的工具栏并选取需要的工具；也可以单击工具箱底部的加号按钮，在弹出的工具列表中选择要显示在工具箱中的工具。

1.4.5 绘图页面

工作界面中带有阴影的矩形区域，称为绘图页面。用户可以根据实际的尺寸需要，对绘图页面的大小进行调整。在进行图形的输出处理时，对象必须放置在页面范围之内，否则无法输出。

实用技巧

通过选择【查看】|【页】|【页边框】、【出血】或【可打印区域】命令，可以打开或关闭页面边框、出血标记或可打印区域。

1.4.6 页面控制栏

在 CorelDRAW 2020 中可以同时创建多个页面，页面控制栏用于管理页面。

通过页面控制栏，用户可以切换到不同的页面以便查看各页面的内容，可以进行添加页面或删除页面等操作，还可以显示当前页码和总页数。

3 的 3 页1 页2 页3

1.4.7 状态栏

状态栏位于工作界面的最下方，主要提供绘图过程中的相应提示，帮助用户熟悉各种功能的使用方法和操作技巧。在状态栏中，单击提示信息左侧的按钮，在弹出的菜单中，可以更改显示的提示信息内容。

工具提示
对象细节
光标坐标
文档颜色设置
单击对象两次可旋转/倾斜；双击工具可选择所有对象；

1.4.8 调色板

调色板中放置了 CorelDRAW 2020 中默认的各种颜色色板。默认以 3 行形式放置在工作界面的右侧，用户也可以单击调色板顶部的按钮，在弹出的菜单中选择【行】|【1 行】或【2 行】命令隐藏色板。单击调色板底部的»按钮可以显示隐藏的色板。

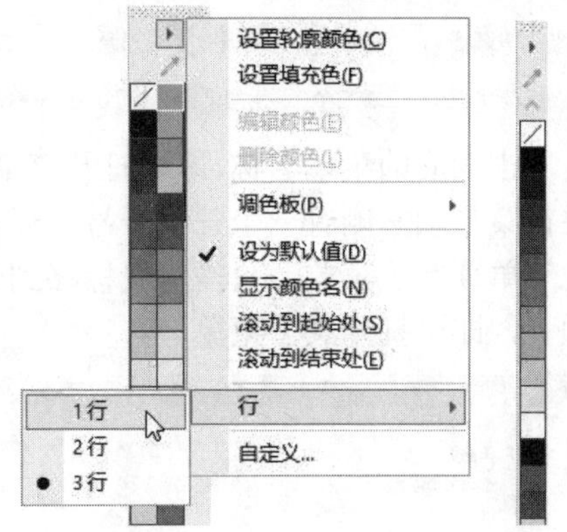

默认的颜色模式为 CMYK 模式，在调色板菜单中选择【显示颜色名】命令，可以在调色板中显示色板名称。

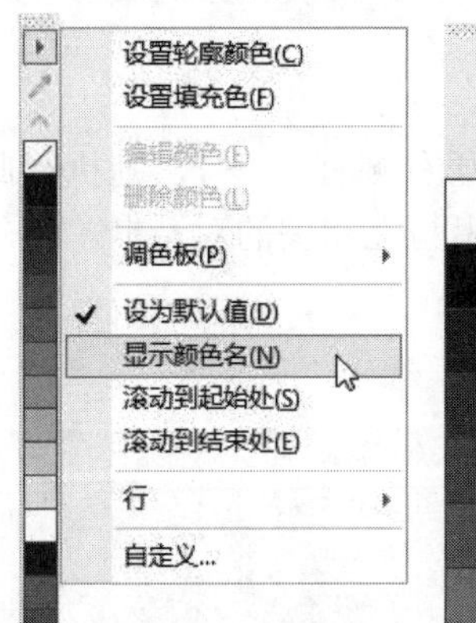

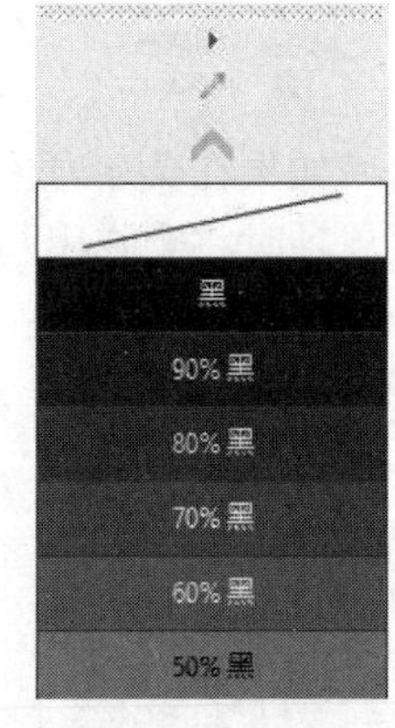

用户选择【窗口】|【调色板】|【调色板编辑器】命令，可打开【调色板编辑器】对话框，在该对话框中可以对调色板属性进行设置。可设置的内容包括修改默认颜色模式、编辑颜色、添加颜色、删除颜色、将颜色排序和重置调色板等。

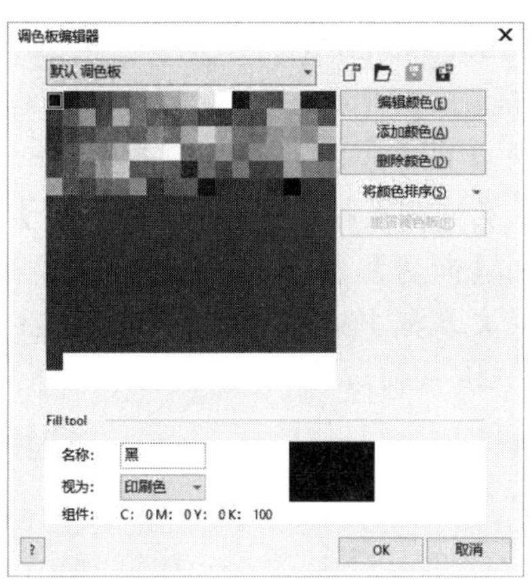

1.4.9　泊坞窗

泊坞窗是放置 CorelDRAW 2020 的各种管理器和编辑命令的工作面板。默认设置下，其显示在工作界面的右侧。单击泊坞窗左上角的双箭头按钮，可使泊坞窗最小化。选择【窗口】|【泊坞窗】命令，然后在弹出的子菜单中选择各种管理器和命令选项，即可将其激活并显示在工作界面中。

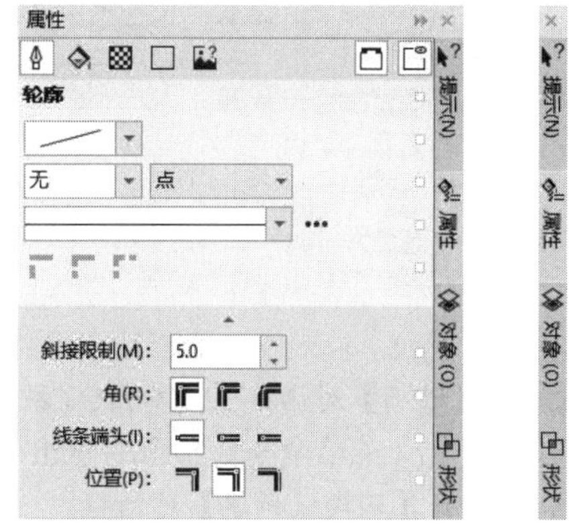

1.5　自定义 CorelDRAW 2020

在 CorelDRAW 2020 应用程序中，用户可以根据个人设计需要来自定义应用程序工作区。

1.5.1　自定义菜单栏

CorelDRAW 2020 的自定义功能允许用户修改菜单栏及其包含的菜单。用户可以改变菜单和菜单命令的顺序，添加、移除和重命名菜单和菜单命令，以及添加和移除菜单命令分隔符。如果没有记住菜单位置，可以使用搜索菜单命令，还可以将菜单重置为默认设置。

实用技巧

自定义选项既适用于菜单栏菜单，也适用于通过右击弹出的快捷菜单。

【例 1-1】在 CorelDRAW 2020 中，自定义菜单及菜单命令。 视频

step 1　在CorelDRAW 2020 中，选择菜单栏中的【工具】|【选项】|【自定义】命令，打开【选项】对话框。在对话框左侧的【自定义】类别列表框中，选择【命令】选项。

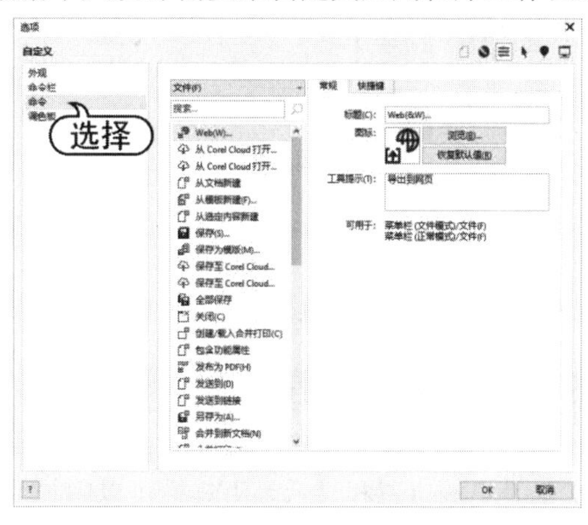

step 2　在工作界面中的【查看】菜单上按下鼠标，并按住鼠标向右拖动菜单，至【窗口】菜单前释放鼠标，可以更改菜单排列顺序。

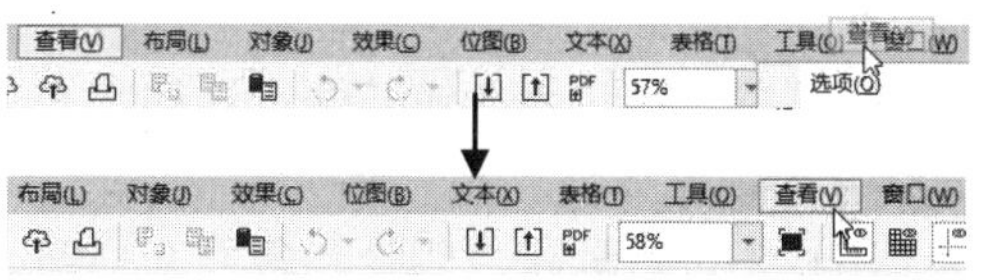

step 3　在工作界面中单击菜单栏中的【文件】菜单名，可以在【选项】对话框右侧选项设置区的命令列表框中显示【文件】菜单中的相关命令，在其中选择【从模板新建】命令，再单击右侧的【快捷键】标签。在【新建快捷键】文本框中输入“Ctrl+Shift+O”组合键，然后单击【指定】按钮。

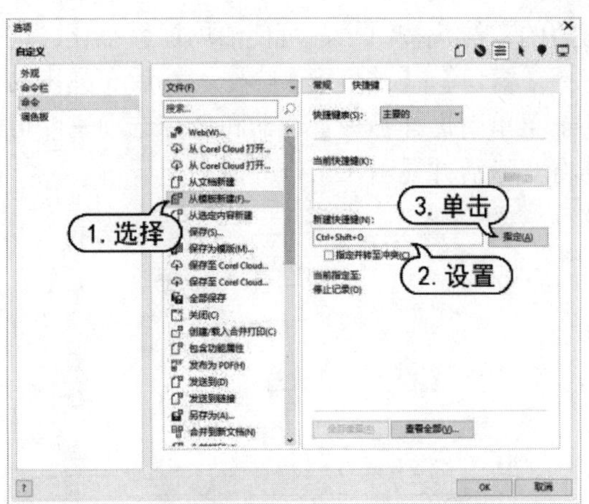

step 4 在【选项】对话框中，单击OK按钮，即可应用自定义菜单命令。按Ctrl+Shift+O组合键，可打开【从模板新建】对话框。

1.5.2 自定义工具栏

在 CorelDRAW 应用程序中，可以自定义工具栏的位置和显示。工具栏可以附加到应用程序窗口的边缘，也可以将工具栏拉离应用程序窗口的边缘，使其处于浮动状态，便于随处移动。

用户还可以创建、删除和重命名自定义工具栏，也可以通过添加、移除以及排列工具栏项目来自定义工具栏；还可以通过调整按钮大小、工具栏边框，以及显示图像、标题或同时显示图像与标题来调整工具栏外观，也可以编辑工具栏按钮图像。

【例 1-2】添加自定义工具栏。视频

step 1 在CorelDRAW 2020 中，选择菜单栏中的【工具】|【选项】|【自定义】命令，打开【选项】对话框。在该对话框左侧的【自定义】类别列表框中，选择【命令栏】选项，再单击【新建】按钮，在【命令栏】列表框底部的文本框中输入名称“我的工具栏”，然后单击OK按钮。

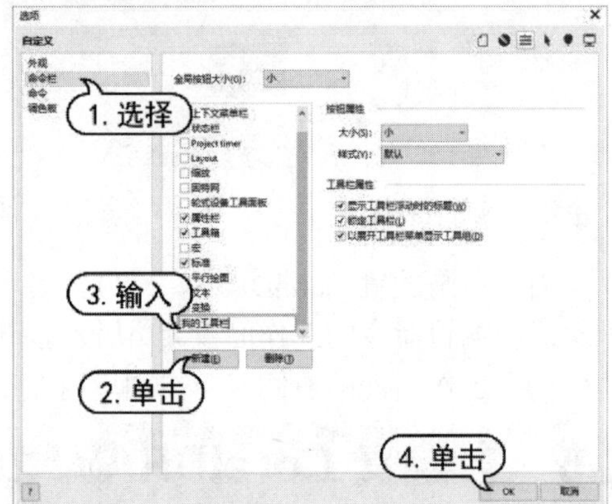

step 2 按下Ctrl+Alt组合键，然后将应用程序窗口中的工具或命令按钮拖动到新建的工具栏中，即可创建自定义工具栏。

我的工具栏

实用技巧

选择【工具】|【选项】|【自定义】命令，在【选项】对话框中选择对话框左侧【自定义】类别列表框中的【命令栏】选项，然后取消选中工具栏名称左侧的复选框，可隐藏工具栏。要重命名自定义工具栏，可双击工具栏名称，然后输入新名称。

1.5.3 自定义工作区

工作区是对应用程序设置的配置，指定打开应用程序时各个命令栏、命令和按钮的排列方式。

在 CorelDRAW 2020 中可以创建和删除工作区，也可以选择程序中包含的预置的工作区设置。例如，用户可以选择具有 Adobe Illustrator 外观效果的工作区，也可以将当前工作区重置为默认设置，还可以将工作区导出、导入到使用相同应用程序的其他计算机中。

【例 1-3】应用新工作区设置。视频

step 1 在CorelDRAW 2020 中，选择菜单栏中的【工具】|【选项】|【工作区】命令，打开【选项】对话框。

step 2 在左侧列表框中选择【Lite】选项，再单击【设置为当前值】按钮，然后单击OK按钮，即可应用新工作区设置。

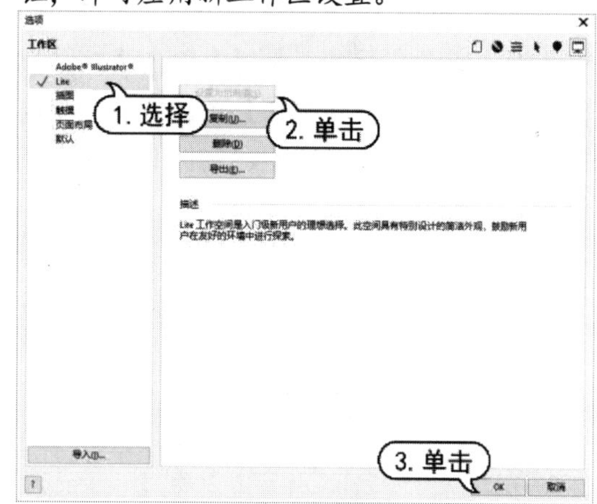

1.6 文件的基本操作

在 CorelDRAW 中，以文档的形式承载图形图像的内容。新建、保存、打开、关闭、导入、导出这些都是文档最基本的操作。CorelDRAW 为文档的基本操作提供了多种便捷的方法。

1.6.1 新建空白文档

在 CorelDRAW 2020 中进行绘图设计之前，首先应新建文档。新建文档时，设计者可以根据设计要求、目标用途，对页面进行相应的设置，以满足实际应用需求。

启动 CorelDRAW 2020 应用程序后，要新建文档，可以在【欢迎屏幕】窗口中单击【新文档】按钮，或选择【文件】|【新建】命令，或单击标准工具栏中的【新建】按钮，或直接按 Ctrl+N 组合键，打开【创建新文档】对话框，通过设置可以创建用户所需大小的图形文件。

【例 1-4】新建空白文档。视频

step 1 启动CorelDRAW 2020，在【欢迎屏幕】窗口中，单击【新文档】按钮，打开【创建新文档】对话框。

step 2 在对话框的【名称】文本框中输入“绘图文件”，设置【宽度】为 100mm，【高度】为 50mm，【分辨率】为 150dpi。

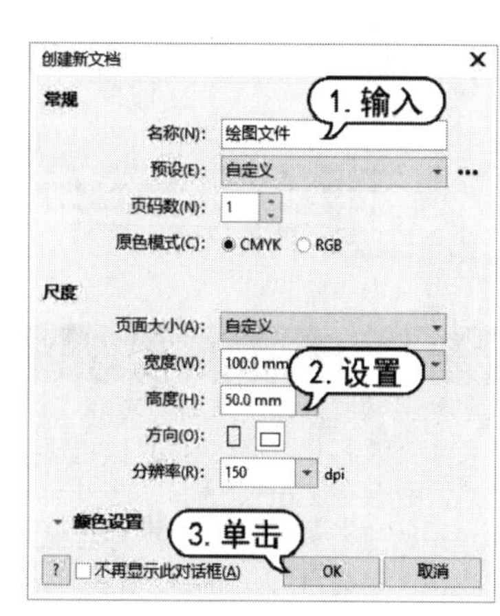

step 3 单击OK按钮，即可创建新文档。

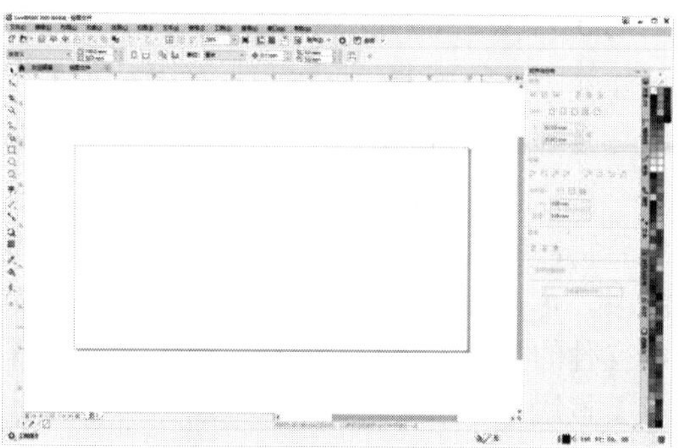

1.6.2 打开图形文件

当用户需要修改或编辑已有的文件时，可以选择【文件】|【打开】命令，或按 Ctrl+O 组合键，或者在标准工具栏中单击【打开】按钮，打开【打开绘图】对话框，从中选择需要打开的文件的类型、文件的路径和文件名后，单击【打开】按钮。

另外，CorelDRAW 2020 有保存最近使用文档记录的功能，在【文件】|【打开最近用过的文件】子菜单下选择相应的选项即可打开最近使用过的文件。

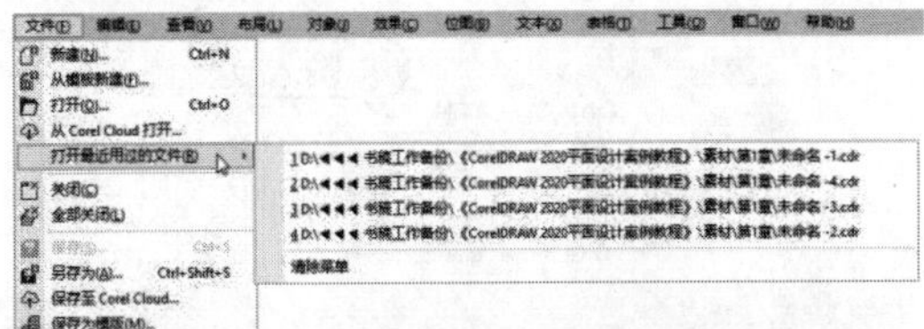

实用技巧

如果需要同时打开多个文件，可在【打开绘图】对话框的文件列表框中，按住 Shift 键选择连续排列的多个文件，或按住 Ctrl 键选择不连续排列的多个文件，然后单击【打开】按钮，即可按照文件排列的先后顺序将选取的所有文件打开。

1.6.3 保存图形文件

在绘图过程中，为避免文件意外丢失，需要及时将编辑好的文件保存到磁盘中。

选择【文件】|【保存】命令，或按 Ctrl+S 组合键，或在标准工具栏中单击【保存】按钮，可打开【保存绘图】对话框，选择保存文件的类型、路径和名称，然后单击【保存】按钮。

如果当前文件是在一个已有的文件基础上进行修改的，那么在保存文件时，选择【保存】命令，将使用新保存的文件数据覆盖原有的文件，而原文件将不复存在。如果要在保存文件时保留原文件，可选择【文件】|【另存为】命令，打开【保存绘图】对话框，设置保存文件的文件名、类型和路径，再单击【保存】按钮，即可将当前文件存储为一个新的文件。

在 CorelDRAW 2020 中，用户还可以对文件设置自动保存。选择【工具】|【选项】|CorelDRAW 命令，在打开的【选项】对话框左侧列表中选择【保存】选项，然后在右侧的选项区域中即可进行设置。

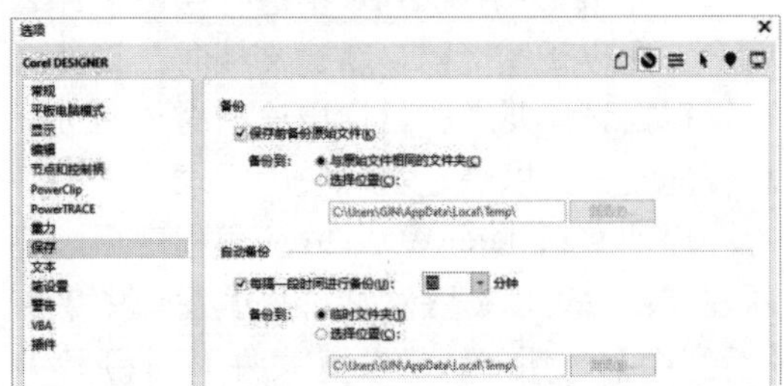

1.6.4 导入和导出文件

【导入】和【导出】命令是 CorelDRAW 和其他应用程序之间进行联系的桥梁。通过【导入】命令可以将其他应用软件生成的文件输入至 CorelDRAW 中，包括位图和文本文件等。

1. 导入文件

需要导入文件时，选择【文件】|【导入】命令，打开【导入】对话框，选择所需导入的文件后，单击【导入】按钮即可。打开 CorelDRAW 工作界面后，在标准工具栏中单

击【导入】按钮，或按 Ctrl+I 组合键也可以打开【导入】对话框。

【例 1-5】导入文件。
视频+素材 (素材文件\第 01 章\例 1-5)

step 1 选择【文件】|【打开】命令，打开一幅图像素材。

step 2 选择【文件】|【导入】命令，或按 Ctrl+I组合键，打开【导入】对话框。选中素材文件，单击【导入】按钮。

step 3 当鼠标指针呈 形状时，在绘图页面中的合适位置单击，即可将图像素材导入打开的图形文件中。

2. 导出文件

导出功能可以将 CorelDRAW 绘制好的图形输出成位图或其他格式的文件。选择【文件】|【导出】命令或单击标准工具栏中的【导出】按钮，可打开【导出】对话框，选择要导出的文件格式后，单击【导出】按钮。选择不同的导出文件格式，会打开不同的格式设置对话框。

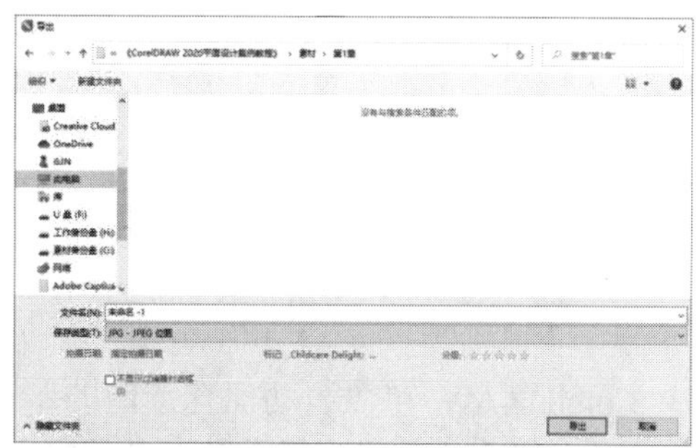

【例 1-6】导出文件。
视频+素材 (素材文件\第 01 章\例 1-6)

step 1 选择【文件】|【打开】命令，打开一幅图像素材。

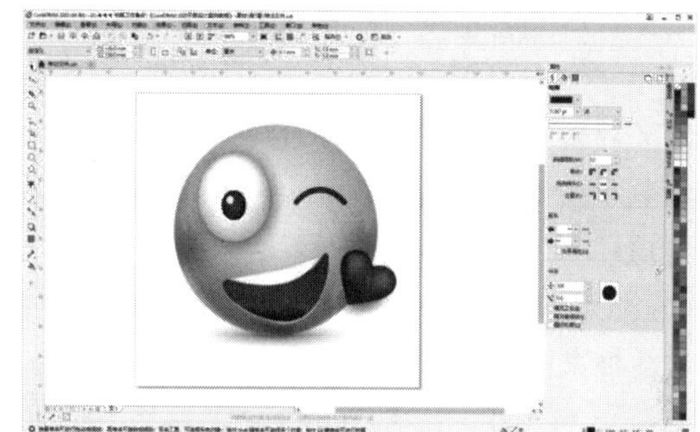

step 2 选择【文件】|【导出】命令，或者按 Ctrl+E组合键，打开【导出】对话框。设置文件的保存位置与文件名，在【保存类型】下拉列表中选择需要导出的文件格式，单击【导出】按钮。

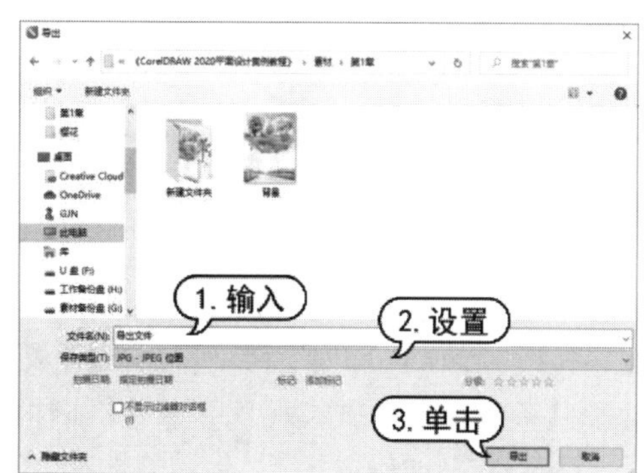

step 3 打开【导出到JPEG】对话框，设置【颜色模式】选项为【RGB色(24 位)】，单击OK按钮，即可导出图形文件。

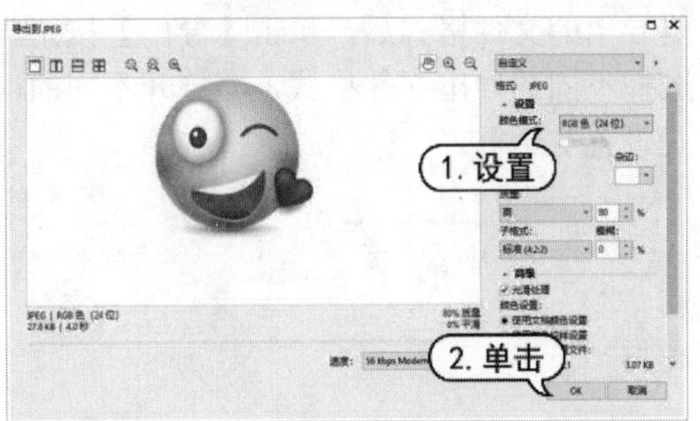

1.6.5 备份和恢复文件

CorelDRAW 可以自动保存绘图的备份副本，并在发生系统错误以重新启动程序时，提示用户恢复备份副本。

1. 备份文件

在 CorelDRAW 的任何操作期间，都可以设置自动备份文件的时间间隔，并指定要保存文件的位置。默认情况下，将保存在临时文件夹或指定的文件夹中。

【例 1-7】设置自动备份文件参数。视频

step 1 选择菜单栏中的【工具】|【选项】|CorelDRAW命令，打开【选项】对话框。在对话框左侧列表中选择【保存】选项。

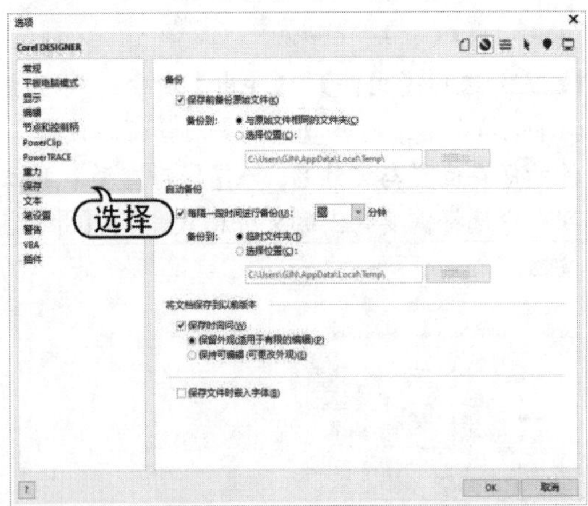

step 2 选中【每隔一段时间进行备份】复选框，并在其后的【分钟】下拉列表中选择数值5。在【备份到】选项区域中，选中【临时文件夹】单选按钮可用于将自动备份文件保存到临时文件夹中；选中【选择位置】单选按钮可用于指定保存自动备份文件的文件夹。

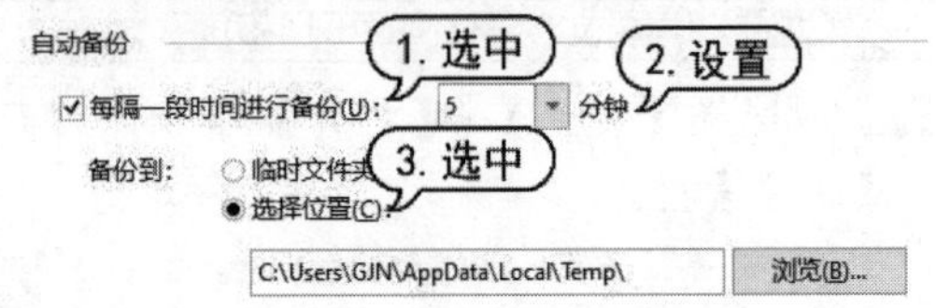

step 3 单击【浏览】按钮，在打开的【自动备份文件夹浏览器】对话框中选择备份文件夹，单击【选择文件夹】按钮返回【选项】对话框。然后单击OK按钮关闭【选项】对话框。

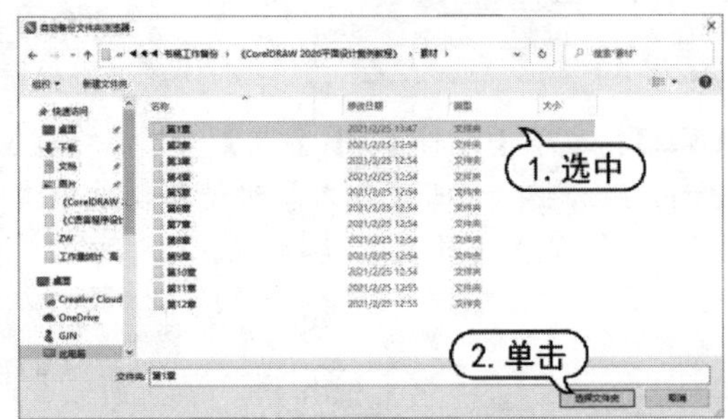

2. 恢复文件

用户在 CorelDRAW 2020 中进行图形或图像编辑时，如果程序非正常关闭，来不及保存文件。此时，用户可以通过 CorelDRAW 2020 的自动恢复功能，从临时或指定的文件夹中恢复备份文件。

知识点滴

在重新启动 CorelDRAW 2020 应用程序后，要恢复自动备份的文档，单击提示对话框中的 OK 按钮即可。

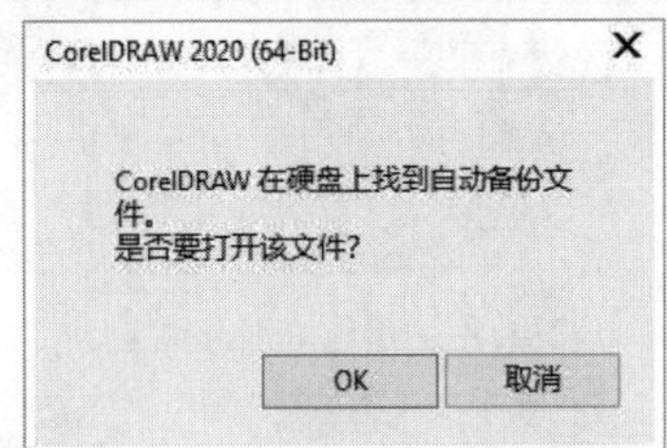

第 2 章

掌握基本设置与应用

本章主要介绍如何掌握软件的基本设置与应用。在 CorelDRAW 2020 中，软件的基本设置包括页面的基本设置、页面显示的操作、辅助工具的应用及标注图形的方法等。

本章对应视频

例 2-1 设置页面尺寸

例 2-2 使用位图页面背景

例 2-3 插入页面

例 2-4 精确添加辅助线

例 2-5 显示与设置网格

例 2-6 使用【平行度量】工具测量对象

例 2-7 新建版式文档并保存

2.1 文档页面的基本设置

在开始绘图之前，可以精确设置所需的页面，使用【布局】菜单中的相关命令，可以调整绘图页面的参数值，包括页面尺寸、方向和版面，并且可以为页面选择一个背景。

2.1.1 设置页面属性

绘图区域是默认可以打印输出的区域。在新建文档时，可以在【创建新文档】对话框中进行绘画区域的尺寸设置。如果要对现有的绘画区域的尺寸进行修改，可以先单击工具箱中的【选择】工具，属性栏中会显示当前文档页面的尺寸、方向等信息，用户可以在这里快速地对页面进行简单的设置。

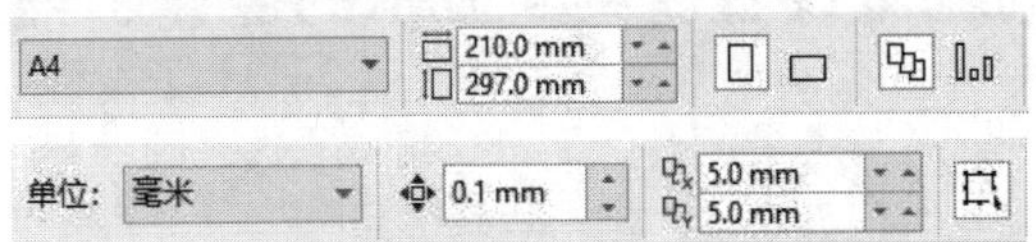

- 【页面尺寸】选项：在该下拉列表中有多种标准规格纸张的尺寸可供选择。
- 【页面度量】数值框：显示当前所选页面的尺寸，也可以在此处自定义页面大小。
- 【纵向】【横向】按钮：单击这两个按钮，即可快速切换纸张方向。
- 【所有页面】按钮：将当前设置的页面大小应用于文档中的所有页面。
- 【当前页面】按钮：单击该按钮，修改页面的属性时只影响当前页面，其他页面的属性不会发生变化。

如果用户想要对页面的渲染分辨率、出血等选项进行设置，选择【布局】|【页面大小】命令，打开【选项】对话框，在该对话框右侧可以看到与页面尺寸相关的参数设置。

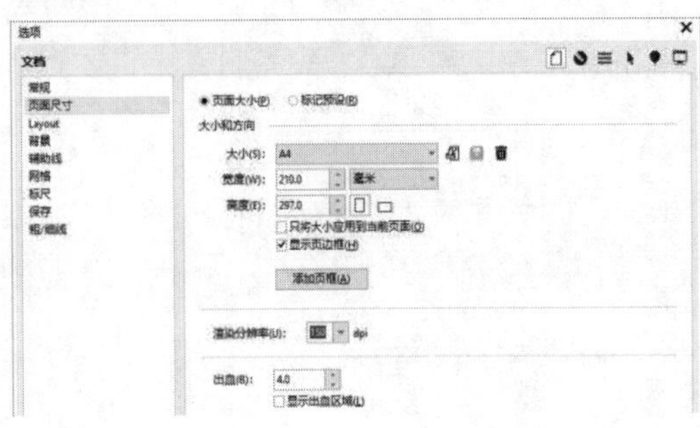

- 【宽度】【高度】选项：在【宽度】和【高度】数值框中输入数值，可自定义页面尺寸。
- 【只将大小应用到当前页面】复选框：选中该复选框，当前页面设置只应用于当前页面。
- 【显示页边框】复选框：选中该复选框，可显示页边框。
- 【添加页框】按钮：单击该按钮，可在页面周围添加边框。
- 【渲染分辨率】选项：从该下拉列表中选择一种分辨率作为文档的分辨率。该选项仅在将测量单位设置为像素时才可用。
- 【出血】选项：选中【显示出血区域】复选框，并在【出血】数值框中输入所需数值，即可设置出血区域的尺寸。

> **知识点滴**
>
> 在选中【选择】工具，并在工作界面中未选中任何对象的情况下，可以通过单击属性栏上的【页面尺寸】按钮，从弹出的列表框底部单击【编辑该列表】按钮，打开【选项】对话框来添加或删除自定义预设页面尺寸。

【例2-1】设置页面尺寸。 视频

step 1 在CorelDRAW 2020的标准工具栏中，单击【新建】按钮，打开【创建新文档】对话框。

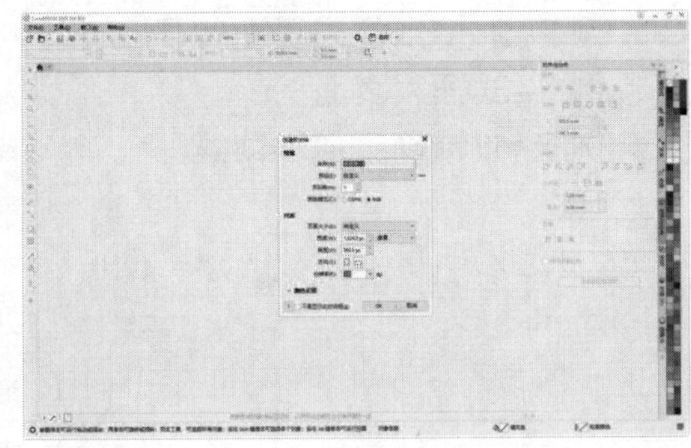

step 2 在对话框的【名称】文本框中输入“绘

图文件”，设置【宽度】为 50mm、【高度】为 50mm，在【分辨率】下拉列表中选择 72dpi，然后单击OK按钮，即可创建新文件。

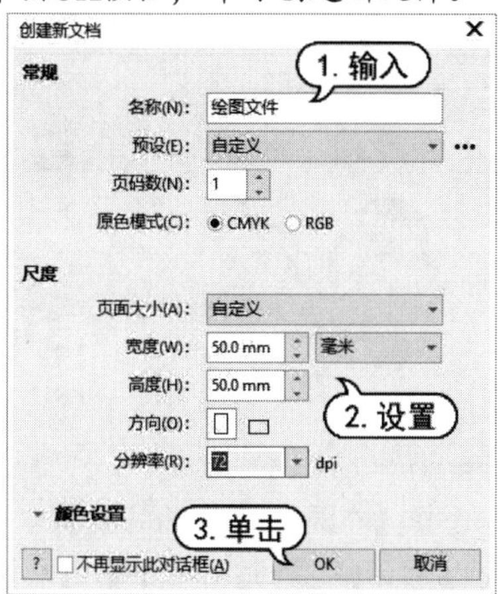

step 3 选择菜单栏中的【布局】|【页面大小】命令，打开【选项】对话框。设置【宽度】为 100 毫米，【渲染分辨率】为 300dpi，【出血】数值为 3，并选中【显示出血区域】复选框。

step 4 单击【选项】对话框中的【保存】按钮，打开【自定义页面类型】对话框。在【保存自定义页类型为】文本框中输入“横向卡片”，然后单击OK按钮，返回【选项】对话框。

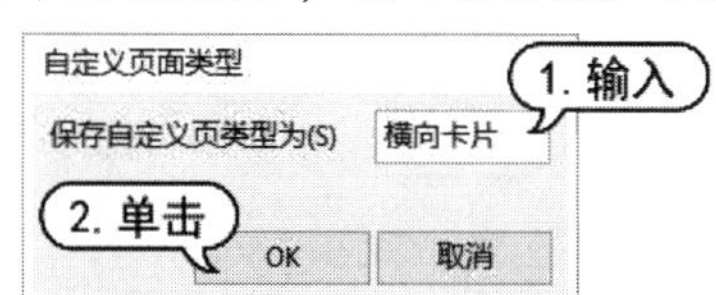

step 5 单击【选项】对话框中的OK按钮，应用设置的页面尺寸。

2.1.2 设置页面背景

页面背景是指添加到页面中的背景颜色或图像。在 CorelDRAW 中，页面背景可以设置为纯色，也可以是位图图像，并且在添加页面背景后，不会影响图形绘制的操作。通常情况下，新建文档的页面背景默认为【无背景】。要设置页面背景，选择【布局】|【页面背景】命令，打开【选项】对话框，在其中即可对页面背景进行设置。选中【选项】对话框中的【打印和导出背景】复选框，还可以将背景与绘图一起打印和导出。

1. 使用纯色页面背景

如果要以一个单色作为页面背景，选择【布局】|【页面背景】命令，打开【选项】对话框，在对话框中选中【纯色】单选按钮，然后单击右侧的按钮，从弹出的下拉选项框中通过颜色滴管、颜色查看器、颜色滑块或调色板选取所需的颜色。

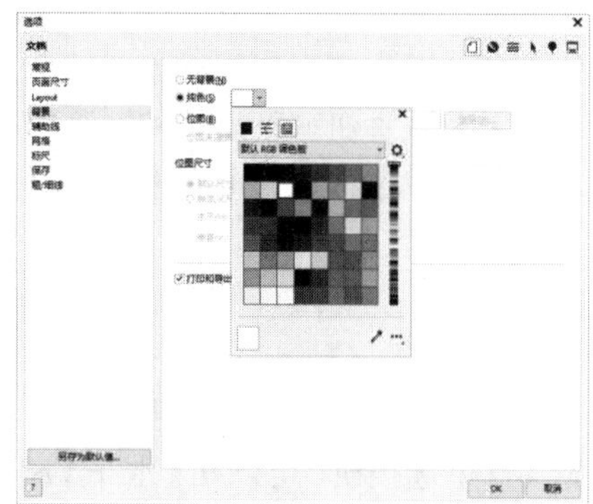

单击下拉选项框中的【更多颜色选项】按钮，从弹出的菜单中可以进行相关设置，选取的背景颜色不同，弹出的菜单命令也不相同。

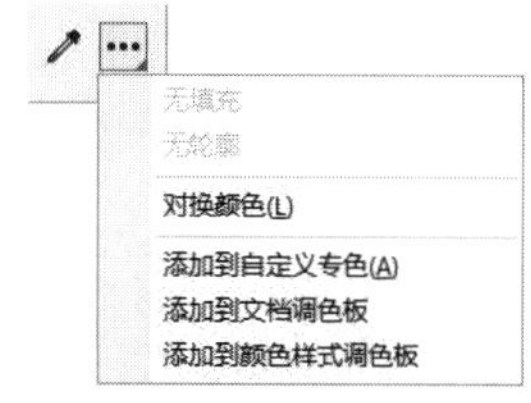

2. 使用位图页面背景

如果要使用位图作为背景，选择【布局】

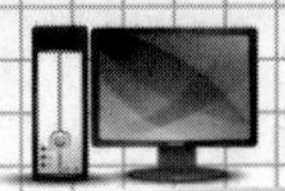

|【页面背景】命令，打开【选项】对话框，在该对话框中，选中【位图】单选按钮，然后单击右侧的【浏览】按钮，在打开的【导入】对话框中选取要导入的位图文件，单击【导入】按钮。

使用位图创建背景时，可以指定位图的尺寸并将图形链接或嵌入到文件中。将图形链接到文件中时，对源图形所做的任何修改都将自动在文件中反映出来，而嵌入的对象则保持不变。在将文件发送给其他人时必须包括链接的图形。如果需要链接或嵌入位图背景，在【位图来源类型】选项区域中，选中【链接】单选按钮可以从外部链接位图；选中【嵌入】单选按钮，可以直接将位图添加到文档中。

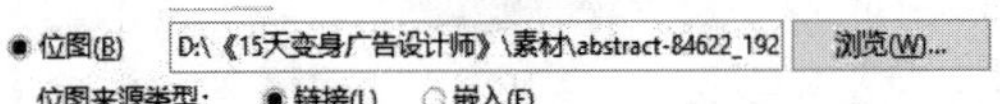

在【位图尺寸】选项区域中，选中【自定义尺寸】单选按钮，可以在【水平】和【垂直】数值框中输入具体的数值，以指定背景位图的宽度和高度。单击选中【水平】和【垂直】数值框右侧的【保持纵横比】按钮后，可以保持背景位图的长宽比例，此时修改【水平】或【垂直】数值时，另一数值也会随之变化。禁用该按钮时，可以分别设置【水平】或【垂直】数值。

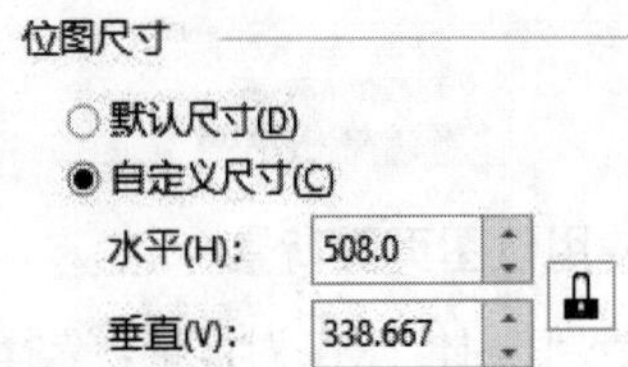

【例 2-2】使用位图页面背景。

视频+素材 (素材文件\第 02 章\例 2-2)

step 1 选择【文件】|【打开】命令，打开【打开绘图】对话框，打开一幅绘图文件。

step 2 选择【布局】|【页面背景】命令，打开【选项】对话框。在该对话框中选中【位图】单选按钮，再单击【浏览】按钮。

step 3 在打开的【导入】对话框中，选择要作为背景的位图文件，单击【导入】按钮。

step 4 在【选项】对话框中，选中【自定义尺寸】单选按钮，保持选中【保持纵横比】按钮，设置【水平】数值为 100。

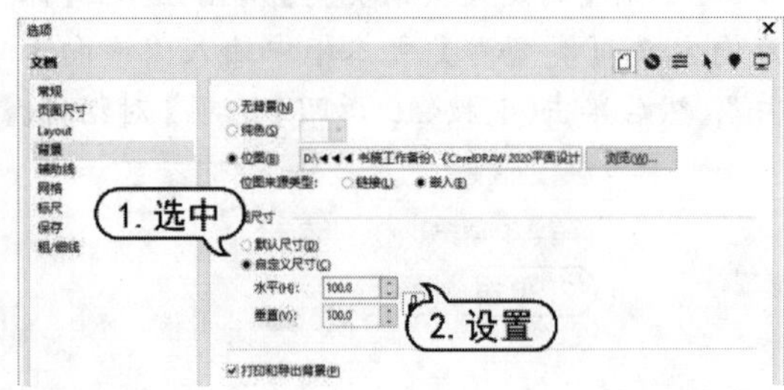

step 5 设置完成后，单击【选项】对话框中

的OK按钮应用位图背景。

3. 删除页面背景

选择菜单栏中的【布局】|【页面背景】命令，打开【选项】对话框。在该对话框中，选中【无背景】单选按钮可以快速移除页面背景。当启用该按钮时，绘图页面恢复到原来的状态，不会影响绘图的其余部分。

2.1.3　设置页面布局

CorelDRAW 应用程序中还提供了标准出版物的版面。在【选项】对话框的【文档】类别列表中，单击【布局】选项，可以打开【布局】选项设置区域。在该选项设置区域中，CorelDRAW 提供了【全页面】【活页】【屏风卡】【帐篷卡】【侧折卡】【顶折卡】和【三折小册子】7 种页面版式。用户选择所需的版式类型后，其下方会显示简短的说明文字。

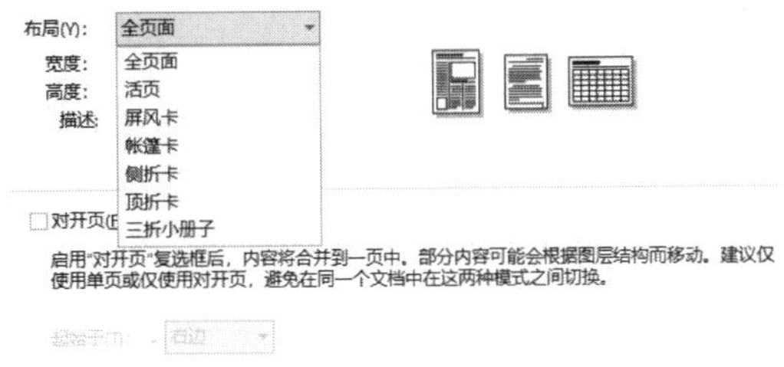

2.1.4　增加与删除文档页面

在制作画册、杂志等多页面作品时，一个绘图页面是不够的。此时无须新建一个文档，只需新建页面即可。

1. 新建文档页面

默认状态下，新建的文件中只有一个页面，通过插入页面，可以在当前文件中插入一个或多个新的页面。要插入页面，可以通过以下操作方法来实现。

- 选择【布局】|【插入页面】命令，在打开的【插入页面】对话框中，可以对需要插入的页面数量、插入位置、版面方向以及页面大小等参数进行设置。设置好以后，单击 OK 按钮。

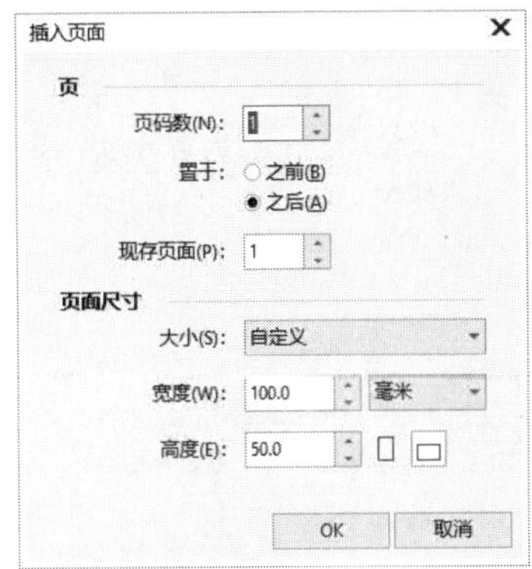

- 在页面控制栏上，单击页面信息左边的按钮，可在当前页面之前插入一个新的页面；单击右边的按钮，可在当前页面之后插入一个新的页面。插入的页面具有和当前页面相同的页面设置。
- 在页面控制栏的页面名称上右击，在弹出的快捷菜单中选择【在后面插入页面】或【在前面插入页面】命令，同样也可以在当前页面之后或之前插入新的页面。

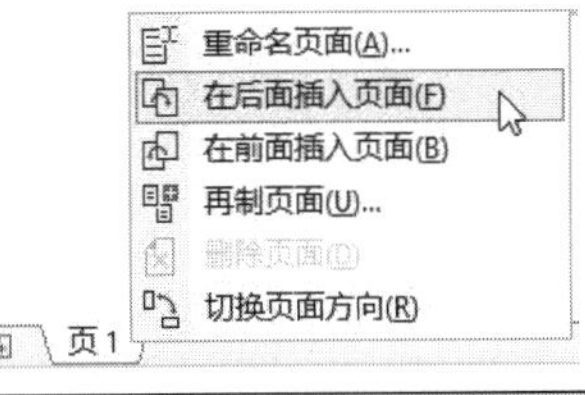

【例 2-3】在打开的绘图文件中，根据需要插入页面。
视频+素材 (素材文件\第 02 章\例 2-3)

step 1　选择【文件】|【打开】命令，打开绘图文档。

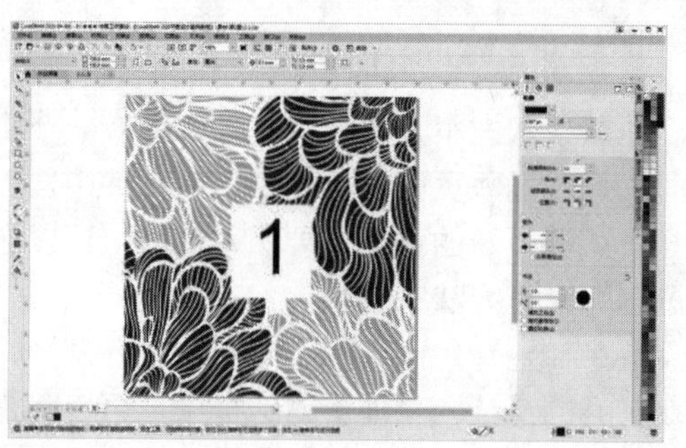

step 2 选择【布局】|【插入页面】命令，打开【插入页面】对话框。设置【页码数】为2，【宽度】为50mm，然后单击OK按钮，即可在原有页面后面添加两页。

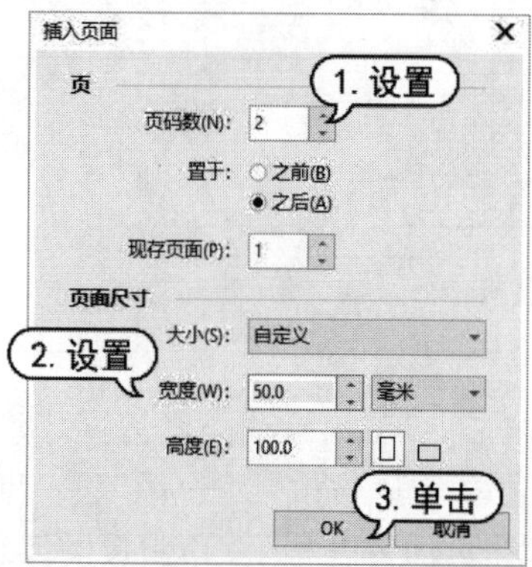

step 3 选择【查看】|【页面排序器视图】命令，打开页面排序器视图以查看绘图文件中的各页面。

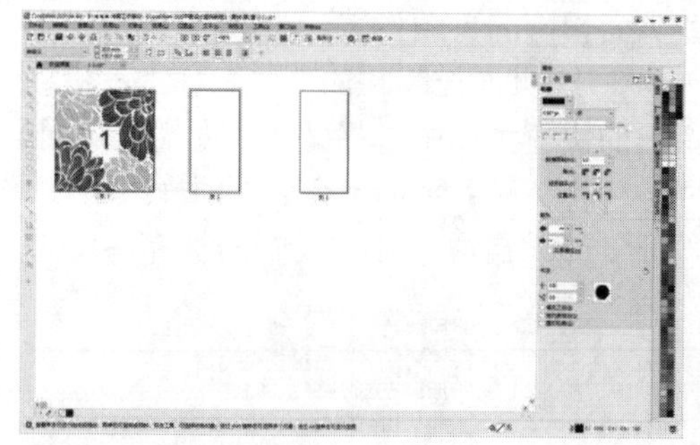

2. 删除文档页面

在 CorelDRAW 中进行绘图编辑时，如果需要将多余的页面删除，可以选择【布局】|【删除页面】命令，打开【删除页面】对话框。在该对话框的【删除页面】数值框中输入所要删除的页面序号，单击 OK 按钮即可。

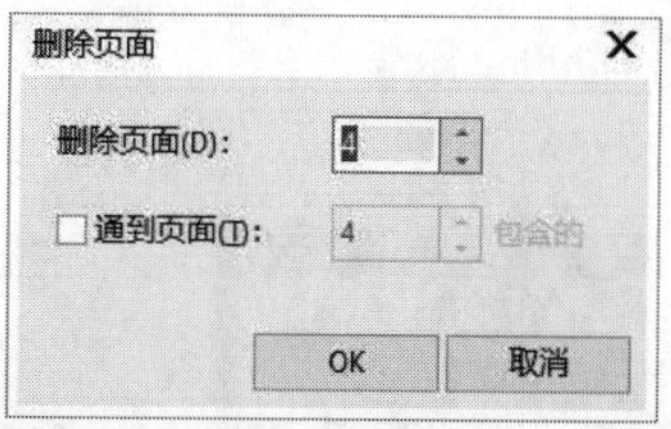

知识点滴

在【删除页面】对话框中，选中【通到页面】复选框，并在其后的数值框中输入页面序号，可以删除多个连续的页面。

在标签栏中需要删除的页面上右击，在弹出的快捷菜单中选择【删除页面】命令，可以直接将该页面删除。

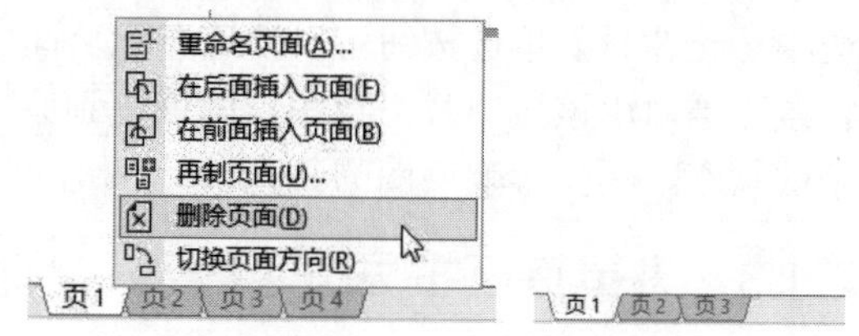

2.1.5 再制页面

通过再制页面，可以对当前页面进行复制，得到一个相同页面设置或相同页面内容的新页面。在【对象管理器】泊坞窗中单击要再制的页面的名称后，选择【布局】|【再制页面】命令，打开【再制页面】对话框。在该对话框中可以选择复制得到的新页面是插入在当前页面之前还是之后；选中【仅复制图层】单选按钮，则在新页面中将只保留原页面中的图层属性(包括图层数量和图层名称)；选中【复制图层及其内容】单选按钮，则可以得到一个和原页面内容完全相同的新页面。在对话框中选择相应选项，然后单击 OK 按钮即可再制页面。

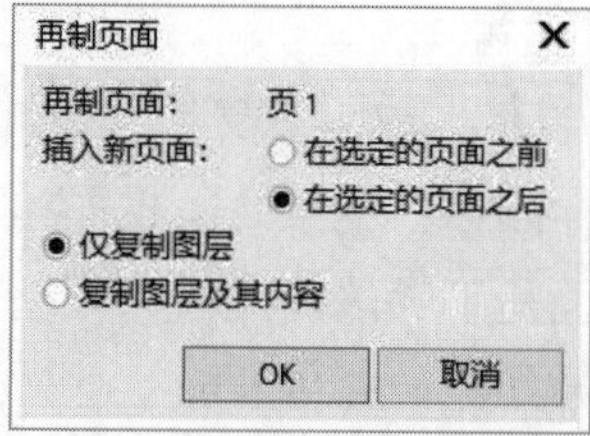

用户也可以将鼠标光标放置到标签栏中需要复制的页面上，右击，从弹出的快捷菜

单中选择【再制页面】命令。在打开的【再制页面】对话框中进行设置，设置好选项后，单击 OK 按钮即可。

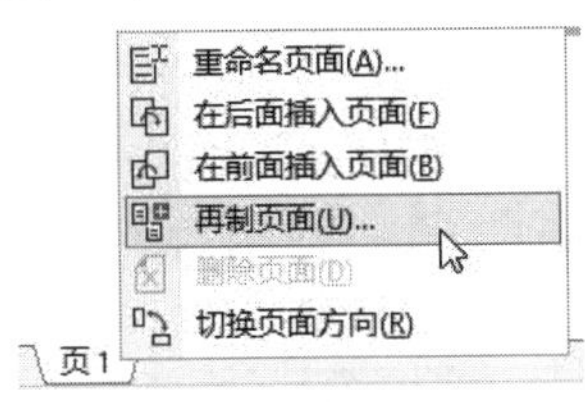

2.1.6　重命名页面

通过对页面重命名，可以方便地在绘图工作中快速、准确地查找到需要编辑与修改的页面。要重命名页面，可以在需要重命名的页面上单击，将其设置为当前页面，然后选择【布局】|【重命名页面】命令，打开【重命名页面】对话框，在【页名】文本框中输入新的页面名称，单击 OK 按钮。

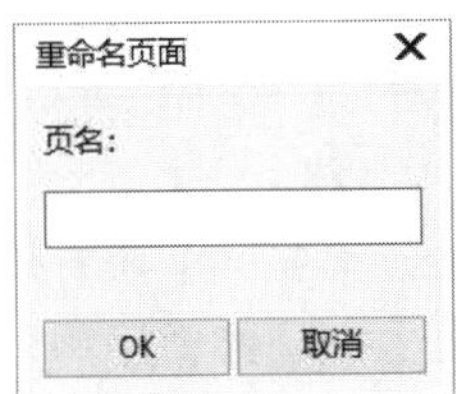

用户也可以将光标移到页面控制栏中需要重命名的页面上，右击，在弹出的快捷菜单中选择【重命名页面】命令，然后打开【重命名页面】对话框进行重命名操作。

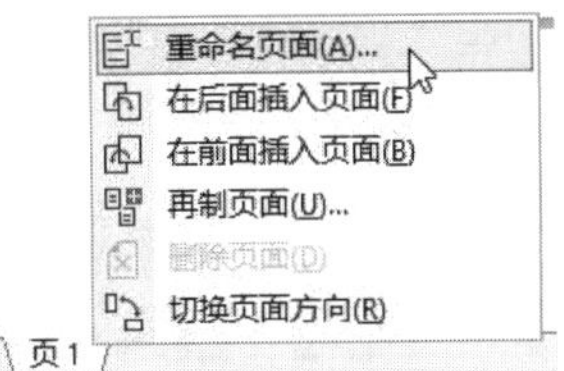

2.1.7　添加页面页码

用户可以在当前页面、所有页面、所有奇数页面或所有偶数页面上插入页码，页码在页面底部居中放置。在多个页面上插入页码时，系统将自动创建主图层并在该图层上放置页码。主图层可以是所有页主图层、奇数页主图层或偶数页主图层。当在文档中添加或删除页面时，页码将自动更新。

1. 插入页码

选择【布局】|【插入页码】子菜单中的相应命令，即可插入页码。【插入页码】子菜单中各命令的功能如下。

- 【位于活动图层】：可以在当前【对象管理器】泊坞窗中选定的图层上插入页码。如果活动图层为主图层，那么页码将插入文档中显示该主图层的所有页面。如果活动图层为局部图层，那么页码将仅插入当前页。
- 【位于所有页】：可以在所有页面上插入页码。页码被插入新的所有页主图层，而且该图层将成为活动图层。
- 【位于所有奇数页】：可以在所有奇数页上插入页码。页码被插入新的奇数页主图层，而且该图层将成为活动图层。
- 【位于所有偶数页】：可以在所有偶数页上插入页码。页码被插入新的偶数页主图层，而且该图层将成为活动图层。

实用技巧

只有在当前页面为奇数页时，才可以在奇数页上插入页码，且只有在当前页面为偶数页时，才可以在偶数页上插入页码。

2. 修改页码设置

在插入页码后，还可以修改页码设置以符合设计需求。选择【布局】|【页码设置】命令，打开【页码设置】对话框。【页码设置】对话框中各选项的功能如下。

- 【起始编号】选项：可以从一个特定数字开始编号。
- 【起始页】选项：可以选择页码开始的页面。
- 【样式】选项：可以选择常用的页码样式。

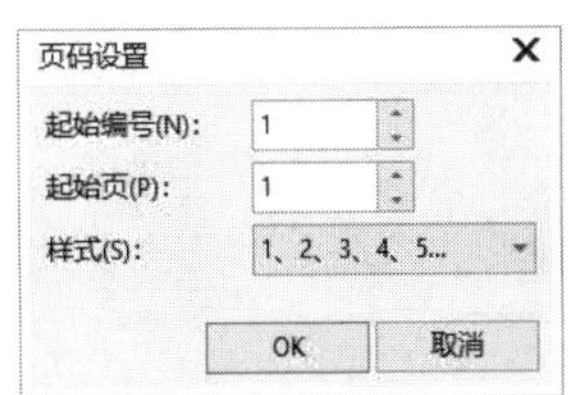

2.2 页面显示的操作

在 CorelDRAW 2020 应用程序中，用户可以根据需要进行选择文档的显示模式、预览文档、缩放和平移画面等操作。如果同时打开多个图形文档，还可以调整多个图形文档窗口的排列方式。

2.2.1 跳转页面

在进行多页面设计工作时，常常需要选择页面，调整页面之间的前后顺序。将需要编辑的页面切换为当前页面，选择【布局】|【转到某页】命令，可打开【转到某页】对话框。在【转到某页】数值框中输入需要选择的页面序号，单击 OK 按钮即可。

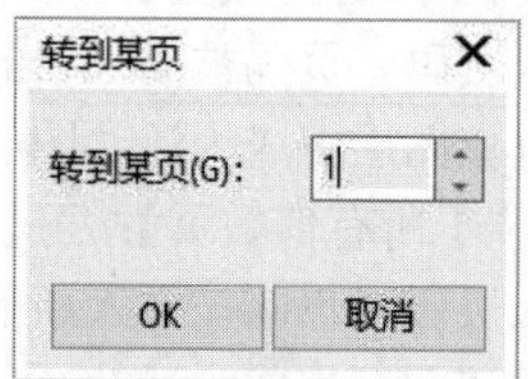

2.2.2 重新排列页面

要调整页面之间的前后顺序，在页面控制栏中需要调整顺序的页面名称上按下鼠标左键不放，然后将光标拖动到指定的位置后，释放鼠标即可。

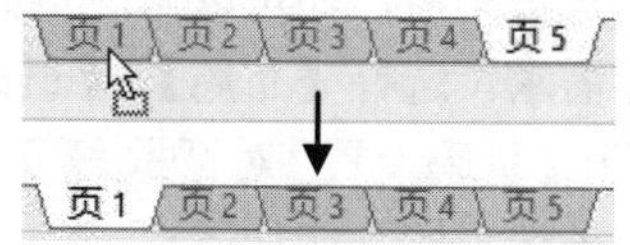

用户还可以选择菜单栏中的【查看】|【页面排序器视图】命令，这时所创建的页面都将被排列出来，单击并拖动一个页面，将它放置在一个新位置即可。

2.2.3 预览显示图形对象

为了满足用户的需求，CorelDRAW 2020 提供了【线框】【正常】【增强】和【像素】4 种显示模式。视图模式不同，显示的画面内容和品质也会有所不同。

- 【线框】模式：【线框】模式只显示单色位图图像、立体透视图和调和形状等，不显示填充效果。

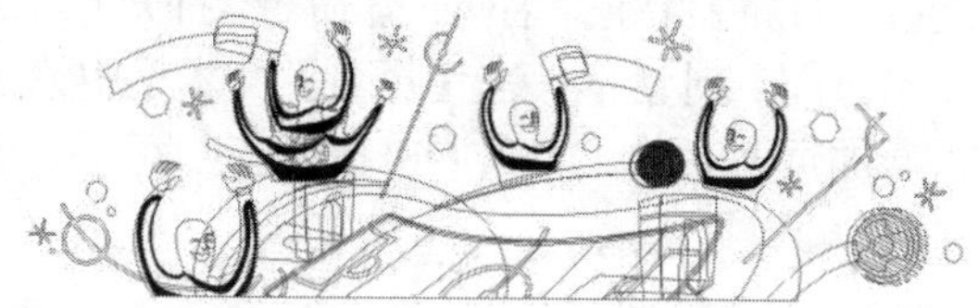

- 【正常】模式：【正常】模式可以显示除 PostScript 填充外的所有填充及高分辨率的位图图像，它是最常用的显示模式，既能保证图形的显示质量，又不会影响计算机显示和刷新图形的速度。
- 【增强】模式：【增强】模式可以显示最好的图形质量，它在屏幕上提供了最接近实际的图形显示效果。

- 【像素】模式：【像素】模式可以查看基于像素的图形，帮助用户在放大图形时，可以更精准地确定图形的位置和大小。

2.2.4 窗口的切换和排列

在 CorelDRAW 中进行设计时，为了观察一个文档的不同页面，或同一页面中的不同部分，或同时观察两个或多个文档，都需要同时打开多个窗口。为此，可选择【窗口】

菜单的适当命令来新建窗口或调整窗口的显示。

- 【新窗口】命令：可创建一个和原有窗口相同的窗口。
- 【层叠】命令：可将多个绘图窗口按顺序层叠在一起，这样有利于用户从中选择需要使用的绘图窗口。通过单击窗口标题栏，即可将选中的窗口设置为当前窗口。

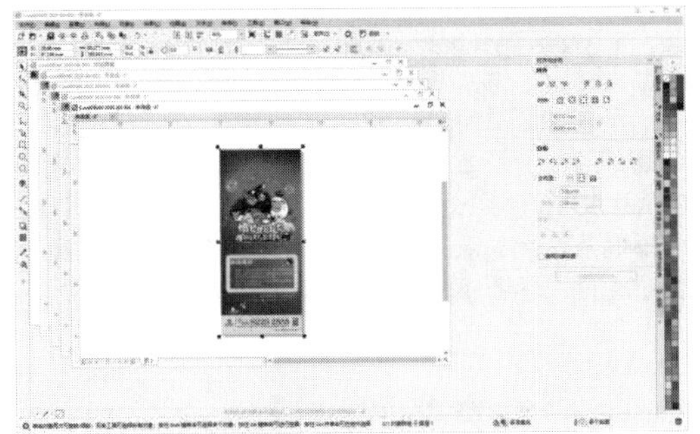

- 【水平平铺】和【垂直平铺】命令：可以在工作区中以水平平铺或垂直平铺的方式显示多个文档窗口。下图所示为水平平铺显示多个窗口。

2.2.5　使用【视图】泊坞窗

用户可以选择【窗口】|【泊坞窗】|【视图】命令，或按 Ctrl+F2 组合键，打开【视图】泊坞窗。

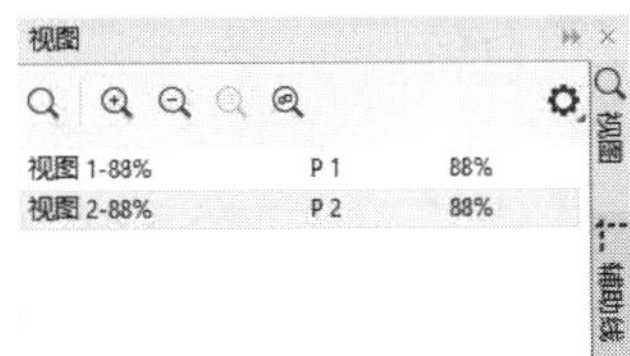

- 【缩放一次】按钮：单击该按钮或按 F2 键，鼠标即可转换为状态，此时单击鼠标左键可放大图像；单击鼠标右键可以缩小图像。
- 【放大】按钮和【缩小】按钮：单击这两个按钮，可以分别为对象执行放大或缩小显示操作。
- 【缩放选定对象】按钮：在选取对象后，单击该按钮或按下 Shift+F2 键，可对选定对象进行缩放。
- 【缩放全部对象】按钮：单击该按钮或按下 F4 键，可将全部对象进行缩放。
- 【添加当前视图】按钮：单击该按钮，可将当前视图保存。
- 【删除当前视图】按钮：选中保存的视图后，单击该按钮，可将视图删除。

2.2.6　使用【缩放】工具

【缩放】工具可以用来放大或缩小视图的显示比例，以方便用户对图形的局部进行浏览和编辑。使用【缩放】工具的操作方法有以下两种。

单击工具箱中的【缩放】工具按钮，当光标变为形状时，在页面上单击鼠标左键，即可将页面逐级放大。

选中【缩放】工具，在页面上按下鼠标左键，拖动鼠标框选出需要放大显示的范围，释放鼠标后即可将框选范围内的视图放大显示，并最大范围地显示在整个工作区中。选择【缩放】工具后，在属性栏中会显示出该工具的相关选项。

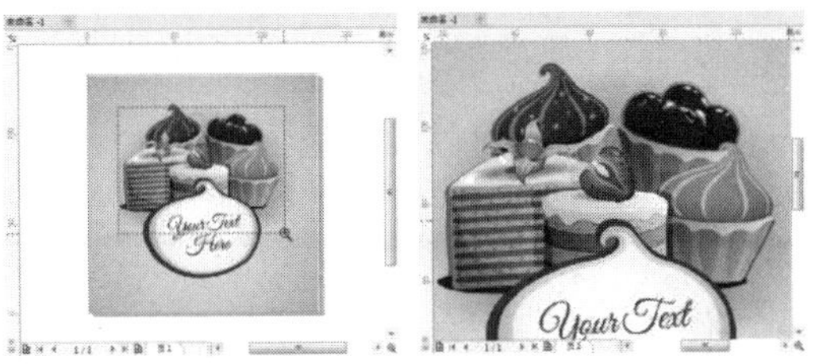

- 单击【放大】按钮，会将视图放大两倍，按下鼠标右键会将视图缩小为原来的 50%。

➤ 单击【缩小】按钮，或按快捷键F3，会将视图缩小为原来的 50%。

➤ 单击【缩放选定对象】按钮，或按快捷键 Shift+F2，会将选定的对象最大化显示在页面上。

➤ 单击【缩放全部对象】按钮，或按快捷键 F4，会将对象全部缩放到页面上，按下鼠标右键，全部对象会缩小为原来的 50%。

➤ 单击【显示页面】按钮，或按快捷键 Shift+F4，会将页面的宽和高最大化全部显示出来。

➤ 单击【按页宽显示】按钮，会最大化地按页面宽度显示，按下鼠标右键会将页面缩小为原来的 50%。

➤ 单击【按页高显示】按钮，会最大化地按页面高度显示，按下鼠标右键会将页面缩小为原来的 50%。

当页面显示超出当前工作区时，可以选择工具箱中的【平移】工具查看页面中的其他部分。选择【平移】工具后，在页面上单击并拖动即可移动页面。

知识点滴

在滚动鼠标中键进行视图缩放或平移时，如果滚动频率不太合适，可以选择【工具】|【选项】|CorelDRAW 命令，打开【选项】对话框，然后在该对话框的左侧列表中选择【显示】选项，显示【显示】设置选项，接着调整【渐变步长预览】数值即可。

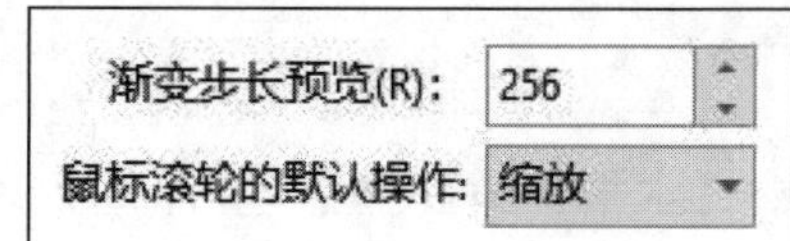

2.3 辅助工具的应用

使用网格、标尺及辅助线功能，可以精确绘图及排列对象。网格可以有助于用户精确绘制及捕捉对象。标尺则可以帮助用户了解对象在绘图窗口内的位置与尺寸。辅助线是可以加入绘图窗口的线条，可帮助用户捕捉对象。这些工具可以在工作界面中显示或隐藏，也可以根据需要重新设置。

2.3.1 应用和设置标尺

标尺是放置在页面上用来测量对象大小、位置等的测量工具。使用标尺工具，可以帮助用户准确地绘制、缩放和对齐对象。

1. 显示与隐藏标尺

在默认状态下，标尺处于显示状态。为方便操作，用户可以设置是否显示标尺。选择【查看】|【标尺】命令，菜单中的【标尺】命令前显示复选标记✔，即说明标尺已显示在工作界面中，反之则标尺被隐藏。用户也可以通过单击标准工具栏中的【显示标尺】按钮显示、隐藏标尺。

2. 标尺的设置

用户可以根据绘图的需要，对标尺显示的单位、原点、刻度记号等进行设置。双击标尺，可打开【选项】对话框。在该对话框中，选择左侧列表中的【标尺】选项，在右侧显示标尺设置选项。

- 【单位】选项区域：在【水平】和【垂直】下拉列表中可选择一种测量单位，默认的单位是【毫米】。
- 【原始】选项区域：在【水平】和【垂直】数值框中输入精确的数值，以自定义坐标原点的位置。
- 【记号划分】选项区域：在数值框中输入数值来修改标尺的刻度记号。输入的数值决定每一段数值之间刻度记号的数量。CorelDRAW 2020 中的刻度记号数量最多为 20，最少为 2。
- 【编辑缩放比例】按钮：单击该按钮，将弹出【绘图比例】对话框，在该对话框的【典型比例】下拉列表中，可选择不同的刻度比例。

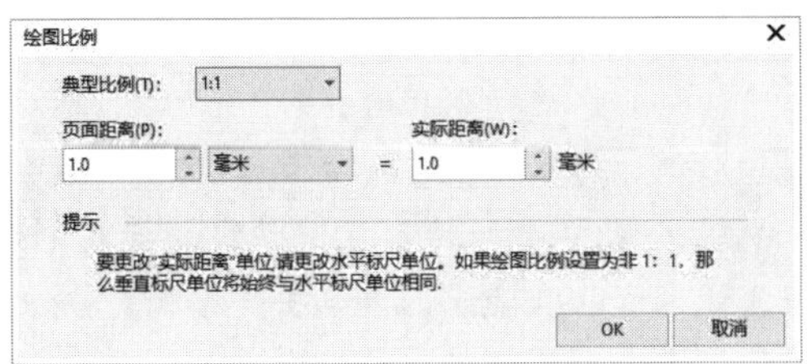

3. 改变标尺原点位置

标尺的原点默认位于绘图页面的左上角，如果用户想要改变原点位置，可以将光标移至水平与垂直标尺的按钮上，按住鼠标左键不放，将原点拖至绘图窗口中，这时会出现两条垂直相交的虚线，拖动原点到需要的位置后释放鼠标，此时原点就被设置到这个位置。

如需恢复标尺原点的默认位置，双击标尺原点按钮即可。

2.3.2　应用和设置辅助线

辅助线是设置在页面上用来帮助用户准确定位对象的虚线。它可以帮助用户快捷、准确地调整对象的位置以及对齐对象等。辅助线可以放置在绘图窗口中的任意位置，可以设置水平、垂直和倾斜 3 种形式的辅助线。在输出文件时，辅助线不会同文件一起被打印出来，但会同文件一起保存。

1. 创建辅助线

用户可以创建水平、垂直和倾斜的辅助线，也可以在页面中对辅助线进行按顺时针或逆时针方向旋转、锁定和删除等操作。将光标移到水平或垂直标尺上，按下鼠标左键并向绘图页面中拖动，拖动到需要的位置后释放鼠标，即可创建辅助线。

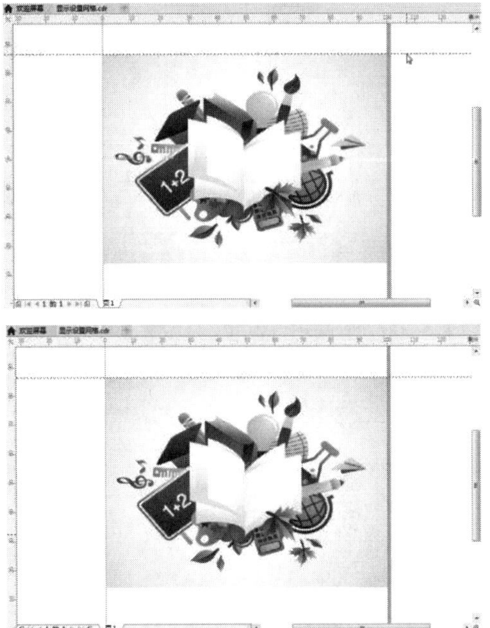

另外，通过【选项】对话框，还可以设置辅助线的颜色。

选择【窗口】|【泊坞窗】|【辅助线】命令，打开【辅助线】泊坞窗。在泊坞窗中可以设置显示、隐藏、创建、编辑、锁定、删除辅助线。

▶【辅助线样式】下拉列表：可以选择辅助线的显示样式。

▶【辅助线类型】下拉列表：可以选择创建水平、垂直或角度辅助线。

▶【辅助线颜色】选项：单击该选项，在弹出的下拉面板中可以选择所创建辅助线的颜色。

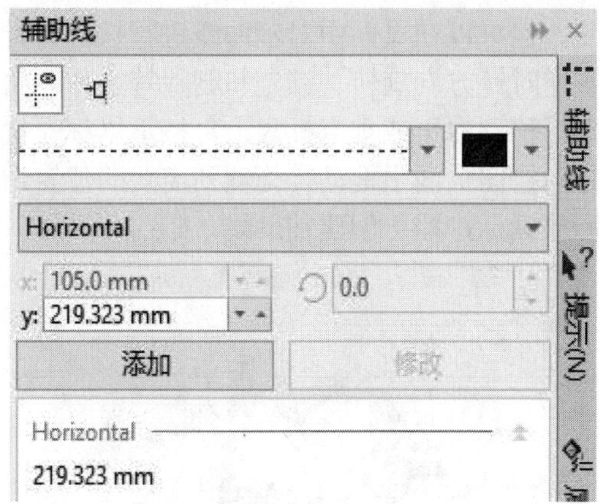

【例 2-4】精确添加辅助线。
视频+素材 (素材文件\第 02 章\例 2-4)

step 1 在CorelDRAW中，选择【文件】|【打开】命令，打开绘图文档。

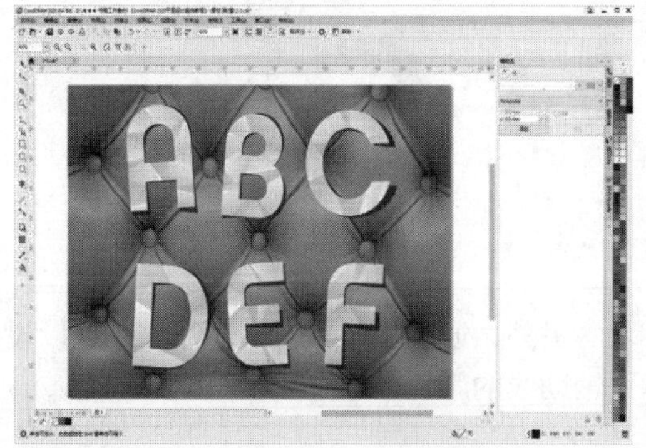

step 2 选择【布局】|【文档选项】命令，打开【选项】对话框。在【选项】对话框左侧列表中，选择【辅助线】选项，在右侧选项区域中单击【Horizontal】选项卡，在下方的Y数值框中输入需要添加的水平辅助线的标尺刻度值3毫米。单击【添加】按钮，将数值添加到右侧的数值框中。

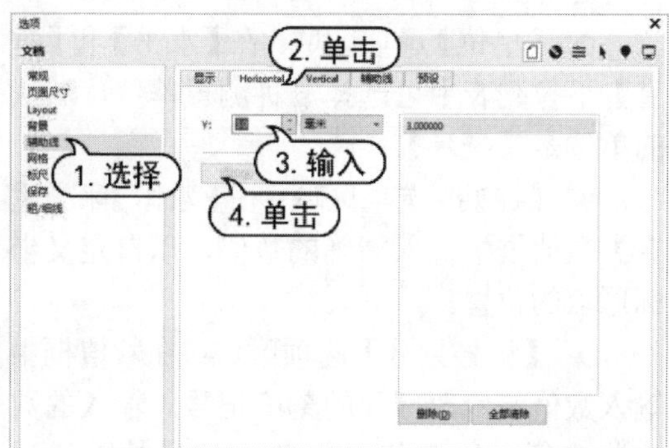

step 3 再在Y数值框中，输入需要添加的水平辅助线的标尺刻度值207毫米。单击【添加】按钮，将数值添加到右侧的数值框中。

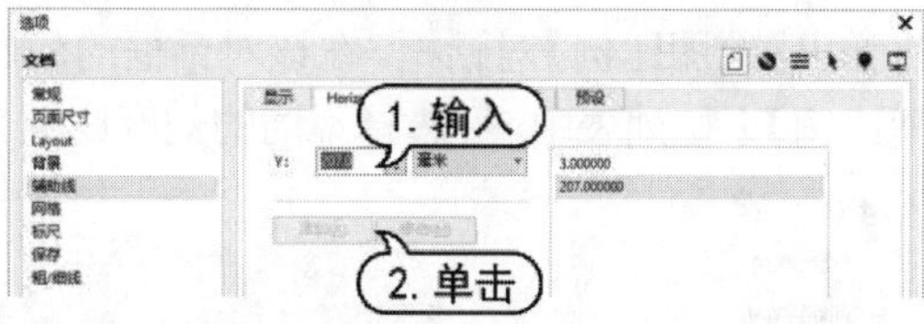

step 4 单击【Vertical】选项卡，在X数值框中，分别输入需要添加的垂直辅助线的标尺刻度值3毫米和294毫米，再单击【添加】按钮，将数值添加到右侧的数值框中。

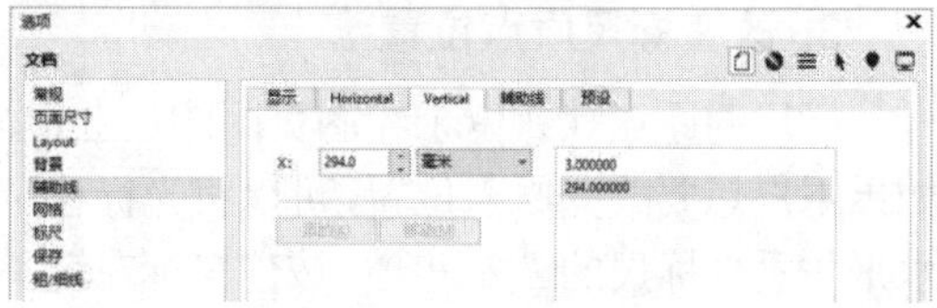

step 5 单击【辅助线】选项卡，在【类型】下拉列表中选择【角度和1点】选项，在X数值框中输入148.5毫米，在Y数值框中输入105毫米，在【角度】数值框中输入指定的角度30度，再单击【添加】按钮。

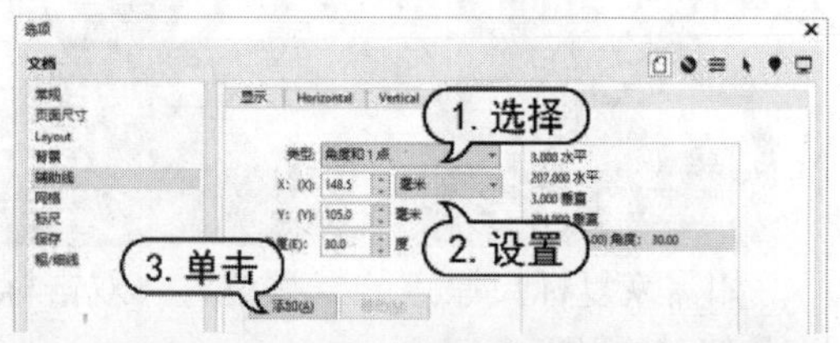

实用技巧

【类型】下拉列表中的【2点】选项是指要连成一条辅助线的两个点。选择该选项后，在【选项】对话框中分别输入两点的坐标数值。【角度和1点】选项是指可以指定的某个点和角度，辅助线以指定的角度穿过该点。

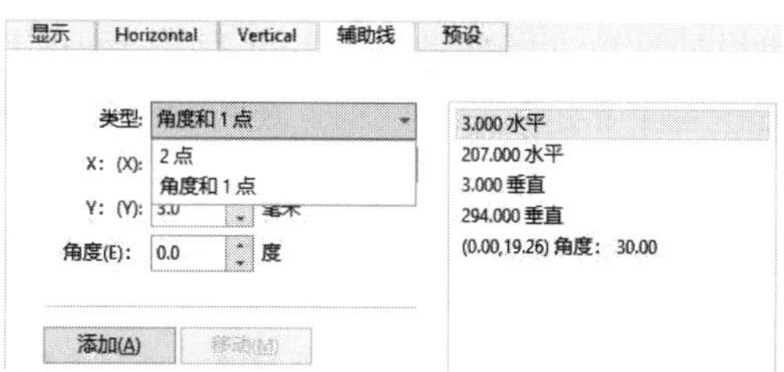

step 6 设置好所有的选项后，单击【选项】对话框中的OK按钮，即可完成添加辅助线的操作。

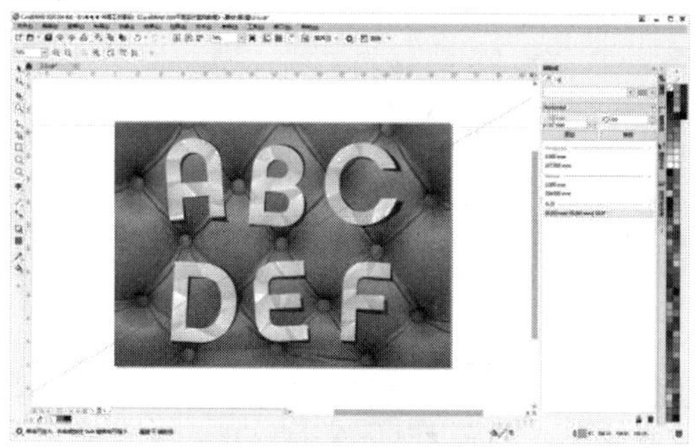

2. 显示和隐藏辅助线

用户可以设置是否显示辅助线。选择【查看】|【辅助线】命令，【辅助线】命令前显示复选标记✔，即添加的辅助线显示在绘图窗口中，否则将被隐藏。用户也可以通过单击标准工具栏中的【显示辅助线】按钮显示、隐藏辅助线。

3. 预设辅助线

预设辅助线是 CorelDRAW 2020 应用程序为用户提供的一些辅助线设置样式。在【选项】对话框中选择【辅助线】选项的【预设】选项卡，默认状态下，【预设类型】下拉列表会选中【Corel 预设】选项，其中包括【一厘米页边距】【出血区域混合】【页边框】【可打印区域】【三栏通讯】【基本网格】和【左上网格】等预设辅助线选项。选择好需要的选项后，单击 OK 按钮即可。

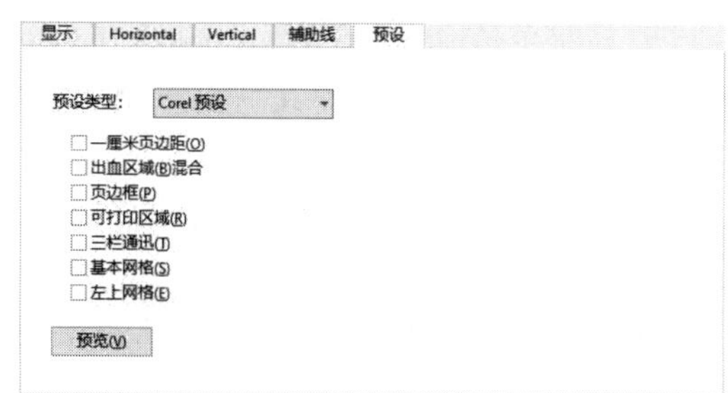

在【预设类型】下拉列表中选择【用户定义的预设】选项后，显示自定义设置选项。

- 页边距：辅助线离页面边缘的距离。选中该复选框，在【上】【左】旁的数值框中输入页边距的数值，则【下】【右】旁边的数值框中自动输入相同的数值。取消选中【镜像页边距】复选框，可以输入不同的页边距数值。
- 列：指将页面垂直分栏。【栏数】是指页面被划分成栏的数量；【间距】是指每两栏之间的距离。
- 网格：在页面中设置由水平和垂直辅助线相交形成网格的形式。可通过【频率】和【间距】选项来修改网格设置。

4. 辅助线的使用

辅助线的使用包括辅助线的选择、旋转、锁定和删除等。具体使用方法如下。

- 选择单条辅助线：使用【选择】工具单击辅助线，则该条辅助线呈红色被选中状态。
- 选择所有辅助线：选择【编辑】|【全选】|【辅助线】命令，则全部的辅助线呈红色被选中状态。
- 旋转辅助线：使用【选择】工具单击辅助线中央，当显示旋转手柄时，将鼠标移到旋转手柄上按下左键不放，拖动鼠标即可对辅助线进行旋转。
- 对齐辅助线：为了在绘图过程中对图形进行更加精准的操作，可以选择【查看】|【对齐辅助线】命令，或者单击标准工具栏中的【贴齐】按钮，从弹出的下拉列表中选中【辅助线】复选框，来开启对齐辅助线功能。打开对齐辅助线功能，移动选定的对象时，图形对象中的节点将向距离最近的辅助线及其交叉点靠拢对齐。
- 锁定辅助线：选取辅助线后，选择【对象】|【锁定】|【锁定】命令，或单击属性栏或泊坞窗中的【锁定辅助线】按钮，该辅助线即被锁定，这时将不能对它进行移动、删除等操作。
- 解锁辅助线：将光标对准锁定的辅助线，右击，在弹出的快捷菜单中选择【解锁】命令即可。
- 删除辅助线：选择辅助线，然后按Delete键即可。

2.3.3　应用和设置网格

网格是由均匀分布的水平和垂直线组成的，使用网格可以在绘图窗口中精确地对齐和定位对象。通过指定频率或间隔，可以设置网格线或点之间的距离，从而使定位更加精确。

1. 显示和隐藏网格

默认状态下，网格处于隐藏状态。用户可以通过单击标准工具栏中的【显示网格】按钮来显示、隐藏网格，还可以根据绘图需要自定义网格的频率和间距。

【例 2-5】在绘图文档中显示与设置网格。
视频+素材 (素材文件\第 02 章\例 2-5)

step 1 在CorelDRAW中，选择【文件】|【打开】命令，打开绘图文档。

step 2 在工作区中的页面边缘的阴影上双击鼠标左键，打开【选项】对话框。在该对话框左侧列表中选择【网格】选项。

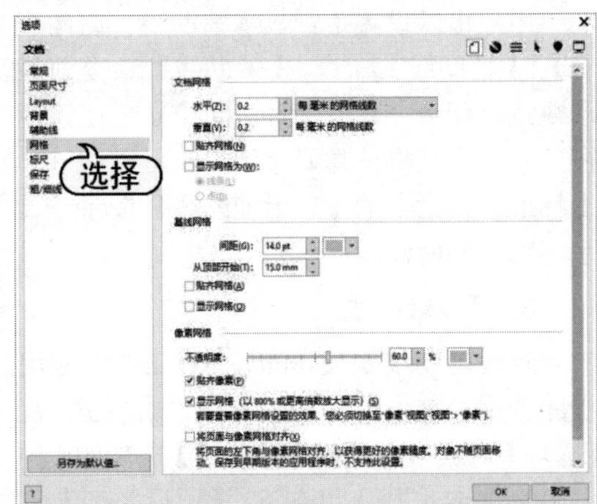

step 3 默认状态下，【文档网格】选项区域中的【显示网格为】复选框处于取消选中状态，此时在工作区中不显示网格。要显示网格，只需选中该复选框即可。在【文档网格】选项区域右侧的下拉列表中选择【毫米间距】选项，在【水平】和【垂直】数值框中输入相应的数值 10。

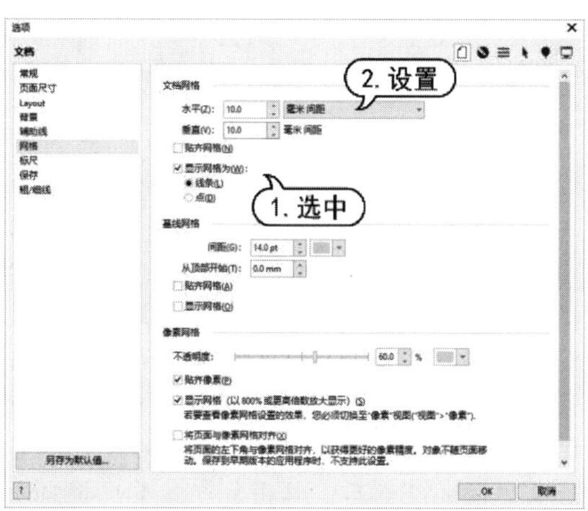

step 4　选项设置完成后，单击OK按钮关闭【选项】对话框，即可在绘图文档中显示设置后的网格效果。

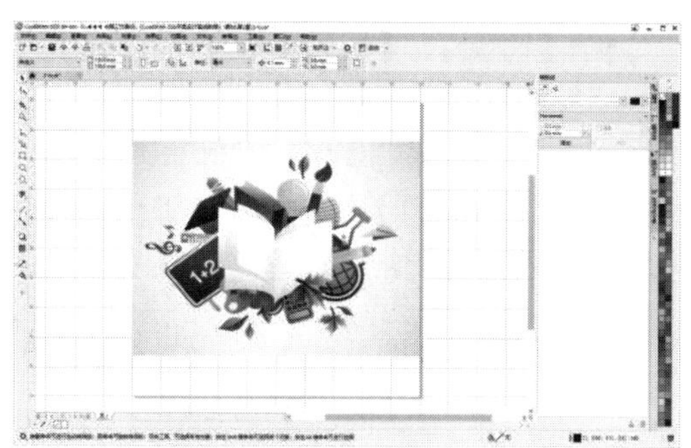

2. 贴齐网格

要设置对齐网格功能，单击标准工具栏中的【贴齐】按钮，从弹出的下拉列表中选择【文档网格】或【基线网格】选项，或者选择【查看】|【贴齐】|【文档网格】或【基线网格】命令即可。打开对齐网格功能后，移动选定的图形对象时，系统会自动将对象中的节点按网格点对齐。

2.4　标注图形的方法

使用度量工具可以方便、快捷地测量出对象的水平、垂直距离，倾斜角度，以及为图形对象添加说明性标注等。在【平行度量】工具上按下鼠标左键不放，即可展开工具组，其中包括【平行度量】【水平或垂直度量】【角度尺度】和【线段度量】4 种度量工具。

2.4.1　使用【平行度量】工具标注图形

【平行度量】工具用于为对象测量两个节点之间的实际距离并添加标注。要绘制一条平行度量线，单击开始线条的点，然后拖动至度量线的终点；松开鼠标，然后沿水平或垂直方向移动指针来确定度量线的位置。

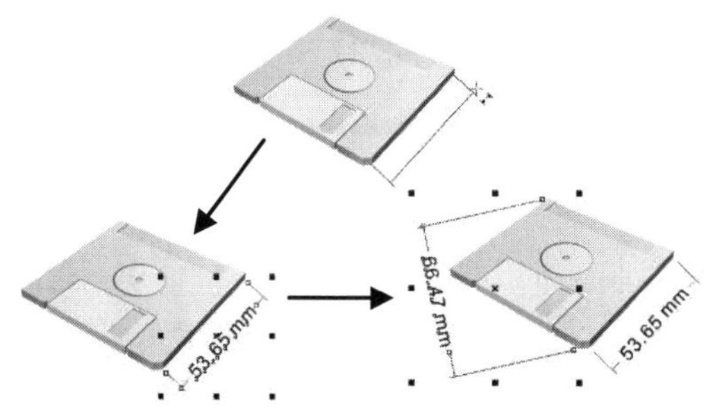

选择【平行度量】工具后，用户可以通过属性栏来设置度量线的外观。

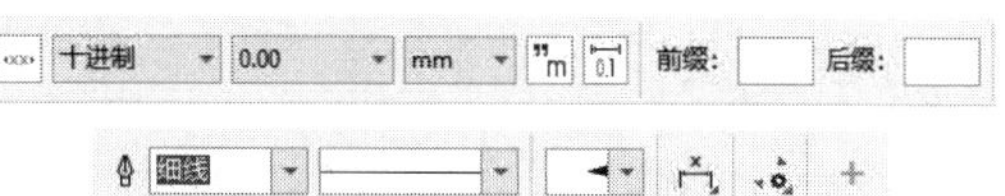

- 【度量样式】：在下拉列表中可以选择度量线的样式，默认情况下使用【十进制】样式进行度量。
- 【度量精度】选项：在下拉列表中选择度量线的测量精度，方便用户得到精确的测量结果。
- 【尺寸单位】：在下拉列表中选择度量线的测量单位。
- 【显示单位】按钮：单击该按钮，可在度量线文本后显示测量单位。
- 【显示前导零】：当值小于 1 时在度量线测量中显示前导零。

- 【前缀】/【后缀】文本框：在其中输入相应的前缀或后缀文字，可在测量文本中显示前缀或后缀。
- 【文本位置】按钮：在弹出的下拉列表中可依据度量线定位度量标注文本。

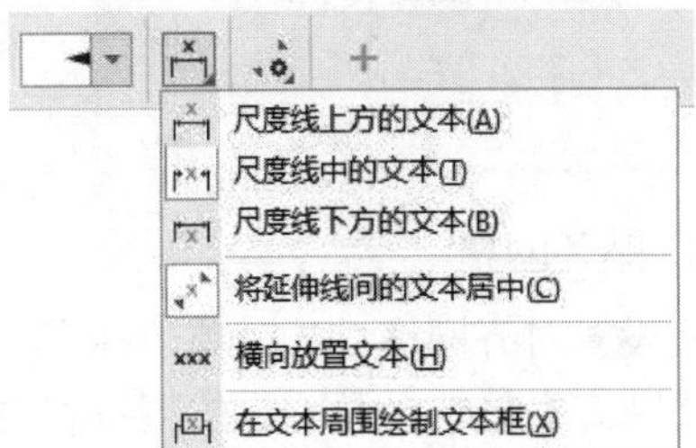

- 【延伸线选项】按钮：在弹出的下拉面板中可以自定义延伸线样式。

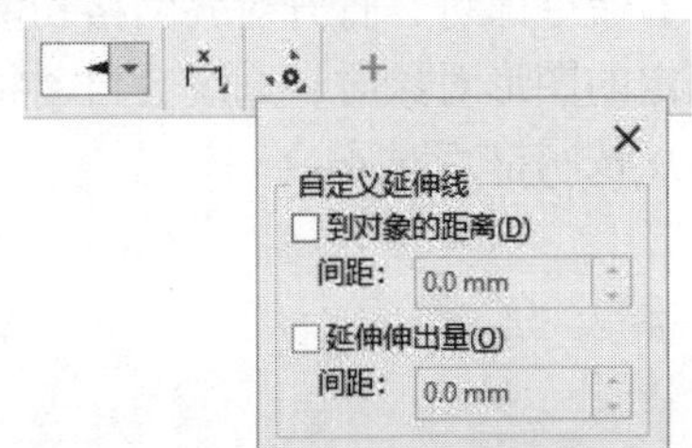

【例 2-6】使用【平行度量】工具测量对象。
视频+素材 (素材文件\第 02 章\例 2-6)

step① 选择【文件】|【打开】命令，打开图像文件。

step② 在工具箱中选择【平行度量】工具，在对象边缘的端点上单击鼠标，移动光标至边缘的另一端点并单击，出现尺寸线后，在尺寸线的垂直方向上拖动尺寸线，调整好尺寸线与对象之间的距离后，单击鼠标，系统将自动添加尺寸线。

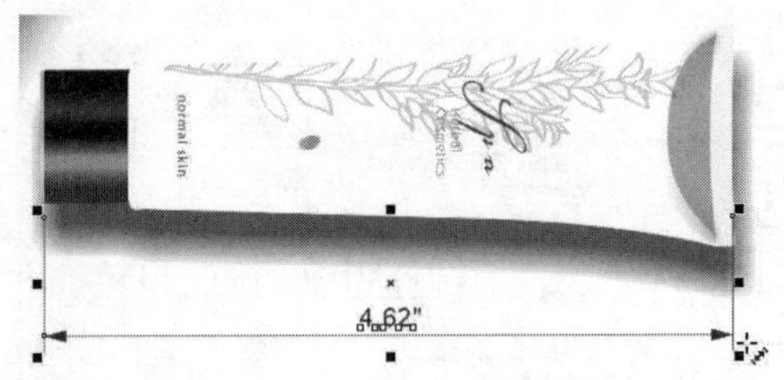

step③ 继续使用【平行度量】工具，在对象边缘的端点上单击鼠标，移动光标至边缘的另一端点并单击，出现尺寸线后，在尺寸线的垂直方向上拖动尺寸线，调整好尺寸线与对象之间的距离后，单击鼠标，系统将自动添加尺寸线。

step④ 使用【选择】工具选中添加的尺寸线，再选择【平行度量】工具，在属性栏的【度量精度】下拉列表中选择 0，在【度量单位】下拉列表中选择【毫米】，在【前缀】文本框中输入“尺寸”，调整尺寸线。

十进制 | 0 | 毫米 | 前缀：尺寸 | 后缀：

step⑤ 选择【选择】工具，选中尺寸线上的文字标注，并在属性栏中设置标注文字的字体为黑体，字体大小为 16pt。

黑体 | 16 pt

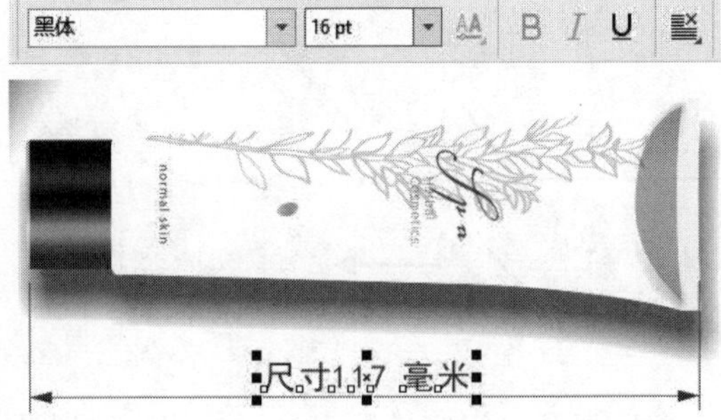

2.4.2　使用【水平或垂直度量】工具标注图形

使用【水平或垂直度量】工具可以标注出对象的垂直距离和水平距离。其使用方法与【平行度量】工具基本相同。

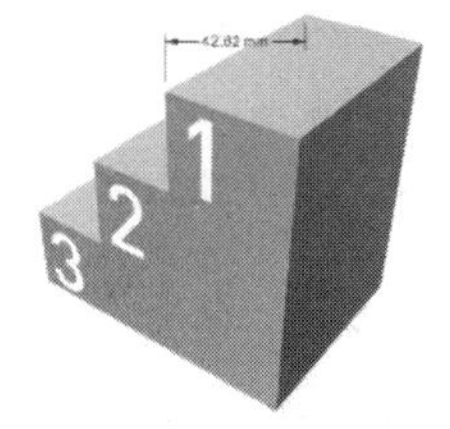

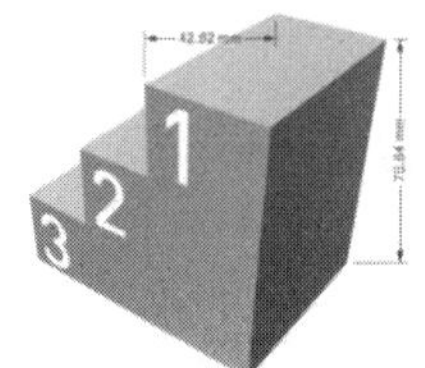

实用技巧

在使用该工具时按 Ctrl 键，可按在 15° 的整数倍方向上移动标注线。

2.4.3　使用【角度尺度】工具标注图形

使用【角度尺度】工具可准确地测量出所定位的角度。要绘制角度量线，先在想要测量角度的两条线相交的位置单击，然后拖动至要结束第一条线的位置，释放鼠标，将光标移动至要结束第二条线的位置，达到正确角度后双击鼠标即可。

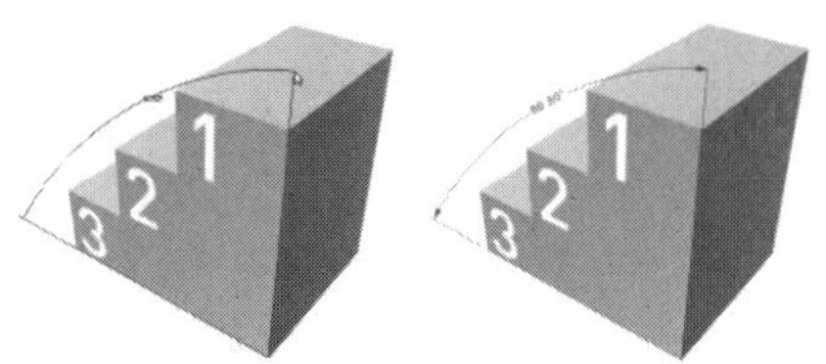

在使用【角度尺度】工具前，可以在属性栏中设置角的单位，包括【度】【°】【弧度】和【粒度】。

2.4.4　使用【线段度量】工具标注图形

【线段度量】工具用于自动捕捉并测量两个节点间线段的距离。使用【线段度量】工具不仅可以测量单一线段的距离，而且可以度量连续线段的距离。

- 度量单一线段：使用【线段度量】工具在要测量的线段上任意位置单击，然后，将光标移动至要放置度量线的位置，在要放置尺寸文本的位置单击即可度量线段。

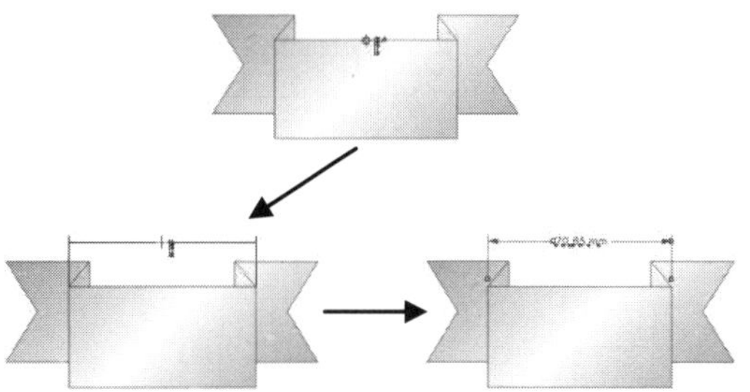

- 度量连续线段：当需要度量多条连续的线段时，可以在选择【线段度量】工具后，在属性栏中单击【自动连续度量】按钮，框选连续测量的所有节点，释放鼠标后移动鼠标光标来确定标注位置，单击即可完成测量。

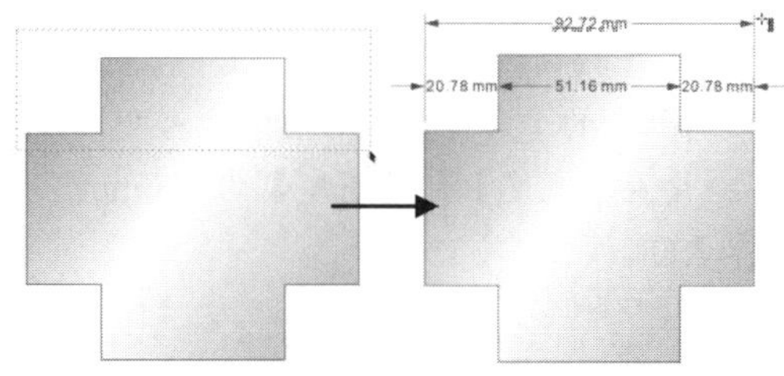

2.4.5　使用【2 边标注】工具

【2 点标注】工具可以快捷地为对象添加文字性的标注说明。要绘制标注线，首先单击要放置箭头的位置，然后将光标移动至要结束第一条线段的位置，释放鼠标，最后单击结束第二条线段，再输入标注文字即可。

在【2 点标注】工具属性栏中可以设置标注线样式效果。

▶【标注形状】选项：单击该下拉按钮，可以从弹出的下拉列表中选择标注线样式。

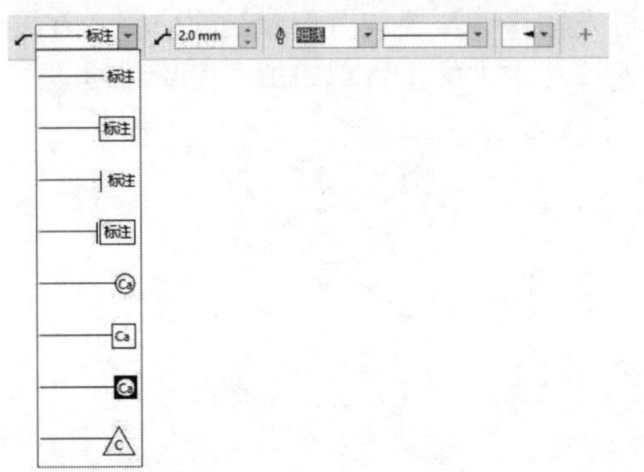

▶【间隙】数值框：输入数值可设置文本和标注图形之间的距离。

▶【起始箭头】选项：单击该下拉按钮，可以从弹出的下拉列表中选择标注线起始端箭头的样式。

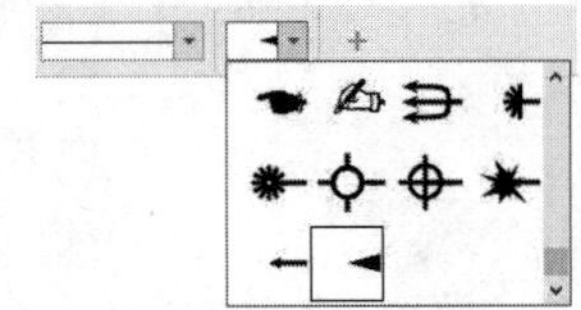

2.5 案例演练

本章的案例演练通过新建文档，使用户更好地掌握新建文档，设置版面、页码、辅助线等的基本操作方法和技巧。

【例 2-7】新建一个版式文档并进行保存。
视频+素材 (素材文件\第 02 章\例 2-7)

step ① 启动CorelDRAW，单击标准工具栏中的【新建】按钮，打开【创建新文档】对话框。在该对话框的【名称】文本框中输入“新建版式”，设置【宽度】和【高度】为 100mm，然后单击OK按钮。

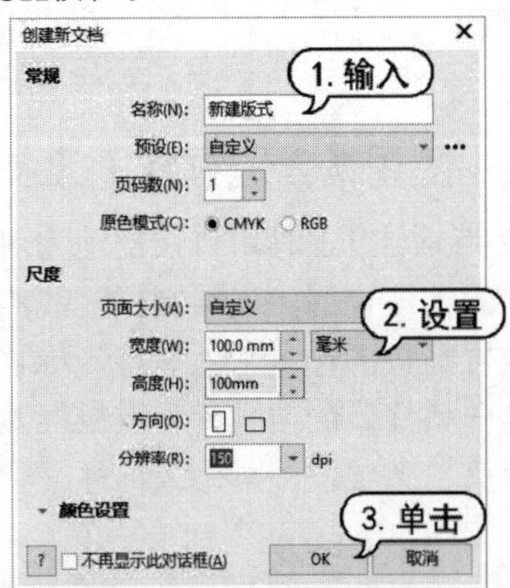

step ② 单击标准工具栏中的【导入】按钮，打开【导入】对话框。在该对话框中选中需要导入的图像，单击【导入】按钮。然后在绘图页面中单击，导入图像。

step ③ 选择【窗口】|【泊坞窗】|【对齐与分布】命令，打开【对齐与分布】泊坞窗。在泊坞窗的【对齐】选项组中单击【页面中心】按钮，然后单击【水平居中对齐】按钮和【垂直居中对齐】按钮。

step 4 选择【布局】|【插入页面】命令，打开【插入页面】对话框。在该对话框中设置【页码数】数值为1，选中【之后】单选按钮，然后单击OK按钮。

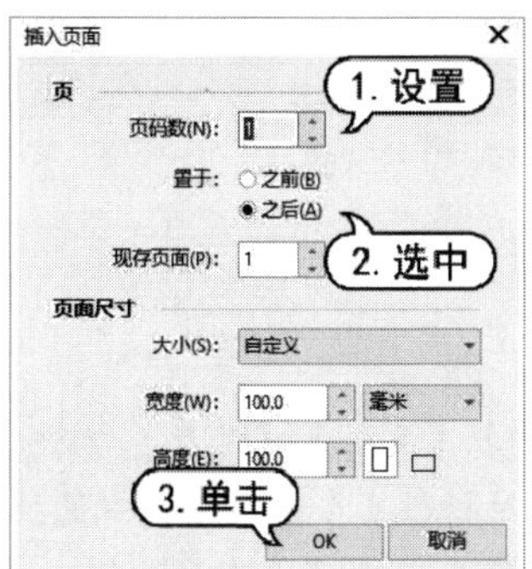

step 5 单击标准工具栏中的【导入】按钮，打开【导入】对话框。在该对话框中选中需要导入的图像，单击【导入】按钮。然后在绘图页面中单击，导入图像。

step 6 在属性栏中单击【锁定比率】按钮，设置【缩放因子】数值为30%，然后调整导入的图像的位置。

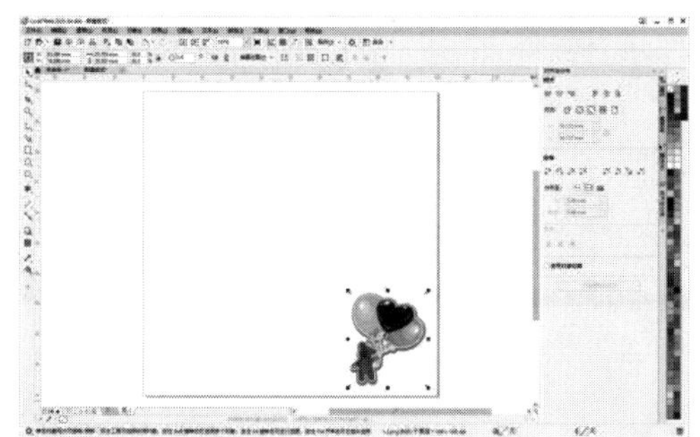

step 7 选择【布局】|【插入页码】|【位于活动图层】命令插入页码，并调整页码在绘图页面中的位置。

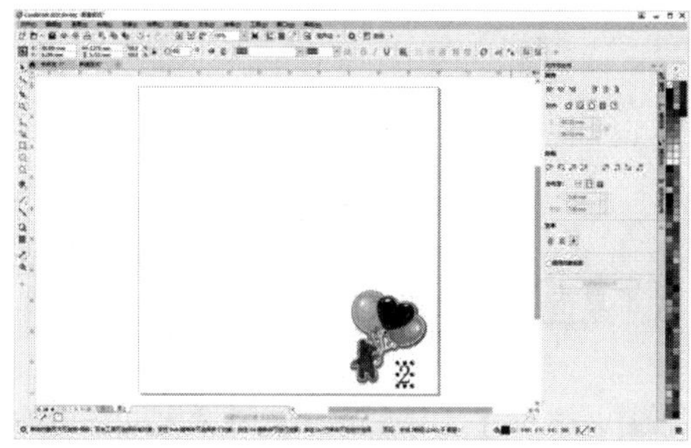

step 8 选择【布局】|【页码设置】命令，打开【页码设置】对话框。在该对话框中，设置【起始页】数值为2，在【样式】下拉列表中选择一种页码样式，然后单击OK按钮应用设置。

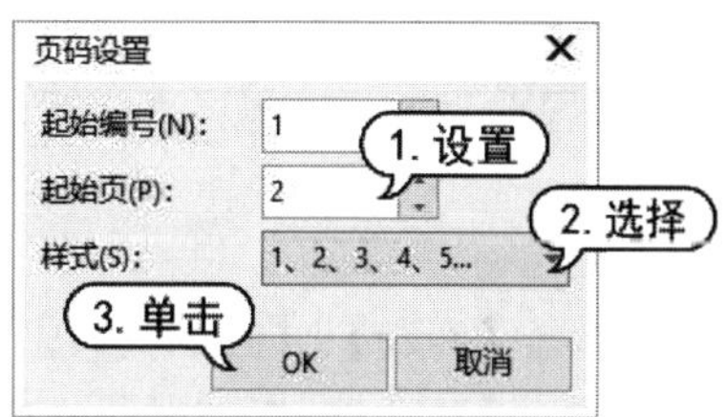

step 9 选择【文本】工具，选中插入的页码并输入文字内容，在属性栏的字体列表中选择Adobe Gothic Std B，字体大小为12pt，在调色板中单击青色色板。

step 10 选择【窗口】|【泊坞窗】|【辅助线】命令，打开【辅助线】泊坞窗。在【辅助线】泊坞窗的【辅助线类型】下拉列表中选择【Horizontal】选项，设置y数值为4mm，然后单击【添加】按钮添加辅助线。

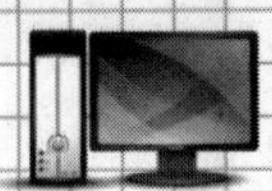

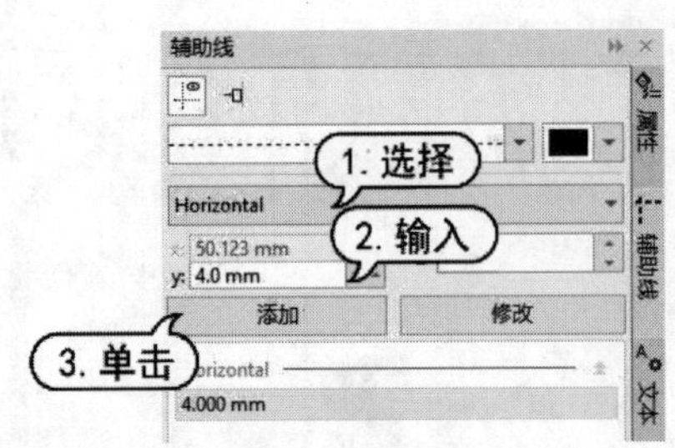

step 11 使用【选择】工具选中页码，并根据刚创建的辅助线调整其位置。

step 12 选择【布局】|【再制页面】命令，打开【再制页面】对话框。在该对话框中选中【在选定的页面之后】和【复制图层及其内容】单选按钮，然后单击OK按钮生成页 3。

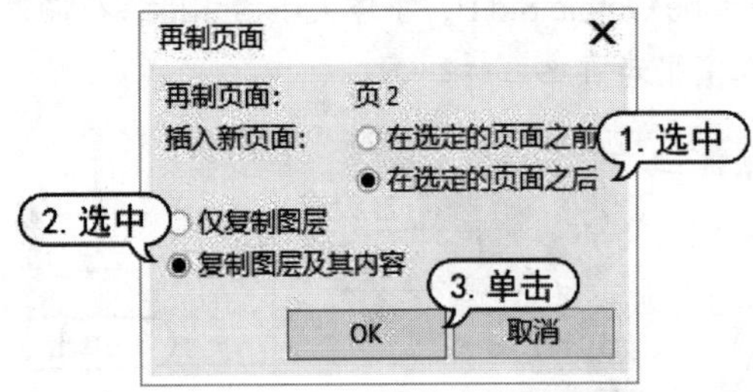

step 13 选择【查看】|【页面排序器视图】命令，打开页面排序器视图进行查看。

step 14 选择【文件】|【保存】命令，打开【保存绘图】对话框。在该对话框中选择文件的保存路径，然后单击【保存】按钮。

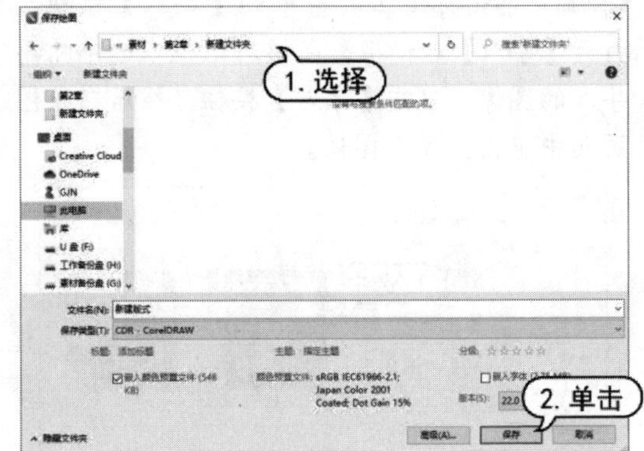

第 3 章

绘制基本矢量图形

在 CorelDRAW 中可以使用绘图工具直接绘制规则图形，这是使用 CorelDRAW 绘制图形中最为基础的部分，熟练掌握这些图形的绘制方法，可以为绘制更加复杂的图形打下坚实的基础。

本章对应视频

例 3-1 绘制手机
例 3-2 绘制 CD 封套
例 3-3 绘制绚丽花朵
例 3-4 绘制艺术名片
例 3-5 绘制条幅图形
例 3-6 绘制流程图
例 3-7 绘制标贴

3.1 应用几何图形工具

在 CorelDRAW 中，使用形状工具可以很容易地绘制出一些基本形状，如矩形、椭圆形、星形和螺纹等。

3.1.1 应用【矩形】和【3 点矩形】工具

使用【矩形】工具□和【3点矩形】工具□都可以绘制出用户所需要的矩形或正方形，并且通过设置属性栏还可以绘制出圆角、扇形角和倒棱角矩形。

1. 【矩形】工具

要绘制矩形，在工具箱中选择【矩形】工具后，在绘图页面中按下鼠标并拖动出一个矩形轮廓，拖动矩形轮廓范围至合适大小时释放鼠标，即可创建矩形。

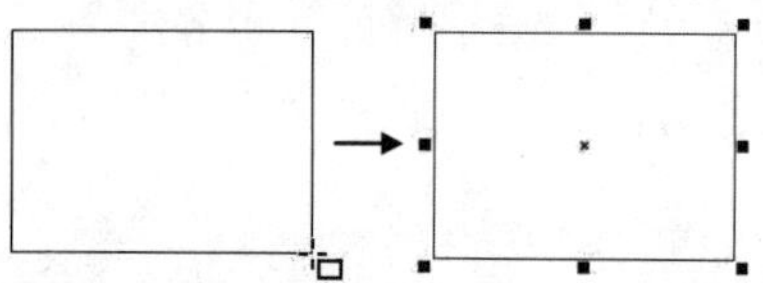

在绘制矩形时，按住 Ctrl 键并按下鼠标拖动，可以绘制出正方形。用户也可以在属性栏中输入相同的宽度和高度数值将矩形变为正方形。

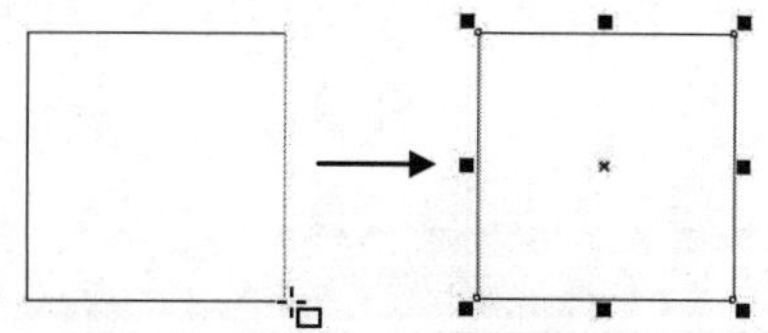

实用技巧

在绘制时按住 Shift 键可以起始点为中心开始绘制一个矩形，同时按住 Shift 和 Ctrl 键则可以起始点为中心绘制正方形。

绘制好矩形后，选择【形状】工具，将光标移至所选矩形的节点上，拖动其中任意一个节点，均可得到圆角矩形。

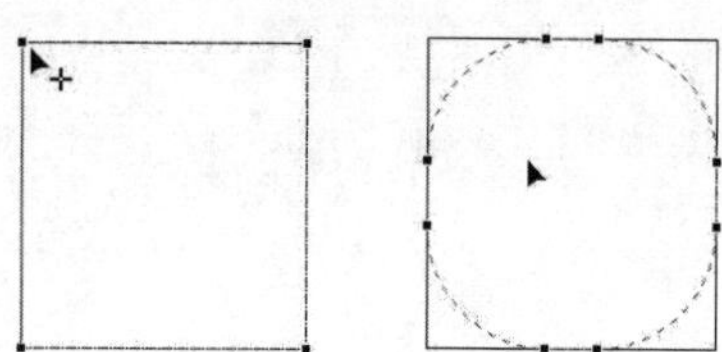

选择【矩形】工具后，属性栏显示为【矩形】工具属性栏。在该属性栏中通过设置【对象大小】参数选项，用户不仅可以精确地绘制矩形或正方形，而且还可以绘制出不同角度的矩形或正方形。

X:	27.175 mm	80.0 mm	99.2	%
Y:	-77.584 mm	50.0 mm	86.4	%

知识点滴

属性栏中除提供了【圆角】按钮□外，还提供了【扇形角】按钮□和【倒棱角】按钮□，单击相应按钮可变换角效果。

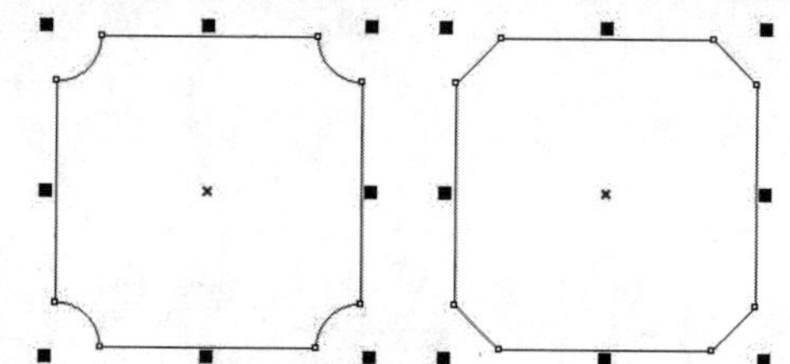

2. 【3 点矩形】工具

在 CorelDRAW 2020应用程序中，用户还可以使用工具箱中的【3点矩形】工具绘制矩形。单击工具箱中的【矩形】工具图标右下角的黑色小三角按钮，在打开的工具组中选择【3点矩形】工具；然后在工作区中按下鼠标并拖动至合适位置时释放鼠标，创建出矩形图形的一边；再移动光标设置矩形图形另外一边的长度范围，在合适位置单击即可绘制矩形。

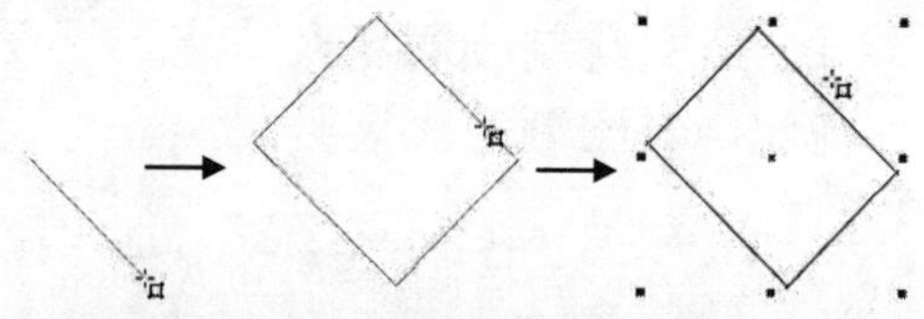

【例 3-1】使用【矩形】工具绘制手机。
视频+素材 (素材文件\第 03 章\例 3-1)

step 1 按Ctrl+N组合键，打开【创建新文档】对话框。在该对话框的【名称】文本框中输入“绘制手机”，设置【宽度】为 103mm，【高度】

为 173mm，然后单击OK按钮。

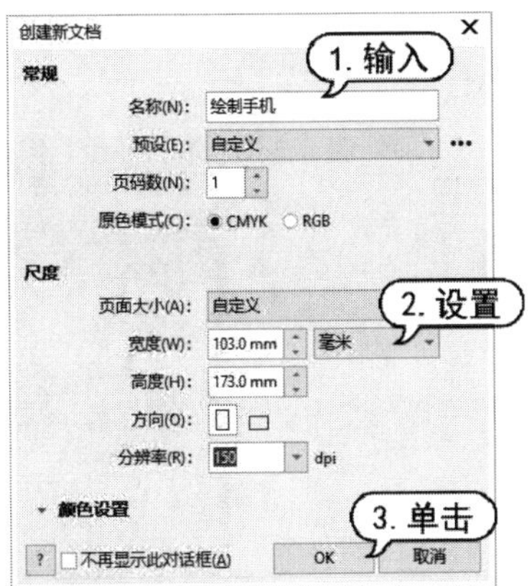

step 2 选择【布局】|【页面背景】命令，打开【选项】对话框。在该对话框中选中【纯色】单选按钮，再单击右侧的颜色挑选器按钮，在弹出的下拉面板中单击【10%黑】色板，然后单击OK按钮。

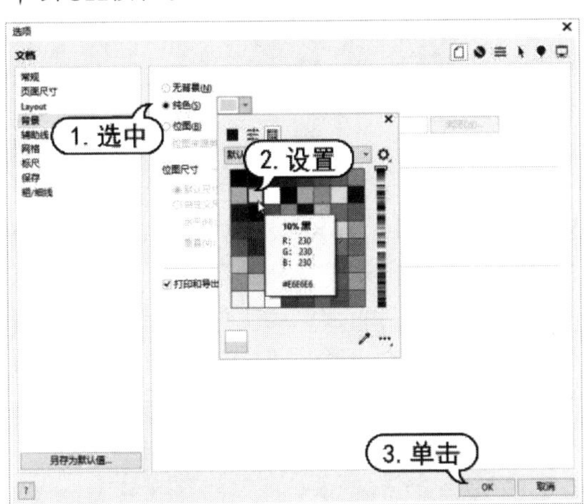

step 3 在标准工具栏中单击【显示网格】按钮。在工具箱中选择【矩形】工具，在工作区中绘制一个矩形。然后在属性栏中取消选中【锁定比率】按钮，选中对象原点为左上角参考点；设置【对象大小】选项中的【宽度】为 75mm，【高度】为 140mm；单击【圆角】按钮，将【圆角半径】全部设置为 10mm。

step 4 在属性栏中设置【轮廓宽度】为 0.5pt；然后在调色板中单击【白】色板填充刚绘制的圆角矩形，按Alt键单击【70%黑】色板设置轮廓色。

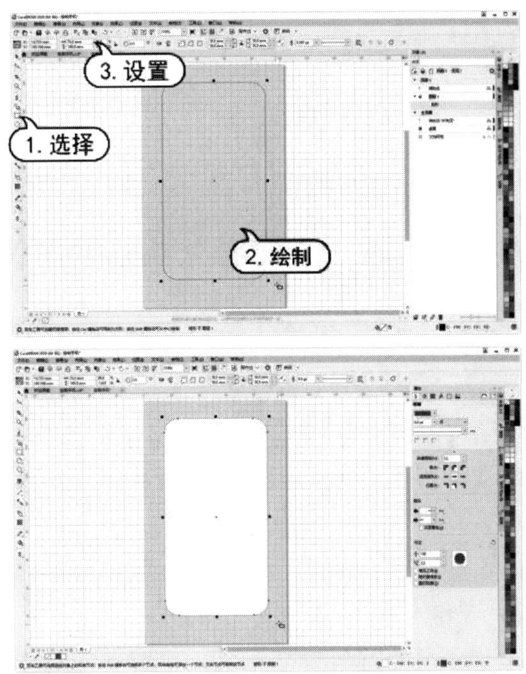

step 5 按Ctrl+C组合键复制刚绘制的圆角矩形，按Ctrl+V组合键进行粘贴。在属性栏中选中对象原点为中央参考点；设置【对象大小】选项中的【宽度】为 74mm，【高度】为 139mm；然后在调色板中单击【黑】色板填充刚复制的圆角矩形。

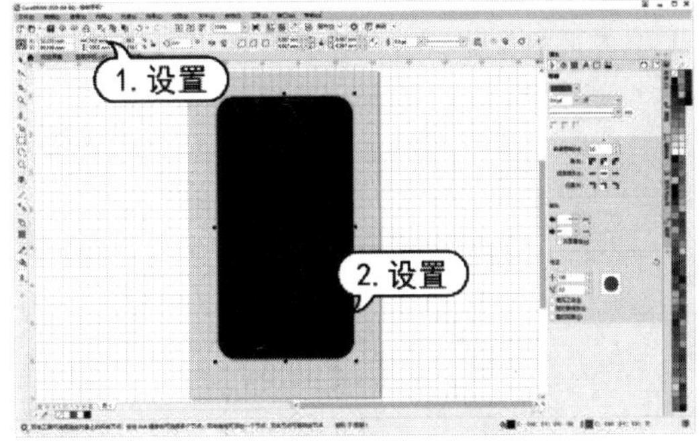

step 6 按Ctrl+C组合键复制步骤(5)创建的圆角矩形，按Ctrl+V组合键进行粘贴。在属性栏中设置【对象大小】选项中的【宽度】为 66mm，【高度】为 105mm；将【圆角半径】全部设置为 0mm；然后在调色板中单击【30%黑】色板填充刚创建的矩形。

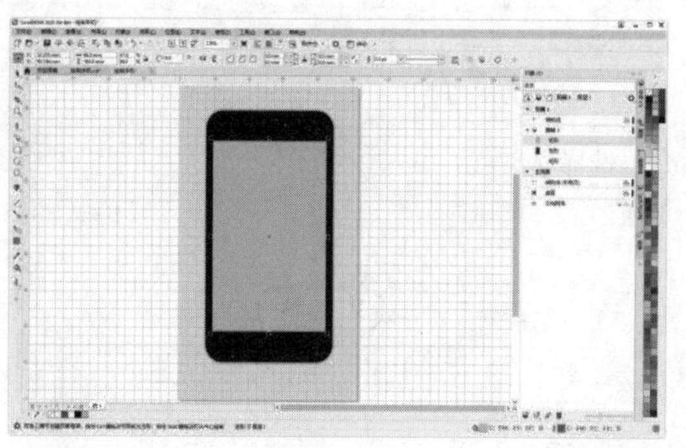

step 7 在标准工具栏中单击【导入】按钮，打开【导入】对话框。在该对话框中选择所需要的图像文件，单击【导入】按钮。然后在工作区中单击，导入图像。

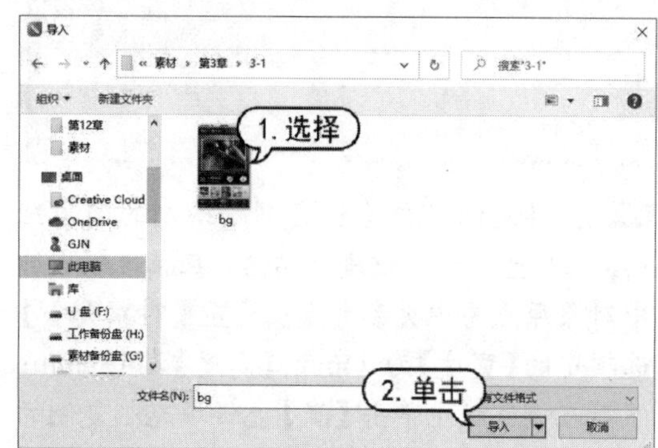

step 8 选择【对象】|【PowerClip】|【置于图文框内部】命令，当显示黑色箭头时，单击步骤(6)创建的矩形，将导入的图像置于矩形中。

step 9 在工作区左上角的浮动工具栏中单击【调整内容】按钮，在弹出的下拉列表中选择【按比例填充】命令。

step 10 选择【椭圆形】工具，按住Ctrl键，在工作区中拖动绘制圆形。在属性栏中单击【锁定比率】按钮，设置对象大小的【宽度】为12mm；然后在调色板中单击【30%黑】色板进行填充。

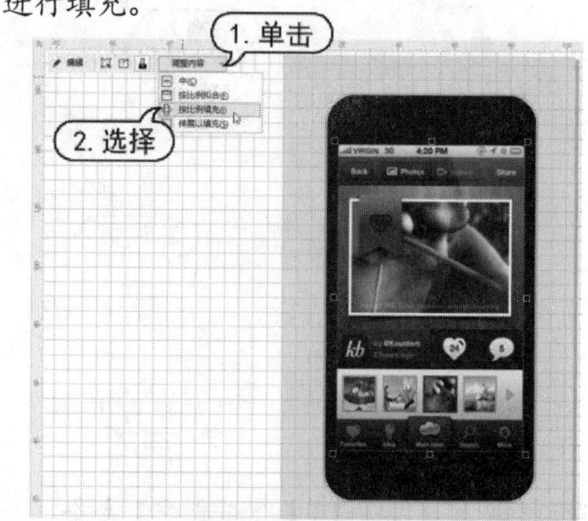

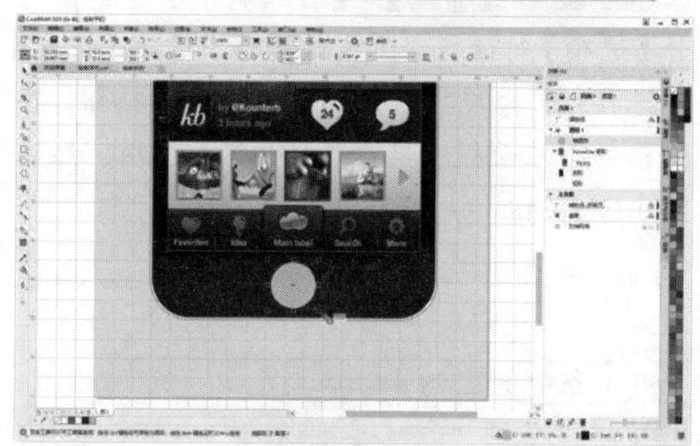

step 11 选择【交互式填充】工具，在属性栏中单击【渐变填充】按钮，在图形上显示渐变控制柄。单击渐变控制柄上的起始节点，在显示的浮动工具栏中单击【节点颜色】选项，在弹出的下拉面板中设置渐变颜色为【70%黑】。

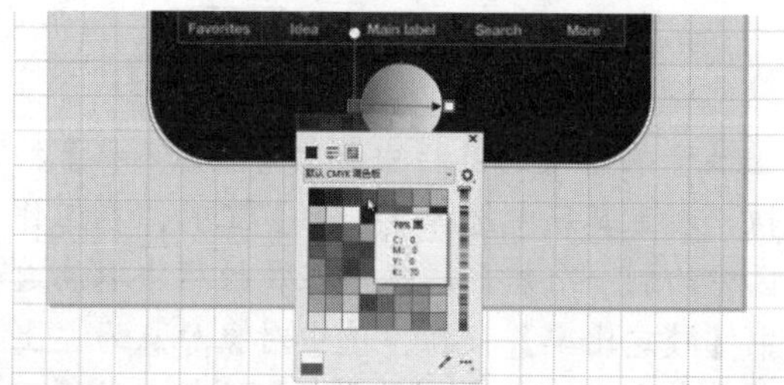

step 12 单击渐变控制柄上的结束节点，在显示的浮动工具栏中单击【节点颜色】选项，在弹出的下拉面板中设置渐变颜色为黑色，然后按Esc键结束操作。

step 13 选择【矩形】工具，按Shift+Ctrl组合键拖动绘制矩形，并在属性栏中设置对象大小的【宽度】和【高度】为4mm，【圆角半径】

全部为 0.5mm，【轮廓宽度】为 0.75pt；然后在调色板中，按住Alt键并单击【60%黑】色板设置轮廓色。

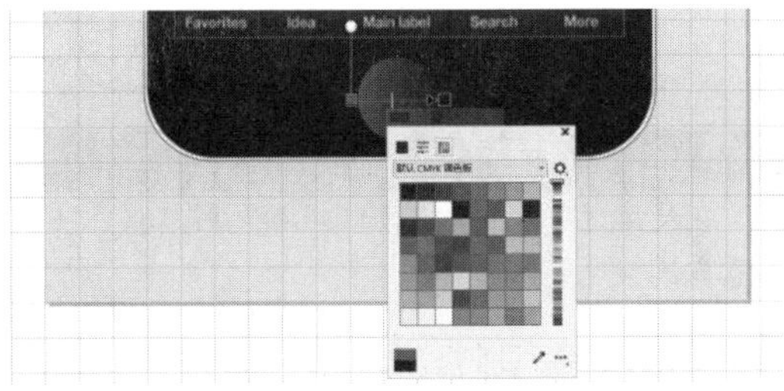

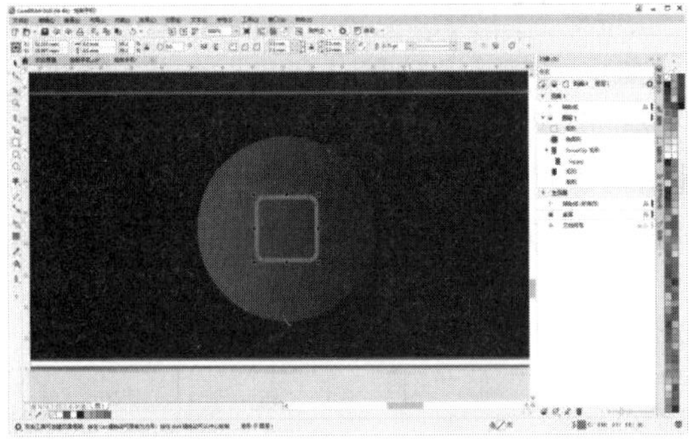

step 14 选择【矩形】工具，绘制一个矩形。然后在属性栏中，取消选中【锁定比率】按钮，设置【对象大小】选项中的【宽度】为 14mm，【高度】为 1.7mm，并在调色板中单击【30%黑】进行填充。

step 15 选择【交互式填充】工具，在属性栏中单击【渐变填充】按钮，在图形上显示渐变控制柄。设置渐变颜色为黑色至 60%黑，并调整渐变效果。

step 16 使用【选择】工具选中圆角矩形，按Ctrl+C组合键复制圆角矩形，按Ctrl+V组合键进行粘贴。在属性栏中设置对象大小的【宽度】为 1.7mm，然后调整其位置。

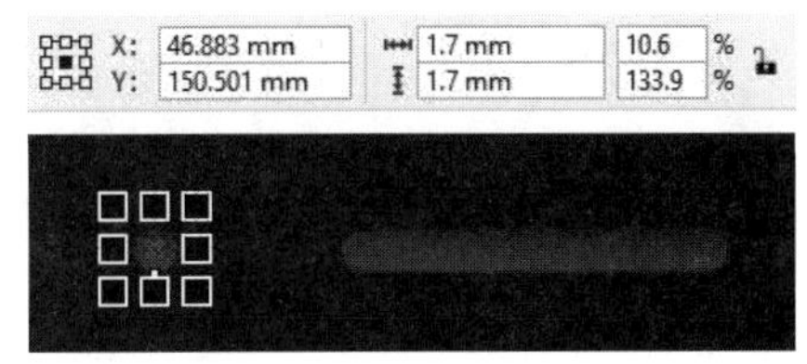

step 17 使用【选择】工具选中步骤(14)~步骤(16)中创建的对象，按Ctrl+G组合键组合对象。按Ctrl+A组合键全选图形对象，在【对齐与分布】泊坞窗中，单击【页面中心】按钮，再单击【水平居中对齐】按钮对齐对象，完成绘制。

3.1.2　应用【椭圆形】与【3点椭圆形】工具

使用工具箱中的【椭圆形】工具和【3点椭圆形】工具，可以绘制椭圆形和圆形。另外，通过设置【椭圆形】工具的属性栏还可以绘制饼形和弧形。

1. 【椭圆形】工具

要绘制椭圆形，在工具箱中选择【椭圆形】工具，在绘图页面中按下鼠标并拖动，绘制出一个椭圆轮廓，拖动椭圆轮廓范围至合适大小时释放鼠标，即可创建椭圆形。

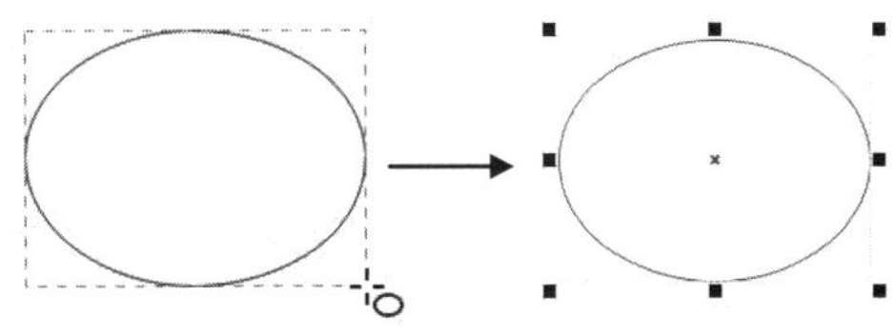

在绘制椭圆形的过程中，如果按住 Shift 键，则会以起始点为圆点绘制椭圆形；如果按住 Ctrl 键，则绘制圆形；如果按住 Shift+Ctrl 组合键，则会以起始点为圆心绘制圆形。

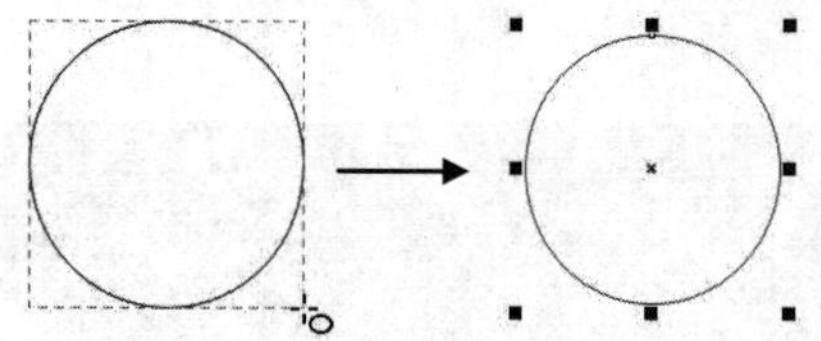

完成椭圆形的绘制后，单击属性栏中的【饼图】按钮，可以改变椭圆形为饼形；单击属性栏中的【弧】按钮，可以改变椭圆形为弧形。

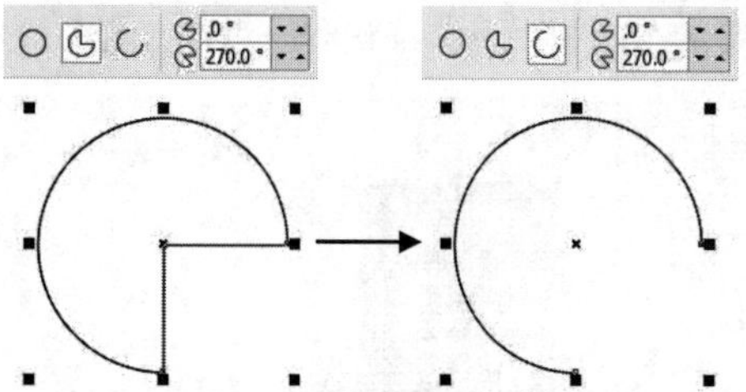

属性栏中的【起始和结束角度】数值框用于设置【饼图】和【弧】的断开位置的起始角度与终止角度，范围是最大 360°，最小 0°。【更改方向】按钮用于变更起始和终止的角度方向，也就是顺时针和逆时针的调换。

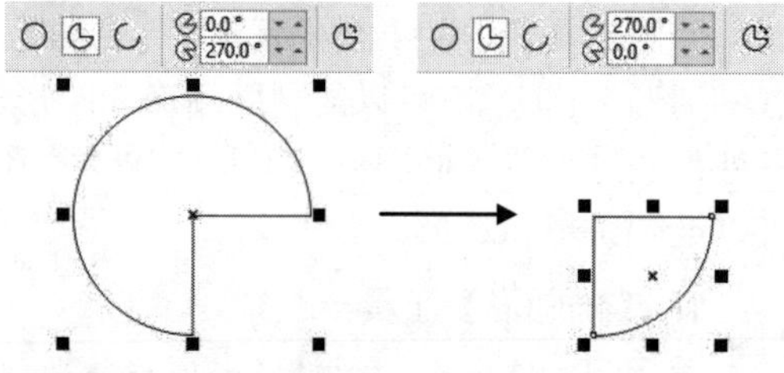

2. 【3 点椭圆形】工具

在 CorelDRAW 2020 应用程序中，用户还可以使用工具箱中的【3 点椭圆形】工具绘制椭圆形。单击工具箱中的【椭圆形】工具图标右下角的黑色小三角按钮，在打开的工具组中选择【3 点椭圆形】工具。

使用【3 点椭圆形】工具绘制椭圆形时，用户可以在确定椭圆的直径后，沿该直径的垂直方向拖动鼠标，在合适位置释放鼠标后，即可绘制出带有角度的椭圆形。

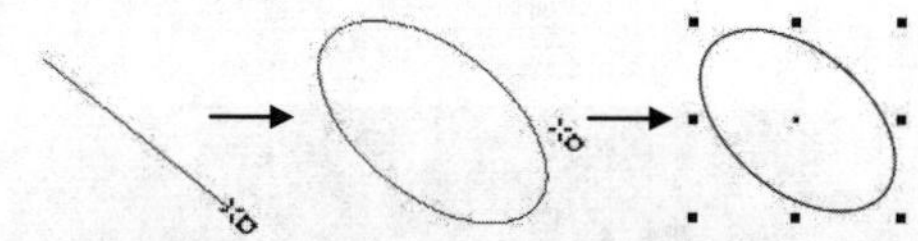

知识点滴

在使用【3 点椭圆形】工具绘制时，按住 Ctrl 键进行拖动可以绘制一个圆形。

【例 3-2】绘制 CD 封套。

视频+素材 (素材文件\第 03 章\例 3-2)

step 1 选择【文件】|【新建】命令，新建一个A4 大小、横向的空白文档。选择【窗口】|【泊坞窗】|【辅助线】命令，打开【辅助线】泊坞窗。在泊坞窗的【辅助线类型】下拉列表中选择Horizontal选项，设置y数值为 110mm，单击【添加】按钮。

step 2 在【辅助线】泊坞窗的【辅助线类型】下拉列表中选择Vertical选项，设置x数值为 99mm，单击【添加】按钮；再设置x数值为 198mm，单击【添加】按钮。然后在泊坞窗中，选中添加的水平和垂直辅助线，单击泊坞窗底部的【锁定辅助线】按钮。

step 3　选择工具箱中的【矩形】工具，将光标放置在辅助线相交点上单击，然后按住Shift+Ctrl组合键拖动创建正方形。在属性栏的【对象大小】选项中设置刚绘制的矩形宽度和高度均为130mm，设置【轮廓宽度】为3pt。

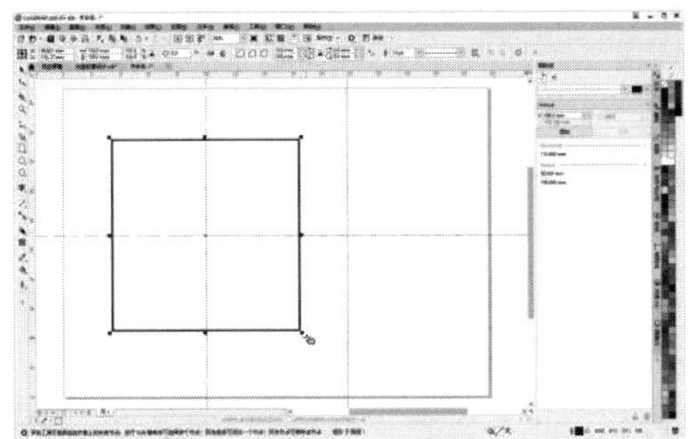

step 4　按Ctrl+C组合键复制刚绘制的正方形，按Ctrl+V组合键进行粘贴，然后在属性栏中设置对象原点为左下，设置对象【宽度】为125mm，取消选中【同时编辑所有角】按钮，设置【圆角半径】为60mm，【轮廓宽度】为1.5pt。

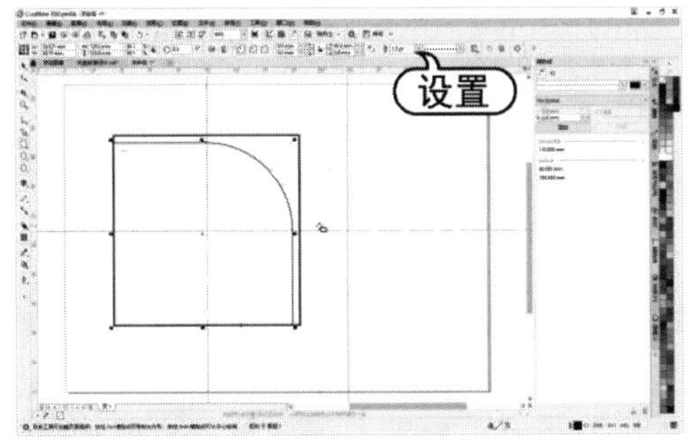

step 5　选择【矩形】工具，将光标移至辅助线的相交处，按住Shift键单击并拖动绘制矩形，然后在属性栏中选中【同时编辑所有角】按钮，设置【圆角半径】为12mm，【轮廓宽度】为1.5pt。

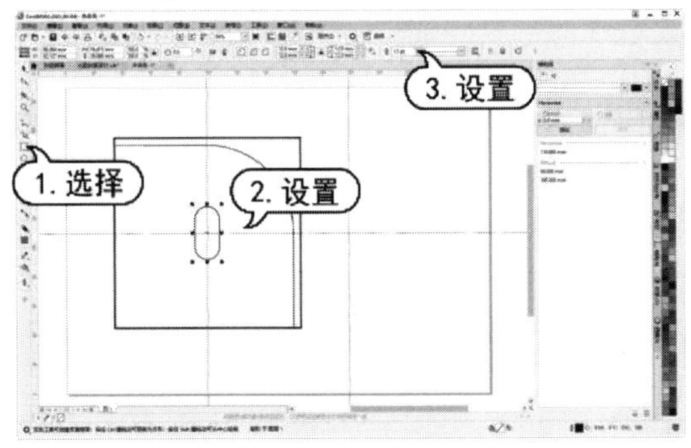

step 6　选择工具箱中的【椭圆形】工具，将光标放置在辅助线相交点上单击，然后按住Shift+Ctrl组合键拖动创建圆形。在属性栏中设置【轮廓宽度】为3pt。

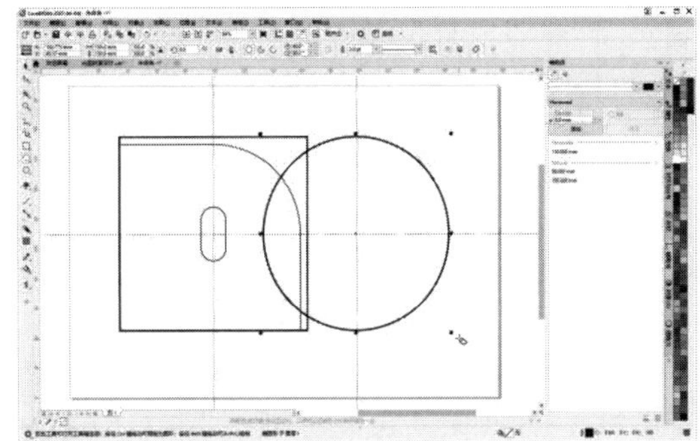

step 7　按Ctrl+C组合键复制刚绘制的图形，再按Ctrl+V组合键进行粘贴，然后在属性栏中设置对象的【宽度】为124.5mm，【轮廓宽度】为1pt。

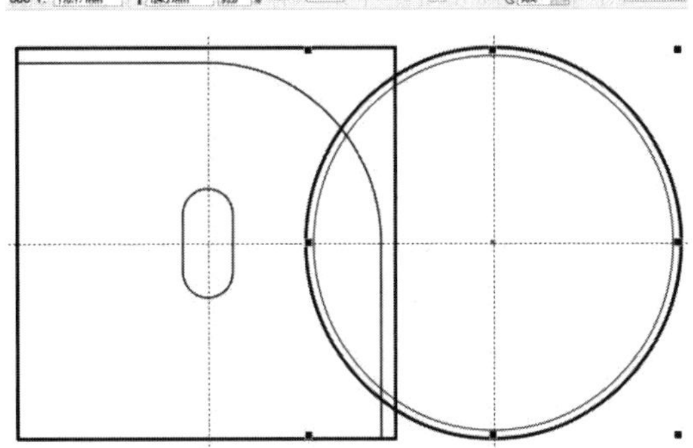

step 8　使用与步骤(7)相同的操作方法再分别创建直径为49mm、46mm和28mm的圆形，并将最后绘制的直径为28mm的圆形轮廓宽度设置为3pt。

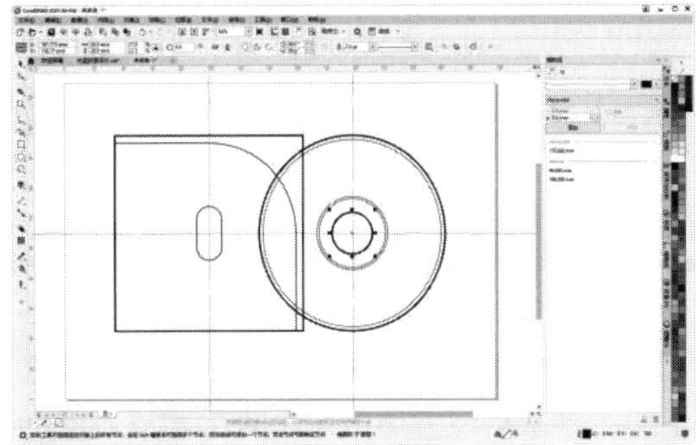

step 9　选择工具箱中的【选择】工具，选中所绘制的所有圆形，并在调色板中单击白色色板填充颜色，然后按Ctrl+G组合键组合对象。

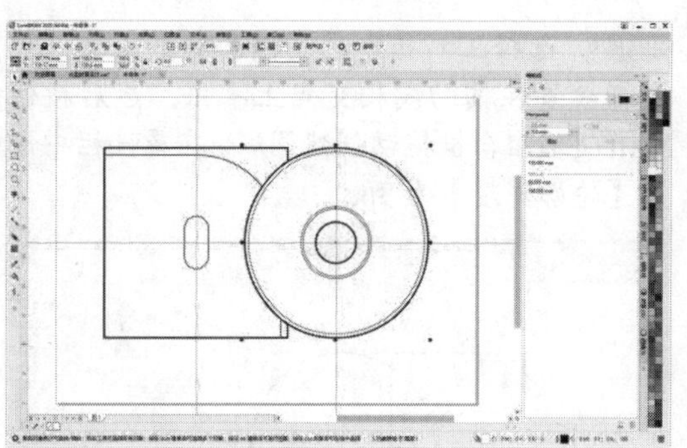

step 10 按Ctrl+PgDn组合键两次，将组合对象向后层移动。

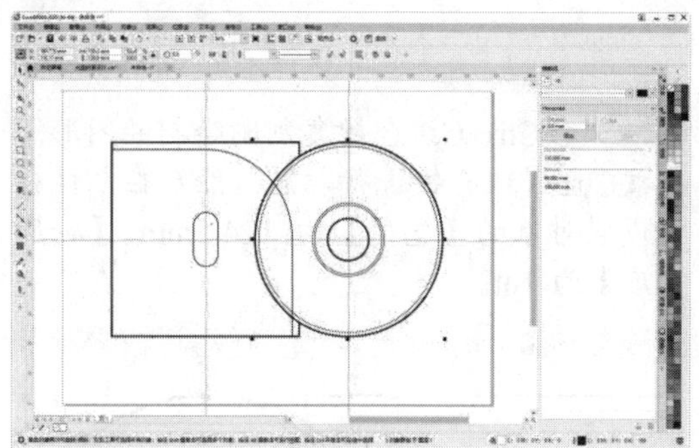

step 11 选择工具箱中的【选择】工具，按住Shift键选中步骤(4)和步骤(5)中所绘制的图形，并单击属性栏中的【修剪】按钮修剪图形对象。保持图形对象的选中状态，然后在调色板中单击【白色】填充颜色。

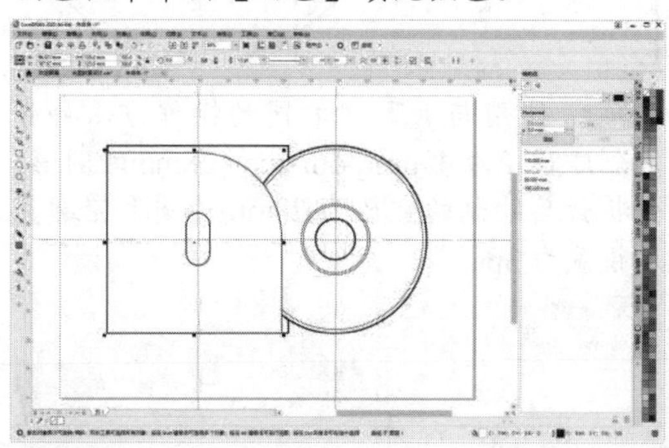

step 12 在工具箱中选择【平行度量】工具，在对象边缘的端点上单击鼠标，移动鼠标至边缘的另一端点单击，在出现尺寸线后，在尺寸线的水平方向上拖动尺寸线，调整好尺寸线与对象之间的距离，单击鼠标后，添加尺寸线。然后在属性栏中的【度量精度】下拉列表中选择0选项。

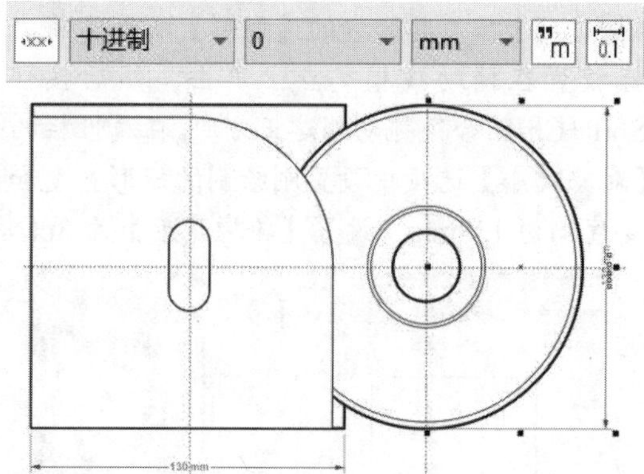

step 13 在标准工具栏中单击【保存】按钮，打开【保存绘图】对话框。在该对话框中选择绘图文档所要保存的位置，在【文件名】文本框中输入“光盘封套设计”，然后单击【保存】按钮。

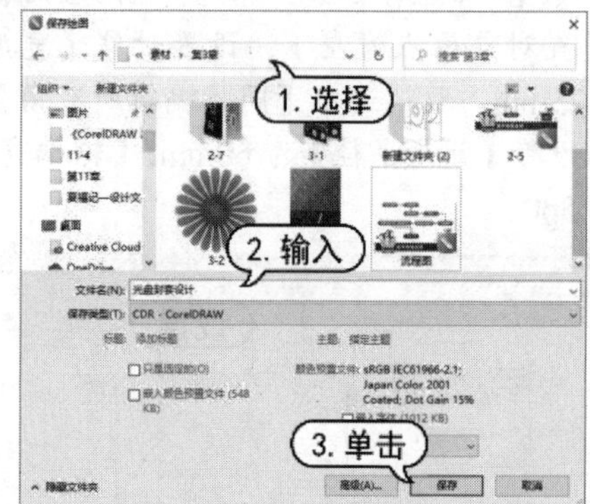

step 14 选择【布局】|【再制页面】命令，打开【再制页面】对话框。在该对话框中选中【复制图层及其内容】单选按钮，然后单击OK按钮。

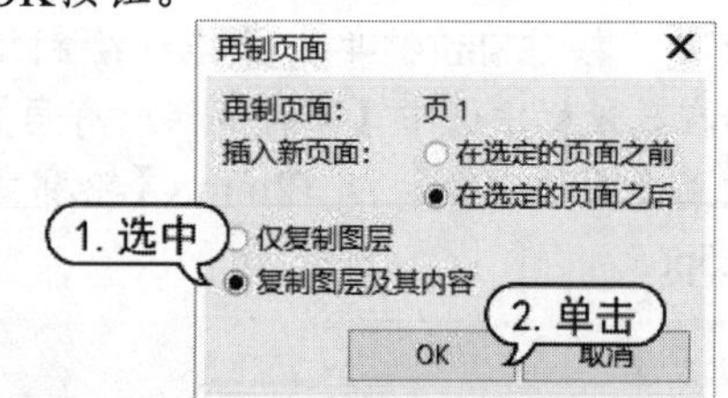

step 15 选择【查看】|【辅助线】命令，隐藏辅助线，然后删除不需要的图形对象。

step 16 在标准工具栏中单击【导入】按钮，打开【导入】对话框。在该对话框中选择所需要的图像文件，然后单击【导入】按钮。

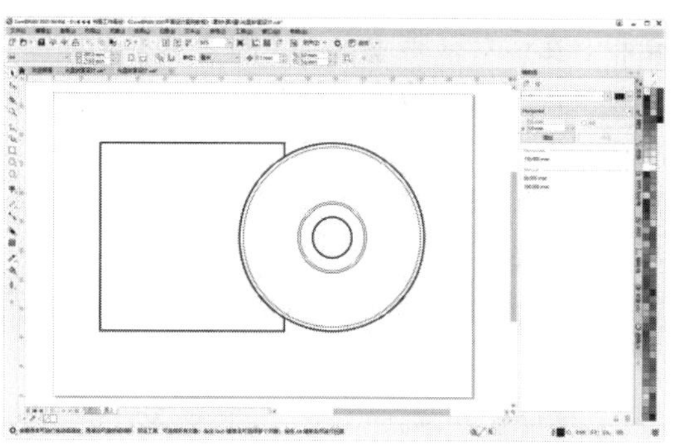

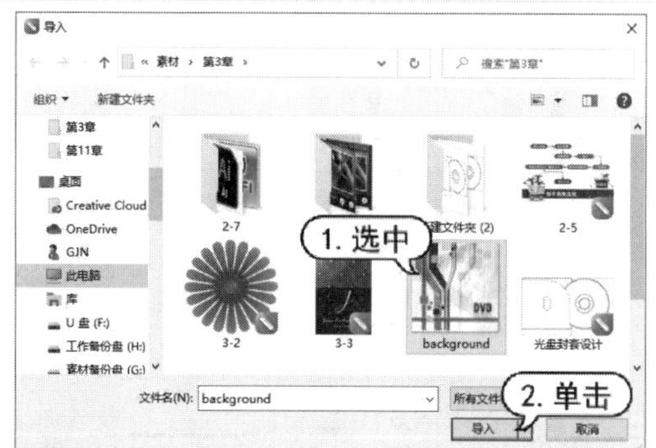

step 17　右击导入的图像文件，在弹出的快捷菜单中选择【PowerClip内部】命令，当显示黑色箭头后，单击其下方的正方形，并在浮动工具栏上单击【调整内容】按钮，在弹出的下拉列表中选择【按比例填充】选项。然后在调色板中将轮廓色设置为【无】。

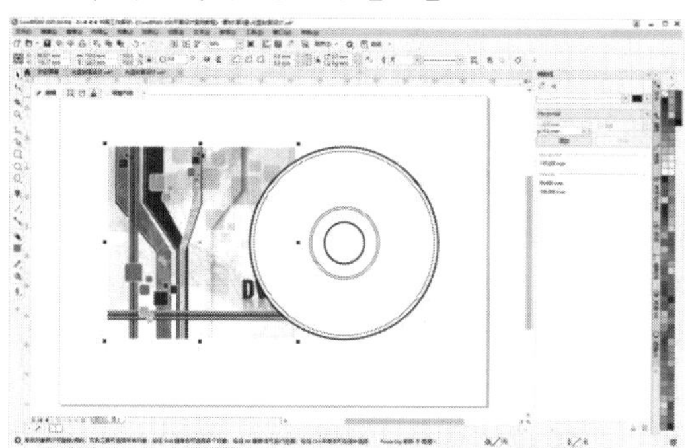

step 18　选择【椭圆形】工具，在绘图页面中拖动绘制椭圆形。

step 19　在调色板中，将刚绘制的椭圆形的轮廓色设置为无，然后按F11 键打开【编辑填充】对话框。在该对话框中单击【渐变填充】按钮，再单击【椭圆形渐变填充】按钮，并设置渐变填充色为透明度 100%的白色至黑色，然后单击OK按钮。

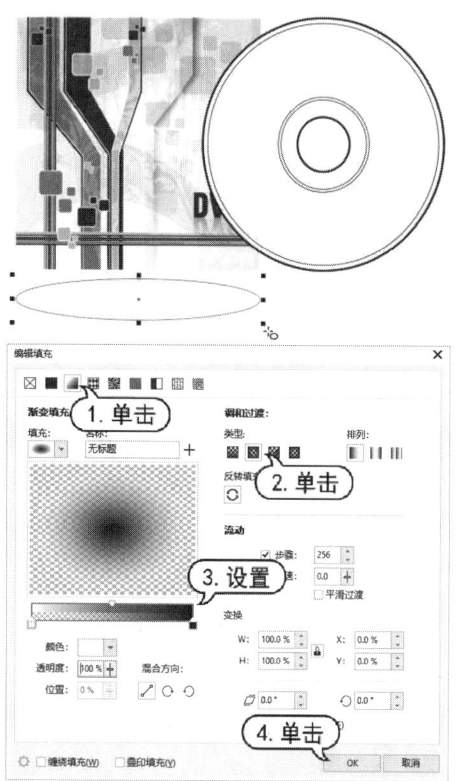

step 20　按Shift+PgDn组合键将刚创建的椭圆形放置在步骤(17)创建的PowerClip对象下层，然后使用【选择】工具调整椭圆形的形状，并将其移至PowerClip对象底部边缘。

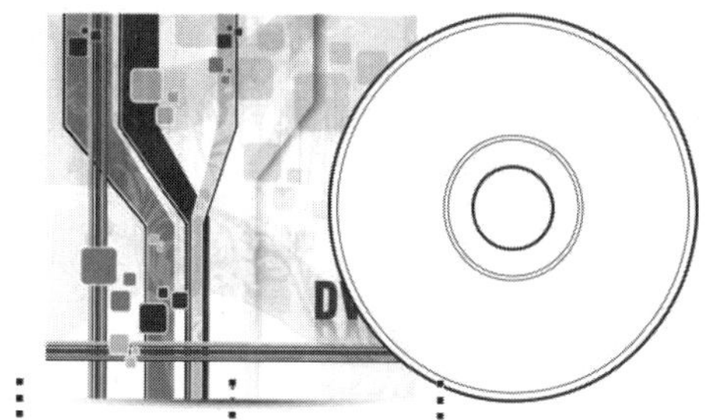

step 21　继续使用【选择】工具移动并复制上一步中调整的椭圆形至PowerClip对象的顶部和左侧边缘，并调整其角度。

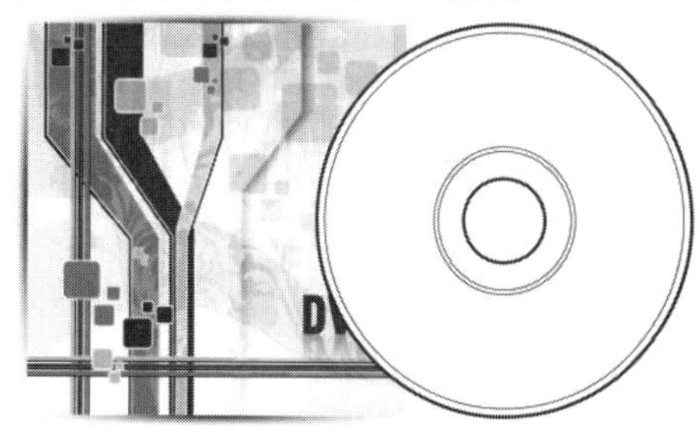

step 22 选中步骤(17) ~步骤(21)中创建的对象，按Ctrl+G组合键组合对象。

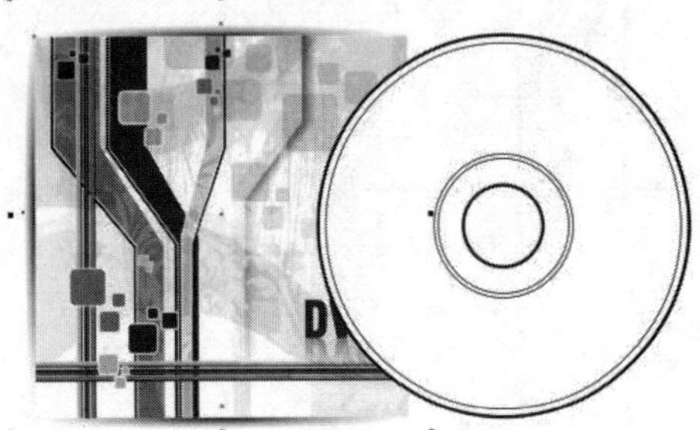

step 23 选中右侧的CD图形，按Ctrl+U组合键取消组合对象。选中最中心的圆形，在调色板中将轮廓色设置为无，按F11 键打开【编辑填充】对话框。在该对话框中单击【渐变填充】按钮，再单击【椭圆形渐变填充】按钮，并设置渐变填充色为C:0 M:0 Y:0 K:40 至C:0 M:0 Y:0 K: 0 至C:0 M:0 Y:0 K:0，然后单击OK按钮。

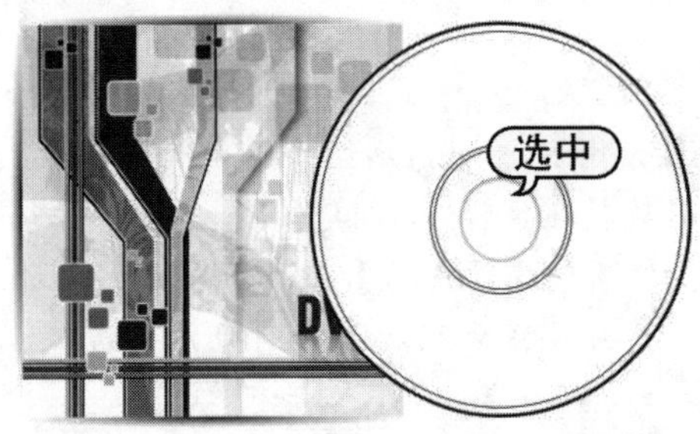

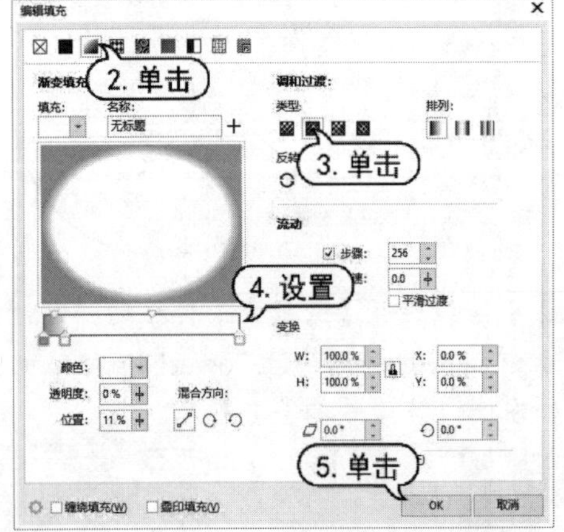

step 24 选中第二层圆形，在调色板中将轮廓色设置为无，按F11 键打开【编辑填充】对话框。在该对话框中单击【渐变填充】按钮，并设置渐变填充色为C:0 M:0 Y:0 K:0 至C:0 M:0 Y:0 K:34 至C:0 M:0 Y:0 K:0 至C:0 M:0 Y:0 K:25，设置【旋转】数值为－59°，然后单击OK按钮。

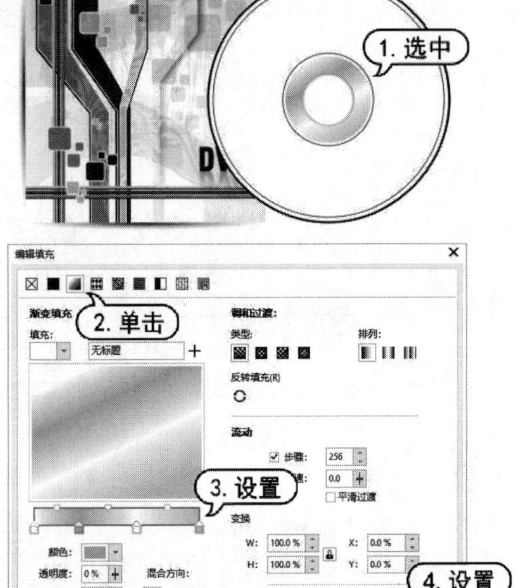

step 25 选中第三层圆形，在调色板中将轮廓色设置为无，按F11 键打开【编辑填充】对话框。在该对话框中单击【渐变填充】按钮，并设置渐变填充色为C:0 M:0 Y:0 K:0 至C:0 M:0 Y:0 K:41 至C:0 M:0 Y:0 K:44 至C:0 M:0 Y:0 K:44 至C:0 M:0 Y:0 K:0 至C:0 M:0 Y:0 K:55，设置【旋转】数值为－120°，然后单击OK按钮。

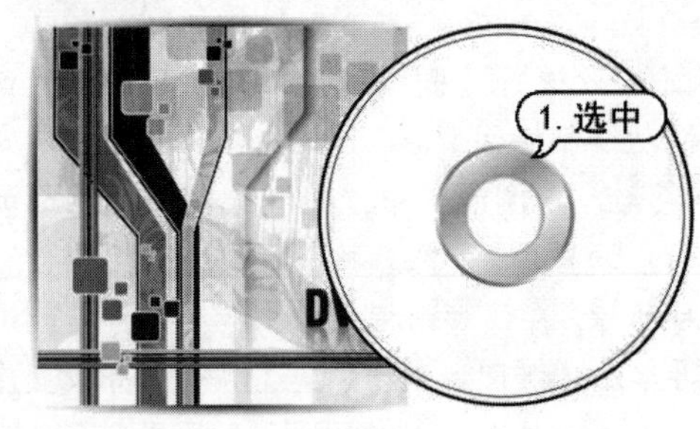

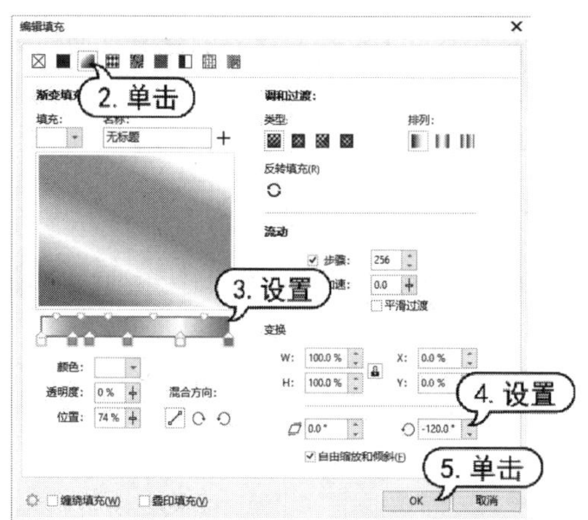

step 26 在标准工具栏中单击【导入】按钮，导入所需要的图像文件。右击导入的图像文件，在弹出的快捷菜单中选择【PowerClip内部】命令，当显示黑色箭头后，单击其下方的正方形，并在浮动工具栏上单击【调整内容】按钮，在弹出的下拉列表中选择【按比例填充】选项。然后在调色板中将轮廓色设置为【无】。

step 27 选中最外侧的圆形，然后按F11 键打开【编辑填充】对话框。在该对话框中单击【渐变填充】按钮，并设置渐变填充色为C:0 M:0 Y:0 K:23 至C:0 M:0 Y:0 K:0 至C:0 M:0 Y:0 K:50 至C:0 M:0 Y:0 K:25，设置【旋转】数值为－23°，然后单击OK按钮。

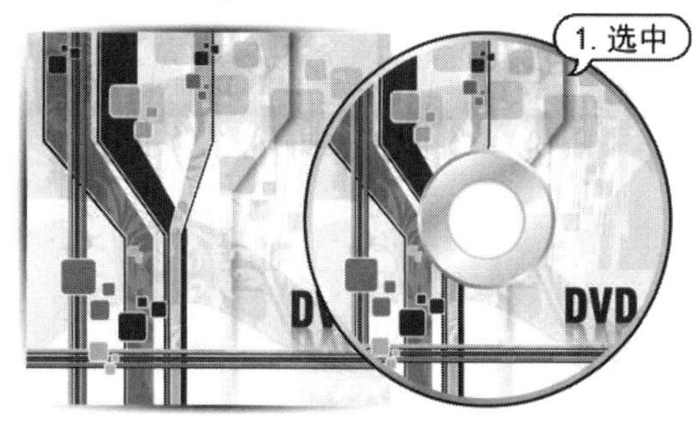

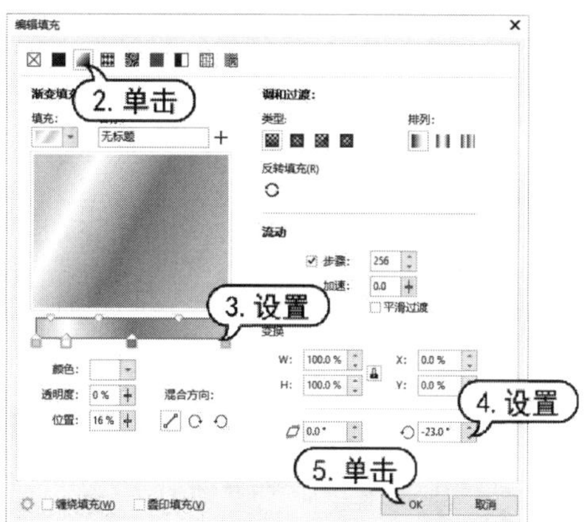

step 28 选择【对象】|【将轮廓转换为对象】命令，按F11 键打开【编辑填充】对话框。在该对话框中单击【渐变填充】按钮，并设置渐变填充色为C:0 M:0 Y:0 K:23 至C:0 M:0 Y:0 K:70 至C:0 M:0 Y:0 K:25，设置【旋转】数值为 45°，然后单击OK按钮。

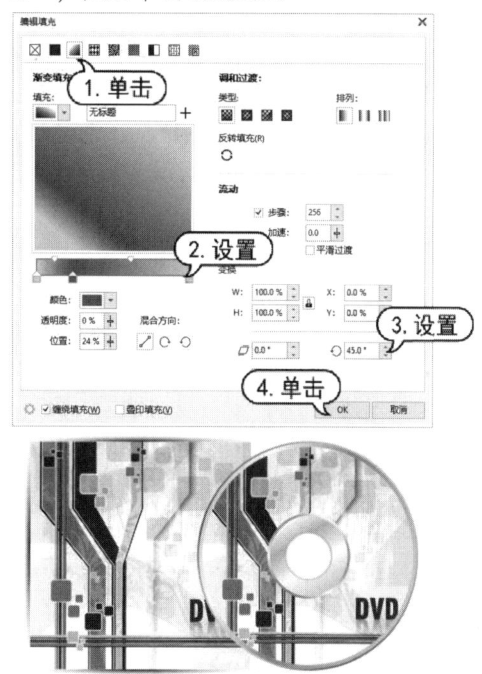

step 29 选中全部圆形，按Ctrl+G组合键组合对象，然后使用【椭圆形】工具在绘图页面中拖动绘制椭圆形。

step 30 在调色板中将轮廓色设置为【无】，按F11 键打开【编辑填充】对话框。在该对话框中单击【渐变填充】按钮，再单击【椭圆形渐变填充】按钮，并设置渐变填充色为透明度 100%的白色至黑色，然后单击OK按钮。

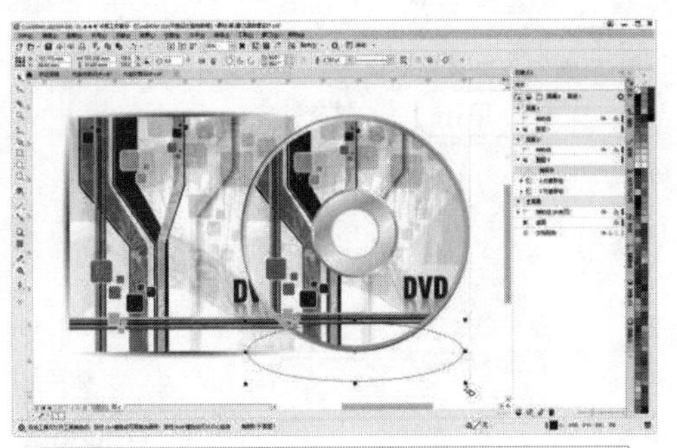

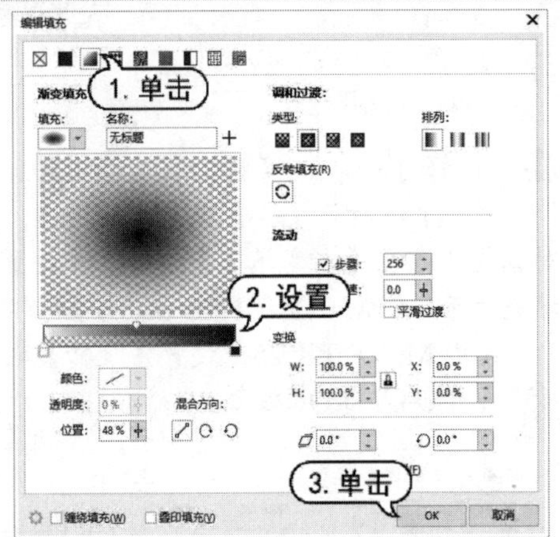

step 31 按Shift+PgDn组合键将绘制的椭圆形放置在图层后面，使用【选择】工具调整椭圆形的位置。

step 32 选中CD图形，使用【阴影】工具在图形上单击并拖动创建阴影效果。

step 33 使用【矩形】工具创建与页面同等大小的矩形。按Shift+PgDn组合键将其放置在图层后面。

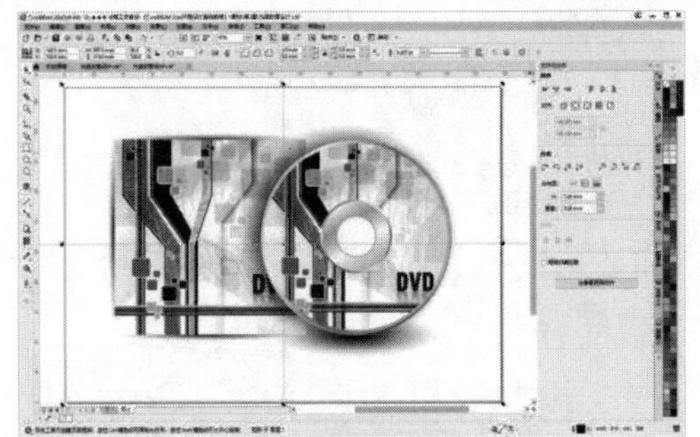

step 34 在调色板中将轮廓色设置为【无】，然后按F11键打开【编辑填充】对话框。在该对话框中单击【渐变填充】按钮，再单击【椭圆形渐变填充】按钮，并设置渐变填充色为C:0 M:0 Y:0 K:60 至C:0 M:0 Y:0 K:30 至C:0 M:0 Y:0 K:0，取消选中【锁定纵横比】按钮，设置【填充宽度】数值为 200%，【填充高度】数值为 135%，然后单击OK按钮。

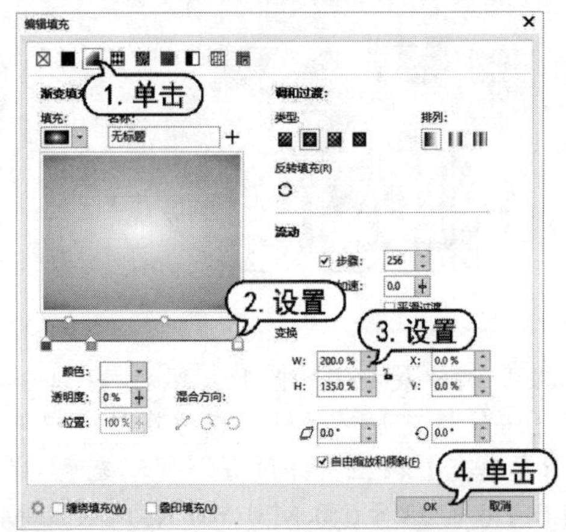

step 35 在标准工具栏中单击【保存】按钮保存绘图文档。

3.1.3　应用【多边形】工具

多边形是由多条边线组成的规则图形。用户可以使用【多边形】工具自定义多边形的边数，多边形的边数最少可设置为 3 条边，即三角形。设置的边数越大，多边形越接近圆形。

在工具箱中选择【多边形】工具，移动光标至绘图页面中，按下鼠标并向斜角方向拖动出一个多边形轮廓，拖动至合适大小时释放鼠标，即可绘制出一个多边形。默认情况下，多边形边数为 5。

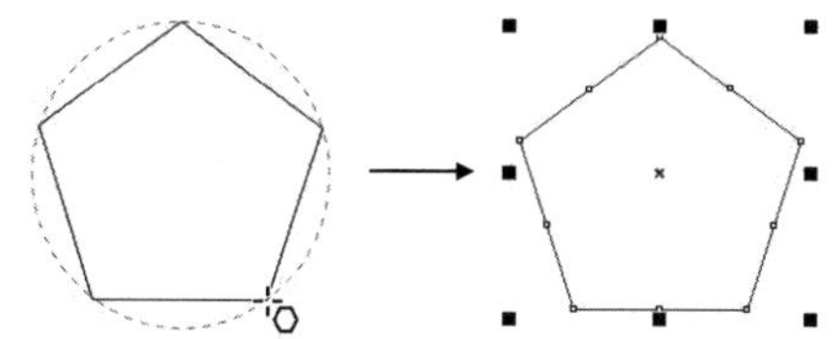

实用技巧

使用【多边形】工具绘制多边形时，如果按住 Shift 键，会以起始点为中心绘制多边形；如果按住 Ctrl 键，可以绘制正多边形；如果按住 Shift+Ctrl 组合键可以以起始点为中心绘制正多边形。

使用【形状】工具拖动多边形任一边上的节点，其余各边的节点也会发生相应的变化。

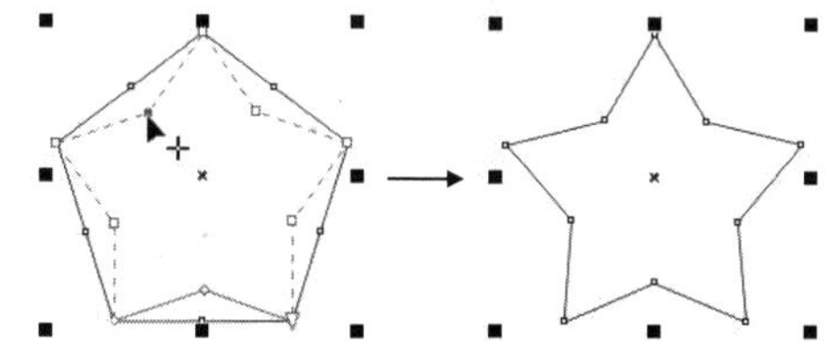

3.1.4　应用【星形】工具

使用【星形】工具可以绘制出不同效果的星形。星形的绘制方法与多边形的绘制方法基本相同，同时还可以在属性栏中更改星形的锐度。

在绘制星形时，如果按住 Shift 键，会以起始点为中心绘制星形；如果按住 Ctrl 键，可以绘制正星形；如果按住 Shift+Ctrl 组合键可以以起始点为中心绘制正星形。

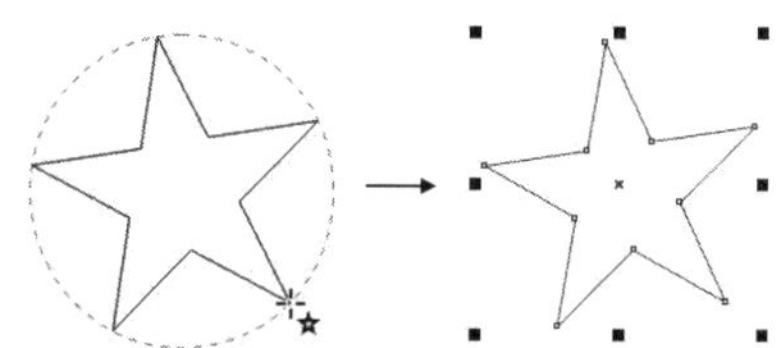

选择【星形】工具后，在属性栏中单击【复杂星形】按钮，在绘图页面的合适位置处按住鼠标左键并拖曳鼠标至图形合适大小，释放鼠标左键即可绘制复杂星形。用户可以通过属性栏，或使用鼠标拖动节点，改变其点数或边数、各角的尖锐度等。

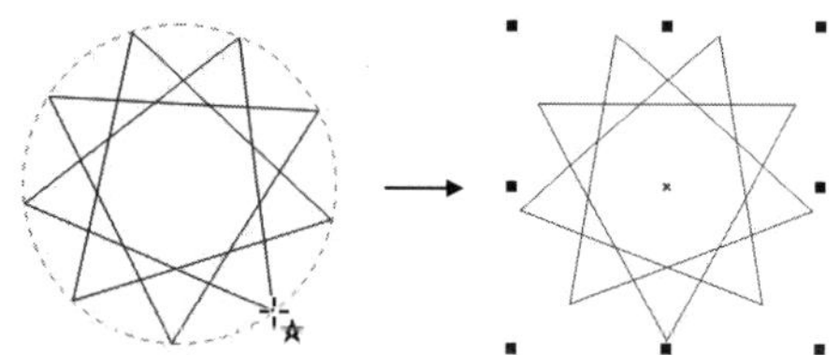

实用技巧

选择【星形】工具后，其工具属性栏中的【锐度】是指星形边角的尖锐程度。设置不同的边数后，星形的尖锐度也各不相同。当复杂星形的端点数低于 7 时，不能设置锐度。通常情况下，复杂星形的点数越多，边角的尖锐度越高。

【例 3-3】绘制绚丽花朵。 视频

step 1　选择【文件】|【打开】命令，打开一个空白文档。选择【星形】工具，在属性栏中设置【点数或边数】数值为 20，【锐度】数值为 64，然后按Ctrl键绘制正星形。

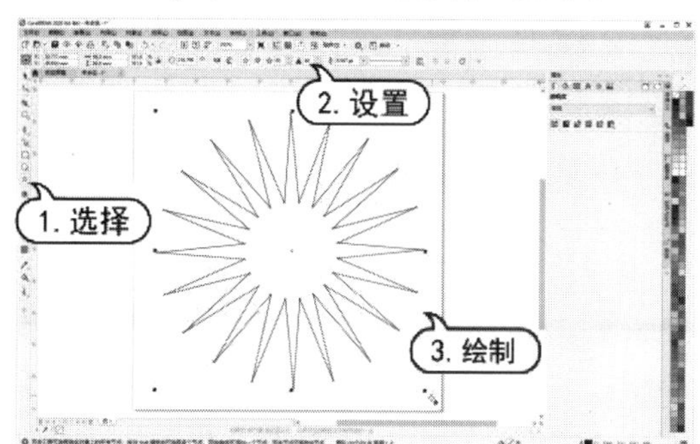

step 2　按Ctrl+C组合键复制刚绘制的星形，按Ctrl+V组合键进行粘贴，在属性栏中设置【缩放因子】数值为 45%。

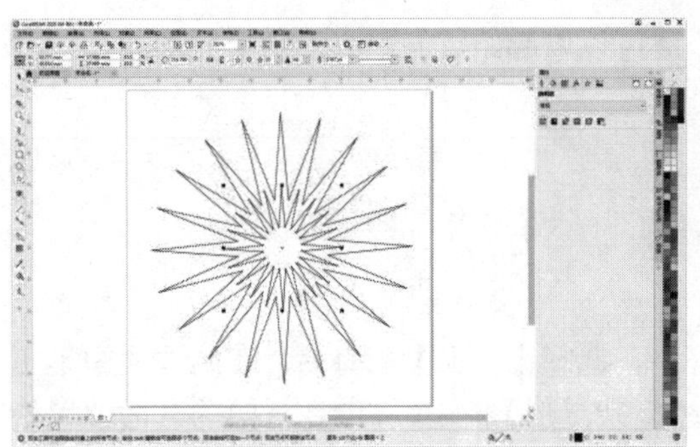

step 3 按Ctrl+A组合键全选绘制的星形，按Ctrl+Q组合键将其转换为曲线，使用【形状】工具框选全部节点，在属性栏中单击【转换为曲线】按钮。再按Shift键框选外部星形的外部节点，在属性栏中单击【转换为曲线】按钮和【对称节点】按钮制作花朵。

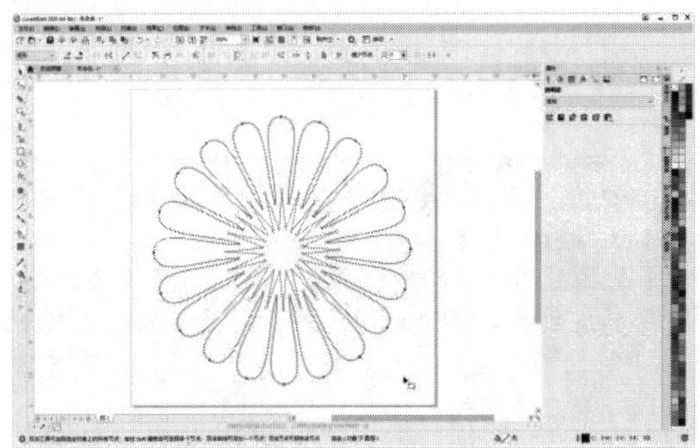

step 4 选择【形状】工具，按Shift键框选内部星形的内部节点，然后在属性栏中单击【对称节点】按钮。

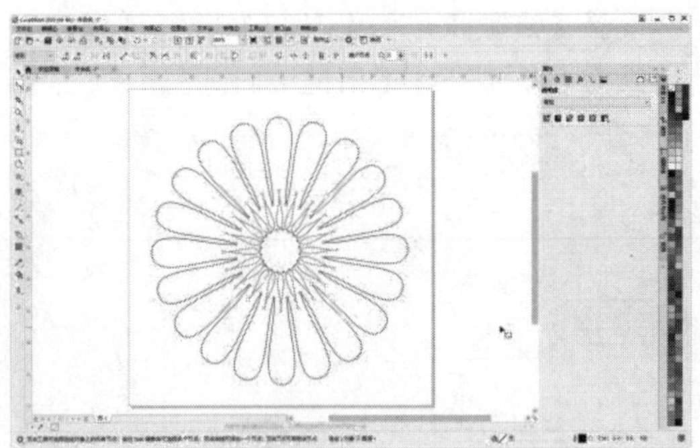

step 5 使用【选择】工具选中外部的星形，在调色板中按Alt键并单击【无】色板，取消轮廓线的填充色。选择【交互式填充】工具，在属性栏中单击【渐变填充】按钮和【椭圆形渐变填充】按钮。在显示的渐变控制柄上设置起始节点的颜色为C:55 M:95 Y:40 K:0，结束节点的颜色为C:0 M:60 Y:0 K:0。

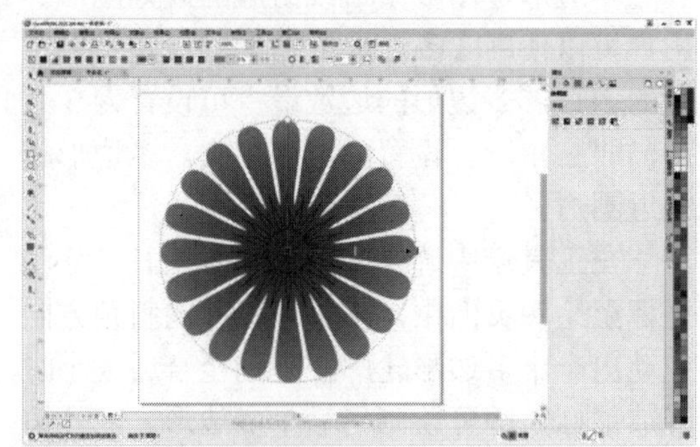

step 6 使用【选择】工具选中内部星形，在调色板中按Alt键并单击【无】色板，取消轮廓线的填充色。选择【交互式填充】工具，在属性栏中单击【渐变填充】按钮和【椭圆形渐变填充】按钮。在显示的渐变控制柄上设置起始节点的颜色为C:0 M:67 Y:100 K:0，结束节点的颜色为C:55 M:100 Y:100 K:40，完成花卉的绘制。

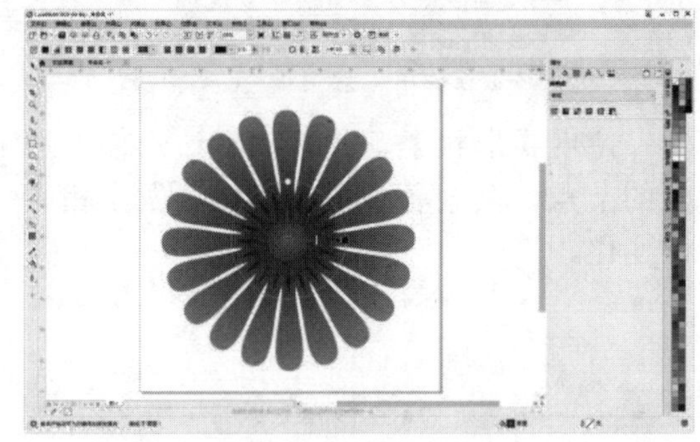

3.1.5 应用【螺纹】工具

使用工具箱中的【螺纹】工具，可以绘制出螺纹图形，绘制的螺纹图形有对称式螺纹和对数式螺纹两种。默认设置下使用【螺纹】工具绘制的图形为对称式螺纹。

- 对称式螺纹：指螺纹均匀扩展，具有相等的螺纹间距。

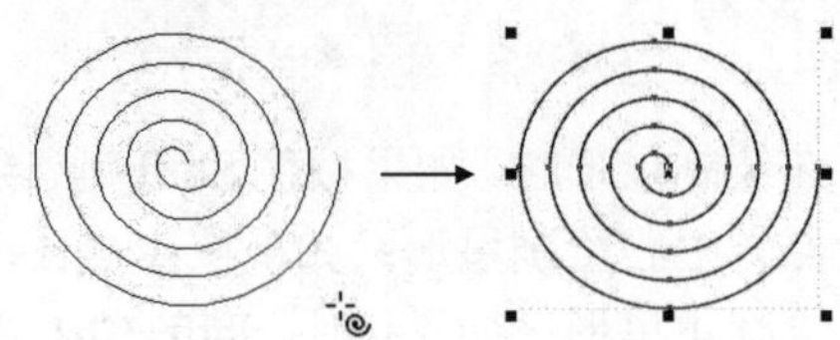

▶ 对数式螺纹：指螺纹中心不断向外扩展的螺旋方式，螺纹间的距离从内向外不断扩大。

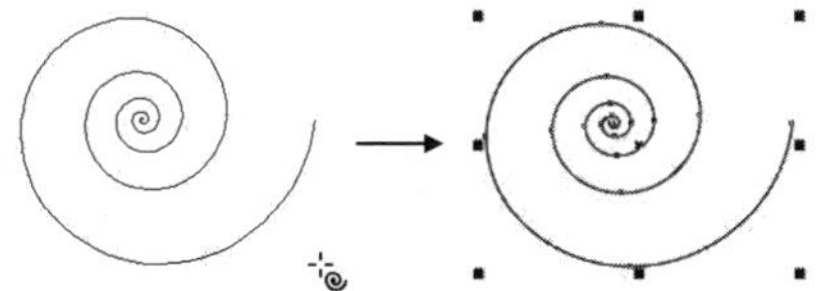

实用技巧

使用【螺纹】工具绘制螺纹图形时，如果按住 Shift 键，可以以起始点为中心绘制螺纹图形；如果按住 Ctrl 键，可以绘制圆螺纹图形；如果按住 Shift+Ctrl 组合键，可以以起始点为中心绘制圆螺纹图形。

【例 3-4】绘制艺术名片。 视频

step 1 选择【文件】|【打开】命令，打开一个空白文档。使用【矩形】工具在工作区中绘制矩形，并在属性栏中设置对象大小的【宽度】为 55mm，【高度】为 90mm。

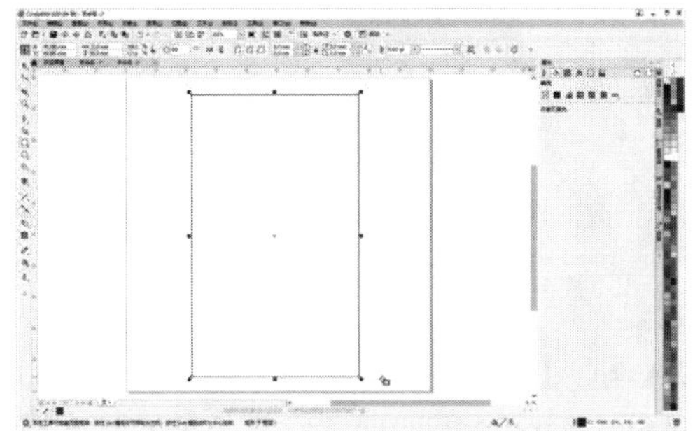

step 2 按Ctrl+C组合键复制刚绘制的矩形，按Ctrl+V组合键进行粘贴。在属性栏中，定位对象原点为下部中央的参考点，设置对象大小的【高度】为 45mm。然后在调色板中，单击【黑】色板设置填充色。

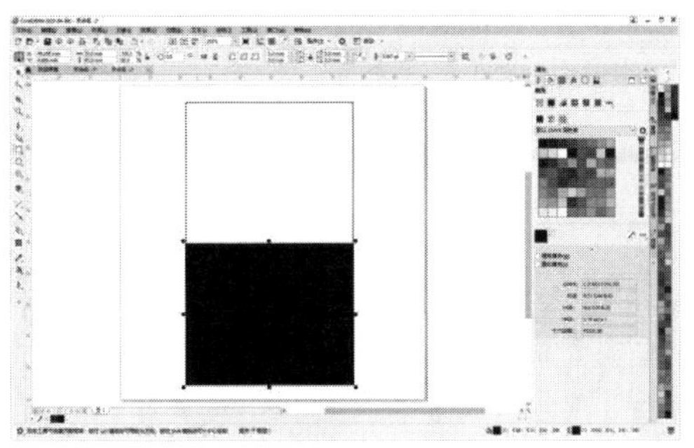

step 3 选择【选择】工具，选中步骤(1)中绘制的矩形，在调色板中按Alt键并单击【无】色板，取消轮廓的填充色。然后选择【交互式填充】工具，在属性栏中单击【渐变填充】按钮，在显示的渐变控制柄上设置渐变填充色为 C:71 M:22 Y:0 K:0 至C:100 M:86 Y:13 K:0 至 C:65 M:95 Y:0 K:0，并调整渐变角度。

step 4 选择【螺纹】工具，拖动绘制螺纹，并在属性栏中设置【轮廓宽度】为 4pt。

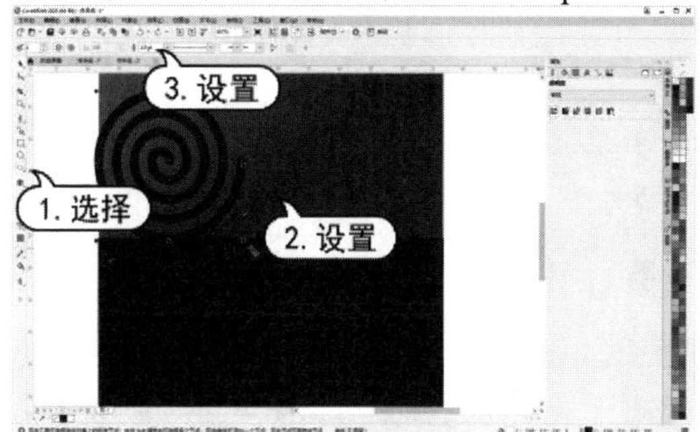

step 5 选择【对象】|【将轮廓转换为对象】命令，在属性栏中设置【轮廓宽度】为 0.75pt。在调色板中，单击【无】色板取消填充色，按Alt键并单击【白】色板设置轮廓色。然后在【属性】泊坞窗中，单击【透明度】按钮，在【合并模式】下拉列表中选择【叠加】选项。

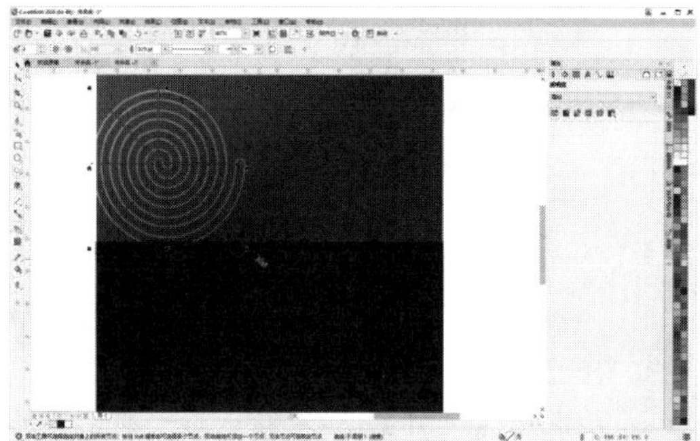

step 6 选择【椭圆形】工具，按Ctrl键并拖动绘制圆形。在调色板中，单击【无】色板取消填充色，按Alt键并单击【白】色板设置轮廓色。然后在【属性】泊坞窗中的【合并模式】下拉列表中选择【叠加】选项。

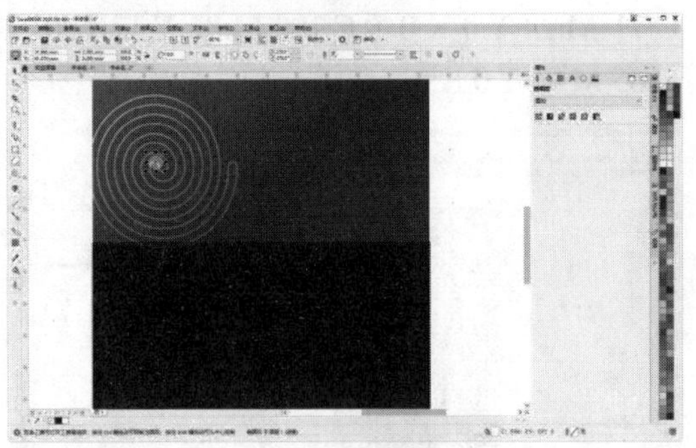

step 7 使用【选择】工具选中绘制的圆形和螺纹，按Ctrl+G组合键组合对象。按住鼠标左键拖动刚创建的对象组至合适的位置释放鼠标左键，单击右键移动并复制对象组。然后连续按Ctrl+R组合键重复再制对象组。

step 8 使用【选择】工具选中上一步创建的所有对象组，并按Ctrl+G组合键组合对象。按住鼠标左键拖动刚创建的对象组至合适的位置后释放鼠标左键，单击右键移动并复制对象组。然后连续按Ctrl+R组合键重复再制对象组。

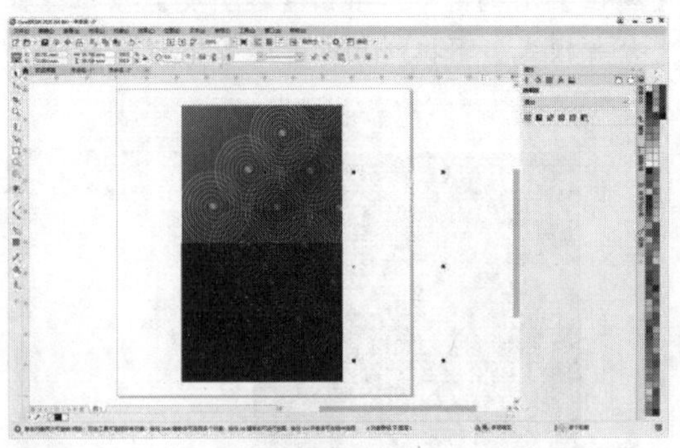

step 9 使用【选择】工具选中上一步创建的所有对象组，并按Ctrl+G组合键组合对象。选择【对象】|【PowerClip】|【置于图文框内部】命令，然后单击步骤(1)绘制的矩形。

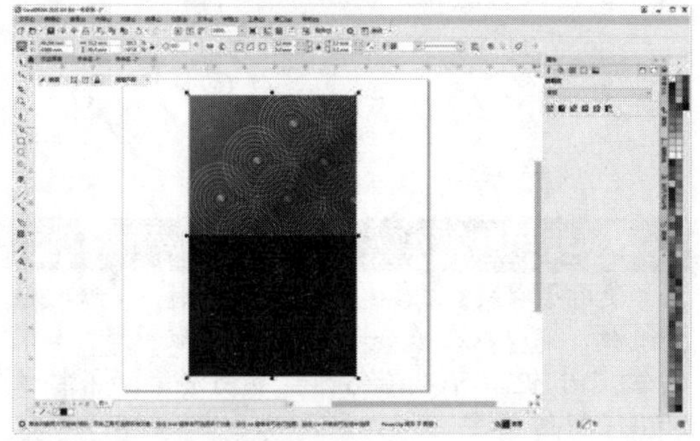

step 10 在绘图页面左上角的浮动工具栏中，单击【选择内容】按钮，然后调整螺纹图样的位置及大小。

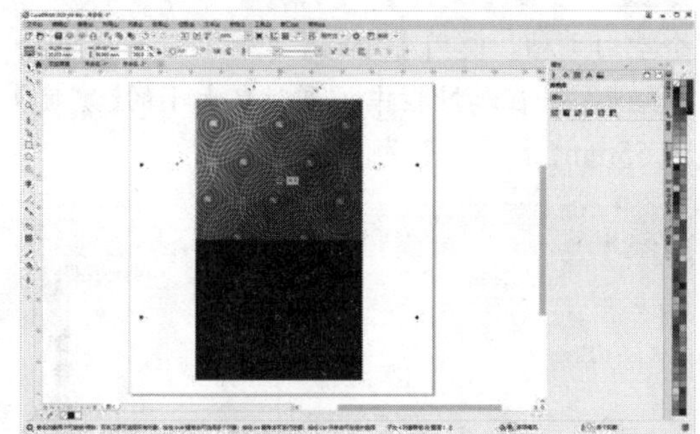

step 11 使用【文本】工具在绘图页面中单击，在【属性】泊坞窗的【字体】下拉列表中选择Honey Moon Midnight，设置【字体大小】为60pt，字体颜色为白色，然后输入文本内容。

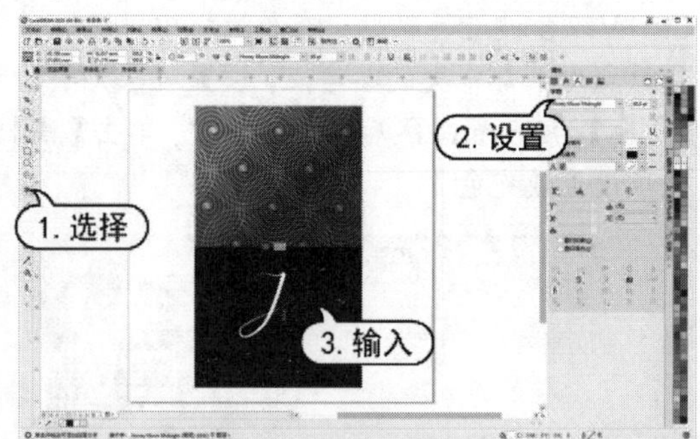

step 12 选择【交互式填充】工具，在属性栏中单击【渐变填充】按钮和【椭圆形渐变填充】按钮。在显示的渐变控制柄上设置起始节点的颜色为C:0 M:0 Y:40 K:14，结束节点的颜色为

C:0 M:0 Y:15 K:0，并调整渐变控制柄的角度。

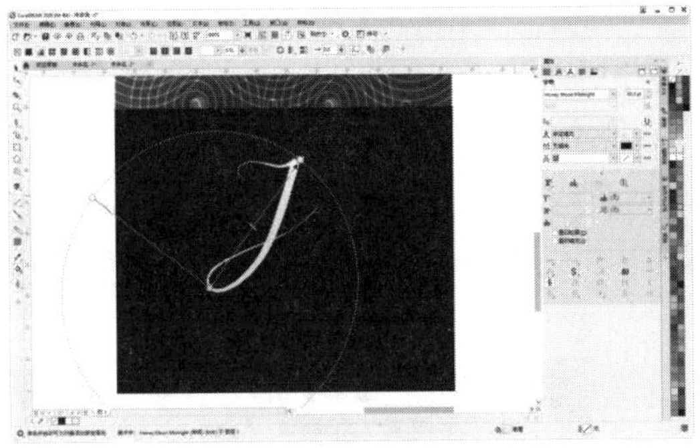

step 13　使用【文本】工具在绘图页面中单击，在【属性】泊坞窗的【字体】下拉列表中选择 Rage Italic，设置【字体大小】为 16pt，字体颜色为淡黄色，然后输入文本内容。

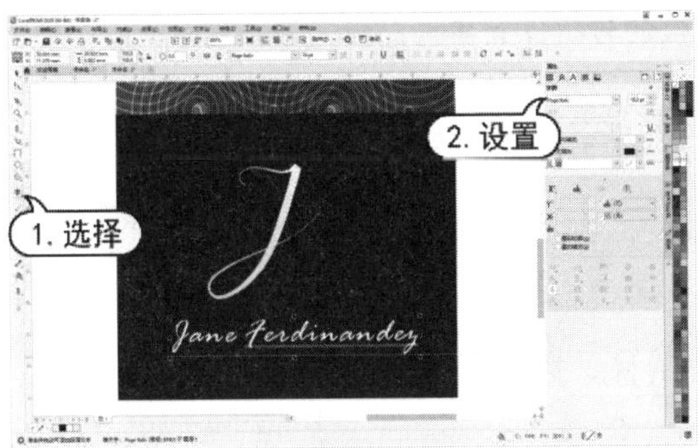

step 14　使用【文本】工具在绘图页面中单击，在【属性】泊坞窗的【字体】下拉列表中选择Arial，设置【字体大小】为 7pt，字体颜色为淡黄色，然后输入文本内容。

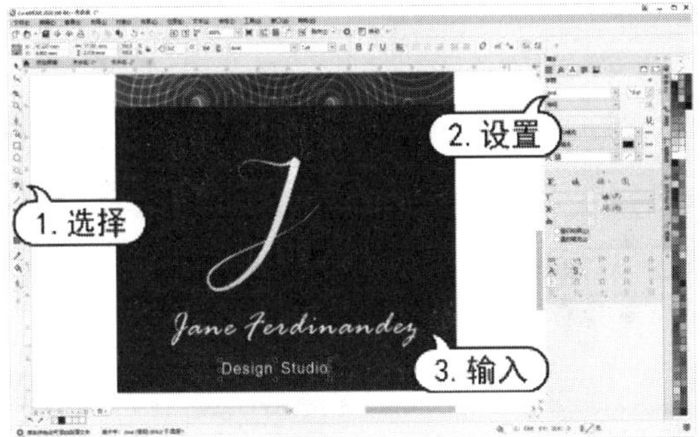

step 15　使用【选择】工具分别选中步骤(11)～步骤(14)中创建的文本内容，然后调整其位置，完成名片的绘制。

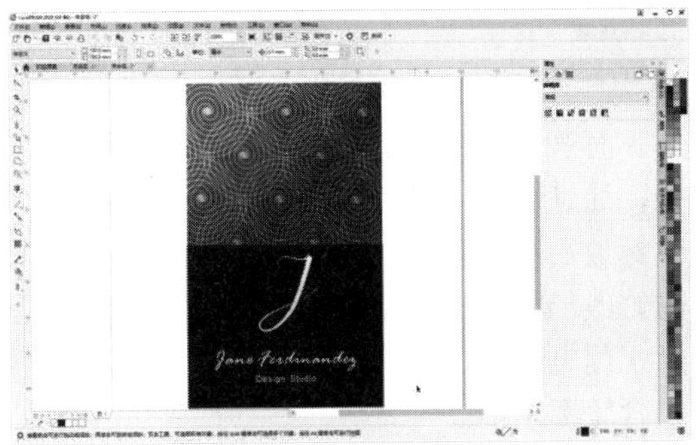

3.1.6　应用【常见形状】工具

在 CorelDRAW 2020 应用程序中，为了方便用户，在工具箱中将一些常用的形状进行了编组。选择工具箱中的【常见形状】工具后，在属性栏中单击【常见形状】按钮，从弹出的下拉列表框中选择一种形状，然后在绘图页面中单击鼠标左键并拖动，释放鼠标左键即可完成绘制。

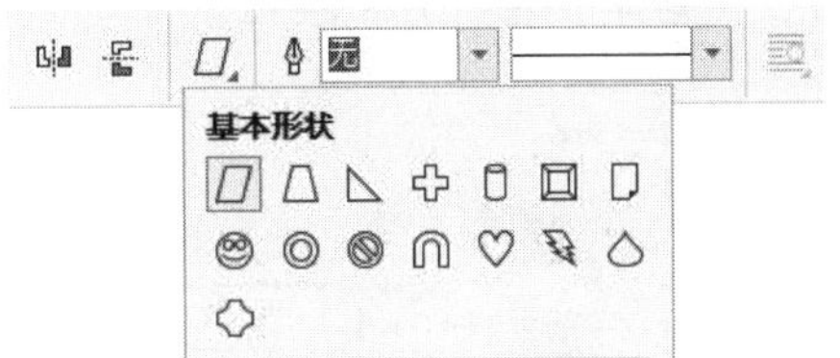

- 【基本形状】工具可以快速绘制梯形、心形、圆柱形和水滴等基本形状。
- 【箭头形状】工具可以快速绘制路标、指示牌和方向引导标志，移动轮廓沟槽可以修改形状。
- 【流程图形状】工具可以快速绘制数据流程图和信息流程图，不能通过轮廓沟槽修改形状。

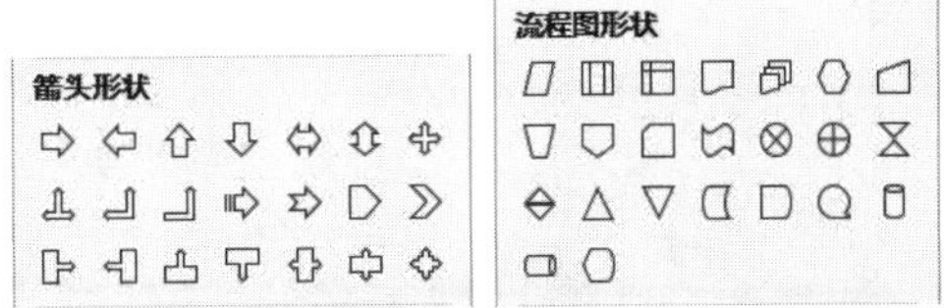

- 【条幅形状】工具可以快速绘制标题栏、旗帜标语、爆炸效果，还可以通过轮廓沟槽修改形状。
- 【标注形状】工具可以快速绘制补充说明和对话框，还可以通过轮廓沟槽修改形状。

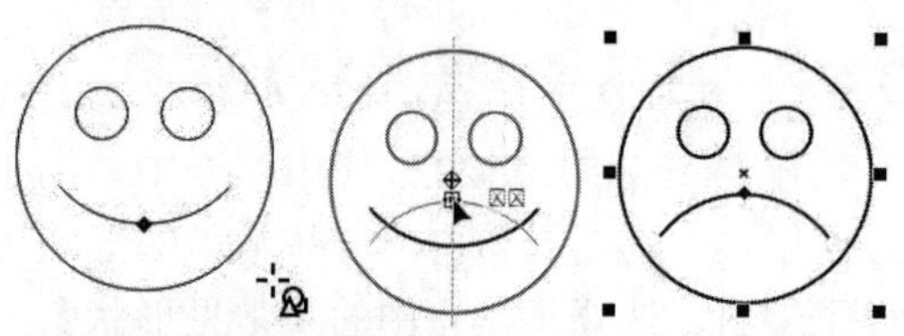

有些形状在绘制时会出现红色轮廓沟槽，通过轮廓沟槽可以修改形状的造型。将光标放在红色轮廓沟槽上，按住鼠标左键可以修改形状。在预定义形状中，直角形、心形、闪电形状、爆炸形状和流程图形状均不包含轮廓沟槽。

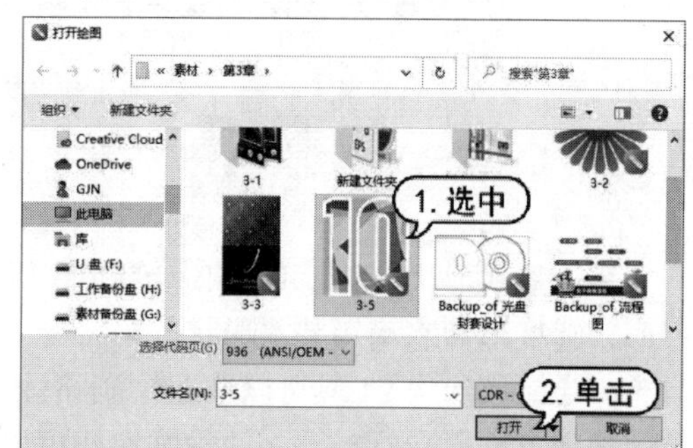

【例 3-5】绘制条幅图形。

视频+素材 (素材文件\第 03 章\例 3-5)

step 1 选择【文件】|【打开】命令，打开【打开绘图】对话框。在该对话框中选中绘图文件，然后单击【打开】按钮。

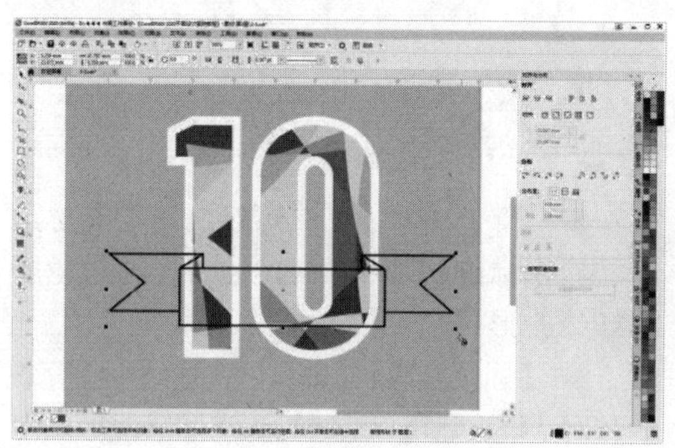

step 2 选择【常见形状】工具，在属性栏中单击【常见形状】按钮，从弹出的下拉列表框中选择一种条幅形状，然后在绘图页面中单击鼠标左键并拖动，释放鼠标左键即可完成绘制。

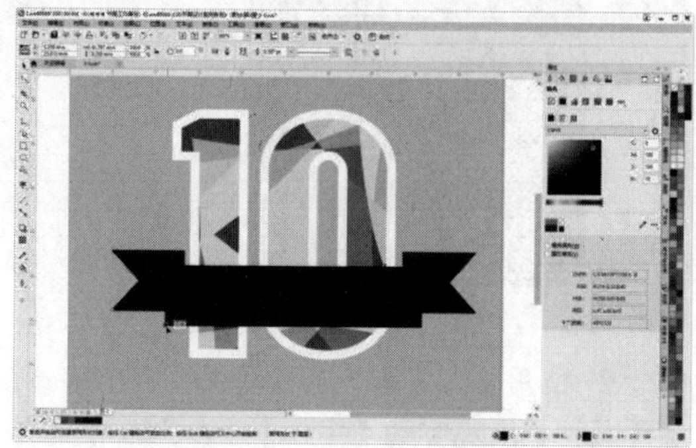

step 3 选择【形状】工具，调整形状两侧部分的比例。在【属性】泊坞窗中设置填充色为C:0 M:100 Y:100 K:10。

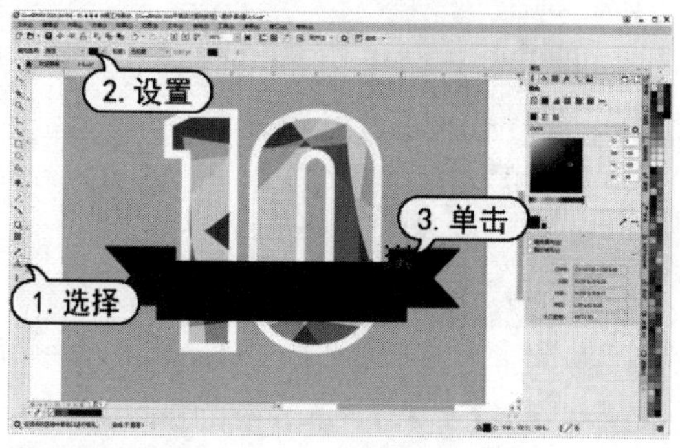

step 4 选择【智能填充】工具，在属性栏中设置填充色为C:0 M:100 Y:100 K:60，然后在条幅的转折位置单击，填充该颜色。

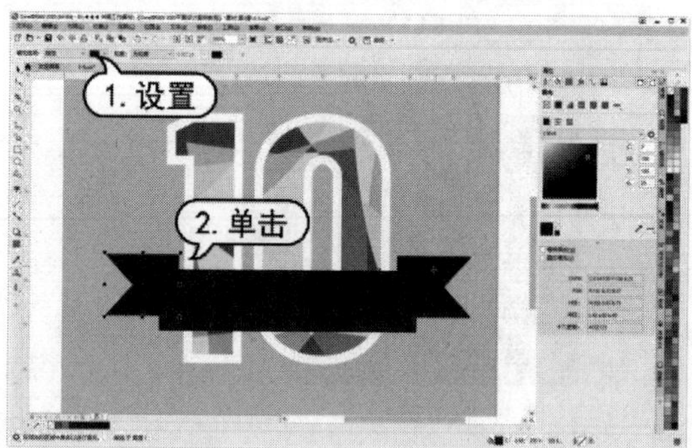

step 5 继续选择【智能填充】工具，在属性栏中设置填充色为C:0 M:100 Y:100 K:25，然后在彩带的两端位置单击，填充该颜色。

step 6 使用【选择】工具调整条幅位置，并在调色板中将其轮廓色设置为无。

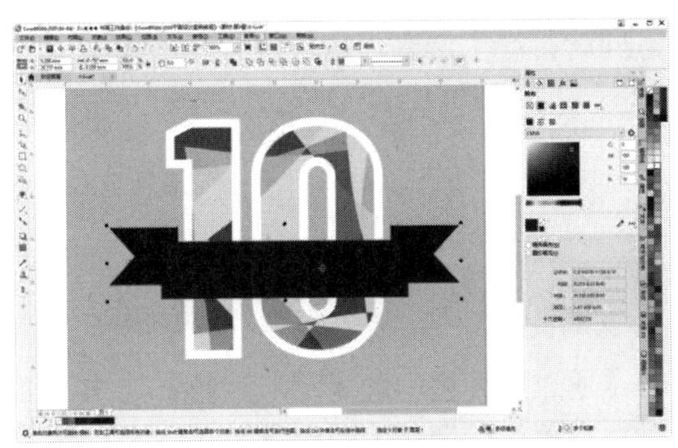

3.1.7　应用【冲击效果】工具

使用【冲击效果】工具可以绘制辐射线效果或平行线效果。

选择【冲击效果】工具，在属性栏上的【效果样式】列表框中选择【辐射】选项，可用于添加透视或聚焦设计元素；选择【平行】选项，可用于添加表现活力或动态的平行线。

3.1.8　应用【图纸】工具

使用【图纸】工具可以绘制不同行数和列数的网格图形，绘制出的网格是由一组矩形或正方形群组组成的。用户也可以取消群组，使其成为独立的矩形或正方形。

在工具箱中选择【图纸】工具，在属性栏的【图纸行和列数】数值框中输入数值指定行数和列数，然后在绘图页面中按下鼠标并拖动创建网格。如果要从中心向外绘制网格，可在拖动鼠标时按住 Shift 键；如果要绘制方形单元格的网格，可在拖动鼠标时按住 Ctrl 键。

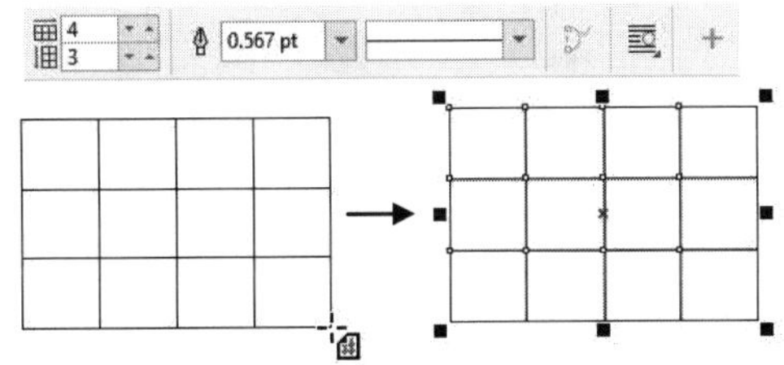

知识点滴

要拆分网格，先使用【选择】工具选择一个网格图形，然后单击【对象】|【组合】|【取消群组】命令，或单击属性栏中的【取消组合对象】按钮即可。

3.2　应用连接器工具

用户可以在流程图或组织图中绘制连接线，将图形连接起来。当移动其中一个或两个连接的对象时，这些线条可以使对象保持连接状态。在 CorelDRAW 2020 中，提供了【直线连接器】【直角连接器】和【圆直角连接符】3 种连接器工具。

3.2.1　应用【直线连接器】工具

【直线连接器】工具能够在两个图形之间绘制一段直线，使两个图形形成连接的关系。选择工具箱中的【连接器】工具，在属性栏中单击【直线连接器】按钮，然后在一个图形的边缘单击并按住鼠标左键拖曳到另一个图形的边缘。释放鼠标后，两个对象之间出现一条连接线，此时两个图形处于连接的状态。移动其中一个图形，连接线的位置也会改变。如需删除连接线，可以使用【选择】工具选中连接线，按 Delete 键将其删除。

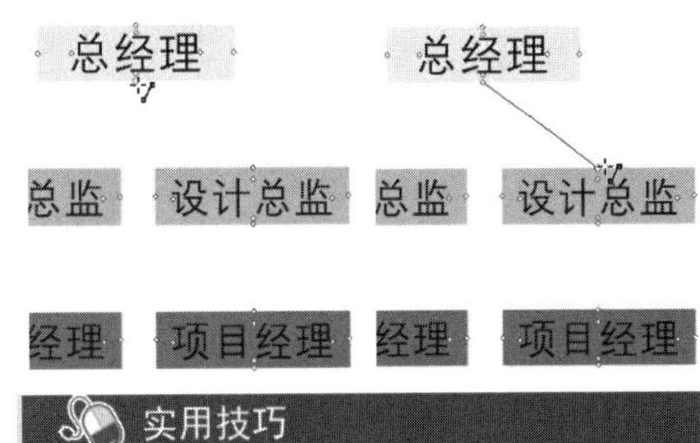

实用技巧

选择工具箱中的【形状】工具，选中连接线的起点或终点，按住鼠标左键将其拖曳至合适位置，可以改变连接线的位置。

在属性栏中，还可以调整连接线的轮廓宽度、线条样式，给连接线的起点和终点设置箭头样式等。

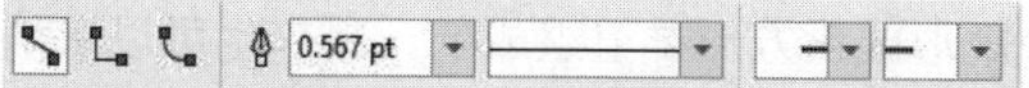

在【轮廓宽度】数值框中，可以直接输入数值，也可以从下拉列表中选择预设数值。

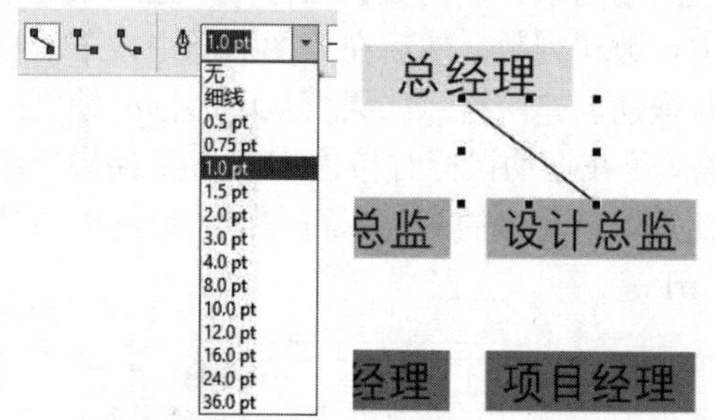

在属性栏中，单击【线条样式】下拉按钮，在弹出的下拉列表中可以改变连接线的样式。

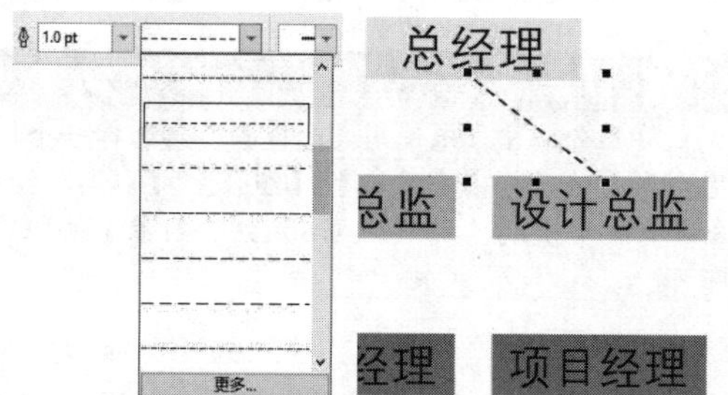

在属性栏中，单击【起始箭头】或【终止箭头】下拉按钮，在弹出的下拉列表中可以选择箭头样式。

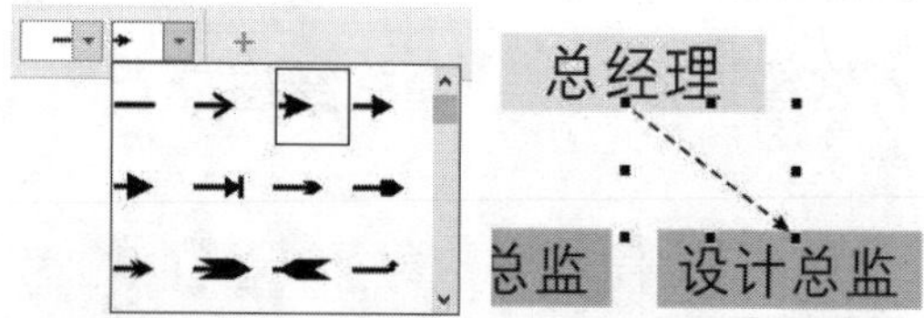

3.2.2　应用【直角连接器】工具

【直角连接器】工具在连接对象时会生成转折处为直角的连接线，拖动连接线上的节点可以移动连接线的位置和形状。

选择【连接器】工具，在属性栏中单击【直角连接器】按钮，在其中一个对象上按住鼠标左键拖曳出连接线，光标位置偏离原有方向就会产生带有直角转角的连接线。

通过属性栏中的【圆形直角】选项，可以将直角连接调整为圆角连接。

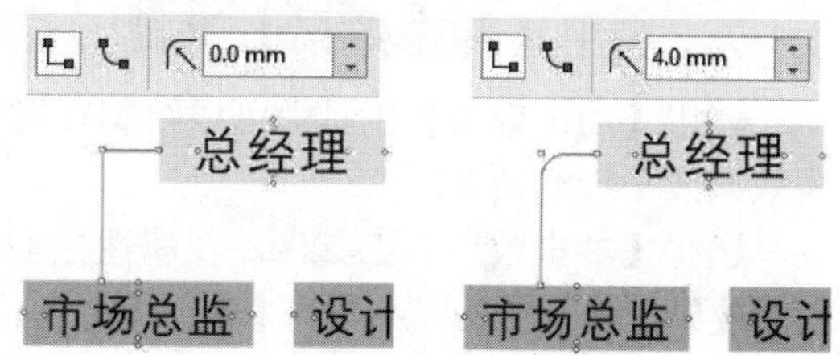

3.2.3　应用【圆直角连接符】工具

使用【圆直角连接符】工具能够绘制出圆角连接线。选择工具箱中的【圆直角连接符】工具，在第一个对象上按住鼠标左键并拖曳到另一个对象上，释放鼠标后两个对象以圆角连接线进行连接。

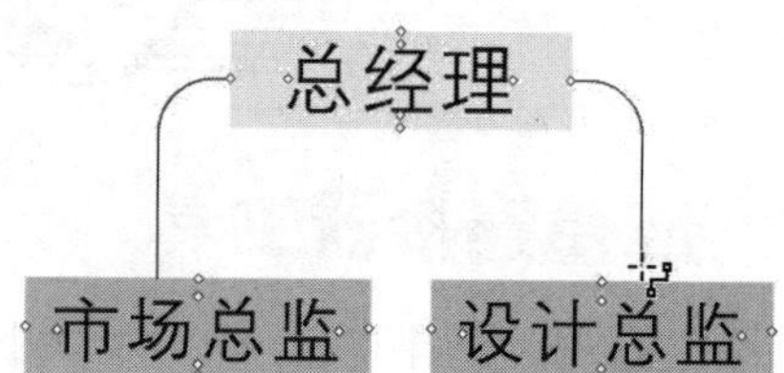

3.2.4　应用【锚点编辑】工具

【锚点编辑】工具用于修饰连接线、变更连接线节点等，选择【锚点编辑】工具后，可以在属性栏中进行设置。

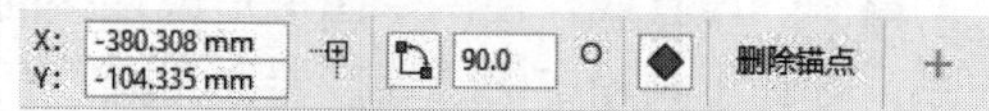

- 【调整锚点方向】按钮：单击该按钮，可以按指定度数调整锚点方向。
- 【锚点方向】数值框：在数值框中输入数值可以变更锚点方向，单击【调整锚点方向】按钮，即可激活数值框，输入数值为直角度数 0°、90°、180°、270°，只能变更直角连接线的方向。

➤ 【自动锚点】按钮◆：单击该按钮可允许锚点成为连接线的贴齐点。

➤ 【删除锚点】按钮：单击该按钮可以删除对象中的锚点。

选择【锚点编辑】工具，在要添加锚点的对象上双击鼠标左键可添加锚点。新增加的锚点会以蓝色空心方块标示，可以在新增加的锚点上添加连接线。

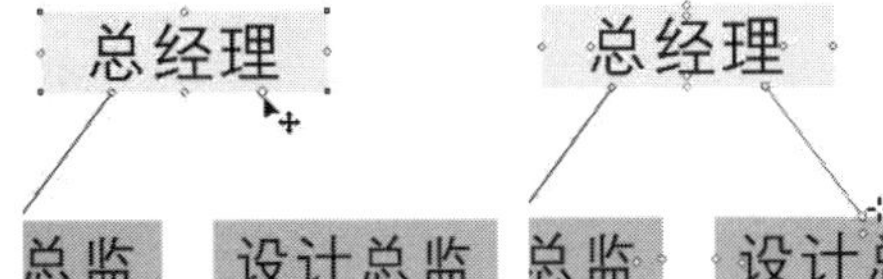

选择【锚点编辑】工具，单击选中连接线上需要移动的锚点，然后按住鼠标移到对象的其他锚点、中心点或任意位置上。

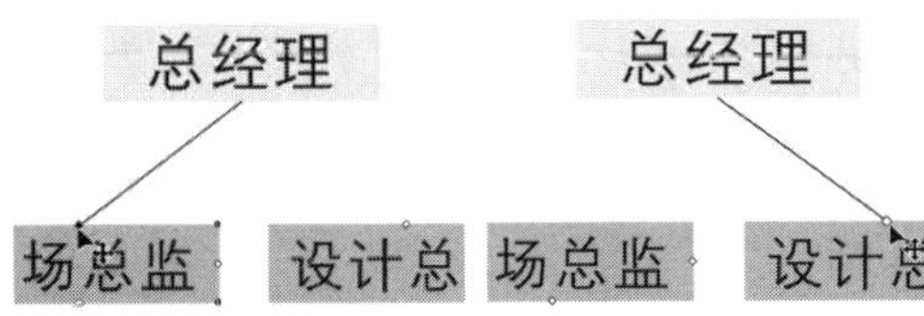

【例 3-6】使用连接器工具绘制流程图。

视频+素材 (素材文件\第 03 章\例 3-6)

step 1 选择【文件】|【打开】命令，打开【打开绘图】对话框。在该对话框中选中绘图文件，然后单击【打开】按钮。

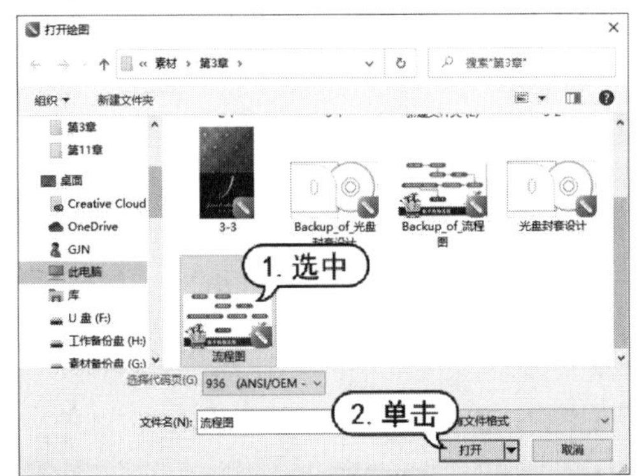

step 2 选择【连接器】工具，在属性栏中单击【直线连接器】按钮，从第一个对象上的锚点拖至第二个对象上的锚点，然后在属性栏中设置【轮廓宽度】为 1mm，在【终止箭头】下拉列表中选择【箭头 4】，并在调色板中将轮廓色设置为红色。

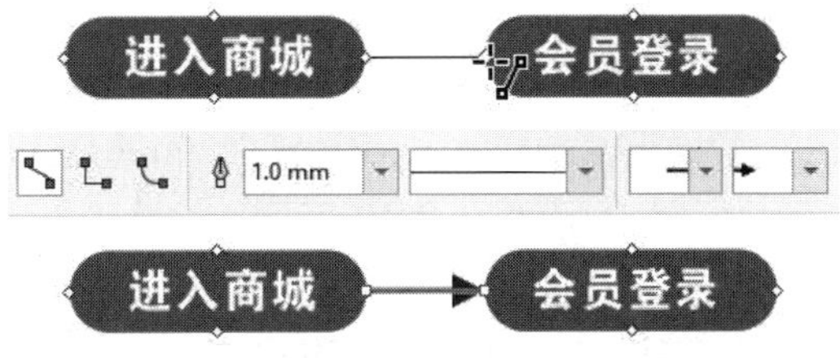

step 3 按照与步骤(2)相同的操作方法，在绘图页面中绘制其他按钮之间的直线连接线。

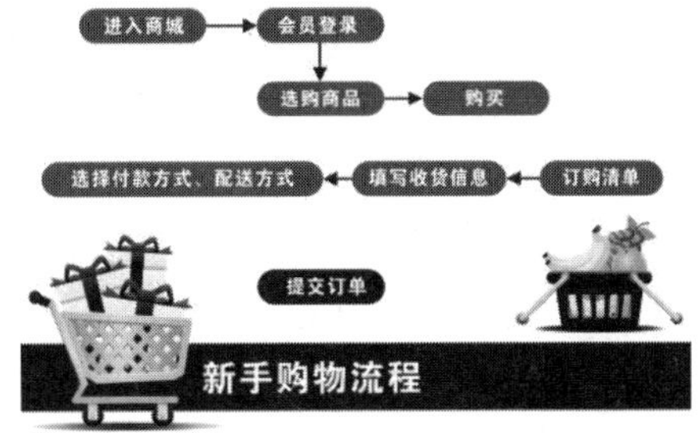

step 4 继续选择【连接器】工具，在属性栏中单击【直角连接器】按钮，从第一个对象上的锚点拖至第二个对象上的锚点。在属性栏中设置【轮廓宽度】为 1mm，在【终止箭头】下拉列表中选择【箭头 4】，并在调色板中将轮廓色设置为红色。

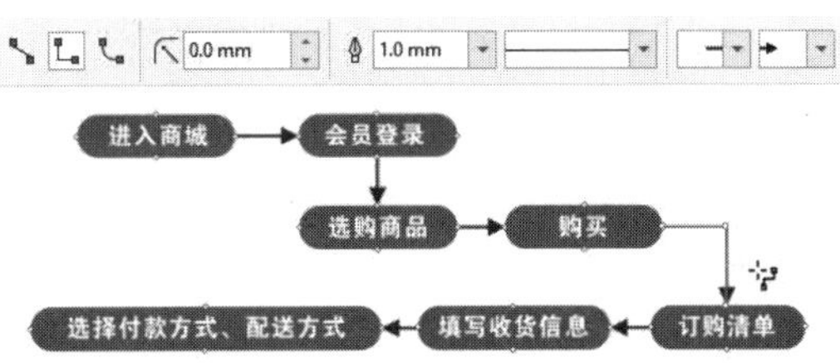

step 5 按照与步骤(4)相同的操作方法，在绘图页面中绘制其他按钮之间的直角连接线。

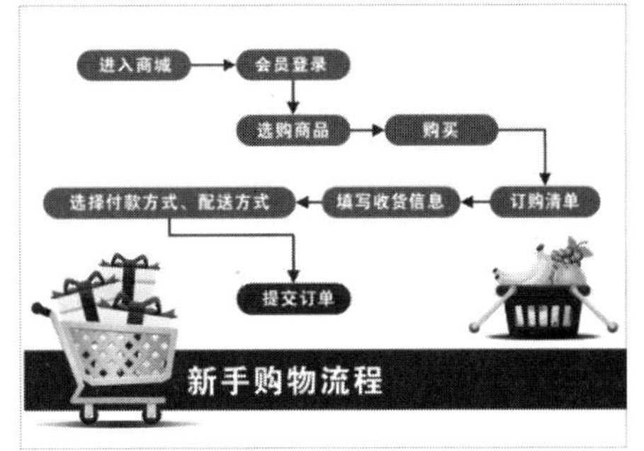

3.3 案例演练

本章的案例演练介绍"绘制标贴"这个案例，使用户通过练习从而巩固本章所学的基本图形的绘制方法及技巧。

【例 3-7】绘制标贴。

视频+素材 (素材文件\第 03 章\例 3-7)

step 1 在CorelDRAW工作界面中的标准工具栏中单击【新建】按钮，打开【创建新文档】对话框。在该对话框的【名称】文本框中输入"标贴设计"，设置【宽度】和【高度】均为150mm，在【原色模式】选项组中选中RGB单选按钮，然后单击OK按钮。

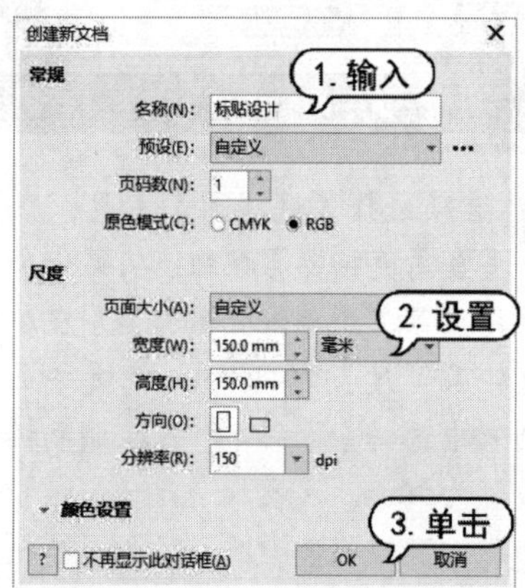

step 2 选择【窗口】|【泊坞窗】|【辅助线】命令，打开【辅助线】泊坞窗。设置y数值为75mm，然后单击【添加】按钮。

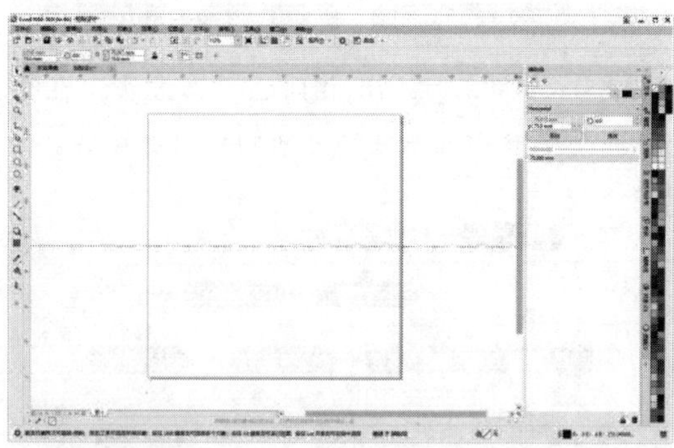

step 3 在【辅助线】泊坞窗的【辅助线类型】下拉列表中选择Vertical选项，设置x数值为75mm，单击【添加】按钮。选中新创建的水平和垂直辅助线，然后单击【锁定辅助线】按钮。

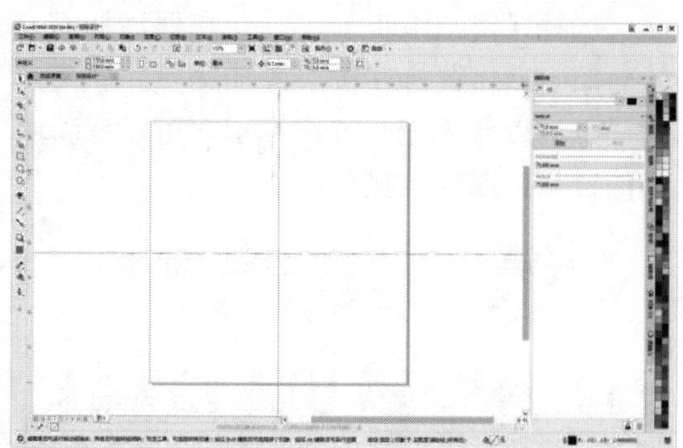

step 4 选择【星形】工具，依据辅助线，按住Shift+Ctrl组合键拖动绘制星形。然后在属性栏中设置对象的【宽度】为120mm，设置【点数或边数】数值为43,【锐度】数值为3,【轮廓宽度】为2pt。

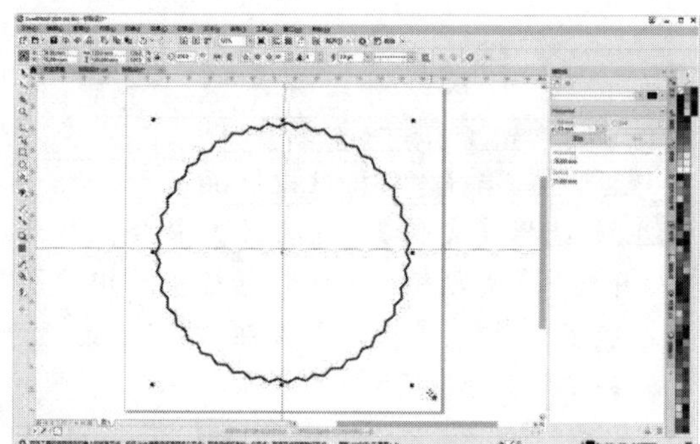

step 5 打开【属性】泊坞窗，单击【轮廓】按钮，再单击【轮廓颜色】下拉按钮，从弹出的下拉面板中，设置颜色为R:153 G: 190 B:78。

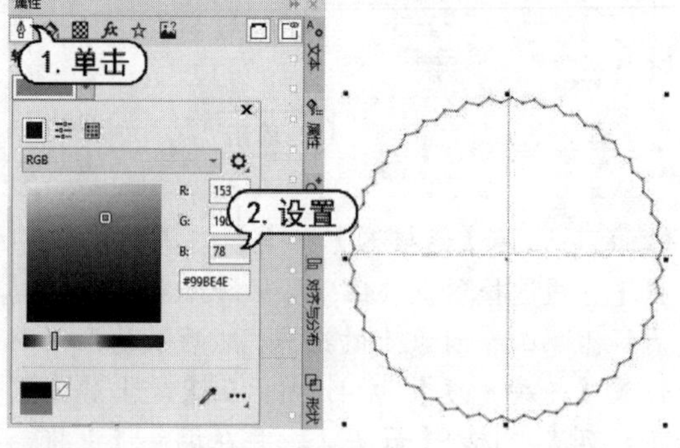

step 6 在【属性】泊坞窗中，单击【填充】

按钮，在【填充】选项组中单击【均匀填充】按钮，设置填充色为R:177 G:211 B:33。

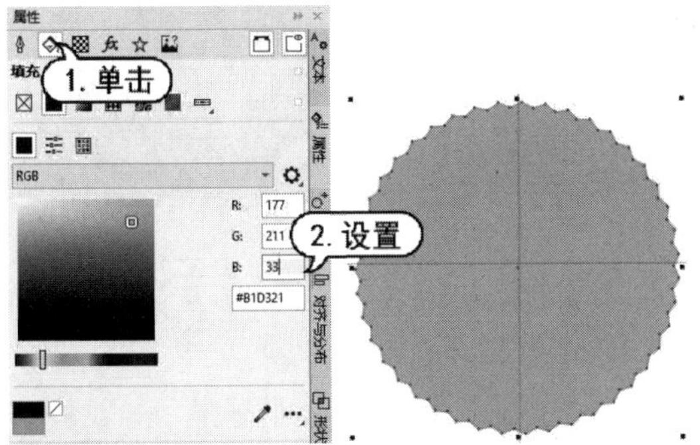

step 7 按Ctrl+C组合键复制星形，按Ctrl+V组合键粘贴刚绘制的星形，并在属性中设置【缩放因子】数值为 94%。然后在调色板中将轮廓色设置为无，在【属性】泊坞窗中设置填充色为R:242 G:236 B:219。

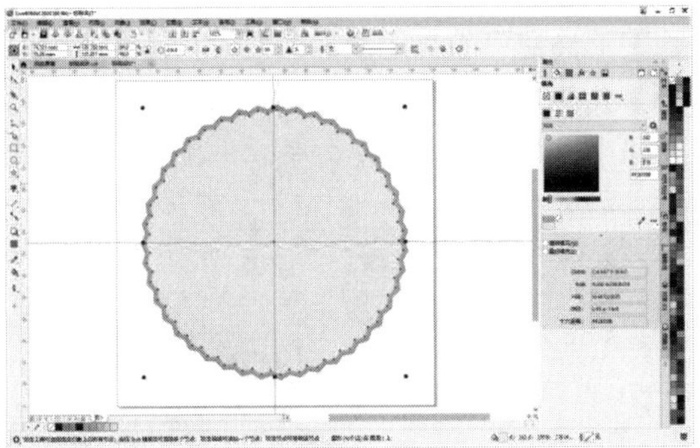

step 8 选择【椭圆形】工具，依据辅助线，按住Shift+Ctrl组合键拖动绘制圆形。

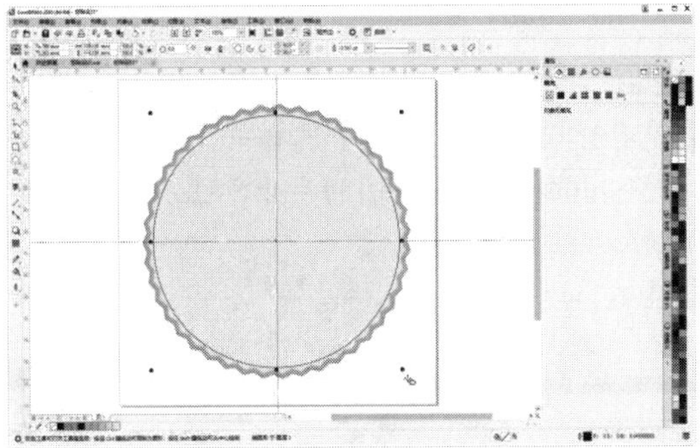

step 9 在【属性】泊坞窗中，单击【轮廓】按钮，设置【轮廓宽度】为 1pt，设置【轮廓颜色】为R:129 G:156 B:91，在【线条样式】下拉列表中选择一种线条样式。

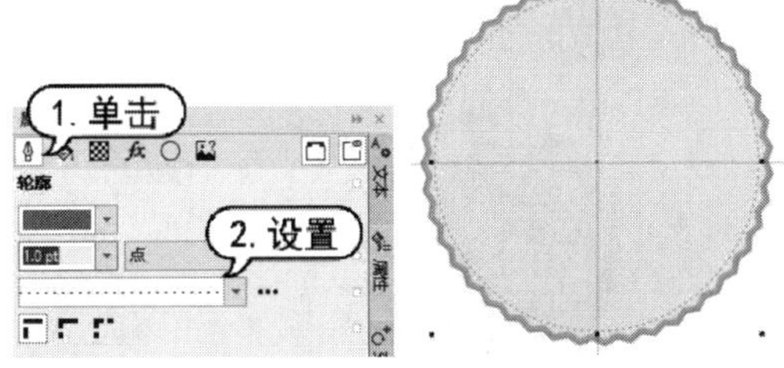

step 10 选择【椭圆形】工具，依据辅助线，按住Shift+Ctrl组合键拖动绘制圆形。在【属性】泊坞窗中的【轮廓宽度】下拉列表中选择 1.5pt，设置【轮廓颜色】为R:177 G:211 B:33。

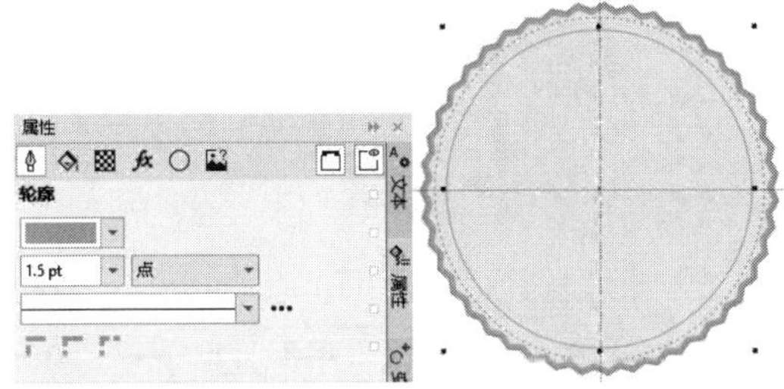

step 11 在【属性】泊坞窗中，单击【填充】按钮，在【填充】选项组中单击【均匀填充】按钮，设置填充色为R:129 G:156 B:91。

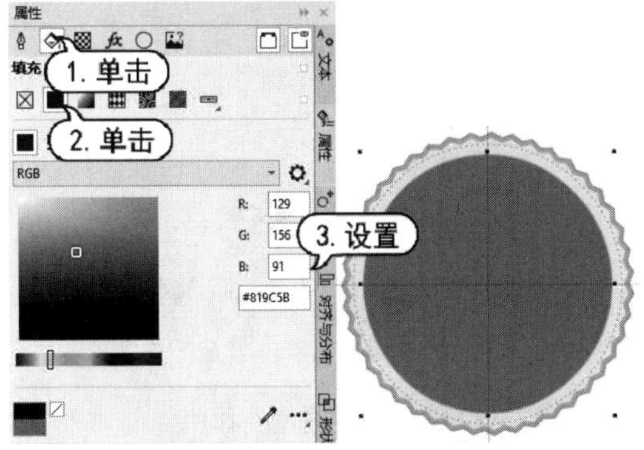

step 12 按Ctrl+C组合键复制圆形，按Ctrl+V组合键粘贴圆形，并在属性中设置【缩放因子】数值为 95%。然后在调色板中，将轮廓色设置为无，在【属性】泊坞窗中设置填充色为R:68 G:105 B:60。

step 13 在标准工具栏中单击【导入】按钮，打开【导入】对话框，在该对话框中选中所需要的绘图文档，然后单击【导入】按钮。

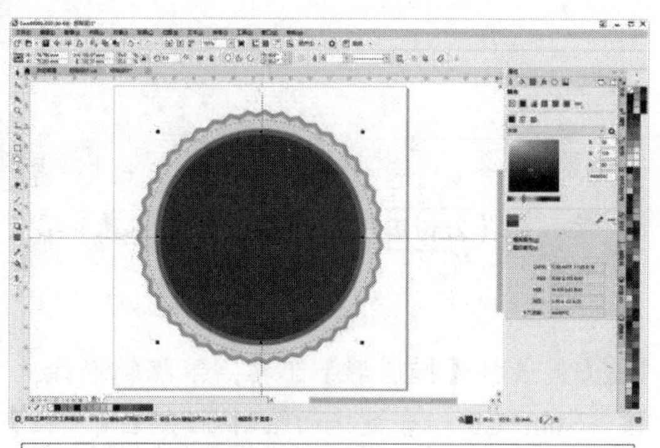

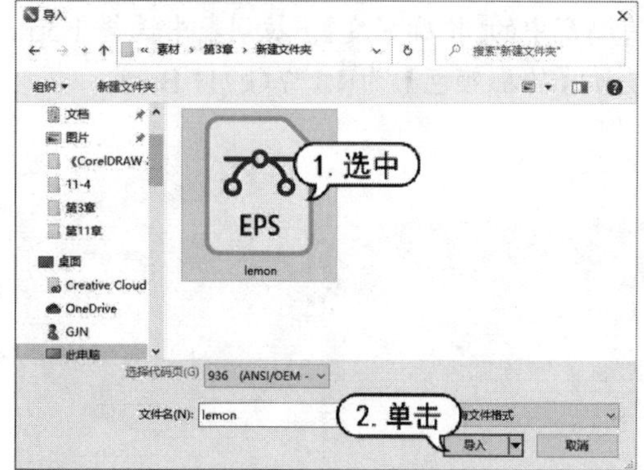

step 14 在绘图页面中单击，导入图形对象，并调整导入图形对象的大小及位置。

step 15 使用【文本】工具输入文字，在【属性】泊坞窗的【字体】下拉列表中选择Britannic Bold，设置【字体大小】为36pt，字体颜色为R:242 G:230 B:194。

step 16 继续使用【文本】工具输入文字，在【属性】泊坞窗的【字体】下拉列表中选择Britannic Bold，设置【字体大小】为45pt，字体颜色为R:242 G:230 B:194。

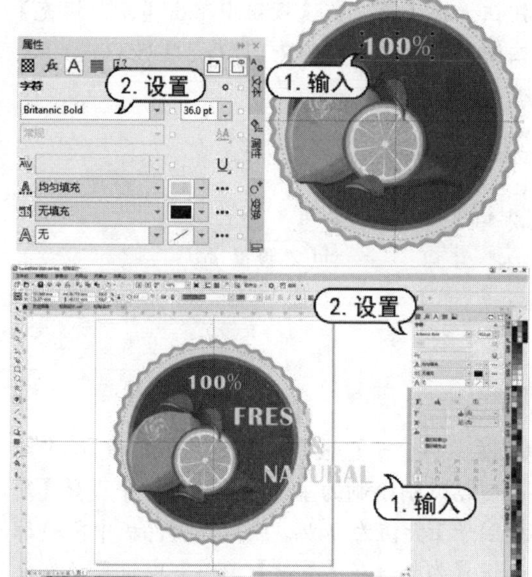

step 17 使用【选择】工具选择文字，在【属性】泊坞窗中单击【段落】按钮，设置【行间距】数值为75%，【字符间距】数值为－16%。使用【选择】工具选择文字，并拖动调整文本对象的宽度。

step 18 选择【常见形状】工具，在属性栏的【常用形状】下拉列表中选择一种形状，然后按住Shift键，在垂直辅助线上单击并拖动绘制图形。

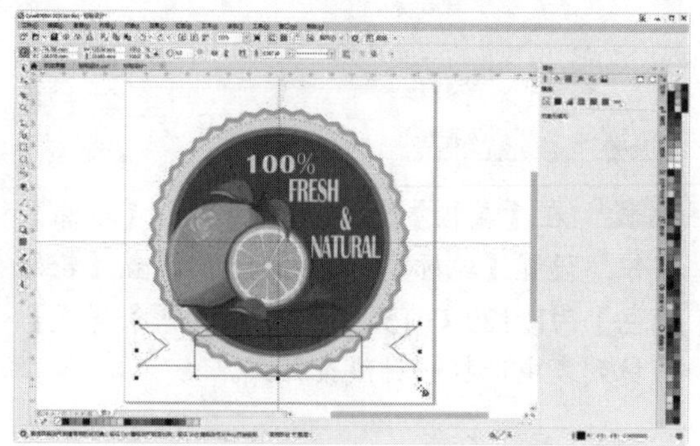

step 19 选择【形状】工具，调整刚绘制的标题图形的轮廓。

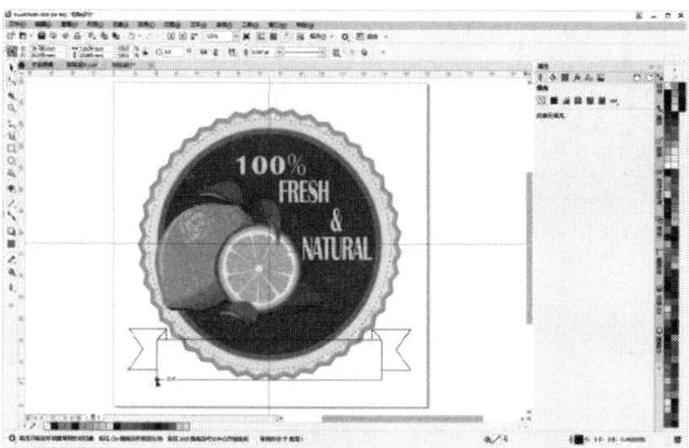

step 20 在【属性】泊坞窗中单击【均匀填充】按钮，设置填充色为R:242 G:230 B:194。

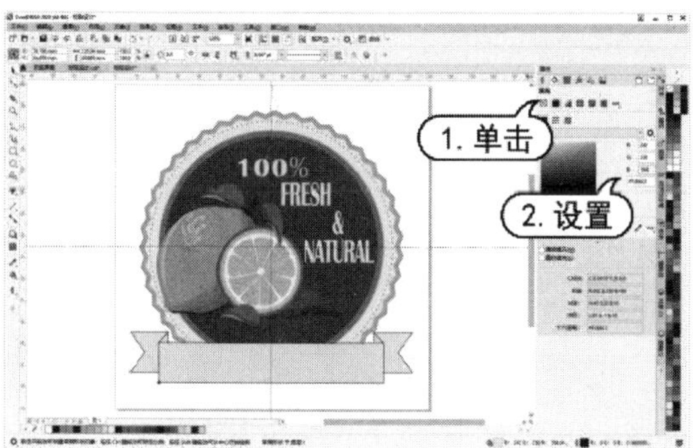

step 21 在【属性】泊坞窗中单击【轮廓】按钮，设置【轮廓宽度】为1.5pt，设置【轮廓颜色】为R:158 G:212 B:66。

step 22 使用【钢笔】工具绘制图形，并在调色板中将轮廓色设置为【无】，在【属性】泊坞窗中单击【填充】按钮，设置填充色为R:158 G:212 B:66。

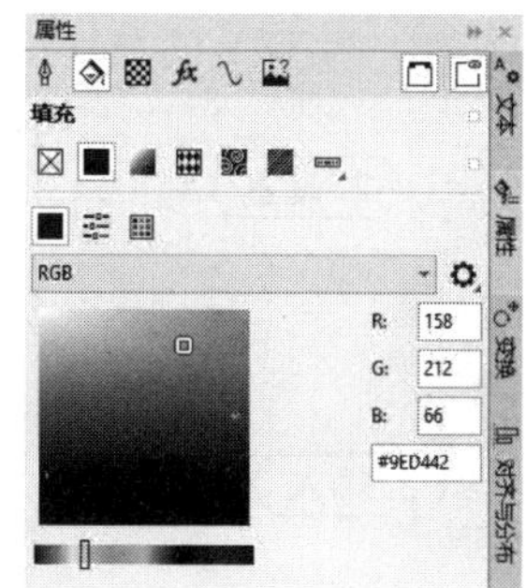

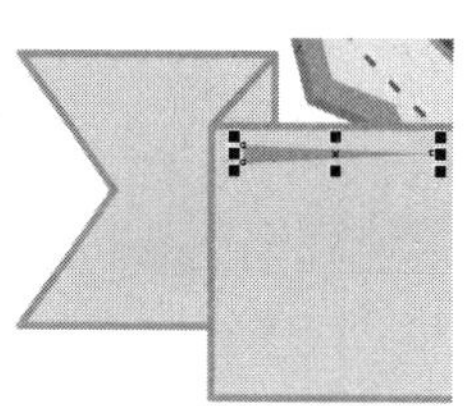

step 23 在【变换】泊坞窗中选中【间隙和方向】单选按钮，设置【间隙】为－0.1mm，在【定向】下拉列表中选择Vertical选项，设置【副本】数值为11，然后单击【应用】按钮。

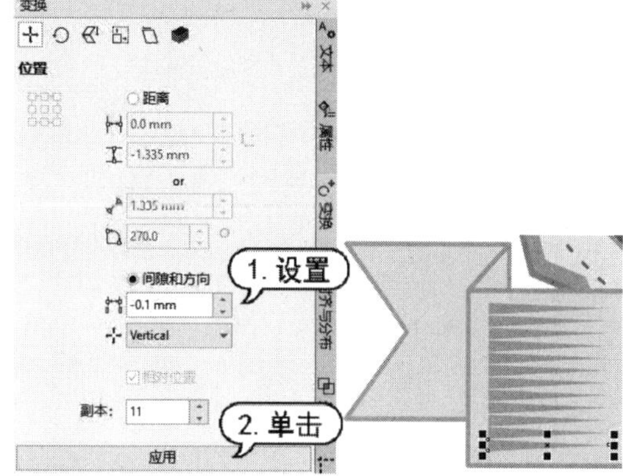

step 24 使用【选择】工具选中刚创建的对象，按Ctrl+G组合键组合对象。在【变换】泊坞窗中单击【缩放和镜像】按钮，然后单击【水平镜像】按钮，设置【副本】数值为1，单击【应用】按钮，接着调整复制对象的位置。

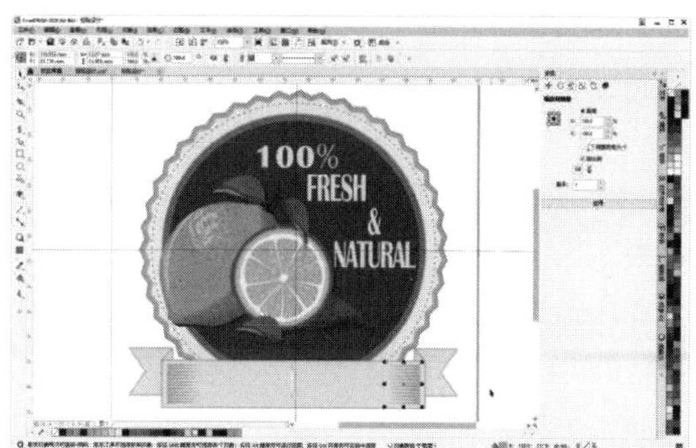

step 25 使用【文本】工具在绘图页面中单击，在【属性】泊坞窗中设置字体为Bernard MT Condensed，字体大小为36pt，字体颜色为R:52 G:142 B:15，然后输入文字内容。

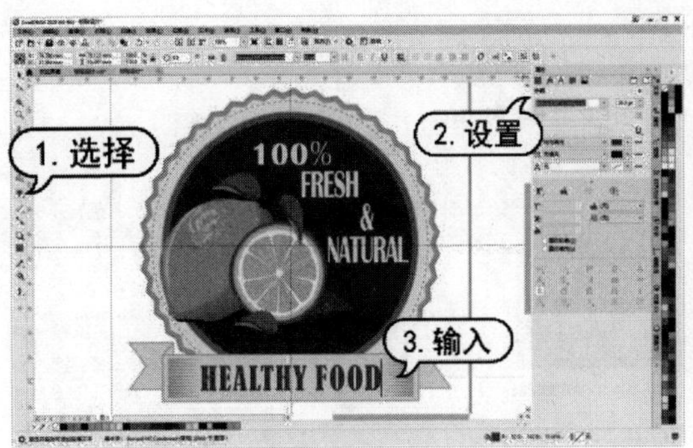

step 26 在标准工具栏中单击【保存】按钮，打开【保存绘图】对话框。在该对话框中单击【保存】按钮即可保存绘图文档。

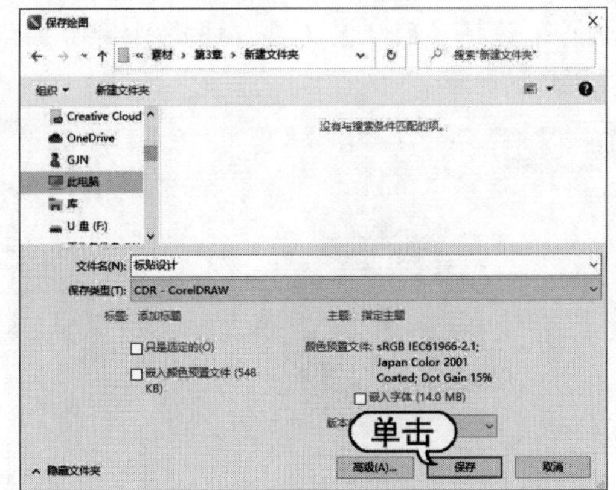

第 4 章

绘制与调整轮廓线条

在 CorelDRAW 2020 中，可以绘制各种不同的线条，如直线、曲线等，本章主要介绍如何运用绘图工具绘制直线、曲线，以及美化处理轮廓线等，帮助读者掌握轮廓线的编辑与应用。

本章对应视频

例 4-1 绘制吊牌
例 4-2 绘制 T 恤图形
例 4-3 减少节点数
例 4-4 对齐多个节点
例 4-5 创建自定义艺术笔触
例 4-6 创建新喷涂列表
例 4-7 制作渐变字
例 4-8 制作商品折扣券

4.1 运用【手绘】工具

使用【手绘】工具可以自由地绘制直线、曲线和折线，还可以通过属性栏设置线条的粗细、线型，并可以添加箭头图形。使用【手绘】工具绘制直线、曲线和折线时，操作方法有所不同，具体操作方法如下。

- 绘制直线：在要开始绘制线条的位置单击，然后在要结束绘制线条的位置单击。绘制直线时，按住 Ctrl 键可以按照预定义的角度创建直线。
- 绘制曲线：在要开始绘制曲线的位置单击并进行拖动。在属性栏的【手绘平滑】框中输入一个值可以控制曲线的平滑度。值越大，产生的曲线越平滑。
- 绘制折线：单击鼠标以确定折线的起始点，然后在每个转折处双击鼠标，直到终点处再次单击鼠标，即可完成折线的绘制。

使用【手绘】工具还可以绘制封闭图形，当线段的终点回到起点位置，光标变为形状时，单击鼠标左键，即可绘制出封闭图形。

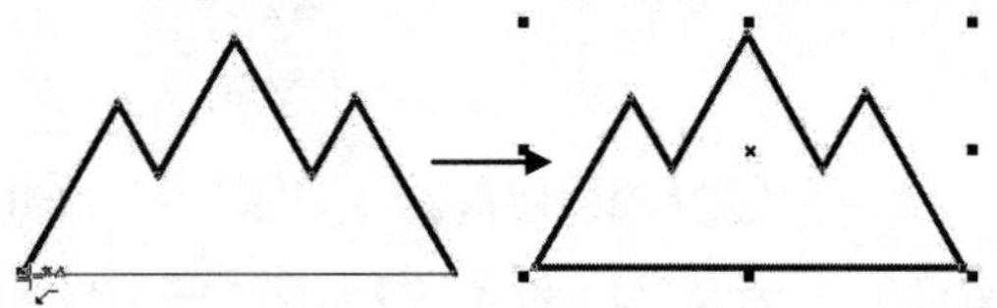

4.2 运用【贝塞尔】工具

使用【贝塞尔】工具可以绘制包含曲线和直线的复杂线条，并可以通过改变节点和控制点的位置来控制曲线的弯曲度。

- 绘制曲线段：在要放置第一个节点的位置单击，并按住鼠标左键拖动调整控制手柄；释放鼠标，将光标移动至下一节点位置并单击，然后拖动控制手柄以创建曲线。

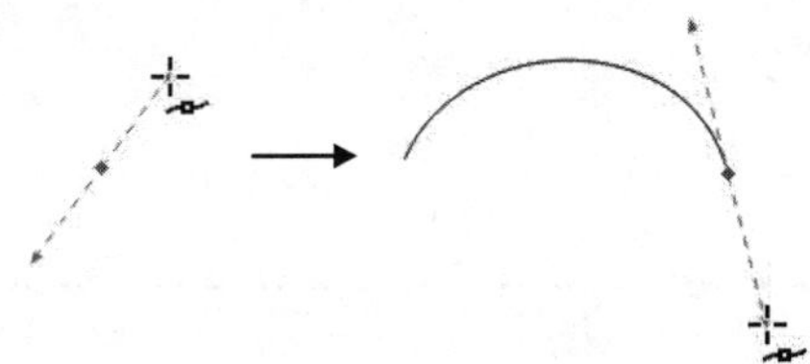

- 绘制直线段：在要开始绘制该线段的位置单击，然后在要结束绘制该线段的位置单击。

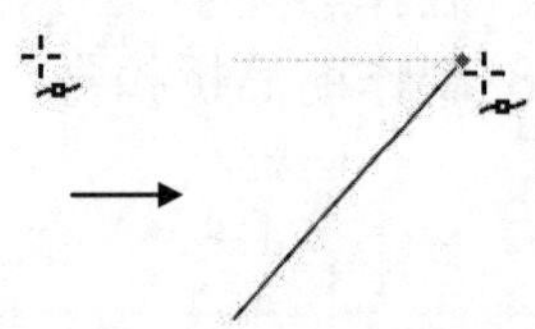

在使用【贝塞尔】工具进行绘制时无法一次性得到需要的图案，所以需要在绘制后进行线条修饰。配合【形状】工具和属性栏，可以对绘制的贝塞尔线条进行修改。

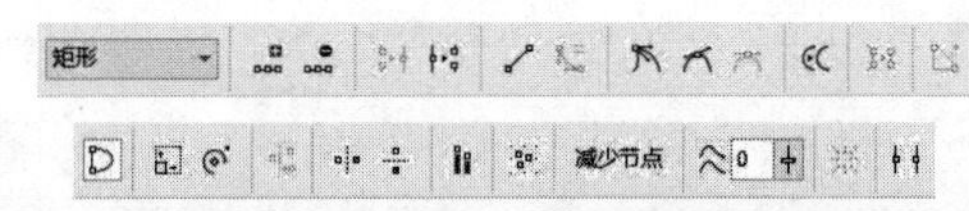

实用技巧

在调节节点时，按住 Ctrl 键再拖动鼠标，可以设置角度增量为 15°，从而调整曲线弧度的大小。

【例 4-1】使用【贝塞尔】工具绘制吊牌。

视频+素材 (素材文件\第 04 章\例 4-1)

step 1 新建一个空白文档，并在标准工具栏中单击【显示网格】按钮。

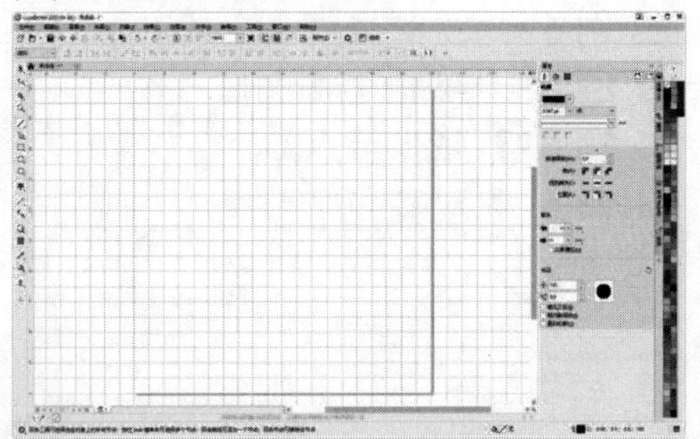

step 2 在工具箱中选择【贝塞尔】工具，在绘图窗口中单击鼠标左键，确定起始节点。然后在要结束该线段的位置单击，绘制直线段。

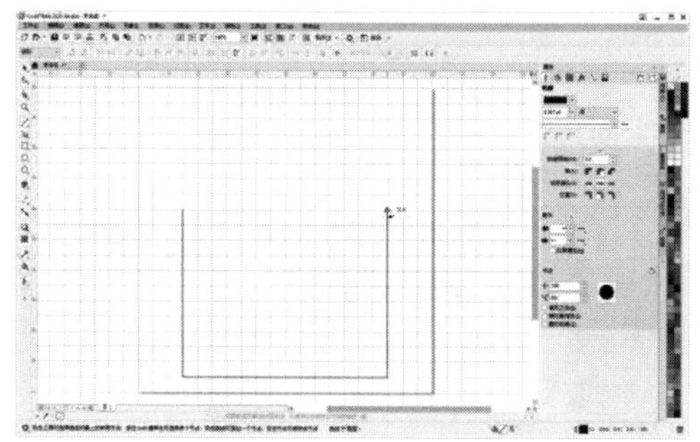

step 3 在绘图窗口中单击鼠标左键，按下鼠标左键并拖动鼠标，此时节点两边将出现两个控制点，连接控制点的是一条蓝色的控制线。

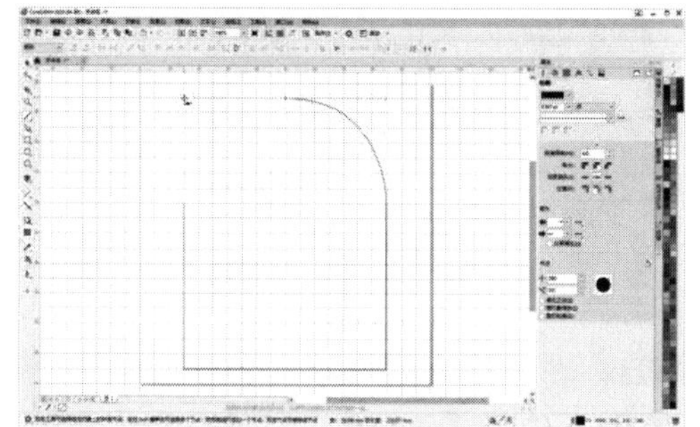

step 4 将光标移至起始节点的位置并显示为 时，单击鼠标左键封闭图形。

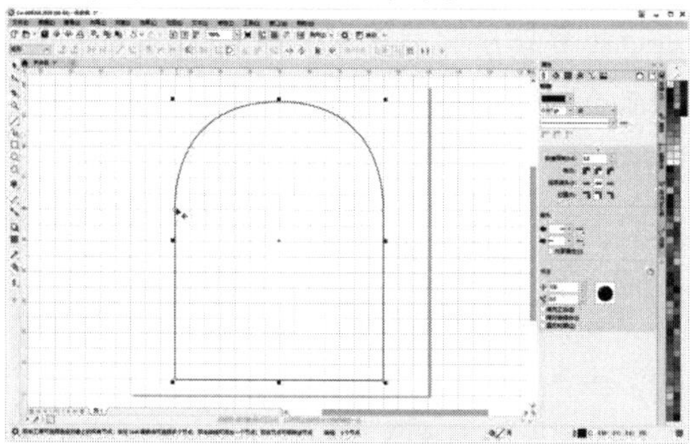

step 5 选择【椭圆形】工具，按住Shift+Ctrl组合键并拖动绘制圆形。

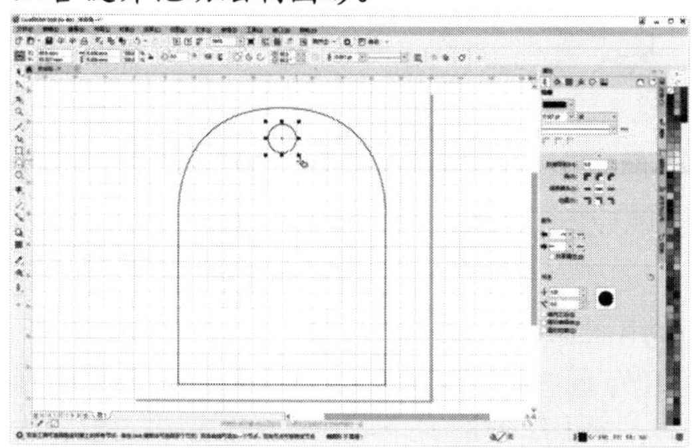

step 6 使用【选择】工具选中绘制的两个图形对象，并在属性栏中单击【修剪】按钮。

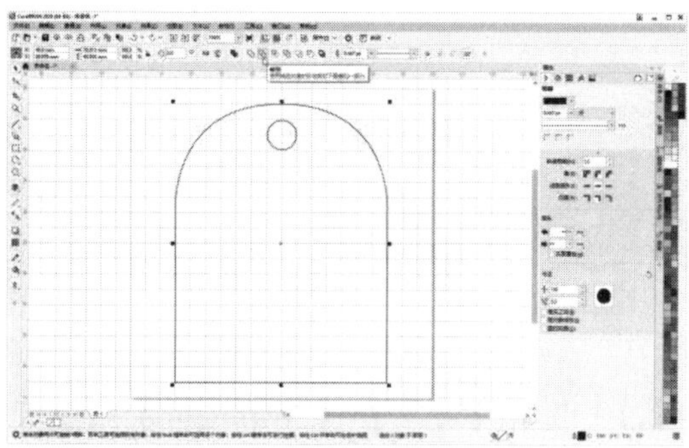

step 7 选择【交互式填充】工具，在属性栏中单击【渐变填充】按钮，然后在显示的渐变控制柄上设置渐变填充色为C:100 M:75 Y:30 K:0 至C:100 M:100 Y:60 K:55，并设置渐变控制柄的角度。

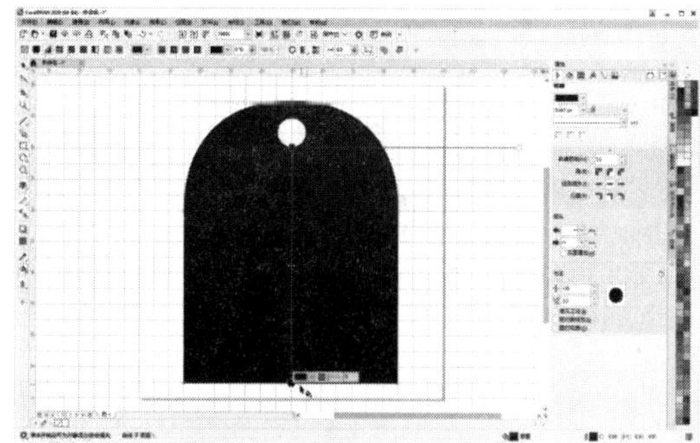

step 8 按Alt键，单击调色板中的【白】色板设置轮廓的填充色，并在【属性】泊坞窗中设置【轮廓宽度】为 6pt，在【位置】选项组中单击【外部轮廓】按钮。

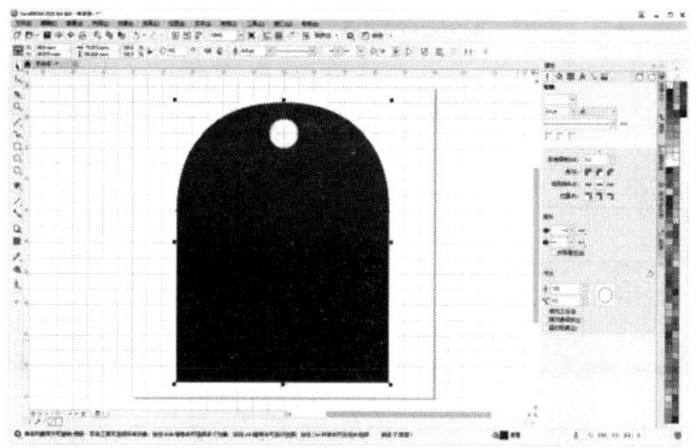

step 9 在标准工具栏中单击【导入】按钮，打开【导入】对话框。在该对话框中选中所需的图像文件，单击【导入】按钮，然后在绘图窗口中单击，导入图像。

step 10 选择【对象】|【PowerClip】|【置于图文框内部】命令，当显示黑色箭头时，单击步骤(5)创建的图形，将导入的图像置于图形中。然后在绘图页面左上角的浮动工具栏中，单击【选择内容】按钮，调整导入图像的位置及大小。

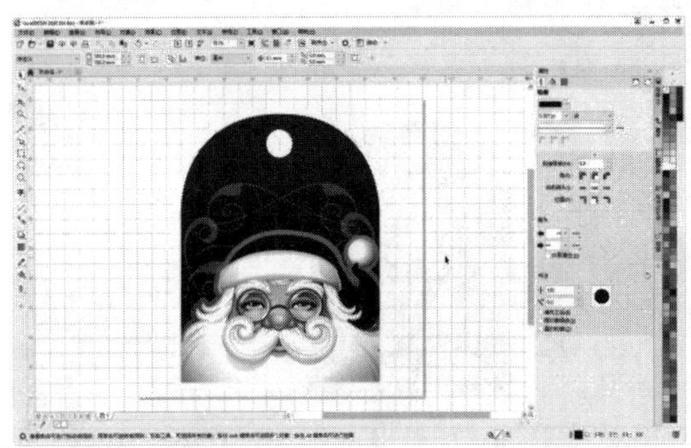

step 11 使用【文本】工具在绘图窗口中单击，在【属性】泊坞窗中设置字体为Exotc350 Bd BT，字体大小为30pt，字体填充颜色为白色，然后输入文字内容。

step 12 选择【块阴影】工具，在属性栏中设置【深度】为1mm，【定向】数值为300°，单击【块阴影颜色】选项，在弹出的下拉面板中设置块阴影颜色为C:100 M:87 K:47 Y:9。

step 13 使用【选择】工具选中步骤(8)中创建的对象，选择【块阴影】工具，在属性栏中设置【深度】为1mm，【定向】数值为－45°，单击【块阴影颜色】选项，在弹出的下拉面板中设置块阴影颜色为C:30 M:10 K:0 Y:0，完成吊牌的绘制。

4.3 运用【钢笔】工具

在 CorelDRAW 2020 中，使用【钢笔】工具不但可以绘制直线和曲线，而且可以在绘制完的直线和曲线上添加或删除节点，从而更加方便地控制直线和曲线。【钢笔】工具的使用方法与【贝塞尔】工具大致相同。

想要使用【钢笔】工具绘制直线线段，可以在工具箱中选择【钢笔】工具后，在绘图页面中单击鼠标左键创建起始节点，接着移动光标出现蓝色预览线后进行查看。将光标移到结束节点的位置后，单击鼠标左键后线条变为实线，完成编辑后双击鼠标左键。连续绘制直线段后，将光标移到起始节点位置，当光标变为 时单击鼠标左键，即可形成闭合路径。

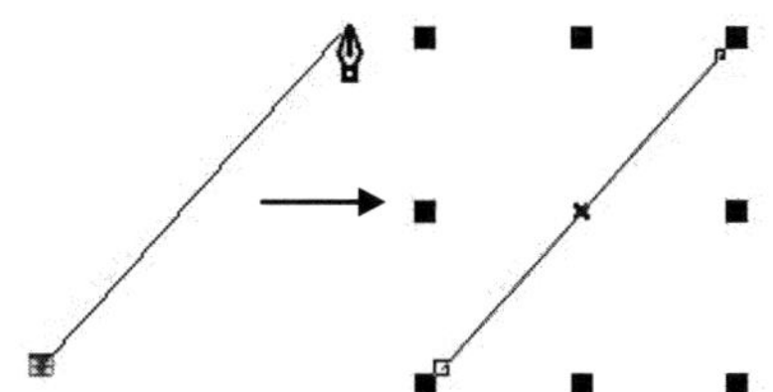

想要使用【钢笔】工具绘制曲线线段，可以在工具箱中选择【钢笔】工具后，移动光标至工作区中按下鼠标并拖动，显示控制柄后释放鼠标，然后向任意方向移动，这时曲线会随光标的移动而变化。当对曲线的大小和形状感到满意后双击，即可结束曲线的绘制。

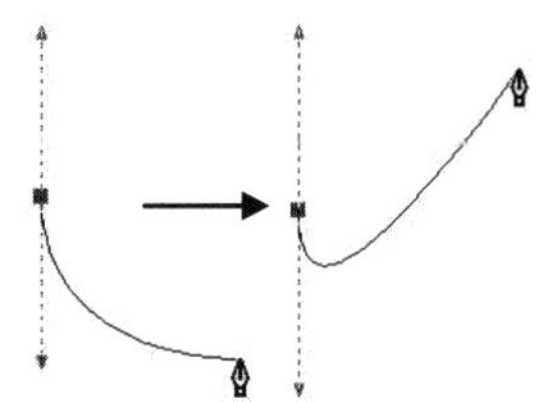

如果想要继续绘制曲线，则在工作区所需位置单击并按下鼠标拖动一段距离后释放鼠标，即可创建出另一条曲线。

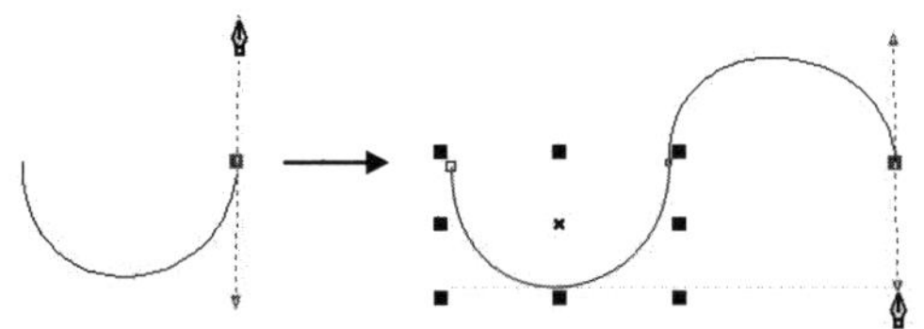

知识点滴

在【钢笔】工具属性栏中，单击【预览模式】按钮，会在确定下一节点前自动生成一条预览当前线段的蓝线；单击【自动添加或删除节点】按钮，将光标移到曲线上，当光标变为 形状时，单击鼠标左键可添加节点，当光标变为 形状时，单击鼠标左键可删除节点。

【例 4-2】使用【钢笔】工具绘制 T 恤图形。 视频

step 1 新建一个空白文档，并在标准工具栏中单击【显示网格】按钮。使用【钢笔】工具在绘图窗口中绘制T恤基本图形。

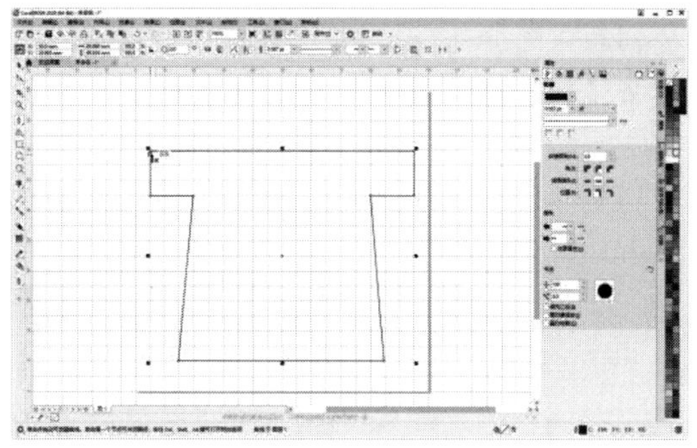

step 2 继续使用【钢笔】工具在绘制的路径上单击需要添加节点的位置。

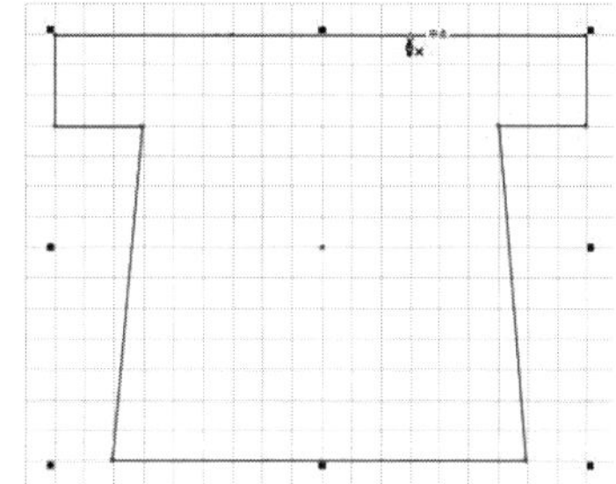

step 3 使用【形状】工具选中路径上的节点，根据需要调整节点位置。

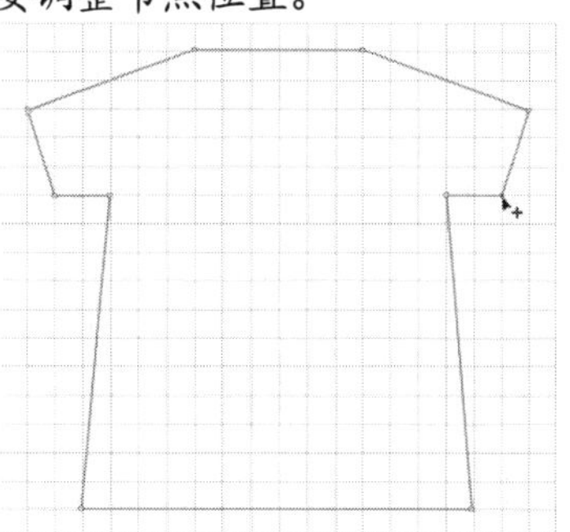

step 4 使用【形状】工具选中路径顶部的节点，在属性栏中单击【转换为曲线】按钮，并调节节点控制柄。

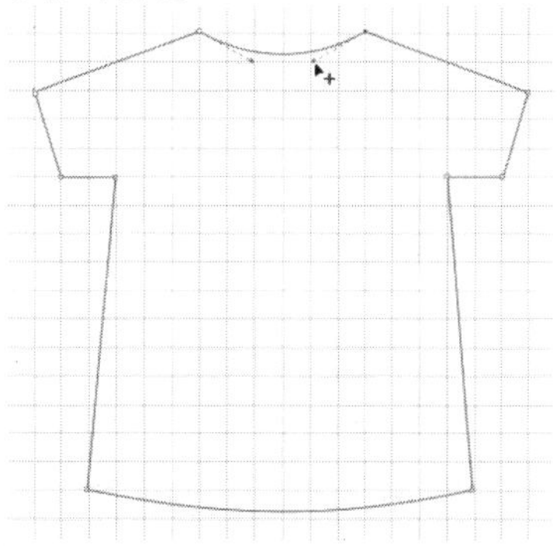

step 5 在【属性】泊坞窗的【轮廓宽度】下

拉列表中选择 1.5pt，并在调色板中按Alt键，单击【红】色板设置轮廓的填充色。

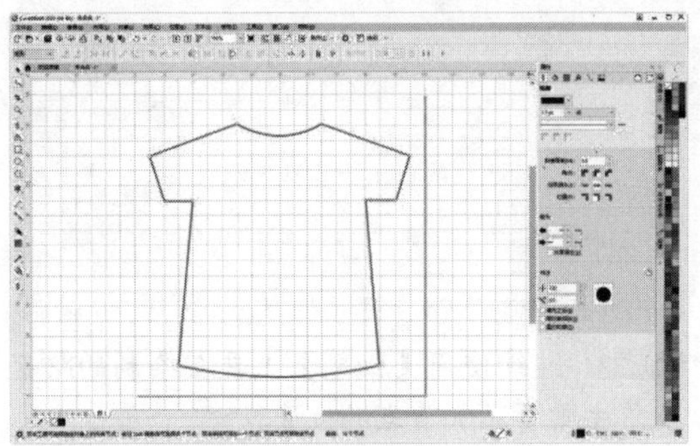

step 6 在绘制的T恤基本图形上，单击鼠标右键，在弹出的快捷菜单中选择【锁定】命令。使用【钢笔】工具在袖子的上、下两边分别单击鼠标并拖动出弧线。

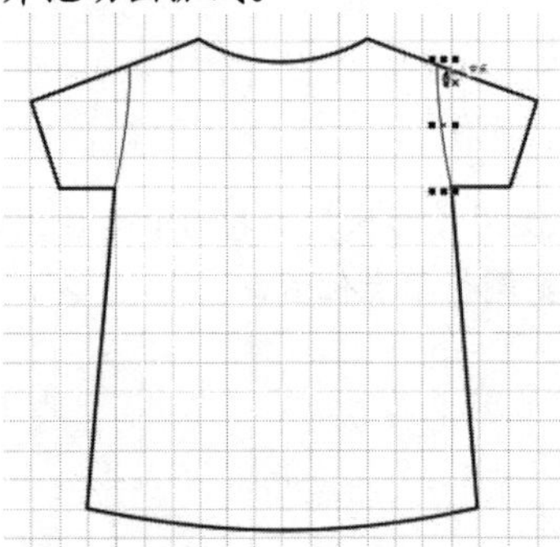

step 7 使用【选择】工具选中袖子上绘制的弧线，在【属性】泊坞窗的【线条样式】下拉列表中选择虚线样式，并在调色板中按Alt键，单击【红】色板设置轮廓的填充色。

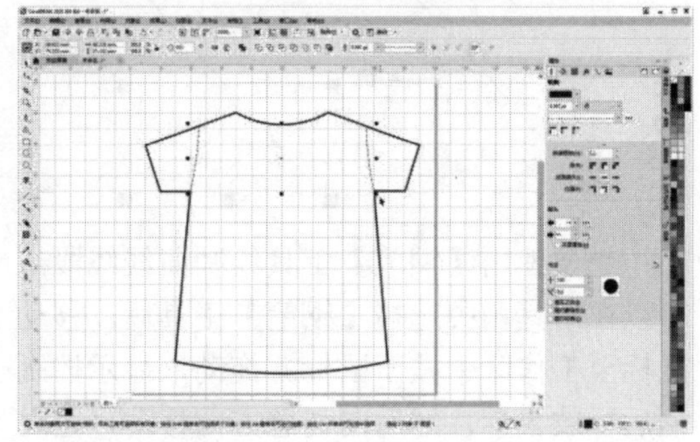

step 8 使用【钢笔】工具绘制袖口部分图形，并在调色板中单击【红】色板填充图形，然后按Alt键，再单击【红】色板设置轮廓填色，完成T恤图形的绘制。

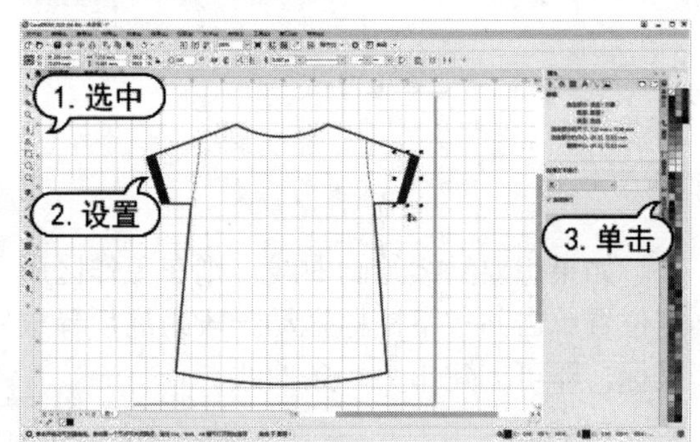

4.4 运用多点线工具

使用多点线工具绘制曲线的操作方法与【手绘】工具的操作方法相似。CorelDRAW 中常用的多点线工具有【2 点线】工具、【B 样条】工具、【智能绘图】工具及【3 点曲线】工具。

4.4.1 【2 点线】工具

使用【2 点线】工具可以绘制直线，还可以创建与图形对象垂直或相切的直线。

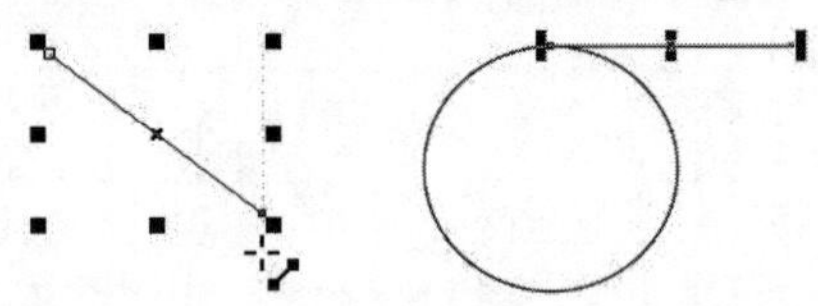

绘制直线：使用【2 点线】工具在页面中单击，按住鼠标左键不放并拖动到所需的位置，然后释放鼠标左键即可。

绘制连续线段：使用【2 点线】工具绘制一条直线后不移开光标，当光标变为形状时，按住鼠标左键拖曳绘制即可。连续绘制到首尾节点合并，可以形成封闭图形。

在【2 点线】工具的属性栏里可以切换绘制的 2 点线的类型。

- 【2 点线工具】按钮：连接起点和终点绘制一条直线。
- 【垂直 2 点线】按钮：绘制一条与现有对象或线段垂直的 2 点线。
- 【相切 2 点线】按钮：绘制一条与

现有对象或线段相切的 2 点线。

4.4.2 【B 样条】工具

使用【B 样条】工具可以绘制圆滑的曲线。要使用【B 样条】工具绘制曲线，先单击开始绘制的位置，然后单击设定绘制线条所需的控制点数。要结束线条绘制时，双击该线条即可。

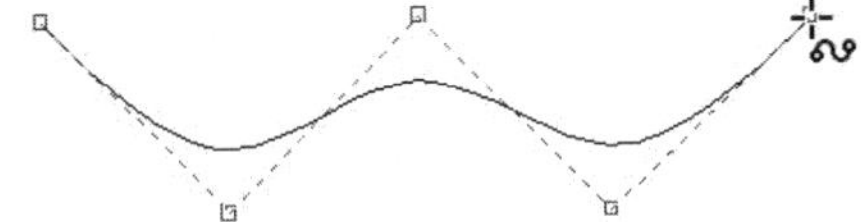

要使用控制点更改线条形状，先用【形状】工具选定线条，然后通过重新确定控制点位置来更改线条形状。

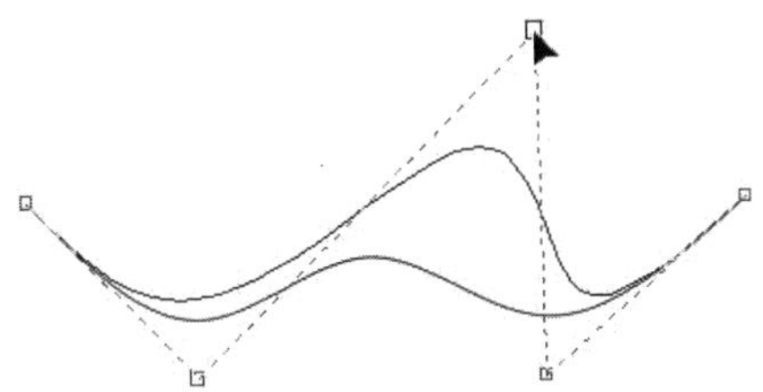

要增加控制点，先用【形状】工具选择线条，然后沿控制线条双击鼠标即可。要删除控制点，先用【形状】工具选择线条，然后双击要删除的控制点即可。

4.4.3 【智能绘图】工具

使用【智能绘图】工具绘制图形时，可对手绘笔触进行识别，并将手绘图形转换为基本形状。

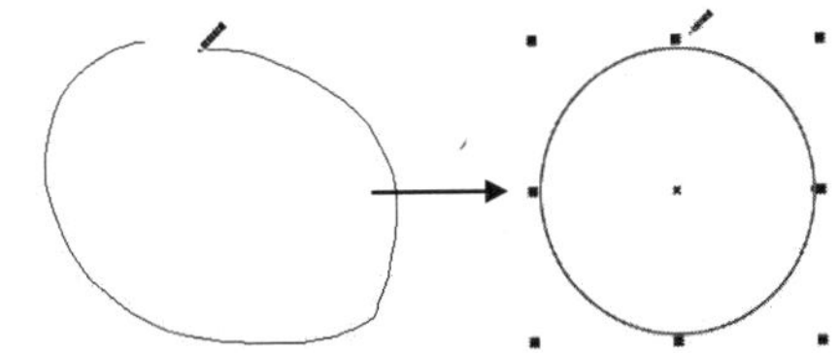

实用技巧

用户还可以设置从创建笔触到实现形状识别所需的时间。选择【工具】|【选项】|【工具】命令，打开【选项】对话框。在该对话框的左侧列表中选择【智能绘图】选项，然后在右侧拖动【绘图协助延迟】滑块。最短延迟为 0.0 秒，最长延迟为 2 秒。

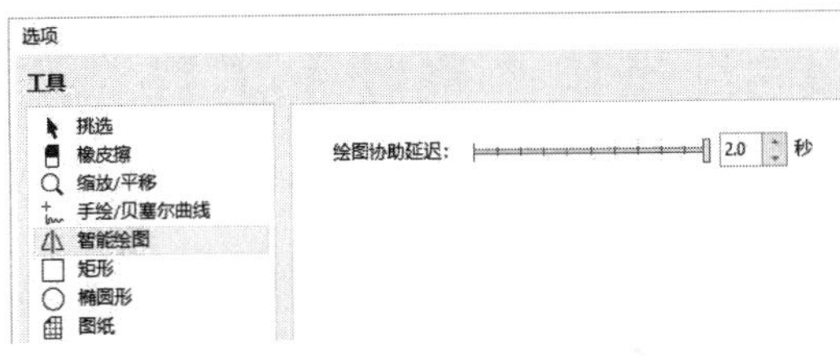

矩形和椭圆将被转换为 CorelDRAW 对象；梯形和平行四边形将被转换为【完美形状】对象；而线条、三角形、方形、菱形、圆形和箭头将被转换为曲线对象。如果某个对象未转换为基本形状，则可以对其进行平滑处理。用形状识别所绘制的对象和曲线都是可编辑的，而且还可以设置 CorelDRAW 识别形状并将其转换为对象的等级，指定对曲线应用的平滑量。在属性栏中，可以设置【形状识别等级】和【智能平滑等级】选项。

形状识别等级: 中 智能平滑等级: 中

- 【形状识别等级】选项：用于选择系统对形状的识别程度。
- 【智能平滑等级】选项：用于选择系统对形状的平滑程度。

4.4.4 【3 点曲线】工具

使用【3 点曲线】工具可以通过指定曲线的宽度和高度来绘制简单曲线。使用此工具，可以快速创建弧形，而无须控制节点。选择工具箱中的【3 点曲线】工具后，移动光标至工作区中，按下鼠标设置曲线的起始点，再拖动光标至终点位置释放鼠标，这样就确定了曲线的两个节点，然后再向其他方向拖动鼠标，这时曲线的弧度会随光标的拖动而变化，对曲线的大小和弧度满意后单击，即可完成曲线的绘制。

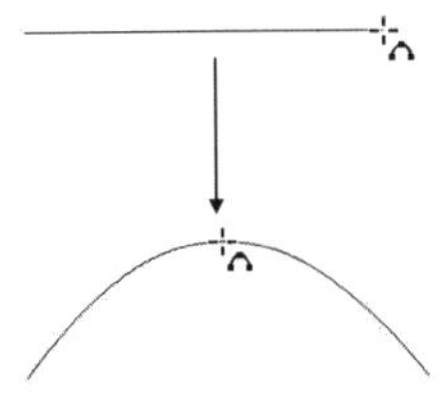

4.5 运用【形状】工具

在通常情况下，曲线绘制完成后还需要对其进行精确的调整，以达到需要的造型效果。

4.5.1 选择节点

使用【形状】工具将节点框选在矩形选框中，或者将它们框选在形状不规则的选框中，可以选择单个、多个或所有对象节点。在曲线线段上选择节点时，将显示控制手柄。通过移动节点和控制手柄，可以调整曲线线段的形状。使用工具箱中的【形状】工具，选中一个曲线对象，然后可以使用以下方法选择节点。

- 框选多个节点：在属性栏上，从【选取范围模式】列表框中选择【矩形】选项，然后围绕要选择的节点进行拖动确定选取范围即可。

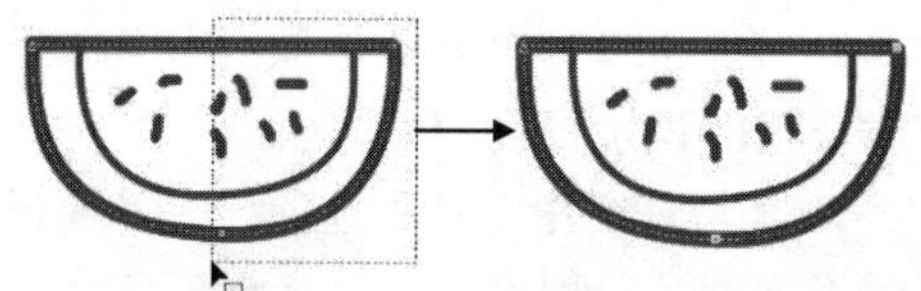

- 手绘圈选多个节点：在属性栏上，从【选取范围模式】列表框中选择【手绘】选项，然后围绕要选择的节点进行拖动确定选取范围即可。

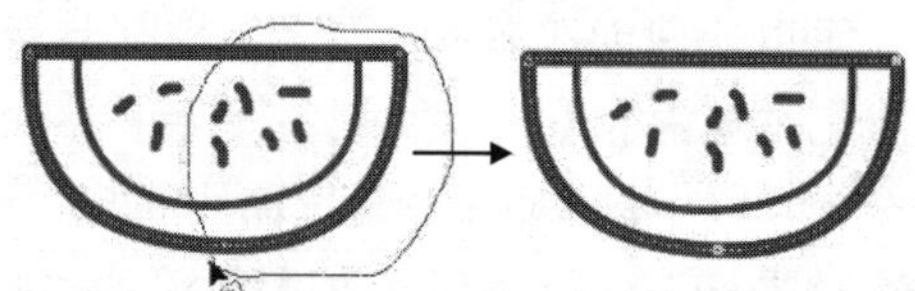

- 挑选多个节点：按住 Shift 键，同时单击每个节点即可选中。按住 Shift 键，再次单击选中的节点可以取消选中。

实用技巧

用户还可以通过使用【选择】工具、【手绘】工具、【贝塞尔】工具或【折线】工具来选择节点。先选择【工具】|【选项】|【CorelDRAW】命令，在打开的【选项】对话框左侧列表中选择【节点和控制柄】选项，然后在右侧选中【启用节点跟踪】复选框。再单击曲线对象，将指针移到节点上，直到工具的形状状态光标出现，然后单击节点。

4.5.2 移动节点和曲线

想移动节点改变图形，可以在使用【形状】工具选中节点后，按下鼠标并拖动节点至合适位置后释放鼠标，或按键盘上的方向键即可改变图形的曲线形状。要改变线段造型，还可以调整控制手柄的角度及其与节点之间的距离。

使用【形状】工具选中一条曲线，然后在曲线上单击，当鼠标指针呈形状时，按住鼠标左键拖曳即可改变该段曲线的形状，从而改变整个曲线的形状。

4.5.3 添加和删除节点

在 CorelDRAW 中，可以通过添加节点，将曲线形状调整得更加精确；也可以通过删除多余的节点，使曲线更加平滑。增加节点时，将增加对象线段的数量，从而使对象形状更加精确。删除选定节点则可以简化对象形状。

使用【形状】工具在曲线对象需要增加节点的位置双击，可增加节点；使用【形状】工具在需要删除的节点上双击，可删除节点。

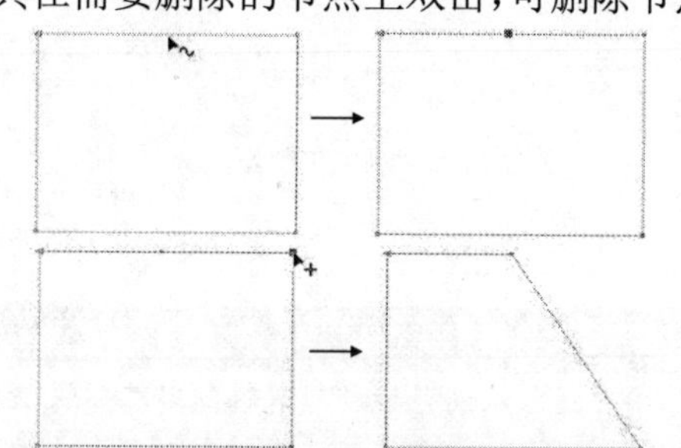

要添加、删除曲线对象上的节点，也可以通过单击属性栏中的【添加节点】按钮和【删除节点】按钮来完成。使用【形

状】工具在曲线上单击需要添加节点的位置，然后单击【添加节点】按钮即可添加节点。选中节点后，单击【删除节点】按钮可删除节点。

当曲线对象包含许多节点时，对它们进行编辑并输出将非常困难。在选中曲线对象后，使用属性栏中的【减少节点】功能可以使曲线对象中的节点数自动减少。减少节点数时，将移除重叠的节点并可以平滑曲线对象。该功能对于减少从其他应用程序中导入的对象中的节点数特别有用。

实用技巧

用户也可以在使用【形状】工具选取节点后，右击，在弹出的快捷菜单中选择相应的命令来添加、删除节点。

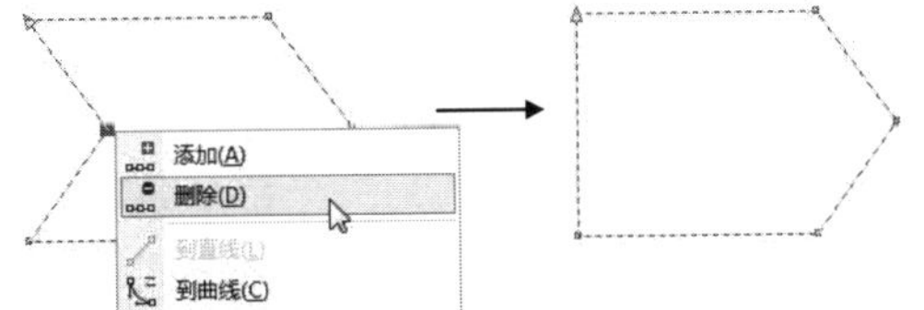

【例 4-3】减少曲线对象中的节点数。

视频+素材 (素材文件\第 04 章\例 4-3)

step 1　选择【文件】|【打开】命令，打开图形文档。使用【形状】工具单击选中曲线对象，并单击属性栏中的【选择所有节点】按钮。

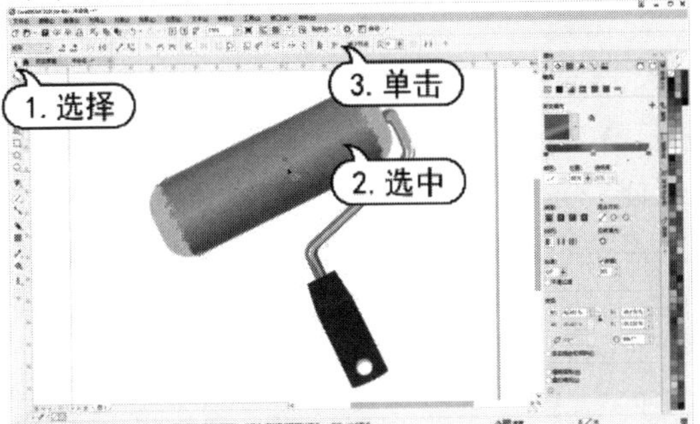

step 2　在属性栏中单击【减少节点】按钮 减少节点，然后拖动【曲线平滑度】滑块控制要删除的节点数。

4.5.4　连接和分割曲线

通过连接两端节点可封闭一条开放路径，但是无法连接两个独立的路径对象。

- 使用【形状】工具选定想要连接的节点后，单击属性栏中的【连接两个节点】按钮，可以将同一个对象上断开的两个相邻节点连接成一个节点，从而使图形封闭。

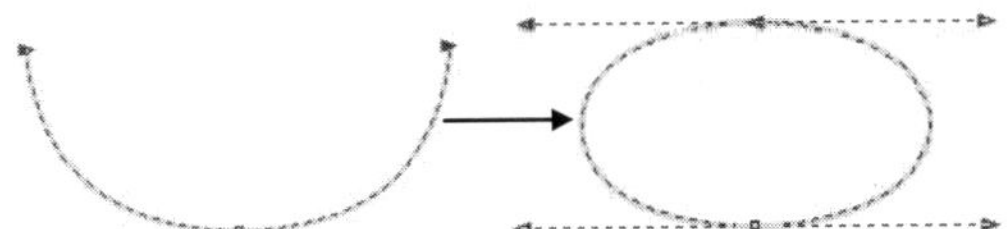

- 使用【形状】工具选取节点后，单击属性栏上的【延长曲线使之闭合】按钮，可以使用线条连接两个节点。
- 使用【形状】工具选取路径后，单击属性栏上的【闭合曲线】按钮，可以将绘制的开放曲线的起始节点和终止节点自动闭合，形成闭合的曲线。

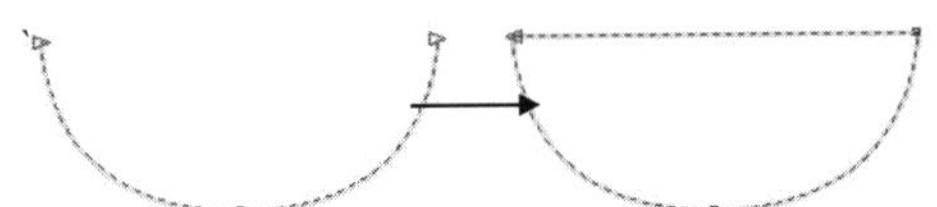

通过分割曲线功能，可以将曲线上的一个节点在原来的位置分离为两个节点，从而断开曲线的连接，使图形转变为不封闭状态；此外，还可以将由多个节点连接成的曲线分离成多条独立的线段。

需要断开曲线时，使用【形状】工具选取曲线对象，并且单击想要断开路径的位置。如果选择多个节点后，单击属性栏上的【断开曲线】按钮，可在几个不同的位置断开路径。在每个断开的位置上会出现两个重叠的节点，移动其中一个节点，可以看到原节点已经分割为两个独立的节点。

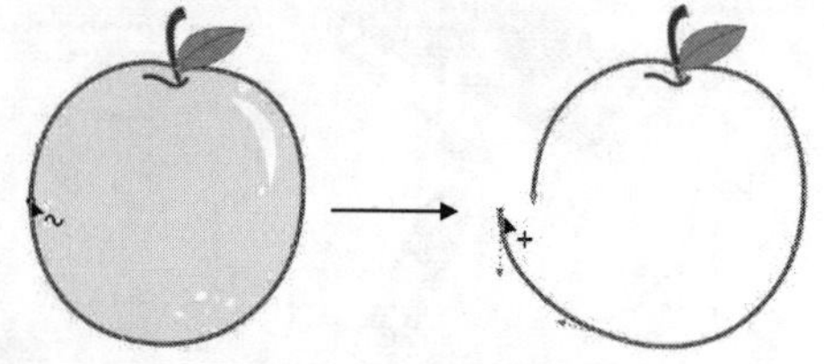

4.5.5 将直线转换为曲线

使用【形状】工具属性栏中的【转换为线条】按钮，可以将曲线段转换为直线段。

用户使用【形状】工具单击曲线上的内部节点或终点后，【形状】工具属性栏中的【转换为线条】按钮将变为可用状态，单击此按钮，该节点与上一个节点之间的曲线即可变为直线段。这个操作对于不同的曲线将会产生不同的结果，如果原曲线上只有两个端点而没有其他节点，选择其终止点后单击此按钮，整条曲线将变为直线段；如果原曲线有内部节点，那么单击此按钮可以将所选节点区域的曲线改变为直线段。

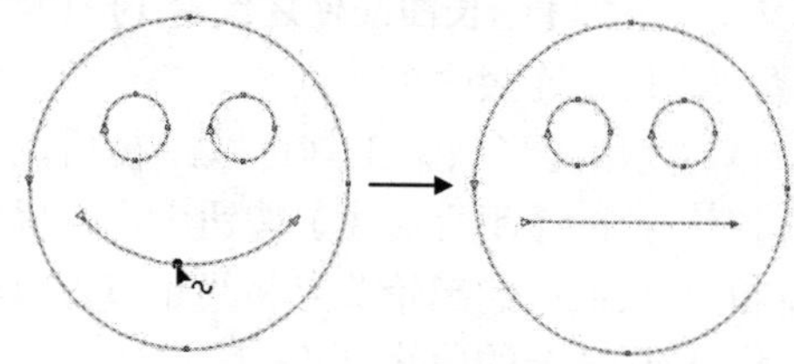

【形状】工具属性栏中的【转换为曲线】按钮与【转换为线条】按钮的功能正好相反，它是将直线段转换成曲线段。

用户使用【形状】工具单击直线上的内部节点或终止点后，【形状】工具属性栏中的【转换为曲线】按钮将变为可用状态，单击此按钮，这时节点上将会显示控制柄，表示这段直线已经变为曲线，然后通过操纵控制柄可以调整曲线。

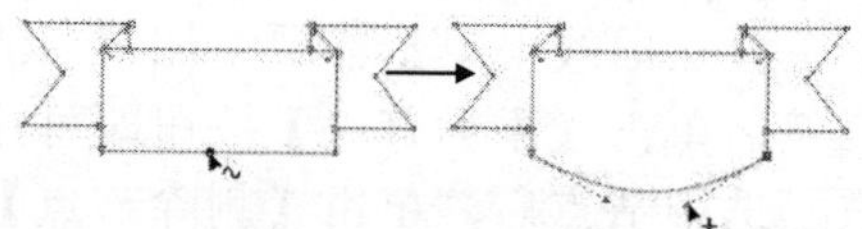

4.5.6 转换节点属性

CorelDRAW 中的节点分为尖突节点、平滑节点和对称节点 3 种类型。在编辑曲线的过程中，需要转换节点的属性，以调整曲线造型。

要更改节点属性，用户可以使用【形状】工具配合【形状】工具属性栏，方便、简单地对曲线节点进行类型转换的操作。用户只需在选择【形状】工具后，单击图形曲线上的节点，然后在【形状】工具属性栏中单击选择相应的节点类型，即可在曲线上进行相关的节点操作。

- 【尖突节点】按钮：单击该按钮可以将曲线上的节点转换为尖突节点。将节点转换为尖突节点后，尖突节点两端的控制手柄成为相对独立的状态。当移动其中一个控制手柄的位置时，不会影响另一个控制手柄。

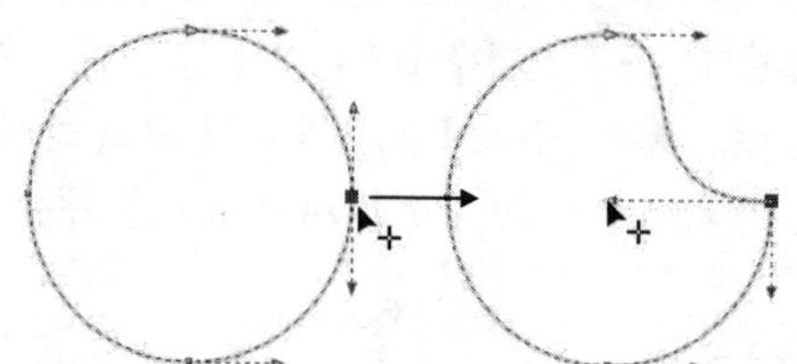

- 【平滑节点】按钮：单击该按钮可以使尖突节点变得平滑。平滑节点两边的控制点是相互关联的，当移动其中一个控制点时，另一个控制点也会随之移动，产生平滑过渡的曲线。

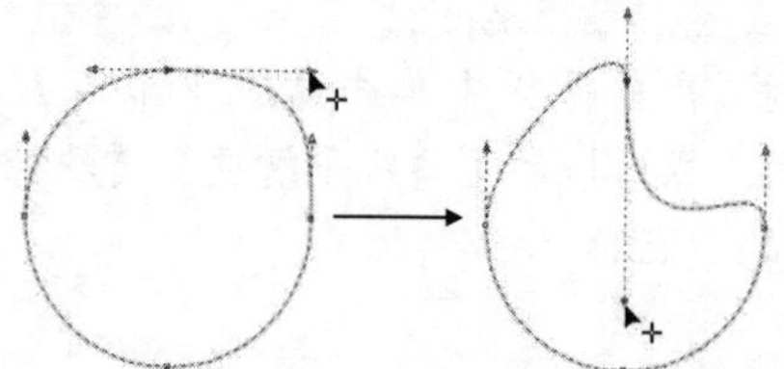

- 【对称节点】按钮：单击该按钮可以产生两个对称的控制柄，无论怎样编辑，

这两个控制柄始终保持对称。该类型节点与平滑类型节点相似，所不同的是，对称节点两侧的控制柄长短始终保持相同。

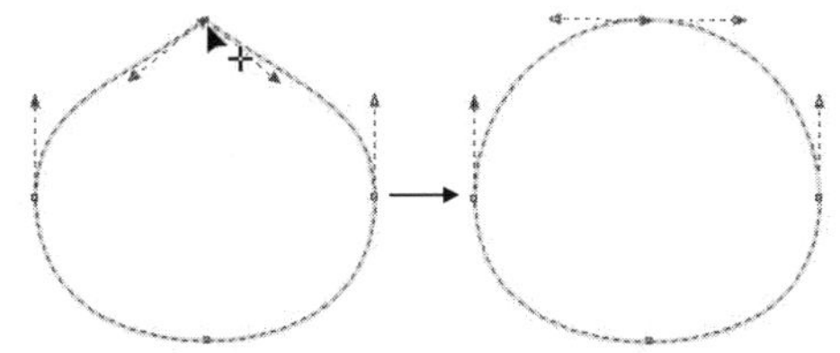

知识点滴

要将平滑节点和尖突节点互相转换，可以使用【形状】工具单击该节点，然后按 C 键。要将对称节点和平滑节点互相转换，使用【形状】工具单击该节点，然后按 S 键。

4.5.7　对齐多个节点

在编辑轮廓线条的过程中，可以通过属性栏将多个节点水平或垂直对齐。

【例 4-4】对齐多个节点。
视频+素材 (素材文件\第 04 章\例 4-4)

step① 选择【文件】|【打开】命令，打开图形文档。选择【形状】工具，按住Ctrl键依次选中要对齐的所有节点。

step② 在属性栏上单击【对齐节点】按钮，在弹出的【节点对齐】对话框中，选中【垂直对齐】复选框。

step③ 单击OK按钮关闭【节点对齐】对话框，即可得到对齐效果。

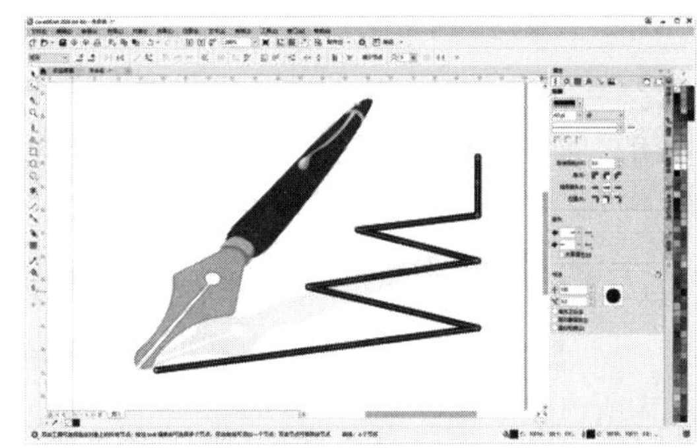

4.6　运用【艺术笔】工具

使用【艺术笔】工具可以绘制出各种艺术线条。【艺术笔】工具在属性栏中分为【预设】【笔刷】【喷涂】【书法】和【表达式】5 种笔刷模式。用户想要选择不同的笔触，只需在【艺术笔】工具属性栏上单击相应的模式按钮即可。选择所需的笔触时，其工具栏属性也将随之改变。

4.6.1　【预设】模式

【艺术笔】工具的【预设】笔触包含多种类型的笔触，其默认状态下所绘制的是一种轮廓比较圆滑的笔触，用户也可以在属性栏的预设笔触列表中选择所需笔触样式。选择【艺术笔】工具后，在属性栏中会默认选择【预设】按钮。

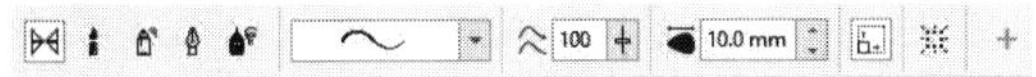

- 【预设笔触】选项：在其下拉列表中可选择系统提供的笔触样式。

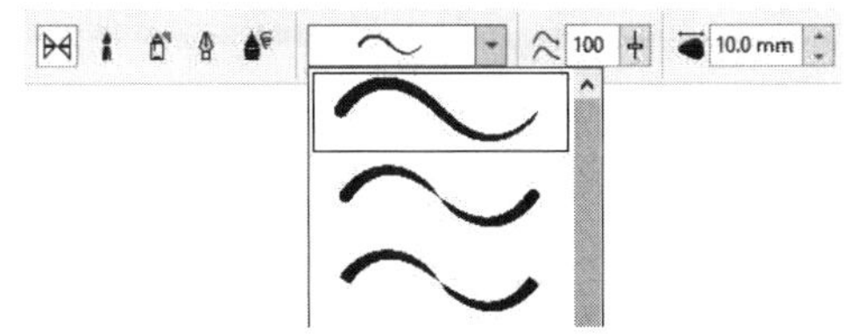

- 【手绘平滑】选项：其数值决定线条

的平滑程度。默认提供的平滑度最高是 100，用户可根据需要调整其参数设置。

- 【笔触宽度】选项：用于设置笔触的宽度。
- 【随对象一起缩放笔触】按钮：单击该按钮，可将变换应用到艺术笔触宽度。
- 【装订框】按钮：使用曲线工具时，显示或隐藏边框。

在属性栏中设置好相应的参数后，在绘图页面中按住鼠标左键并拖动，用户即可绘制出所选的笔触形状。

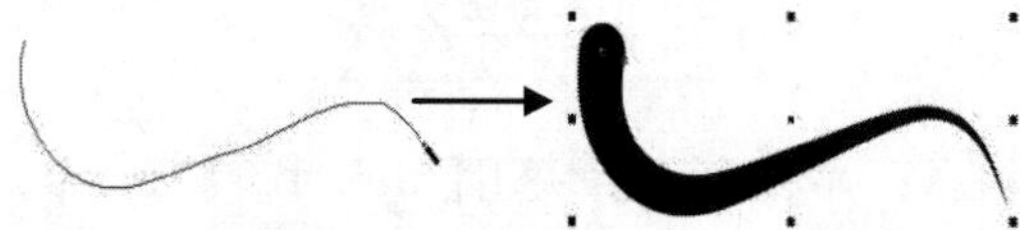

4.6.2 【笔刷】模式

CorelDRAW 2020 提供了多种笔刷样式供用户选择。在使用笔刷笔触时，用户可以在属性栏中设置笔刷的属性。

- 【类别】选项：在其下拉列表中，可以为所选的【艺术笔】工具选择一个类别。

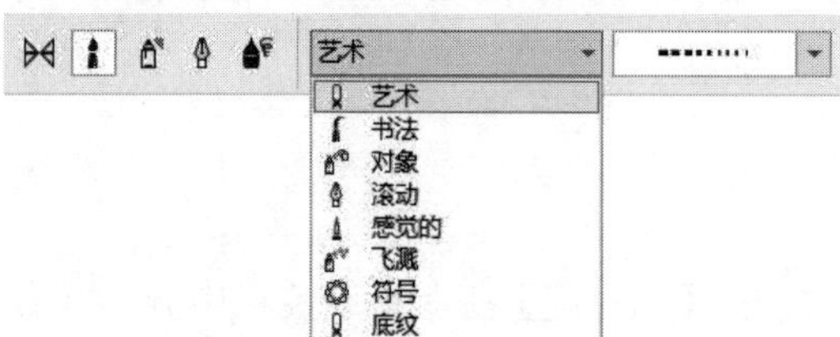

- 【笔刷笔触】选项：在其下拉列表中可选择系统提供的笔触样式。

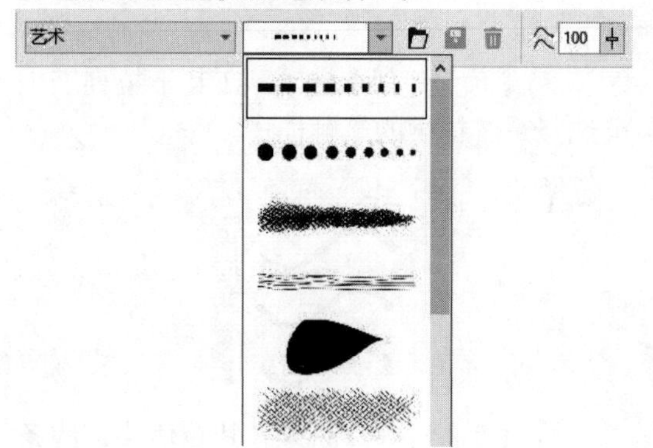

- 【浏览】按钮：可浏览磁盘中包含的自定义笔刷的文件夹。
- 【保存艺术笔触】按钮：自定义笔触后，将其保存到笔触列表。

【例 4-5】创建自定义艺术笔触并将其保存为预设。

视频+素材 (素材文件\第 04 章\例 4-5)

step 1 选择【文件】|【打开】命令，打开图形文档。

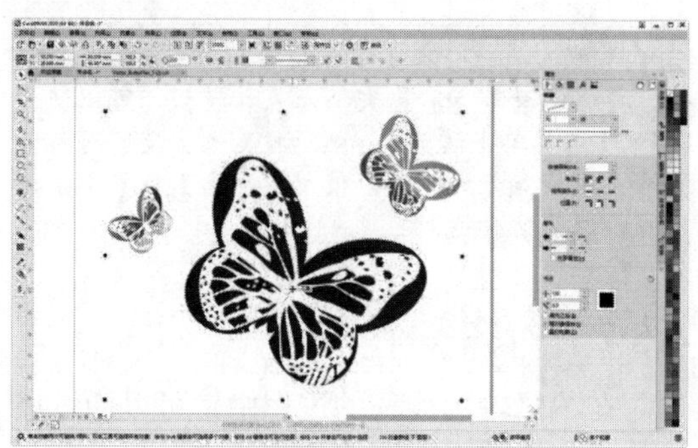

step 2 选择【艺术笔】工具，选中要保存为画笔笔触的图形对象。在属性栏中单击【笔刷】按钮，再单击【保存艺术笔触】按钮，打开【另存为】对话框。在打开的【另存为】对话框的【文件名】文本框中输入笔触名称“蝴蝶”，然后单击【保存】按钮。

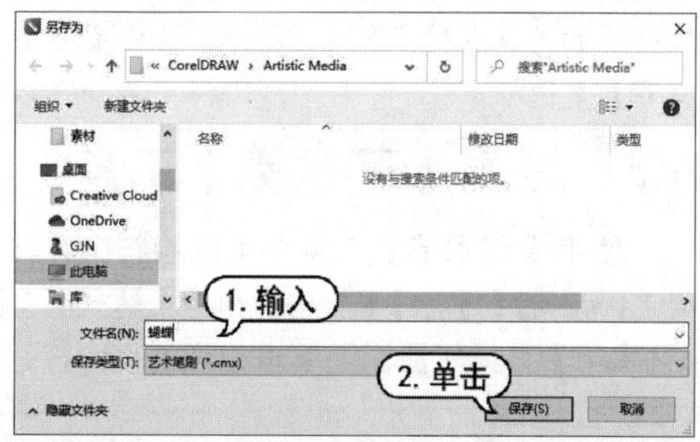

step 3 在【类别】下拉列表中选择【自定义】选项，然后单击【笔刷笔触】列表右侧的按钮，即可查看刚才保存的笔触。

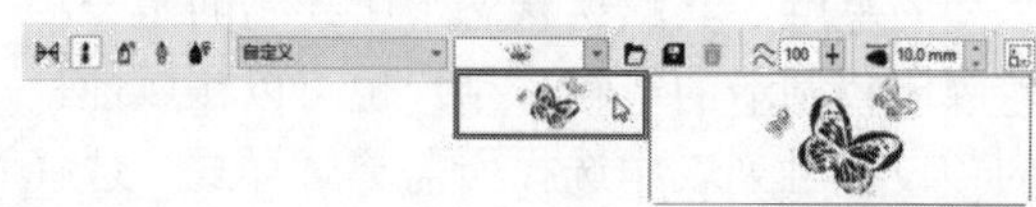

4.6.3 【喷涂】模式

CorelDRAW 2020 允许在线条上喷涂一系列对象。除图形和文本对象外，还可导入位图和符号来沿线条喷涂。

用户通过属性栏，可以调整对象之间的间距；可以控制喷涂线条的显示方式，使它们相互之间距离更近或更远；也可以改变线条上对象的顺序。CorelDRAW 2020 还允许改变对象在喷涂线条中的位置，方法是沿路径旋转对象，或使用替换、左、随机和右 4 种不同的选项之一偏移对象。另外，用户还可以使用自己的对象来创建新喷涂列表。

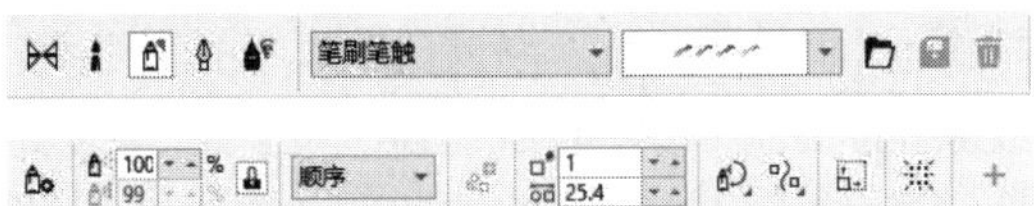

- 【类别】选项：在其下拉列表中，可以为所选的【艺术笔】工具选择一个类别。

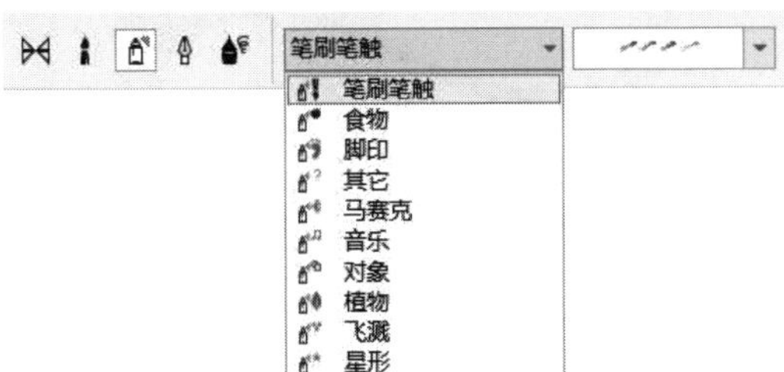

- 【喷射图样】选项：在其下拉列表中可选择系统提供的笔触样式。

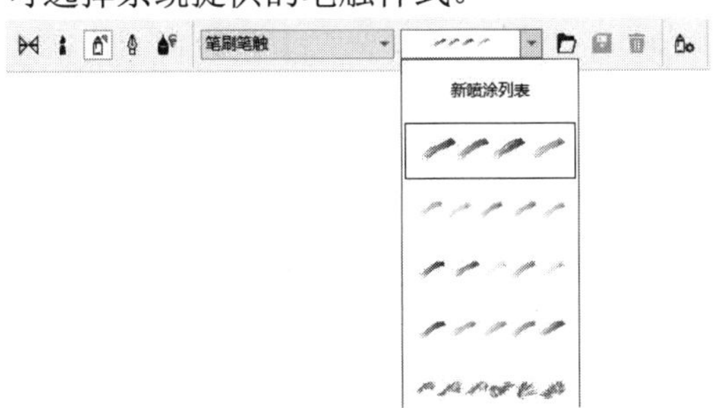

- 【喷涂列表选项】按钮：单击该按钮，打开【创建播放列表】对话框，可设置喷涂对象的顺序和喷涂对象。
- 【喷涂对象大小】选项：用于设置喷涂对象的缩放比例。
- 【喷涂顺序】选项：在其下拉列表中提供了【随机】【顺序】和【按方向】3 个选项，可选择其中一种喷涂顺序来应用到对象上。

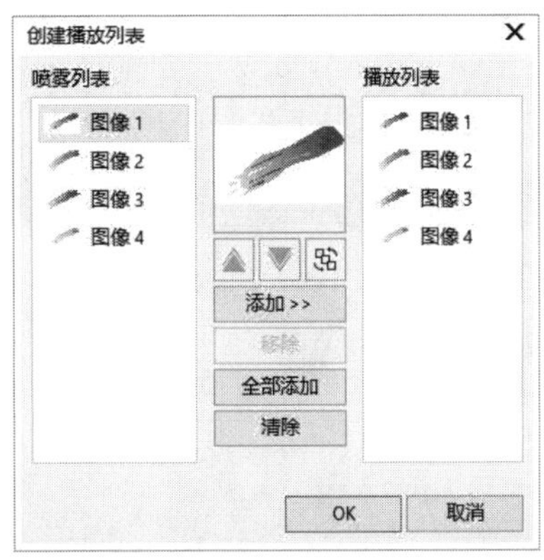

知识点滴

【创建播放列表】对话框中的【添加】按钮可以将喷涂列表中的图像添加到播放列表中；【移除】按钮可以删除播放列表中选择的图像；【全部添加】按钮可以将喷涂列表中的所有图像添加到播放列表中；【清除】按钮可以删除播放列表中的所有图像。

- 【添加到喷涂列表】按钮：添加一个或多个对象到喷涂列表。
- 【每个色块中的图像数和图像间距】选项：在上方数值框中输入数值，可设置每个喷涂色块中的图像数；在下方数值框中输入数值，可调整喷涂笔触中各个色块之间的距离。
- 【旋转】按钮：单击该按钮，在弹出的下拉面板中设置旋转角度，可以使喷涂对象按一定角度旋转。
- 【偏移】按钮：单击该按钮，在弹出的下拉面板中设置偏移量，可以使喷涂对象中各个元素产生相应位置上的偏移。

【例 4-6】创建新喷涂列表并进行设置。
视频+素材（素材文件\第 04 章\例 4-6）

step 1 选择【文件】|【打开】命令，打开图形文档。

step 2 使用【艺术笔】工具选中需要创建为

喷涂预设的对象，在属性栏中单击【喷涂】工具，在【类别】下拉列表中选择【自定义】选项，在【喷射图样】下拉列表中选择【新喷涂列表】选项，然后单击属性栏中的【添加到喷涂列表】按钮，将该对象添加到喷涂列表中。

step 3 继续使用【艺术笔】工具分别选中其他图形，并单击属性栏中的【添加到喷涂列表】按钮，将其他对象添加到列表中。然后使用【艺术笔】工具在页面中绘制线条。

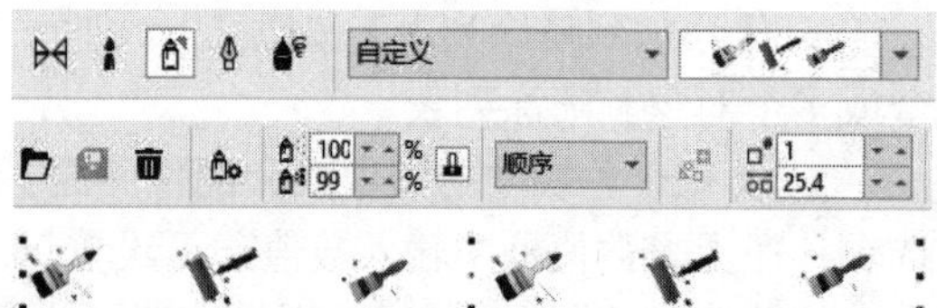

step 4 单击属性栏中的【喷涂列表选项】按钮，打开【创建播放列表】对话框。在【喷雾列表】中选择【图像 2】，单击【添加】按钮，然后单击OK按钮。

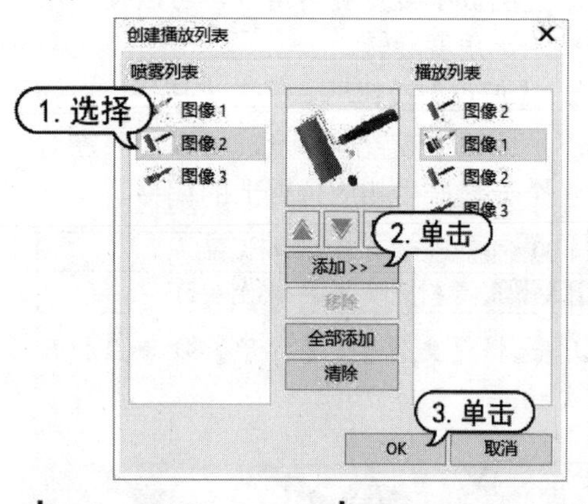

step 5 在【喷涂】工具属性栏中，在【每个色块中的图像数和图像间距】选项的下方数值框中输入 15；单击属性栏中的【偏移】按钮，在弹出的下拉面板中选中【使用偏移】复选框，设置【偏移】为 6mm。此时，先前绘制的线条会根据设置发生相应变化。

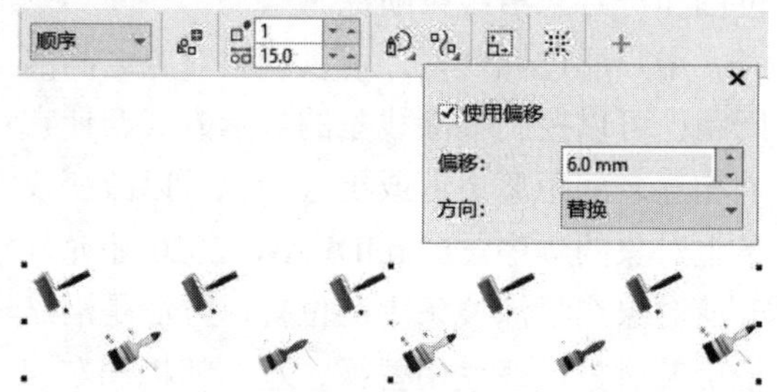

4.6.4 【书法】模式

CorelDRAW 2020 允许在绘制线条时模拟书法钢笔的效果。书法线条的粗细会随着线条的方向和笔头的角度而改变。通过改变所选的书法角度绘制的线条的角度，可以控制书法线条的粗细。

在属性栏中调节【书法角度】参数值，可设置图形笔触的倾斜角度。用户设置的宽度是指线条的最大宽度。

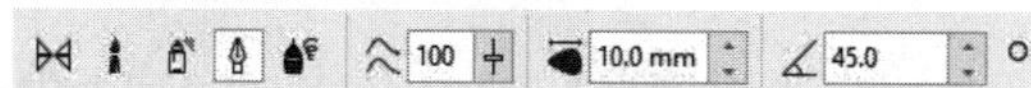

用户还可以选择【效果】|【艺术笔】菜单命令，然后在【艺术笔】泊坞窗中根据需要对书法线条进行设置。

4.6.5 【表达式】模式

表达式笔触主要用于配合数码绘画笔进行手绘编辑。在【艺术笔】工具属性栏中单击【表达式】按钮。

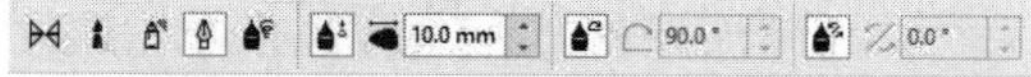

在使用鼠标进行绘制时，压力笔触不能表现出压力效果，绘制的图形效果和简单的笔刷一样。如果计算机连接并安装了绘图板，在单击属性栏中的【表达式】按钮后，使用绘图笔在绘图板上进行绘画时，所绘制的笔

触宽度会根据用笔压力的大小变化而变化。在绘图时用笔的压力越大，绘制的笔触宽度就越宽，反之则越细。

4.7　运用 LiveSketch 工具

就像使用画笔在纸上绘画一样，使用 LiveSketch 工具可以灵活、自由地绘制矢量曲线的草图，既方便又快捷。

选择工具箱中的 LiveSketch 工具，然后在绘图区按住鼠标左键拖动，释放鼠标后可得到一段手绘路径。

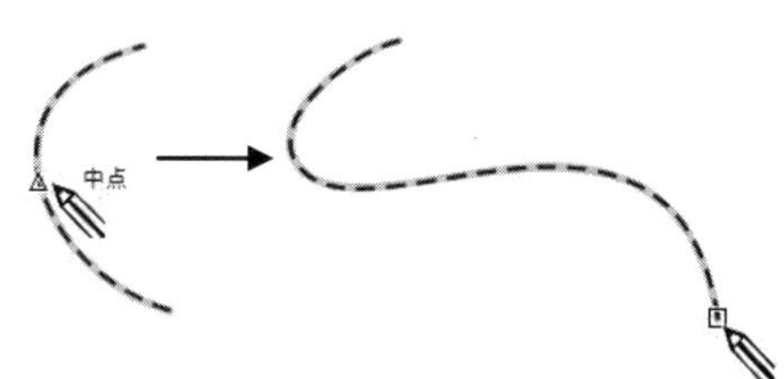

用户可以通过属性栏设置 LiveSketch 工具的绘制效果。

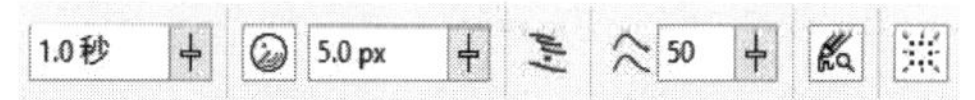

- 【计时器】选项：调整笔触并生成曲线前的延迟。
- 【包括曲线】选项：要重新调整现有笔触，单击该按钮，将现有曲线添加到草图中。
- 【创建单条曲线】按钮：通过在指定时间范围内绘制的笔触创建单条曲线。
- 【曲线平滑】选项：在创建手绘曲线时调整其平滑度。
- 【预览模式】按钮：在绘制草图时预览生成的曲线。
- 【装订框】按钮：使用曲线工具时，显示或隐藏边框。

4.8　美化与处理图形轮廓线

在 CorelDRAW 2020 中创建的每个图形对象，都可以用各种不同的方法处理其轮廓线，如修改轮廓线的颜色，调整轮廓线样式、端点形状等。对轮廓线进行设置和颜色填充能使绘制的图形变得更加丰富，效果更加明显。

4.8.1　认识【选择颜色】对话框

如果在绘图窗口找不到所需要的颜色，可以通过【选择颜色】对话框设置轮廓线条的颜色。首先选中需要改变轮廓颜色的图形对象，然后按住工具箱中的【轮廓笔】工具不放，在弹出的工具组中选择【轮廓颜色】工具，弹出【选择颜色】对话框，在该对话框中可以设置轮廓线的颜色。

用户可以在右下角的选项组中，通过设置相应数值框中的数值，或者在左侧的颜色预览面板中选取颜色来设置轮廓线的颜色，设置完成后单击 OK 按钮。

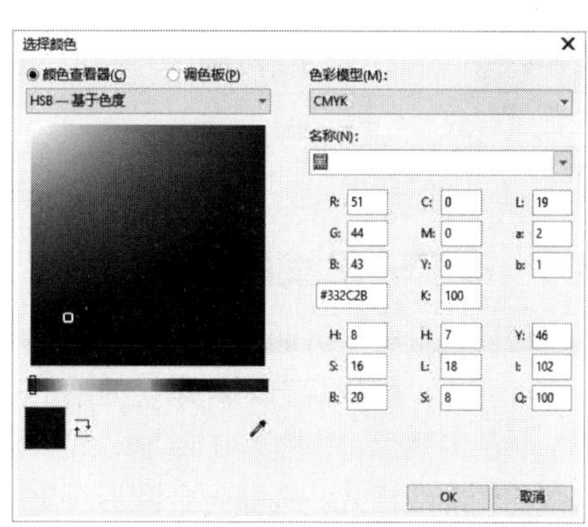

4.8.2 设置轮廓线的颜色

若要更改轮廓线的颜色，选择工具箱中的【轮廓笔】工具，或按快捷键 F12，打开【轮廓笔】对话框。在该对话框中单击【颜色】下拉按钮，在弹出的下拉面板中选择所需颜色，然后单击 OK 按钮，完成轮廓线颜色的设置。

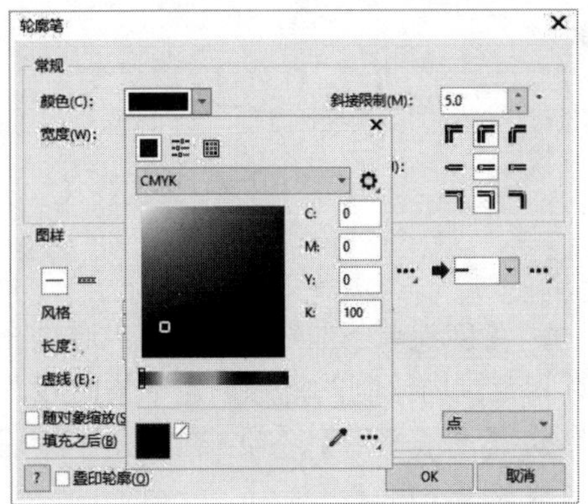

在【属性】泊坞窗的【轮廓】选项组中，单击▇▾按钮，在弹出的下拉面板中选择所需颜色。

在 Color 泊坞窗中，选取所需的颜色，然后单击右下方的【轮廓】按钮，即可设置所选图形轮廓线的颜色。

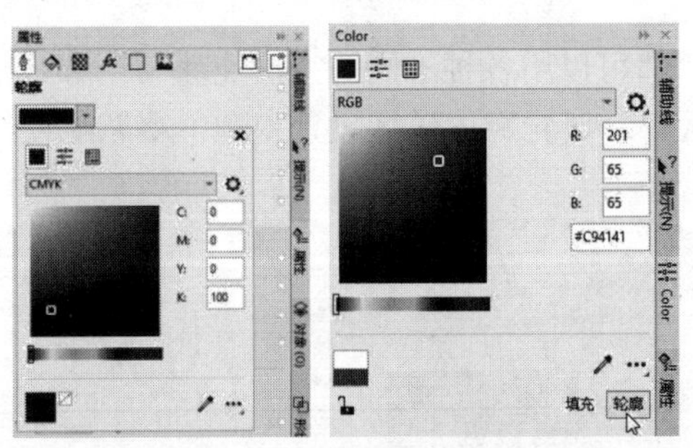

4.8.3 改变轮廓线的形状

在绘图过程中，可通过修改对象的轮廓属性来修饰对象。默认状态下，系统为绘制的图形添加颜色为黑色、宽度为0.567pt、线条样式为直线的轮廓线样式。选择一个图形对象后，在属性栏中可以看到用来设置轮廓线的选项。也可以双击状态栏右下方的【轮廓笔】图标，或选择工具箱中的【轮廓笔】工具，或按快捷键 F12 打开【轮廓笔】对话框。还可以在【属性】泊坞窗中进行轮廓线的设置。

1. 设置图形轮廓线的宽度

如果要调整轮廓线宽度，可以选择图形，单击属性栏中的【轮廓宽度】右侧的▾按钮，在弹出的下拉列表中选择一种预设的轮廓线宽度，也可以直接在【轮廓宽度】数值框中输入数值，然后按 Enter 键确认。

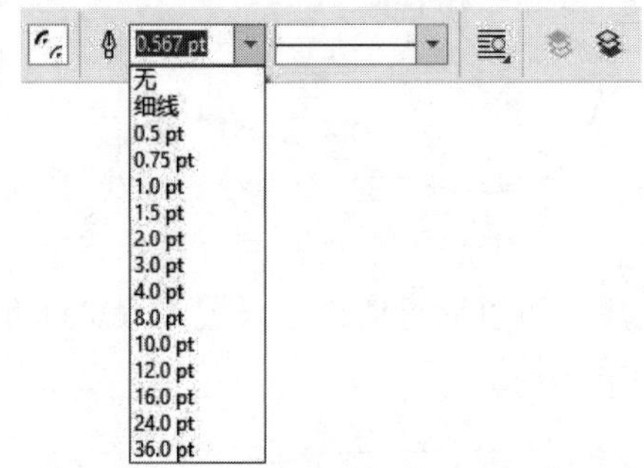

选择一个图形，双击状态栏右侧的【轮廓笔】图标，在打开的【轮廓笔】对话框中，通过【宽度】选项来设置轮廓线的宽度。在其右侧的下拉列表中可以设置轮廓线宽度的单位。

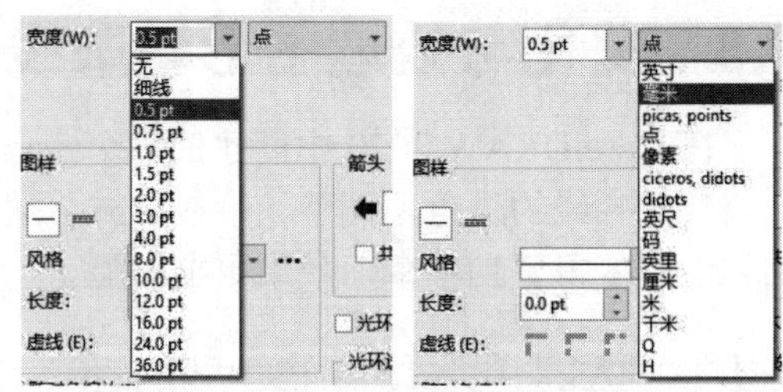

选择一个图形，选择【窗口】|【泊坞窗】|【属性】命令，打开【属性】泊坞窗。在【轮廓】选项组中，打开【轮廓宽度】下拉列表，从中选择轮廓线宽度。

实用技巧

在【轮廓笔】对话框中，选中【随对象缩放】复选框，则在对图形进行比例缩放时，其轮廓的宽度会按比例进行相应的缩放；选中【填充之后】复选框，可以将轮廓限制在对象填充的区域之外。

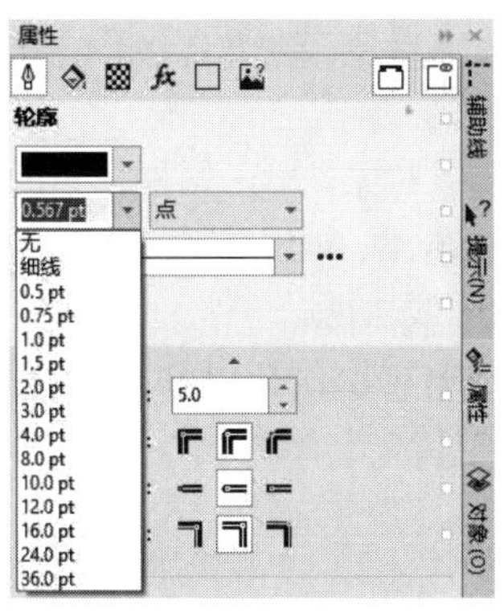

2. 设置图形轮廓线的样式

默认情况下，轮廓线的样式为实线，我们可以根据需要将其更改为不同效果的虚线。选择需要改变轮廓线样式的图形，在属性栏中打开【线条样式】下拉列表，从中选择所需的轮廓线样式即可。

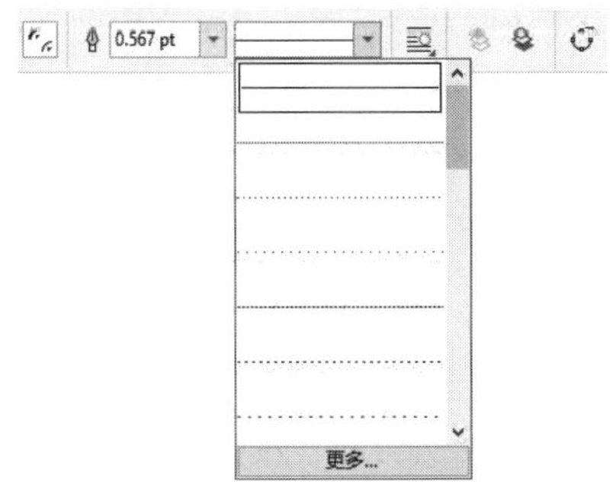

选择工具箱中的【轮廓笔】工具，或按快捷键 F12 打开【轮廓笔】对话框。在对话框的【风格】下拉列表中选择线条样式。

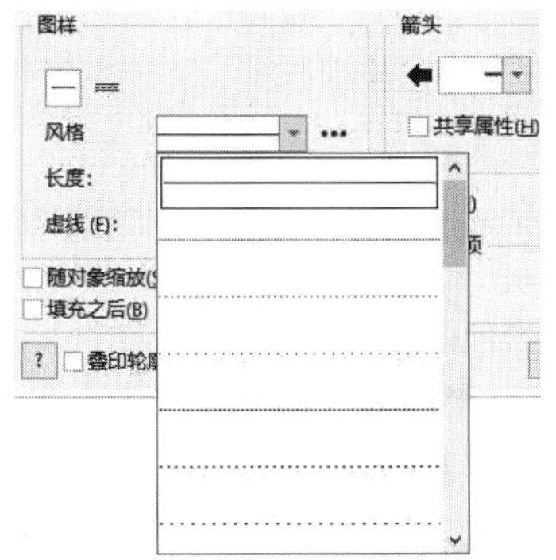

如果在预设的下拉列表中没有找到满意的轮廓线样式，那么可以自定义轮廓线样式。在【线条样式】下拉列表中单击【更多】按钮；或单击【轮廓笔】对话框中【图样】选项组中的【设置】按钮…，打开【编辑线条样式】对话框。在该对话框中拖动滑块，自定义一种虚线样式，然后单击【添加】按钮。

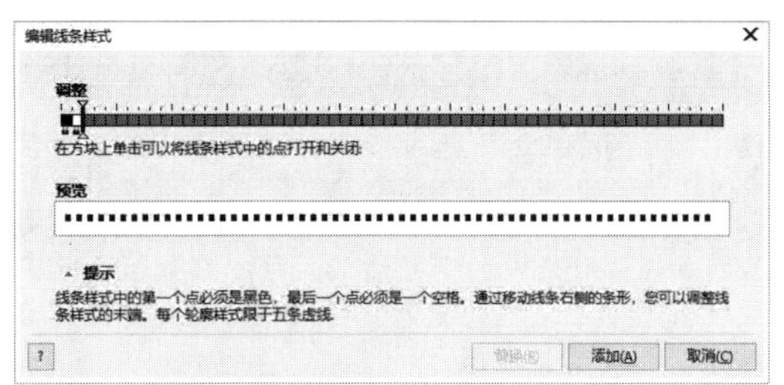

3. 为线条添加箭头

CorelDRAW 预设了多种箭头样式，可以为线条添加箭头，指定方向。

选择一段开放的路径，在属性栏中可以看到用于设置【起始箭头】和【终止箭头】的相关选项。单击【起始箭头】右侧的下拉按钮，在弹出的下拉列表中选择所需样式，即可为路径起始位置添加箭头。同样，单击【终止箭头】右侧的下拉按钮，在弹出的下拉列表中选择所需样式，即可为终点添加箭头。

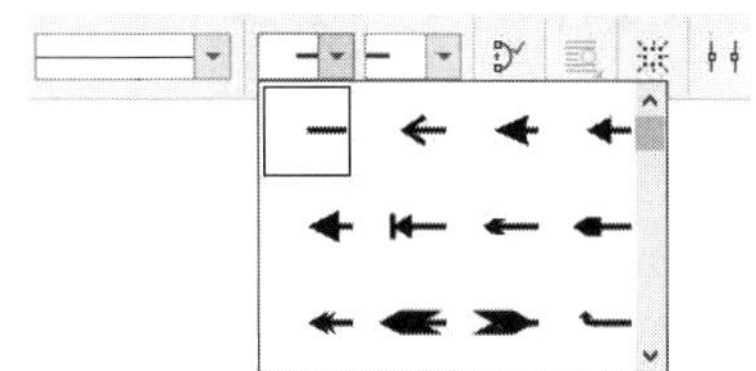

此外，还可以在【轮廓笔】对话框的【箭头】选项组中设置轮廓线的箭头样式。

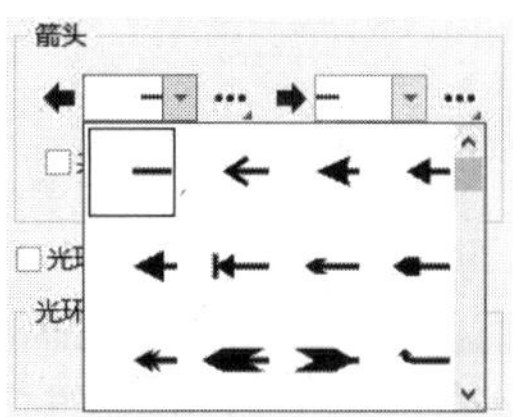

4. 设置轮廓线的角样式

通过设置角样式可以控制线条中角的形状。如果要设置角样式，先选择图形。然后打开【轮廓笔】对话框，在【角】选项组中选择所需角样式，包括【斜接角】、【圆角】和【斜切角】。

知识点滴

【轮廓笔】对话框中的【斜接限制】选项用于消除添加轮廓时出现的尖突情况，可以在数值框中输入数值进行修改。数值越小越容易出现尖突，正常情况下 45° 为最佳值。

5. 设置轮廓线的端头样式

通过设置线条的端头样式，可以更改路径上起点和终点的外观。

选中一条开放的路径，然后打开【轮廓笔】对话框，在【线条端头】选项组中选择所需端头样式，包括【方形端头】、【圆形端头】和【延伸方形端头】。

6. 设置轮廓线的位置

【轮廓笔】对话框中的【位置】选项组用来设置描边位于路径的相对位置，有【外部轮廓】、【居中的轮廓】和【内部轮廓】3 种。

选择一个图形，然后打开【轮廓笔】对话框，在【位置】选项组中通过单击相应的按钮设置轮廓线的位置。

4.8.4 清除轮廓线

在绘制图形时，默认轮廓线的宽度为 0.2mm，轮廓色为黑色，通过相关操作可以将轮廓线去除，以达到想要的效果。在 CorelDRAW 2020 中提供了 4 种清除轮廓线的方法。

- 选中对象，在调色板中右击【无】色板将轮廓线去除。
- 选中对象，单击属性栏中的【轮廓宽度】下拉按钮，从弹出的下拉列表中选择【无】选项将轮廓线去除。
- 选中对象，在属性栏中的【线条样式】下拉列表中选择【无样式】选项将轮廓线去除。
- 选中对象，双击状态栏中的【轮廓笔】图标，或按 F12 键打开【轮廓笔】对话框，在该对话框中的【宽度】下拉列表中选择【无】选项，然后单击【确定】按钮将轮廓线去除。

4.8.5 将轮廓线转换为对象

在 CorelDRAW 2020 中，只能对轮廓线进行宽度、颜色和样式的调整。如果要为对象中的轮廓线填充渐变、图样或底纹效果，或者要对其进行更多的编辑，可以选择并将轮廓线转换为对象，以便能进行下一步的编辑。

选择需要转换轮廓线的对象，选择【对象】|【将轮廓转换为对象】命令可将该对象中的轮廓线转换为对象，然后即可为对象轮廓线使用渐变、图样或底纹效果填充。

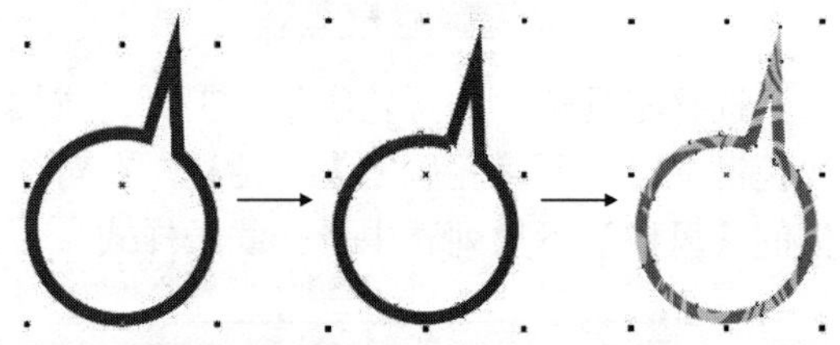

【例 4-7】制作渐变字。

视频+素材 (素材文件\第 04 章\例 4-7)

step 1 新建一个【宽度】为 150mm，【高度】为 100mm的文档。选择【文本】工具，在绘图窗口中输入文本。使用【选择】工具选中输入的文本，并在属性栏中设置【字体样式】为 Bauhaus 93，【字体大小】为 60pt，单击【文本对齐】按钮，在弹出的下拉列表中选择【中】选项。

step 2 在调色板中单击【无】色板取消文本的填充色。在工具箱中长按【轮廓笔】工具，在弹出的列表中选择 1.5pt选项。

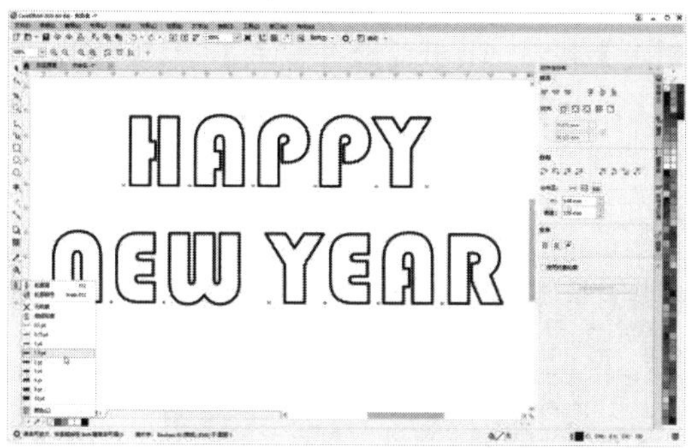

step 3 选择【对象】|【将轮廓转换为对象】命令。选择【交互式填充】工具，在属性栏中单击【渐变填充】按钮，在绘图页面中显示的渐变控制柄上设置渐变填充色为C:0 M:100 Y:0 K:0 至C:89 M:76 Y:0 K:0 至C:68 M:9 Y:0 K:0 至C:62 M:0 Y:100 K:0 至C:4 M:0 Y:91 K:0 至C:0 M:100 Y:100 K:0。

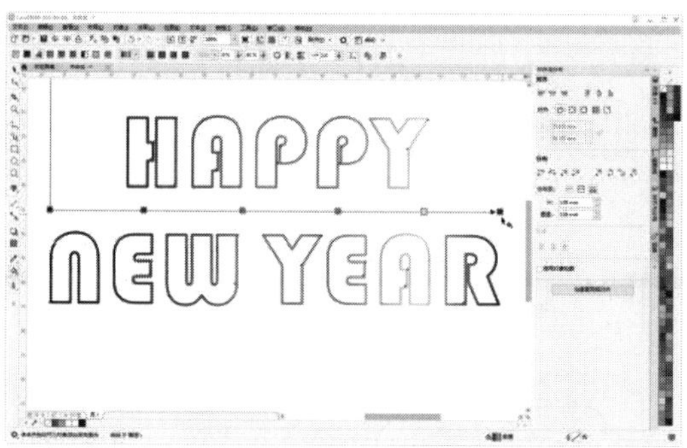

step 4 在【对象】泊坞窗中选中美术字对象。在工具箱中长按【轮廓笔】工具，在弹出的列表中选择 4pt选项。

step 5 选择【对象】|【转换为曲线】命令。再选择【对象】|【将轮廓转换为对象】命令。使用【选择】工具选中步骤(3)中创建的渐变字，按住鼠标右键并拖动到步骤(4)中创建的对象上，在弹出的快捷菜单中选择【复制所有属性】命令。

step 6 选择步骤(5)中创建的文本对象，选择【位图】|【转换为位图】命令。在打开的对话框中单击OK按钮将其转换为位图。

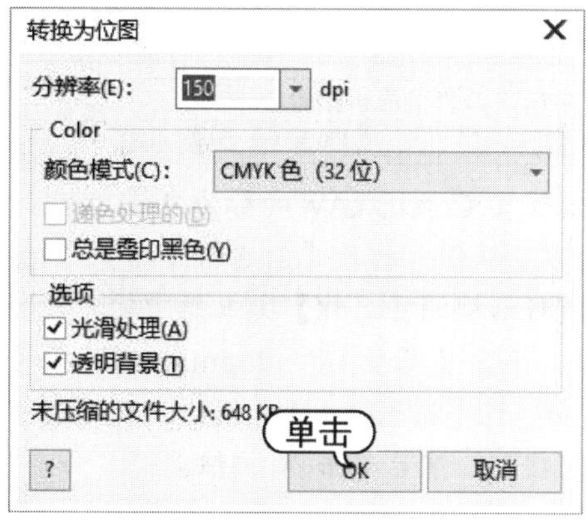

step 7 选择【效果】|【模糊】|【高斯式模糊】命令，打开【高斯式模糊】对话框。在

该对话框中设置【半径】为3像素，然后单击OK按钮。

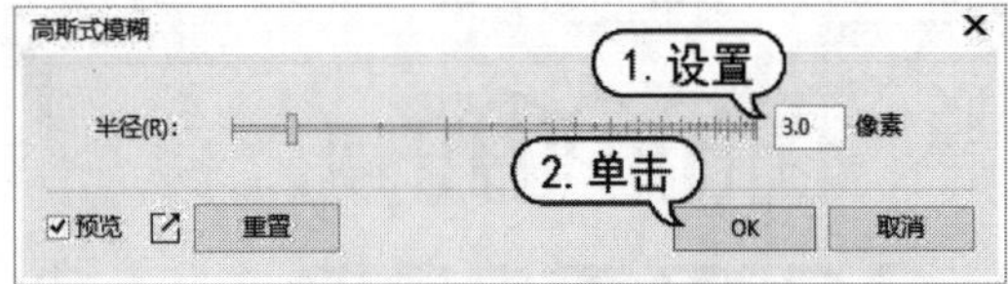

step 8 使用【选择】工具选中两个对象，在【对齐与分布】泊坞窗中，单击【对齐】选项组中的【页面中心】按钮，再单击【水平居中对齐】按钮和【垂直居中对齐】按钮。

step 9 选择【布局】|【页面背景】命令，打开【选项】对话框。在该对话框中选中【位图】单选按钮，单击【浏览】按钮，在弹出的【导入】对话框中选择所需要的背景图像，单击【导入】按钮；选中【自定义尺寸】单选按钮，设置【水平】数值为150，然后单击OK按钮。

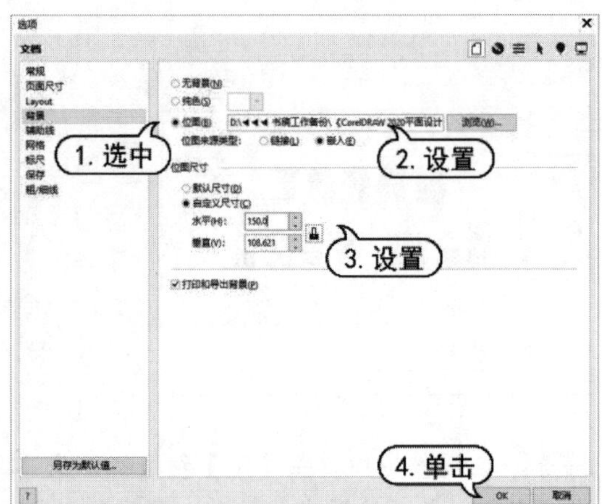

step 10 使用【选择】工具选中文本对象，选择【透明度】工具，在属性栏中单击【均匀透明度】按钮，打开【合并模式】下拉列表，选择【添加】选项，并设置【透明度】数值为15，完成渐变字的制作。

4.9 案例演练

本章的案例演练介绍“制作商品折扣券”这个综合案例，使用户通过练习从而巩固本章所学知识。

【例4-8】制作商品折扣券。
视频+素材 (素材文件\第04章\例4-8)

step 1 在CorelDRAW的标准工具栏中单击【新建】按钮，打开【创建新文档】对话框。在该对话框的【名称】文本框中输入“折扣券”，设置【宽度】为155mm，【高度】为77mm，在【原色模式】选项组中选中CMYK单选按钮，然后单击OK按钮。

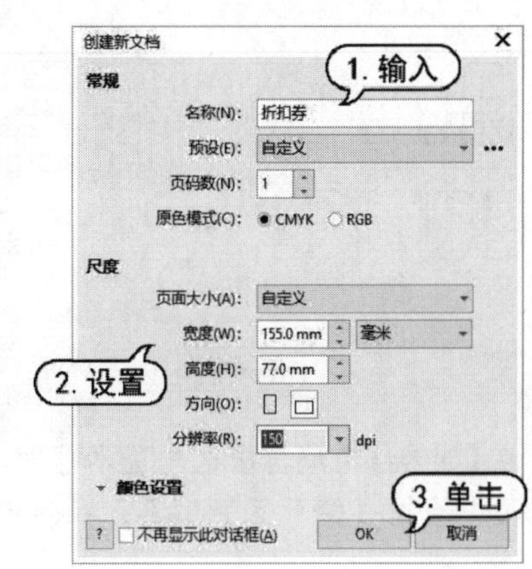

step 2 选择【布局】|【页面背景】命令，打开【选项】对话框。在该对话框中选中【位图】单选按钮，单击【浏览】按钮，打开【导入】对话框，选择所需要的背景图像，然后单击【导入】按钮。

step 3 在【选项】对话框的【位图尺寸】选项组中，选中【自定义尺寸】单选按钮，设置【水平】数值为 155，【垂直】数值为 77，然后单击OK按钮。

step 4 选择【矩形】工具，在页面中拖动绘制矩形，在属性栏中取消选中【锁定比率】按钮，设置对象的【宽度】为 10mm，【高度】为 77mm。

step 5 选择【窗口】|【泊坞窗】|【变换】|【倾斜】命令，打开【变换】泊坞窗。在泊坞窗中设置对象原点为【右下】，x数值为 10°，然后单击【应用】按钮。

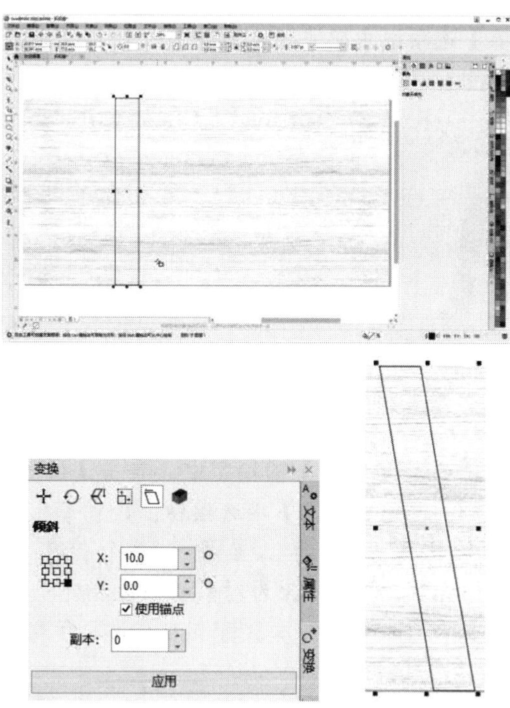

step 6 在调色板中将轮廓色设置为【无】。然后双击状态栏中的【填充】图标，打开【编辑填充】对话框。在该对话框中单击【渐变填充】按钮，设置渐变填充色为C:65 M:41 Y:100 K:0 至C:52 M:5 Y:89 K:0，设置【旋转】数值为 75°，然后单击OK按钮。

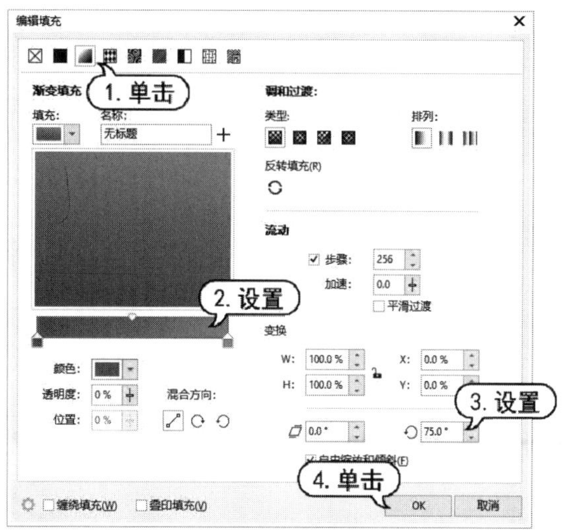

step 7 在【对齐与分布】泊坞窗的【对齐】选项组中，单击【页面边缘】按钮；在【对

齐】选项组中单击【左对齐】按钮和【垂直居中对齐】按钮。

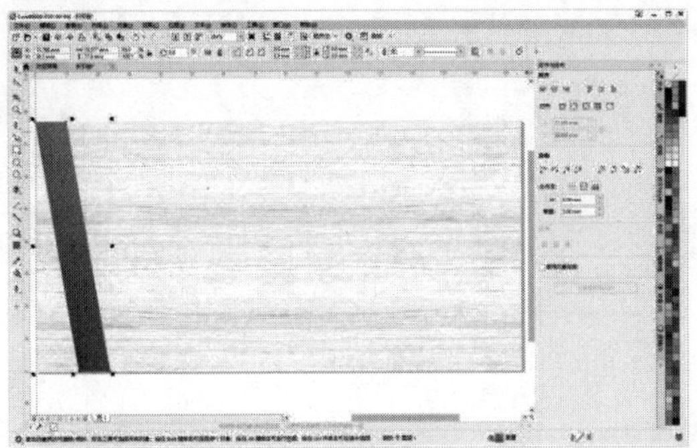

step 8 在【变换】泊坞窗中，单击【位置】按钮，选中【距离】单选按钮，设置【在水平轴上为对象的位置指定一个值】为50mm，【在垂直轴上为对象的位置指定一个值】为0mm，【副本】数值为0，然后单击【应用】按钮。

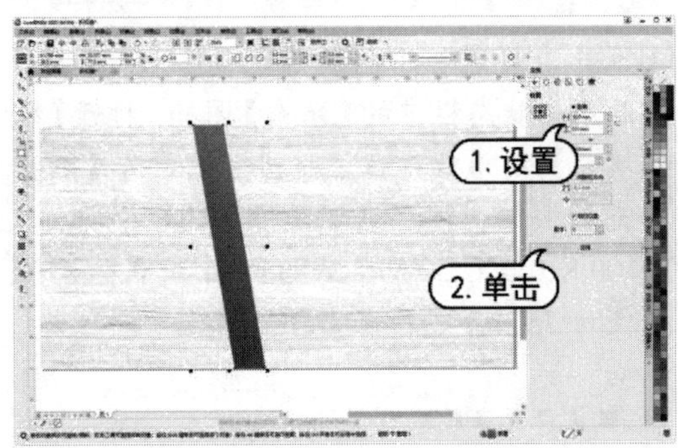

step 9 选择【折线】工具，在绘图页面中绘制下图所示的图形。

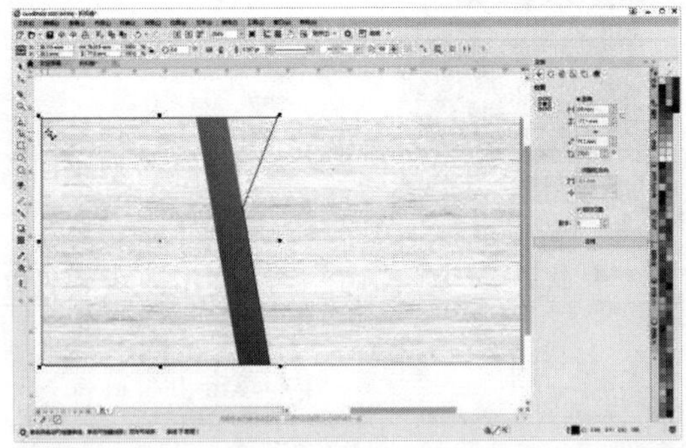

step 10 在标准工具栏中单击【导入】按钮，打开【导入】对话框。在【导入】对话框中选中所需要的图像文件，然后单击【导入】按钮。

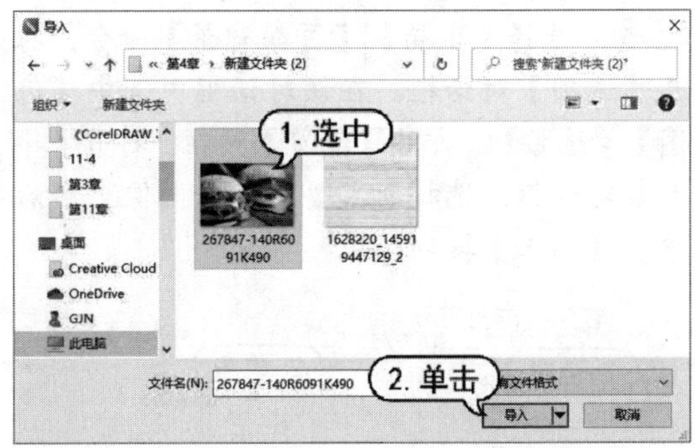

step 11 在页面中单击，导入图像。右击导入的图像，在弹出的快捷菜单中选择【PowerClip内部】命令，当出现黑色箭头后，单击步骤(9)中绘制的图形，并在显示的浮动工具栏中单击【调整内容】按钮，在弹出的下拉列表中选择【按比例填充】选项。

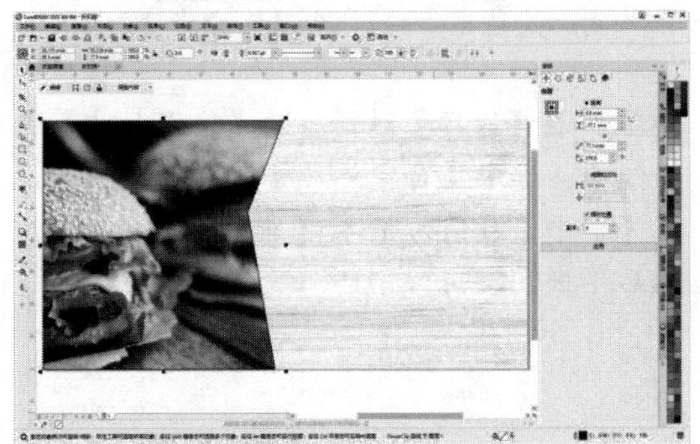

step 12 单击浮动工具栏中的【选择内容】按钮，进入编辑状态，调整导入图像在图文框中的位置。

step 13 选择【效果】|【模糊】|【高斯式模糊】命令，打开【高斯式模糊】对话框。在该对话框中设置【半径】为3.5像素，然后单击OK按钮。

step 14 在绘图文档的空白处单击，停止编辑内容，并在调色板中设置轮廓色为【无】。然后按Ctrl+PgDn键，将对象向下移动一层。

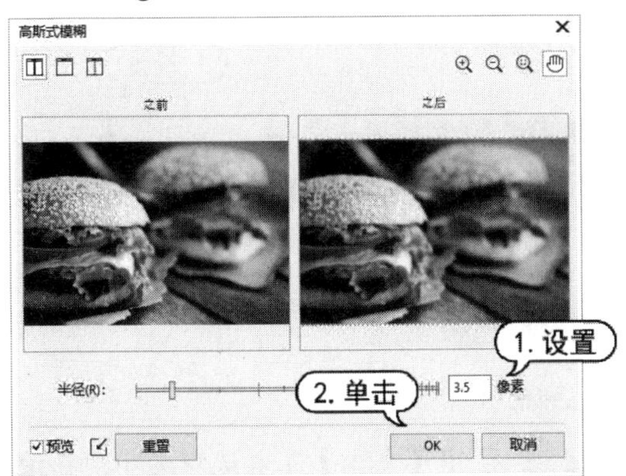

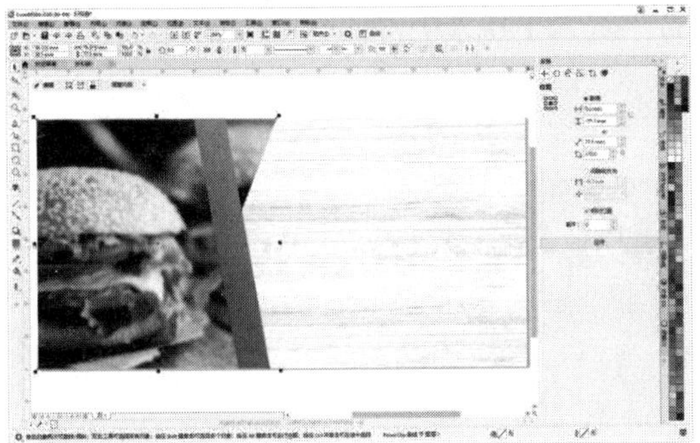

step 15 选择【折线】工具，在绘图页面中绘制如下图所示的图形。

step 16 在调色板中将轮廓色设置为【无】。然后双击状态栏中的【填充】图标，打开【编辑填充】对话框。在该对话框中单击【均匀填充】按钮，设置填充色为C:88 M:83 Y:70 K:56，然后单击OK按钮。

step 17 使用【选择】工具选中刚创建的图形对象，然后按Ctrl+PgDn组合键，将对象向后移动一层。

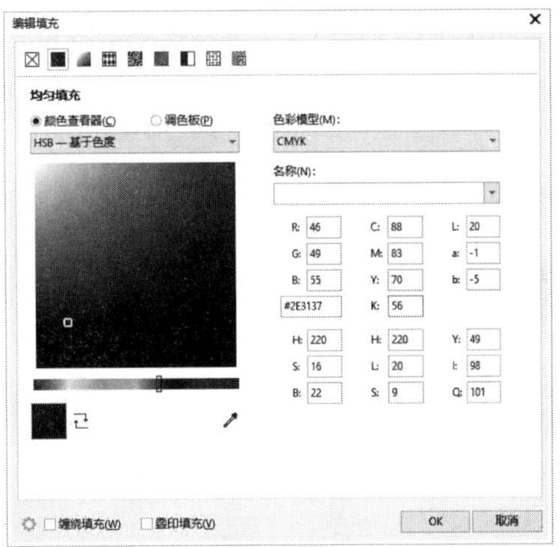

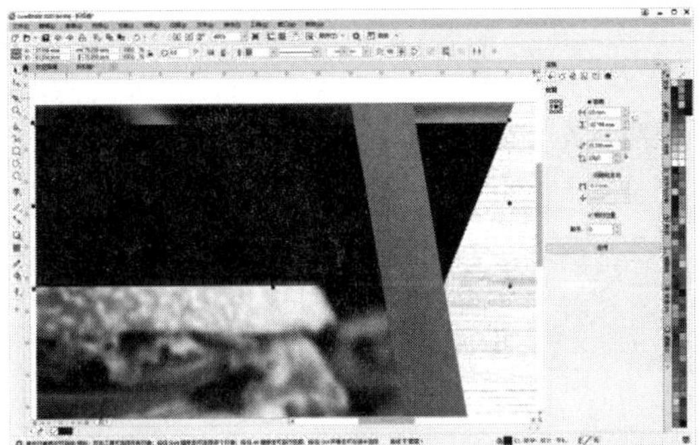

step 18 使用【文本】工具在页面中单击并输入文本内容。然后按Ctrl+A组合键全选文本，在属性栏中单击【文本属性】按钮，打开【文本】泊坞窗。在【文本】泊坞窗中设置字体为Adobe Gothic Std B，字体大小为32pt，字体颜色为C:4 M:78 Y:85 K:0。

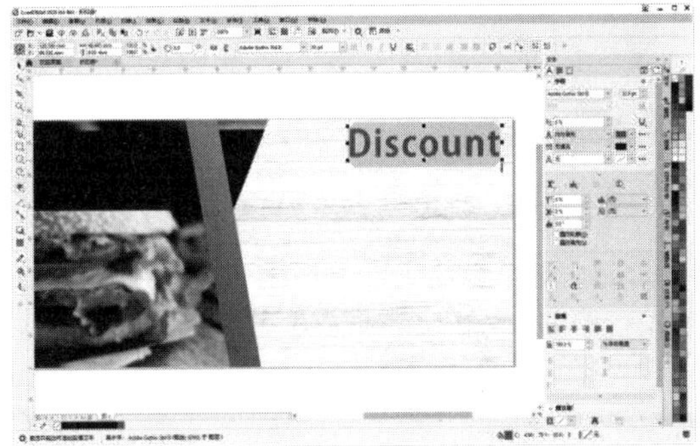

step 19 使用【形状】工具选中刚创建的文字，并调整字符间距。

step 20 使用【文本】工具在页面中单击并输入文本内容。然后按Ctrl+A组合键全选文本，在属性栏中单击【文本属性】按钮，打开【文本属性】泊坞窗。在【文本属性】泊坞窗中设置字体为Adobe Gothic Std B，字体大小为60pt，字体颜色为C:88 M:83 Y:70 K:56。

step 21 使用【形状】工具选中刚创建的文字，并调整字符间距。

step 22 使用【形状】工具选中文字节点，在属性栏中设置【字符角度】数值为10°。

step 23 使用【文本】工具在页面中单击，在泊坞窗中设置字体为Impact，字体大小为50pt，字体颜色为【白色】，然后输入文本内容。

step 24 使用【文本】工具选中文字，在泊坞窗中设置字体大小为30pt。

step 25 选择【椭圆形】工具，按Ctrl键并拖动绘制圆形，在属性栏中设置对象大小的【宽度】为20mm。

step 26 在调色板中将轮廓色设置为【无】。然后双击状态栏中的【填充】图标，打开【编辑填充】对话框。在该对话框中单击【渐变填充】按钮，设置渐变填充色为C:1 M:78 Y:89 K:0至C:3 M:53 Y:88 K:0，设置【旋转】数值为－25°，然后单击OK按钮。

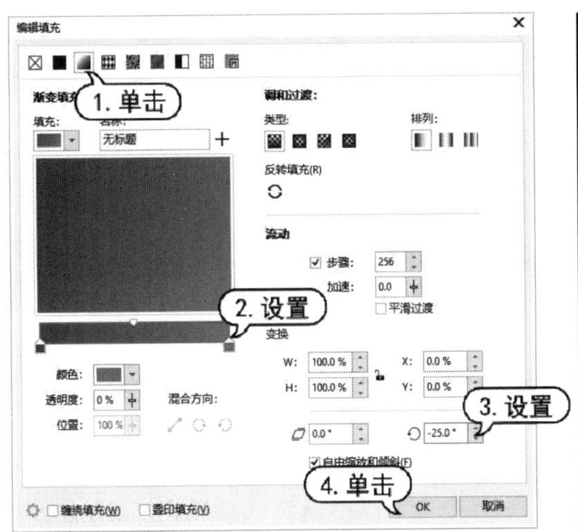

step 27 选择【文本】工具，在页面中单击并输入文本。然后使用【选择】工具调整文本位置，在【文本】泊坞窗的【字符】选项组中的【字体】下拉列表中选择Arial Rounded MT Bold，设置【字体大小】为 11pt，字体颜色为【白色】；在【段落】选项组中，单击【中】按钮，设置【字符间距】数值为－35%。

step 28 选择【文本】工具，在页面中单击并输入文本。然后使用【选择】工具调整文本位置，并在【文本】泊坞窗的【字符】选项组的【字体】下拉列表中选择【方正黑体简体】，设置【字体大小】为 9pt；在【段落】选项组中，设置【字符间距】数值为－20%。

step 29 使用【文本】工具在页面中拖动创建文本框，在属性栏中设置字体为【黑体】，字体大小为 6pt，然后输入文本。使用【选择】工具调整文本位置，在【文本】泊坞窗的【段落】选项组中，单击【两端对齐】按钮，设置【段后间距】数值为 8pt。

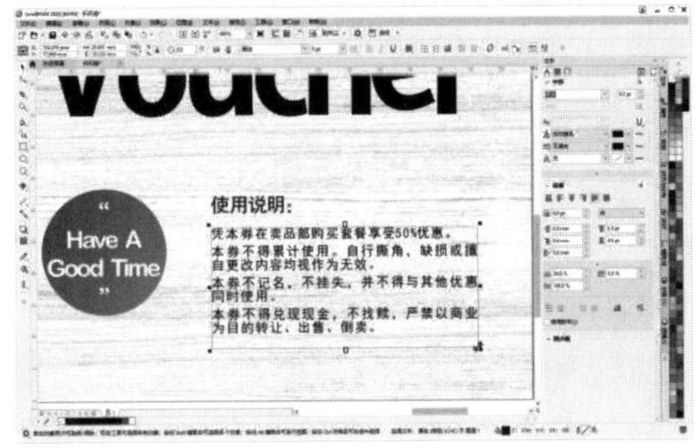

step 30 选择【文本】|【项目符号和编号】命令，打开【项目符号和编号】对话框。在该对话框中，选中【列表】复选框，取消选中【使用段落字体】复选框，在【字形】下拉列表中选择一种项目样式，设置【大小】为 8pt，【基线位移】为－1pt，【到列表文本的字形】为 2mm，然后单击OK按钮。

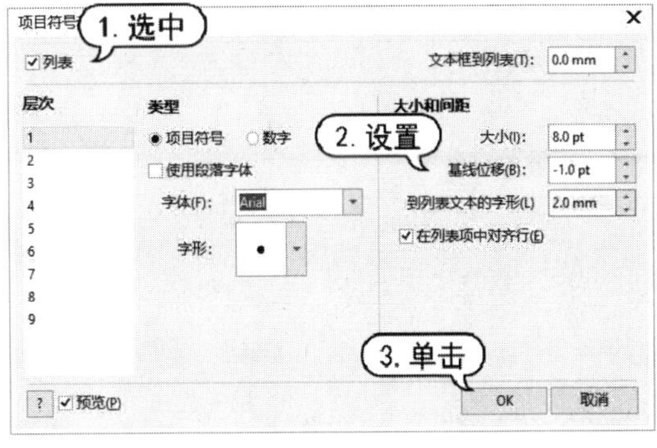

step 31 在标准工具栏中单击【保存】按钮，打开【保存绘图】对话框。在该对话框中选择文件的存储位置，然后单击【保存】按钮，完成本例的制作。

第 5 章

调整与编辑图形对象

在 CorelDRAW 2020 中使用绘图工具创建图形后，用户还可以使用工具或命令编辑、修饰绘制的图形形状。本章主要介绍曲线对象的编辑方法，以及图形形状的修饰、修整的编辑方法和技巧。

本章对应视频

例 5-1 使用【对象】泊坞窗	例 5-5 应用属性栏缩放对象
例 5-2 为新建的主图层添加对象	例 5-6 使用泊坞窗改变对象大小
例 5-3 移动并复制对象	例 5-7 再制对象
例 5-4 移动对象到另一页面	本章其他视频参见视频二维码列表

5.1 选择对象

在 CorelDRAW 中，可以选择可见对象、视图中被其他对象遮挡的对象及组合或嵌套组合中的单个对象。对图形对象的选择是编辑图形最基本的操作。对象的选择可以分为选择单个对象、选择多个对象和选择绘图页中的所有对象 3 种。此外，还可以按创建顺序选择对象、一次选择所有对象，以及取消选择对象等。

5.1.1 选择单个对象

需要选择单个对象时，在工具箱中选择【选择】工具，单击要选取的对象，对象的四周会出现 8 个控制点，对象中央会显示中心点，这表明对象已经被选中。

如果对象是处于组合状态的图形，要选择对象中的单个图形元素，可在按下 Ctrl 键的同时再单击此图形，此时图形四周将出现控制点，表明该图形已经被选中。也可以使用 Ctrl+U 组合键将对象解组后，再选择单个图形。

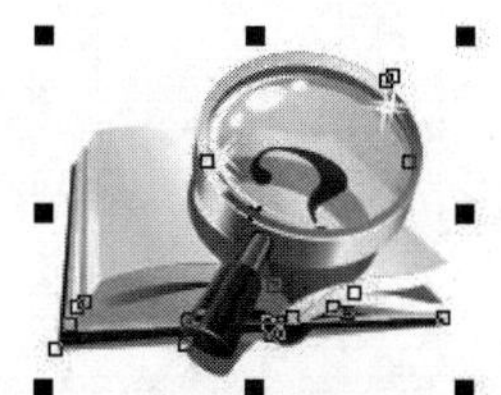

实用技巧

在实际工作中，利用空格键可以快速从当前选定的工具切换到【选择】工具，再按空格键，又可切换回原来的工具。

使用【选择】工具在绘图页面中按住鼠标左键并拖动出一个虚线框，将所要选取的对象全部框选后，释放鼠标即可选取全部被框选的对象。在框选时，按住 Alt 键，则可以选择所有接触到虚线框的对象，不管该对象是否被全部包围在虚线框内。

实用技巧

在选取对象后，选择【编辑】|【删除】命令或按键盘上的 Delete 键，可以从绘图中删除被选取的对象。要查看被删除的对象，可以选择【编辑】|【撤销】命令。

5.1.2 选择多个对象

在实际操作中，经常需要同时选择多个对象进行编辑。要选择多个对象，在工具箱中选择【选择】工具，单击其中一个对象将其选中；然后按住 Shift 键不放，逐个单击其余的对象即可。也可以像选择单个对象一样，在工作区中按住鼠标左键，拖动鼠标创建一个虚线框，框选所要选择的所有对象，释放鼠标后，即可看到选框范围内的对象都被选中。

5.1.3 按顺序选择对象

使用快捷键可以很方便地按图形的层叠关系，在工作区中从上到下快速地依次选取对象，并依次循环选取。在工具箱中选择【选择】工具，按 Tab 键，直接选取在绘图页面中最后绘制的图形对象。继续按 Tab 键，系统会按用户绘制图形的先后顺序从后到前逐步选取对象。

5.1.4 选择重叠对象

使用【选择】工具选择被覆盖在对象下面的图形对象时，按住 Alt 键在重叠处单击鼠标，即可选取被覆盖的图形对象。再次单击鼠标，则可以选取下一层的对象，以此类推，重叠在后面的图形都可以被选中。

5.1.5　全选对象

全选对象是指选择绘图页面中的所有对象，其中包括所有的图形对象、文本、辅助线和相应对象上的所有节点。选择【编辑】|【全选】命令，其中有【对象】【文本】【辅助线】和【节点】4 个子命令，执行不同的子命令会得到不同的全选结果。

- 【对象】命令：选择该命令，将选取绘图页面中的所有对象。
- 【文本】命令：选择该命令，将选取绘图页面中的所有文本对象。
- 【辅助线】命令：选择该命令，将选取绘图页面中的所有辅助线，被选取的辅助线呈红色被选中状态。
- 【节点】命令：在选取当前页面中的其中一个图形对象后，该命令才能使用，且被选取的对象必须是曲线对象。选择该命令，所选对象中的全部节点都将被选中。

实用技巧

在框选多个对象时，如果选取了多余的对象，可按住 Shift 键单击多选的对象，取消对该对象的选取。

5.1.6　使用【对象】泊坞窗

使用【对象】泊坞窗可以管理和控制绘图页面中的对象、群组图形和图层，在该泊坞窗中列出了绘图窗口中所有页面、图层和图层中所有的群组和对象信息。

【例 5-1】使用【对象】泊坞窗。

视频+素材 (素材文件\第 05 章\例 5-1)

step 1 打开一幅图形，选择【窗口】|【泊坞窗】|【对象】命令，打开【对象】泊坞窗。

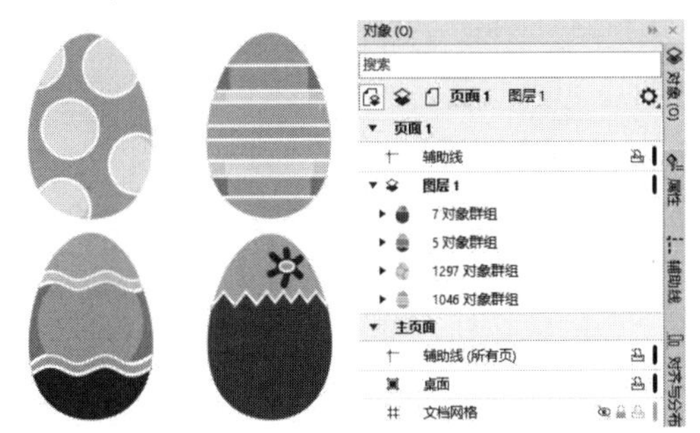

step 2 在窗口中展开【图层 1】的相应结构树目录，选择【1297 对象群组】图层。执行完操作后，即可在绘图页面中选择相对应的对象。

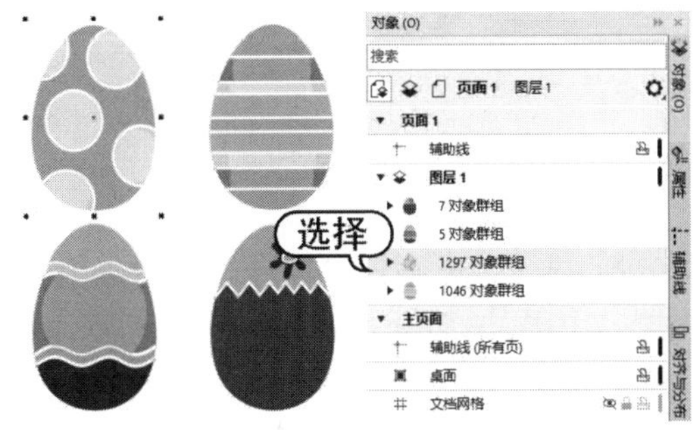

实用技巧

在【对象】泊坞窗中选择一个对象后，按住 Shift 键的同时单击另一个对象的结构树目录，可以同时选择这两个对象及两个对象之间的所有对象；按住 Ctrl 键的同时单击其他对象的结构树目录，可以同时选择所单击的多个对象。

5.2　应用图层操作

在 CorelDRAW 中，控制和管理图层的操作都是通过【对象】泊坞窗完成的。默认状态下，每个新创建的文件都是由页面 1 和主页面构成。页面 1 包含辅助线图层和图层 1。辅助线图层用于存储页面上特定的辅助线。图层 1 是默认的局部图层，在没有选择其他图层时，在工作区中绘制的对象都会添加到图层 1 上。主页面包含应用于当前文档中所有的页面信息。默认状态下，主页面可包含辅助线图层、桌面图层和文档网格图层。

- 辅助线图层：包含用于文档中所有页面的辅助线。
- 桌面图层：包含绘图页面边框外部的对象，该图层可以创建以后可能要使用的绘图。
- 文档网格图层：包含用于文档中所有页面的网格，该图层始终位于图层的底部。

选择【窗口】|【泊坞窗】|【对象】命令，打开【对象】泊坞窗。单击【对象】泊坞窗右上角的⚙按钮，弹出下图所示的菜单。

➤ 显示或隐藏图层：单击👁图标，可以隐藏图层。在隐藏图层后，👁图标变为👁状态，单击👁图标可重新显示图层。

➤ 启用或禁用图层的打印和导出：单击🖶图标，可以禁用图层的打印和导出，此时🖶图标变为🖶状态。禁用打印和导出图层后，可以防止该图层中的内容被打印或导出到绘图中，也防止在全屏预览中显示。单击🖶图标可重新启用图层的打印和导出。

➤ 使图层可编辑或将其锁定防止更改：单击🔓图标，可锁定图层，此时图标变为🔒状态。单击🔒图标，可解除图层的锁定，使图层成为可编辑状态。

5.2.1 新建和删除图层

要新建图层，在【对象】泊坞窗中单击【新建图层】按钮，即可创建一个新的图层，同时在出现的文字编辑框中可以修改图层的名称。默认状态下，新建的图层以【图层 2】命名。

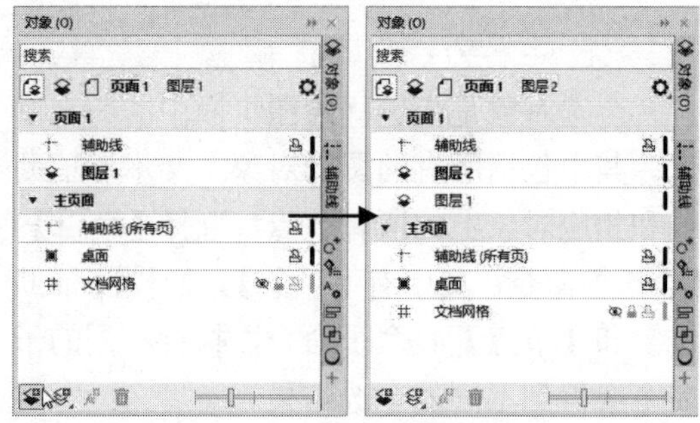

如果要在主页面中创建新的图层，单击【对象】泊坞窗左下角的【新建主图层(所有页)】按钮即可。

在进行多页内容的编辑时，还可以根据需要，单击【新建主图层(所有页)】按钮，在弹出的下拉列表中选择【新建主图层(奇数页)】选项或【新建主图层(偶数页)】选项，在奇数页或偶数页创建主图层。

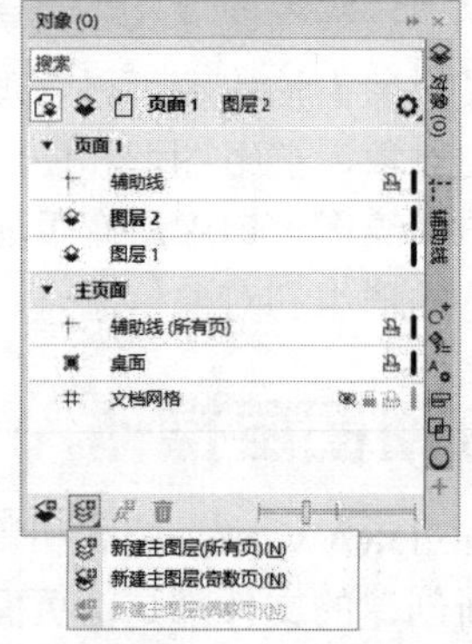

在绘图过程中，如果要删除不需要的图层，可以在【对象】泊坞窗中单击需要删除的图层名称，此时被选中的图层名称将以高亮显示，表示该图层为活动图层，然后单击该泊坞窗中的【删除】按钮，或按 Delete 键即可删除选择的图层。

知识点滴

需要注意的是,【页面 1】和【主页面】不能被删除或复制。在删除图层的同时,将删除该图层上的所有对象,如果要保留该图层上的对象,可以先将对象移到另一图层上,然后再删除当前图层。

5.2.2 在图层中添加对象

要在指定的图层中添加对象,首先需要选中该图层。如果图层为锁定状态,可以在【对象】泊坞窗中单击该图层名称后的🔒图标,将其解锁,然后在图层名称上单击使该图层成为活动图层。接下来在 CorelDRAW 中绘制、导入或粘贴的对象都会被放置在该图层中。

5.2.3 在主图层中添加对象

在新建主图层时,主图层始终都将添加到主页面中,并且添加到主图层上的内容在文档的所有页面上都可见。用户可以将一个或多个图层添加到主页面,以保留这些页面具有相同的页眉、页脚或静态背景等内容。

【例 5-2】在绘图文件中,为新建的主图层添加对象。
视频+素材 (素材文件\第 05 章\例 5-2)

step 1 选择【文件】|【打开】命令,打开一个包含 5 个页面的绘图文档,选中【对象】泊坞窗中的【主页面】,单击左下角的【新建主图层(所有页)】按钮,在弹出的下拉列表中选择【新建主图层(奇数页)】选项,新建一个主图层。

step 2 单击标准工具栏中的【导入】按钮,打开【导入】对话框。在该对话框中选中一幅作为页面背景的图像,然后单击【导入】按钮。

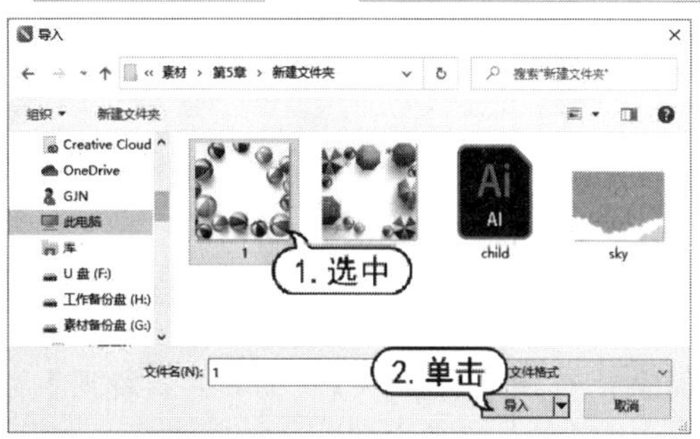

step 3 在绘图页面中单击,将图像添加到【图层 1(奇数页)】主图层中。

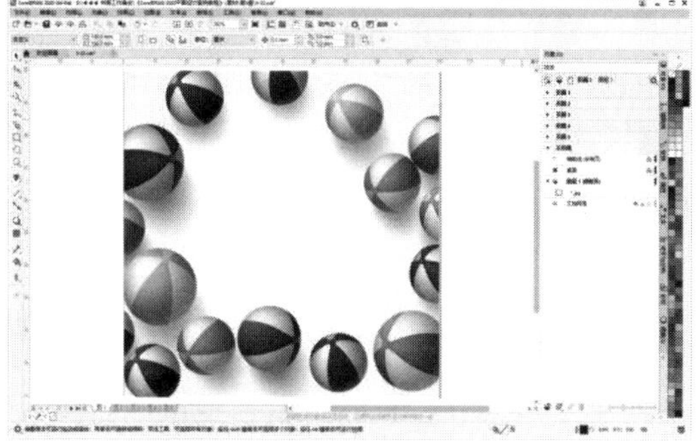

step 4 在绘图页面中选中“页 2”,单击【对象】泊坞窗左下角的【新建主图层(所有页)】按钮,在弹出的下拉列表中选择【新建主图层(偶数页)】选项,新建一个主图层。

step 5 参照步骤(2)的操作方法,打开【导入】对话框,选择所需要的图像文件,并将其导入页面中。

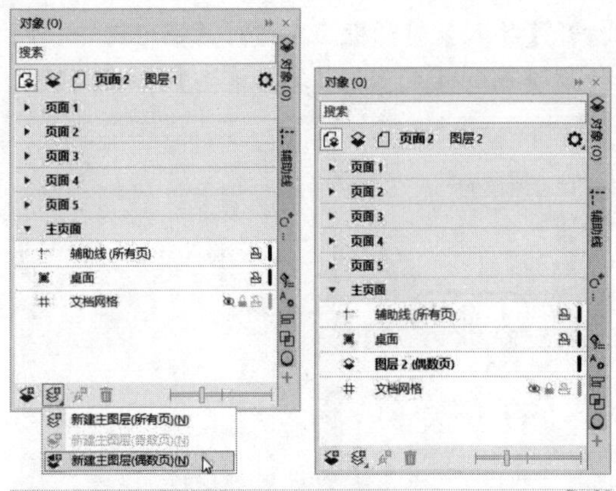

step 6 选择【查看】|【页面排序器视图】命令，查看奇偶页的内容。

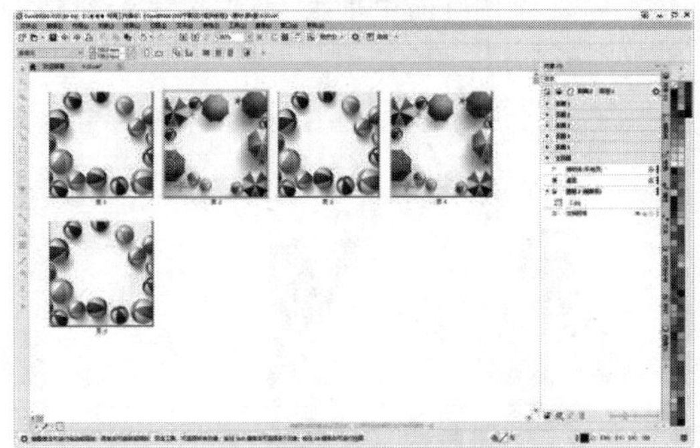

5.2.4 在图层中移动、复制对象

在【对象】泊坞窗中，可以移动图层的位置或者将对象移到不同的图层中，也可以将选取的对象复制到新的图层中。在图层中移动和复制对象的操作方法如下。

▶ 要移动图层，可在图层名称上单击，将需要移动的图层选取，然后将该图层移到新的位置。

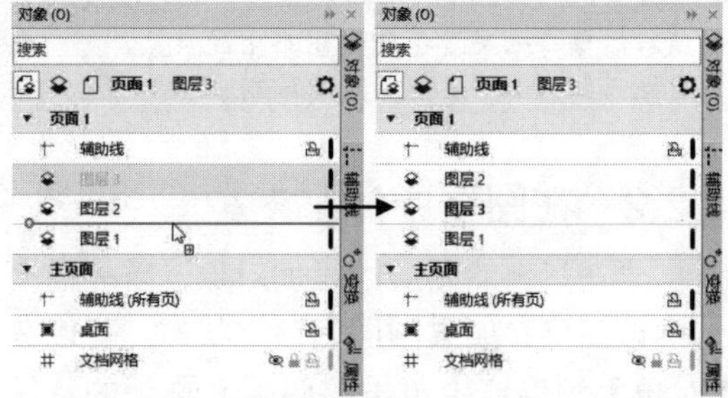

▶ 要移动对象到新的图层，可在选择对象所在的图层后，单击图层名称左边的▶图标，展开该图层的所有子图层，然后选择要移动的对象所在的子图层，将其拖动到新的图层，即可将该对象移到指定的图层中。

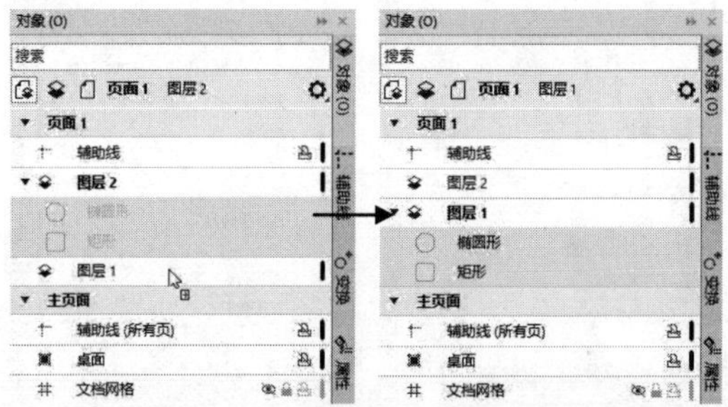

知识点滴

要在不同图层之间复制对象，可以在【对象】泊坞窗中，单击需要复制的对象所在的子图层，然后按 Ctrl+C 组合键进行复制，再选择目标图层，按 Ctrl+V 组合键进行粘贴，即可将选取的对象复制到新的图层中。

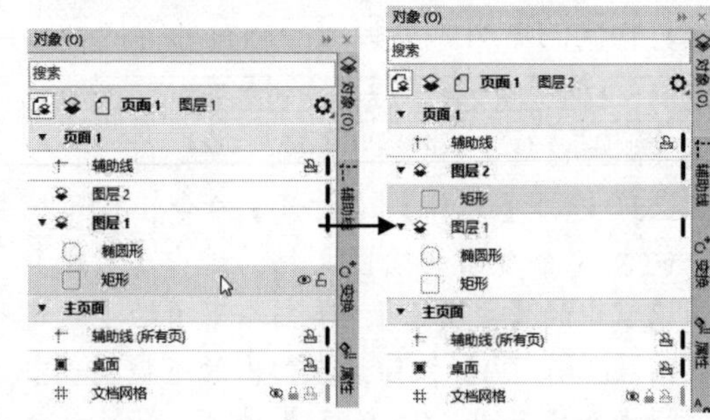

5.3 调整对象位置

在设计平面作品时，无论是绘制的图形、输入的文本，还是导入的位图，几乎都需要调整它们的位置。用户可以使用鼠标、方向键、属性栏和【变换】泊坞窗移动对象的位置，还

可以将对象移到另一个绘图页面上。

5.3.1　使用鼠标和方向键移动对象

选择工具箱中的【选择】工具，选择需要移动的对象，被选定的对象周围除了出现 8 个控制柄外，对象的中心还会出现中心点✖图标，将鼠标光标移到该图标位置上，当光标变为✣形状时，按住鼠标左键并拖曳，即可移动对象位置。

选择图形对象后，通过键盘上的↑、↓、←、→键，也可以移动图形对象。

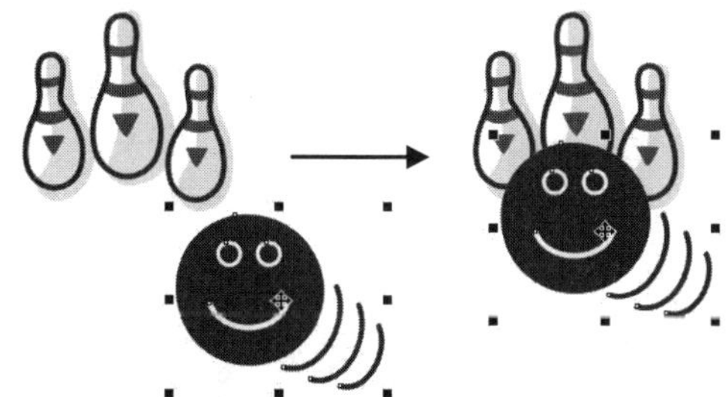

实用技巧

在使用鼠标移动对象的过程中，同时按住 Ctrl 键，则可以控制对象只能沿垂直或水平方向移动。

默认情况下，对象以 0.1mm 的增量移动。用户也可以通过【选项】对话框中的【文档】列表下的【标尺】选项来修改增量。在属性栏中同样可以设置微调距离。在取消所有对象的选取后，在【微调偏移】数值框中输入一个数值即可调整微调距离。

- 要以微调方式移动对象，使用【选择】工具选取要微调的对象，按下键盘上的箭头键。
- 要以较小的增量移动对象，先选取要微调的对象，按住 Ctrl 键不放，并按下所需移动方向的箭头键。
- 要以较大的增量移动对象，先选取要微调的对象，按住 Shift 键不放，并按下所需移动方向的箭头键。

5.3.2　应用属性栏移动对象

通过设置属性栏中的参数栏移动图形对象，可以使图形对象精确地移动到指定的位置。在绘图页面中选中需要移动的图形对象，在属性栏中的 X 数值框和 Y 数值框中分别输入数值，然后按 Enter 键确认，即可移动图形对象。正值表示对象向上或向右移动，负值表示对象向下或向左移动。

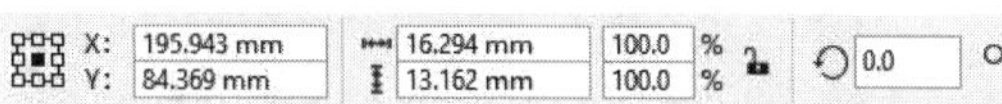

知识点滴

右击标准工具栏的空白处，在弹出的快捷菜单中选择【变换】命令，这时【变换】工具栏将会显示在绘图窗口中。使用与设置属性栏相同的方法可以定位对象。但需要注意的是，必须禁用【相对于对象】按钮。

5.3.3　应用【变换】泊坞窗

使用【选择】工具选中图形对象后，选择【窗口】|【泊坞窗】|【变换】|【位置】命令，打开【变换】泊坞窗。

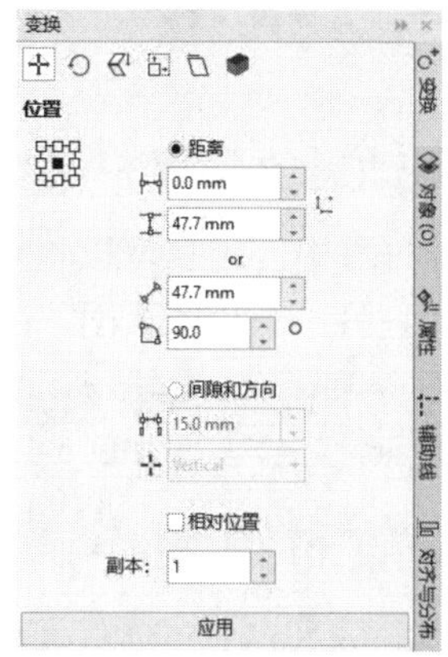

在【变换】泊坞窗的【位置】选项组内，选中【距离】单选按钮后，可以在下方指定对象沿着选定轴移动的距离。选中【间隙和方向】单选按钮后，可以使对象按定界框的高度或宽度加上指定的间隙沿着选定的方向移动。

【例 5-3】在绘图文件中，使用【变换】泊坞窗移动并复制对象。

视频+素材 (素材文件\第 05 章\例 5-3)

step 1　使用【选择】工具选择需要移动的对象，然后选择【窗口】|【泊坞窗】|【变换】|【位置】命令，打开【变换】泊坞窗，此时泊坞窗显示为【位置】选项组。

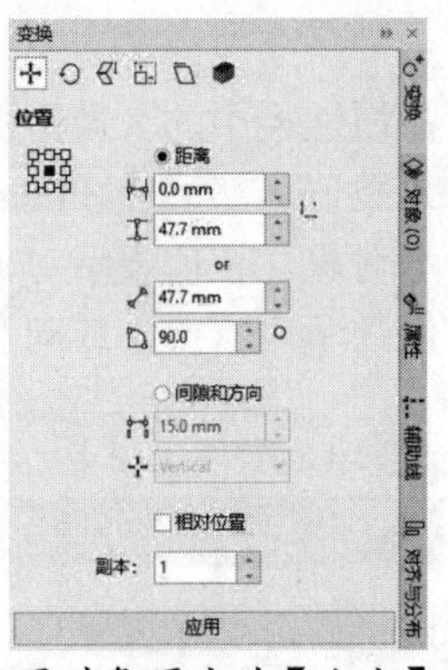

step 2 在泊坞窗中，设置对象原点为【右上】，然后在【间隙】数值框中输入10mm，在【定向】下拉列表中选择【Z轴】，设置【副本】数值为2，单击【应用】按钮，可保留原来的对象不变，将设置应用到复制的对象上。

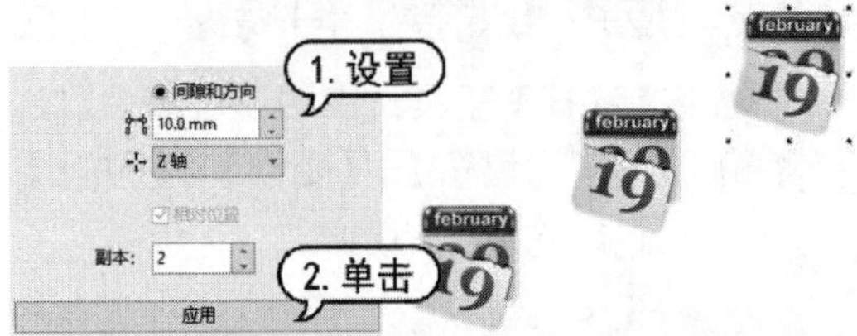

5.3.4 移动对象到另一个绘图页面

在设计过程中，用户可以将对象从一个绘图页面移到另一个绘图页面。

【例 5-4】将对象移到另一个绘图页面。
视频+素材 (素材文件\第 05 章\例 5-4)

step 1 选择【文件】|【打开】命令，打开图形文件。

step 2 使用【选择】工具选中【页 1】中的卡通对象，将其拖曳到绘图窗口下方【页 2】的标签上。按住鼠标左键不放，将鼠标光标移到【页 2】绘图区域中，释放鼠标左键，即可将对象移至另一个绘图页面。

5.4 缩放对象大小

在 CorelDRAW 中，可以缩放对象，调整对象的大小。用户可以通过保持对象的纵横比来按比例改变对象的尺寸，也可以通过指定值或直接更改对象来调整对象的尺寸，还可以通过拖曳对象的控制柄来缩放对象。

5.4.1 拖动控制柄调整对象

使用【选择】工具选中对象后，将鼠标光标放置在对象四角的控制柄上，当鼠标光标显示为↙形状时，按住鼠标左键拖曳，可以等比例缩放对象；将鼠标光标放在对象四边的控制柄上，当鼠标光标显示为↕形状或↔形状时，按住鼠标左键并拖曳，可以调整对象的高度或宽度。

- 按住 Shift 键，同时拖动一个角控制柄，可以从对象的中心调整选定对象的大小。
- 按住 Ctrl 键，同时拖动一个角控制柄，可以将选定对象调整为原始大小的相应倍数。
- 按住 Alt 键，同时拖动一个角控制柄，可以固定点为锚点缩放对象。

5.4.2　应用属性栏调整对象

用户在绘制规定尺寸的图形时，若要精确调整对象的宽度和高度，可以通过属性栏设置对象的大小来完成绘制。

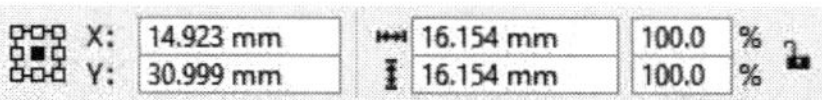

- 【对象大小】数值框：设置对象的宽度和高度。
- 【缩放因子】数值框：设置缩放对象的百分比。
- 【锁定比率】按钮：单击选中该按钮，可以在缩放对象大小时，保持原来的宽高比率。

【例 5-5】应用属性栏缩放对象。
视频+素材 (素材文件\第 05 章\例 5-5)

step 1 选择【文件】|【打开】命令，打开图形文件。选择工具箱中的【选择】工具，在绘图页面中选择需要调整的对象。

step 2 按Ctrl+C组合键复制图形对象，按Ctrl+V组合键进行粘贴，然后在属性栏中设置【对象原点】的参考点为右下，设置【缩放因子】数值为 70%，输入完成后，即可改变对象大小。

5.4.3　精确缩放对象

默认状态下，CorelDRAW 以中心缩放对象。缩放是以指定的百分比改变对象的尺寸，调整大小则是以指定的数值改变对象的尺寸。使用【变换】泊坞窗，可以按照指定的值缩放对象大小，同时还可以复制对象。

【例 5-6】使用【变换】泊坞窗改变对象大小。
视频+素材 (素材文件\第 05 章\例 5-6)

step 1 选择需要调整大小的对象，单击【变换】泊坞窗中的【大小】按钮，切换至【大小】选项组。

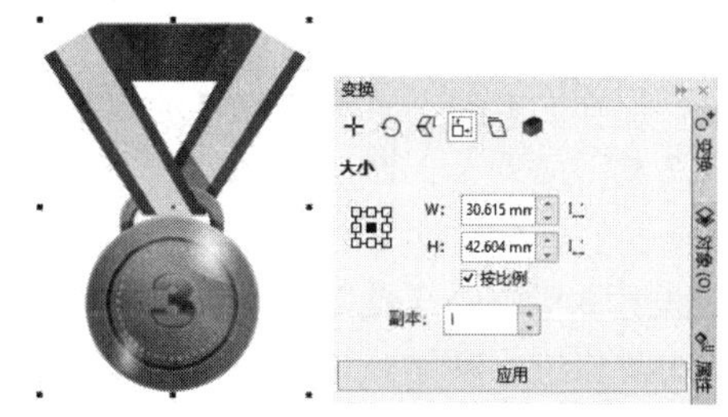

step 2 在【变换】泊坞窗中，设置【对象原点】的参考点为右下，设置W数值为 20mm，【副本】数值为 1，设置完成后单击【应用】按钮，即可调整对象的大小。

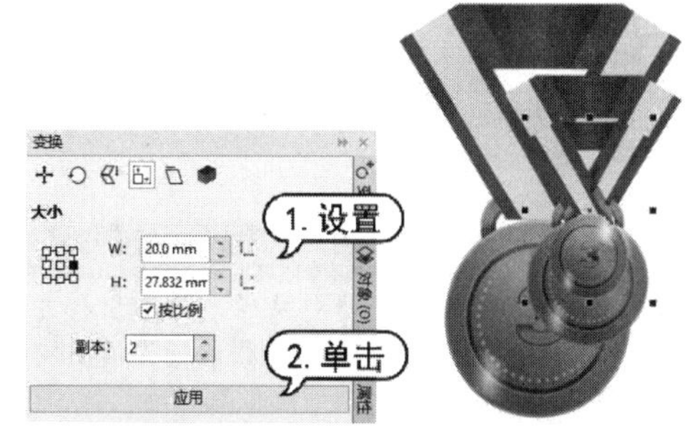

实用技巧

单击 W 或 H 数值框右侧的【交互式设置尺度】按钮，可以在绘图页中拖动尺度线设置对象缩放后的宽度或高度。

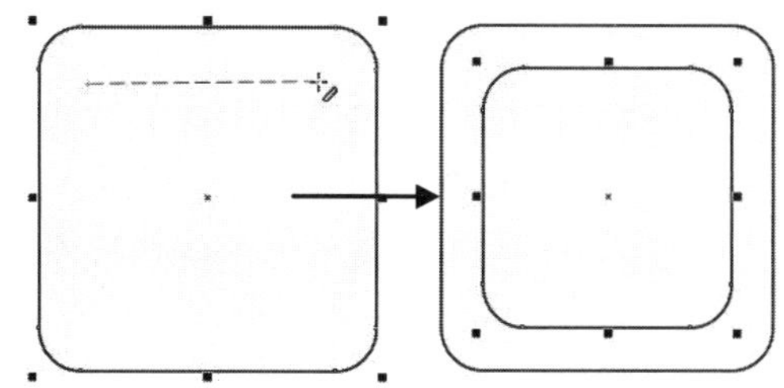

5.5 编辑图形对象

本节将对图形对象的一些基本操作进行详细的讲解，接下来分别介绍图形对象的复制、克隆与旋转等编辑操作。

5.5.1 复制、粘贴对象

选择对象后，可以通过复制对象，将其放置到剪贴板上，然后再粘贴到绘图页面或其他应用程序中。

在 CorelDRAW 中，可以选择【编辑】|【复制】命令；或右击对象，在弹出的快捷菜单中选择【复制】命令；或按 Ctrl+C 组合键；或单击标准工具栏中的【复制】按钮都可将对象复制到剪贴板中。再选择【编辑】|【粘贴】命令；或右击，在弹出的快捷菜单中选择【粘贴】命令；或按 Ctrl+V 组合键；或单击标准工具栏中的【粘贴】按钮都可将剪贴板中的对象进行粘贴。

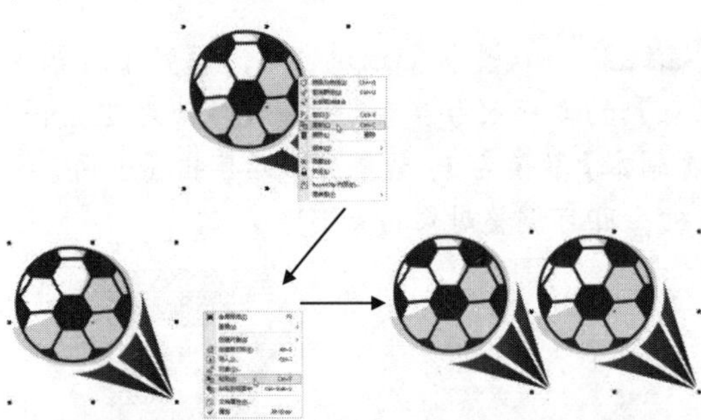

> **知识点滴**
>
> 使用【选择】工具选择对象后，按下鼠标左键将对象拖动到适当的位置，在释放鼠标左键之前按下鼠标右键，可将对象复制到该位置。

用户还可以在选中对象后，在标准工具栏中单击【复制】按钮，再单击【粘贴】按钮进行原位置复制。

5.5.2 再制图形对象

对象的再制是指将对象按一定的方式复制为多个对象。再制对象时，可以沿着 X 和 Y 轴指定副本和原始对象之间的偏移距离。

在绘图窗口中无任何选取对象的状态下，可以通过属性栏设置来调节默认的再制偏移距离。在属性栏上的【再制距离】数值框中输入 X、Y 方向上的偏移值即可。

【例 5-7】在绘图文件中再制选中的对象。
视频+素材 (素材文件\第 05 章\例 5-7)

step 1 使用【选择】工具选取需要再制的对象，按住鼠标左键拖动一定的距离，然后在释放鼠标左键之前单击鼠标右键，即可在当前位置复制一个副本对象。

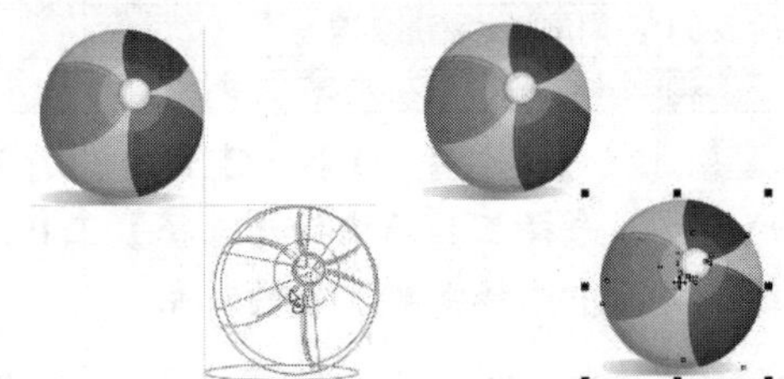

step 2 在绘图窗口中取消对象的选取，在属性栏上设置【再制距离】的X值为 50mm，Y值为 50mm，然后选中刚复制的对象，选择菜单栏中的【编辑】|【再制】命令或按Ctrl+D组合键，即可按照刚才指定的距离再制出新的对象。

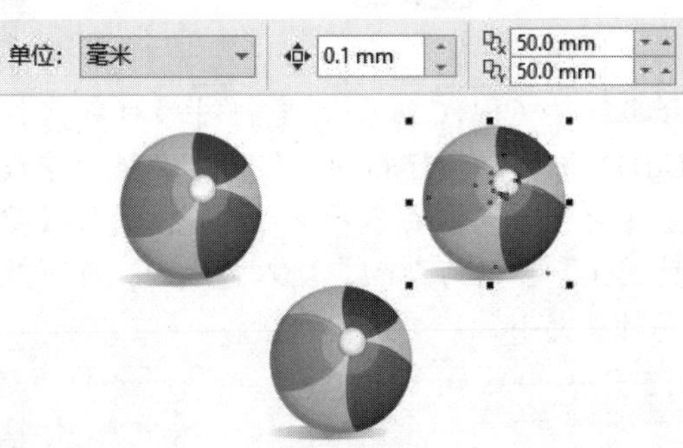

5.5.3 克隆图形对象

克隆对象与再制对象一样，可以将选择的对象直接克隆到绘图页面中，与【再制】命令不同的是，克隆所创建出来的新对象与原始对象之间存在链接关系，在修改原始对象时，克隆对象也会被修改。

5.5.4　步长和重复

在编辑过程中可以使用【步长和重复】命令进行水平、垂直和角度再制对象。选择【编辑】|【步长和重复】命令，或选择【窗口】|【泊坞窗】|【步长和重复】命令，可打开【步长和重复】泊坞窗。

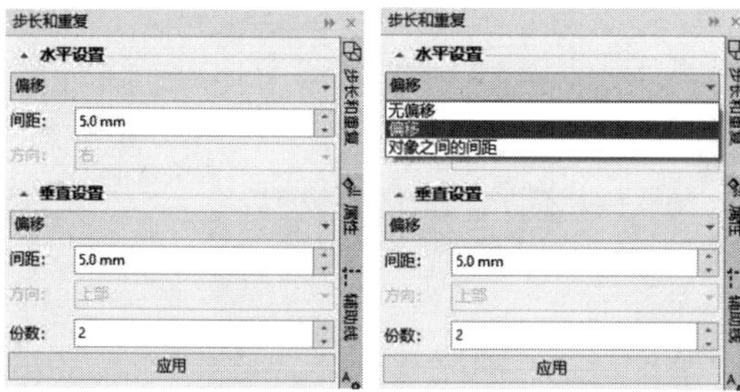

在【水平设置】选项组和【垂直设置】选项组中可以设置【类型】【间距】和【方向】等选项。

在【类型】下拉列表中可以选择【无偏移】【偏移】和【对象之间的间距】选项。

- 【无偏移】选项：是指不进行任何偏移。选择【无偏移】选项后，下面的【间距】和【方向】选项无法进行设置。
- 【偏移】选项：是指以对象为基准进行水平偏移。选择【偏移】选项后，下面的【间距】和【方向】选项被激活，在【间距】后面输入数值，可以在水平方向上进行重复再制。当【间距】数值为 0 时，为原位置重复再制。
- 【对象之间的间距】选项：是指以对象之间的间距进行再制。选择该选项，可以激活【方向】选项，选择相应的方向，然后在【份数】后面输入数值进行再制。当【间距】数值为 0 时，为水平边缘重合的再制效果。

【例 5-8】制作幼儿园展板。
视频+素材 (素材文件\第 05 章\例 5-8)

step 1　选择【文件】|【新建】命令，打开【创建新文档】对话框。在该对话框中的【名称】文本框中输入"幼儿园展板"，设置【宽度】为 206mm，【高度】为 146mm，然后单击OK 按钮。

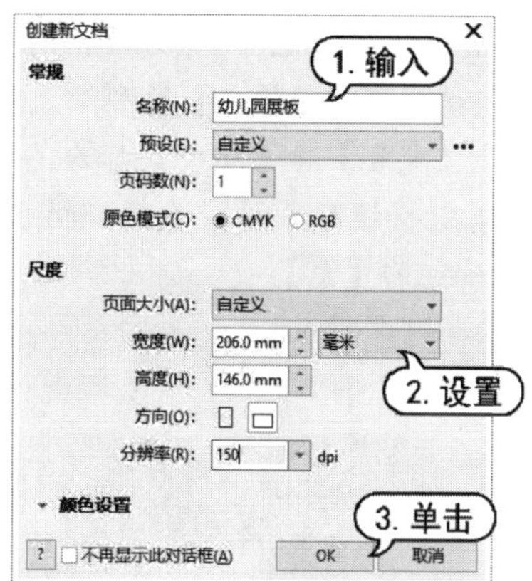

step 2　选择【布局】|【页面背景】命令，打开【选项】对话框。在该对话框中选中【位图】单选按钮，单击【浏览】按钮，打开【导入】对话框，在该对话框中选择所需要导入的图像，然后单击【导入】按钮，返回【选项】对话框。设置【水平】数值为 207，然后单击OK按钮。

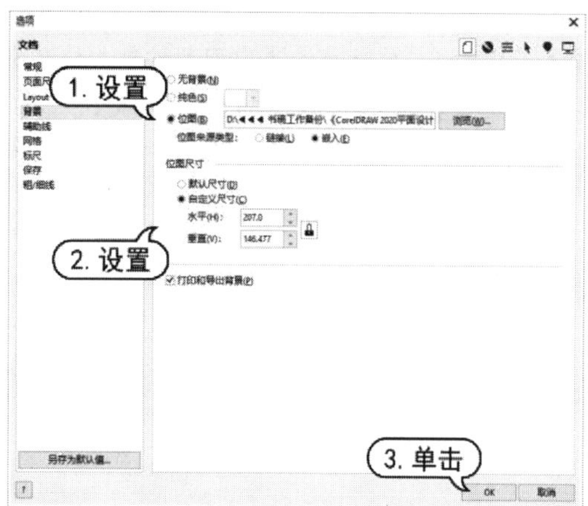

step 3　使用【矩形】工具绘制矩形，在属性栏中设置对象的【宽度】为 160mm，【高度】为 125mm，并在调色板中将填充色设置为【白色】，轮廓色为【无】。

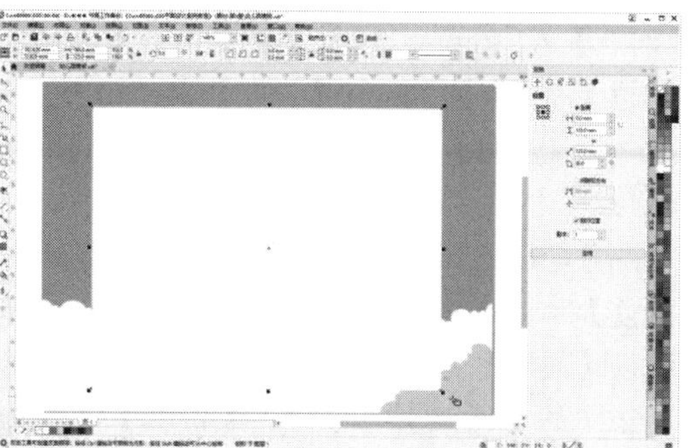

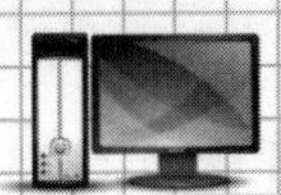

step 4 继续使用【矩形】工具绘制矩形，在属性栏中设置【对象原点】的参考点为左上，设置对象【宽度】和【高度】都为 8mm，并在调色板中将填充色设置为C:0 M:60 Y:100 K:0，轮廓色为【无】。

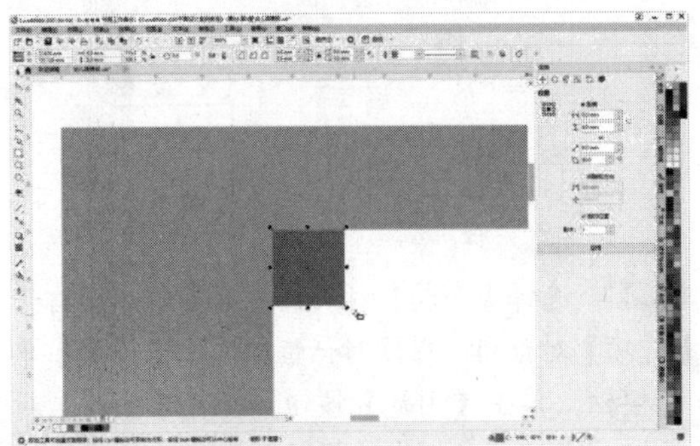

step 5 打开【变换】泊坞窗，单击【位置】按钮，选中【间隙和方向】单选按钮，在【定向】下拉列表中选择【Horizontal】选项，设置【副本】数值为 1，然后单击【应用】按钮。接着在调色板中设置填充色为C:0 M:0 Y:100 K:0。

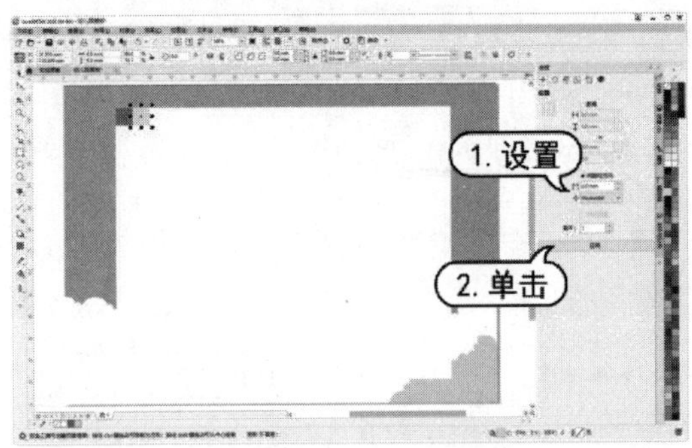

step 6 选中步骤(4)至步骤(5)中创建的矩形，按Ctrl+G组合键组合对象，选择【编辑】|【步长和重复】命令，打开【步长和重复】泊坞窗。在该泊坞窗中，设置【水平设置】选项组中的【间距】为 16mm；设置【垂直设置】选项组中的【间距】为 0mm；【份数】数值为 9，然后单击【应用】按钮。

step 7 选中步骤(4)至步骤(6)中创建的矩形，按Ctrl+G组合键组合对象。在【步长和重复】泊坞窗中，设置【水平设置】选项组中的【间距】为 0mm；设置【垂直设置】选项组中的【间距】为-8mm；【份数】数值为 1，然后单击【应用】按钮。

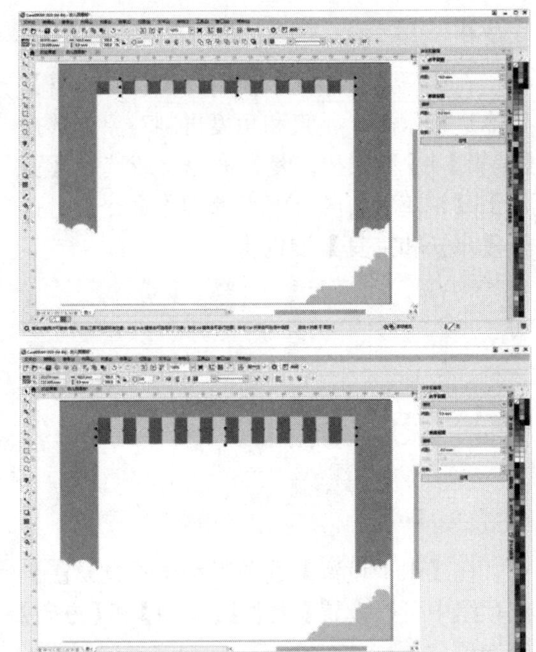

step 8 在属性栏中，设置对象原点为【中央】，然后单击【水平镜像】按钮。

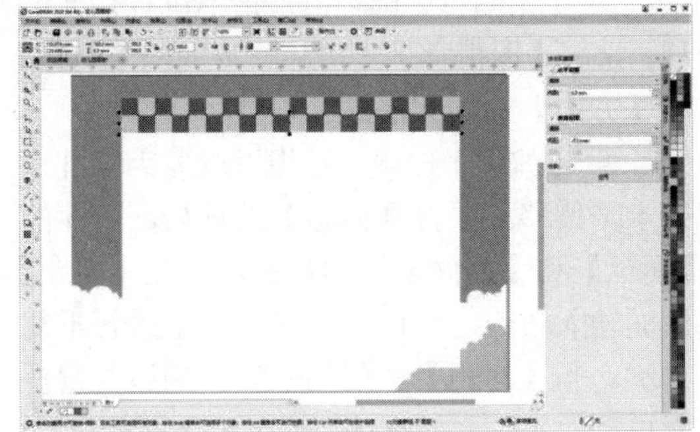

step 9 使用与步骤(7)至步骤(8)相同的操作方法，添加其他组合对象。

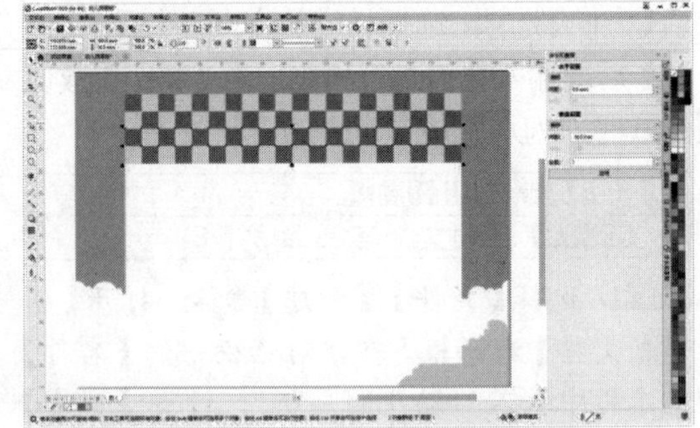

step 10 在标准工具栏中单击【导入】按钮，打开【导入】对话框。在该对话框中选中需要

导入的图形文档，然后单击【导入】按钮。

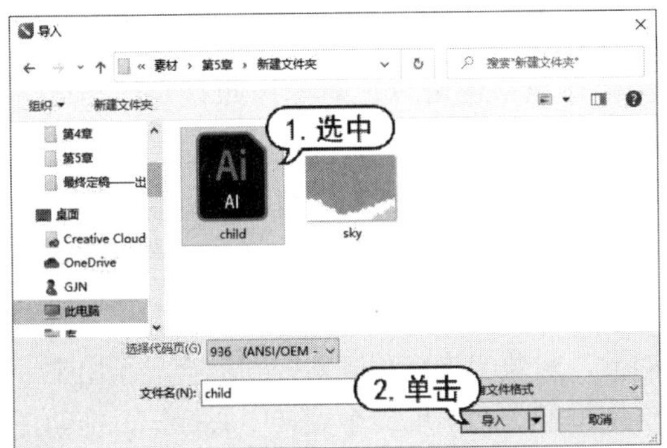

step 11 在绘图页面中单击，导入图形文档，并在【对齐与分布】泊坞窗中的【对齐】选项组中单击【页面边缘】按钮，再单击【底端对齐】按钮和【水平居中对齐】按钮。

step 12 选中步骤(3)和步骤(9)中创建的矩形，按Ctrl+G组合键组合对象。使用【阴影】工具在对象上拖动创建阴影，在属性栏中单击【阴影颜色】选项，在弹出的下拉面板中选中阴影颜色，设置【阴影的不透明度】数值为25，设置【阴影羽化】数值为5。

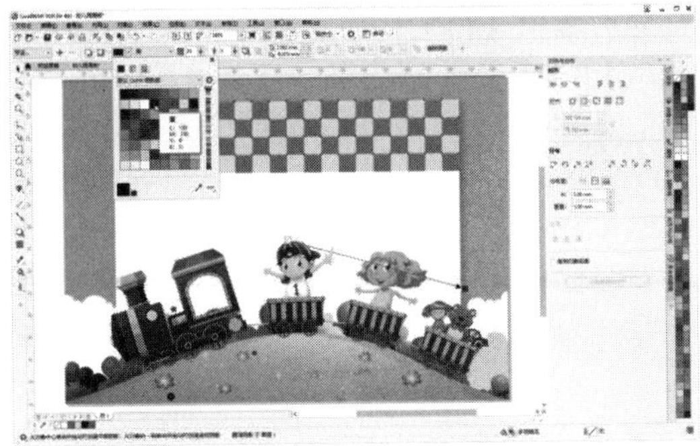

step 13 按Ctrl+C组合键复制刚编辑的组合对象，按Ctrl+V组合键进行粘贴，然后使用【选择】工具调整对象的位置及旋转角度，并按Shift+PgDn组合键将对象放置到步骤(12)创建的组合对象的下层。

step 14 使用【文本】工具在页面中输入文字内容，然后选择【选择】工具，在【属性】泊坞窗中设置字体为Arial Rounded MT Bold，字体颜色为C:0 M:100 Y:0 K:0，轮廓宽度为2mm，轮廓颜色为【白色】，再使用【选择】工具调整文字的大小及位置。

step 15 在标准工具栏中单击【保存】按钮，打开【保存绘图】对话框。在该对话框中单击【保存】按钮保存绘图文档。

5.5.5 复制对象属性

复制对象属性是一种比较特殊、重要的复制方法，它可以方便、快捷地将指定对象中的轮廓笔、轮廓色、填充和文本属性，通过复制的方法应用到所选对象中。

实用技巧

用鼠标右键按住一个对象不放，将对象拖动至另一个对象上后，释放鼠标，在弹出的菜单中选择【复制填充】【复制轮廓】或【复制所有属性】选项，即可将源对象中的填充、轮廓或所有属性复制到所选对象上。

【例 5-9】在绘图文件中复制选定对象的属性。
视频+素材 (素材文件\第 05 章\例 5-9)

step 1 使用【选择】工具在绘图文件中选取需要复制属性的对象。

step 2 选择【编辑】|【复制属性自】命令，打开【复制属性】对话框。在【复制属性】对话框中选择需要复制的对象属性选项，选中【填充】复选框。

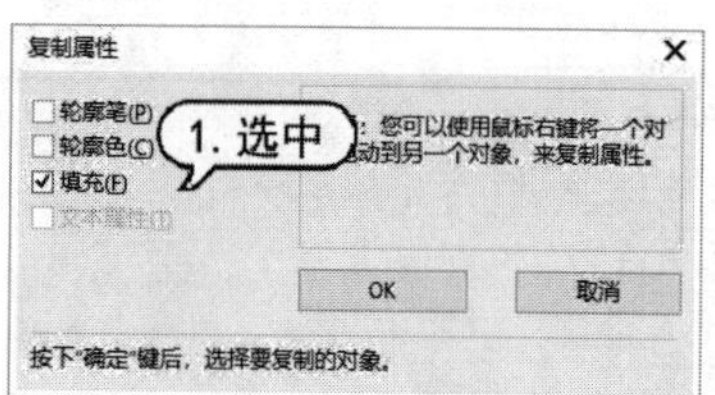

step 3 单击该对话框中的OK按钮，当光标变为黑色箭头状态后，单击用于复制属性的源对象，即可将该对象的属性按照设置复制到所选择的对象上。

5.5.6 旋转图形对象

在 CorelDRAW 2020 中，可以自由角度旋转对象，也可以让对象按照指定的角度进行旋转。

1. 使用【选择】工具旋转对象

使用【选择】工具，可以通过拖动旋转控制柄交互式旋转对象。使用【选择】工具双击对象，对象的旋转和倾斜控制柄会显示出来。选取框的中心出现一个旋转中心标记。拖动任意一个旋转控制柄以顺时针或逆时针方向旋转对象，在旋转时分别按住 Alt 或 Shift 键可以同时使对象倾斜或调整对象大小。

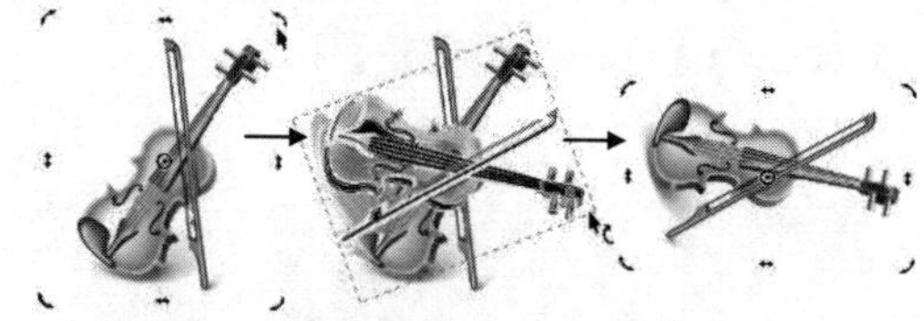

2. 精确旋转对象

在【变换】工具属性栏或【变换】泊坞窗中可以按照指定的数值快速旋转对象。要使对象绕着选定控制柄旋转，可以使用【变换】泊坞窗修改旋转中心。旋转对象时，正值可以使对象从当前位置逆时针旋转相应角度，负值则顺时针旋转。

【例 5-10】制作透明图形。
视频+素材 (素材文件\第 05 章\例 5-10)

step 1 新建一个文档，使用【椭圆形】工具在绘图页面中拖动绘制椭圆形，并在属性栏中取消选中【锁定比率】按钮，设置【对象大小】中的【宽度】为 15mm,【高度】为 30mm。

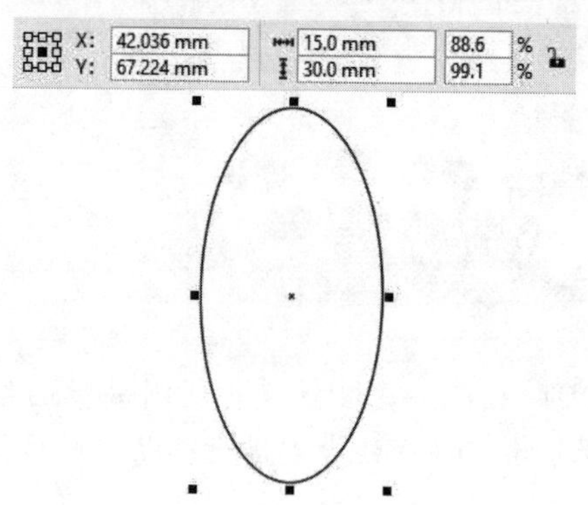

step② 选择【交互式填充】工具，在属性栏中单击【渐变填充】按钮，在图形对象显示的渐变控制柄上设置渐变填充颜色为C:87 M:62 Y:0 K:0 至C:68 M:0 Y:86 K:0，并调整渐变角度，然后将轮廓色设置为无。

step③ 选择【透明度】工具，在属性栏中单击【均匀透明度】按钮，打开【合并模式】下拉列表，选择【强光】选项，设置【透明度】数值为 10。

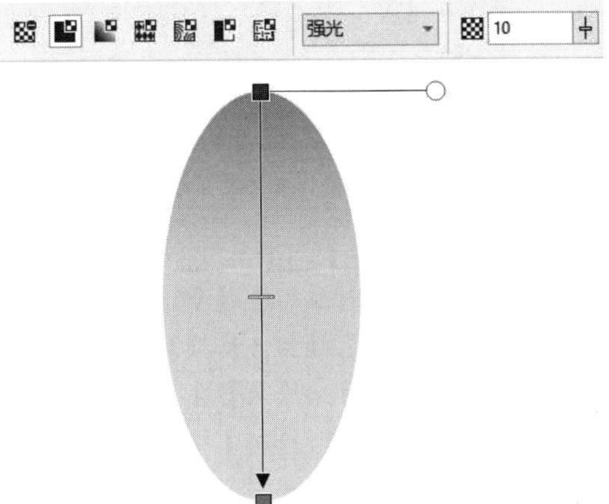

step④ 使用【选择】工具选定对象。选择【窗口】|【泊坞窗】|【变换】命令，打开【变换】泊坞窗。在打开的【变换】泊坞窗中，单击【旋转】按钮，设置【角度】数值为 45°，设置【对象原点】的参考点为右下，设置X数值为 7.5mm，Y数值为 - 15mm，设置【副本】数值为 7，然后单击【应用】按钮，即可按照所设置的参数完成对象的旋转操作。

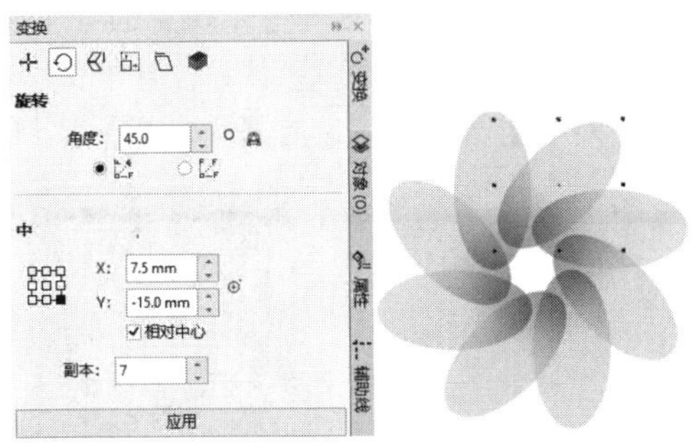

5.5.7　倾斜图形对象

在 CorelDRAW 中，可以沿水平和垂直方向倾斜对象。用户不仅可以使用工具倾斜对象，还可以指定度数来精确倾斜对象。

1. 使用【选择】工具倾斜对象

使用【选择】工具双击对象，对象的旋转和倾斜控制柄会显示出来。其中双向箭头显示的是倾斜控制柄。当光标移到倾斜控制柄上时，光标则会变成倾斜标志。使用鼠标拖动倾斜控制柄可以交互地倾斜对象；也可以在拖动时按住 Alt 键，同时沿水平和垂直方向倾斜对象；也可以在拖动时按住 Ctrl 键以控制对象的移动。

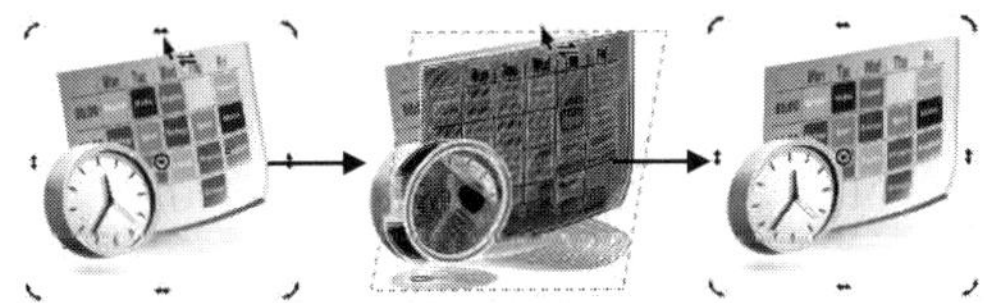

2. 精确倾斜对象

用户也可以使用【变换】泊坞窗中的【倾斜】选项，精确地对图形的倾斜度进行设置。倾斜对象的操作方法与旋转对象基本相似。

5.5.8　镜像图形对象

通过 CorelDRAW 中的镜像选项可以水平或垂直镜像对象。水平镜像对象会将对象由左向右或由右向左翻转；垂直镜像对象则会将对象由上向下或由下向上翻转。

1. 使用【选择】工具镜像对象

使用【选择】工具选定对象后，将光标移到对象左边或右边居中的控制点上，按下鼠标左键并向对应的另一边拖动鼠标，当拖出对象范围后释放鼠标，可使对象按不同的宽度比例进行水平镜像；如拖动上方或下方居中的控制点到对应的另一边，当拖出对象范围后释放鼠标，可使对象按不同的高度比例垂直镜像。

使用【选择】工具镜像对象时，在拖动鼠标的同时按住 Ctrl 键，可以使对象在保持长宽比例不变的情况下水平或垂直镜像对象。在释放鼠标之前单击鼠标右键，可以在镜像对象的同时复制对象。

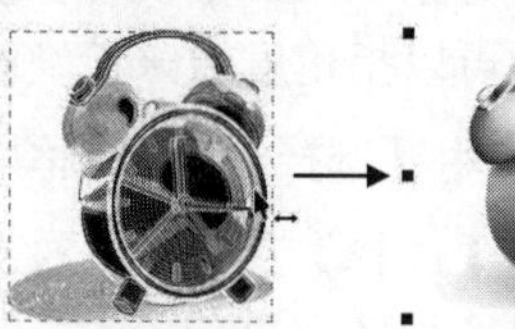

2. 精确镜像对象

在 CorelDRAW 中，通过属性栏和【变换】泊坞窗都可以精确地镜像对象。默认状态下，镜像的中心点是对象的中心点，用户可以通过【变换】泊坞窗修改中心点以指定对象的镜像方向。在【变换】泊坞窗中单击【缩放和镜像】按钮，切换到【缩放和镜像】选项组。在该选项组中，用户可以调整对象的缩放比例并使对象在水平或垂直方向上镜像。

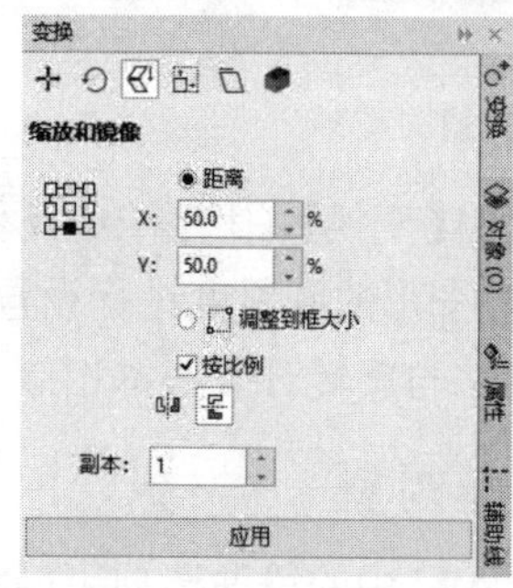

- X/Y 选项：用于调整对象在宽度和高度上的缩放比例。
- 【水平镜像】按钮/【垂直镜像】按钮：使对象在水平或垂直方向上翻转。
- 【按比例】：选中该复选框，在调整对象的比例时，对象将按长宽比例缩放。

【例 5-11】制作对称图案。
视频+素材 (素材文件\第 05 章\例 5-11)

step 1 打开绘图文档，使用【选择】工具选中图形对象。

step 2 按Ctrl+C组合键复制该图形，并按Ctrl+V组合键粘贴图形，然后在属性栏的【对象原点】选项中设置参考点为右中，并单击【水平镜像】按钮。

step 3 使用【选择】工具选中两个图形，按Ctrl+G组合键组合对象。在【变换】泊坞窗中单击【缩放和镜像】按钮，切换到【缩放和镜像】选项组。在【对象原点】选项中设置参考点为下中，单击【垂直镜像】按钮，设置【副本】数值为 1，然后单击【应用】按钮。

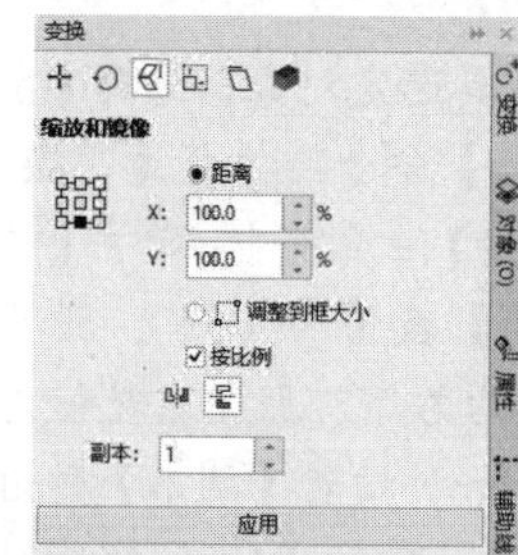

step 4 选中所有的图形对象，按Ctrl+G组合键组合对象。在【对齐与分布】泊坞窗的【对齐】选项组中单击【页面中心】按钮，再单击【水平居中对齐】按钮和【垂直居中对齐】按钮。

5.5.9　自由变换图形对象

在工具箱中选择【自由变换】工具，在其属性栏中有 4 个按钮，分别是【自由旋转】按钮、【自由角度反射】按钮、【自由缩放】按钮和【自由倾斜】按钮，单击相应的按钮，可以对对象进行旋转、镜像、缩放和倾斜操作。

知识点滴

【应用到再制】按钮：单击该按钮，可在自由变换对象的同时再制对象。【相对于对象】按钮：单击该按钮，在【对象位置】数值框中输入需要的参数，然后按 Enter 键，可以将对象移到指定的位置。

1. 使用【自由旋转】工具

使用【自由变换】工具属性栏上的【自由旋转】工具，可以很容易地使对象围绕绘图窗口中的其他对象或任意点进行旋转。

只需单击鼠标就可以设置旋转中心，单击的位置将成为旋转中心。开始拖动鼠标时，会出现对象的轮廓和一条延伸到绘图页面外的蓝色旋转线。旋转线指出从旋转中心旋转对象时基于的角度，通过对象的轮廓可以预览旋转的效果。

实用技巧

要旋转对象，也可以在选择所需要旋转的对象后，在属性栏中的【旋转角度】数值框中，对旋转的角度进行设置。

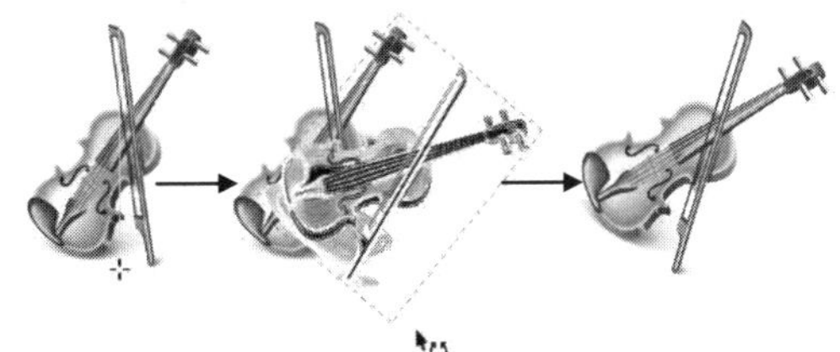

2. 使用【自由角度反射】工具

使用【自由变换】工具属性栏中的【自由角度反射】工具，可以按照指定的角度镜像绘图窗口中的对象，可以通过单击鼠标设置参考点。开始拖动鼠标时，会出现对象的轮廓和一条镜像线延伸到绘图窗口外。设置参考点的位置决定对象与镜像线之间的距离。镜像线指示了从参考点镜像对象时所基于的角度，拖动镜像线可设置镜像角度。

3. 使用【自由缩放】工具

在选中对象后，选择工具箱中的【自由变换】工具，然后再单击属性栏中的【自由缩放】工具，可以沿水平和垂直坐标轴缩放对象。

另外，使用该工具放大和缩小对象时是相对于对象的参考点进行缩放的，只要在页面中单击即可设置参考点。在对象内部单击，可从中心缩放对象。在对象外部单击，可根据拖动鼠标的距离和方向来缩放和定位对象。

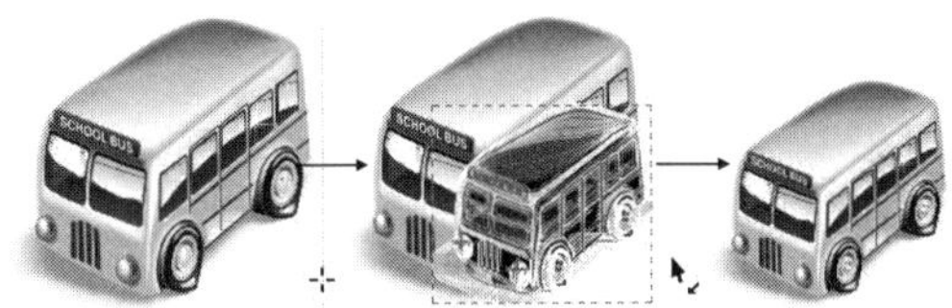

4. 使用【自由倾斜】工具

使用【自由变换】工具属性栏中的【自由倾斜】工具可以使对象基于一个参考点同时进行水平和垂直倾斜。单击绘图窗口中的任意位置可以快速设置倾斜操作基于的参考点。

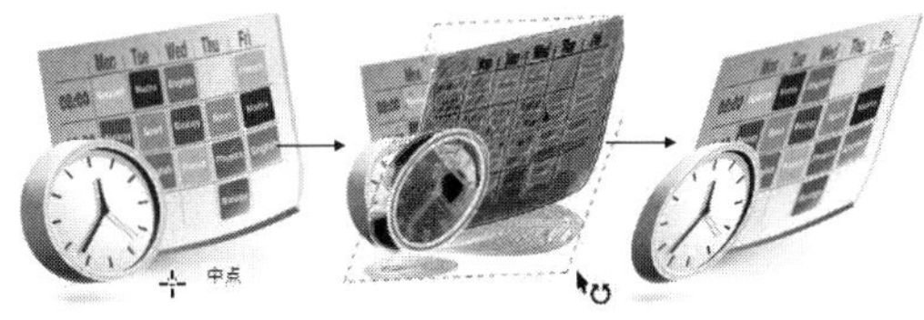

5.6 裁剪图形对象

在 CorelDRAW 中，还提供了【裁剪】工具、【刻刀】工具、【橡皮擦】工具和【虚拟段删除】工具，使用它们可以对图形对象进行裁剪拆分、擦除等编辑操作。

5.6.1 使用【裁剪】工具

选择【裁剪】工具，在绘图页面中按住鼠标左键并拖动，释放鼠标即可得到裁剪框，按 Enter 键即可确认裁剪操作。

在裁剪过程中，拖曳裁剪框的控制点可以对裁剪框的大小进行更改。在裁剪框上单击鼠标，将进入旋转编辑状态，拖曳控制点可以进行旋转，也可以在属性栏的【旋转角度】数值框中输入角度进行旋转。

5.6.2 分割图形对象

使用【刻刀】工具可以把一个对象分成几个部分。在工具箱中选择【刻刀】工具，显示其工具属性栏。

- 【2 点线模式】按钮：沿直线切割对象。
- 【手绘模式】按钮：沿手绘曲线切割对象。
- 【贝塞尔模式】按钮：沿贝塞尔曲线切割对象。
- 【剪切时自动闭合】按钮：单击该按钮，可以将一个对象分割成两个独立的对象。
- 【手绘平滑】选项：在创建手绘曲线时调整其平滑度。
- 【剪切跨度】选项：设置沿着宽度为 0 的线条拆分对象时，是在新对象之间创建间隙还是使新对象重叠。选择【间隙】选项，后面的【宽度】数值框会被激活，在其中可以设置间隙宽度数值。

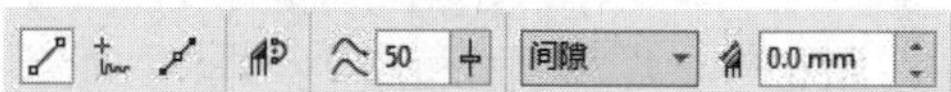

- 【轮廓选项】：设置在拆分对象时要将轮廓转换为曲线还是保留轮廓，或是让应用程序选择能最好地保留轮廓外观的选项。

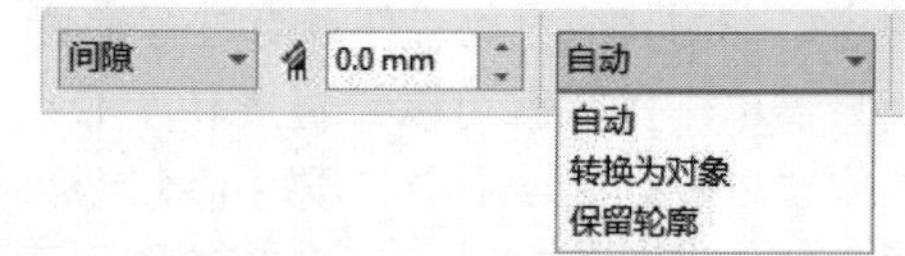

【例 5-12】使用【刻刀】工具切割图形。
视频+素材 (素材文件\第 05 章\例 5-12)

step 1 选择【文件】|【打开】命令，打开一个绘图文档，并使用【选择】工具选中图形对象。

step 2 选择【刻刀】工具，在属性栏中单击【手绘模式】按钮，设置【手绘平滑】数值为 100，【剪切跨度】选项为【间隙】，设置【宽度】为 0.8mm。然后使用【刻刀】工具在选中的图形对象上拖曳切割图形。

step 3 在属性栏中更改【宽度】为 0.4mm。然后使用【刻刀】工具继续在选中的图形对象上拖曳切割图形。

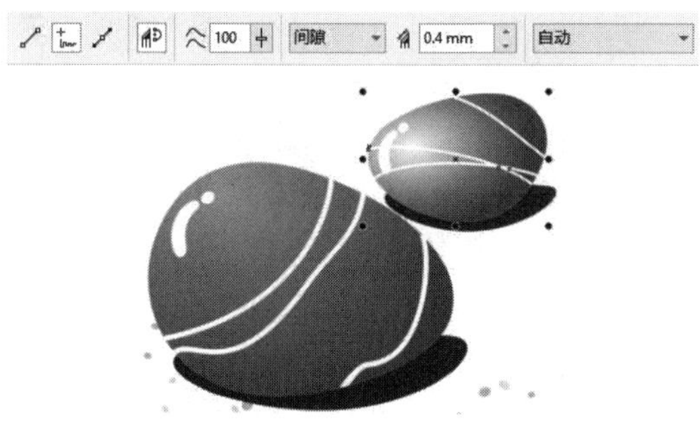

5.6.3　删除图形对象

使用【虚拟段删除】工具，可以删除图形中曲线相交点之间的线段。

要删除图形中曲线相交点之间的线段，在工具箱中单击【裁剪】工具，在展开的工具组中选择【虚拟段删除】工具，这时光标将变为刀片形状，接着将光标移至图形内准备删除的线段上单击，该线段即可被删除。【虚拟段删除】工具不能对群组、文本、阴影和图像进行操作。

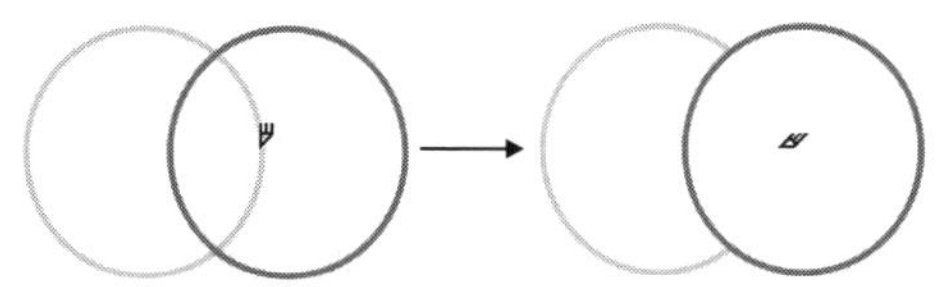

5.6.4　擦除图形对象

【橡皮擦】工具的主要功能是擦除曲线中不需要的部分，并且在擦除后会将曲线分割成数段。与使用【形状】工具属性栏中的【断开曲线】按钮和【刻刀】工具对曲线进行分割的方法不同的是，使用这两种方法分割曲线后，曲线的总长度并未变化，而使用【橡皮擦】工具擦除曲线后，光标所经过的曲线将会被擦除，原曲线的总长度将发生变化。

由于曲线的类型不同，使用【橡皮擦】工具擦除曲线会有如下 3 种不同的结果。

- 对于开放曲线，使用【橡皮擦】工具在曲线上单击并拖动，光标所经过之处的曲线就会消失。操作完成后原曲线将会被切断为多段开放曲线。
- 对于闭合曲线，如果只在曲线的一边单击并拖动鼠标进行擦除操作，那么光标经过位置的曲线将会向内凹，并且曲线依旧保持闭合。

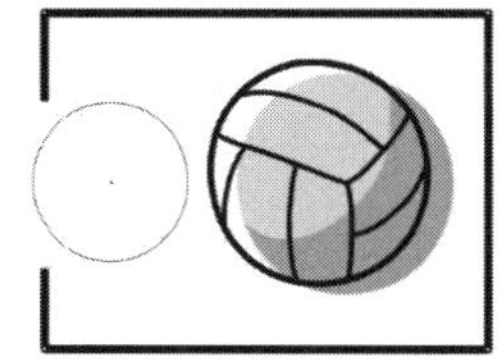

- 对于闭合曲线，如果在曲线上单击并拖动鼠标穿过曲线，那么光标经过位置的曲线将会消失，原曲线会被分割成多条闭合曲线。

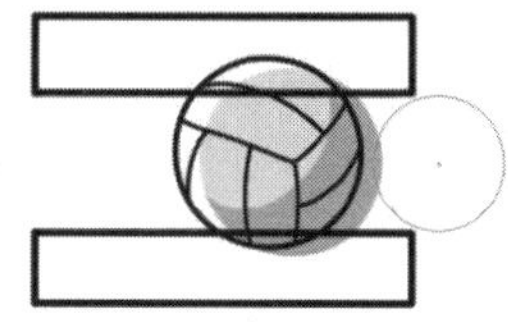

当用户选择工具箱中的【橡皮擦】工具后，属性栏转换为【橡皮擦】工具属性栏。

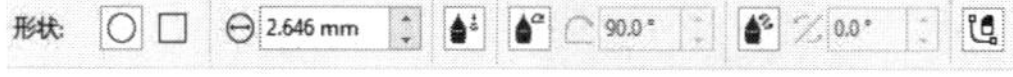

在该属性栏中的【橡皮擦厚度】数值框中，输入数值可以改变橡皮擦的厚度；单击【减少节点】按钮，可以在擦除时自动减少多余的节点数量；单击【形状】右侧的【圆形笔尖】按钮或【方形笔尖】按钮，可以设置【橡皮擦】工具为圆形或方形。

实用技巧

当使用【橡皮擦】工具擦除图像时，在图像的合适位置单击，再单击图像的另一位置，可以沿直线擦除图像；按住 Shift 键的同时单击鼠标左键并拖曳，可以放大或缩小橡皮擦的大小；若按住鼠标左键拖曳，则可以不规则地擦除图像。

5.7 使用图框精确裁剪对象

使用 PowerClip 命令可以将对象置入目标对象的内部，使对象按目标对象的外形进行精确裁剪。在 CorelDRAW 中进行图形编辑、版式编排等操作时，PowerClip 命令是经常用到的一个重要命令。

5.7.1 创建图框精确裁剪

要用图框精确裁剪对象，先使用【选择】工具选中需要置入容器中的对象，然后选择【对象】|【PowerClip】|【置于图文框内部】命令，当光标变为黑色粗箭头时单击作为容器的图形，即可将所选对象置于该图形中。

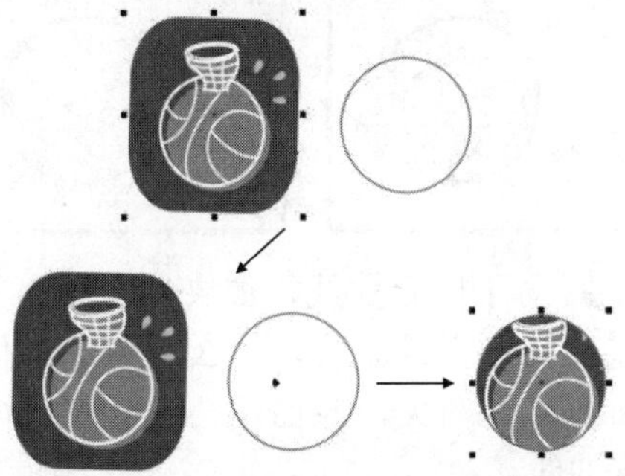

还可以使用【选择】工具选择需要置入容器中的对象，在按住鼠标右键的同时将该对象拖动到目标对象上，释放鼠标后弹出命令菜单，选择【PowerClip 内部】命令，所选对象即被置入目标对象中。

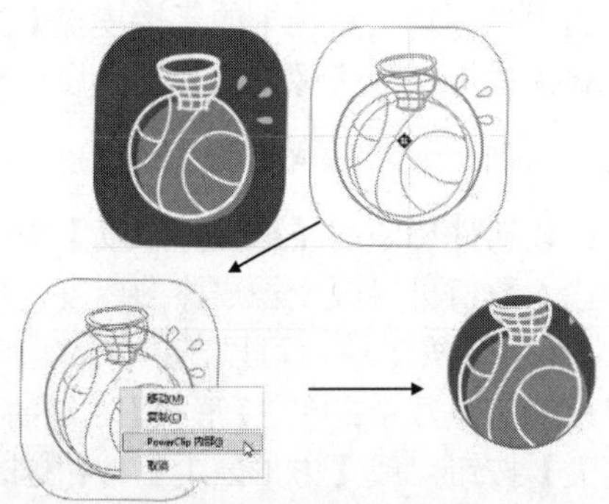

【例 5-13】制作图片展示效果。
视频+素材 (素材文件\第 05 章\例 5-13)

step 1 在CorelDRAW应用程序中，打开所需的绘图文档。

step 2 在标准工具栏中单击【导入】按钮，打开【导入】对话框。在该对话框中选中需要导入的图形文档，然后单击【导入】按钮。

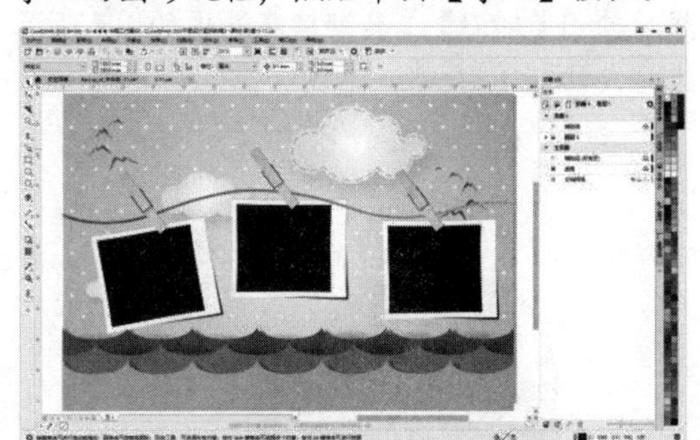

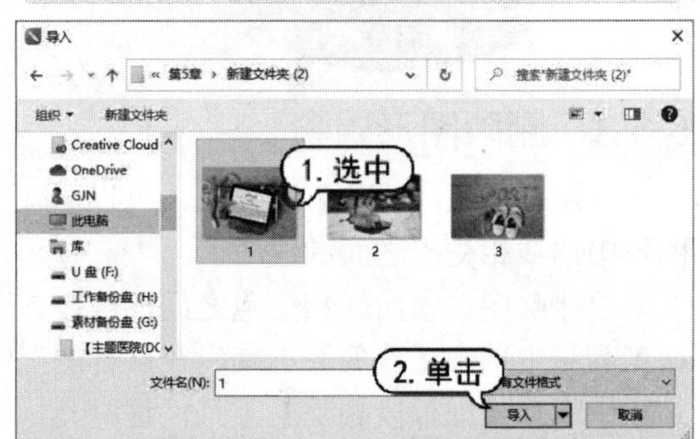

step 3 在绘图页面中保持导入对象的选中状态，选择【对象】|【PowerClip】|【置于图文框内部】命令，这时光标变为黑色粗箭头状态，单击要置入的图形对象，即可将所选对象置于该图形中。

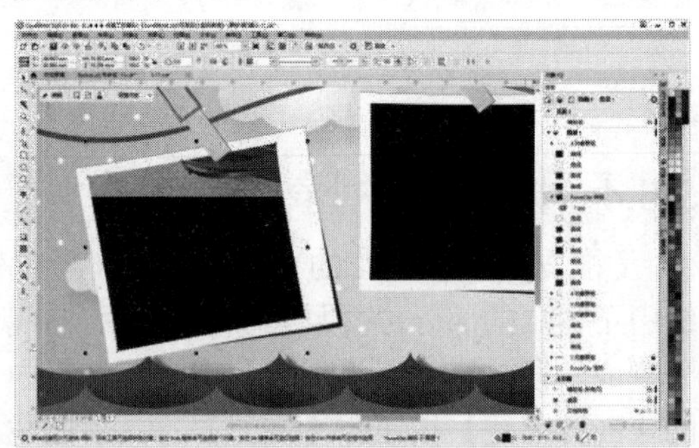

step 4 在绘图窗口显示的浮动工具栏上，单击【调整内容】选项，在弹出的下拉列表中选择【按比例填充】选项。

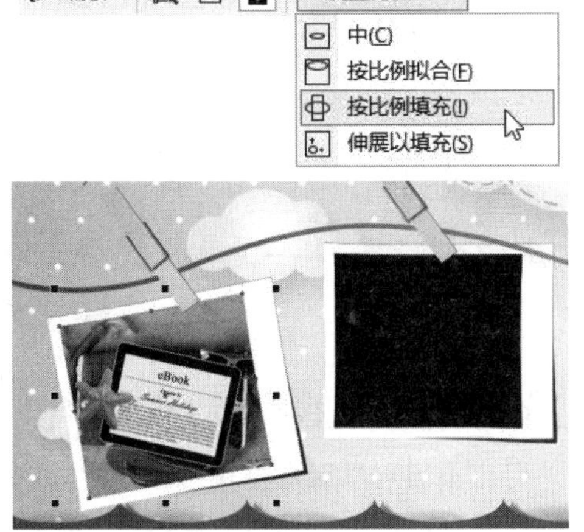

step 5 按Esc键结束操作，重复步骤(2)至步骤(5)的操作方法置入其他图形。

5.7.2　创建 PowerClip 对象

在 CorelDRAW 中可以使用图文框放置矢量对象和位图。图文框可以是任何对象，如美术字或矩形。当内容对象大于图文框时，将对内容对象进行裁剪以适合图文框形状，这样就创建了图框精确裁剪对象。

1. 创建空 PowerClip 图文框

在 CorelDRAW 中选中要作为图文框的对象后，选择【对象】|【PowerClip】|【创建空 PowerClip 图文框】命令即可。

用户也可以右击对象，在弹出的快捷菜单中选择【框类型】|【创建空 PowerClip 图文框】命令。还可以选择【窗口】|【工具栏】|【Layout】命令，打开【Layout】工具栏。在【Layout】工具栏上单击【PowerClip 图文框】按钮创建 PowerClip 图文框。

2. 向 PowerClip 图文框添加内容

要将对象或位图置入 PowerClip 图文框中，可以按住鼠标将其拖动至 PowerClip 图文框中释放鼠标即可。要将对象添加到已有内容的 PowerClip 图文框中，在按住 W 键的同时，拖动对象至 PowerClip 图文框中释放鼠标即可。

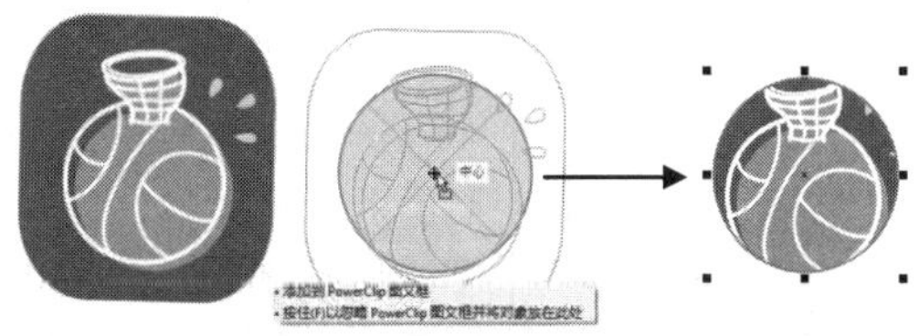

知识点滴

如果内容位于图文框以外，则置入图文框中会自动居中对齐内容对象以使其可见。要更改此设置，选择【工具】|【选项】|【CorelDRAW】命令，打开【选项】对话框。在该对话框左侧的列表中选择【PowerClip】选项，然后在右侧区域中设置需要的选项。

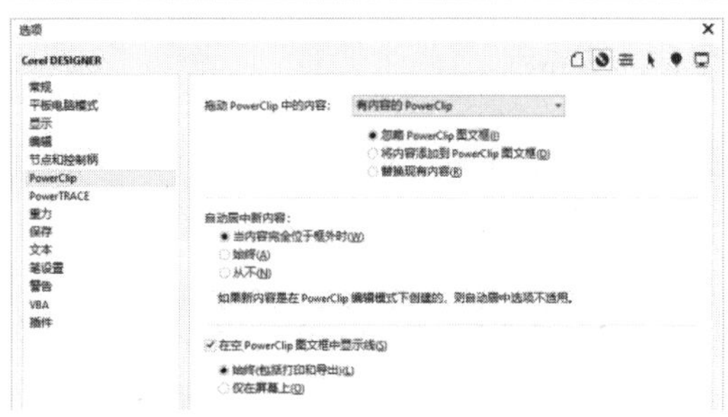

3. 编辑 PowerClip 对象

选择图框精确裁剪对象后，还可以进入容器内部，对内容对象进行缩放、旋转或移动位置等调整。要编辑内容对象，可以选择【对象】|【PowerClip】|【编辑 PowerClip】命令。

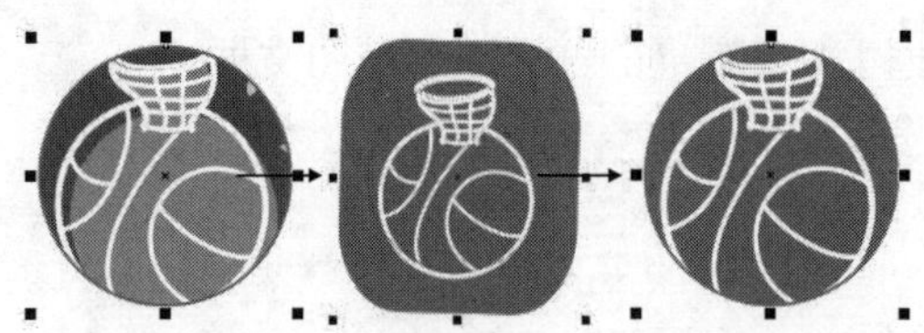

在完成对图框精确裁剪内容的编辑后，选择【对象】|【PowerClip】|【完成编辑PowerClip】命令；或在绘图页面左上角单击【完成】按钮，即可结束编辑。

4. 定位内容

选择图框精确裁剪对象后，可以选择【对象】|【PowerClip】命令子菜单中的【中】【按比例拟合】【按比例填充】或【伸展以填充】命令定位内容对象。

- 【中】命令：将 PowerClip 图文框中的内容对象设为居中对齐。
- 【按比例拟合】命令：在 PowerClip 图文框中，以内容对象最长一侧适合框的大小，内容对象比例不变。
- 【按比例填充】命令：在 PowerClip 图文框中，缩放内容对象以填充框，并保持内容对象比例不变。
- 【伸展以填充】命令：在 PowerClip 图文框中，调整内容对象大小并进行变形，以使其填充框。

5.7.3 提取内容

【提取内容】命令用于提取嵌套图框精确裁剪中的每一级的内容。选择【对象】|【PowerClip】|【提取内容】命令；或者在图框精确裁剪对象上右击，从弹出的快捷菜单中选择【提取内容】命令；或双击图框精确裁剪对象，即可将置入容器中的对象从容器中提取出来。

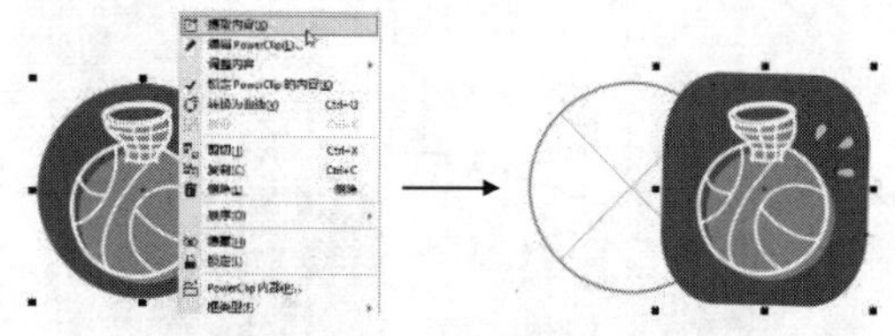

5.7.4 锁定图框精确裁剪的内容

用户不但可以对图框精确裁剪对象的内容进行编辑，还可以通过右击，在弹出的快捷菜单中选择【锁定 PowerClip 的内容】命令，将容器内的对象锁定。

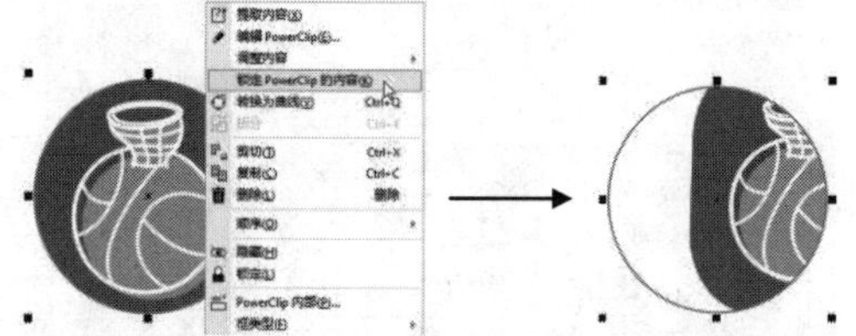

要解除图框精确裁剪内容的锁定状态，只需再次选择【锁定 PowerClip 的内容】命令即可。解除锁定图框精确裁剪的内容后，在变换图框精确裁剪对象时，只对容器对象进行变换，而容器内的对象不受影响。

知识点滴

创建 PowerClip 图文框后，还可以将其还原为对象。选中 PowerClip 图文框后，右击，在弹出的快捷菜单中选择【框类型】|【无】命令，或单击【Layout】工具栏中的【删除框架】按钮即可。

5.8 撤销、重做与重复操作

在绘制过程中，经常需要反复调整与修改。因此，CorelDRAW 提供了一组撤销、重做与重复命令。

在编辑文件时，如果用户要撤销上一步操作，可以选择【编辑】|【撤销】命令或单击标准工具栏中的【撤销】按钮，撤销该操作。如果连续选择【撤销】命令，则可以连续撤销前面所进行的多步操作。

用户也可以单击标准工具栏中【撤销】按钮旁的按钮，在弹出的下拉列表中选择想要撤销的操作，从而一次撤销该步操作以及该步操作以前的操作。

如果需要将已撤销的操作再次执行，使被操作对象回到撤销前的位置或特征，可选择【编辑】|【重做】命令，或单击标准工具栏中的【重做】按钮。该命令只有在执行过【撤销】命令后才起作用。如果连续多次选择【撤销】命令，可连续重做多步被撤销的操作。也可以通过单击【重做】按钮旁的按钮，在弹出的下拉列表中选择想要重做的操作，从而一次重做多步被撤销的操作。

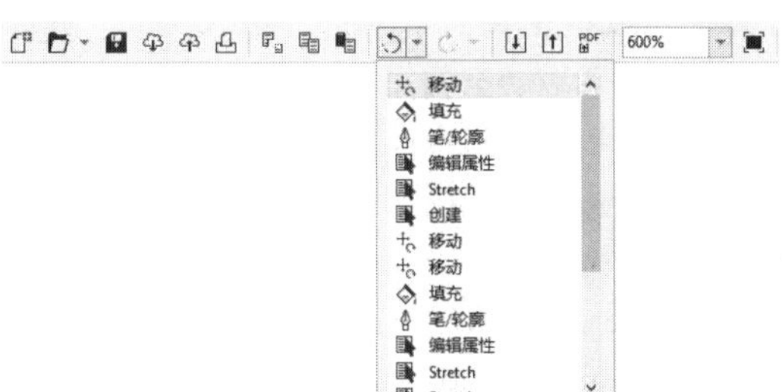

选择【编辑】|【重复】命令，或按 Ctrl+R 组合键，可以重复执行上一次对对象所使用的命令，如移动、缩放、复制等操作命令。此外，使用该命令，还可以将对某一对象执行的操作应用于其他对象。只需将源对象进行变化后，选中要应用此操作的其他对象，然后选择【编辑】|【重复】操作命令即可。

实用技巧

另外，用户也可以选择【文件】|【还原】菜单命令来执行撤销操作，这时会弹出一个警告对话框。单击 OK 按钮，CorelDRAW 将撤销存储文件后执行的全部操作，即把文件恢复到最后一次存储的状态。

5.9　案例演练

本章的案例演练介绍“制作健身俱乐部三折页”这个综合实例，使用户通过练习从而巩固本章所学知识。

【例 5-14】制作健身俱乐部三折页。
视频+素材 (素材文件\第 05 章\例 5-14)

step 1 选择【文件】|【新建】命令，打开【创建新文档】对话框。在该对话框的【名称】文本框中输入“俱乐部三折页”，设置【页码数】数值为 2，【宽度】为 291mm，【高度】为 216mm，然后单击OK按钮创建新文档。

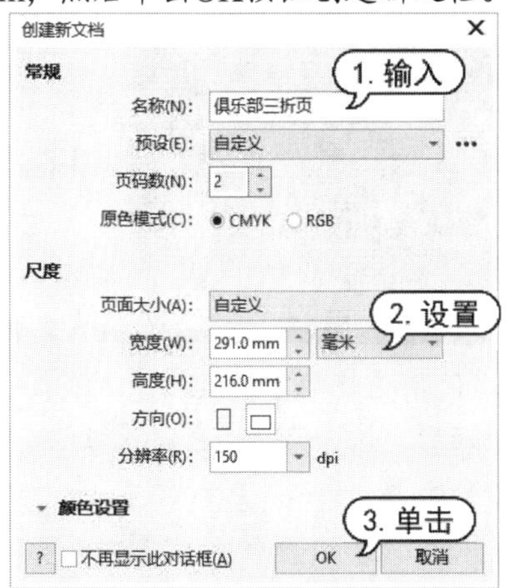

step 2 在【辅助线】泊坞窗的【辅助线类型】下拉列表中选择Vertical，设置x数值为 97mm，单击【添加】按钮；再设置x数值为 194mm，单击【添加】按钮，然后单击泊坞窗底部的【锁定辅助线】按钮。

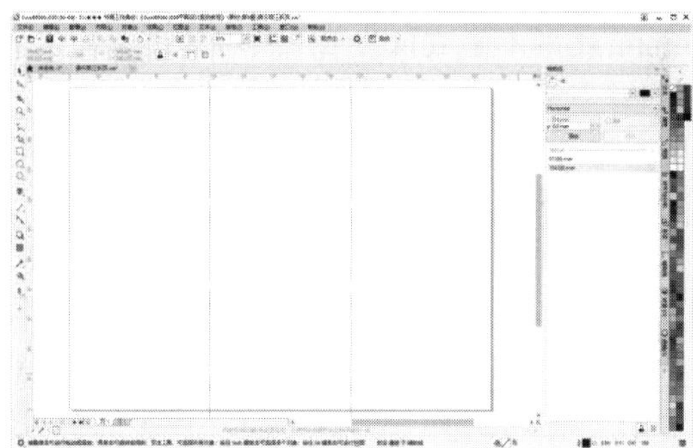

step 3 使用【矩形】工具在绘图页面中拖动绘制矩形，在属性栏中取消选中【锁定比率】按钮，设置对象大小的【宽度】为 97mm，【高度】为 261mm。然后在【对齐与分布】泊坞窗中单击【对齐】选项组中的【页面边缘】按钮，再单击【左对齐】按钮和【顶端对齐】按钮。

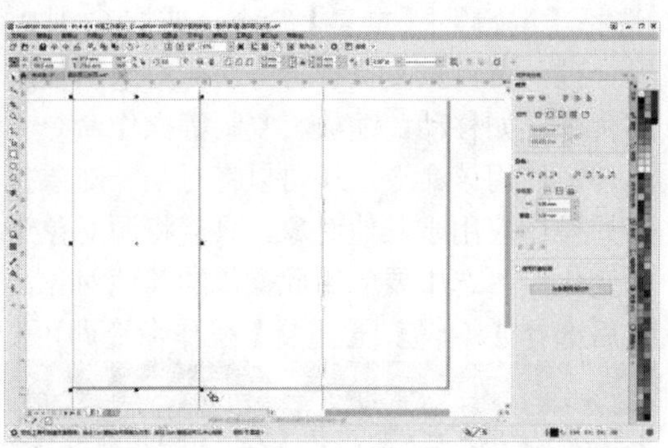

step 4 在刚绘制的矩形上右击，在弹出的快捷菜单中选择【框类型】|【创建空PowerClip图文框】命令，将矩形转换为图文框。

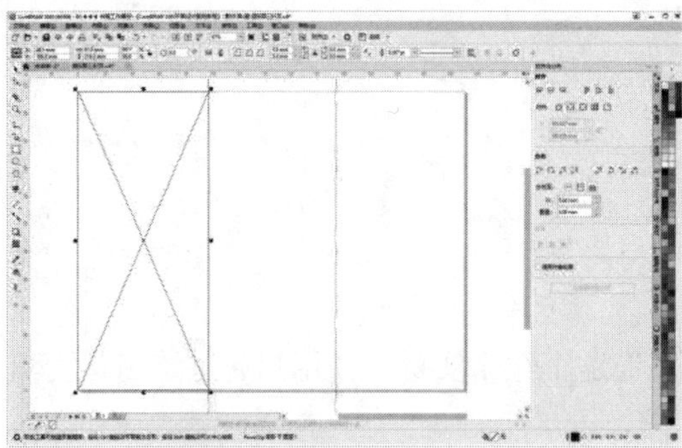

step 5 在【变换】泊坞窗中单击【位置】按钮，选中【距离】单选按钮，设置【在水平轴上为对象的位置指定一个值】为 97mm，【在垂直轴上为对象的位置指定一个值】为 0mm，【副本】数值为 2，然后单击【应用】按钮。

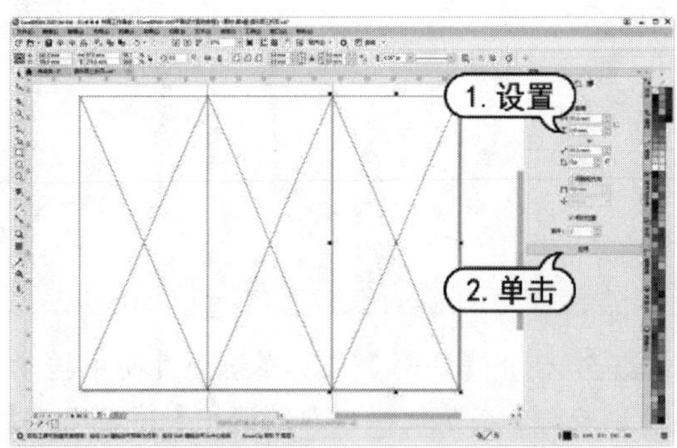

step 6 在标准工具栏中单击【导入】按钮，打开【导入】对话框。在该对话框中选择所需的图像文件，单击【导入】按钮。

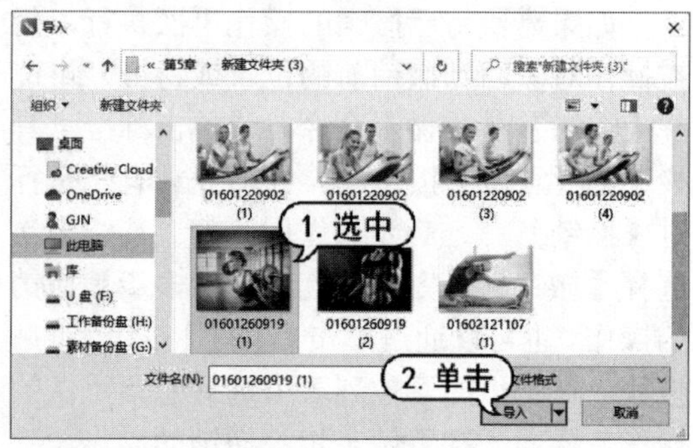

step 7 在绘图页面中单击，导入图像，并将导入的图像拖动至图文框中。在显示的浮动工具栏上，单击【调整内容】按钮，在弹出的下拉列表中选择【按比例填充】选项，然后将轮廓色设置为无。

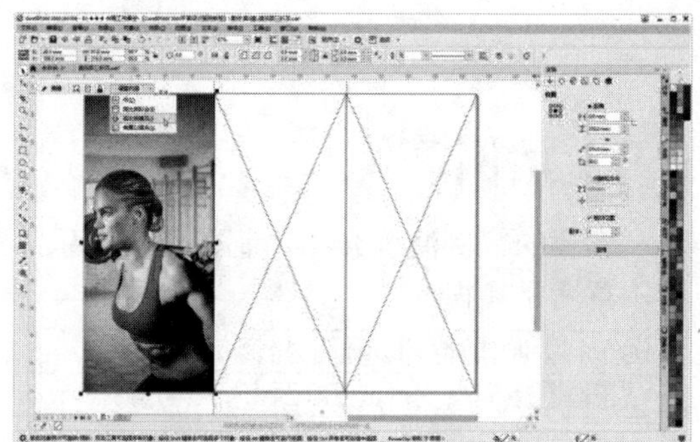

step 8 使用步骤(6)至步骤(7)相同的操作方法，在另外两个空图文框中置入图像。

step 9 使用【矩形】工具在绘图页面底部绘制一个矩形，并将其轮廓色设置为无，填充色设置为 90%黑。

step 10 按Ctrl+Q组合键将绘制的矩形转换为曲线，使用【形状】工具在矩形上双击，添加节点。使用【形状】工具按下图所示调整形状外观。

step 11 使用【钢笔】工具在绘图页面中绘制下图所示的图形。然后取消轮廓色，选择【交互式填充】工具，在属性栏中单击【渐变填充】按钮，在显示的渐变控制柄上设置渐变填充色为C:15 M:33 Y:91 K:0 至C:11 M:0 Y:90 K:0。

step 12 继续使用【钢笔】工具在绘图页面中绘制右上图所示的图形。然后取消轮廓色，选择【交互式填充】工具，在属性栏中单击【渐变填充】按钮，在显示的渐变控制柄上设置渐变填充色为C:15 M:33 Y:91 K:0 至C:11 M:0 Y:90 K:0，并调整渐变角度。

step 13 使用【选择】工具选中步骤(7)创建的PowerClip矩形对象，在显示的浮动工具栏上单击【选择内容】按钮，然后调整图像的大小及位置。

step 14 使用上一步相同的操作方法，调整另外两个PowerClip矩形对象中图像的大小及位置。

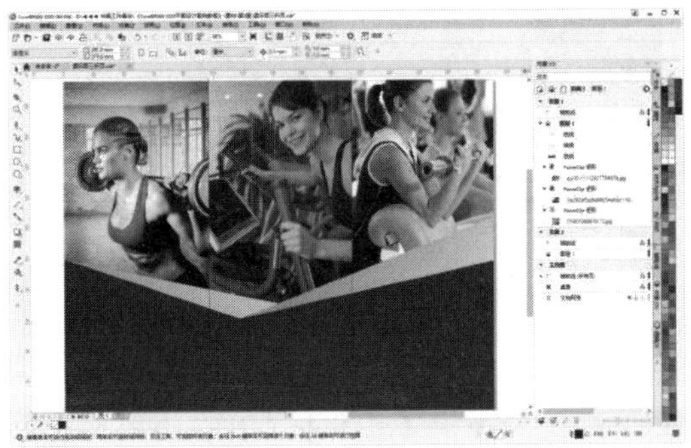

step 15 使用【文本】工具在绘图页面中单击，在属性栏的【字体】下拉列表中选择【方正正准黑简体】，设置【字体大小】为 27pt，字体颜色为白色，然后输入文本内容。

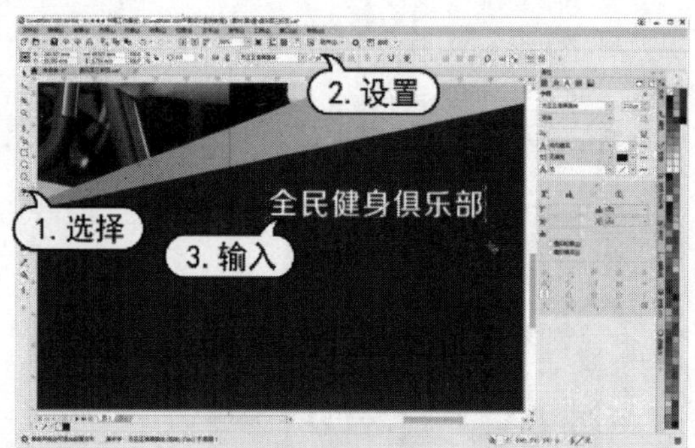

step 16 选择【2点线】工具，在绘图页面中拖动绘制直线，并在【属性】泊坞窗中设置轮廓色为白色，在【轮廓宽度】下拉列表中选择【0.75pt】。

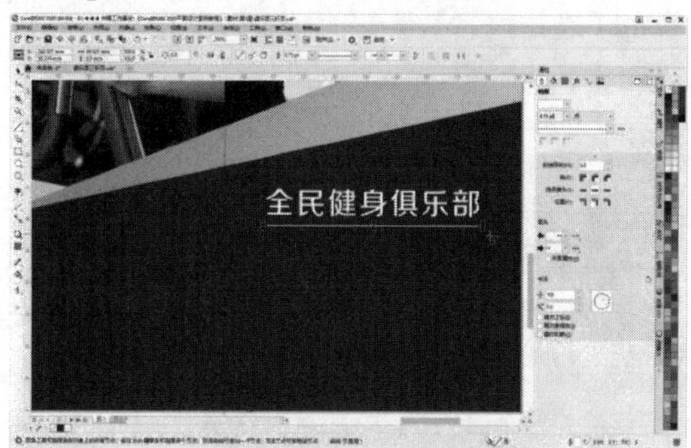

step 17 使用【文本】工具在绘图页面中单击，在属性栏的【字体】下拉列表中选择Arial，设置【字体大小】为19pt，字体颜色为白色，然后输入文本内容。

step 18 继续使用【文本】工具在绘图页面中单击，输入文本内容。然后使用【文本】工具选中第一行文字，在【属性】泊坞窗的【字体】下拉列表中选择Arial，设置【字体大小】为20pt，字体颜色为白色；使用【文本】工具选中第二行文字，在【属性】泊坞窗的【列表】下拉列表中选择【黑体】，设置【字体大小】为24pt，字体颜色为C:0 M:20 Y:100 K:0。

step 19 继续使用【文本】工具在绘图页面中拖动创建文本框，在【属性】泊坞窗的【字体】下拉列表中选择【黑体】，设置【字体大小】为12pt，字体颜色为白色，然后输入文本内容。

step 20 继续使用【文本】工具在绘图页面中单击，输入文本内容。然后在【文本】泊坞窗的【字体】下拉列表中选择Arial Black，设置【字体大小】为20pt，字体颜色为白色，【行间距】数值为70%。

step 21 继续使用【文本】工具在绘图页面中单

击，输入文本内容。然后在【文本】泊坞窗的【字体】下拉列表中选择【方正大黑简体】，设置【字体大小】为 34pt，字体颜色为白色。

step 22　单击【页 2】标签，使用【矩形】工具绘制一个与页面同等大小的矩形。在刚绘制的矩形上右击，在弹出的快捷菜单中选择【框类型】|【创建空PowerClip图文框】命令，将矩形转换为图文框。

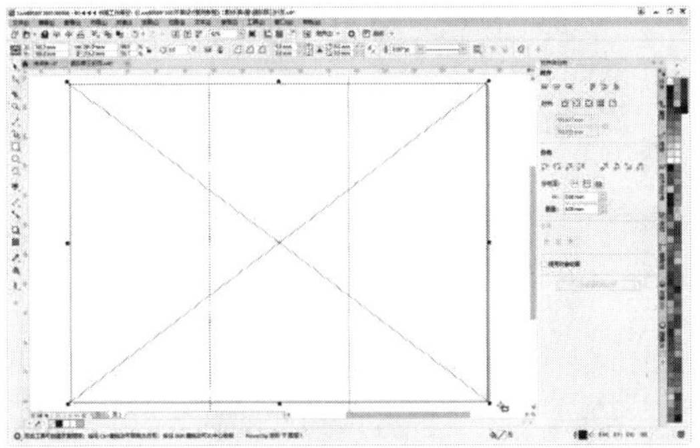

step 23　在标准工具栏中单击【导入】按钮，打开【导入】对话框。在该对话框中选择所需的图像文件，单击【导入】按钮。

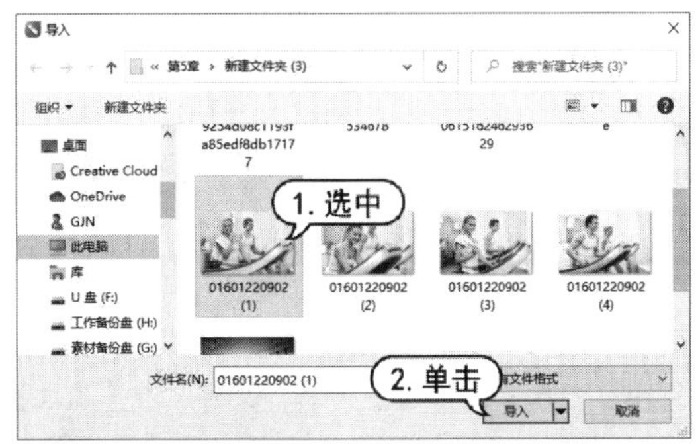

step 24　在绘图页面中单击，导入图像，并将导入的图像拖动至图文框中。在显示的浮动工具栏上单击【调整内容】按钮，在弹出的下拉列表中选择【按比例填充】选项，然后将轮廓色设置为无。

step 25　使用【矩形】工具在绘图页面中拖动绘制矩形，在属性栏中取消选中【锁定比率】按钮，设置对象大小的【宽度】为 97mm，【高度】为 261mm。在调色板中取消轮廓色，设置填充色为C:0 M:60 Y:80 K:0。然后在【对齐与分布】泊坞窗中单击【对齐】选项组中的【页面边缘】按钮，再单击【左对齐】按钮和【顶端对齐】按钮。

step 26　按Ctrl+Q组合键将绘制的矩形转换为曲线，使用【形状】工具在矩形上选中节点，并使用【形状】工具按下图所示调整形状外观。

step 27 在【变换】泊坞窗中单击【缩放和镜像】按钮，单击【水平镜像】按钮和【垂直镜像】按钮，设置【副本】数值为1，然后单击【应用】按钮。

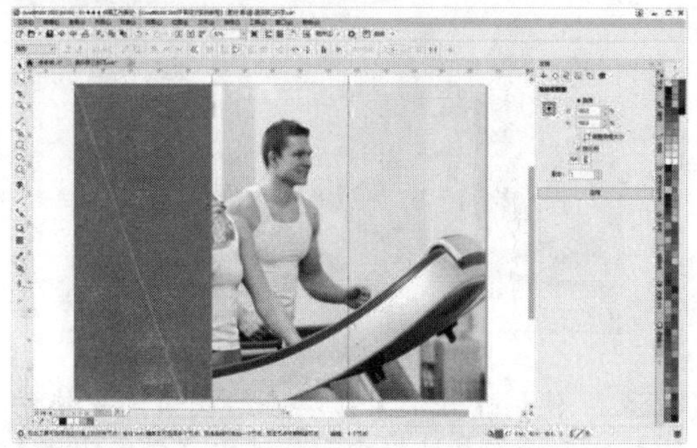

step 28 使用【选择】工具选中创建的副本图形，在【对齐与分布】泊坞窗中单击【右对齐】按钮。

step 29 选择【矩形】工具，依据辅助线绘制一个矩形，取消轮廓色，设置填充色为C:0 M:0 Y:0 K:90。

step 30 在【变换】泊坞窗中单击【倾斜】按钮，设置x数值为-20°，然后单击【应用】按钮。

step 31 选择【透明度】工具，在属性栏中单击【均匀透明度】按钮，在【合并模式】下拉列表中选择【亮度】选项，设置【透明度】数值为15。

step 32 按Ctrl+A组合键选中全部对象，右击，在弹出的快捷菜单中选择【锁定】命令。

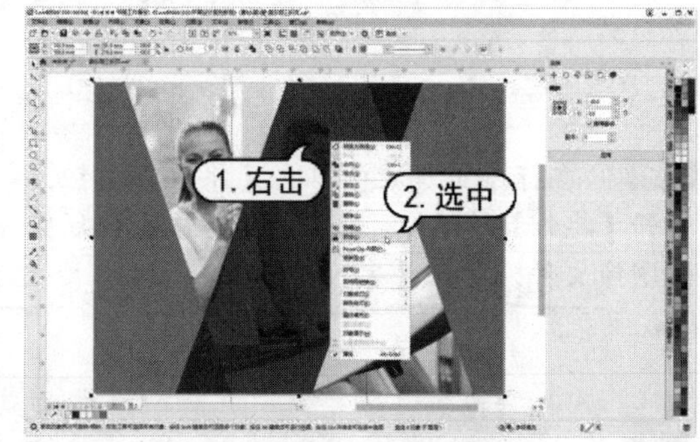

step 33 使用【文本】工具在绘图页面中单击，输入文本内容。然后使用【文本】工具选中第一行文字，在【属性】泊坞窗的【字体】下拉列表中选择Arial，设置【字体大小】为20pt；使用【文本】工具选中第二行文字，在【属性】泊坞窗的【字体】下拉列表中选择【黑体】。

step 34 使用【选择】工具移动并复制刚创建的文本对象。再使用【文本】工具修改文字内容及字体颜色。

step 35 使用【文本】工具在绘图页面中拖动创建文本框并输入文本内容。使用【文本】工具选中全部文本，在【文本】泊坞窗中的【字体】下拉列表中选择【黑体】，设置【字体大小】为 13pt，单击【两端对齐】按钮，设置【行间距】数值为 120%，【首行缩进】为 10mm，【字符间距】数值为 0%。

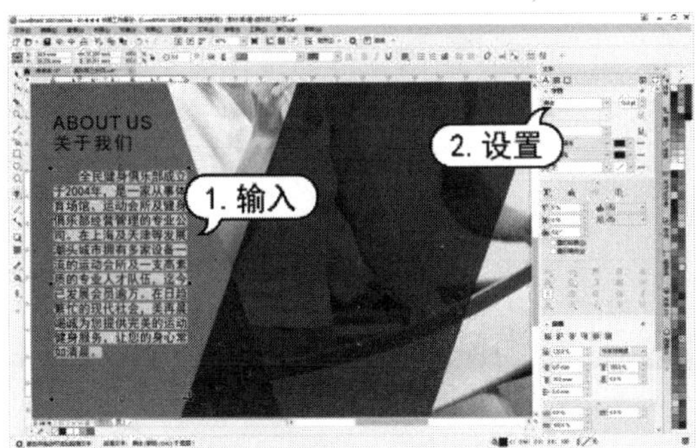

step 36 继续使用【文本】工具在绘图页面中拖动创建文本框并输入文本内容。使用【文本】工具选中全部文本，在【文本】泊坞窗中的【字体】下拉列表中选择【黑体】，设置【字体大小】为 12pt，单击【左对齐】按钮，设置【字符间距】数值为 0%。

step 37 选择【矩形】工具，在绘图页面中拖动绘制正方形。在属性栏中设置对象大小的【宽度】和【高度】都为 7mm，设置【圆角半径】为 0.5mm。取消其轮廓色，设置填充色为 C:0 M:60 Y:80 K:0。

step 38 使用【文本】工具在刚绘制的正方形上单击，在属性栏的【字体】下拉列表中选择 Arial Narrow，设置【字体大小】为 22pt，字体颜色为白色，然后输入文字内容。

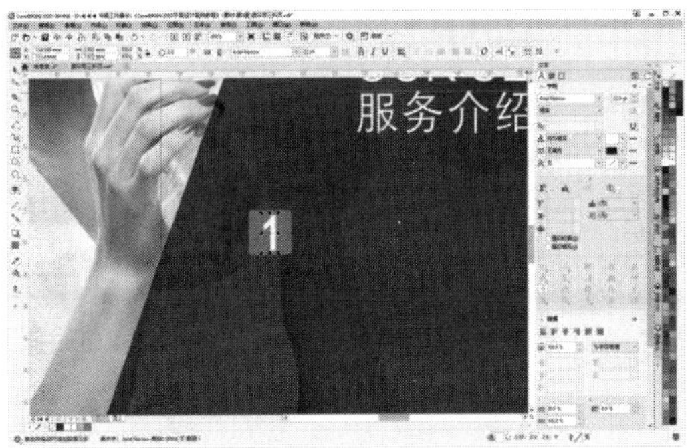

step 39 继续使用【文本】工具在绘图页面中单击，在属性栏的【字体】下拉列表中选择【黑体】，设置【字体大小】为 14pt，字体颜色为

白色，然后输入文字内容。

step 40 使用【选择】工具，选中步骤(37)至步骤(39)创建的对象，在【变换】泊坞窗中单击【位置】按钮，选中【距离】单选按钮，设置【在水平轴上为对象的位置指定一个值】数值为－5mm，【在垂直轴上为对象的位置指定一个值】数值为－15mm，【副本】数值为4，然后单击【应用】按钮。

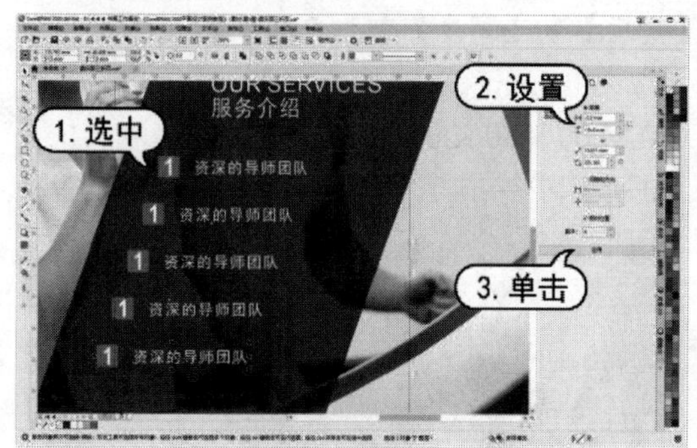

step 41 使用【文本】工具分别更改上一步创建的副本的文本内容。

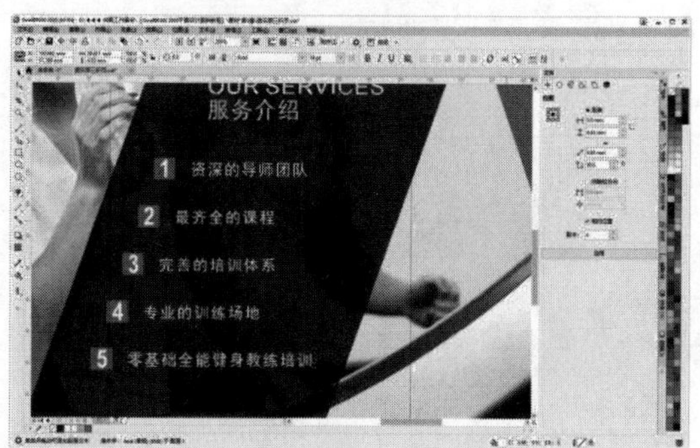

step 42 在标准工具栏中单击【保存】按钮，打开【保存绘图】对话框。在该对话框中单击【保存】按钮，完成本例的制作。

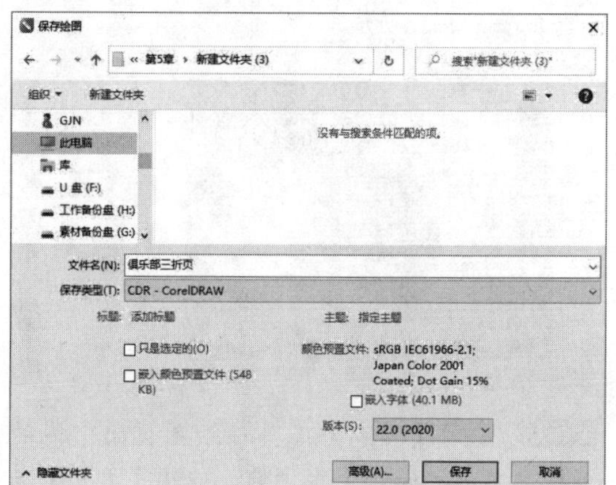

第 6 章

排列与管理对象

CorelDRAW 2020 提供了多种管理对象的工具和命令，使用它们可以完成对象的对齐、分布、群组、合并以及修整对象等管理操作。合理地使用这些工具和命令，不仅可以为用户提供更多的设计操作空间，还可以大大提高工作效率。通过本章的学习，用户可以自如地绘图页面中的图形对象并进行修整管理。

本章对应视频

例 6-1 改变图形对象的顺序
例 6-2 制作企业画册目录
例 6-3 对齐文本
例 6-4 使用【形状】泊坞窗
例 6-5 制作拼图效果
例 6-6 制作超市促销单页

6.1 排列对象

在 CorelDRAW 中，绘制的对象是依次排列的，新创建的对象会被排列在原对象前，即最上层。用户可以通过菜单栏中的【对象】|【顺序】命令中的相关子命令，调整所选对象的前后排列顺序；也可以在选定对象上右击，在弹出的快捷菜单中选择【顺序】命令中的子命令。

- 【到页面前面】：将选定对象移到页面上所有其他对象的前面。
- 【到页面背面】：将选定对象移到页面上所有其他对象的后面。
- 【到图层前面】：将选定对象移到活动图层上所有其他对象的前面。
- 【到图层后面】：将选定对象移到活动图层上所有其他对象的后面。
- 【向前一层】：将选定对象向前移动一个位置。如果选定对象位于活动图层上所有其他对象的前面，则将选定对象移到图层的上方。
- 【向后一层】：将选定对象向后移动一个位置。如果选定对象位于所选图层上所有其他对象的后面，则将选定对象移到图层的下方。
- 【置于此对象前】：将选定对象移到绘图窗口中选定对象的前面。
- 【置于此对象后】：将选定对象移到绘图窗口中选定对象的后面。
- 【逆序】：将选定对象进行反向排序。

实用技巧

选中需要调整顺序的对象后，可以通过使用快捷键快速调整对象顺序。按 Ctrl+Home 键可将对象置于页面顶层，按 Ctrl+End 键可将对象置于页面底层；按 Shift+PageUp 键可将对象置于图层顶层，按 Shift+PageDown 键可将对象置于图层底层；按 Ctrl+PageUp 键可将对象往上移动一层，按 Ctrl+PageDown 键可将对象往下移动一层。

【例 6-1】改变图形对象的顺序。
视频+素材 (素材文件\第 06 章\例 6-1)

step 1 在打开的绘图文件中，使用【选择】工具选择需要排列顺序的对象。

step 2 在所选对象上右击，在弹出的快捷菜单中选择【顺序】|【置于此对象后】命令。

step 3 当绘图页面中显示黑色箭头后，单击需要的图形对象，即可将选定的对象置于其后。

6.2 对齐与分布对象

在 CorelDRAW 中使用菜单命令和【对齐与分布】泊坞窗可以对齐和分布对象。对齐的结果取决于对象的次序或选择对象的顺序，处于最后一层或最后选择的对象被称为基准对象。

6.2.1　使用菜单命令

使用【选择】工具在工作区中选择要对齐的对象后，将以最先创建的对象为对齐其他对象的基准，再选择【对象】|【对齐与分布】命令子菜单中的相应命令即可对齐对象。

- 【左对齐】命令：选择该命令后，选中的对象以最先创建的对象为基准进行左对齐。

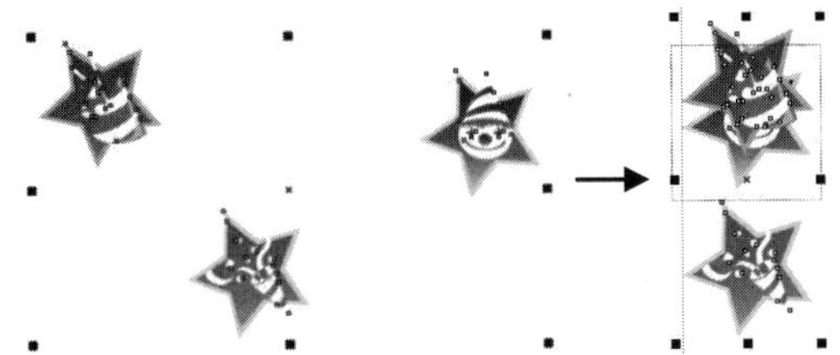

- 【右对齐】命令：选择该命令后，选中的对象以最先创建的对象为基准进行右对齐。
- 【顶部对齐】命令：选择该命令后，选中的对象将按最先创建的对象为基准进行顶端对齐。

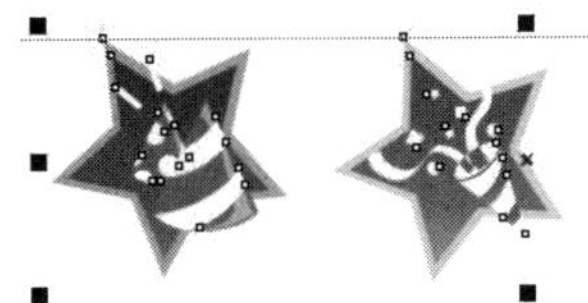

- 【底部对齐】命令：选择该命令后，选中对象将按最先创建的对象为基准进行底端对齐。

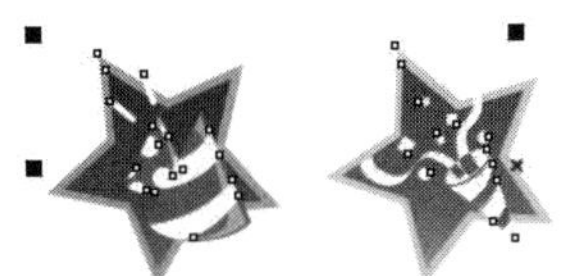

- 【水平居中对齐】命令：选择该命令后，选中对象将按最后选定的对象为基准进行水平居中对齐。
- 【垂直居中对齐】命令：选择该命令后，选中对象将按最后选定的对象为基准进行垂直居中对齐。

- 【在页面居中】命令：选择该命令后，选中对象将以页面为基准居中对齐。
- 【在页面水平居中】命令：选择该命令后，选中对象将以页面为基准水平居中对齐。
- 【在页面垂直居中】命令：选择该命令后，选中对象将以页面为基准垂直居中对齐。

6.2.2　使用【对齐与分布】泊坞窗

使用【选择】工具选中两个或两个以上对象后，选择【对象】|【对齐与分布】|【对齐与分布】命令，或选择【窗口】|【泊坞窗】|【对齐与分布】命令，或在属性栏中单击【对齐与分布】按钮，均可打开【对齐与分布】泊坞窗。

1. 对齐对象

在选中对象后，单击【对齐】选项组中相应的按钮，即可对齐对象。在【对齐:】选项组中可以指定对齐对象的区域。

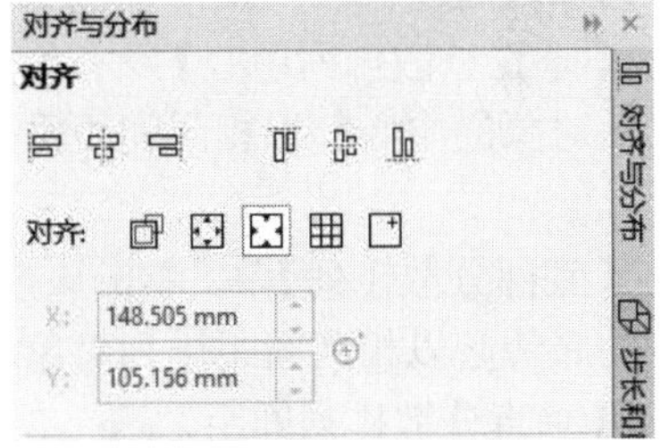

- 【选定对象】按钮：单击该按钮后，最后选定的对象将成为对齐其他对象的参照点。如果框选对象，则使用位于选定内容左上角的对象作为参照点进行对齐。
- 【页面边缘】按钮：单击该按钮，使对象与页边对齐。
- 【页面中心】按钮：单击该按钮，使对象与页面中心对齐。

▶【网格】按钮：单击该按钮，使对象与最接近的网格线对齐。

▶【指定点】：单击该按钮后，在下面的X和Y坐标框中输入值，使对象与指定点对齐。

2. 分布对象

在【对齐与分布】泊坞窗的【分布】选项组中，单击相应按钮，即可分布选中对象。单击分布按钮后，还可以指定分布对象的区域。

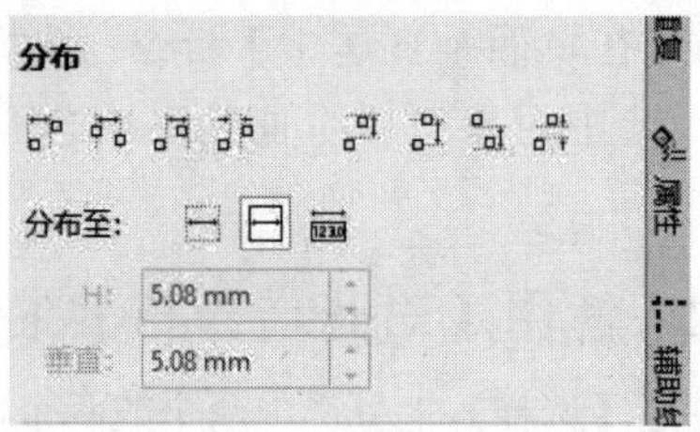

▶【左分散排列】：单击该按钮后，从对象的左边缘起以相同间距排列对象。

▶【水平分散排列中心】：单击该按钮后，从对象的中心起以相同间距水平排列对象。

▶【右分散排列】：单击该按钮后，从对象的右边缘起以相同间距排列对象。

▶【水平分散排列间距】：单击该按钮后，在对象之间水平设置相同的间距。

▶【顶部分散排列】：单击该按钮后，从对象的顶边起以相同间距排列对象。

▶【垂直分散排列中心】：单击该按钮后，从对象的中心起以相同间距垂直排列对象。

▶【底部分散排列】：单击该按钮后，从对象的底边起以相同间距排列对象。

▶【垂直分散排列间距】：单击该按钮后，在对象之间垂直设置相同的间距。

在进行分布时，可以在【分布至:】选项组中设置分布的位置。

▶【选定对象】：单击该按钮后，可以在选定的对象范围内进行分布。

▶【页面边缘】：单击该按钮后，将对象分布排列在整个页面范围内。

▶【对象间距】：单击该按钮后，将对象按指定间距值排列。

【例6-2】制作企业画册目录。
视频+素材 (素材文件\第06章\例6-2)

step 1 新建一个A4横向空白文档，在【辅助线】泊坞窗的【辅助线类型】下拉列表中选择Vertical选项，设置x数值为148.5mm，然后单击【添加】按钮。

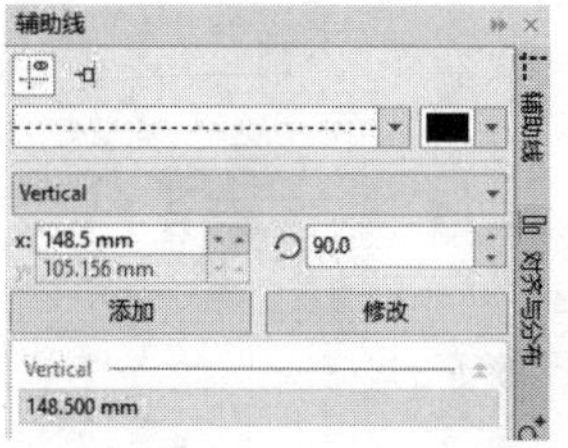

step 2 使用【矩形】工具在绘图页面中拖动绘制矩形，并在属性栏中取消选中【锁定比率】按钮，设置对象大小的【宽度】为260mm，【高度】为15mm，【圆角半径】为0mm。然后在【对齐与分布】泊坞窗中单击【页面中心】按钮，再单击【水平居中对齐】按钮。

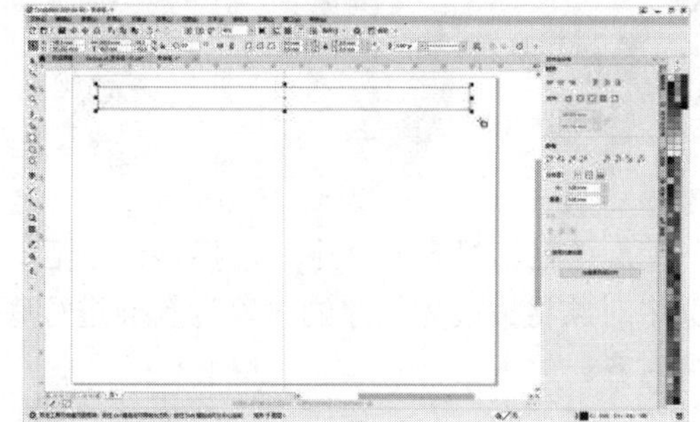

step 3 在调色板中单击【10%黑】色板设置矩形的填充色，再按Alt键单击【无】色板，取消轮廓色。

step 4 选择【椭圆形】工具，按Ctrl+Shift组合键拖动绘制圆形，并在属性栏中单击【锁定比率】按钮，设置对象大小的【宽度】为11.5mm。然后在调色板中取消轮廓色，单击【幼蓝】色板设置为填充色。

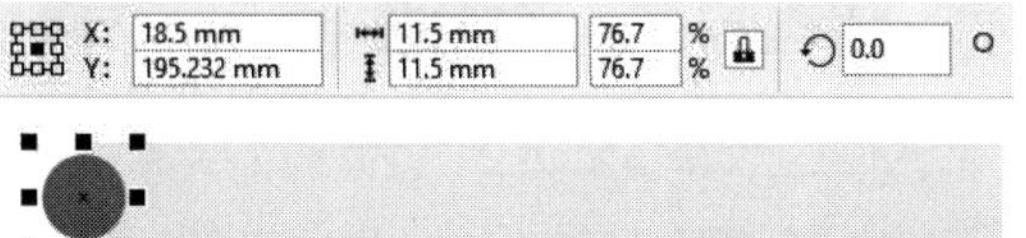

step 5 使用【2点线】工具在绘图页面中拖动绘制直线，并在属性栏中单击【线条样式】选项，在弹出的下拉列表中选择点线样式。

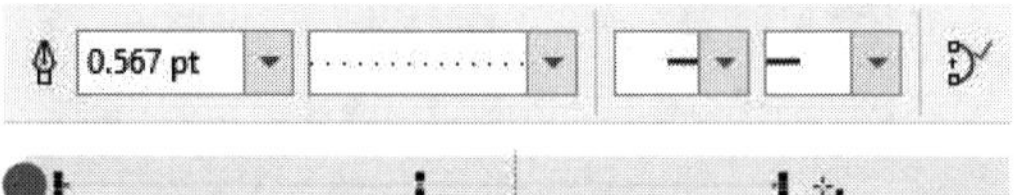

step 6 使用【文本】工具在绘图页面中单击并输入文本内容，然后在属性栏的【字体】下拉列表中选择【方正正黑_GBK】，设置【字体大小】为24pt。

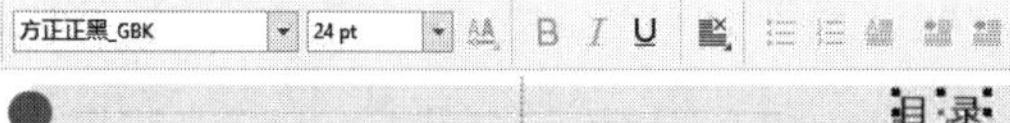

step 7 选择【矩形】工具，按Ctrl键在绘图页面中拖动绘制矩形。在属性栏中设置【对象原点】的参考点为左上，【对象大小】的【宽度】为115mm。

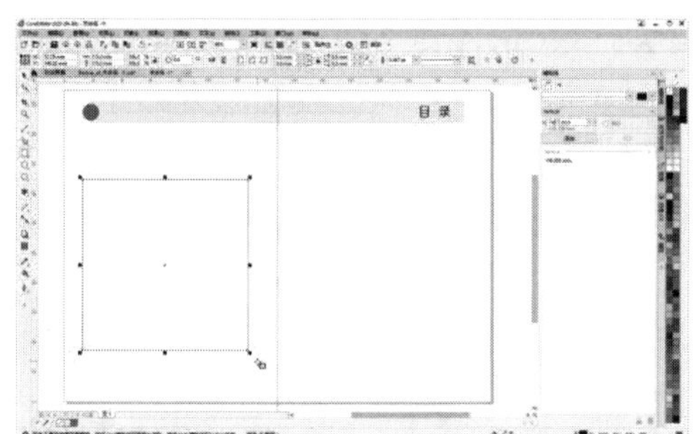

step 8 继续使用【矩形】工具按Ctrl键在绘图页面中拖动绘制矩形。在属性栏中设置【对象原点】的参考点为左上，【对象大小】的【宽度】为35mm。

step 9 打开【变换】泊坞窗，单击【位置】按钮，选中【间隙和方向】单选按钮，在【定向】下拉列表中选择Vertical选项，设置【间隙】为－5mm，【副本】数值为2，然后单击【应用】按钮。

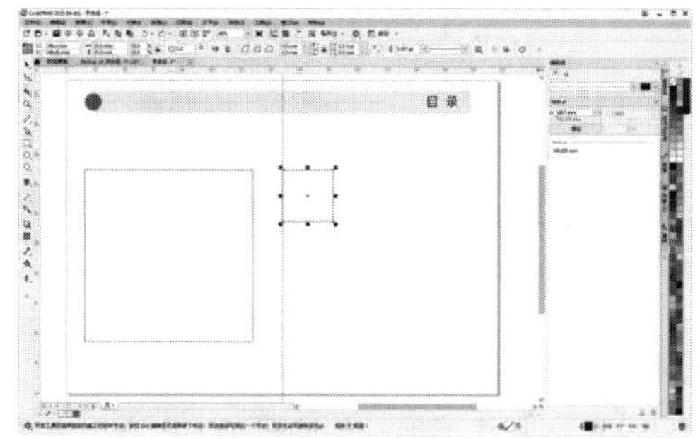

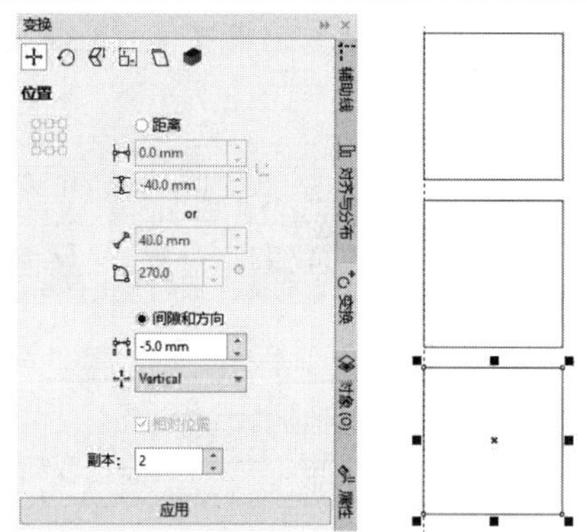

step 10 使用【选择】工具选中刚创建的3个正方形，在调色板中取消轮廓色，单击【幼蓝】色板设置为填充色。然后在【变换】泊坞窗的【定向】下拉列表中选择Horizontal选项，设置【间隙】为5mm，【副本】数值为2，然后单击【应用】按钮。

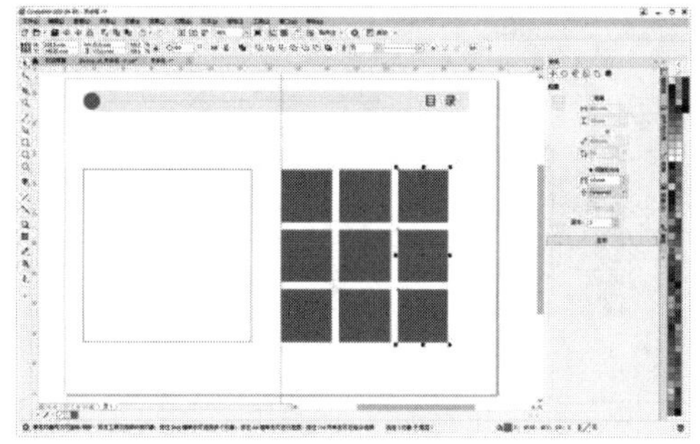

step 11 使用【选择】工具选中步骤(9)中创建的对象，在属性栏中设置【对象原点】的参考点为左中，取消选中【锁定比率】按钮，设置【对象大小】的【宽度】为5mm。

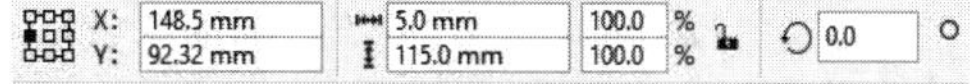

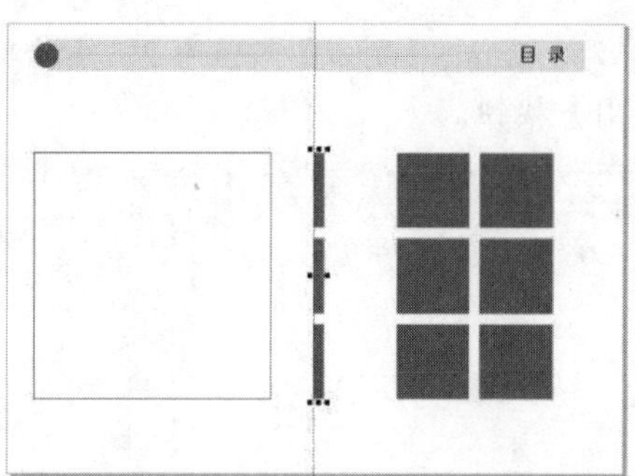

step 12 在标准工具栏中单击【导入】按钮，打开【导入】对话框。在该对话框中选中需要导入的图像文档，然后单击【导入】按钮。

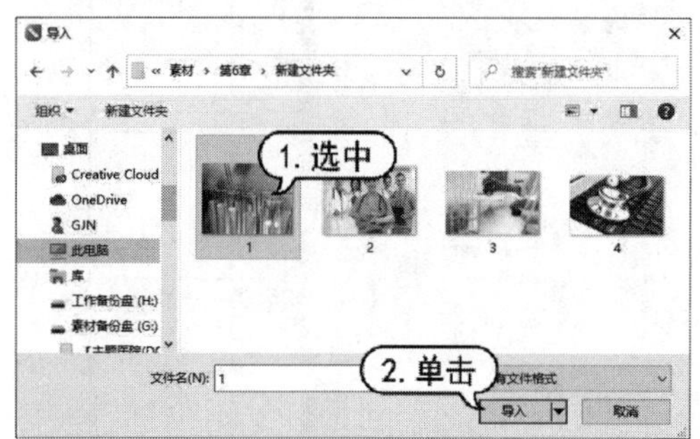

step 13 右击导入的图像，在弹出的快捷菜单中选择【PowerClip内部】命令，这时光标变为黑色粗箭头状态，单击要置入的图形对象，即可将所选对象置于该图形中。再右击图形对象，在弹出的快捷菜单中选择【调整内容】|【按比例填充】命令，并取消轮廓色。

step 14 使用与步骤(12)至步骤(13)相同的操作方法，在页面中置入其他图像。

step 15 使用【选择】工具选中右侧 6 个正方形对象，按Ctrl+G组合键组合对象。然后使用【选择】工具同时选中步骤(3)创建的对象，在【对齐与分布】泊坞窗中，单击【选定对象】按钮，再单击【右对齐】按钮。

step 16 使用【文本】工具在绘图页面中单击并输入文字内容，并在属性栏的【字体】下拉列表中选择【方正黑体简体】，设置【字体大小】为 24pt。

step 17 按Ctrl+C组合键复制刚创建的文本对象，按Ctrl+V组合键进行粘贴。使用【选择】工具移动文本位置，并使用【文本】工具修改文字内容。

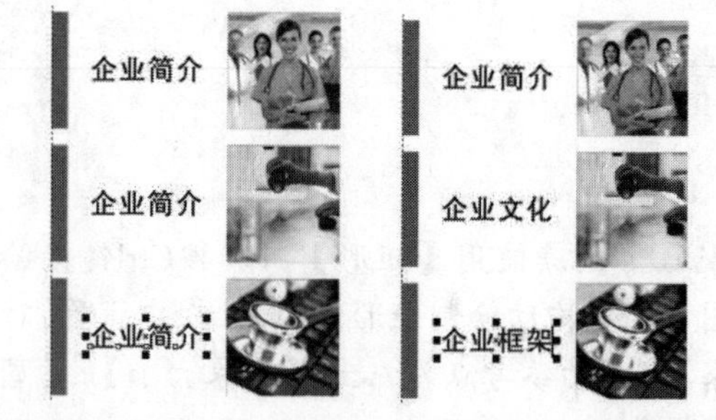

step 18 使用与步骤(16)至步骤(17)相同的操作方法添加文本，设置【字体大小】为 48pt，完成目录的制作。

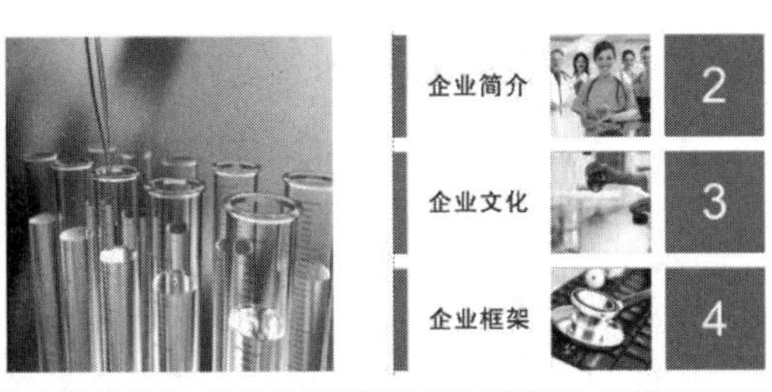

3. 对齐文本

对文本对象进行对齐时，不但可以使用装订框进行对齐，还可以以文本的基线进行对齐操作。

【例 6-3】对齐文本。
视频+素材 (素材文件\第 06 章\例 6-3)

step 1 打开一幅素材图像，使用【选择】工具选中文字对象。

step 2 打开【对齐与分布】泊坞窗，在【文本】选项组中单击【装订框】按钮；再在【对齐】选项组中，单击【底端对齐】按钮。

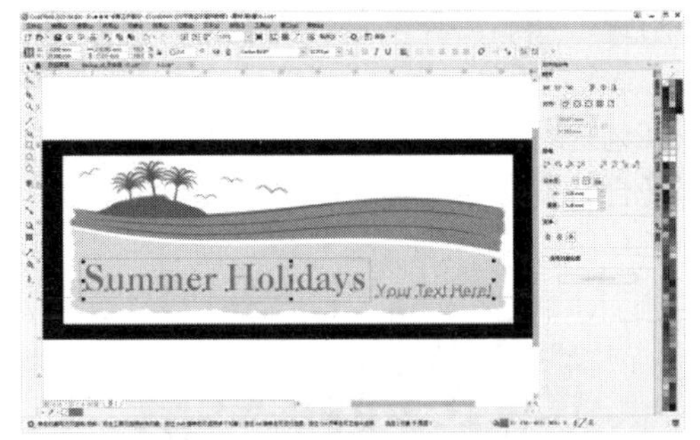

知识点滴

进行对齐操作时，以最后选定的对象作为设置对齐的基准。

6.3 管理图形对象

为了方便操作，用户可以将多个对象群组为一个对象。群组是将多个对象组合在一起，但组合后并不改变各个对象的属性，操作完成后还可以将组合对象拆分成独立的对象。

6.3.1 组合图形对象

在进行较为复杂的绘图编辑时，为了方便操作，可以对一些对象进行组合。组合以后的多个对象，将被作为一个单独的对象进行处理。如果要组合对象，首先使用【选择】工具选取对象，然后选择【对象】|【组合】|【组合】命令；或在属性栏上单击【组合对象】按钮；或在选定对象上右击，在弹出的快捷菜单中选择【组合对象】命令，或按 Ctrl+G 组合键。用户还可以从不同的图层中选择对象并组合对象。组合对象后，选择的对象将位于同一图层中。

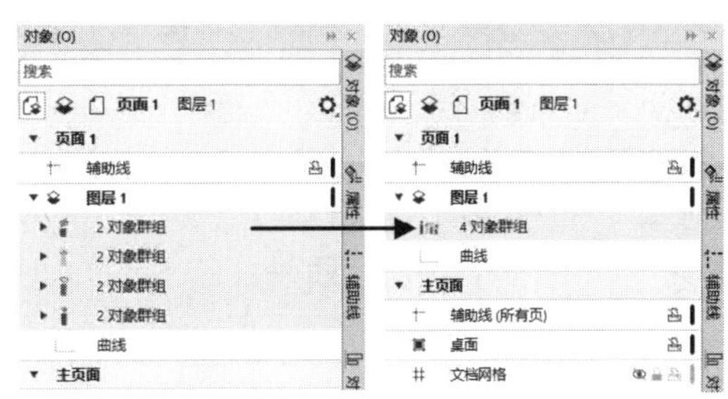

如果要将嵌套组合变为原始对象状态，则可以选择【对象】|【组合】|【取消群组】或【全部取消组合】命令；或在属性栏上单击【取消组合对象】按钮或【取消组合所有对象】按钮；或在选定对象上右击，在弹出的快捷菜单中选择【取消组合对象】或

【全部取消组合】命令。

6.3.2 合并图形对象

合并对象与组合对象不同，使用【合并】命令可以将选定的多个对象合并为一个对象。组合对象时，选定的对象保持它们组合前的各自属性；而使用合并命令后，各对象将合并为一个对象，并具有相同的填充和轮廓。当应用【合并】命令后，对象重叠的区域会变为透明，其下的对象可见。

如果要合并对象，先使用【选择】工具选取对象，然后选择菜单栏中的【对象】|【合并】命令；或单击属性栏中的【合并】按钮；或在选定对象上右击，在弹出的快捷菜单中选择【合并】命令，或按 Ctrl+L 组合键。

> **实用技巧**
>
> 合并后的对象属性和选取对象的先后顺序有关，如果采用点选的方式选择所要合并的对象，则合并后的对象属性与后选择的对象属性保持一致。如果采用框选的方式选取所要合并的对象，则合并后的对象属性会与位于最下层的对象属性保持一致。

6.3.3 拆分图形对象

合并对象后，可以通过【拆分曲线】命令取消合并，将合并的对象分离成结合前的各个独立对象。

在选中合并对象后，选择菜单栏中的【对象】|【拆分曲线】命令；或在选定对象上右击，在弹出的快捷菜单中选择【拆分曲线】命令；或按下 Ctrl+K 组合键；或单击属性栏中的【拆分】按钮均可拆分合并对象。

6.3.4 锁定图形对象

锁定对象可以防止在绘图过程中无意中移动、调整大小、变换、填充或以其他方式误操作而更改对象。在 CorelDRAW 中，可以锁定单个、多个或组合的对象。

如果需要锁定对象，先使用【选择】工具选择对象，然后选择【对象】|【锁定】|【锁定】命令；也可以在选定对象上右击，在弹出的快捷菜单中选择【锁定】命令，把选定的对象固定在特定的位置上，以确保对象的属性不被更改。

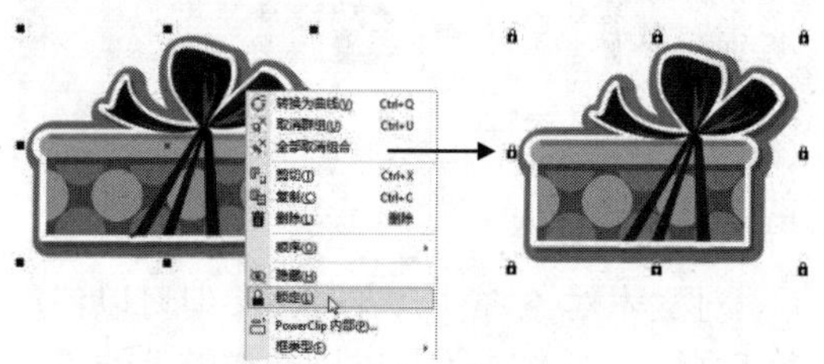

当对象被锁定在绘图页面中后，无法进行对象的移动、调整大小、变换、克隆、填充或修改。锁定对象不适用于控制某些对象，如混合对象、嵌合于某个路径的文本和对象、含立体模型的对象、含轮廓线效果的对象，以及含阴影效果的对象等。

6.3.5 解锁图形对象

在锁定对象后，就不能对该对象进行任何的编辑。如果要继续编辑对象，就必须解除对象的锁定。如果要解锁对象，使用【选择】工具选择锁定的对象，然后选择【对象】|【锁定】|【解锁】命令即可；也可以在选定对象上右击，在弹出的快捷菜单中选择【解锁】命令。

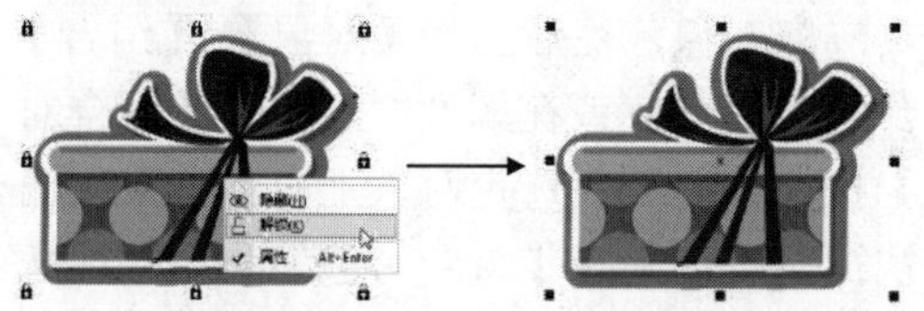

如果要解锁多个对象或对象组合，则使用【选择】工具选择锁定的对象，然后选择【对象】|【锁定】|【全部解锁】命令。

6.4　修整图形对象

CorelDRAW 提供了焊接、修建、相交、简化、移除后面对象和移除前面对象等一系列工具，可以将多个相互重叠的图形对象创建成一个新图形对象，这些工具只适用于使用绘图工具绘制的图形对象。

6.4.1　焊接合并图形对象

在 CorelDRAW 中可以将多个对象焊接合并为一个新的具有单一轮廓的图形对象。

使用【选择】工具选择两个或两个以上的图形对象，选择【对象】|【造型】|【合并】命令，或单击属性栏中的【焊接】按钮即可焊接合并图形。

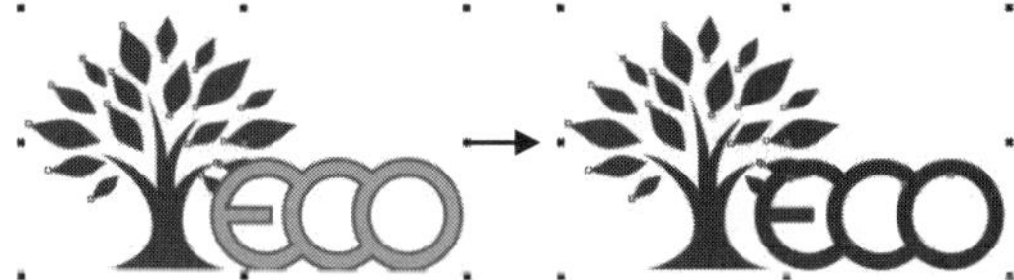

除了使用【造型】命令修整合并对象外，还可以通过【形状】泊坞窗完成对象的合并操作。泊坞窗中的【焊接】选项和【对象】|【造型】|【合并】命令是相同的操作，只是名称有变化，并且泊坞窗中的【焊接】选项可以进行设置，使焊接更精确。

实用技巧

使用框选方式选择对象进行合并时，合并后的对象属性与所选对象中位于最底层的对象保持一致。如果使用【选择】工具并按 Shift 键选择多个对象，那么合并后的对象属性与最后选取的对象保持一致。

【例 6-4】使用【形状】泊坞窗修整图形形状。
视频+素材 (素材文件\第 06\例 6-4)

step 1 选择用于合并的对象后，选择【窗口】|【泊坞窗】|【形状】命令，打开【形状】泊坞窗，在泊坞窗顶部的下拉列表中选择【焊接】选项。

step 2 选中【保留原始源对象】和【保留原目标对象】复选框，然后单击【焊接到】按钮，接下来单击目标对象，即可将对象焊接。

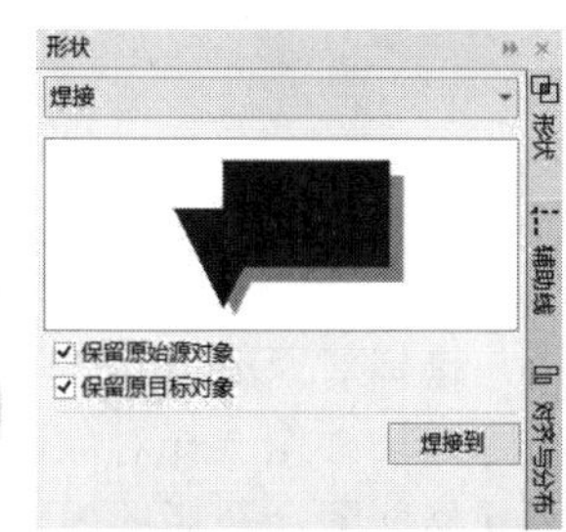

知识点滴

【保留原始源对象】复选框：选中该复选框后，在合并对象的同时将保留源对象；【保留原目标对象】复选框：选中该复选框后，在合并对象的同时将保留目标对象。

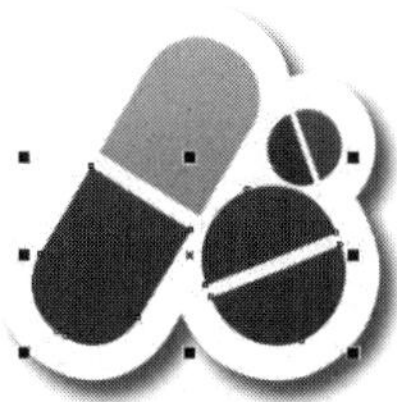

实用技巧

在【形状】泊坞窗中，还可以选择【修剪】【相交】【简化】【移除】【移除后面对象】【移除前面对象】和【边界】选项，其操作方法与【焊接】选项的操作相似。

6.4.2　修剪图形对象

使用【修剪】命令，可以从目标对象上剪掉与其他对象之间重叠的部分，目标对象仍保留原有的填充和轮廓属性。用户可以使用上面图层的对象作为源对象修剪下面图层的对象，也可以使用下面图层的对象修剪上面图层的对象。

使用框选对象的方法全选需要修剪的图形，选择【对象】|【造型】|【修剪】命令，或单击属性栏中的【修剪】按钮即可。

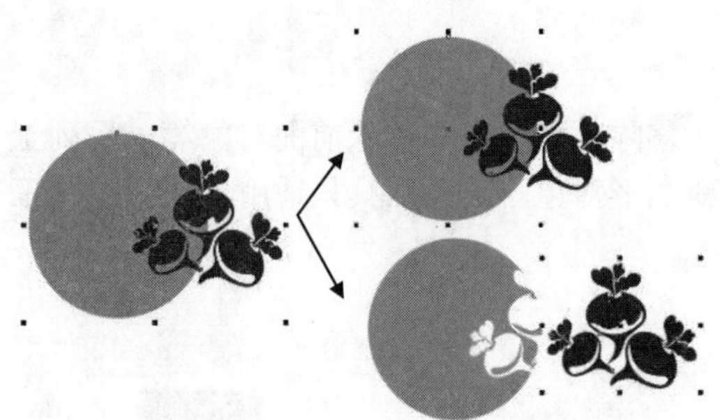

与【合并】功能相似，修改后的图形效果与选择对象的方式有关。在使用【修剪】命令时，根据选择对象的先后顺序不同，应用【修剪】命令后的效果也会相应不同。

【例 6-5】制作拼图效果。
视频+素材 (素材文件\第 06 章\例 6-5)

step 1 新建一个A4 横向空白文档。选择【布局】|【页面背景】命令，打开【选项】对话框。在该对话框中选中【位图】单选按钮，单击【浏览】按钮，打开【导入】对话框，在该对话框中选择所需的图像，然后单击【导入】按钮。

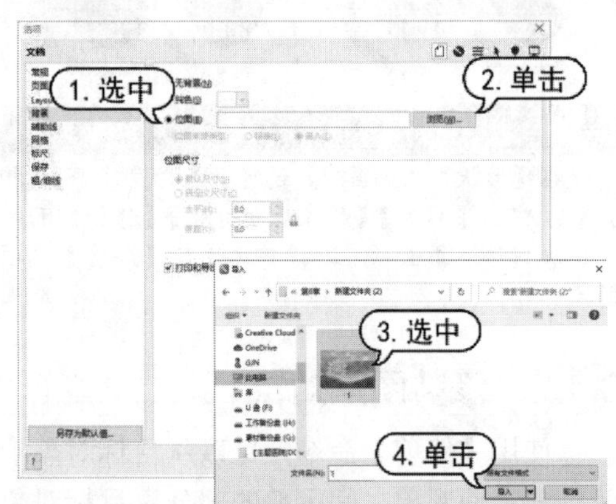

step 2 在【选项】对话框中选中【自定义尺寸】单选按钮，设置【水平】数值为 297，【垂直】数值为 210，然后单击OK按钮。

step 3 选择【图纸】工具，在属性栏中设置【列数】数值为 4，【行数】数值为 3，将光标移到页面中，按住鼠标左键拖动绘制表格，然后按Ctrl+U组合键取消组合。

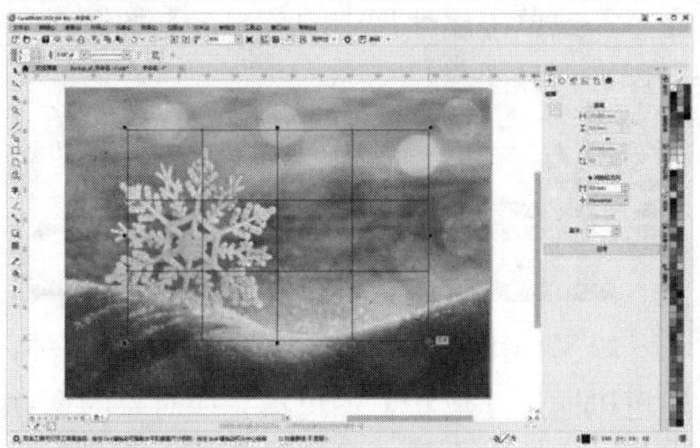

step 4 选择【椭圆形】工具，按住Shift+Ctrl组合键的同时单击鼠标左键，并向外拖动绘制圆形，在属性栏中设置【对象大小】的【宽度】为 15mm。

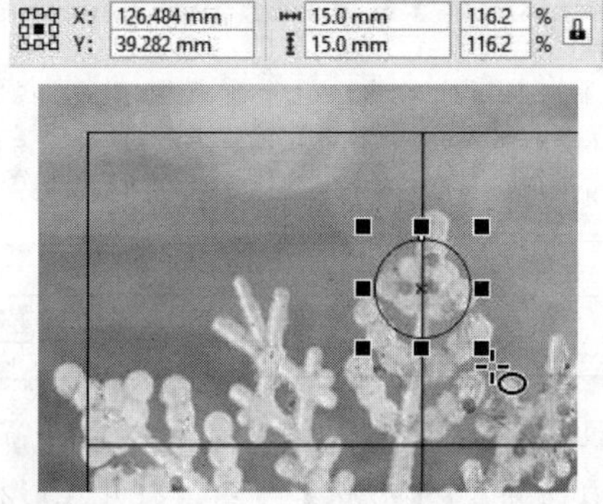

step 5 使用【选择】工具按住鼠标左键拖动绘制的圆形，至合适的位置后释放鼠标左键同时单击鼠标右键，复制圆形。然后按Ctrl+D组合键重复相同的操作。

step 6 使用与步骤(5)相同的操作方法，添加其他圆形。

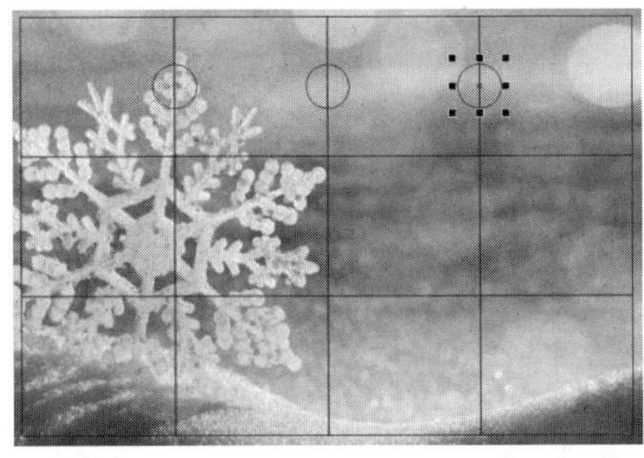

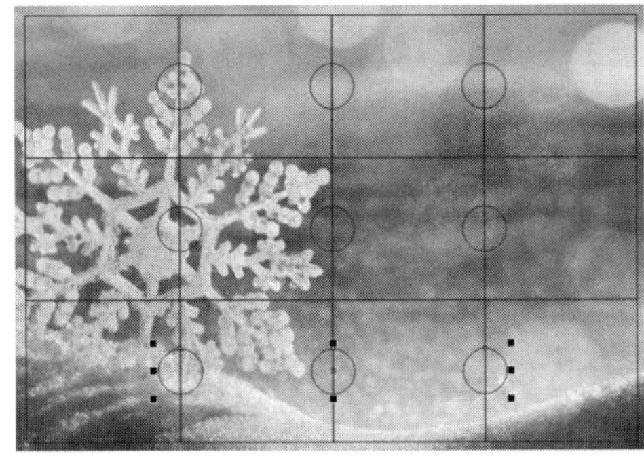

step 7　选中第一个圆形对象，在【形状】泊坞窗中选中【保留原始源对象】复选框，在下拉列表中选择【修剪】选项，然后单击【修剪】按钮，再单击其右侧的矩形。接着使用相同的操作方法修剪其他垂直线上的圆形对象。

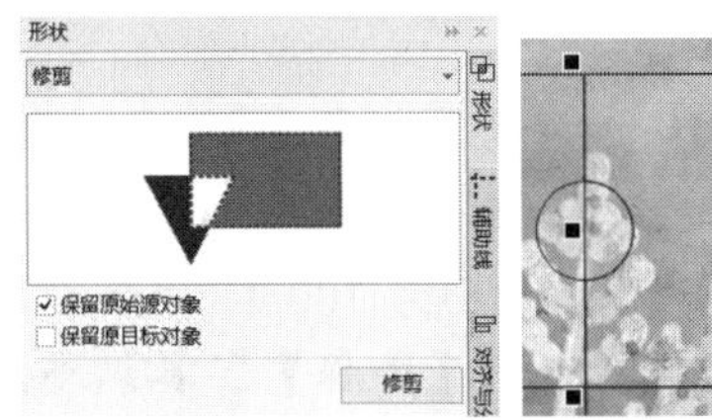

step 8　选中第一个圆形对象，在【形状】泊坞窗中的下拉列表中选择【焊接】选项，取消选中【保留原始源对象】和【保留原目标对象】复选框，然后单击【焊接到】按钮，再单击其左侧的矩形。接着使用相同的操作方法焊接其他圆形对象。

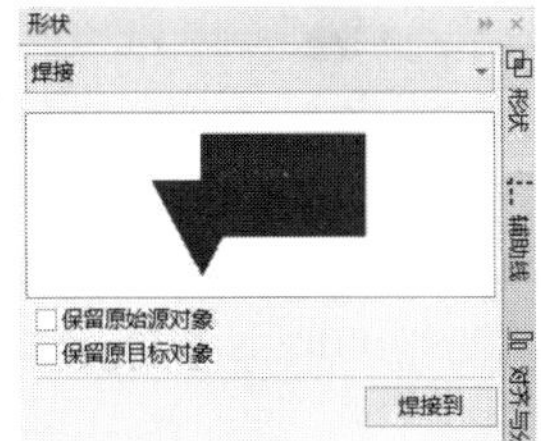

step 9　选择【椭圆形】工具，按住Shift+Ctrl组合键的同时单击鼠标左键，并向外拖动绘制圆形，在属性栏中设置【对象大小】的【宽度】为 15mm。

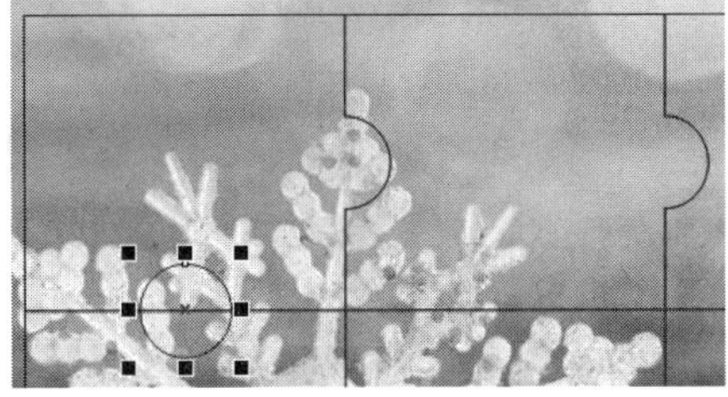

step 10　使用【选择】工具按住鼠标左键拖动绘制的圆形，至合适的位置后释放鼠标左键同时单击鼠标右键，复制圆形。然后按Ctrl+D组合键重复相同的操作。

step 11　使用【选择】工具选中水平线上的第一个圆形，在【形状】泊坞窗中的下拉列表中选择【焊接】选项，选中【保留原始源对象】复选框，然后单击【焊接到】按钮，再单击其上方的矩形。接着使用相同的操作方法焊接其他圆形对象。

step 12　使用【选择】工具选中水平线上的第一个圆形，在【形状】泊坞窗中的下拉列表中选择【修剪】选项，取消选中【保留原始源对象】复选框，然后单击【修剪】按钮，再单击其下方的矩形。接着使用相同的操作方法修剪其他水平线上的圆形对象。

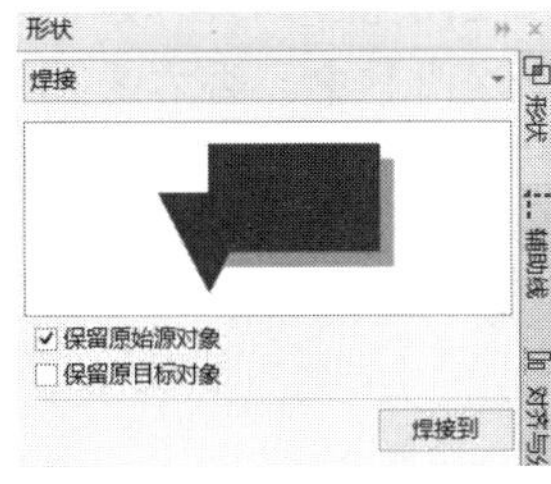

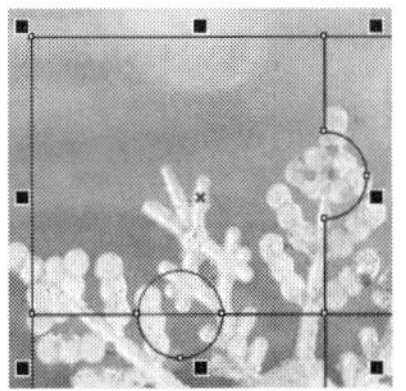

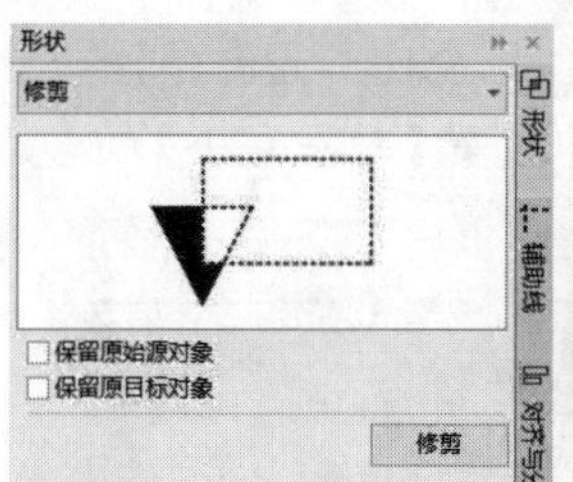

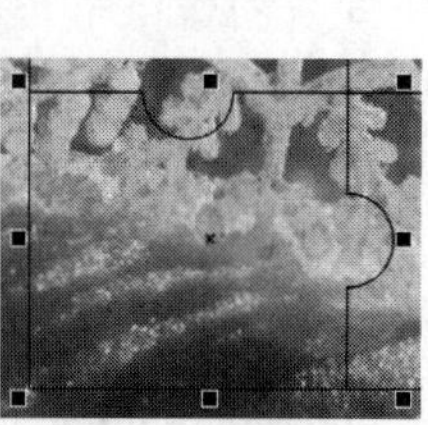

step 13 按Ctrl+A组合键全选先前创建的图形对象，设置【轮廓宽度】为 2.0pt，然后按Ctrl+G组合键组合对象，在调色板中设置轮廓色为白色。

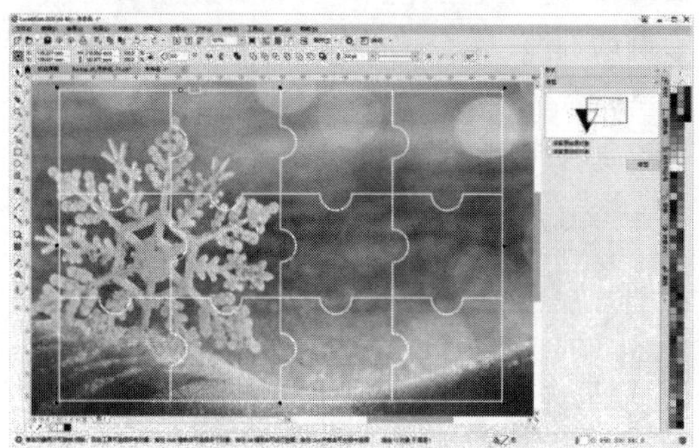

step 14 在标准工具栏中单击【导入】按钮，打开【导入】对话框。在该对话框中选中需要导入的图像文档，然后单击【导入】按钮。

step 15 右击导入的图像，在弹出的快捷菜单中选择【PowerClip内部】命令，这时光标变为黑色粗箭头状态，单击要置入的图形对象，即可将所选对象置于该图形中。再右击图形对象，在弹出的快捷菜单中选择【调整内容】|【按比例填充】命令。

step 16 选择【阴影】工具，在属性栏的【预设】下拉列表中选择【内边缘】选项，单击【合并模式】选项，在弹出的下拉列表中选择【颜色加深】选项，设置【阴影的不透明度】数值为 60，【阴影羽化】数值为 10，【内阴影宽度】数值为 1。

step 17 使用【文本】工具在页面中单击并输入文本，在【属性】泊坞窗中设置字体为【汉仪咪咪体简】，字体大小为 100pt，字体颜色为【白色】，然后使用【选择】工具调整文本位置。

step 18 使用【阴影】工具在文本对象上拖动添加阴影效果，并在属性栏中单击【阴影工

具】按钮，设置【阴影的不透明度】数值为 60，【阴影羽化】数值为 5，完成拼图的制作。

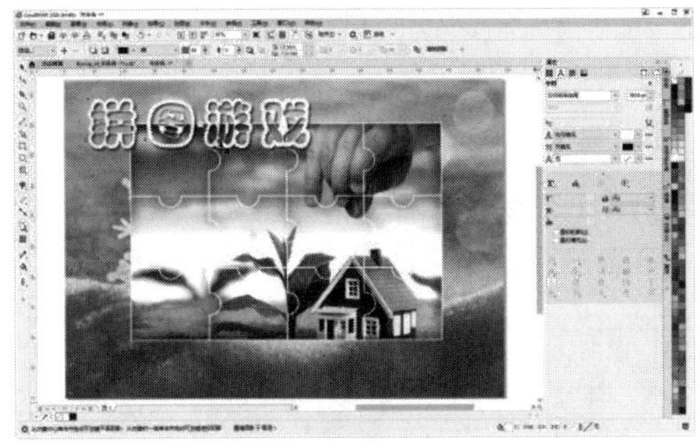

6.4.3　相交图形对象

应用【相交】命令，可以得到两个或多个对象重叠的交集部分。选择需要相交的图形对象，选择【对象】|【造型】|【相交】命令，或单击属性栏中的【相交】按钮，即可在两个图形对象的交叠处创建一个新的对象，新对象保留目标对象的填充和轮廓属性。

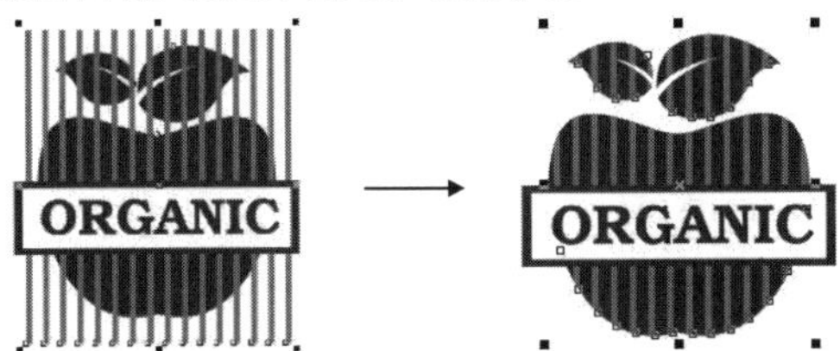

6.4.4　简化图形对象

应用【简化】命令，可以减去两个或多个重叠对象的交集部分，并保留原始对象。选择需要简化的对象后，选择【对象】|【造型】|【简化】命令，或单击属性栏中的【简化】按钮即可。

实用技巧

在进行【简化】操作时，需要同时选中两个或多个对象才能激活【应用】按钮，如果选中的对象有阴影、文本、立体模型、艺术笔、轮廓图、调和的效果，在进行简化前需要先转曲对象。

6.4.5　移除对象

选择所有图形对象后，单击属性栏中的【移除后面对象】按钮可以减去最上层对象下的所有图形对象，包括重叠与不重叠的图形对象，还能减去下层对象与上层对象的重叠部分，而只保留最上层对象中的剩余部分。

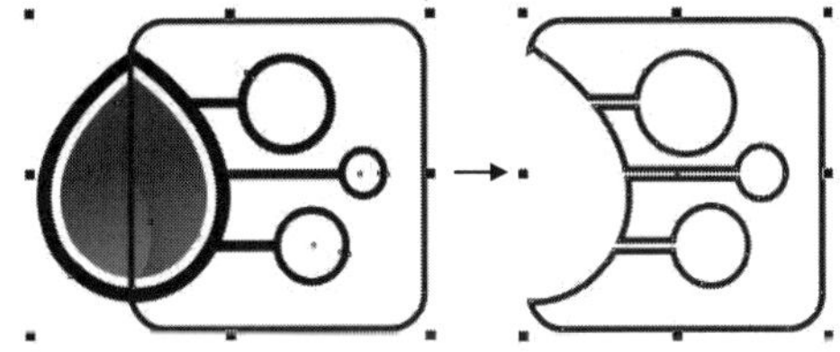

【移除前面对象】命令和【移除后面对象】命令作用相反。选择所有图形对象后，单击【移除前面对象】按钮可以减去最上面图层中所有的图形对象以及上层对象与下层对象的重叠部分，而只保留最下层对象中的剩余部分。

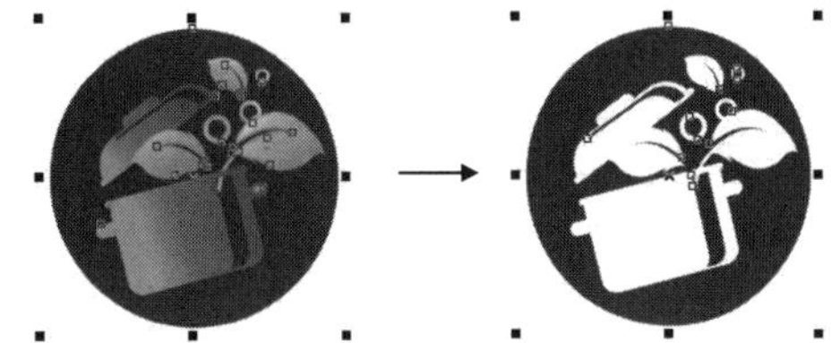

6.4.6　创建边界

应用【边界】命令，可以沿所选的多个对象的重叠轮廓创建新对象。选择所有图形对象后，选择【对象】|【造型】|【边界】命令，或单击属性栏中的【创建边界】按钮，即可沿所选对象的重叠轮廓创建新对象。

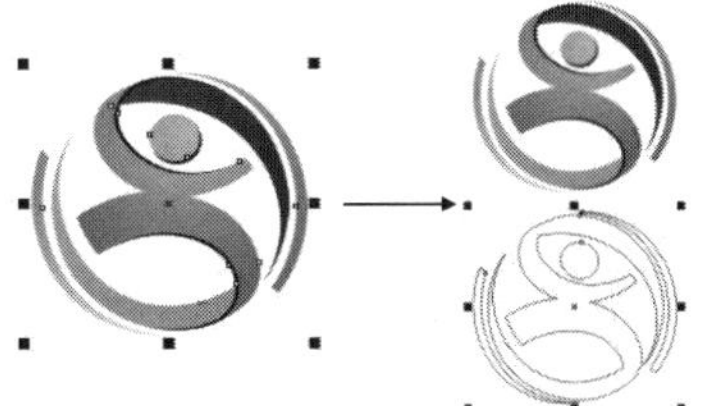

6.5 案例演练

本章的案例演练介绍“制作超市促销单页”这个综合实例，使用户通过练习从而巩固本章所学知识。

【例 6-6】制作超市促销单页。
视频+素材 (素材文件\第 06 章\例 6-6)

step 1 选择【文件】|【新建】命令，打开【创建新文档】对话框。在对话框的【名称】文本框中输入“超市促销单页”，在【页面大小】下拉列表中选择A4 选项，然后单击OK按钮。

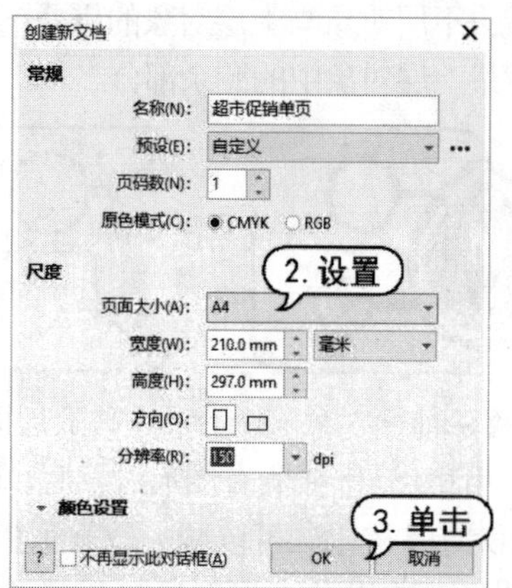

step 2 选择【布局】|【页面背景】命令，打开【选项】对话框。在该对话框中选中【纯色】单选按钮，单击其后的下拉按钮，在弹出的下拉面板中设置颜色为C:48 M:5 Y:100 K:0，然后单击OK按钮。

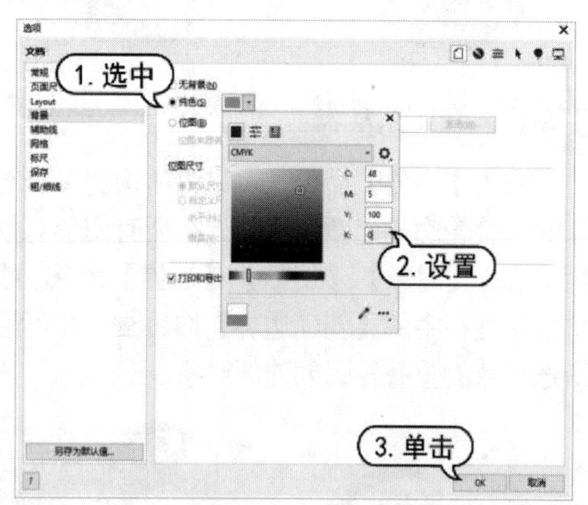

step 3 使用【矩形】工具在绘图页面顶部拖动绘制矩形。在属性栏中取消选中【锁定比率】按钮，设置对象大小的【宽度】为 210mm，【高度】为 13mm。然后取消轮廓色，在【属性】泊坞窗中设置填充色为C:2 M:88 Y:60 K:0。

step 4 在【对齐与分布】泊坞窗的【对齐】选项组中单击【页面边缘】按钮，再单击【水平居中对齐】按钮和【顶端对齐】按钮。

step 5 在【变换】泊坞窗中单击【位置】按钮，在【位置】选项组中选中【距离】单选按钮，设置【在垂直轴上为对象的位置指定一个值】为 - 60mm，【副本】数值为 0，然后单击【应用】按钮。

step 6 使用【文本】工具在绘图页面中单击，在属性栏的【字体】下拉列表中选择BellCent SubCap BT，设置【字体大小】为 80pt，单击【文本对齐】按钮，在弹出的下拉列表中选择【中】选项，设置字体颜色为白色，然后输入文字内容。

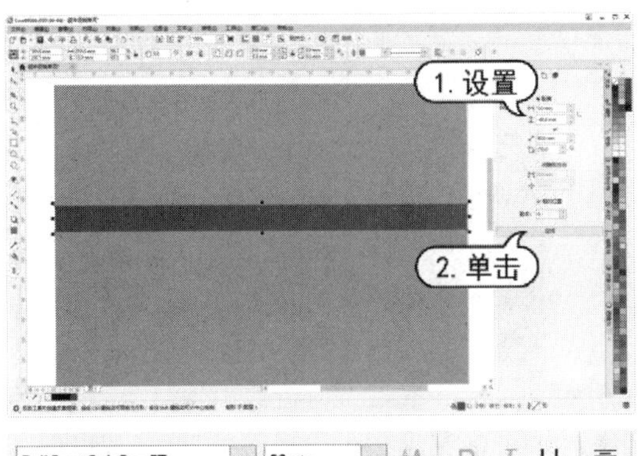

step 7　继续使用【文本】工具在绘图页面中单击，在属性栏的【字体】下拉列表中选择【方正大黑简体】，设置【字体大小】为 24pt，单击【文本对齐】按钮，在弹出的下拉列表中选择【中】选项，设置字体颜色为白色，然后输入文字内容。

step 8　继续使用【文本】工具在绘图页面中单击，在属性栏的【字体】下拉列表中选择【黑体】，设置【字体大小】为 24pt，单击【文本对齐】按钮，在弹出的下拉列表中选择【中】选项，设置字体颜色为白色，然后输入文字内容。

step 9　使用【选择】工具选中步骤(6)至步骤(8)创建的文本对象，在【对齐与分布】泊坞窗中单击【水平居中对齐】按钮。

step 10　使用【矩形】工具在绘图页面中拖动绘制矩形，并在属性栏中设置对象原点为左上角参考点，设置对象大小的【宽度】为 133mm，【高度】为 47mm。然后右击刚绘制的矩形，在弹出的快捷菜单中选择【框类型】|【创建空PowerClip图文框】命令，将刚绘制的矩形创建为空白图文框。

step 11　在【变换】泊坞窗中设置【在垂直轴上为对象的位置指定一个值】为 -47mm，【副本】数值为 3，然后单击【应用】按钮。

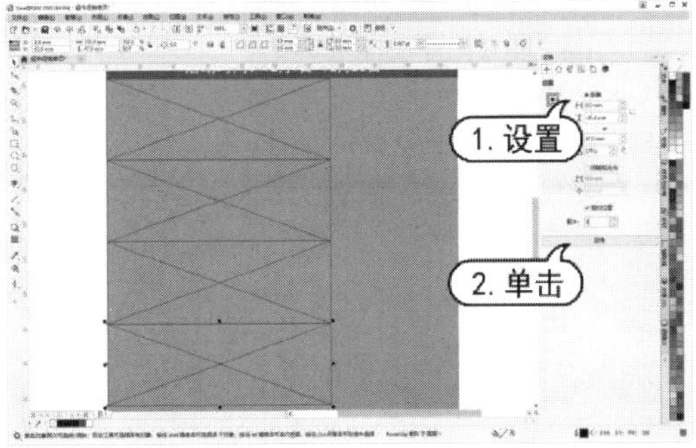

step 12　使用【选择】工具选中第二个和第四

个空白图文框，在【对齐与分布】泊坞窗中单击【右对齐】按钮。

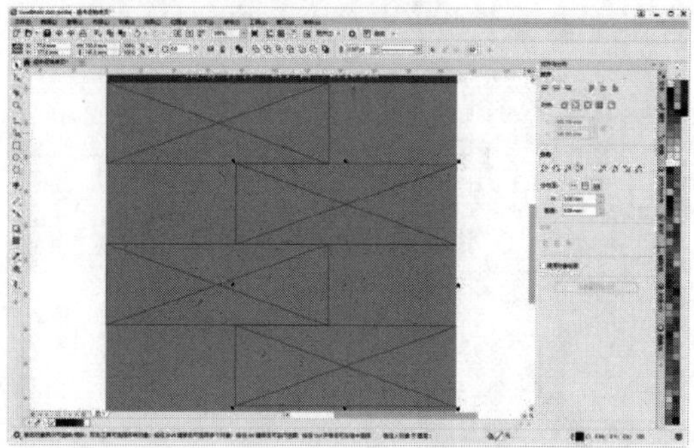

step 13 在标准工具栏中单击【导入】按钮，打开【导入】对话框。在该对话框中选中所需的图像文档，单击【导入】按钮。

step 14 在绘图页面中单击，导入图像，并将其拖动至空白图文框中，在显示的浮动工具栏中单击【调整内容】按钮，在弹出的下拉列表中选择【按比例填充】选项，然后设置图文框的轮廓色为无。

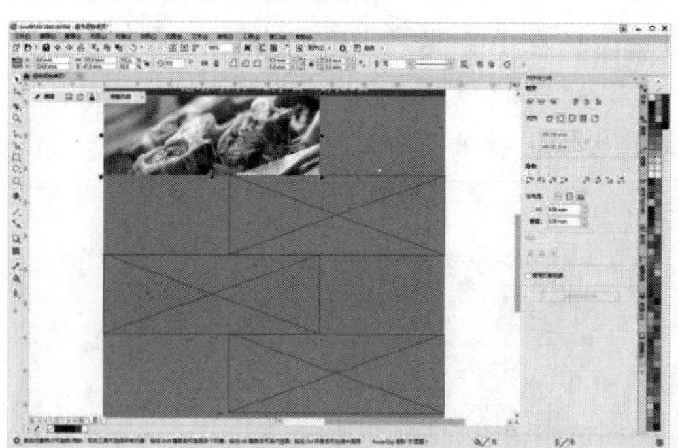

step 15 使用与步骤(13)至步骤(14)相同的操作方法，在其他空白图文框中置入图像。

step 16 使用【矩形】工具在图文框右侧拖动绘制一个矩形，并取消其轮廓色，在【属性】泊坞窗中设置填充色为C:0 M:33 Y:100 K:0。

step 17 在【变换】泊坞窗中设置【在垂直轴上为对象的位置指定一个值】为－47mm，【副本】数值为3，然后单击【应用】按钮。

step 18 使用【选择】工具选中第二个和第四个矩形，在【对齐与分布】泊坞窗中单击【左对齐】按钮。

step 19 使用【选择】工具分别选中矩形，在【属性】泊坞窗中分别将填充色更改为C:6 M:82 Y:100 K:0、C:2 M:88 Y:60 K:0和C:36 M:75 Y:12 K:0。

step 20　使用【文字】工具在绘图页面中单击，在属性栏的【字体】下拉列表中选择【方正粗倩简体】，设置【字体大小】为 37pt，字体颜色为白色，然后输入文字内容。

step 21　继续使用【文字】工具在绘图页面中单击，在属性栏的【字体】下拉列表中选择 BellCent SubCap BT，设置【字体大小】为 14pt，然后输入文字内容。

step 22　选择【椭圆】工具，在绘图页面中拖动绘制圆形，并取消其轮廓色，设置填充色为白色。

step 23　使用【文字】工具在页面中单击，输入文字内容。在【属性】泊坞窗的【字体】下拉列表中选择【方正粗倩简体】，设置【字体大小】为 25pt，设置文字颜色为C:0 M:33 Y:100 K:0。

step 24　使用【文字】工具选中数字部分，在属性栏中设置字体为MMTimes，字体大小为70pt。

step 25　使用【选择】工具选中步骤(20)至步骤(24)创建的内容对象，然后移动复制内容对象。

step 26　使用【文字】工具分别选中图像旁的文字内容，然后进行相关内容的修改。

step 27 使用【文本】工具在页面中拖动创建文本框，在属性栏的【字体】下拉列表中选择Arial，设置【字体大小】为10pt，单击【文本对齐】按钮，在弹出的下拉列表中选择【中】选项，设置字体颜色为白色，然后输入文字内容。

step 28 使用【文本】工具选中电话部分，在属性栏中设置【字体大小】为20pt。操作完成后，完成宣传单页的设计。

第 7 章

为图形对象填充颜色

在绘制图形时需要进行颜色填充，以颜色来增强图形的视觉效果。CorelDRAW 2020 提供了丰富的填充设置，用户可以对各种封闭的图形或文本填充所需颜色、渐变、纹理、图案填充等。

本章对应视频

例 7-1 复制对象属性
例 7-2 填充颜色
例 7-3 使用【智能填充】工具
例 7-4 使用 Color 泊坞窗
例 7-5 制作手机图标
例 7-6 使用【网状填充】工具
例 7-7 应用图样填充
本章其他视频参见视频二维码列表

7.1 使用调色板

在 CorelDRAW 中，选择颜色最快捷的方法就是使用工作区右侧的调色板。选择一个图形对象后，单击调色板中的色块，即可填充颜色。按住 Alt 键，单击调色板中的色块，即可快速改变轮廓线的颜色。

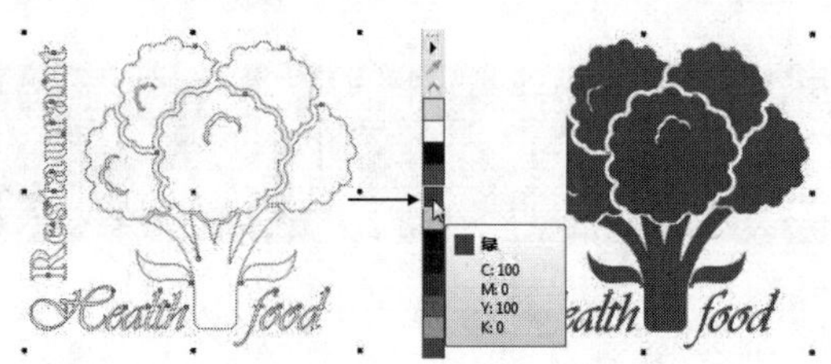

在默认调色板中单击色样并按住鼠标，屏幕上将显示弹出式颜色挑选器，可以从一种颜色的不同灰度中选择颜色色样。

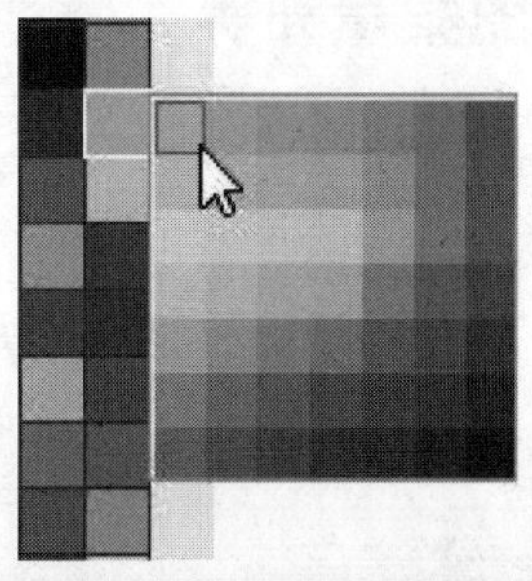

> **知识点滴**
>
> 在当前文档中使用过的颜色会被存储在【文档调色板】中，可以快速为文档中其他图形设置相同的颜色。默认情况下，【文档调色板】位于窗口的底部。选择【窗口】|【调色板】|【文档调色板】命令，可以将文档调色板显示或隐藏。

7.1.1 使用其他调色板

默认情况下，CorelDRAW 中仅显示了默认调色板，CorelDRAW 还包含另外几种调色板，每种调色板中包含大量的颜色可供选择。在 CorelDRAW 2020 中，可以同时在绘图页面上显示多个调色板，并可以将其作为独立的面板浮动在绘图窗口上方，也可以将调色板固定在绘图窗口的一侧，用户还可以改变调色板的大小。

选择【窗口】|【调色板】|【调色板】命令，打开【调色板】泊坞窗。在该泊坞窗中选中需要打开的调色板，即可打开相应的调色板。调色板名称前带有☑标记的为已经打开的调色板。

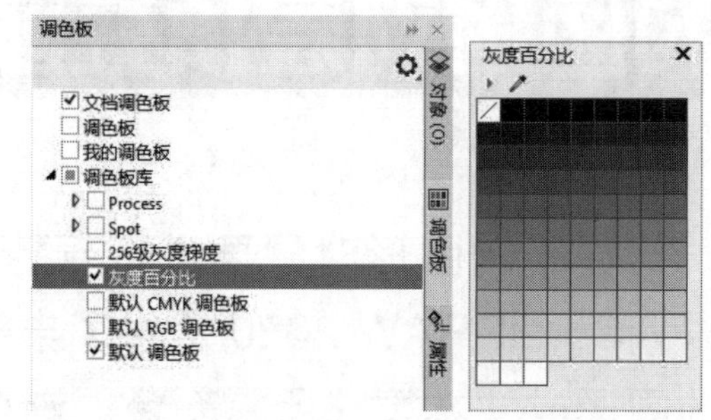

7.1.2 设置调色板

用户在使用调色板的过程中，可以在【选项】对话框中设置调色板的属性参数。选择【工具】|【选项】|【自定义】命令，打开【选项】对话框，在左侧的列表框中选择【调色板】选项，切换为【调色板】选项组，在其中设置【调色板】的显示方式等选项。

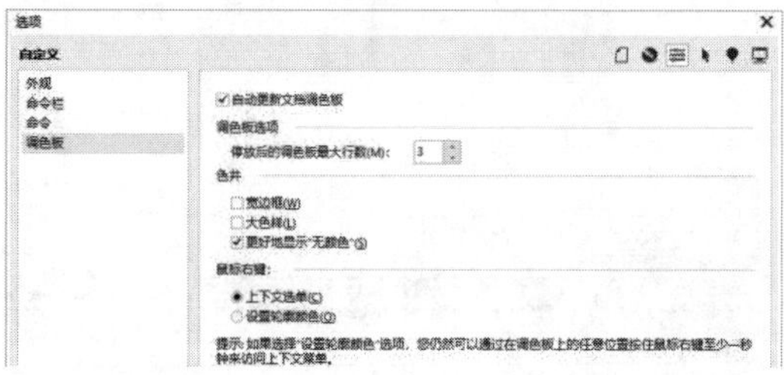

▶【停放后的调色板最大行数】数值框：在数值框中输入数值，可以设置工作区中显示的调色板最大行数。

▶【宽边框】复选框：选中该复选框，可以使调色板中的色样边界变宽。

▶【大色样】复选框：选中该复选框，可以在调色板中以大方块显示色样。

▶【更好地显示"无颜色"】复选框：选中该复选框，可以在调色板中显示无色方格。

▶【上下文选单】单选按钮：选中该单选按钮，可以在调色板中右击时显示菜单。

- 【设置轮廓颜色】单选按钮：选中该单选按钮，可在调色板中的色样上右击时为所选的对象设置轮廓色。

7.1.3　自定义调色板

在 CorelDRAW 中，用户可以根据需要设置自定义调色板。自定义调色板可以包含特殊的颜色或任何模型产生的颜色，它是一组颜色的集合。当经常使用某些颜色或需要一整套看起来比较和谐的颜色时，可以将这些颜色放在自定义调色板中。自定义调色板被保存在以.xml 为扩展名的文件中。

选择【窗口】|【调色板】中的子菜单命令，在其中有 3 个命令可以创建自定义调色板。

1. 从选择中创建调色板

使用【从选择中创建调色板】命令，创建的调色板将包含所选对象中的颜色，如标准填充对象的颜色、轮廓色，渐变式填充对象的轮廓色、起始颜色和结束颜色，以及图案填充对象的轮廓色、前景色和背景色等。

使用选定的颜色创建调色板，应该先在绘图页面中选中要选择的对象，可以选择一个或多个对象，再选择【窗口】|【调色板】|【从选择中创建调色板】命令，打开【新建调色板】对话框。

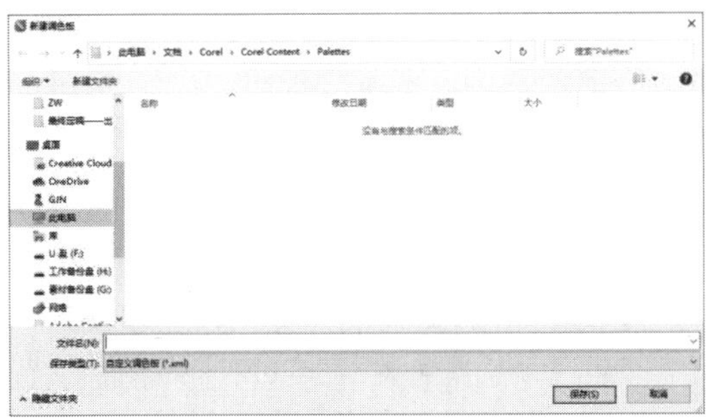

在【新建调色板】对话框中，选择保存调色板的位置，在【文件名】文本框中输入调色板文件的名称，单击【保存】按钮，即可利用所选的对象创建新的调色板。

2. 从文档创建调色板

在 CorelDRAW 中，用户还可以利用当前的绘图文件创建调色板，使用该方法创建调色板将包含绘图文件中所有对象的轮廓色、填充色、渐变色及双色图案等一些颜色类型。

若要从当前的绘图文件创建调色板，则可以选择【窗口】|【调色板】|【从文档创建调色板】命令，打开【新建调色板】对话框，在该对话框中指定调色板文件保存的位置和文件名，单击【保存】按钮，即可利用当前的绘图文件创建新的调色板。

3. 调色板编辑器

对于已经自定义的调色板，可以重新编辑、添加、删除其中的颜色，以及对调色板中的颜色排序。选择【窗口】|【调色板】|【调色板编辑器】命令，打开【调色板编辑器】对话框。

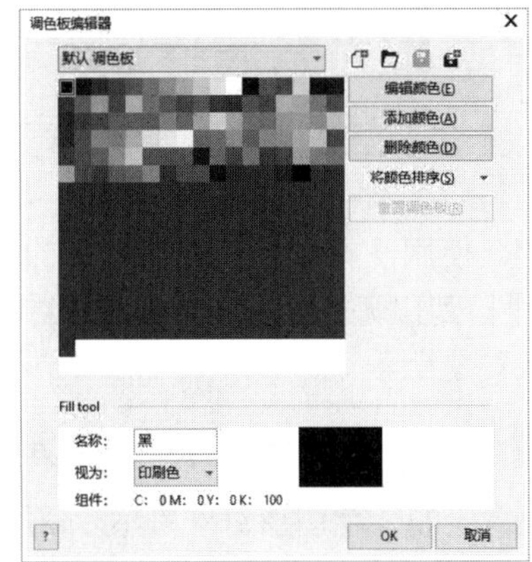

- 单击【新建调色板】按钮，打开【新建调色板】对话框。使用该对话框可以新建一个空白调色板。
- 单击【打开调色板】按钮，打开【打开调色板】对话框。在该对话框中可以选择一种所需的调色板。
- 单击【保存调色板】按钮，可保存经过编辑后的调色板。
- 单击【调色板另存为】按钮，打开【另存为】对话框。在该对话框中可以将当前设置的颜色模式的调色板保存在另一个文件夹中。
- 选择调色板中的一种颜色，单击【编

辑颜色】按钮，打开【选择颜色】对话框，在该对话框中可以更改颜色的成分。

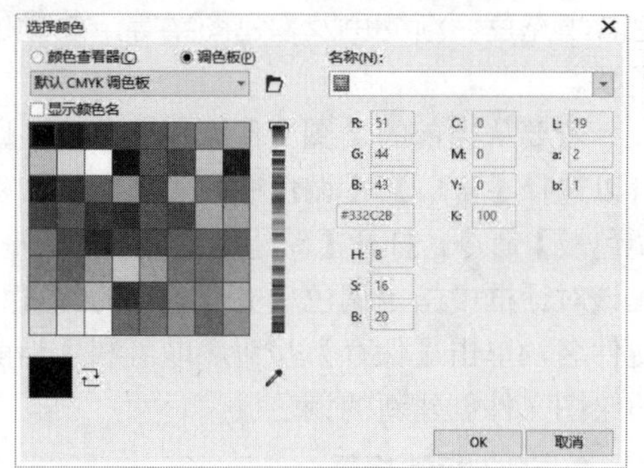

▶ 单击【添加颜色】按钮，打开【选择颜色】对话框，在该对话框中可以给当前调色板中添加新的颜色。

▶ 选择颜色列表框中不需要的颜色，单击【删除颜色】按钮，可以将该颜色色样删除。

▶ 单击【将颜色排序】下拉按钮，从弹出的下拉列表中按系统提供的反转、色度、亮度、饱和度、RGB 值、HSB 值和名称 7 种排序方式，重新排列颜色列表框中的颜色色样。

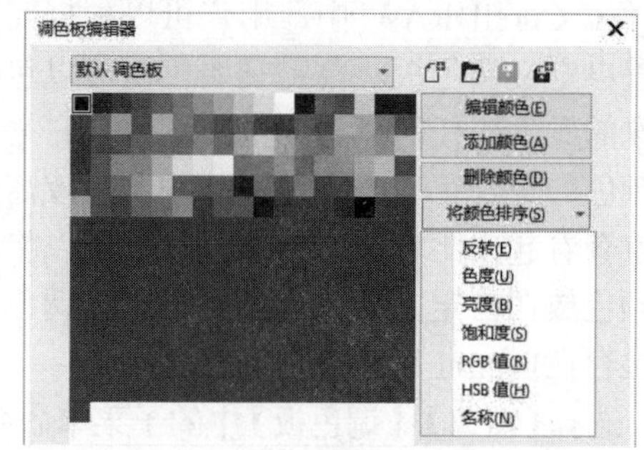

▶ 单击【重置颜色板】按钮，可将调色板恢复至默认状态，取消用户当前所进行的设置。

7.2 选取对象属性

滴管工具包括【颜色滴管】工具和【属性滴管】工具。【颜色滴管】工具是取色和填充的辅助工具；【属性滴管】工具可以选择并复制对象属性，如填充、线条粗细、大小和效果等。使用滴管工具吸取对象中的填充、线条粗细、大小和效果等对象属性后，将自动切换到【应用颜色】工具或【应用对象属性】工具，可将这些对象属性应用于工作区中的其他对象上。

7.2.1 使用【颜色滴管】工具

任意绘制一个图形对象，然后使用【颜色滴管】工具在绘制的图形上单击进行取样。再移动光标至需要填充的图形对象上，当光标出现纯色色块时，单击鼠标左键即可填充对象。若要填充对象轮廓颜色，则将光标移动至对象轮廓上，单击鼠标左键即可为对象轮廓填充颜色。

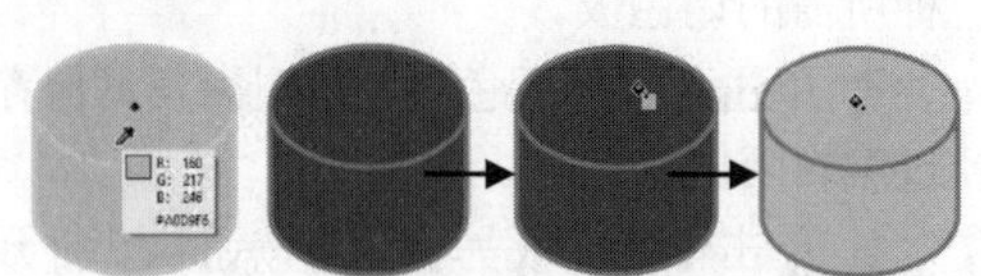

选择【颜色滴管】工具后，在属性栏中可以设置【颜色滴管】工具的取色方式。

▶ 【选择颜色】按钮：单击该按钮，可以在绘图页面中进行颜色取样。

▶ 【1×1】【2×2】【5×5】按钮：单击按钮后，可以对 1×1、2×2、5×5 像素区域内的平均颜色值进行取样。

▶ 【从桌面选择】按钮：单击该按钮，【颜色滴管】工具不仅可以在绘图页面中进行颜色取样，还可以在应用程序外进行颜色取样。

▶ 【所选颜色】：可以对取样的颜色进行查看。

▶ 【应用颜色】按钮：单击该按钮，可以将取样的颜色应用到其他对象。

▶ 【添加到调色板】按钮：单击该按钮，可将取样的颜色添加到【文档调色板】或【默认 CMYK 调色板】中，单击该选项右侧的按钮可显示调色板类型。

7.2.2　使用【属性滴管】工具

【属性滴管】工具的使用方法与【颜色滴管】工具类似。在【属性滴管】工具的属性栏中，可以对滴管工具的工具属性进行设置，如设置取色方式、要吸取的对象属性等。

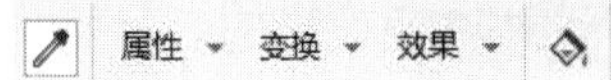

分别单击【属性】【变换】【效果】按钮，可以展开选项面板。在展开的选项面板中，被勾选的选项表示【颜色滴管】工具能吸取的信息范围。吸取对象中的各种属性后，就可以使用【应用对象属性】工具将这些属性应用到其他对象上。

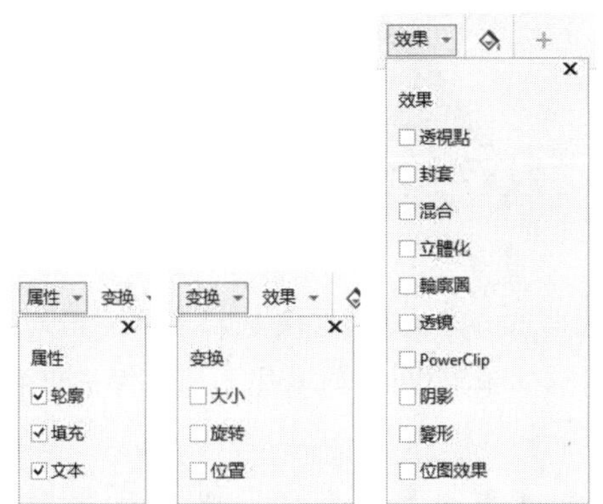

【例 7-1】复制对象属性。
(素材文件\第 07 章\例 7-1)

step 1 打开一个绘图文件，使用【选择】工具选择其中之一的图形对象。

step 2 选择【属性滴管】工具，在属性栏的【属性】下拉列表中选择【填充】复选框。

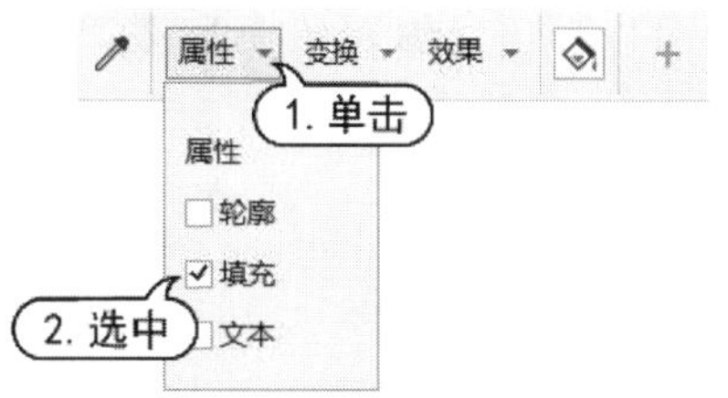

step 3 使用【属性滴管】工具单击吸取属性对象，当光标变为油漆桶形状时，使用鼠标单击需要应用对象属性的对象，即可将吸取的源对象信息应用到目标对象中。

7.3　均匀填充图形

均匀填充是在封闭路径的对象内填充单一的颜色。一般情况下，在绘制完图形后，单击工作界面右侧调色板中的颜色即可为绘制的图形填充所需的颜色。如果在调色板中没有所需的颜色，用户还可以自定义颜色。

7.3.1　应用【编辑填充】对话框

单击工具箱中的【交互式填充】工具，在属性栏中单击【均匀填充】按钮，然后单击【填充色】选项，在弹出面板中可为选定的对象进行均匀填充操作。

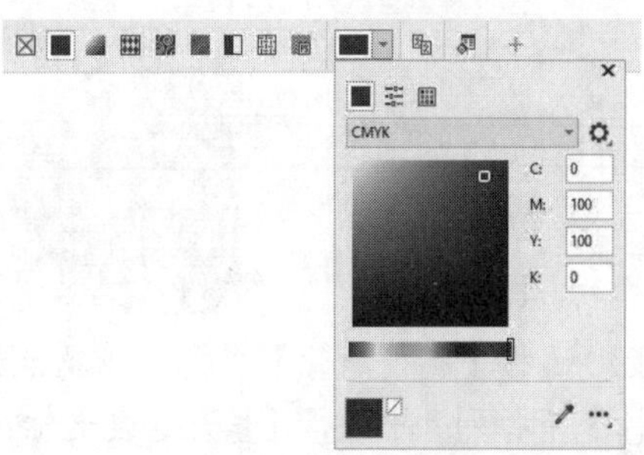

还可以单击【编辑填充】按钮，或按 F11 键，打开【编辑填充】对话框设置填充颜色。

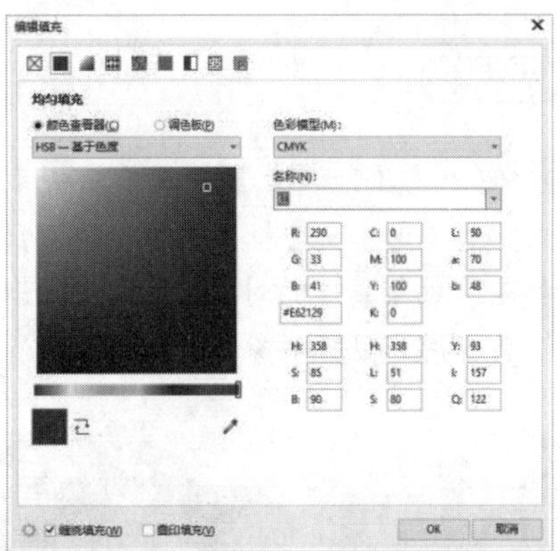

【例 7-2】在打开的绘图文件中填充颜色。
视频+素材 (素材文件\第 07 章\例 7-2)

step 1 打开素材文件，使用【选择】工具选择要填充的对象。选择【交互式填充】工具，在属性栏中单击【均匀填充】按钮。

step 2 在属性栏中单击【编辑填充】按钮，打开【编辑填充】对话框。在【编辑填充】对话框中单击【青】色板。

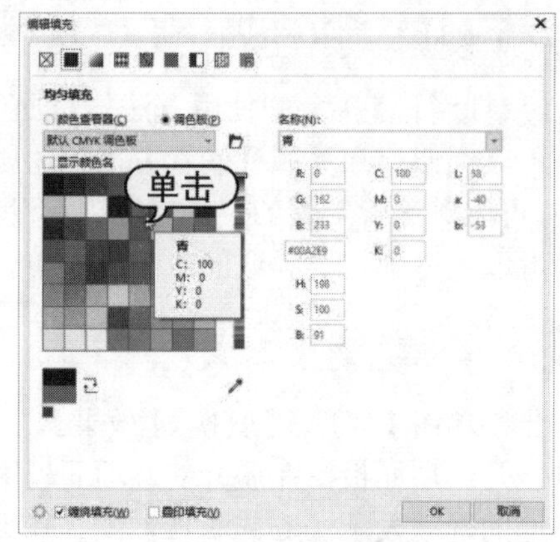

step 3 设置完成后，单击OK按钮关闭【编辑填充】对话框并填充图形。

step 4 使用【选择】工具选择要填充的对象。选择【交互式填充】工具，在属性栏中单击【渐变填充】按钮。

step 5 在属性栏中单击【编辑填充】按钮，打开【编辑填充】对话框。选中渐变条左侧的色标，单击【颜色】选项，在弹出的下拉面板中设置填充色为C:0 M:40 Y:100 K:0。

step 6 选中渐变条右侧的色标，单击【颜色】选项，在弹出的下拉面板中设置填充色为C:20 M:95 Y:100 K:0。

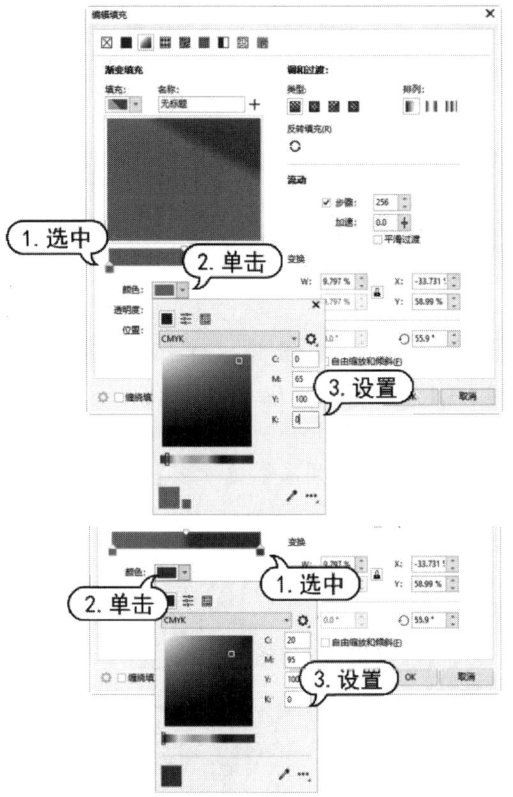

step 7 设置完成后，单击OK按钮关闭【编辑填充】对话框并填充图形，然后在图形上调整渐变控制柄，按Esc键结束操作。

7.3.2　应用【属性】泊坞窗

使用【属性】泊坞窗也可以对图形对象的填充色和轮廓色进行设置。选择【窗口】|【泊坞窗】|【属性】命令，或按 Alt+Enter 组合键，即可打开【属性】泊坞窗。

单击【属性】泊坞窗顶端的【填充】按钮，可以快速地显示出当前所选对象的填充属性。用户可以在其中为对象重新设置填充参数。

在【填充】选项组中，所选对象当前的填充类型为选取状态，单击其他类型按钮，可以为所选对象更改填充类型。选择需要的填充类型后，可在下方显示对应的设置选项。选择不同的填充类型，填充设置的选项也不同。

知识点滴

在【属性】泊坞窗中单击顶部的【轮廓】按钮，可以显示出当前所选对象的轮廓属性设置，单击【轮廓】选项组底部的三角按钮，可以展开更多选项。用户也可以在其中为对象重新设置轮廓属性。

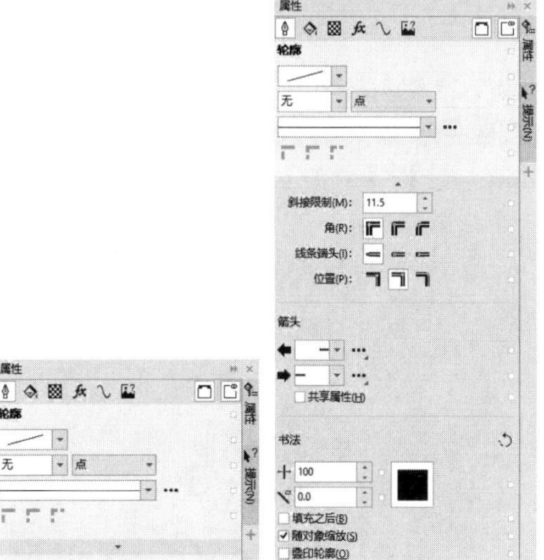

7.3.3　应用【智能填充】工具

使用【智能填充】工具，除了可以为对象应用普通的标准填充外，还能自动识别重叠对象的多个交叉区域，并对这些区域应用色彩和轮廓填充。在填充的同时，还能将填充颜色的区域生成新的对象。

在【智能填充】工具属性栏中可以设置工具填充效果。

➤ 【填充选项】：将选择的填充属性应用到新对象，其中包括【使用默认值】【指定】和【无填充】3个选项。

➤ 【填充色】：为对象设置内部填充颜色，该选项只有当【填充选项】设置为【指定】时才可用。

➤ 【轮廓】：将选择的轮廓属性应用到对象，其中包括【使用默认值】【指定】和【无轮廓】3个选项。

➤ 【轮廓宽度】：选择对象的轮廓宽度。

➤ 【轮廓色】：为对象设置轮廓颜色，该选项只有当【轮廓】选项设置为【指定】时才可用。

【例7-3】使用【智能填充】工具填充图形对象。
视频+素材 (素材文件\第07章\例7-3)

step 1 选择【文件】|【打开】命令，打开一个绘图文档。

step 2 选择【智能填充】工具，在属性栏的【填充选项】下拉列表中选择【指定】选项，单击【填充色】选项，在弹出的下拉面板中设置R:255 G:246 B:244，在【轮廓】下拉列表中选择【无轮廓】选项，然后使用【智能填充】工具单击图形区域。

step 3 在属性栏中分别设置填充色为R:255 G:181 B:191、R:105 G:204 B:204、R:175 G:142 B:230、R:255 G:96 B:119 和R:255 G:151 B:0，然后使用【智能填充】工具单击图形区域以填充颜色。

实用技巧

当页面中只有一个对象时，在页面空白处单击，即可为该对象填充颜色。

7.3.4 应用Color泊坞窗

选择【窗口】|【泊坞窗】|【颜色】命令，可以在绘图窗口右边打开Color泊坞窗。在该泊坞窗中，可以通过对颜色值进行设置，然后将调整后的颜色填充到对象的内部或轮廓中。

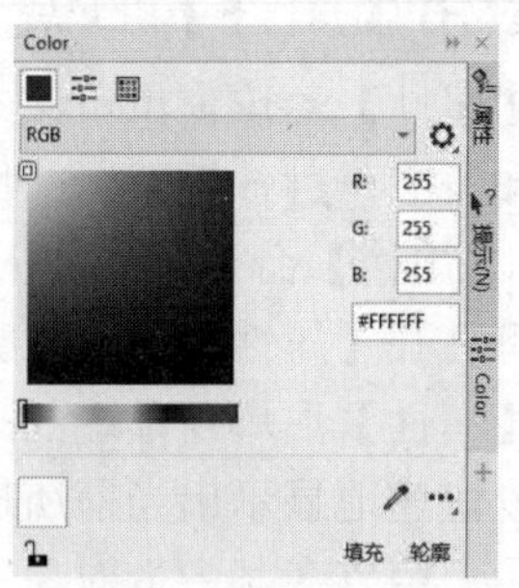

【例7-4】使用Color泊坞窗设置颜色。
视频+素材 (素材文件\第07章\例7-4)

step 1 在打开的绘图文档中使用【选择】工具选中需要填充的图形对象。

step 2 选择【窗口】|【泊坞窗】|【颜色】命令，打开 Color 泊坞窗。在该泊坞窗中设置颜色值为 C:55 M:0 Y:100 K:0，然后单击填充按钮，对象即被填充为该颜色。

step 3 在Color泊坞窗中，设置颜色值为C:0 M:0 Y: 0 K:0，单击【轮廓】按钮，则对象的轮廓即被填充为该颜色。

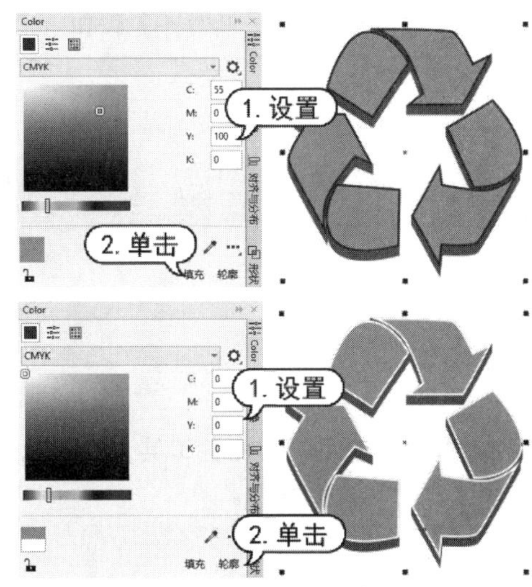

7.4　颜色渐变填充

渐变填充是根据线性、射线、圆锥或方角的路径将一种颜色向另一种颜色逐渐过渡。渐变填充有双色渐变和自定义渐变两种类型。双色渐变填充会将一种颜色向另一种颜色过渡，而自定义渐变填充则能创建不同的颜色重叠效果。用户可以通过修改填充的方向，新增中间色彩或修改填充的角度来创建自定义渐变填充。

7.4.1　应用【交互式填充】工具

在 CorelDRAW 中，提供了多种预设渐变填充样式。使用【选择】工具选取对象后，在工具箱中单击【交互式填充】工具，在属性栏中单击【渐变填充】按钮，显示渐变填充设置。

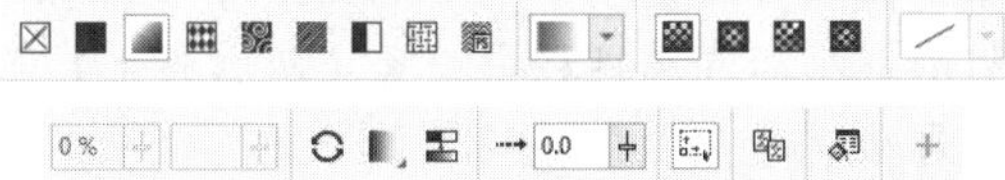

在属性栏的【填充挑选器】下拉面板中可选择一种渐变填充选项，并且可以选择渐变类型，用户可根据自己的需要对其进行重新设置。

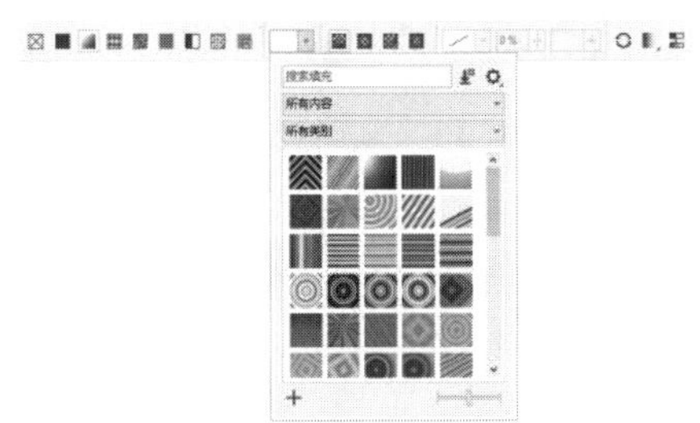

用户还可以在【编辑填充】对话框中自定义渐变填充样式。可以添加多种过渡颜色，使相邻的颜色之间相互融合。

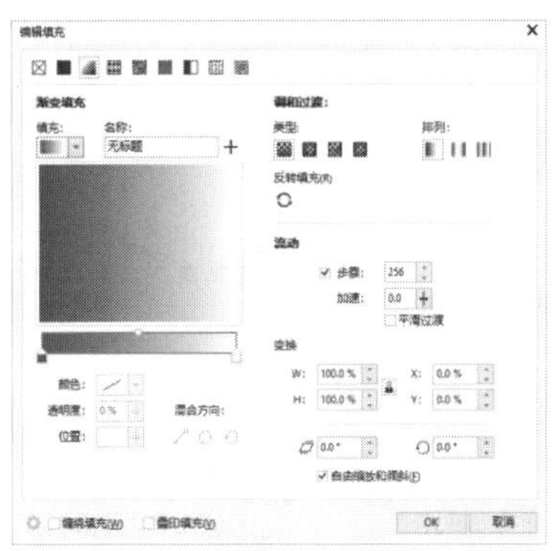

【例 7-5】制作手机图标。
视频+素材 (素材文件\第 07 章\例 7-5)

step 1 新建一个空白文档，选择【矩形】工具，按Ctrl键在绘图页面中拖动绘制矩形，然后在属性栏中设置【对象大小】的【宽度】和【高度】均为 80mm，所有的【圆角半径】为 5mm。在【对齐与分布】泊坞窗中的【对齐】

选项组中单击【页面中心】按钮，再单击【水平居中对齐】和【垂直居中对齐】按钮。

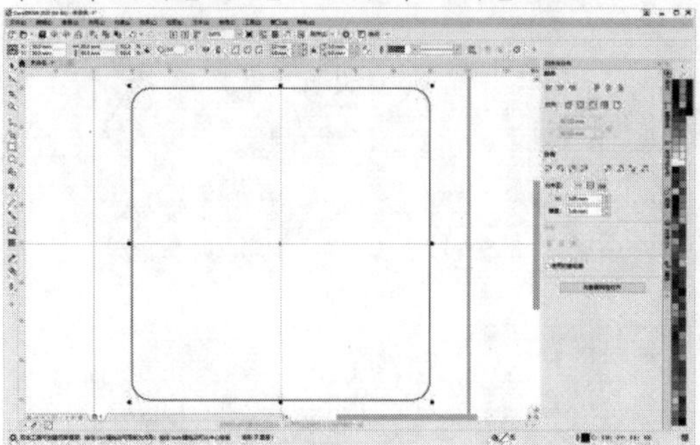

step 2 选择【交互式填充】工具，在属性栏中单击【渐变填充】按钮。

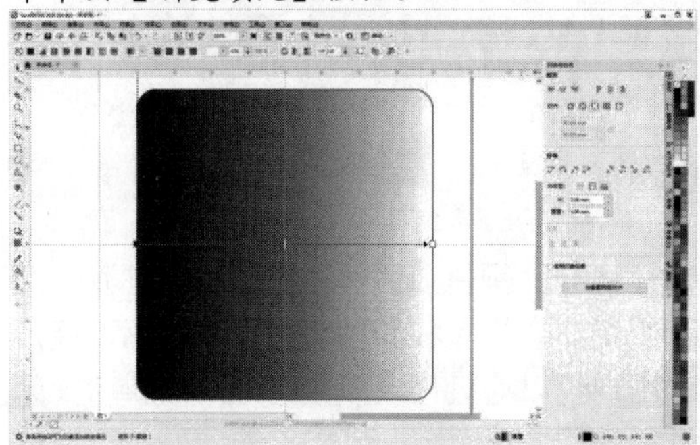

step 3 在属性栏中单击【编辑填充】按钮，打开【编辑填充】对话框。在该对话框的渐变色条上单击左侧色标，然后单击【颜色】选项，在弹出的面板中设置颜色为C:70 M:15 Y:0 K:0。

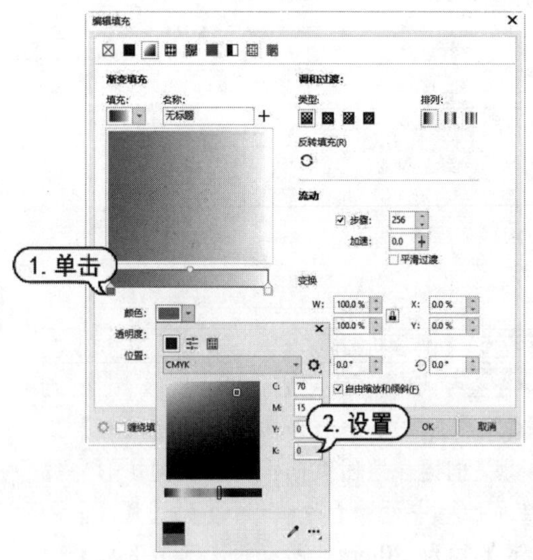

step 4 在渐变色条上单击右侧色标，然后单击【颜色】选项，在弹出的面板中设置颜色为C:30 M:0 Y:0 K:0。

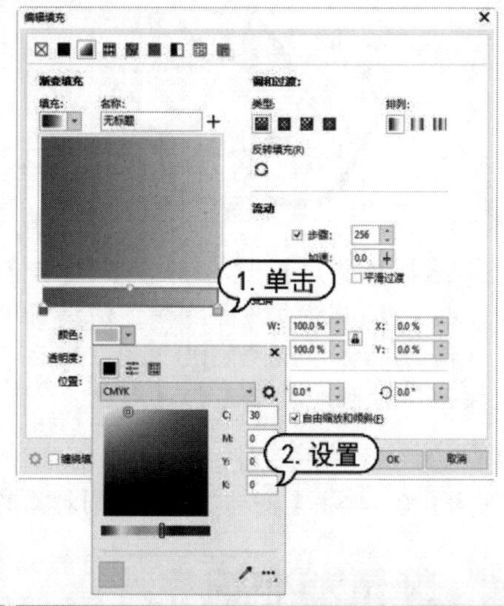

实用技巧

双击渐变色条上的色标，可将色标删除。

step 5 在【变换】选项组中，设置【旋转】数值为60°。设置完成后，单击OK按钮关闭【编辑填充】对话框，并应用自定义渐变填充。

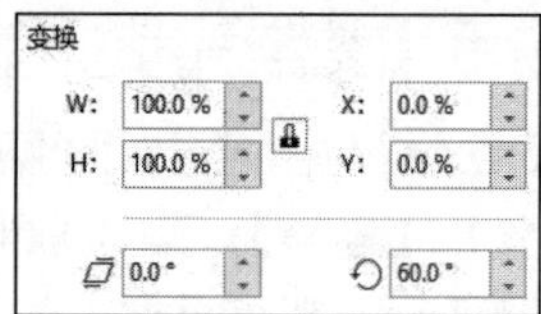

step 6 选择【阴影】工具，在刚绘制的图形上按住鼠标左键向右下方拖曳，为对象添加阴影。然后在属性栏中设置【阴影羽化】数值为8。

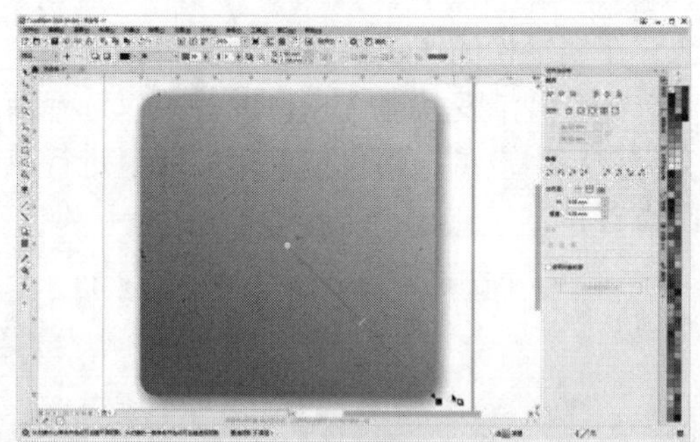

step 7 按Ctrl+C组合键复制刚绘制的矩形，按Ctrl+V组合键进行粘贴。然后在属性栏中

设置【对象大小】的【宽度】为 75mm，【圆角半径】为 2.788mm。

step 8　选择【交互式填充】工具，在属性栏中单击【渐变填充】按钮。在显示的渐变控制柄上设置渐变填充色为C:10 M:0 Y:0 K:0 至C:55 M:0 Y:0 K:0，并调整渐变角度。

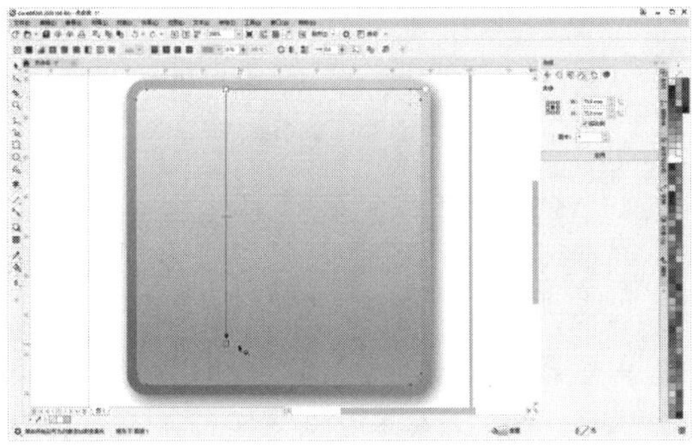

step 9　选择【阴影】工具，在刚绘制的图形上按住鼠标左键向右下方拖曳，为对象添加阴影。然后在属性栏中单击【合并模式】选项，在弹出的下拉列表中选择【颜色加深】选项，设置【阴影不透明度】数值为 30，【阴影羽化】数值为 8。

step 10　选择【3 点椭圆形】工具，在绘图页面中拖曳绘制椭圆形。然后使用【钢笔】工具绘制下右图所示的图形。

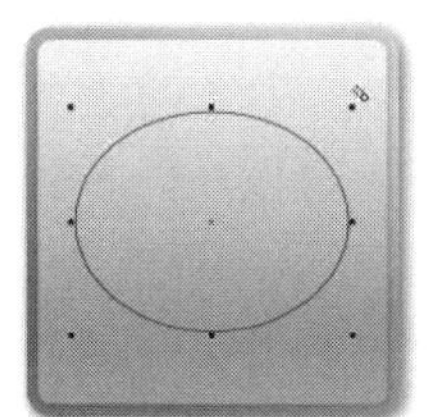

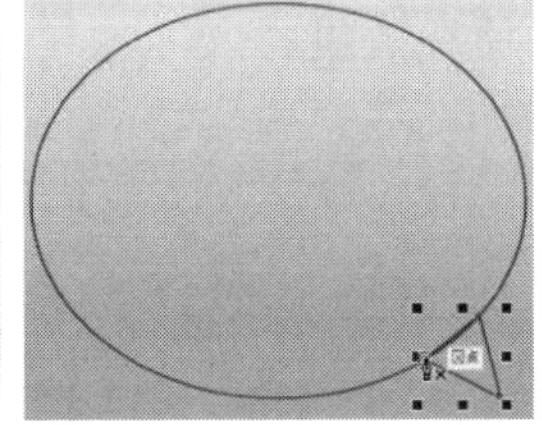

step 11　使用【选择】工具选中两个图形，在属性栏中单击【焊接】按钮。选择【窗口】|【泊坞窗】|【颜色】命令，打开Color泊坞窗。设置颜色为C: 65 M:15 Y:0 K:0，然后分别单击【填充】和【轮廓】按钮。

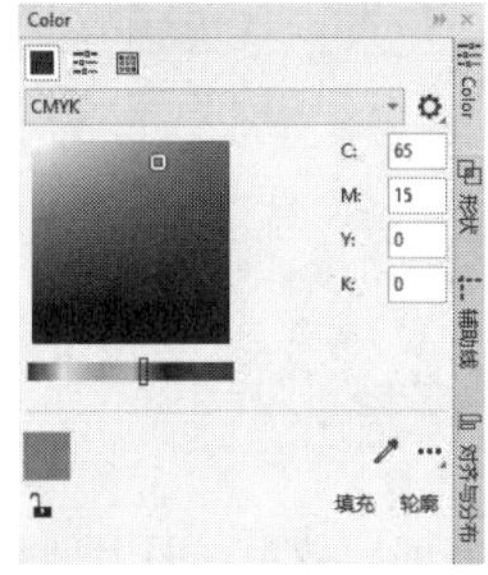

step 12　选择【阴影】工具，在刚绘制的图形上按住鼠标左键向下方拖曳，为其添加阴影。然后在属性栏中单击【合并模式】选项，在弹出的下拉列表中选择【颜色加深】选项，设置【阴影不透明度】数值为 30，【阴影羽化】数值为 10。

step 13　按Ctrl+C组合键复制刚绘制的图形，按Ctrl+V组合键进行粘贴，接着进行等比缩放。选择【交互式填充】工具，在属性栏中单击【渐变填充】按钮，并调整渐变控制柄的角度。

step 14 选择【椭圆形】工具，按Ctrl键绘制一个圆形，并在调色板中单击【天蓝】色板填充对象。

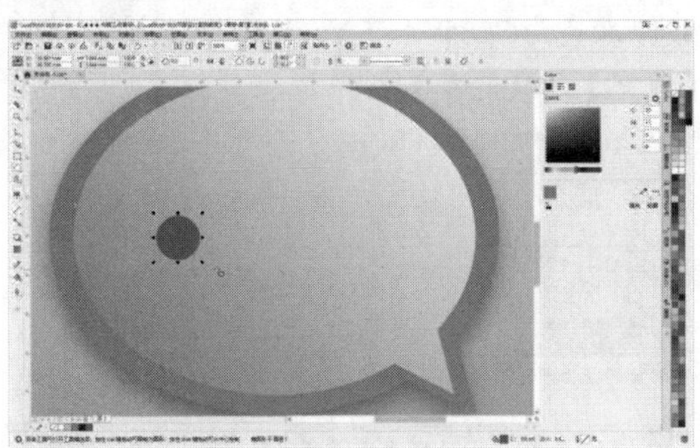

step 15 使用【选择】工具选中步骤(14)中创建的圆形，按Ctrl+C组合键进行复制，再按Ctrl+V组合键进行粘贴，接着按Shift键将复制的圆形进行等比缩放。然后选择【交互式填充】工具，在属性栏中单击【渐变填充】按钮，在绘图页面中显示的控制柄上设置填充颜色为C:88 M:50 Y:0 K:0 至C:50M:15 Y:0 K:0。

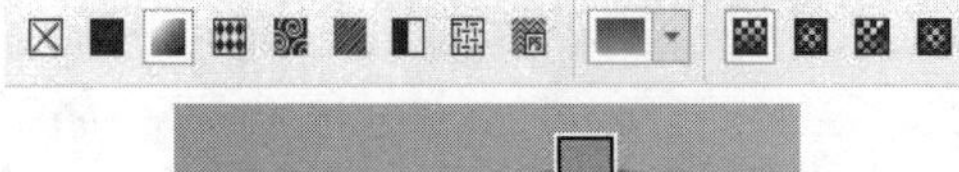

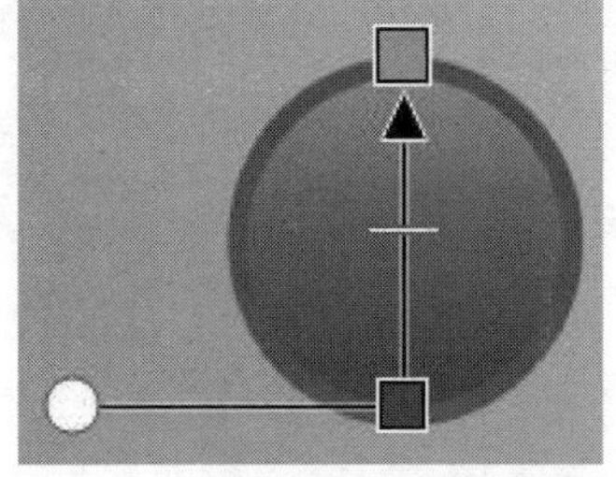

step 16 使用【选择】工具选中步骤(15)中创建的圆形，按Ctrl+C组合键进行复制，再按Ctrl+V组合键进行粘贴，接着按Shift键将复制的圆形进行等比缩放。然后选择【交互式填充】工具，在属性栏中单击【渐变填充】按钮，在绘图页面中显示的控制柄上设置填充颜色为C:50M:15 Y:0 K:0 至C:88 M:50 Y:0 K:0。

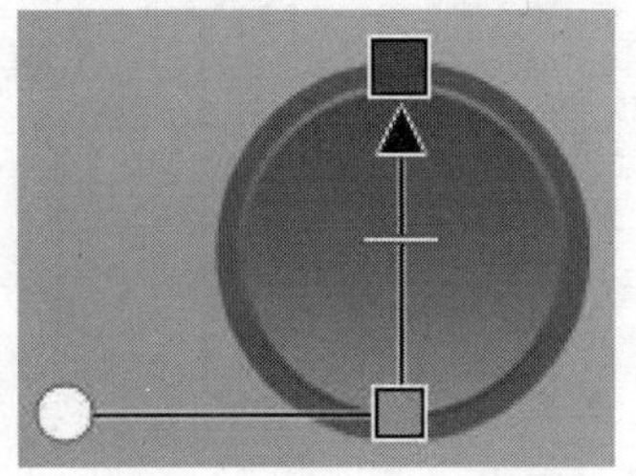

step 17 使用【选择】工具选中步骤(14)至步骤(15)创建的对象，按Ctrl+G组合键组合对象。在【变换】泊坞窗中单击【位置】按钮，选中【间隙和方向】单选按钮，设置【间隙】为6mm，在【定向】下拉列表中选择Horizontal，设置【副本】数值为2，然后单击【应用】按钮。

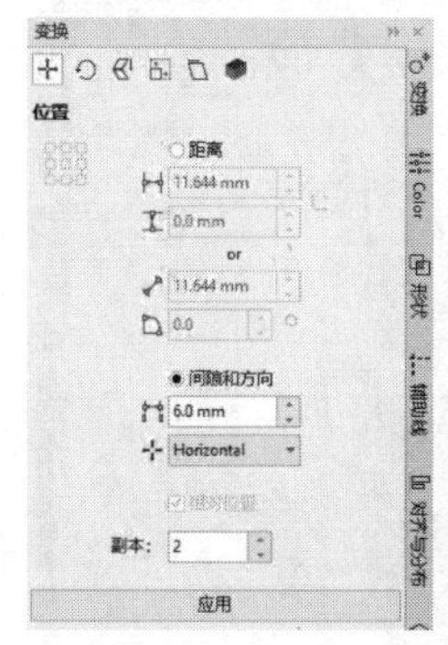

step 18 按Ctrl+G组合键组合上一步创建的对象。使用【选择】工具选中步骤(10)至步骤(17)创建的对象，在【对齐与分布】泊坞窗的【对齐】选项组中单击【页面中心】按钮，然后单击【水平居中对齐】按钮。

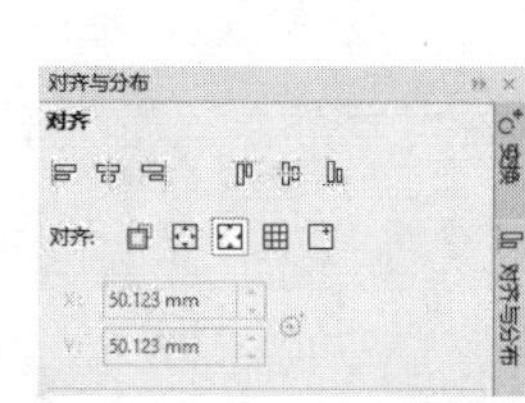

7.4.2 应用【网状填充】工具

使用【网状填充】工具可以为对象应用复杂的独特效果。应用网状填充时，不但可以指定网格的列数和行数，而且可以指定网格的交叉点。创建网状对象之后，还可以通过添加和删除节点或交点来编辑网状填充网格。

在属性栏中可以设置【网状填充】工具的填充效果。

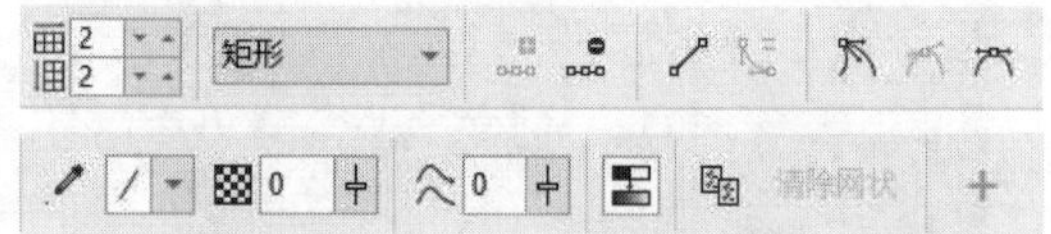

- 【网格大小】选项：可以分别设置水平和垂直方向上网格的数目。

▶【选取模式】选项：单击该按钮，可以从弹出的下拉列表中选择【矩形】和【手绘】选项作为选定内容的选取框。

▶【添加交叉点】按钮：单击该按钮，可以在网状填充的网格中添加一个交叉点。

▶【删除节点】按钮：删除所选节点，改变曲线对象的形状。

▶【转换为线条】按钮：将所选节点处的曲线转换为直线。

▶【转换为曲线】按钮：将所选节点对应的直线转换为曲线，转换为曲线后的线段会出现两个控制柄，通过调整控制柄可以更改曲线的形状。

▶【尖突节点】按钮：单击该按钮，可以将所选节点转换为尖突节点。

▶【平滑节点】按钮：单击该按钮，可将所选节点转换为平滑节点，提高曲线的圆润度。

▶【对称节点】按钮：将同一曲线形状应用到所选节点的两侧，使节点两侧的曲线形状相同。

▶【对网状填充颜色进行取样】按钮：从文档窗口中对选定节点进行颜色的选取。

▶【网状填充颜色】：为所选节点选择填充颜色。

▶【透明度】：设置所选节点的透明度。

▶【曲线平滑度】：通过更改节点数量调整曲线平滑度。

▶【平滑网状颜色】按钮：减少网状填充中的硬边缘，使填充颜色过渡更加柔和。

▶【复制网状填充】按钮：将文档中另一个对象的网状填充应用到所选对象。

▶【清除网状】按钮：移除对象中的网状填充。

【例 7-6】在绘图文件中，使用【网状填充】工具填充图形对象。

视频+素材 (素材文件\第 07 章\例 7-6)

step 1 在打开的素材文件中使用【选择】工具选择图形对象。

step 2 选择【网状填充】工具，在选中的对象上单击将出现网格。

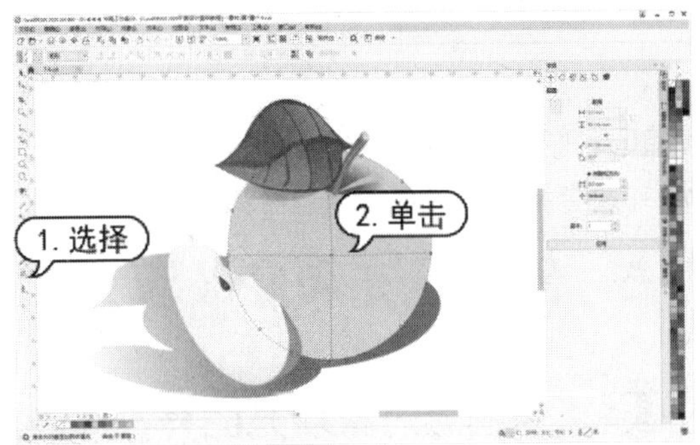

step 3 将光标靠近网格线，当光标变为形状时在网格线上双击，可以添加一条经过该点的网格线。

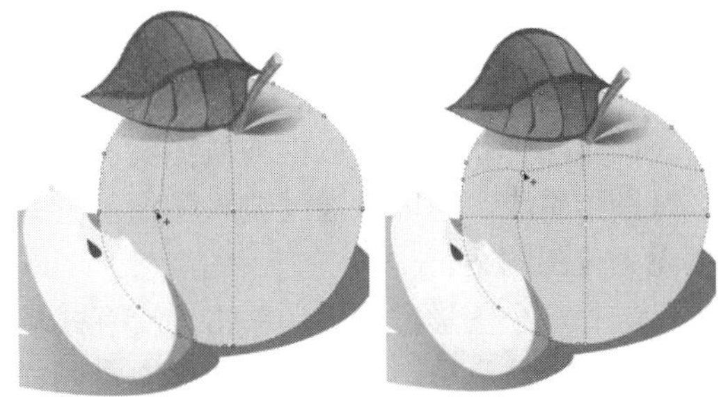

step 4 选择要填充的节点，使用鼠标左键单击调色板中相应的色样即可对该节点处的区域进行填充。

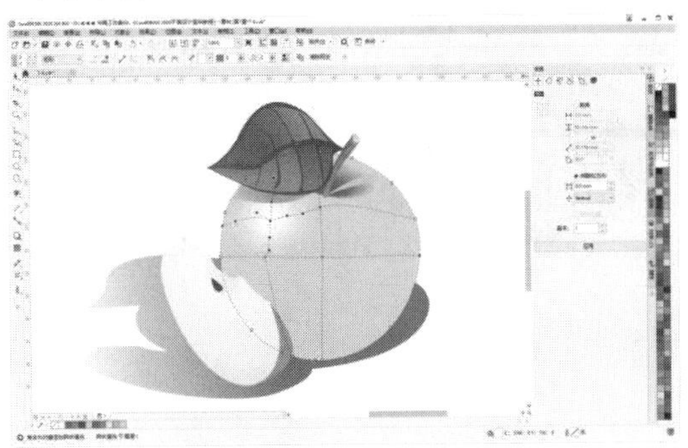

step 5 选择要填充的节点，在属性栏中单击【网状填充颜色】选项，在弹出的下拉面板中设置填充颜色为C:64 M:7 Y:100 K:0。

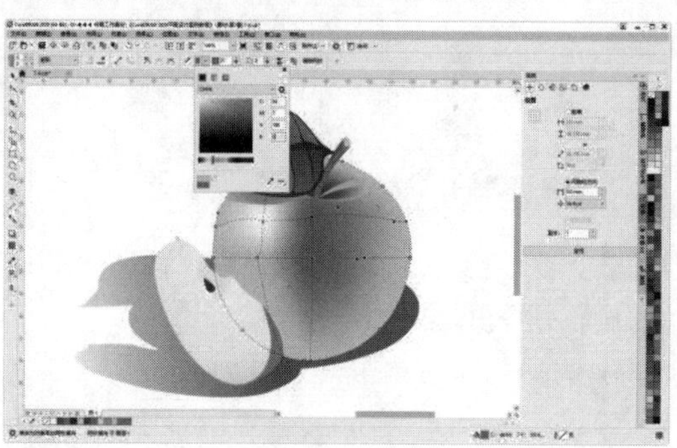

step 6 将光标移到节点上，按住并拖动节点，即可改变颜色填充的效果，网格上的节点调整方法与路径上的节点调整方法相似。

实用技巧

网状填充只能应用于闭合对象或单条路径。如果要在复杂的对象中应用网状填充，首先必须创建网状填充的对象，然后将它与复杂对象组合。

7.5 图样填充和底纹填充

7.5.1 为图形对象填充图样

图样填充是反复应用预设生成的图案进行拼贴来填充对象。CorelDRAW 提供了向量图样、位图图样和双色图样填充，每种填充都提供对图样大小和排列的控制。

1. 向量图样填充

向量图样填充既可以由矢量图案和线描样式图形生成，也可以通过装入图像的方式填充为位图图案。

选择一个图形对象后，单击【交互式填充】工具，然后单击属性栏中的【向量图样填充】按钮，此时选中的图形被填充了默认的图样。

如果要选择其他的图样进行填充，可以单击属性栏中的【填充挑选器】按钮，在弹出的下拉面板中选择一种填充样式。或单击【编辑填充】按钮，或按 F11 键打开【编辑填充】对话框。在该对话框的【填充】下拉列表中选择另一种填充样式。

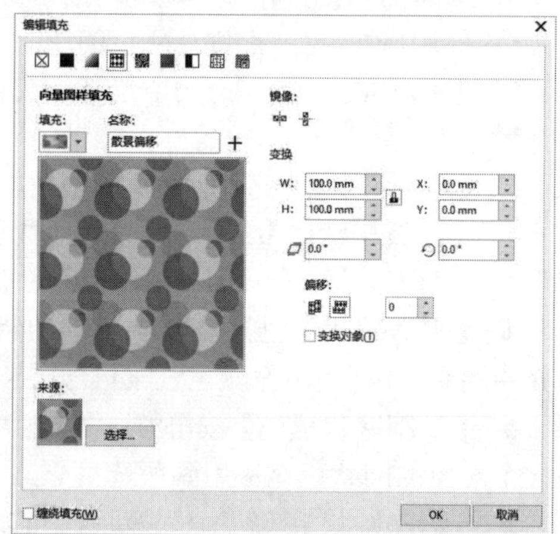

图形被填充图样后，会显示控制柄，拖曳圆形控制点，可以等比缩放图样，还可以旋转图样。拖曳方形控制点，可以非等比缩放图样。

2. 位图图样填充

位图图样填充可以选择位图图像进行图样填充，其复杂性取决于图像的大小和图像分辨率等。

选择一个图形对象后，单击【交互式填充】工具，然后单击属性栏中的【位图图样填充】按钮，此时选中的图形被填充了默认的图样。

知识点滴

属性栏中的【调和过渡】选项用来调整图样平铺的颜色和边缘过渡。单击【调和过渡】右侧的下拉按钮，在弹出的下拉面板中可以进行相应的设置。

- 【边缘匹配】：使图样平铺边缘与相对边缘的颜色过渡平滑。
- 【亮度(B)】：提高或降低位图图样的亮度。
- 【亮度】：增强或降低图样的灰阶对比度。
- 【Color】：增强或降低图样的颜色对比度。

如果要选择其他的图样进行填充，可以单击属性栏中的【填充挑选器】按钮，在弹出的下拉面板中选择一种填充样式。或单击【编辑填充】按钮，或按 F11 键打开【编辑填充】对话框。在该对话框的【填充】下拉列表中选择另一种填充样式。

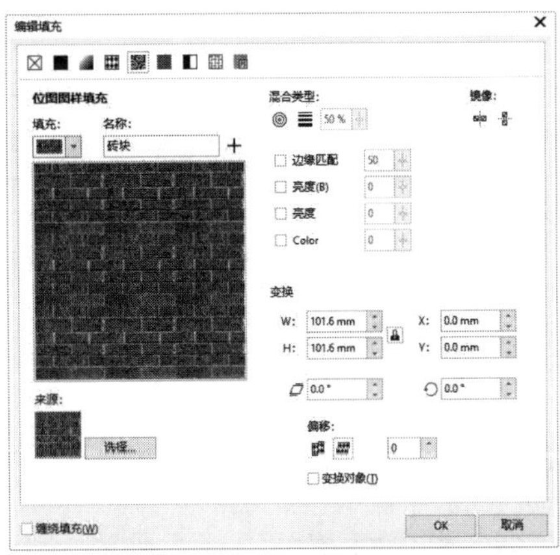

实用技巧

在【编辑填充】对话框中单击【向量图样填充】按钮或【位图图样填充】按钮时，可以单击【选择】按钮，打开【导入】对话框选择个人存储的图样文档。在使用位图进行填充时，复杂的位图会占用较多的内存空间，因此会影响填充速度。

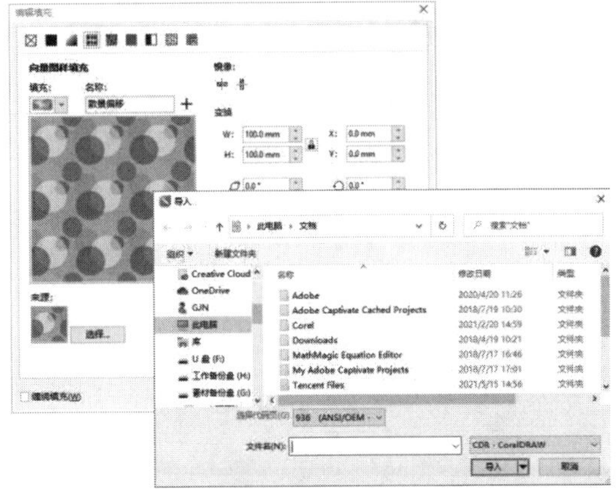

3. 双色图样填充

双色图样填充是指为对象填充只有【前部颜色】和【背面颜色】两种颜色的图案样式。

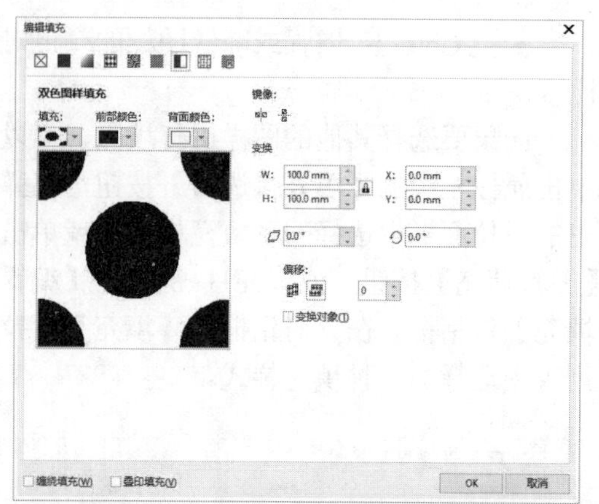

实用技巧

在【编辑填充】对话框中选中【变换对象】复选框可以将对象变换应用于填充。

【例 7-7】在绘图文件中应用图样填充。

视频+素材 (素材文件\第 07 章\例 7-7)

step 1 在打开的绘图文件中使用【选择】工具选择图形对象。

step 2 单击工具箱中的【交互式填充】工具，在属性栏中单击【双色图样填充】按钮，再单击【编辑填充】按钮，打开【编辑填充】对话框。

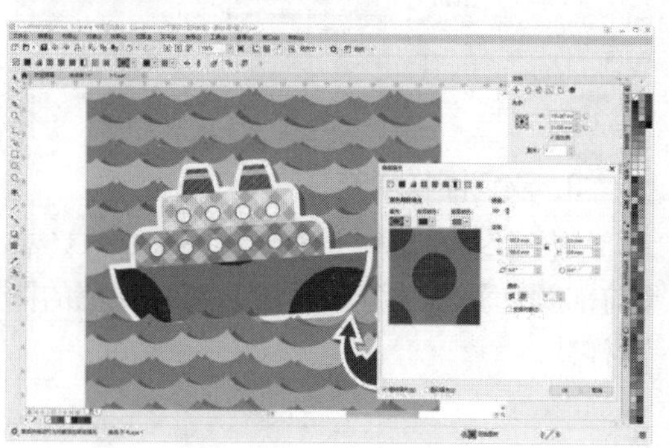

step 3 在【编辑填充】对话框中的【填充】下拉面板中选择一种图样；单击【前部颜色】下拉面板，从中选择色板；然后单击【背面颜色】下拉面板，从中选择色板；单击【锁定纵横比】按钮，设置填充宽度和高度均为 50mm，【旋转】数值为 45°。

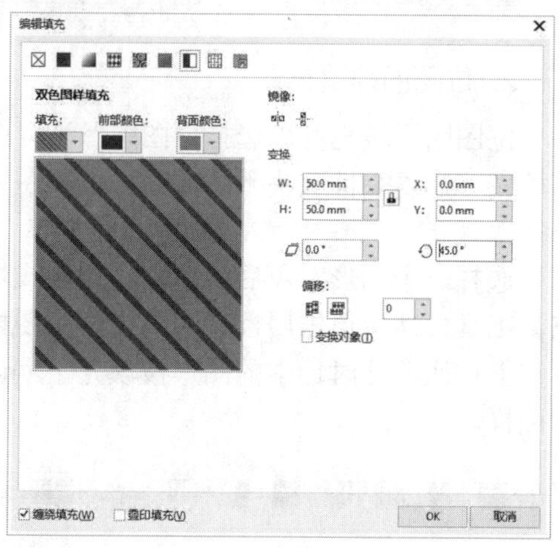

step 4 设置完成后，单击OK按钮关闭【编辑填充】对话框并应用图样填充。

4. PostScript 填充

PostScript 填充是使用 PostScript 语言创建的特殊纹理填充对象。有些 PostScript 填充较为复杂，因此，包含 PostScript 填充的对象在打印或屏幕更新时需要较长时间。在使用 PostScript 填充时，当视图处于【简单线框】【线框】模式时，无法进行显示；当视图处于【草稿】【普通】模式时，PostScript 底纹图案用字母 ps 表示；只有视图处于【增强】【模拟叠印】模式时，PostScript 底纹图案才可显示出来。

在应用 PostScript 填充时，可以更改底纹大小、线宽、底纹的前景或背景中出现的灰色量等参数。在【编辑填充】对话框中选择不同的底纹样式时，其参数设置也会相应发生改变。

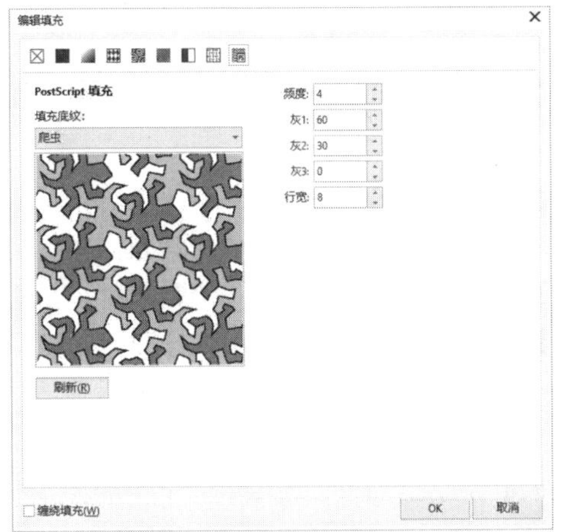

【例 7-8】在绘图文件中应用 PostScript 填充。
视频+素材 (素材文件\第 07 章\例 7-8)

step 1 在打开的绘图文件中使用【选择】工具选择图形对象。

step 2 单击工具箱中的【交互式填充】工具，在属性栏中单击【PostScript填充】按钮后，单击【编辑填充】按钮，打开【编辑填充】对话框。

step 3 在底纹列表中选择【彩色圆】选项，然后设置【数目(每平方英寸)】数值为 25，【最大】数值为 300，【最小】数值为 10，单击【刷新】按钮预览效果。

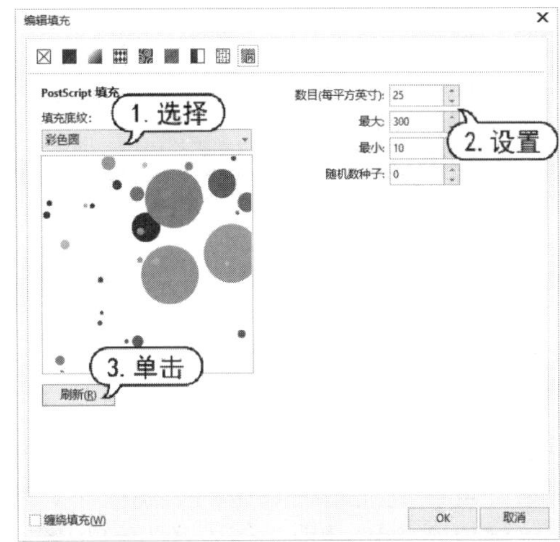

step 4 设置完成后，单击OK按钮关闭【编辑填充】对话框并应用PostScript填充。

7.5.2　为图形对象填充底纹

底纹填充是随机生成的填充，可用来赋予对象自然的外观。CorelDRAW 提供了多种预设的底纹，而且每种底纹均有一组可以更改的选项。用户可以使用任一颜色模型或调色板中的颜色来自定义底纹填充。底纹填充只能包含 RGB 颜色，但是，可以将其他颜色模型和调色板作为参考来选择颜色。

使用【选择】工具选取对象后，打开【编辑填充】对话框。在该对话框中单击【底纹填充】按钮，可显示相应的设置选项。

在【编辑填充】对话框中，单击【变换】选项组左侧的按钮，展开【变换】选项组，可以更改底纹填充的平铺大小，设置平铺原点来准确指定填充的起始位置。还允许用户偏移填充中的平铺，当相对于对象顶部调整第一个平铺的水平或垂直位置时，会影响其余的填充。此外，还可以旋转、倾斜、调整平铺大小，并且可更改底纹中心来创建自定义填充。

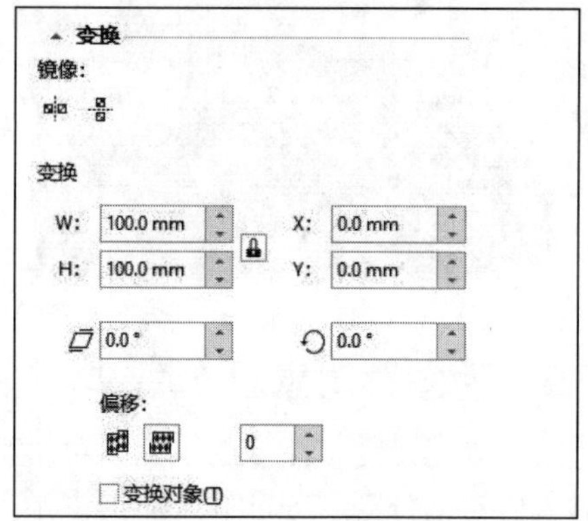

在【编辑填充】该对话框中，单击【底纹分辨率和尺寸】选项组左侧的按钮，展开【底纹分辨率和尺寸】选项组。在该选项组中，增加底纹平铺的分辨率时，会增加填充的精确度。

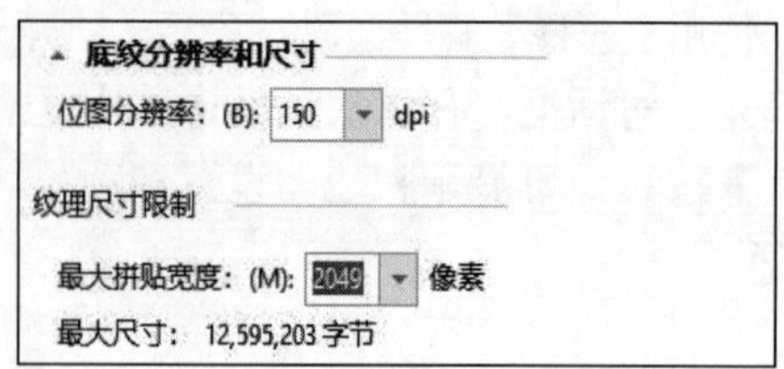

【例 7-9】在绘图文件中应用底纹填充。

视频+素材 (素材文件\第 07 章\例 7-9)

step 1 在打开的绘图文件中使用【选择】工具选择图形对象。

step 2 按F11 键打开【编辑填充】对话框，在该对话框中单击【底纹填充】按钮，在【底纹库】下拉列表中选择【样本 9】选项，在【填充】下拉列表中选择【纺织品】选项。

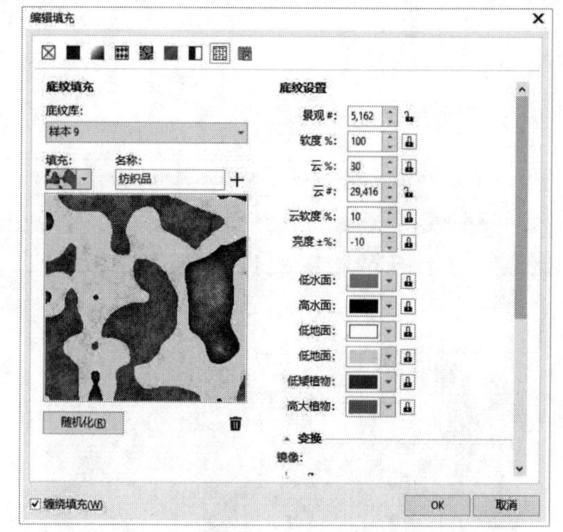

step 3 单击【变换】选项左侧的三角按钮，在显示的选项中，设置W数值为 20mm。

step 4 在【底纹设置】选项组中，设置【景观#】数值为 6000，【云%】数值为 45，【云软度%】数值为 50。

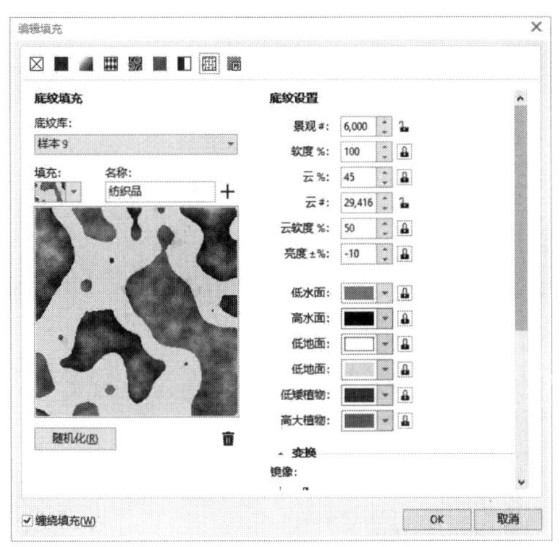

step 5　设置完成后，单击【编辑填充】对话框底部的OK按钮，关闭该对话框并应用底纹填充。

知识点滴

用户可以将修改的底纹保存到底纹库中。单击【编辑填充】对话框中的【保存底纹】+按钮，打开【保存底纹为】对话框，在【底纹名称】文本框中输入底纹的保存名称，在【库名称】下拉列表中选择保存后的位置，然后单击【OK】按钮即可。

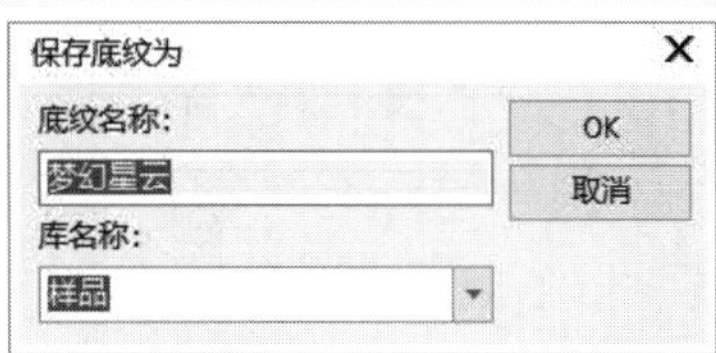

7.6　案例演练

本章的案例演练介绍“制作化妆品包装设计”这个综合实例，使用户通过练习从而巩固本章所学知识。

【例 7-10】制作化妆品包装设计。
视频+素材 (素材文件\第 07 章\例 7-10)

step 1　选择【文件】|【新建】命令，打开【创建新文档】对话框。在该对话框的【名称】文本框中输入“化妆品包装设计”，设置【宽度】和【高度】均为 250mm，然后单击OK按钮。

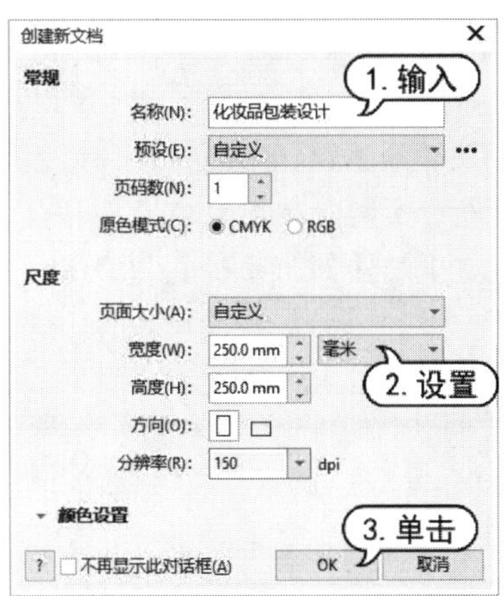

step 2　选择【布局】|【页面背景】命令，打开【选项】对话框。在该对话框中选中【位图】单选按钮，再单击【浏览】按钮，打开【导入】对话框。在【导入】对话框中选中所需的图像文件，然后单击【导入】按钮。

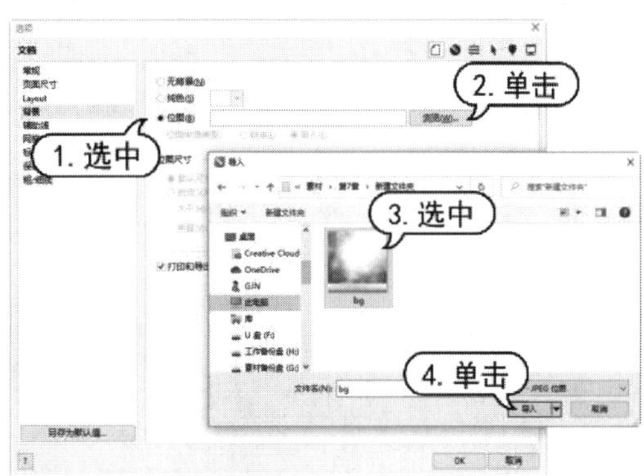

step 3　在【选项】对话框的【位图尺寸】选项组中，选中【自定义尺寸】单选按钮，设置【水平】数值为 250，然后单击OK按钮。

step 4　使用【矩形】工具在绘图页面中拖动绘制矩形，在属性栏中取消选中【锁定比率】按钮，设置对象大小的【宽度】为 70mm，【高度】为 150mm。

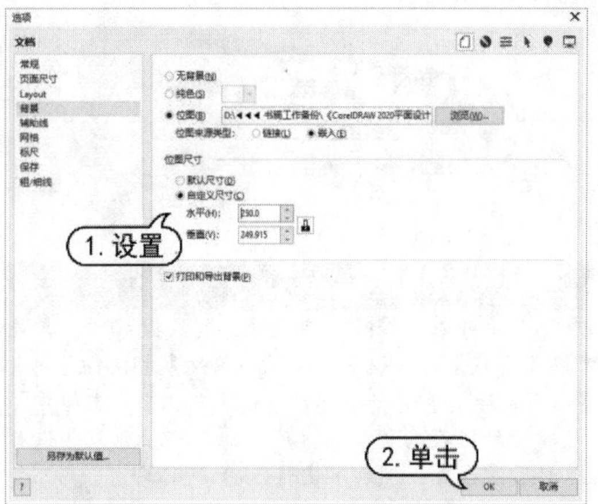

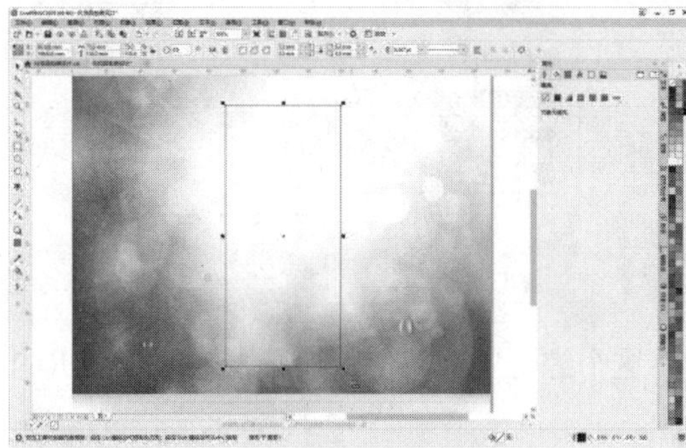

step 5 在【变换】泊坞窗中单击【缩放和镜像】按钮，设置对象原点为【中下】，单击【垂直镜像】按钮，设置【副本】数值为1，然后单击【应用】按钮。

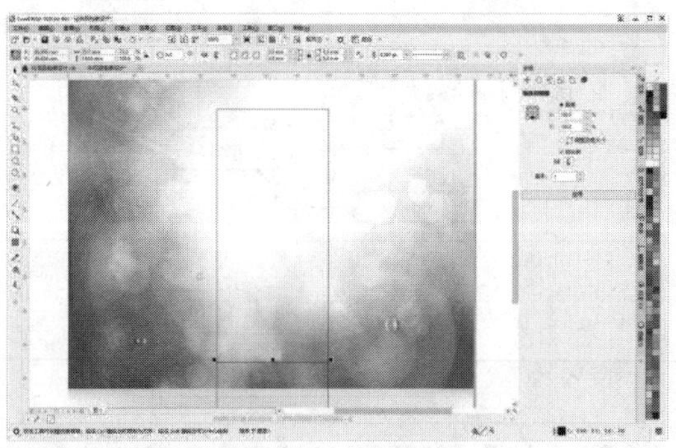

step 6 在属性栏中设置对象原点的参考点为【中上】，对象大小的【高度】为35mm。

step 7 选中步骤(4)中绘制的矩形，在【变换】泊坞窗中设置对象原点为【中上】，单击【垂直镜像】按钮，设置【副本】数值为1，然后单击【应用】按钮。

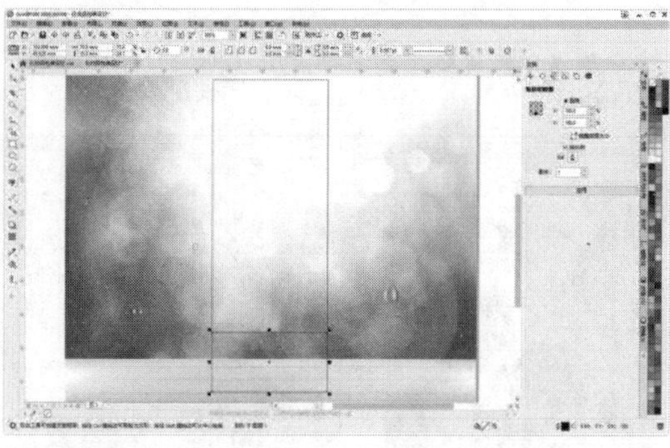

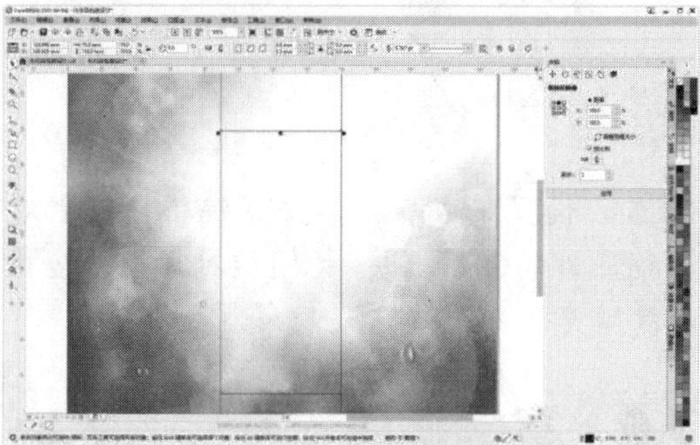

step 8 在属性栏中设置对象原点为【中下】，对象大小的【宽度】为90mm，【高度】为10mm。

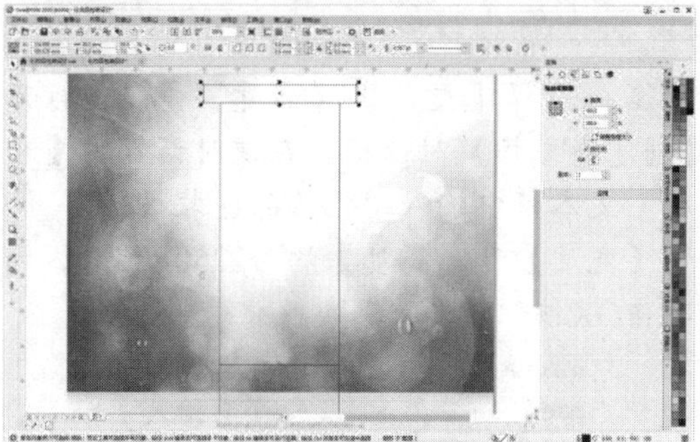

step 9 选中步骤(4)中绘制的矩形，在属性栏中取消选中【同时编辑所有角】按钮，设置左下和右下的【圆角半径】为2mm。

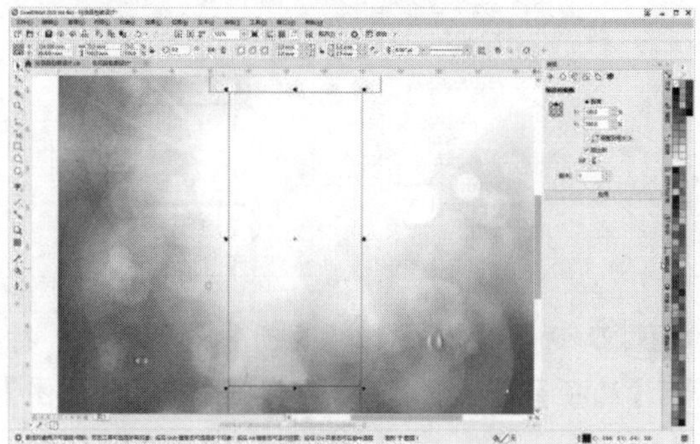

step 10 按Ctrl+Q组合键将对象转换为曲线，并使用【形状】工具调整节点位置。

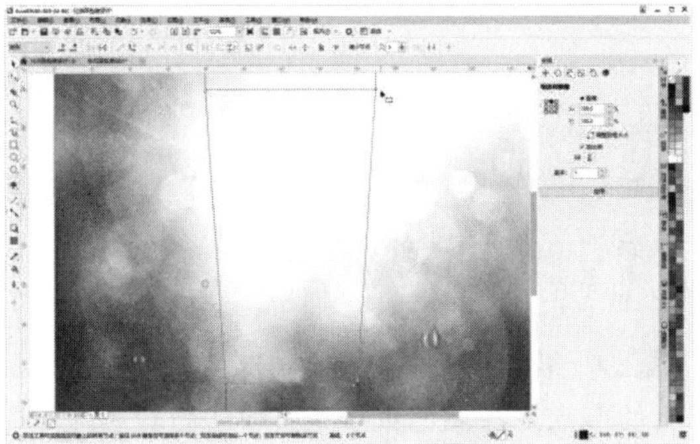

step 11 选中步骤(5)中绘制的矩形，在属性栏中设置左下和右下的【圆角半径】为10mm。

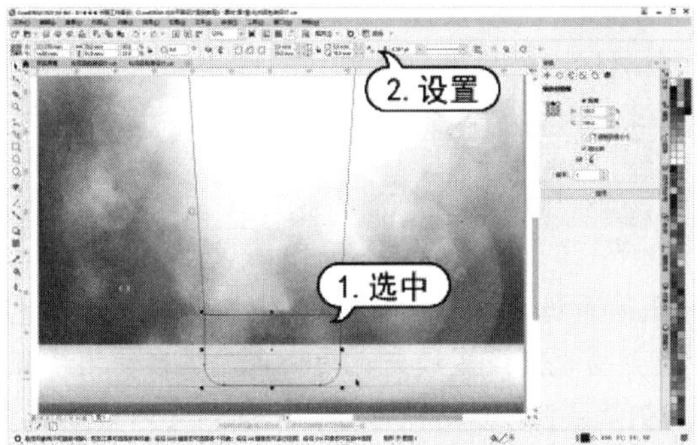

step 12 选中步骤(4)中绘制的矩形，在调色板中设置填充色为白色，轮廓色为无。

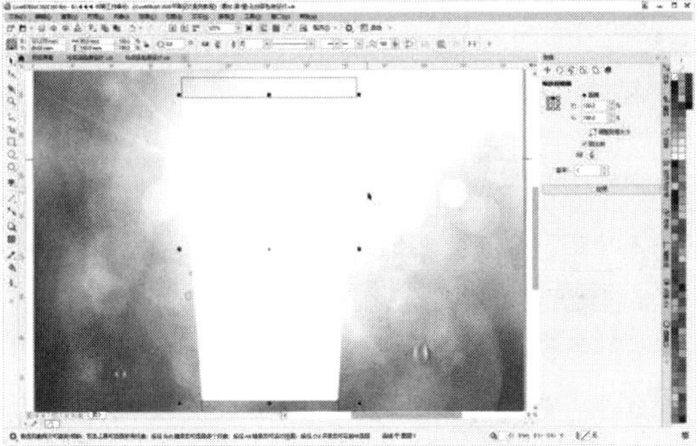

step 13 按Ctrl+C组合键复制刚编辑的图形，按Ctrl+V组合键进行粘贴。在标准工具栏中单击【导入】按钮，在打开的【导入】对话框中选中所需的图像文件，单击【导入】按钮。

step 14 在绘图页面中单击，导入图像。使用【选择】工具调整导入图像的位置及大小。

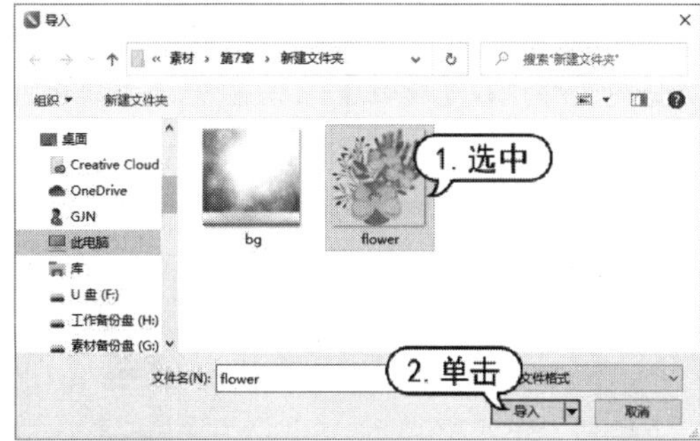

step 15 使用【椭圆形】工具绘制圆形，并将轮廓色设置为无，在【属性】泊坞窗中设置填充色为C:3 M:40 Y:79 K:0。

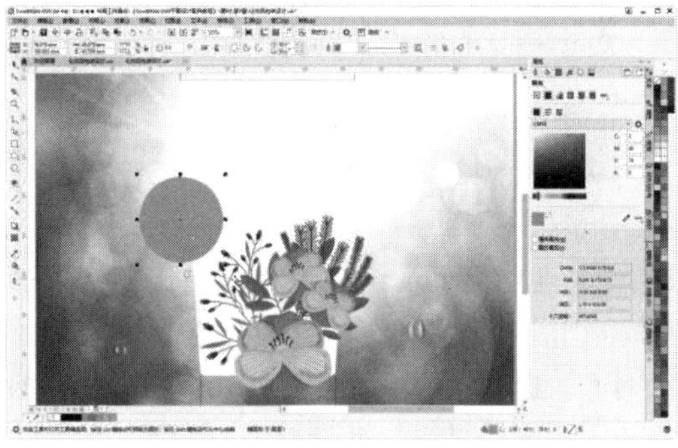

step 16 使用【选择】工具移动并复制刚绘制的圆形，在【属性】泊坞窗中设置填充色为C:37 M:14 Y:66 K:0。

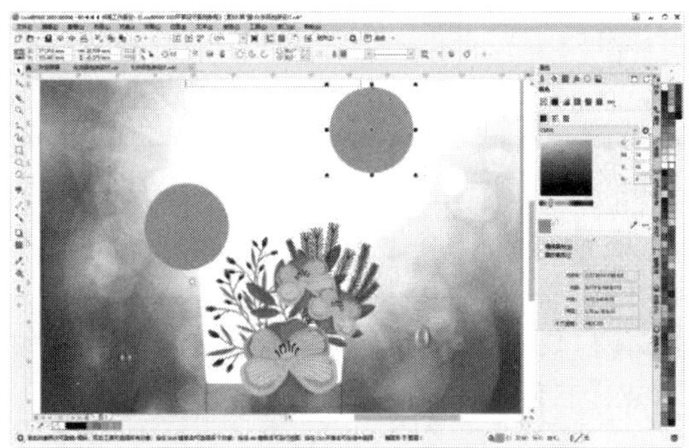

step 17 继续使用【选择】工具移动并复制刚绘制的圆形，在【属性】泊坞窗中设置填充色为C:38 M:20 Y:0 K:0。

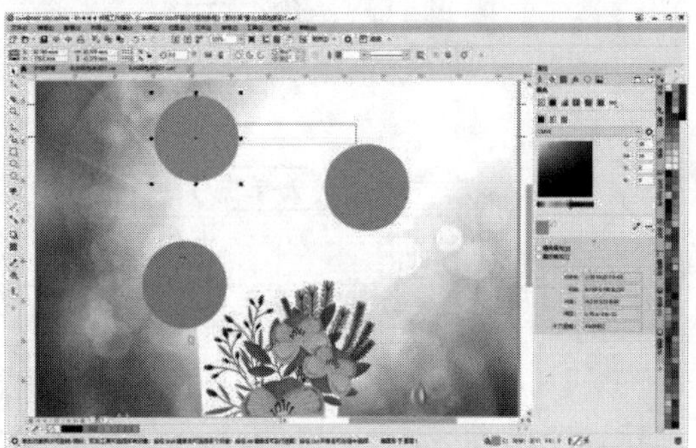

step 18 使用【选择】工具选中圆形和导入的图像并右击，在弹出的快捷菜单中选择【PowerClip内部】命令，当显示黑色箭头时，单击步骤(13)中复制的图形。

step 19 在【对象】泊坞窗中，关闭刚创建的PowerClip曲线对象的视图，选中步骤(4)创建的对象。选择【网格填充】工具，在显示的网格上双击添加节点，并调整节点位置。

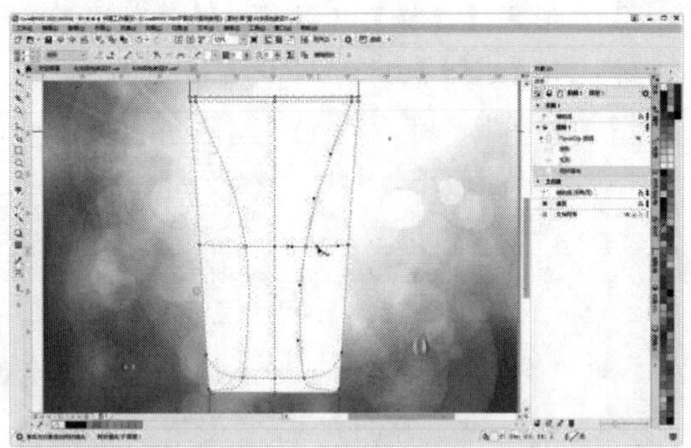

step 20 使用【网格填充】工具选中网格上的节点，在调色板中单击【20%黑】色板。

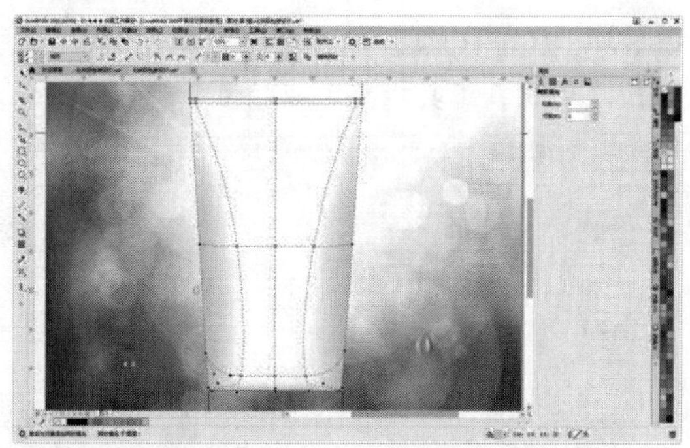

step 21 继续使用【网格填充】工具选中网格上的节点，在调色板中单击所需的颜色。

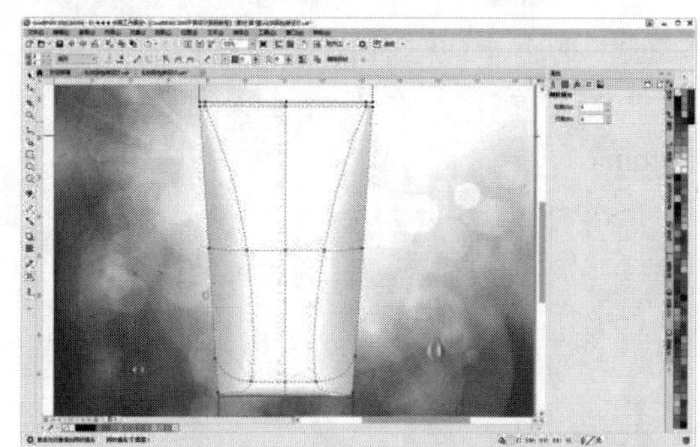

step 22 选中步骤(5)中绘制的矩形，将轮廓色设置为无，设置填充色为白色。然后使用步骤(19)至步骤(21)的操作方法，使用【网格填充】工具填充图形对象。

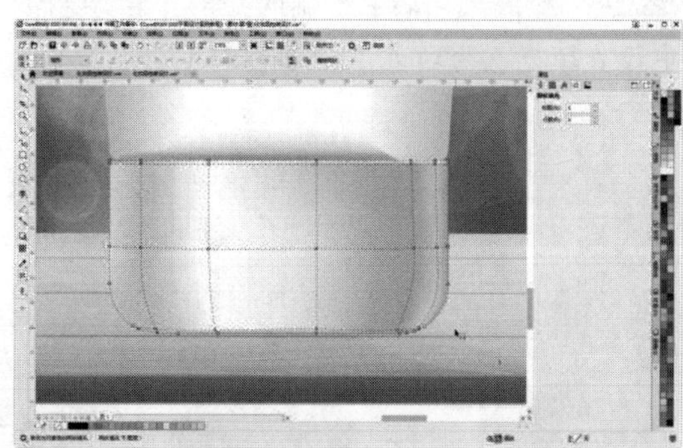

step 23 使用【矩形】工具在绘图页面中拖动绘制矩形，然后在【属性】泊坞窗中单击【填充】按钮，在【填充】选项组中单击【渐变填充】按钮，设置渐变填充色为C:0 M:0 Y:0 K:10至C:0 M:0 Y:0 K:50 至C:0 M:0 Y:0 K:0，设置【旋转】数值为－90°。

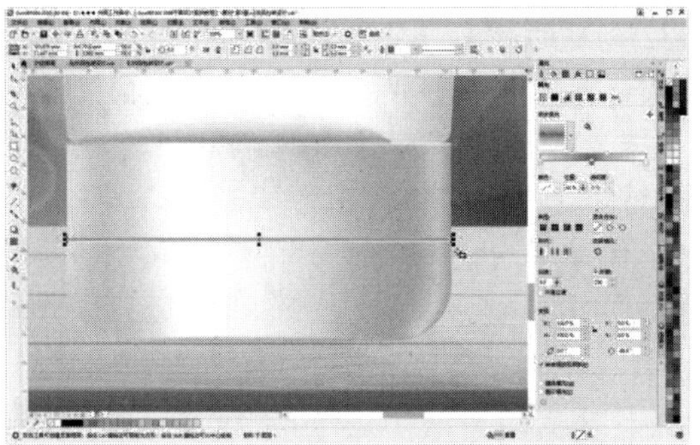

step 24 继续使用【矩形】工具在绘图页面中拖动绘制矩形，在属性栏中设置对象大小的【宽度】和【高度】均为20mm，选中【同时编辑所有角】按钮，设置【圆角半径】为7mm。然后按Ctrl+PgDn组合键将其向后移动一层。

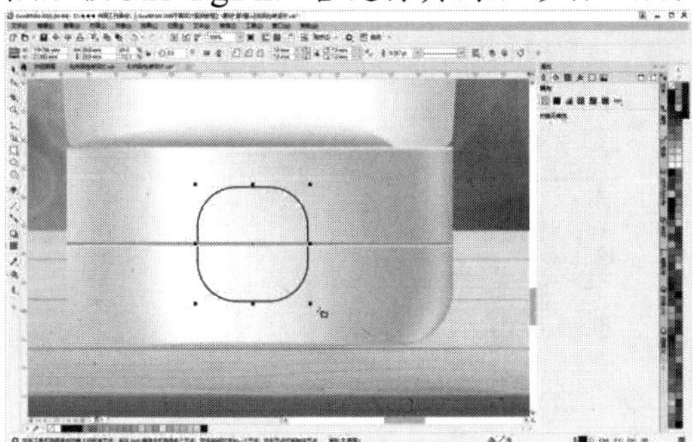

step 25 将刚绘制的圆角矩形的轮廓色设置为无，设置填充色为白色。然后使用步骤(19)至步骤(21)的操作方法，使用【网格填充】工具填充图形对象。

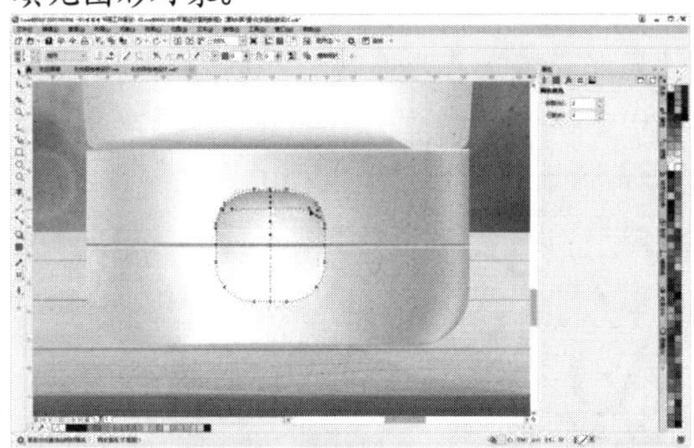

step 26 使用【选择】工具选中步骤(23)至步骤(25)创建的图形对象，调整其位置。

step 27 选中步骤(8)中绘制的矩形，将轮廓色设置为无，按F11 键打开【编辑填充】对话框。在该对话框中设置渐变填充色为C:0 M:0 Y:0 K:25 至C:0 M:0 Y:0 K:0 至C:0 M:0 Y:0 K:30，设置【旋转】数值为90°，然后单击OK按钮。

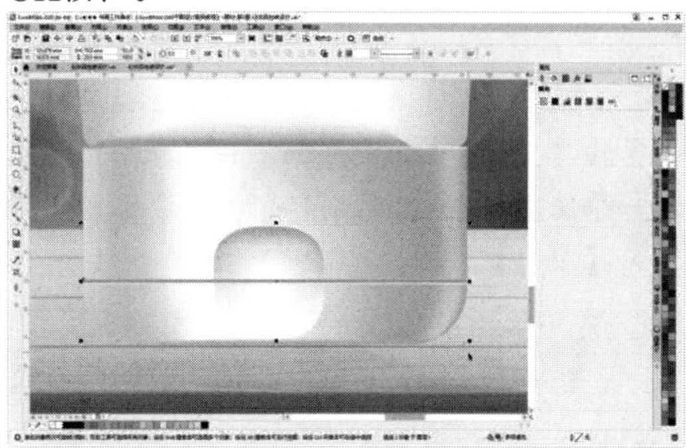

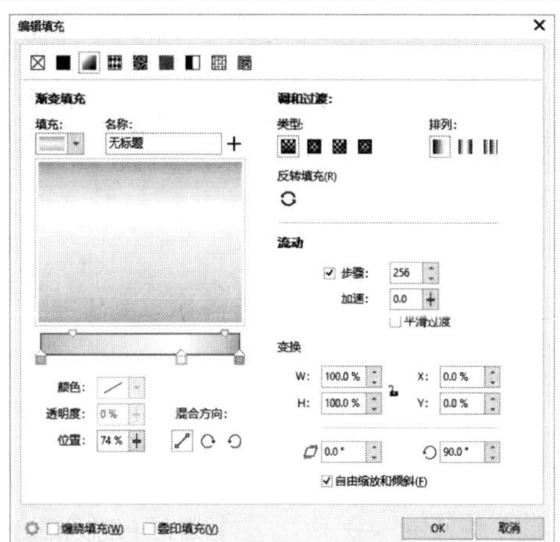

step 28 使用【矩形】工具绘制矩形，在属性栏中设置【宽度】为0.8mm，【高度】为8mm。然后将轮廓色设置为无，按F11 键打开【编辑填充】对话框。在该对话框中单击【椭圆形渐变填充】按钮，设置渐变填充色为C:0 M:0 Y:0 K:25 至C:0 M:0 Y:0 K:0，然后单击OK按钮。

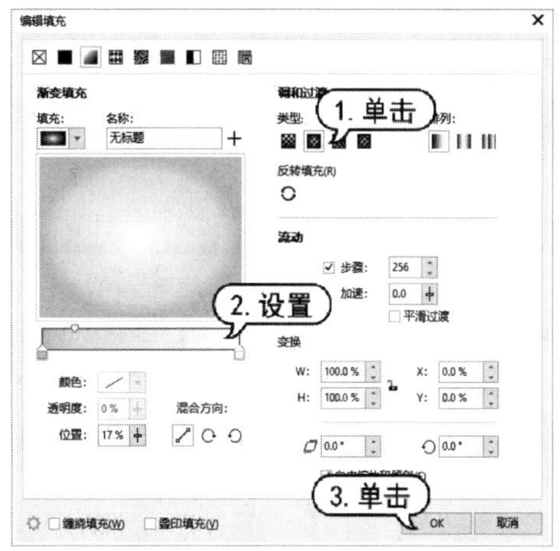

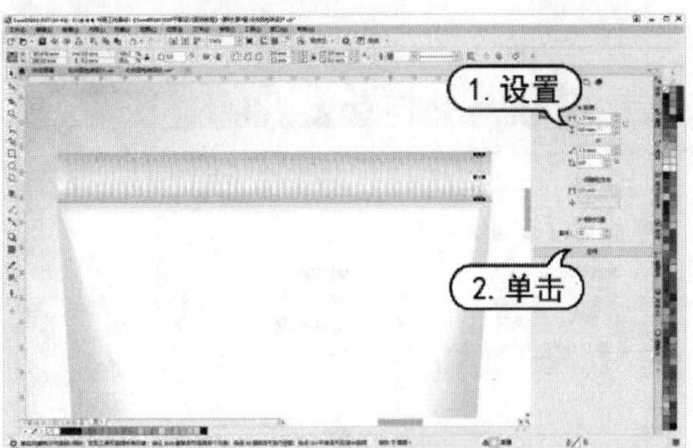

step 29 在【变换】泊坞窗中单击【位置】按钮，设置【在水平轴上为对象的位置指定一个值】为 1.5mm，【在垂直轴上为对象的位置指定一个值】为 0mm，【副本】数值为 57，然后单击【应用】按钮。

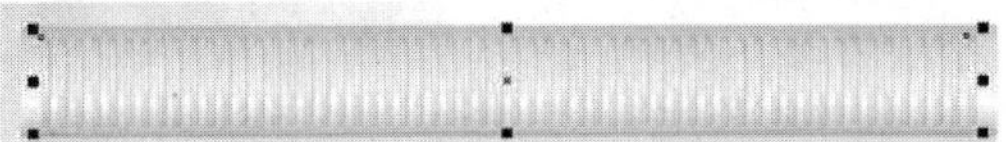

step 30 使用【选择】工具选中上一步创建的对象，按Ctrl+G组合键组合对象。

step 31 在【对象】泊坞窗中打开PowerClip曲线对象视图，并选中其中的导入图像。选择【透明度】工具，在属性栏中单击【均匀透明度】按钮，在【合并模式】下拉列表中选择【减少】选项，设置【透明度】数值为 20。

step 32 在【对象】泊坞窗中选中PowerClip曲线对象中的椭圆形对象。选择【透明度】工具，在属性栏中单击【均匀透明度】按钮，在【合并模式】下拉列表中选择【减少】选项，设置【透明度】数值为 30。

step 33 使用【选择】工具选中步骤(4)至步骤(32)创建的对象，在【对齐与分布】泊坞窗的【对齐】选项组中单击【选定对象】按钮，再单击【水平居中对齐】按钮。然后按Ctrl+G组合键组合所有对象。

step 34 使用【椭圆形】工具在绘图页面中拖动绘制一个椭圆形，将其轮廓色设置为无，在【属性】泊坞窗中单击【填充】按钮，在【填充】选项组中单击【渐变填充】按钮，在【类型】选项组中单击【椭圆形渐变填充】按钮，设置渐变填充色为透明度 100%的白色至C:0 M:0 Y:0 K:90。

step 35 按Ctrl+PgDn组合键将上一步绘制的椭圆形向后移动一层，并使用【选择】工具调整其位置及大小。

step 36 使用【文本】工具在绘图页面中单击，输入文字内容。然后使用【文本】工具选中全部文字内容，在【文本】泊坞窗的【字体】下拉列表中选择Orator10 BT，设置【字体大小】为 50pt,【字距调整范围】数值为 - 30%。

step 37 继续使用【文本】工具在绘图页面中输入文字内容，并在【文本】泊坞窗的【字体】下拉列表中选择Orator10 BT，设置【字体大小】为 24pt。

step 38 使用【矩形】工具在绘图页面中拖动绘制矩形，将其轮廓色设置为无，在【属性】泊坞窗中设置填充色为C:35 M:45 Y:9 K:0。

step 39 继续使用【文本】工具在绘图页面中输入文字内容，并在【文本】泊坞窗的【字体】下拉列表中选择Orator10 BT，设置【字体大小】为 7pt，字体颜色为白色。然后使用【形状】工具调整字符间距。

SAMPLE TEXT HERE

S A M P L E T E X T H E R E

step 40 继续使用【文本】工具在绘图页面中输入文字内容，并在【文本】泊坞窗的【字体】下拉列表中选择Monterey BT，设置【字体大小】为 50pt，字体颜色为C:62 M:40 Y:100 K:0。

step 41 继续使用【文本】工具在绘图页面中输入文字内容，并在【文本】泊坞窗的【字体】下拉列表中选择Garamond，设置【字体大小】为 20pt，字体颜色为 70%黑。

step 42 按Ctrl+A组合键选中所有对象，在【对齐与分布】泊坞窗中单击【水平居中对齐】按钮，然后按Ctrl+G组合键组合所有对象。

step 43 按Ctrl+C组合键复制刚创建的组合对象，按Ctrl+V组合键进行粘贴。按Ctrl+PgDn组合键将复制的组合对象后移一层，并调整其位置。

step 44 选中步骤(42)中创建的组合对象，使用【阴影】工具在图形对象上单击并向右拖动，创建阴影效果。

step 45 在标准工具栏中单击【保存】按钮，打开【保存绘图】对话框。在该对话框中单击【保存】按钮，完成本例的制作。

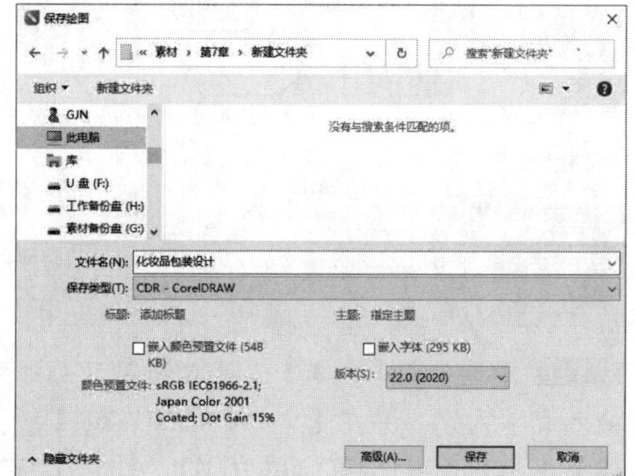

第 8 章

创建与管理表格对象

表格在实际运用中比较常见，在 CorelDRAW 中可以根据需要导入或创建表格，并且可以编辑表格的样式。使用表格有利于用户方便地规划、设计版面布局，添加图像和文字。

本章对应视频

例 8-1 制作简约表格

例 8-2 绘制明信片

例 8-3 绘制日历

例 8-4 制作课程表

例 8-5 制作旅行网站页面

8.1 创建表格对象

在 CorelDRAW 2020 中，用户可以使用菜单命令和【表格】工具创建表格。

8.1.1 使用菜单命令创建表格

选择【表格】|【创建新表格】命令，打开【创建新表格】对话框，在【创建新表格】对话框中的【行数】【列数】【高度】和【宽度】数值框中输入相关数值，然后单击 OK 按钮，即可创建相应属性的表格。

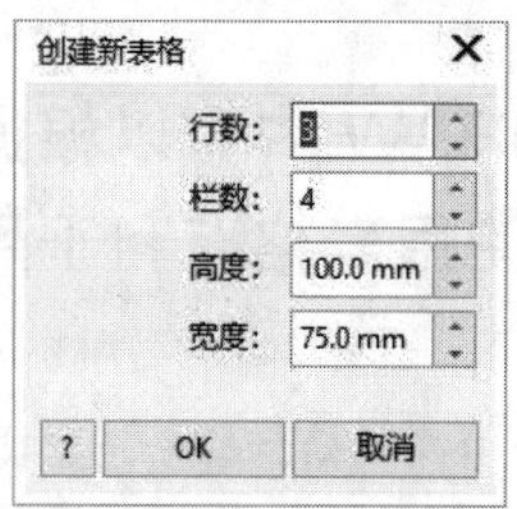

8.1.2 使用【表格】工具

【表格】工具是 CorelDRAW 中非常实用的工具，其使用方法与 Word 中的表格工具类似。使用该工具不仅可以绘制一般的数据表格，也可以设计绘图版面。创建表格后，还可以对其进行各种编辑、添加背景和文字等操作。

要在绘图文件中添加表格，先选择工具箱中的【表格】工具，然后在绘图窗口中按下鼠标左键，并沿对角线方向拖动鼠标，即可绘制表格。在选择【表格】工具后，可以通过属性栏设置表格属性。用户也可以在绘制表格后，再选中表格或部分单元格，通过【表格】工具属性栏，修改整个表格或部分单元格的属性。

- 【行数和列数】数值框：可以设置表格的行数和列数。
- 【填充色】下拉面板：在弹出的下拉面板中可以选择所需要的颜色。在设置表格背景颜色后，单击属性栏中的【编辑填充】按钮，在弹出的【均匀填充】对话框中，可以编辑和自定义所需要的表格背景颜色。

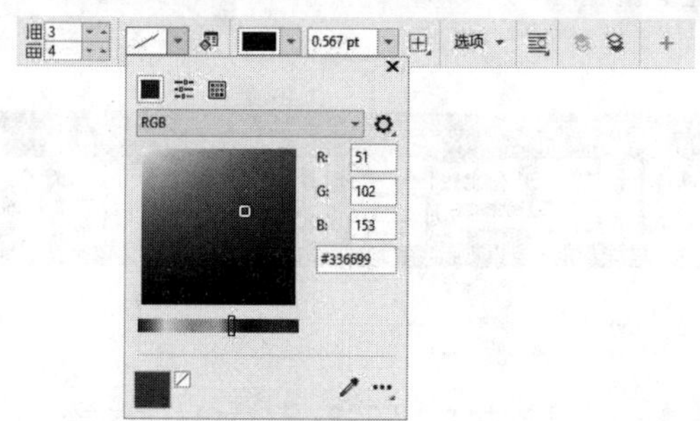

- 【轮廓宽度】下拉列表：在弹出的下拉列表中，可以选择所需的轮廓宽度。

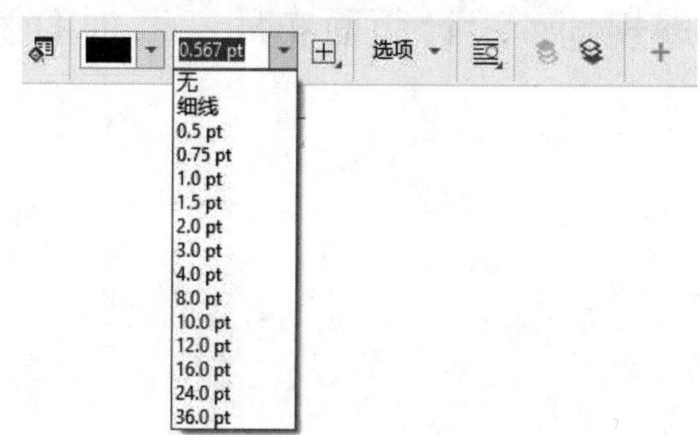

- 【轮廓色】：单击边框颜色选取器，可以设置边框颜色。
- 【边框选择】按钮：单击该按钮，在弹出的下拉列表中，可以选择所需要修改的边框。指定需要修改的边框后，所设置的边框属性只对指定的边框起作用。

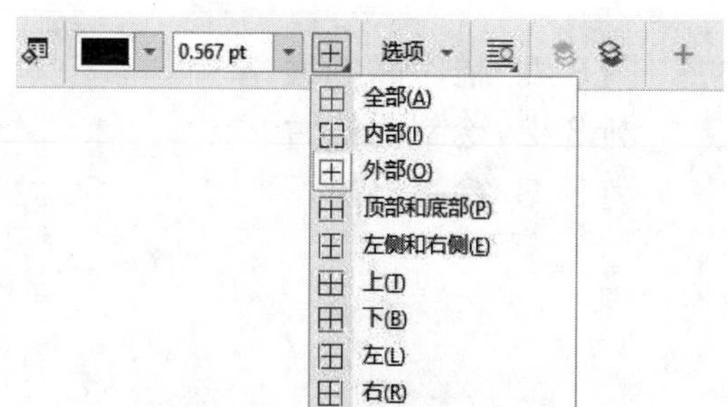

- 【选项】按钮：单击该按钮，可以打开下拉面板。选中【在键入时自动调整单元格大小】复选框，系统将会根据输入文字的长度自动调整单元格的大小，以显示全部文

字；选中【单独的单元格边框】复选框，然后在【水平单元格间距】数值框中输入数值，可以修改表格中的单元格边框间距。默认状态下，垂直单元格间距与水平单元格间距相等。如果要单独设置水平和垂直单元格间距，可单击【锁定】按钮，解除【水平单元格间距】和【垂直单元格间距】间的锁定状态，然后在【水平单元格间距】和【垂直单元格间距】数值框中输入所需的间距值。

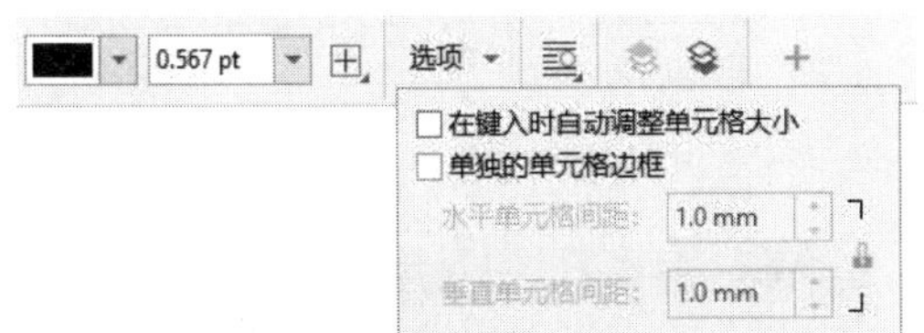

【例 8-1】制作简约表格。
视频+素材 (素材文件\第 08 章\例 8-1)

step 1 新建一个A4空白文档。选择菜单栏中的【表格】|【创建新表格】命令，打开【创建新表格】对话框。在该对话框中设置【行数】为 8、【栏数】为 5、【高度】为 120mm，【宽度】为 200mm，然后单击OK按钮。

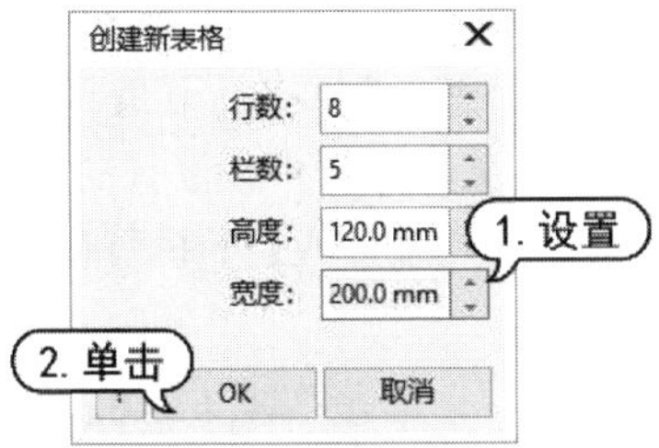

step 2 选择【表格】工具，将光标移到第一行左侧位置，当光标变为➡形状后单击选择第一行单元格，接着在属性栏中单击【填充色】选项，在弹出的下拉面板中设置背景色为橘红。

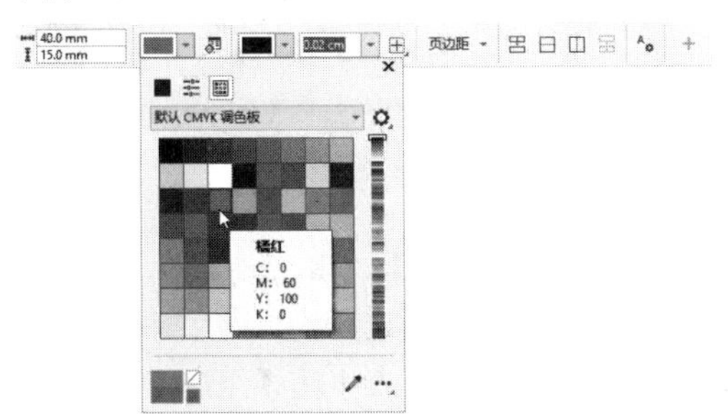

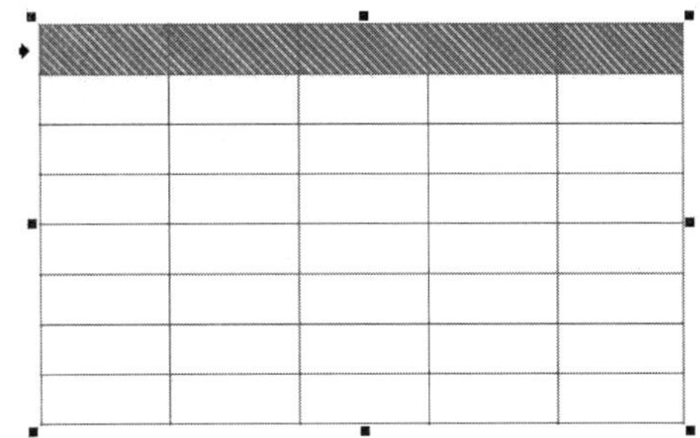

step 3 选择最后一行单元格，然后单击属性栏中的【合并单元格】按钮。

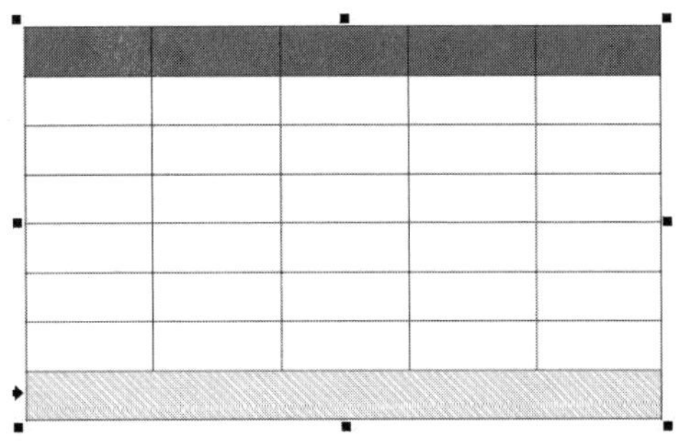

step 4 按Ctrl键并使用【表格】工具同时选择需要填充颜色的单元格，然后在调色板中单击【10%黑】色板填充颜色。

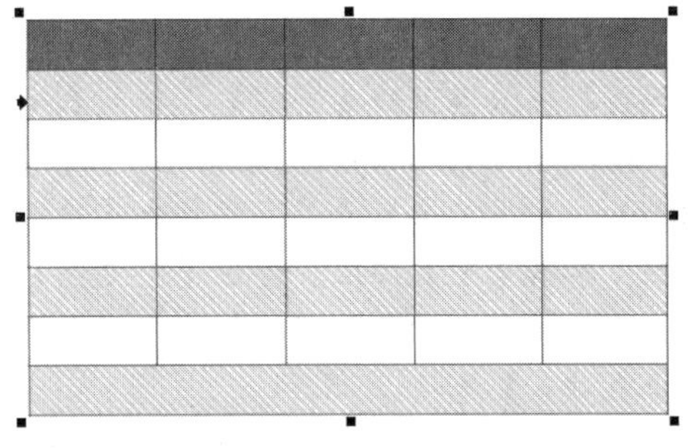

step 5 使用【表格】工具选中表格，在属性栏中设置【轮廓宽度】为 0.025cm，单击【边框选择】选项，在弹出的下拉列表中选择【全部】选项，设置【轮廓色】为白色。

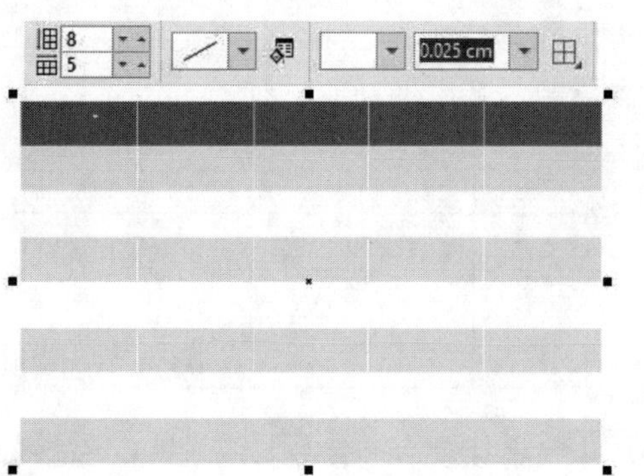

step 6 双击第一个单元格并输入文字内容。然后按Tab键，切换到相邻单元格，以同样的方式输入其他文字。

Monday	Tuesday	Wednesday	Thursday	Friday
yoga	rope skipping	Power cycling	sit-up	jogging
jogging	Power cycling	yoga	Power cycling	rope skipping
sit-up	jogging	jogging	jogging	sit-up
Power cycling	sit-up	rope skipping	yoga	Power cycling
rope skipping	yoga	sit-up	rope skipping	yoga
sit-up	sit-up	sit-up	sit-up	sit-up
Two hours a day				

step 7 使用【表格】工具选中第一行单元格，在属性栏中单击【文本】按钮，打开【文本】泊坞窗。在泊坞窗的【字体】下拉列表中选择【Adobe 黑体 Std R】，设置【字体大小】为16pt。在【文本】泊坞窗中单击【段落】按钮，单击【中】按钮；再在【图文框】选项组中的【垂直对齐】下拉列表中选择【居中垂直对齐】选项。

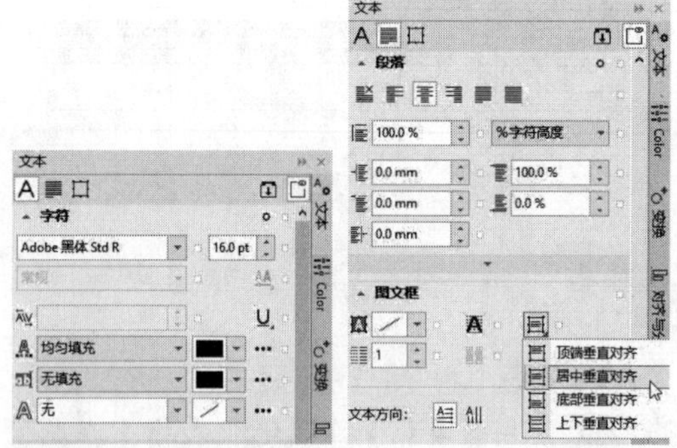

step 8 使用【表格】工具选中其他单元格，使用相同的方法对齐文本。

step 9 选中表格，单击【阴影】工具，按住鼠标左键拖曳为表格添加阴影。在属性栏中设置【阴影不透明度】数值为50，【阴影羽化】数值为5。

step 10 选择【椭圆形】工具，按住Ctrl键在绘图页面中绘制一个正圆形，并为其填充橘色。接着选择【2点线】工具，在绘图页面中绘制一条直线，在属性栏中设置【轮廓宽度】为0.02cm，在【线条样式】下拉列表中选择一种虚线样式。

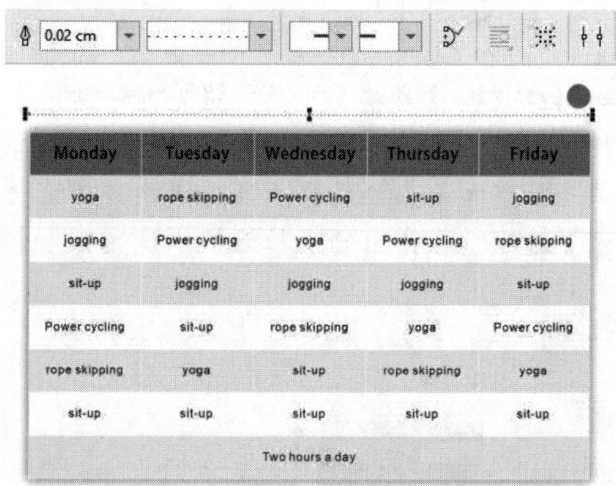

step 11 选择【文本】工具，在绘图页面中单击并输入文字。接着选中输入的文字，在属性栏的【字体】下拉列表中选择Arial，设置【字体大小】为24pt，完成表格的绘制。

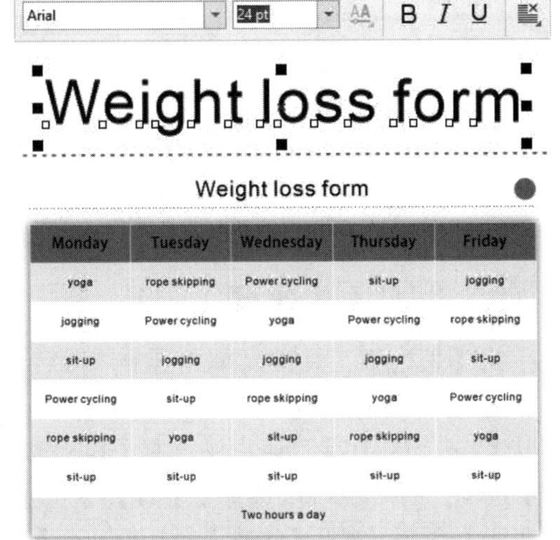

Weight loss form				
Monday	Tuesday	Wednesday	Thursday	Friday
yoga	rope skipping	Power cycling	sit-up	jogging
jogging	Power cycling	yoga	Power cycling	rope skipping
sit-up	jogging	jogging	jogging	sit-up
Power cycling	sit-up	rope skipping	yoga	Power cycling
rope skipping	yoga	sit-up	rope skipping	yoga
sit-up	sit-up	sit-up	sit-up	sit-up
Two hours a day				

8.1.3　文本与表格的相互转换

在 CorelDRAW 中，除了可以使用【表格】工具绘制表格外，还可以将选定的文本对象转换为表格。另外，用户也可以将绘制好的表格转换为相应的段落文本。

选择需要转换为表格的文本对象，然后选择【表格】|【将文本转换为表格】命令，打开【将文本转换为表格】对话框，在该对话框中进行相关设置，可将文本转换为表格。

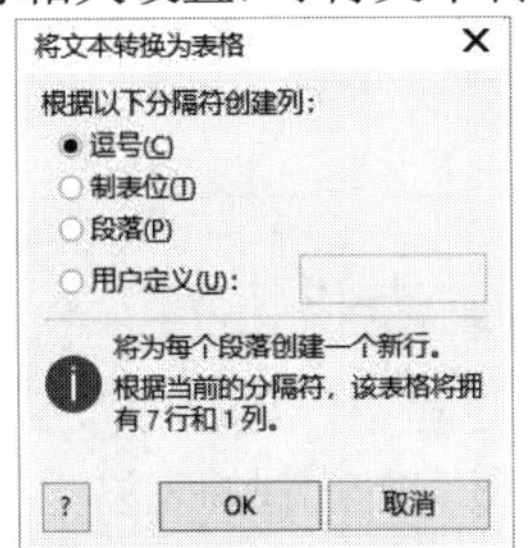

- 【逗号】单选按钮用于在逗号显示处创建一列，在段落标记显示处创建一行。
- 【制表位】单选按钮用于创建一个显示制表位的列和一个显示段落标记的行。
- 【段落】单选按钮用于创建一个显示段落标记的列。
- 【用户定义】单选按钮用于创建一个显示指定标记的列和一个显示段落标记的行。

在 CorelDRAW 中，还可以将表格文本转换为段落文本。

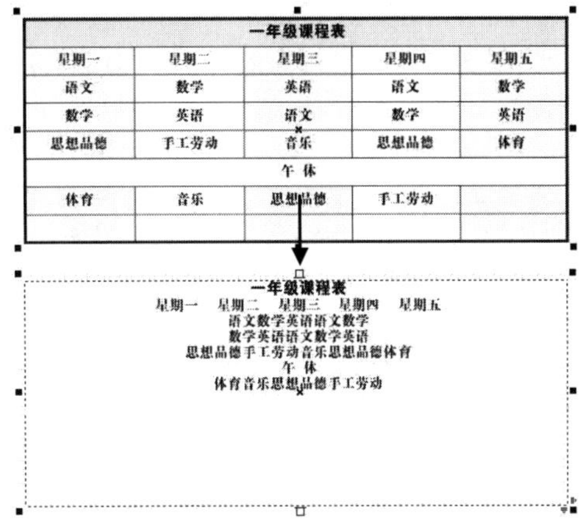

一年级课程表				
星期一	星期二	星期三	星期四	星期五
语文	数学	英语	语文	数学
数学	英语	语文	数学	英语
思想品德	手工劳动	音乐	思想品德	体育
午 休				
体育	音乐	思想品德	手工劳动	

选择需要转换为文本的表格，然后选择菜单栏中的【表格】|【将表格转换为文本】命令，打开【将表格转换为文本】对话框。在该对话框中设置单元格文本分隔依据，然后单击 OK 按钮，即可将表格转换为文本。

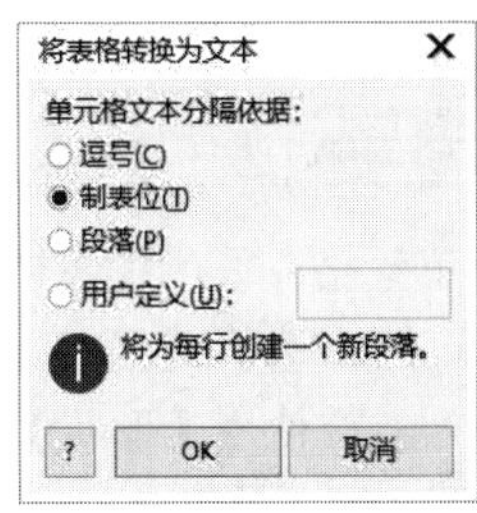

8.2　编辑表格

使用【表格】工具创建表格后，用户还可以更改表格的属性和格式、合并和拆分单元格、在表格中插入行或列等。

8.2.1　选择表格对象

在处理表格的过程中，首先需要选择要处理的表格、单元格、行或列。要在 CorelDRAW 中选择表格内容，可以通过下列方法。

- 选择表格：选择【表格】|【选择】|【表格】命令；或将【表格】工具指针悬停在表格的左上角，直到出现对角箭头◢为止，然后单击鼠标。

设计组人员联系单		
姓名	电话	电子邮箱
Lisa	01-9534-3785	lisa@company.com
Susan	01-9534-2481	susan@company.com
Tom	01-9534-6584	tom@company.com
Johnny	01-9238-4652	johnny@company.com
Kevin	01-3515-4023	kevin@company.com
Helen	01-3584-6835	helen@company.com
Jeff	01-5684-3584	jeff@company.com

- 选择行：在行中单击，然后选择【表格】|【选择】|【行】命令；或将【表格】工具指针悬停在要选择的行左侧的表格边框上，当出现水平箭头➡后，单击该边框选择此行。

设计组人员联系单		
姓名	电话	电子邮箱
Lisa	01-9534-3785	lisa@company.com
Susan	01-9534-2481	susan@company.com
Tom	01-9534-6584	tom@company.com
Johnny	01-9238-4652	johnny@company.com
Kevin	01-3515-4023	kevin@company.com
Helen	01-3584-6835	helen@company.com
Jeff	01-5684-3584	jeff@company.com

- 选择列：在列中单击，然后选择【表格】|【选择】|【列】命令；或将【表格】工具指针悬停在要选择的列的顶部边框上，当出现垂直箭头⬇后，单击该边框选择此列。

设计组人员联系单		
姓名	电话	电子邮箱
Lisa	01-9534-3785	lisa@company.com
Susan	01-9534-2481	susan@company.com
Tom	01-9534-6584	tom@company.com
Johnny	01-9238-4652	johnny@company.com
Kevin	01-3515-4023	kevin@company.com
Helen	01-3584-6835	helen@company.com
Jeff	01-5684-3584	jeff@company.com

- 选择单元格：使用【表格】工具在单元格中单击，然后选择【表格】|【选择】|【单元格】命令；或使用【形状】工具在单元格中单击，即可将该单元格选中。

设计组人员联系单		
姓名	电话	电子邮箱
Lisa	01-9534-3785	lisa@company.com
Susan	01-9534-2481	susan@company.com
Tom	01-9534-6584	tom@company.com
Johnny	01-9238-4652	johnny@company.com
Kevin	01-3515-4023	kevin@company.com
Helen	01-3584-6835	helen@company.com
Jeff	01-5684-3584	jeff@company.com

实用技巧

选择【形状】工具，按住 Ctrl 键，逐一单击单元格，即可选中多个不连续的单元格。

设计组人员联系单		
姓名	电话	电子邮箱
Lisa	01-9534-3785	lisa@company.com
Susan	01-9534-2481	susan@company.com
Tom	01-9534-6584	tom@company.com
Johnny	01-9238-4652	johnny@company.com
Kevin	01-3515-4023	kevin@company.com
Helen	01-3584-6835	helen@company.com
Jeff	01-5684-3584	jeff@company.com

8.2.2 浏览表格组件

将【表格】工具插入单元格中，然后按 Tab 键。如果是第一次在表格中按 Tab 键，则从【Tab 键顺序】列表框中选择【Tab 键顺序】选项。用户也可以选择【工具】|【选项】|【工具】命令，打开【选项】对话框，在【工具】类别列表中，单击【表格】选项，选中【移至下一个单元格】单选按钮；或从【Tab 键顺序】列表框中，选择【从左向右、从上向下】或【从右向左、从上向下】选项。

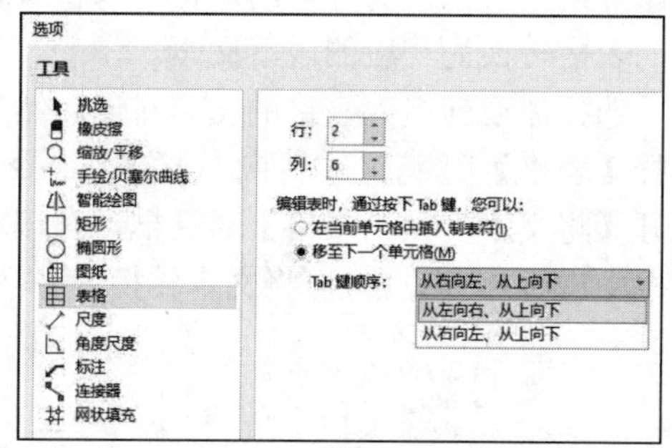

8.2.3 插入表格行列

在绘图过程中，用户可以根据图形或文字编排的需要，在绘制的表格中插入行和列.

在表格中选择一行或列后，选择【表格】|【插入】命令可以为现有的表格添加行和列，并且可以指定添加的行、列数。

- 要在选定行的上方插入一行，可以选择【表格】|【插入】|【行上方】命令，或右击鼠标，在弹出的快捷菜单中选择【插入】|【行上方】命令。
- 要在选定行的下方插入一行，可以选择【表格】|【插入】|【行下方】命令，或右击鼠标，在弹出的快捷菜单中选择【插入】|【行下方】命令。

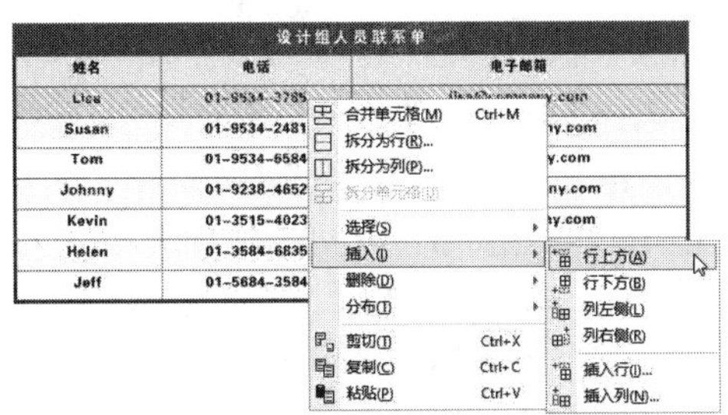

▶ 要在选定列的左侧插入一列，可以选择【表格】|【插入】|【列左侧】命令，或右击鼠标，在弹出的快捷菜单中选择【插入】|【列左侧】命令。

▶ 要在选定列的右侧插入一列，可以选择【表格】|【插入】|【列右侧】命令，或右击鼠标，在弹出的快捷菜单中选择【插入】|【列右侧】命令。

▶ 要在选定行的上下插入多行，可以选择【表格】|【插入】|【插入行】命令，或右击鼠标，在弹出的快捷菜单中选择【插入】|【插入行】命令，在打开的【插入行】对话框的【行数】数值框中输入要插入的行数值，再选中【在选定行上方】单选按钮或【在选定行下方】单选按钮，然后单击 OK 按钮即可。

▶ 要在选定列的左右插入多列，选择【表格】|【插入】|【插入列】命令，或右击鼠标，在弹出的快捷菜单中选择【插入】|【插入列】命令，在打开的【插入列】对话框的【栏数】数值框中输入要插入的列数值，再选中【在选定列左侧】单选按钮或【在选定列右侧】单选按钮，然后单击 OK 按钮即可。

8.2.4　拆分与合并表格

在绘制表格时，可以通过合并相邻单元格、行和列，或拆分单元格来更改表格的配置方式。如果合并表格单元格，则左上角单元格的格式将应用于所有合并的单元格。

合并单元格的操作非常简单，选择多个单元格后，选择菜单栏中的【表格】|【合并单元

格】命令，或直接单击属性栏中的【合并单元格】按钮，即可将其合并为一个单元格。

设计组人员联系单			
姓名		电话	电子邮箱
Lisa		01-9534-3785	lisa@company.com
Susan		01-9534-2481	susan@company.com
Tom		01-9534-6584	tom@company.com
Johnny		01-9238-4652	johnny@company.com
Kevin		01-3515-4023	kevin@company.com
Helen		01-3584-6835	helen@company.com
Jeff		01-5684-3584	jeff@company.com

设计组人员联系单			
姓名		电话	电子邮箱
Lisa		01-9534-3785	lisa@company.com
Susan			
Tom		01-9534-6584	tom@company.com
Johnny		01-9238-4652	johnny@company.com
Kevin		01-3515-4023	kevin@company.com
Helen		01-3584-6835	helen@company.com
Jeff		01-5684-3584	jeff@company.com

选择合并后的单元格，选择【表格】|【拆分单元格】命令，或单击属性栏中的【撤销合并】按钮，即可将其拆分。拆分后的每个单元格格式保持拆分前的格式不变。

设计组人员联系单		
姓名	电话	电子邮箱
Lisa	01-9534-3785	lisa@company.com
Susan		
Tom	01-9534-6584	tom@company.com
Johnny	01-9238-4652	johnny@company.com
Kevin	01-3515-4023	kevin@company.com
Helen	01-3584-6835	helen@company.com
Jeff	01-5684-3584	jeff@company.com

设计组人员联系单		
姓名	电话	电子邮箱
Lisa	01-9534-3785	lisa@company.com
Susan		
Tom	01-9534-6584	tom@company.com
Johnny	01-9238-4652	johnny@company.com
Kevin	01-3515-4023	kevin@company.com
Helen	01-3584-6835	helen@company.com
Jeff	01-5684-3584	jeff@company.com

选择需要拆分的单元格，然后选择【表格】|【拆分为行】或【拆分为列】命令，打开【拆分单元格】对话框，在其中设置拆分的行数或栏数后，单击 OK 按钮即可。用户也可以通过单击属性栏中的【水平拆分单元格】按钮或【垂直拆分单元格】按钮来打开【拆分单元格】对话框。

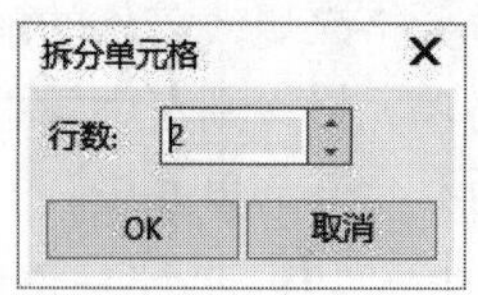

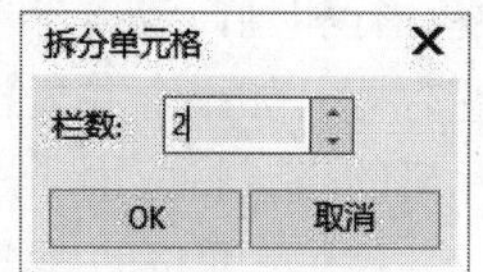

8.2.5 分布表格行或列

选择【表格】|【分布】|【行均分】命令，或右击鼠标，从弹出的快捷菜单中选择【分布】|【行均分】命令，可以使所有选定的行高度相同；选择【表格】|【分布】|【列均分】命令，或右击鼠标，从弹出的快捷菜单中选择【分布】|【列均分】命令，可以使所有选定的列宽度相同。

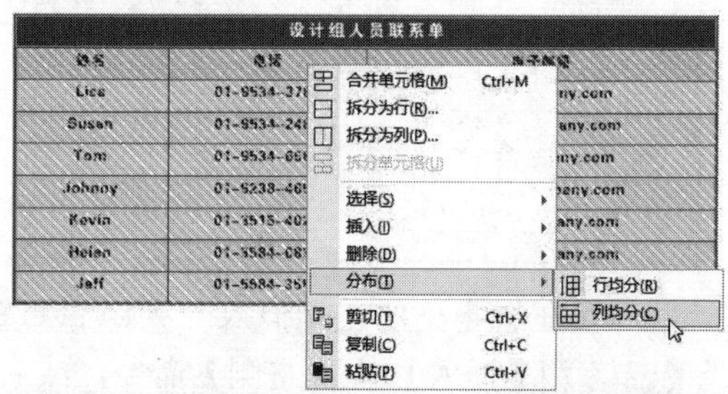

设计组人员联系单		
姓名	电话	电子邮箱
Lisa	01-9534-3785	lisa@company.com
Susan	01-9534-2481	susan@company.com
Tom	01-9534-6584	tom@company.com
Johnny	01-9238-4652	johnny@company.com
Kevin	01-3515-4023	kevin@company.com
Helen	01-3584-6835	helen@company.com
Jeff	01-5684-3584	jeff@company.com

8.2.6 移动表格组件

在创建表格后，可以将表格的行或列移到该表格的其他位置或其他表格中。选择要移动的行或列，将行或列拖动到表格中的其他位置即可。

第一小组人员名单及联系方式		
姓名	电话	电子邮箱
Lisa	01-9534-3785	lisa@company.com
Susan	01-9534-2481	susan@company.com
Tom	01-9534-6584	tom@company.com
Johnny	01-9238-4652	johnny@company.com
Kevin	01-3515-4023	kevin@company.com
Helen	01-3584-6835	helen@company.com
Jeff	01-5684-3584	jeff@company.com

姓名	电话	电子邮箱
Lisa	01-9534-3785	lisa@company.com
Susan	01-9534-2481	susan@company.com
Tom	01-9534-6584	tom@company.com
第一小组人员名单及联系方式		
Johnny	01-9238-4652	johnny@company.com
Kevin	01-3515-4023	kevin@company.com
Helen	01-2584-6835	helen@company.com
Jeff	01-5684-3584	jeff@company.com

要将表格组件移到另一个表格中，可以先选择要移动的表格行或列，然后选择【编

辑】|【剪切】命令，并在另一个表格中选择要插入的位置，再选择【编辑】|【粘贴】命令，在打开的【粘贴行】或【粘贴列】对话框中选择所需的选项，然后单击 OK 按钮。

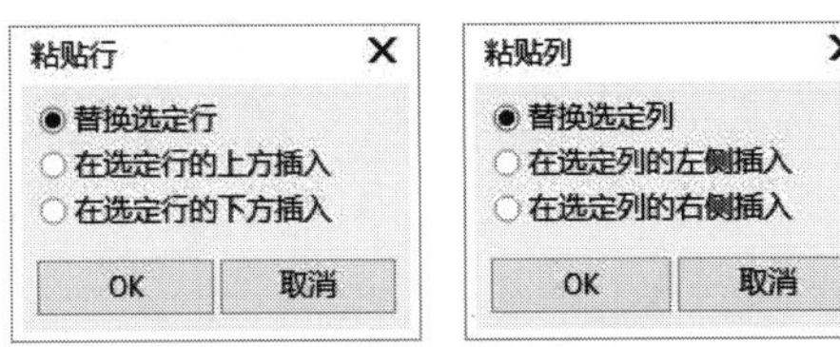

8.2.7　删除表格行或列

绘制表格后，还可以删除不需要的单元格、行或列来满足编辑的需要。使用【形状】工具选择要删除的行或列，选择菜单栏中的【表格】|【删除】|【行】命令或【表格】|【删除】|【列】命令，或右击鼠标，在弹出的快捷菜单中选择【删除】|【行】或【列】命令即可。

8.3　设置表格属性

设置表格属性主要包括表格背景效果的填充、表格或单元格边框的设置、行高和列宽的设置等多种属性设置。

8.3.1　设置表格边框

在 CorelDRAW 中，用户可以设置表格或单元的边框颜色、宽度、行高和列高等。

1. 设置表格边框外观属性

使用【表格】工具在绘图页面中绘制表格后，在属性栏的【边框选择】下拉列表中选择需要设置的表格边框，然后在【轮廓色】下拉面板中设置轮廓颜色；在【轮廓宽度】下拉列表中选择边框宽度，或直接在数值框中输入数值，即可设置表格边框宽度。

【例 8-2】绘制明信片。
视频+素材 (素材文件\第 08 章\例 8-2)

step 1　打开素材绘图文档，选择【表格】工具，在属性栏中设置【行数】数值为 5，【列数】数值为 1。然后使用【表格】工具在绘图页面中绘制表格。

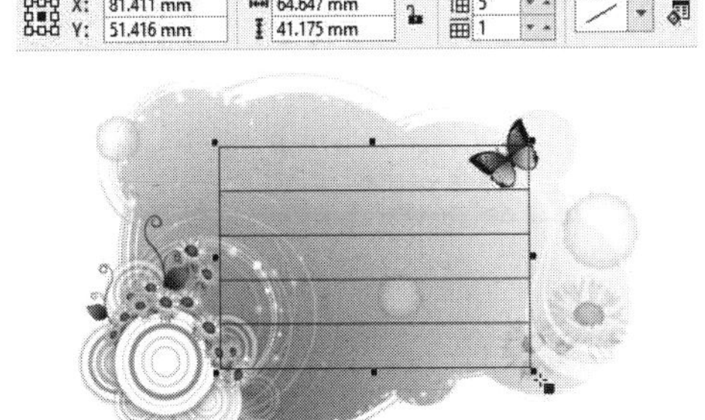

step 2　使用【表格】工具在第一行单元格中双击，输入文字内容。然后使用【表格】工具选中第一行单元格，在属性栏中单击【文本】按钮，打开【文本】泊坞窗。在泊坞窗的【字体】下拉列表中选择【Arrus BT】，设置【字体大小】为 14pt。在【文本】泊坞窗中单击【段落】按钮，单击【中】按钮；再在【图文框】选项组中的【垂直对齐】下拉列表中选择【居中垂直对齐】选项。

step 3　保持第一行单元格的选中状态，在属性栏中单击【边框选择】按钮，在弹出的下拉列表中选择【外部】选项，单击【轮廓色】选项，在弹出的下拉面板中设置轮廓色为无。

step 4 使用【表格】工具选中其余4行，在属性栏中单击【边框选择】按钮，在弹出的下拉列表中选择【左侧和右侧】选项，单击【轮廓色】选项，在弹出的下拉面板中设置轮廓色为无。

step 5 继续选中其余4行，在属性栏中单击【边框选择】按钮，在弹出的下拉列表中选择【内部】选项，在【属性】泊坞窗的【线条样式】下拉列表中选择一种虚线样式，完成明信片的制作。

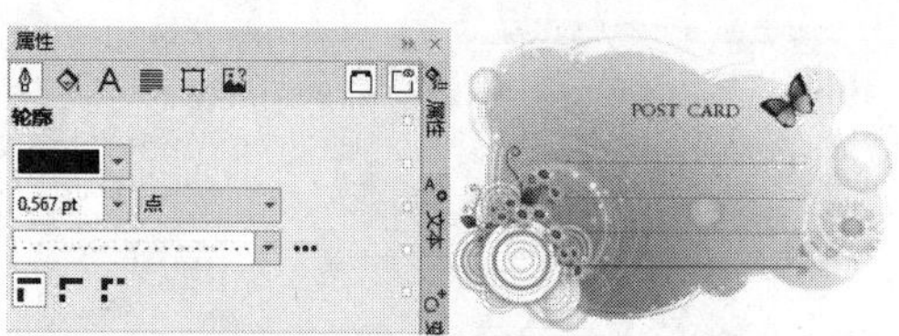

2. 设置表格的行高和列宽

使用【表格】工具在绘图页面中绘制表格后，可以在属性栏中通过设置【对象大小】微调框改变表格的整体宽度和高度。

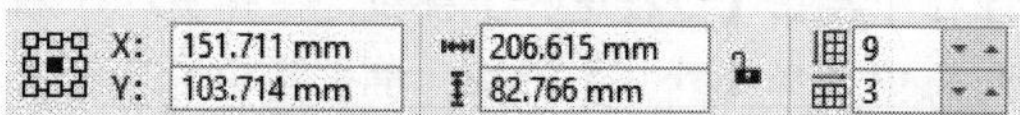

使用【形状】工具在表格中选中需要设置行高或列宽的单元格，然后在属性栏中设置表格单元格宽度和高度的微调框中输入数值，即可设置单元格的行高和列宽。设置完成后，表格中同一行和同一列的单元格相对应的行高和列宽也会发生变化。

【例 8-3】绘制日历。
视频+素材 (素材文件\第 08 章\例 8-3)

step 1 打开素材绘图文档，选择【表格】工具，在属性栏中设置【行数】数值为7，【列数】数值为7。然后使用【表格】工具在绘图页面中绘制表格。

step 2 使用【表格】工具选中第一行单元格，在属性栏中单击【合并单元格】按钮。

step 3 使用【表格】工具双击第一行单元格，在属性栏的【字体】下拉列表中选择Arial Rounded MT Bold，设置【字体大小】为48pt，然后输入文字内容。

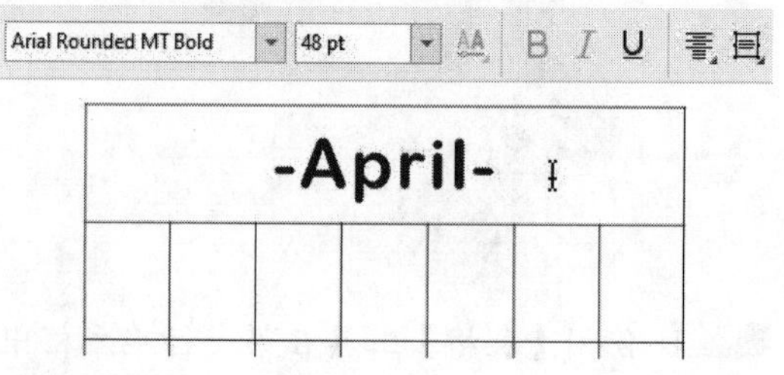

step 4 使用【表格】工具双击第二行第一个

单元格，输入文字内容，然后按Tab键将光标移动至下一个单元格并输入文字内容。将鼠标光标移动至行线上，当光标变为双向箭头时，拖曳行线调整行高。

step 5 使用【表格】工具选中第二行单元格，在【文本】泊坞窗中单击【段落】按钮，在显示的选项组中单击【中】按钮。再在【文本】泊坞窗中单击【图文框】按钮，在【背景色】选项下拉面板中设置背景色为C:25 M:0 Y:50 K:0，单击【垂直居中】按钮，在弹出的下拉列表中选择【居中垂直对齐】选项。

step 6 继续使用【表格】工具双击单元格，输入所需的文字内容。

step 7 使用【表格】工具选中第一行单元格，在属性栏中单击【边框选择】按钮，在弹出的下拉列表中选择【外部】选项，单击【轮廓色】选项，在弹出的下拉面板中设置轮廓色为无。再单击【边框选择】按钮，在弹出的下拉列表中选择【下】选项，设置【轮廓宽度】为2pt，单击【轮廓色】选项，在弹出的下拉面板中设置轮廓色为C:85 M:35 Y:100 K:0。

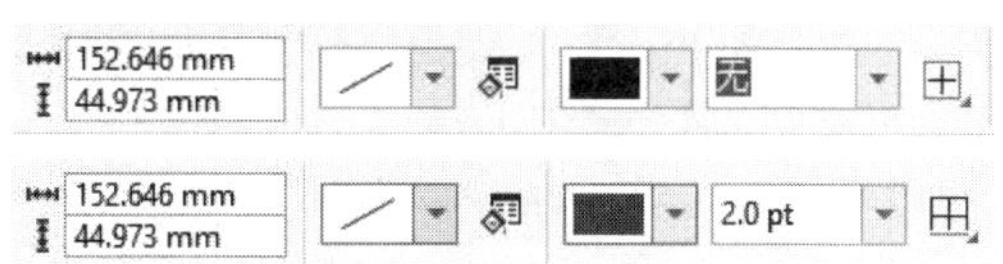

step 8 使用【表格】工具分别选中最右一列单元格中的文字内容，然后单击调色板中的【红】色板设置文字颜色，完成日历的制作。

8.3.2 填充表格背景

在CorelDRAW 2020中绘制表格后，可以像其他图形对象一样为其填充颜色。使用【表格】工具选中表格或单元格后，在属性栏中设置【填充色】选项，或在调色板中单击需要的颜色样本，即可添加表格背景。

设计组人员联系单		
姓名	电话	电子邮箱
Lisa	01-9534-3785	lisa@company.com
Susan	01-9534-2481	susan@company.com
Tom	01-9534-6584	tom@company.com
Johnny	01-9238-4652	johnny@company.com
Kevin	01-3515-4023	kevin@company.com
Helen	01-3584-6835	helen@company.com
Jeff	01-5684-3584	jeff@company.com

8.3.3 添加表格内容

在 CorelDRAW 中，可以轻松地向表格单元格中添加文本或图像以丰富表格效果。

1. 在表格中添加文本

表格单元格中的文本被视为段落文本。用户可以像修改其他段落文本那样修改表格文本，如可以更改字体、添加项目符号或缩进。在新表格中输入文本时，用户还可以设置自动调整表格单元格的大小。

选择【文本】工具，将光标移动至需要输入文本的单元格上并单击，随即在单元格内会显示闪烁的光标。输入文本后将其选中，可以在属性栏或【文本】泊坞窗中调整文本属性。

实用技巧

当文字字号过大时，会超出单元格的显示范围，此时单元格内部的虚线会变为红色。适当地减小字号，即可显示文字。

【例 8-4】制作课程表。
视频+素材 (素材文件\第 08 章\例 8-4)

step 1 新建一个A4 空白文档，选择菜单栏中的【表格】|【创建新表格】命令，打开【创建新表格】对话框。在该对话框中设置【行数】为 7、【栏数】为 5、【高度】为 105mm，【宽度】为 180mm，然后单击OK按钮创建表格。

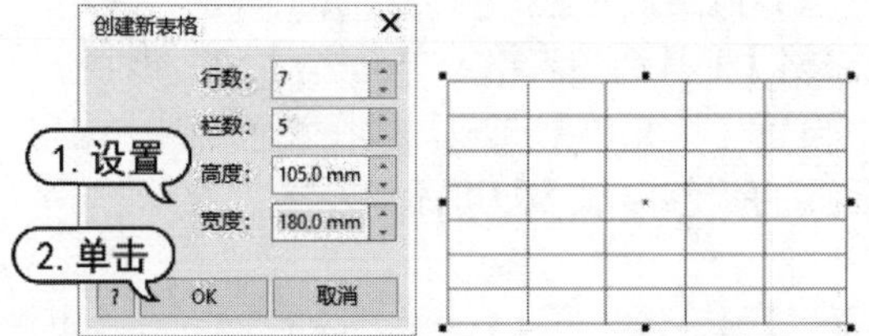

step 2 使用【表格】工具选中表格的倒数第二行，然后单击属性栏中的【合并单元格】按钮。

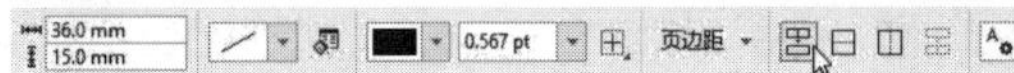

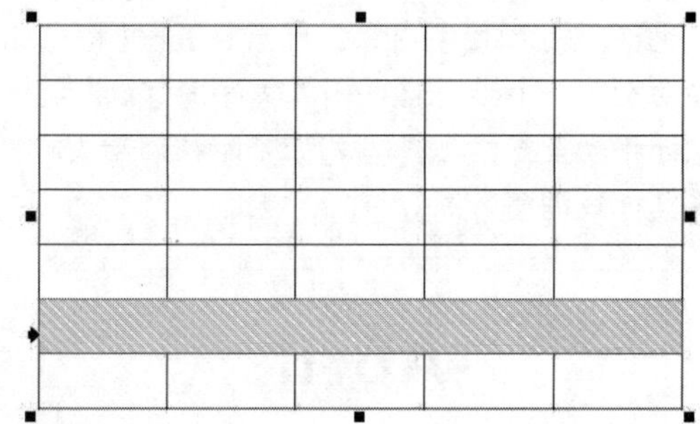

step 3 使用【表格】工具在第一个单元格中双击，输入文字内容。然后分别按Tab键移动至下一单元格，输入文字内容。

星期一	星期二	星期三	星期四	星期五
语文	数学	语文	语文	语文
数学	英语	数学	数学	英语
思想品德	地理	政治	思想品德	数学
手工劳动	历史	英语	生物	音乐
午休				
体育	音乐	思想品德	手工劳动	

step 4 使用【表格】工具选中全部单元格，在属性栏中单击【文本】按钮，打开【文本】泊坞窗。在泊坞窗的【字体】下拉列表中选择【方正黑体简体】选项，设置【字体大小】为 14pt。单击【段落】按钮，在显示的选项中单击【中】按钮；在【图文框】选项组中单击【垂直对齐】按钮，在弹出的下拉列表中选择【居中垂直对齐】选项。

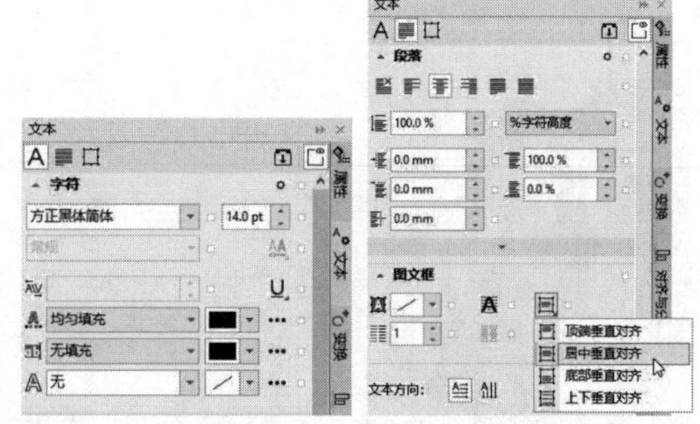

step 5 使用【表格】工具选中第一行单元格，在属性栏中单击【边框选择】按钮，在弹出的下拉列表中选择【顶部和底部】选项；单击【填充色】选项，在弹出的下拉面板中设置填充色

为C:0 M:45 Y:65 K:0；单击【轮廓色】选项，在弹出的下拉面板中设置轮廓色为C:0 M:77 Y:100 K:0；设置【轮廓宽度】为 3pt。

step 6 按Ctrl键并使用【表格】工具同时选中需要填充的单元格，然后在属性栏中单击【填充色】选项，在弹出的下拉面板中设置填充色为C:0 M: 5 Y:35 K:0。

星期一	星期二	星期三	星期四	星期五
语文	数学	语文	语文	语文
数学	英语	数学	数学	英语
思想品德	地理	政治	思想品德	数学
手工劳动	历史	英语	生物	音乐
午休				
体育	音乐	思想品德	手工劳动	

step 7 继续按Ctrl键并使用【表格】工具同时选中需要填充颜色的单元格，然后单击调色板中【白】色板填充单元格。

星期一	星期二	星期三	星期四	星期五
语文	数学	语文	语文	语文
数学	英语	数学	数学	英语
思想品德	地理	政治	思想品德	数学
手工劳动	历史	英语	生物	音乐
午休				
体育	音乐	思想品德	手工劳动	

step 8 选择【布局】|【页面背景】命令，打开【选项】对话框。在该对话框中选中【位图】单选按钮，单击【浏览】按钮，在弹出的【导入】对话框中选择所需的背景图像，单击【导入】按钮；选中【自定义尺寸】单选按钮，设置【水平】数值为 297，然后单击OK按钮。

step 9 使用【矩形】工具在绘图页面中拖动绘制一个白色矩形，按Ctrl+PgDn组合键将其放置在表格下方。在【对齐与分布】泊坞窗中，单击【选定对象】按钮、【水平居中对齐】按钮和【垂直居中对齐】按钮，然后使用【选择】工具调整表格位置，完成课程表的制作。

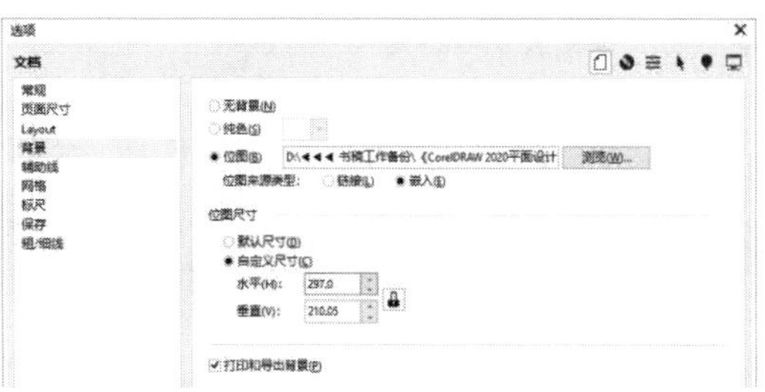

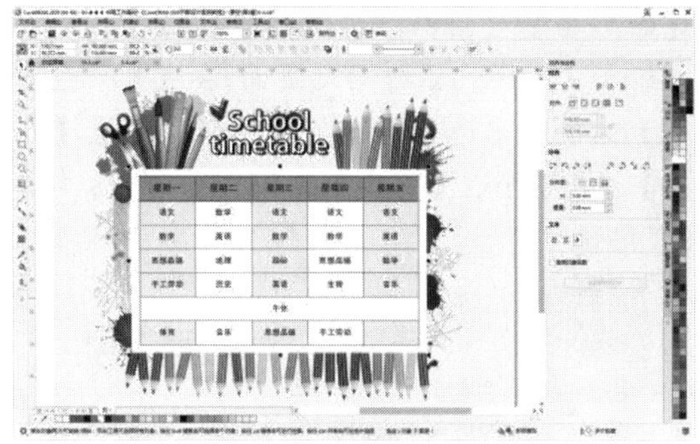

2. 在表格中添加图形、图像

绘制好表格后，用户可以在一个或多个单元格中添加图形、图像，以丰富设计效果。

其操作方法非常简单，打开需要添加的图形、图像后，选择【编辑】|【复制】或【剪切】命令，然后选中表格中的单元格，再选择【编辑】|【粘贴】命令，在单元格中添加图形、图像。

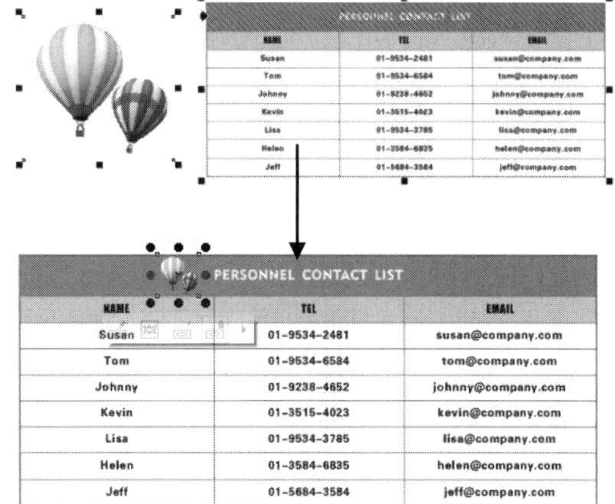

NAME	TEL	EMAIL
Susan	01-9534-2481	susan@company.com
Tom	01-9534-6584	tom@company.com
Johnny	01-9238-4652	johnny@company.com
Kevin	01-3515-4023	kevin@company.com
Lisa	01-9534-3785	lisa@company.com
Helen	01-3584-6835	helen@company.com
Jeff	01-5684-3584	jeff@company.com

3. 删除单元格中的内容

如果要删除单元格中的内容，先选中要删除的内容，然后按 Delete 键或 Backspace 键，即可将其删除。

8.4 案例演练

本章的案例演练介绍"制作旅行网站页面"这个综合实例，使用户通过练习从而巩固本章所学知识。

【例 8-5】制作旅行网站页面。
视频+素材 (素材文件\第 08 章\例 8-5)

step 1 选择【文件】|【新建】命令，打开【创建新文档】对话框。在该对话框的【名称】文本框中输入"旅行网站页面"，在【原色模式】选项组中选中RGB单选按钮；设置【宽度】为 1024px，【高度】为 900px，然后单击OK按钮。

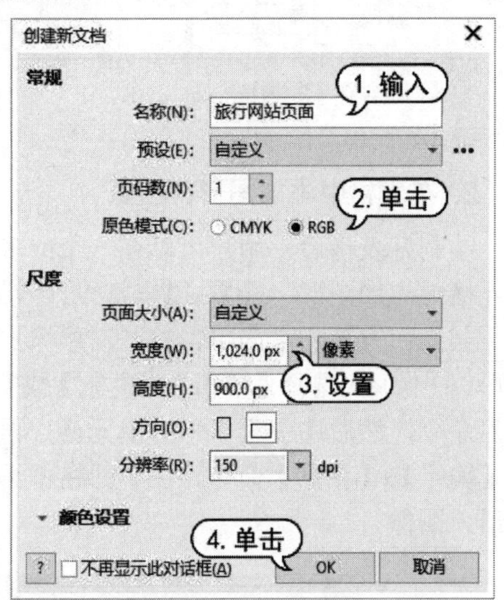

step 2 在【辅助线】泊坞窗的【辅助线类型】下拉列表中选择Horizontal，设置y数值为860px，单击【添加】按钮；再设置y数值为128px，单击【添加】按钮；然后单击【锁定辅助线】按钮锁定辅助线。

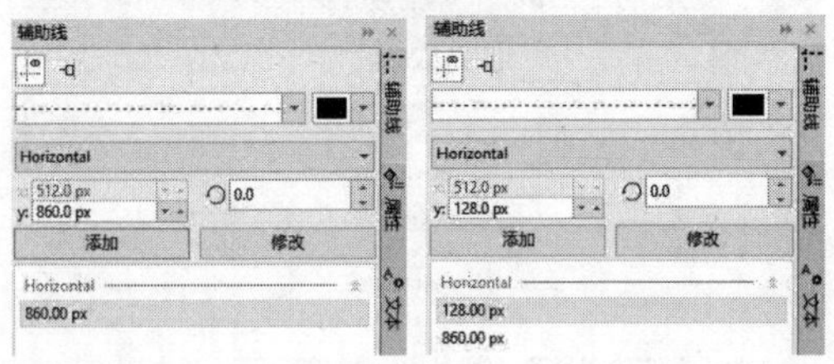

step 3 选择【表格】工具，依据页面顶部的辅助线创建表格，并在属性栏中设置对象原点的参考点为上中，取消选中【锁定比率】按钮，设置对象大小的【宽度】为 512px，【行数】数值为 1，【列数】数值为 4。

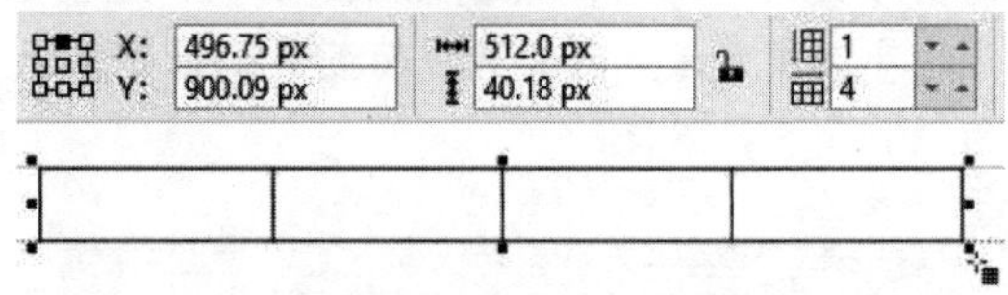

step 4 使用【表格】工具选中全部单元格，在属性栏中单击【页边距】下拉按钮，在弹出的面板中设置页边距数值为 0px。

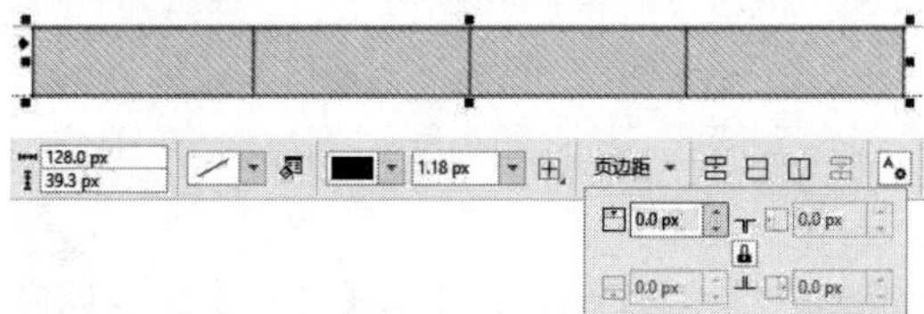

step 5 使用【表格】工具在第一个单元格中双击，输入文字内容。然后分别按Tab键移动至下一单元格，输入文字内容。

目的地	旅行攻略	旅行计划	最新信息

step 6 使用【表格】工具选中全部单元格，在【文本】泊坞窗的【字符】选项组中，在【字体】下拉列表中选择【黑体】，设置【字体大小】为 8pt；在【段落】选项组中，单击【中】按钮；在【图文框】选项组中，单击【垂直对齐】按钮，在弹出的下拉列表中选择【居中垂直对齐】选项。

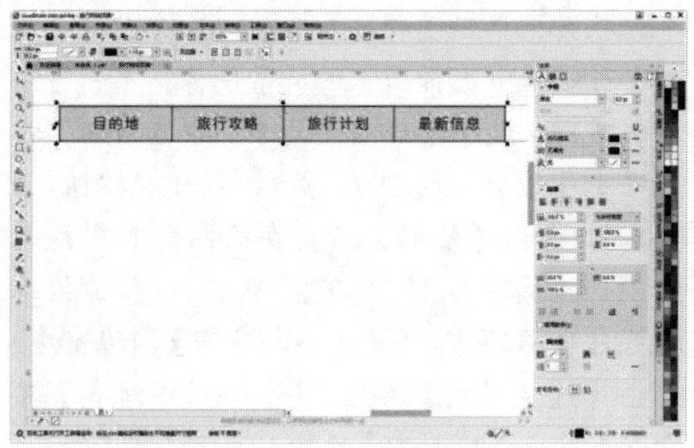

step 7　保持表格的选中，在属性栏中单击【边框选择】按钮，在弹出的下拉列表中选择【全部】选项；单击【轮廓宽度】选项，在弹出的下拉列表中选择【无】选项。

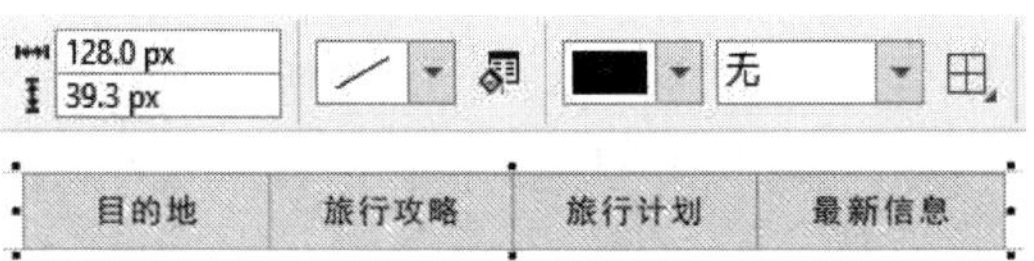

step 8　在【对齐与分布】泊坞窗的【对齐】选项组中单击【页面边缘】按钮，再单击【水平居中对齐】按钮和【顶端对齐】按钮。

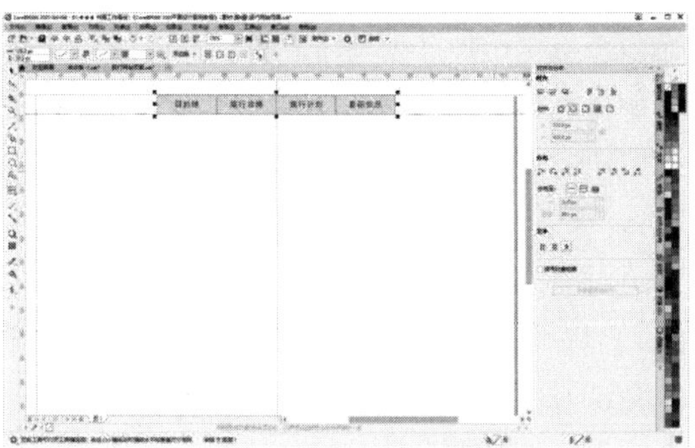

step 9　在标准工具栏中单击【导入】按钮，打开【导入】对话框。在该对话框中选择所需的图像文件，单击【导入】按钮。

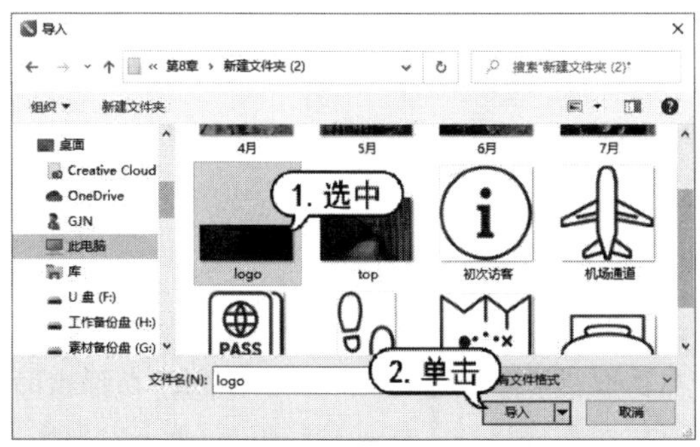

step 10　在绘图页面中单击导入的图像文件，在属性栏中选中【锁定比率】按钮，设置【缩放因子】数值为 65%。

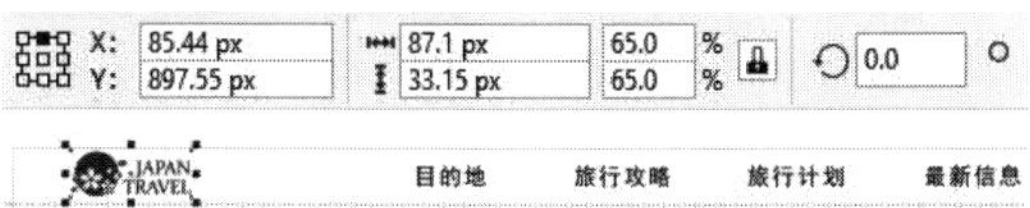

step 11　选择【表格】工具，在页面中创建表格，然后在属性栏中设置对象大小的【宽度】为 868px，【行数】数值为 2，【列数】数值为 4。

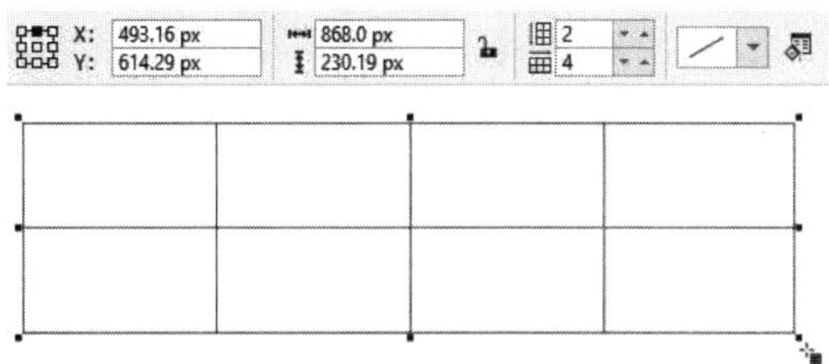

step 12　使用【表格】工具选中第一行单元格，在属性栏中设置【表格单元格高度】为 40px，单击【页边距】下拉按钮，在弹出的面板中设置页边距为 0px。

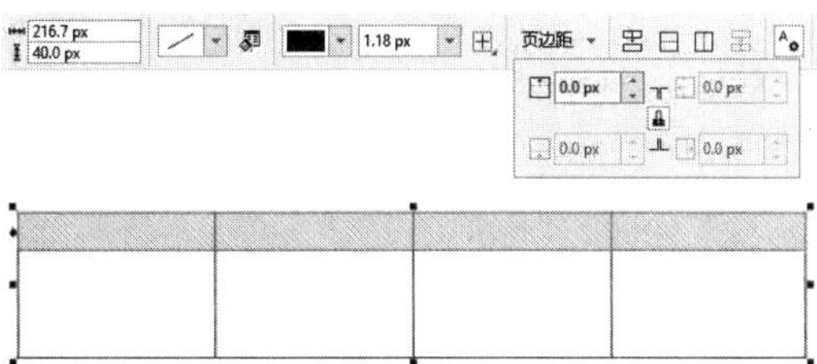

step 13　使用【表格】工具选中第二行单元格，在属性栏中设置【表格单元格高度】为 216.7px。

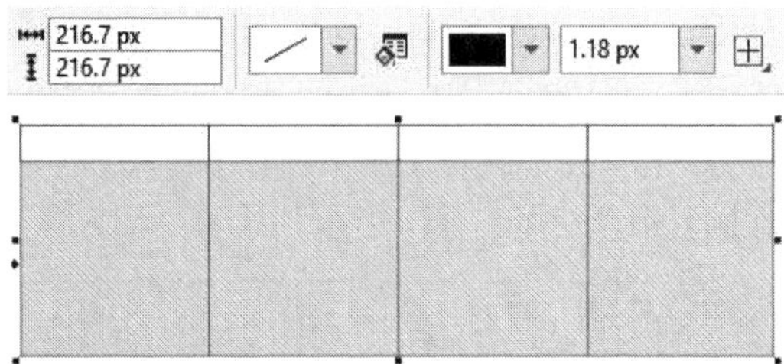

step 14　使用【表格】工具在第一个单元格中双击，输入文字内容。然后分别按Tab键移动至下一单元格，输入文字内容。选中全部单元格，在【文本】泊坞窗的【字符】选项组中，在【字体】下拉列表中选择【方正黑体简体】，设置【字体大小】为 12pt；在【段落】选项组中单击【中】按钮；在【图文框】选项组中单击【垂直对齐】按钮，在弹出的下拉列表中选择【居中垂直对齐】选项。

step 15　使用【表格】工具在第二行单元格中双击，输入文字内容。然后分别按Tab键移动至下一单元格，输入文字内容。选中全部单元格，在【文本】泊坞窗的【字符】选项组中，在【字体】下拉列表中选择【黑体】，设置【字体大小】为 7pt；在【段落】选项组中单击【两端对齐】按钮；在【图文框】选项组中单击【垂直对齐】按钮，在弹出的下拉列表中选择【顶端垂直对齐】选项。

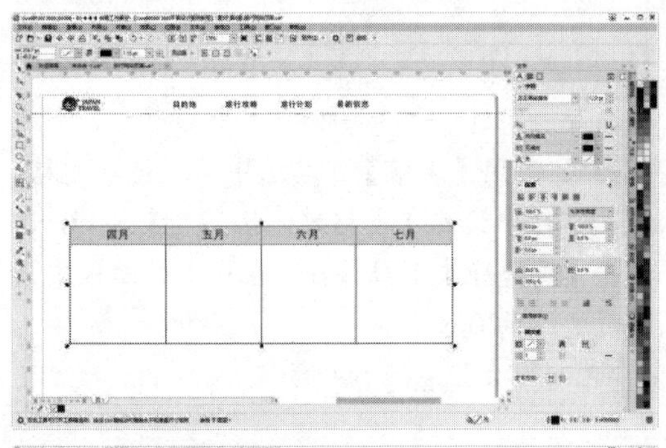

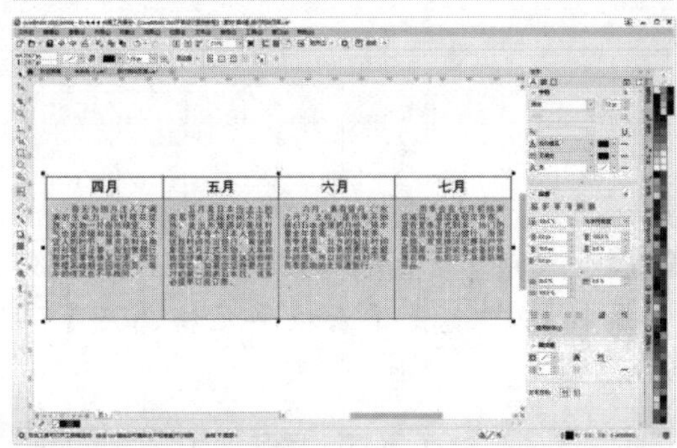

step 16 使用【表格】工具选中表格第一列。右击，在弹出的快捷菜单中选择【插入】|【列右侧】命令。

step 17 使用【表格】工具选中刚插入的列，在属性栏中设置插入列的【表格单元格宽度】为 5px。

step 18 使用步骤(16)至步骤(17)的操作方法，在表格中插入另外两列。

step 19 按Ctrl键并使用【表格】工具选中需要添加填充色的单元格。

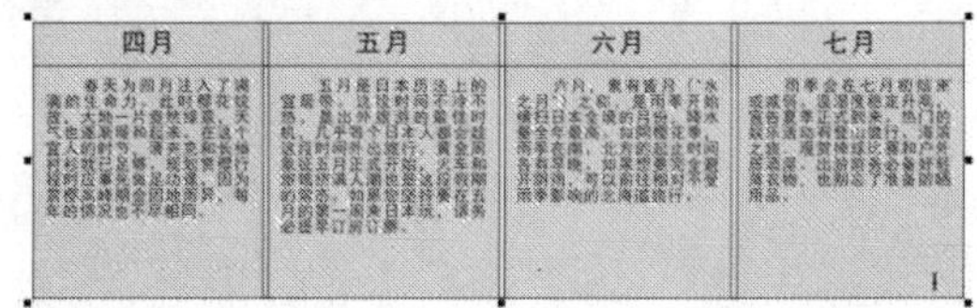

step 20 在属性栏中单击【填充色】下拉按钮，在弹出的下拉面板中设置填充色为白色。

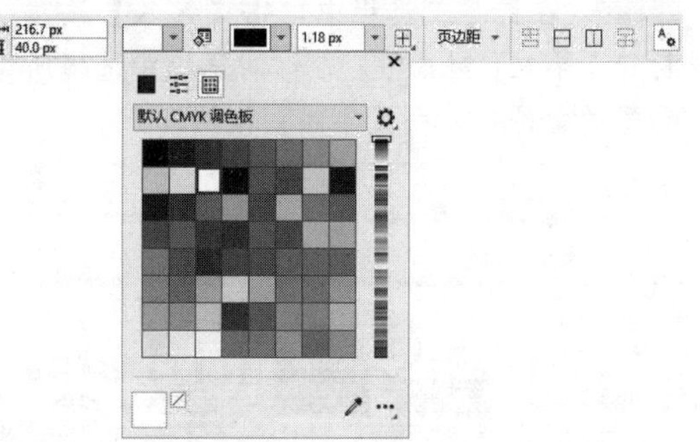

step 21 使用【表格】工具选中全部单元格，在属性栏中单击【边框选择】按钮，在弹出的下拉列表中选择【全部】选项，设置【轮廓色】为【无】。

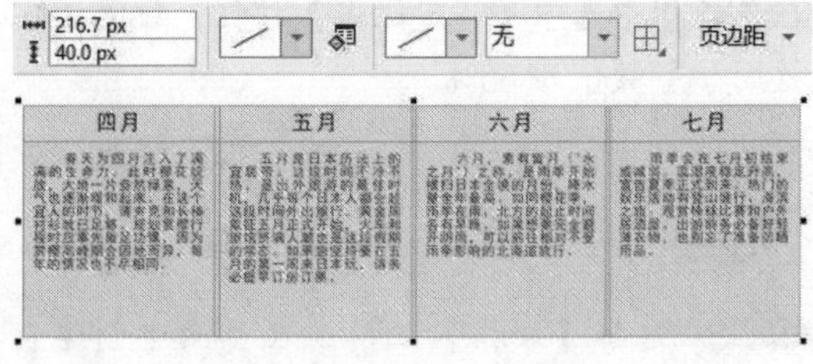

step 22 在标准工具栏中单击【导入】按钮，打开【导入】对话框。在该对话框中选择所需

的图像文件，单击【导入】按钮。

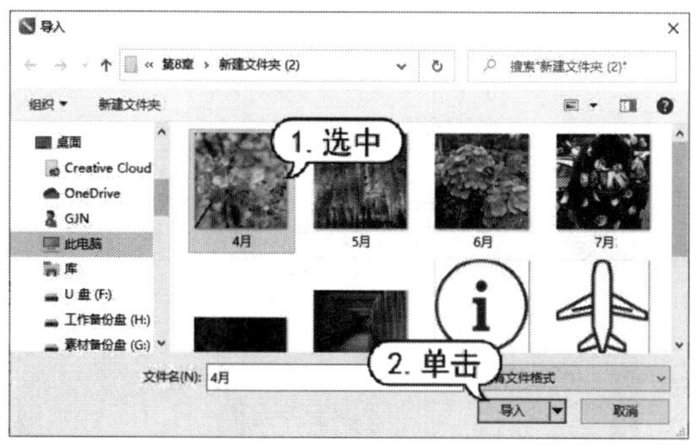

step 23 在绘图页面中单击，导入图像文件，并在属性栏中设置对象原点的参考点为左上，设置【缩放因子】数值为 14%。

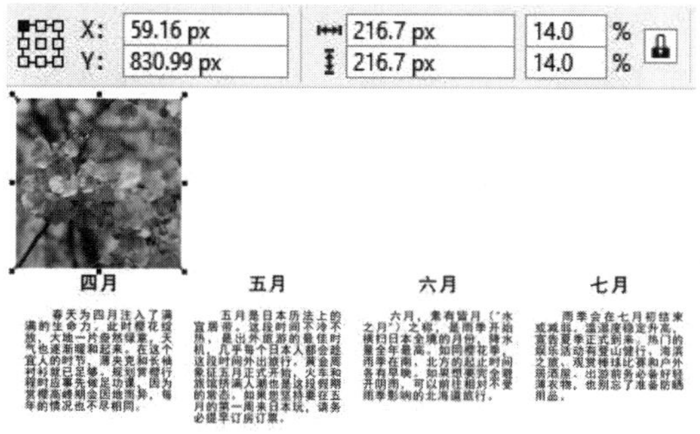

step 24 使用与上一步相同的操作方法，在绘图页面中置入其他图像。

step 25 使用【选择】工具选中最后导入的图像和表格。在【对齐与分布】泊坞窗的【对齐】选项组中，单击【选定对象】按钮，再单击【右对齐】按钮。

step 26 使用【选择】工具选中步骤(22)至步骤(24)导入的 4 幅图像，在【对齐与分布】泊坞窗中的【对齐】选项组中单击【顶端对齐】按钮；在【分布】选项组的【分布至】子选项组中单击【选定对象】按钮，再单击【水平分散排列间距】按钮。

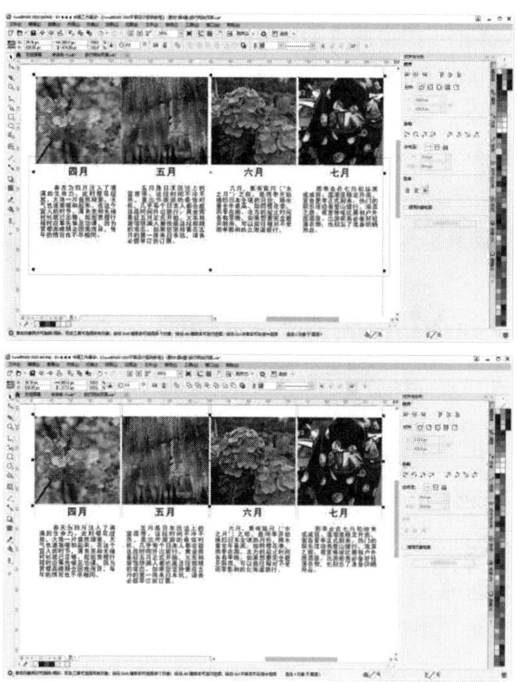

step 27 使用【选择】工具选中步骤(11)至步骤(26)创建的表格和导入的图像，按Ctrl+G组合键组合对象。选择【矩形】工具，依据辅助线绘制一个矩形。

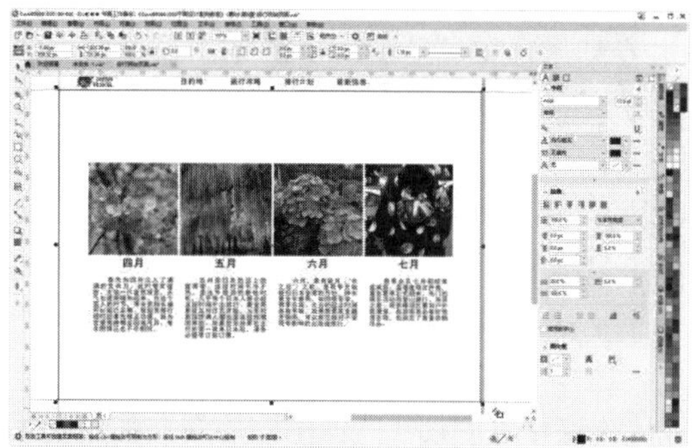

step 28 在标准工具栏中单击【导入】按钮，打开【导入】对话框。在该对话框中选择所需的图像文件，单击【导入】按钮。

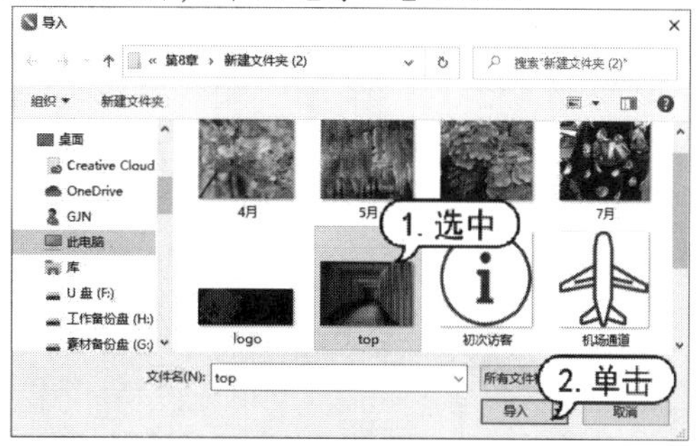

step 29 在绘图页面中单击，导入图像。右击，在弹出的快捷菜单中选择【PowerClip内部】命令，当显示黑色箭头时，单击步骤(27)创建的矩形，将图像置入矩形内。

step 30 将图文框的轮廓色设置为无，在显示的浮动工具栏中单击【调整内容】按钮，在弹出的下拉列表中选择【按比例填充】选项。

step 31 按Shift+PgDn组合键将刚创建的对象置于图层下方。选择【矩形】工具，在绘图页面中拖动绘制矩形。然后将其轮廓色设置为无，选择【交互式填充】工具，在属性栏中单击【渐变填充】按钮，在显示的渐变控制柄上设置渐变填充色为R:71 G:68 B:67 至R:255 G:255 B:255 至R:71 G:68 B:67。

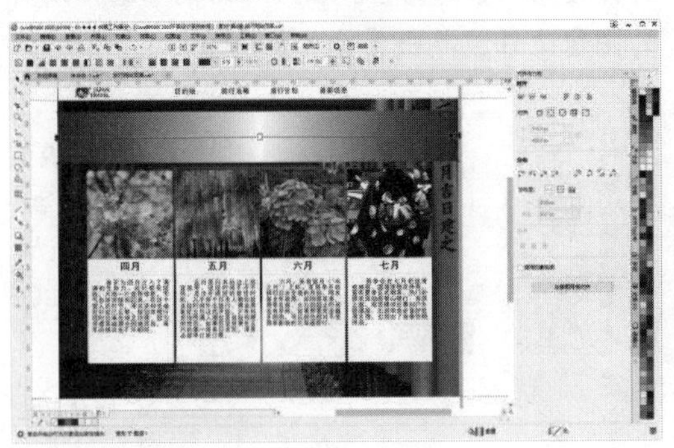

step 32 选择【透明度】工具，在属性栏中单击【均匀透明度】按钮，单击【合并模式】按钮，在弹出的下拉列表中选择【添加】选项。

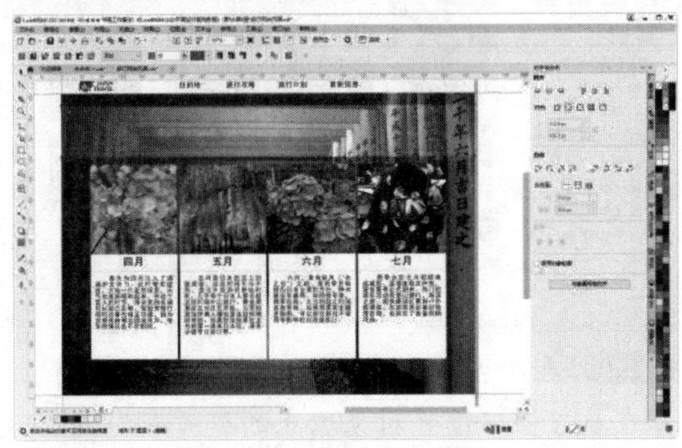

step 33 使用【文本】工具在绘图页面中单击，在属性栏的【字体】下拉列表中选择Arial，设置【字体大小】为30pt，然后输入文本内容。

step 34 选择【表格】工具，在属性栏中设置【行数】数值为2，【列数】数值为6，然后使用【表格】工具在页面底部拖动绘制表格。

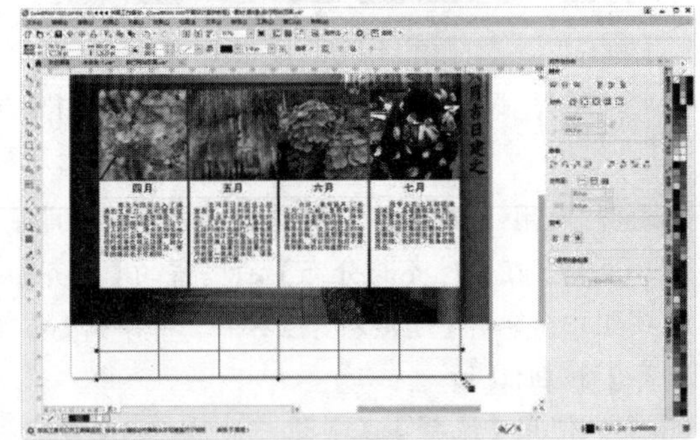

step 35 在标准工具栏中单击【导入】按钮，打开【导入】对话框。在该对话框中选择所需的图像文件，单击【导入】按钮。

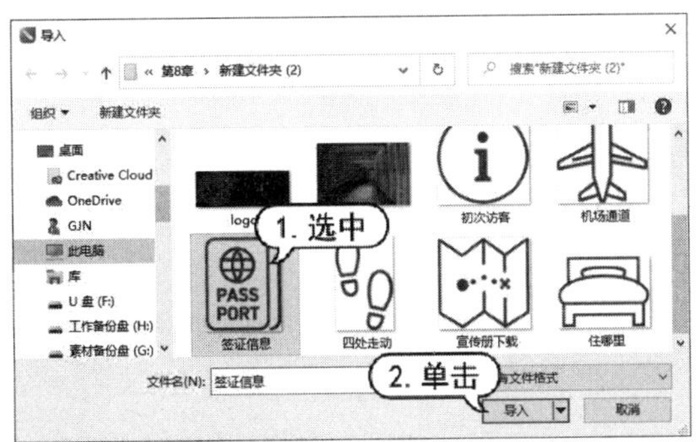

step 36 在绘图页面中单击，导入图像。按Ctrl+X组合键剪切图像，在刚创建的表格的单元格中，按Ctrl+V组合键粘贴图像。

step 37 使用步骤(35)至步骤(36)的操作方法，在第一行的单元格中置入其他图像。

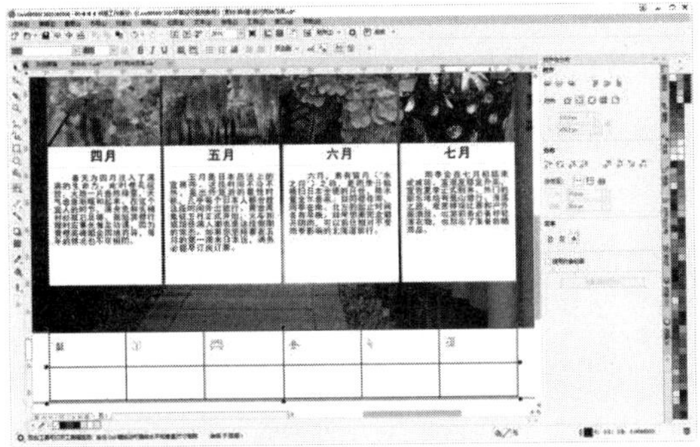

step 38 使用【表格】工具选中第一行，在属性栏中单击【页边距】下拉按钮，在弹出的面板中设置页边距为0px。在【文本】泊坞窗中，设置【字体大小】为24pt；在【段落】选项组中单击【中】按钮；在【图文框】选项组中单击【垂直对齐】按钮，在弹出的下拉列表中选择【底部垂直对齐】选项。

step 39 使用【表格】工具在表格第二行第一个单元格中双击，输入文字内容。然后分别按Tab键移动至下一单元格，输入文字内容。在属性栏中单击【页边距】下拉按钮，在弹出的面板中设置页边距为 10px。在【文本】泊坞窗的【字符】选项组中，在【字体列表】下拉列表中选择【黑体】，设置【字体大小】为8pt；在【段落】选项组中单击【中】按钮。

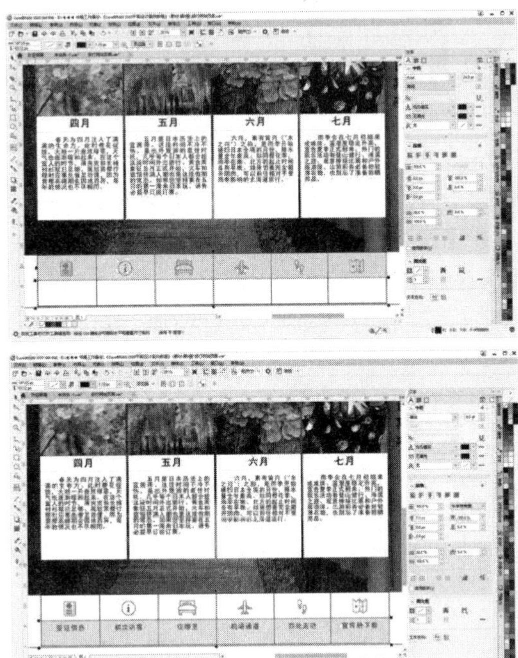

step 40 使用【表格】工具选中表格，在属性栏中单击【边框选择】按钮，在弹出的下拉列表中选择【全部】选项；单击【轮廓宽度】选项，在弹出的下拉列表中选择【无】选项。

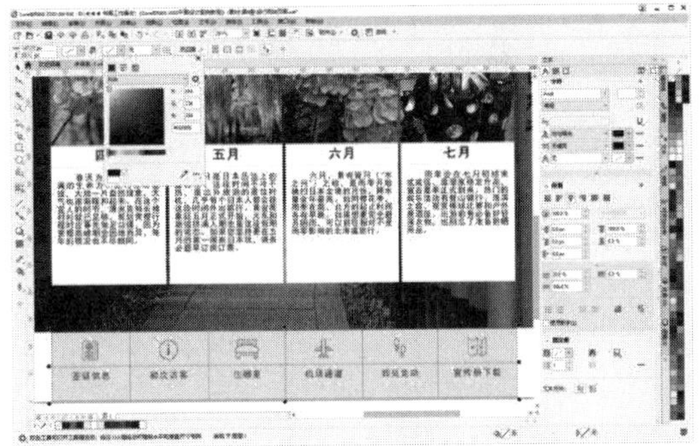

step 41 使用【选择】工具，选中步骤(11)至步骤(40)创建的对象，在【对齐与分布】泊坞窗的【对齐】选项组中，单击【页面边缘】按钮，再单击【水平居中对齐】按钮。

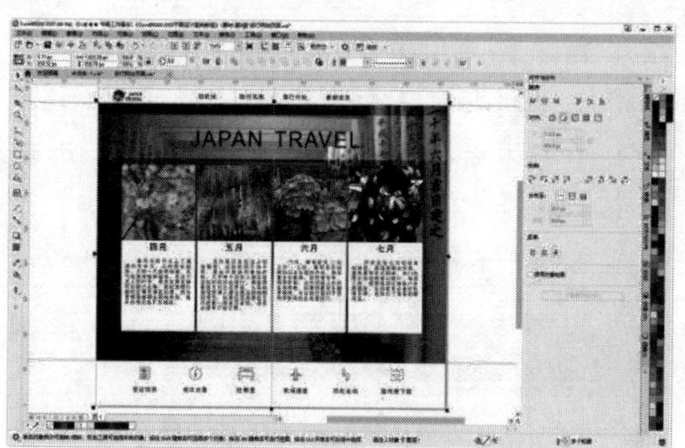

step 42 在标准工具栏中单击【保存】按钮，打开【保存绘图】对话框。在该对话框中单击【保存】按钮，完成本例的制作。

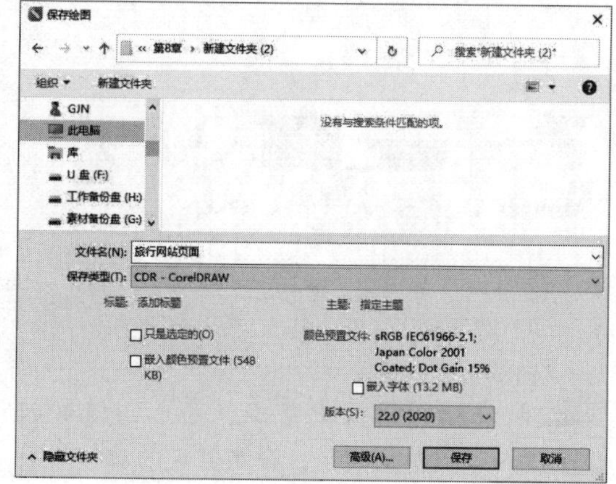

第 9 章

为图形对象添加文本

CorelDRAW 中提供了创建文本、设置文本格式及设置段落文本等多种功能，使用户可以根据设置需要方便地创建各种类型的文字和设置文本属性。掌握文本对象的操作方法，有利于用户更好地在版面设计中合理地应用文本对象。

本章对应视频

例 9-1 输入段落文本
例 9-2 使文字沿路径排列
例 9-3 制作商业名片
例 9-4 贴入文本
例 9-5 调整文字效果
例 9-6 更改文本的填充色
例 9-7 设置段落文本缩进
本章其他视频参见视频二维码列表

9.1 创建文本对象

在进行文字处理时，可直接使用【文本】工具输入文字，也可从其他应用程序中载入文字，用户可根据具体的情况选择不同的文字输入方式。在 CorelDRAW 应用程序中使用的文本类型，包括美术字文本和段落文本。美术字文本用于添加少量文字，可将其当作单独的图形对象来处理；段落文本用于添加大篇幅的文本，可对其进行多样化的文本编排。美术字文本是一种特殊的图形对象，用户既可以进行图形对象方面的处理操作，也可以进行文本对象方面的处理操作；而段落文本只能进行文本对象的处理操作。

9.1.1 创建美术字文本

要输入美术字文本，选择工具箱中的【文本】工具，在绘图页面中的任意位置单击鼠标左键，出现输入文字的光标后，便可直接输入文字。需要注意的是，美术字文本不能够自动换行，如需要换行可以按 Enter 键进行文本换行。

添加美术字

添加美术字文本后，用户可以通过属性栏设置文本属性。

9.1.2 输入段落文本

段落文本与美术字文本有本质区别。如果要创建段落文本，必须先使用【文本】工具在页面中拖动创建一个段落文本框，才能进行文本内容的输入，并且所输入的文本会根据文本框范围自动换行。

段落文本框是一个大小固定的矩形，文本中的文字内容受到文本框的限制。如果输入的文本超过文本框的大小，那么超出的部分将会被隐藏。用户可以通过调整文本框的范围来显示隐藏的文本。

【例 9-1】使用【文本】工具输入段落文本。
视频+素材 (素材文件\第 09 章\例 9-1)

step 1 选择【文本】工具，在绘图窗口中按下鼠标左键不放，拖曳出一个矩形的段落文本框。

step 2 释放鼠标后，在文本框中将出现输入文字的光标，此时即可在文本框中输入段落文本。默认情况下，无论输入的文字多少，文本框的大小都会保持不变，超出文本框边界范围的文字都将被自动隐藏。要显示全部文字，可移动光标至下方的控制点，然后按下鼠标并拖动，直到文字全部出现。

step 3 按Ctrl+A组合键将文字全选，并在属性栏的【字体】中选择【方正卡通简体】，设置【字体大小】为 16pt，单击【文本对齐】按钮，在弹出的下拉列表中选择【中】选项。

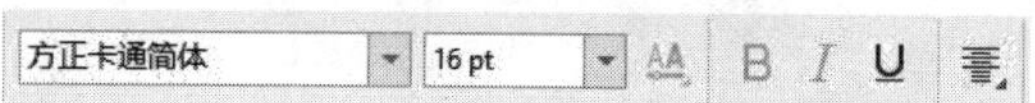

step 4 选择【选择】工具，在调色板中单击【天蓝】色板更改文本颜色。

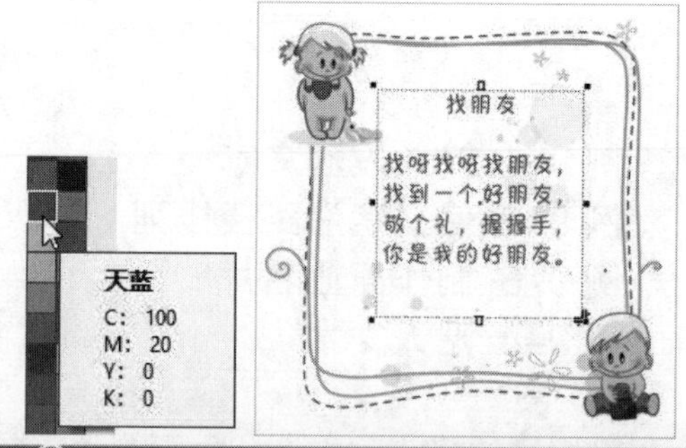

知识点滴

在选择文本框后，可以选择【文本】|【段落文本框】|【使文本适合框架】命令，系统将自动调整文字的大小，使文字以适合的大小在文本框中完全显示出来。

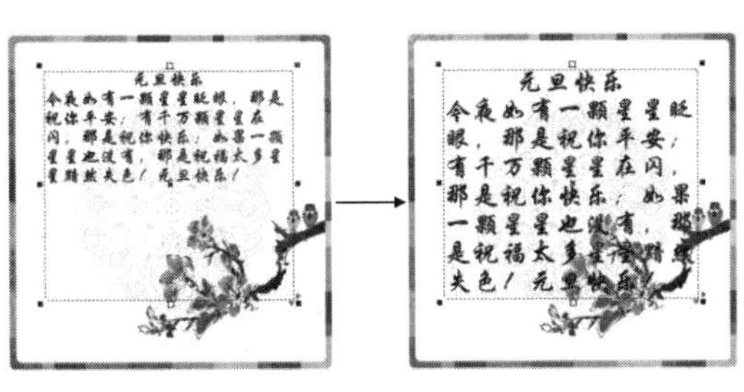

9.1.3　沿路径输入文本

在 CorelDRAW 中，将文本对象沿路径进行编排是文本对象一种特殊的编排方式。默认状态下，所输入的文本都是沿水平方向排列的，虽然可以使用【形状】工具将文本对象进行旋转或偏移操作，但这种方法只能用于简单的文本对象编辑，而且操作比较烦琐。使用 CorelDRAW 中的沿路径编排文本的功能，可以将文本对象嵌入不同类型的路径中，使文本具有更多样化的外观，并且用户通过相关的编辑操作还可以更加精确地调整文本对象与路径的嵌合。

1. 创建路径文本

在 CorelDRAW 中，用户如果想沿图形对象的轮廓线放置文本对象，最简单的方法就是直接在轮廓线路径上输入文本，文本对象将会自动沿路径进行排列。

如果要将已输入的文本沿路径排列，可以选择菜单栏中的【文本】|【使文本适合路径】命令进行操作。结合属性栏还可以更加精确地设置文本对象在指定路径上的位置、放置方式及文本对象与路径的距离等参数属性。

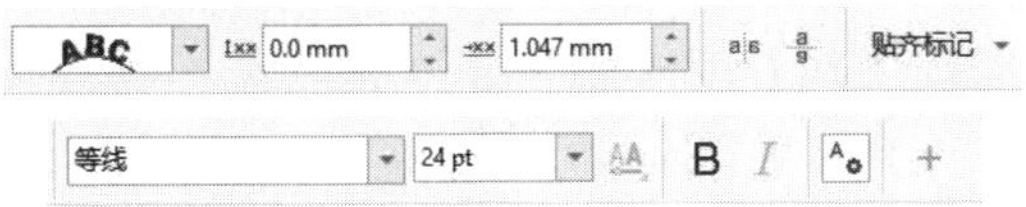

【文本方向】选项：用于设置文本对象在路径上排列的文字方向。

- 【与路径的距离】选项：用于设置文本对象与路径之间的间隔距离。
- 【偏移】选项：用于设置文本对象在路径上的水平偏移尺寸。
- 【镜像文本】选项：单击该选项中的【水平镜像文本】按钮和【垂直镜像文本】按钮，可以设置镜像文本后的位置。

【例 9-2】使文字沿路径排列。

视频+素材 (素材文件\第 09 章\例 9-2)

step 1　打开绘图文档，使用【贝塞尔】工具绘制路径，并移动复制绘制的路径。

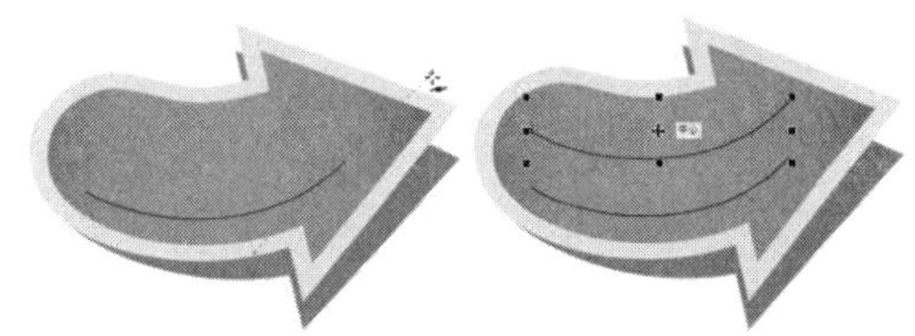

step 2　使用【文本】工具将鼠标光标移到路径边缘，当光标变为形状时，单击绘制的曲线路径，出现提示输入文本的光标后，输入文字内容。

step 3　使用【选择】工具选中两排路径文字，在调色板中单击白色色板设置文字颜色，并设置路径颜色为无。

step 4　使用【选择】工具选中第一排文字，在属性栏中设置【偏移】为 15mm，在【字体】下拉列表中选择Adobe Fan Heiti Std B，设置【字体大小】为 30pt。

step 5　使用【选择】工具选中第二排文字，在属性栏中设置【偏移】为 7mm，在【字体】下拉列表中选择Arial Unicode MS，设置【字体大小】为 36pt。

step 6　使用【选择】工具选中全部路径文字，按Ctrl+C组合键复制路径文字，按Ctrl+V组合键进行粘贴，再在调色板中单击【天蓝】色板设置文字颜色。按Ctrl+PgDn组合键，将复制的路径文字向后移动一层，并按键盘上的方向键调整文字位置。

2. 在图形内输入文本

在 CorelDRAW 中除了可以沿路径输入文本外，还可以在图形对象内输入文本。使用该功能可以创建更加多变、活泼的文本样式。

【例 9-3】制作商业名片。
视频+素材 (素材文件\第 09 章\例 9-3)

step 1 打开一个素材文档，使用【文本】工具在绘图页面中单击并输入文本内容，在属性栏的【字体】下拉列表中选择Arial，设置【字体大小】为 11pt，单击【粗体】按钮；在调色板中单击【白】色板设置字体颜色。

step 2 选择【文本】工具，将光标移到对象的轮廓线内，当光标变为形状时单击鼠标左键，此时在图形内将出现段落文本框。在属性栏的【字体】下拉列表中选择Arial，设置【字体大小】为 9pt，然后在文本框中输入所需的文字内容，完成商业名片的制作。

3. 拆分沿路径排列的文本

将文本对象沿路径排列后，CorelDRAW 会将文本对象和路径作为一个对象。如果需要分别对文本对象或路径进行处理，那么可以将文本对象从图形对象中分离出来。分离后的文本对象会保持它在路径上的形状。

用户想将文本对象与路径分离，只需使用【选择】工具选择沿路径排列的文本对象，然后选择菜单栏中的【对象】|【拆分在一条路径上的文本】命令即可。拆分后，文本对象和图形对象将变为两个独立的对象，可以分别对它们进行编辑处理。

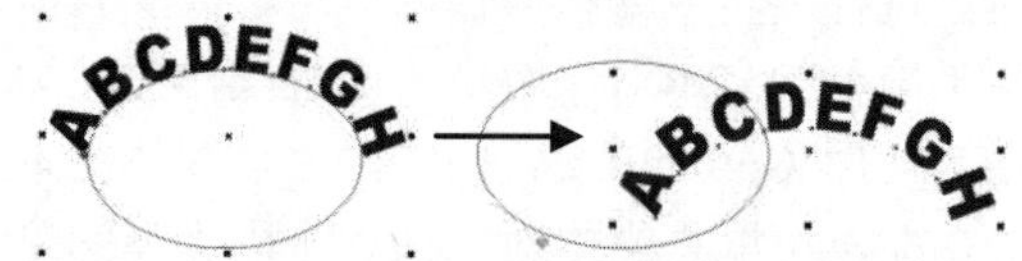

9.1.4 贴入、导入文本对象

如果需要在 CorelDRAW 中添加其他文字处理程序中的文本，如 Word 或写字板等程序中的文本时，可以使用贴入或导入的方式来完成。

1. 贴入文本

要贴入文本，先要在其他文字处理程序中选取需要的文本，然后按下 Ctrl+C 组合键进行复制。再切换到 CorelDRAW 应用程序中，使用【文本】工具在页面中按住鼠标左键并拖动创建一个段落文本框，然后按下 Ctrl+V 组合键进行粘贴，打开【导入/粘贴文本】对话框。用户可以根据实际需要，选中其中的【保持字体和格式】【仅保持格式】或【摒弃字体和格式】单选按钮，然后单击 OK 按钮。

- 【保持字体和格式】：保持字体和格式可以确保导入和粘贴的文本保留原来的字体类型，并保留项目符号、栏、粗体与斜体等格式信息。
- 【仅保持格式】：只保留项目符号、栏、粗体与斜体等格式信息。

- 【摒弃字体和格式】：导入或粘贴的文本将采用默认的字体与格式属性。
- 【将表格导入为】：在其下拉列表中可以选择导入表格的方式，包括【表格】和【文本】选项。选择【文本】选项后，下方的【使用以下分割符】选项将被激活，在其中可以选择使用的分隔符的类型。
- 【不再显示该警告】：选中该复选框后，执行粘贴命令时将不会出现该对话框，应用程序将按默认设置对文本进行粘贴。

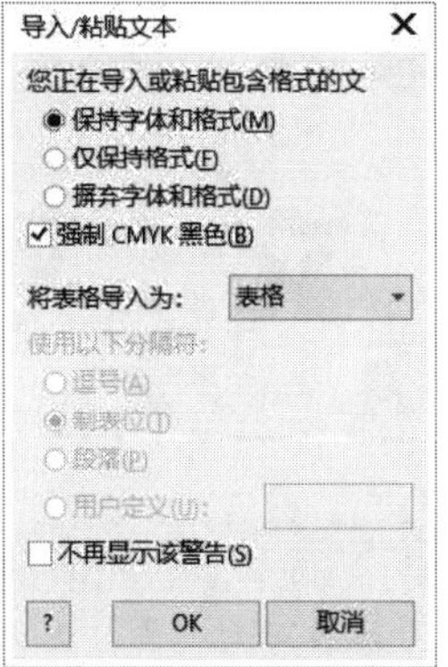

知识点滴

将【记事本】中的文字复制并粘贴到 CorelDRAW 文件中时，系统会直接对文字进行粘贴，而不会弹出【导入/粘贴文本】对话框。

【例 9-4】贴入文本。
视频+素材 (素材文件\第 09 章\例 9-4)

step 1 打开一个素材文档，使用【文本】工具在绘图页中拖曳创建文本框。

step 2 打开要贴入的文档，选取需要的文字，按 Ctrl+C 组合键进行复制。再切换到 CorelDRAW 中，然后按 Ctrl+V 组合键进行粘贴，打开【导入/粘贴文本】对话框。在该对话框中选中【摒弃字体和格式】单选按钮，单击 OK 按钮即可贴入文本。

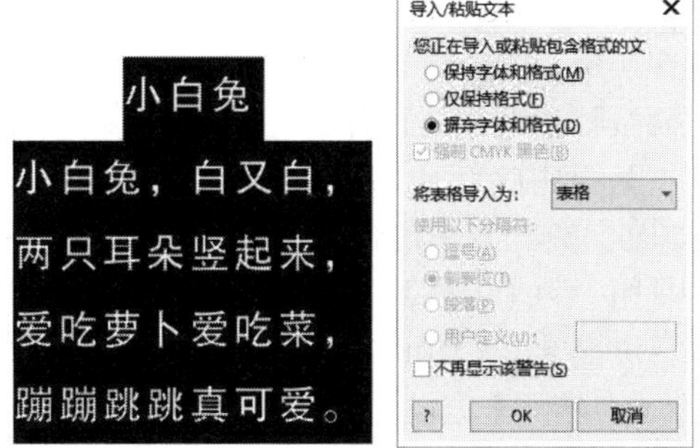

step 3 使用【选择】工具选中文本框，在属性栏的【字体】下拉列表中选择【方正字迹-童体毛笔简体】，设置【字体大小】为 47pt。

2. 导入文本

要导入文本，可以选择【文件】|【导入】命令，在弹出的【导入】对话框中选择需要导入的文本文件，然后单击【导入】按钮。在弹出的【导入/粘贴文本】对话框中进行设置后，单击 OK 按钮。当光标变为标尺状态后，在绘图页面中单击鼠标，即可将该文件中的所有文字内容以段落文本的形式导入当前页面中。

9.2 选择文本对象

在 CorelDRAW 中对文本对象进行编辑处理之前，首先要选中文本才能进行相应的操作。用户如果要选择绘图页面中的文本对象，可以使用工具箱中的【选择】工具，也可以使用【文

本】工具和【形状】工具。

用户使用【选择】工具或【文本】工具选择对象时，在文本框或美术字文本周围将会显示8个控制柄，使用这些控制柄，可以调整文本框或美术字文本的大小；用户还可以通过文本对象中心显示的×标记，调整文本对象的位置。上述两种方法可以对全部文本对象进行选择和调整，但是如果想要对文本中某个文字进行调整时，则可以使用【形状】工具。

- 使用【选择】工具：这是选择全部文本对象的操作方法中比较简单的一种。只需选择工具箱中的【选择】工具，然后在文本对象的任意位置单击，即可选择全部文本对象。
- 使用【文本】工具：选择工具箱的【文本】工具后，将光标移至文本对象的位置上并单击，然后按Ctrl+A组合键全选文本。或在文本对象上单击并拖动鼠标，选中需要编辑的文字内容。
- 使用【形状】工具：使用【形状】工具在文本对象上单击，这时会显示文本对象的节点，再在文本对象外单击并拖动，框选文本对象，即可将文本全部选择。用户也可以单击某一文字的节点，选择该文字，所选择的文字的节点将变为黑色。如要选择多个文字，可以按住Shift键，同时使用【形状】工具进行选择。

知识点滴

选择【编辑】|【全选】|【文本】命令，可以选择当前绘图窗口中所有的文本对象。使用【选择】工具选中文本后双击文本，可以快速地切换到【文本】工具。

9.3 设置文本属性

使用CorelDRAW的文本格式化功能可以实现各种基本的格式化内容。其中有美术字文本和段落文本都可以共用的基本格式化方法，如改变字体、字号，增加字符效果等。另外，还有一些段落文本所特有的格式化方法。

选择【窗口】|【泊坞窗】|【文本】命令，或按Ctrl+T组合键，或在属性栏中单击【文本】按钮，即可打开【文本】泊坞窗。在CorelDRAW中，将字符、段落、图文框的设置选项全部集成在【文本】泊坞窗中，通过展开需要的选项组即可为所选的文本或段落进行对应的设置。

- 【字符】选项组中的选项主要用于文本中字符的格式设置，如设置字体、字符样式、字体大小及字距等。如果输入的是英文，还可以更改其大小写状态。
- 【段落】选项组中的选项主要用于文本段落的格式设置，如文本对齐方式、首行缩进、段落缩进、行距、字符间距等。

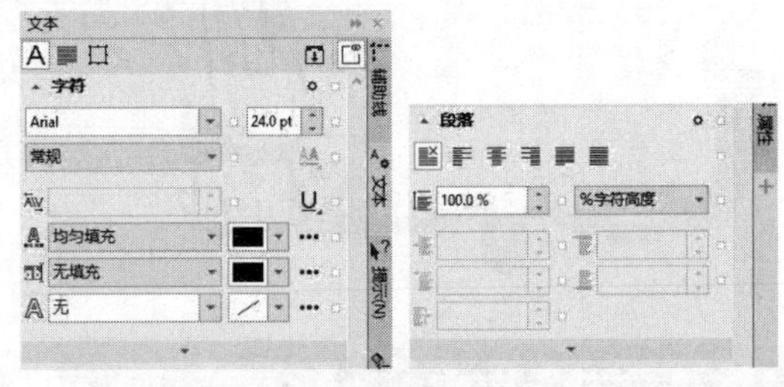

- 【图文框】选项组中的选项主要用于文本框内容格式的设置，如文本框中文本的背景样式、文本方向、分栏等。

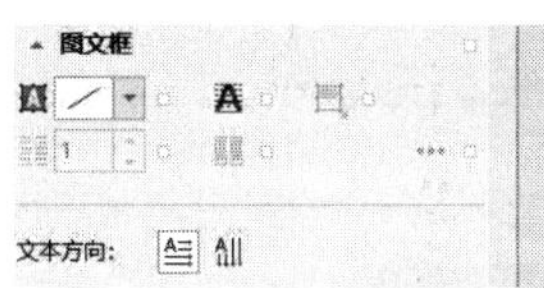

9.3.1　设置字体与字号

字体、字号、颜色是文本格式中最重要和最基本的属性，它直接决定着用户输入的文本大小和显示状态，影响着文本视觉效果。

在 CorelDRAW 中，段落文本和美术字文本的字体和字号的设置方法基本相同，用户可以先在【文本】工具属性栏或【文本】泊坞窗中设置字体、字号，然后再进行文本输入；也可以先输入文本，然后在属性栏或【文本】泊坞窗中根据绘图需要进行格式化。

1. 使用【文本】泊坞窗

选取输入的文本后，在【文本】泊坞窗中单击【字体】下拉按钮，在弹出的下拉列表中选择所需字体，即可设置文字的字体。

单击【字体大小】右侧的微调按钮，可以微调文本的大小，或直接在其文本框中输入数值，按 Enter 键，即可设置文字的字号。

2. 使用属性栏

选取输入的文本后，可在属性栏中设置文本格式。

属性栏中的【字体】下拉列表用于为输入的文字设置字体。

【字体大小】下拉列表用于为输入的文字设置字体大小。

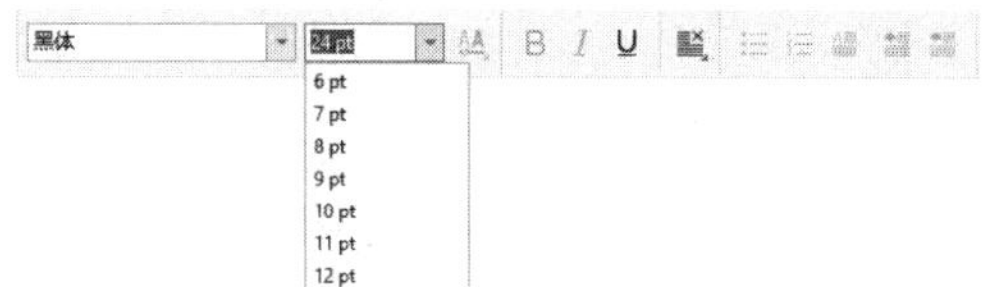

单击属性栏中的【粗体】按钮B、【斜体】按钮I或【下画线】按钮U，还可以给文本对象添加不同的文字效果。

知识点滴

使用【文本】工具输入文字后，可直接拖动文本四周的控制点来改变文本大小。如果要通过属性栏精确改变文字的字体和大小，必须先使用【文本】工具选择文本后才能操作。

【例 9-5】调整文字效果。
视频+素材 (素材文件\第 09 章\例 9-5)

step 1　打开素材文档，使用【选择】工具选中文本对象。

step 2　在属性栏中单击【文本】按钮，打开【文本】泊坞窗。在【文本】泊坞窗的【字体】下拉列表中选择Elephant，设置【字体大小】为 20pt。

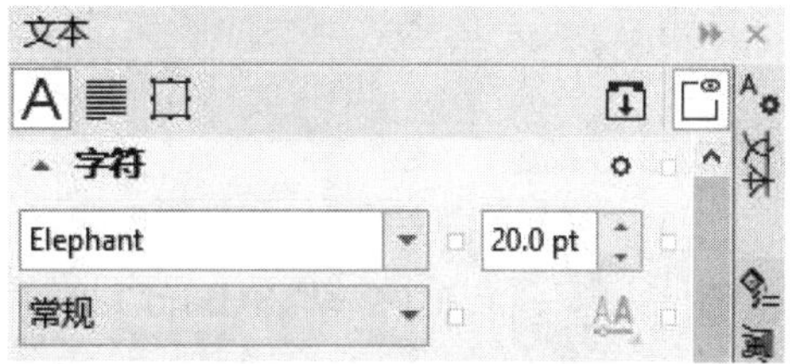

step 3　在【文本】泊坞窗中的【填充类型】下拉列表中选择【渐变填充】选项，并单击右侧的【填充设置】按钮…，打开【编辑填充】对话框。在该对话框中设置渐变色为C:100 M:99 Y:58 K:54 至C:75 M:40 Y:0 K:0，设置【旋转】数值为 90°，然后单击OK按钮。

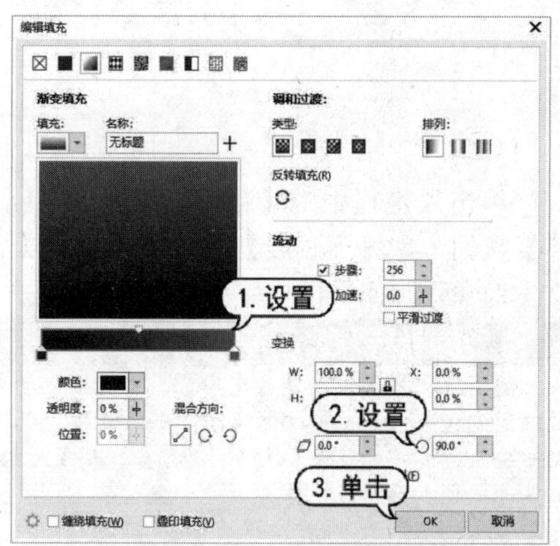

9.3.2 更改文本颜色

在 CorelDRAW 中，可以快速更改文本的填充色、轮廓颜色和背景色，也可以更改单个字符、文本块或文本对象中的所有字符的颜色。

【例 9-6】更改文本的填充色。
视频+素材 (素材文件\第 09 章\例 9-6)

step 1 打开素材文档，使用【选择】工具选中文本对象。

step 2 在【文本】泊坞窗【字符】选项组的【填充类型】下拉列表中选择【渐变填充】选项，单击【填充设置】按钮…，打开【编辑填充】对话框。在该对话框中设置渐变色为 C:0 M:15 Y:95 K:0 至C:0 M:70 Y:100 K:0，然后单击OK按钮应用填充。

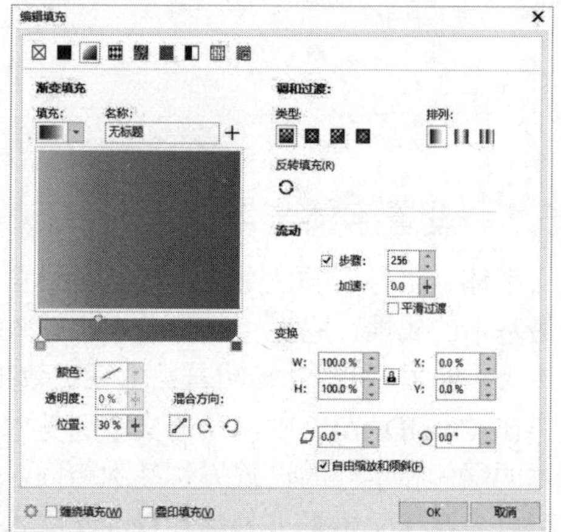

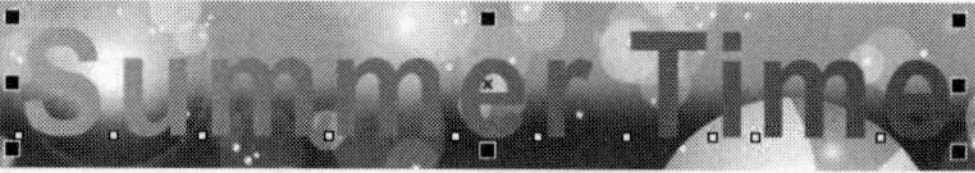

step 3 在【文本】泊坞窗中单击【轮廓色】选项右侧的【填充设置】按钮…，打开【轮廓笔】对话框。在该对话框的【颜色】选项中设置轮廓色为白色，在【宽度】下拉列表中选择 8.0pt，在【位置】选项中单击【外部轮廓】按钮，然后单击OK按钮应用轮廓设置。

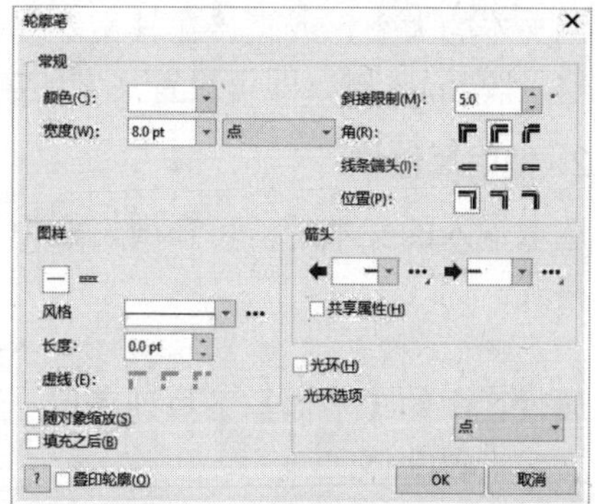

step 4 选择【块阴影】工具，在属性栏中设置【深度】为 8mm，【定向】数值为 - 45°，【块阴影颜色】为C:100 M:90 Y:37 K:0，完成设置。

9.3.3　偏移、旋转字符

用户可以使用【形状】工具移动或旋转字符。选择一个或多个字符节点，然后在属性栏中的【字符水平偏移】数值框、【字符垂直偏移】数值框或【字符角度】数值框中输入数值即可偏移和旋转文字。

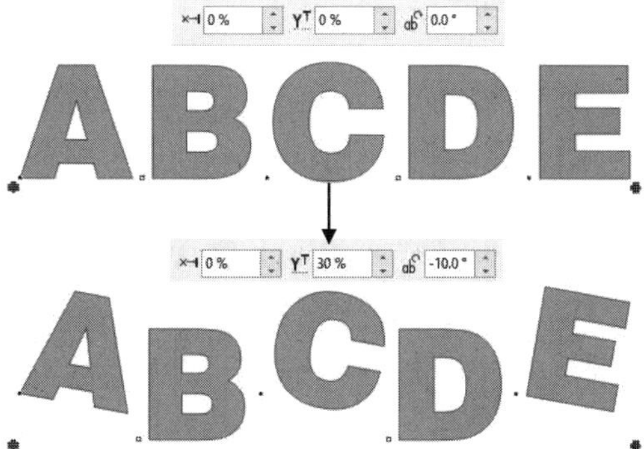

用户也可以使用【文本属性】泊坞窗调整文本对象的偏移和旋转。单击【文本】泊坞窗中的三角按钮，可以展开更多选项，然后在显示的【字符水平偏移】【字符垂直偏移】或【字符角度】数值框中输入数值即可偏移和旋转文字。

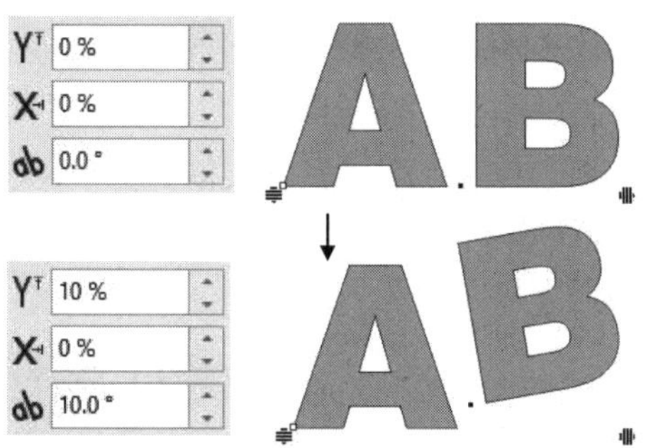

9.3.4　设置文本样式

在编辑文本的过程中，有时需要根据文字内容，为文字添加相应的文本样式，以达到区分、突出文字内容的目的。设置文本样式可以通过【文本属性】泊坞窗来完成。

1. 添加画线

在处理文本时，为了强调一些文本的重要性或编排某些特殊的文本格式，常在文本中添加一些画线，如上画线、下画线和删除线。

选择【窗口】|【泊坞窗】|【文本】命令或单击属性栏中的【文本】按钮，可打开【文本】泊坞窗，展开其中的【字符】选项组。

- 【下画线】选项：用于为文本添加下画线效果。该选项的下拉列表中向用户提供了 6 种预设的下画线样式。单击【下画线】按钮U，在弹出的下拉列表中可以选择预设效果。

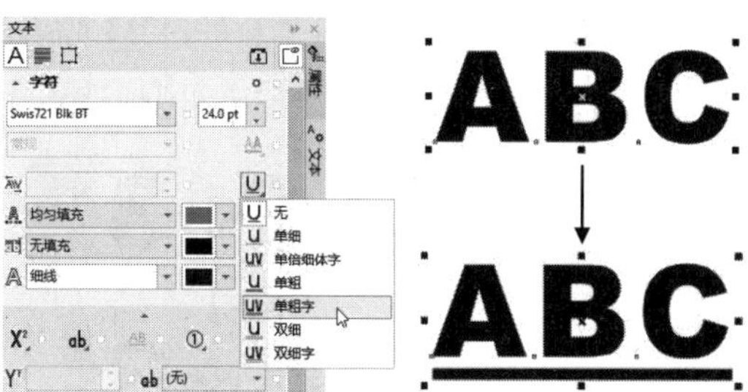

- 【字符删除线】选项：用于为文本添加删除线效果。该选项的下拉列表中向用户提供了 6 种预设的删除线样式。单击【字符删除线】按钮，在弹出的下拉列表中可以选择预设效果。

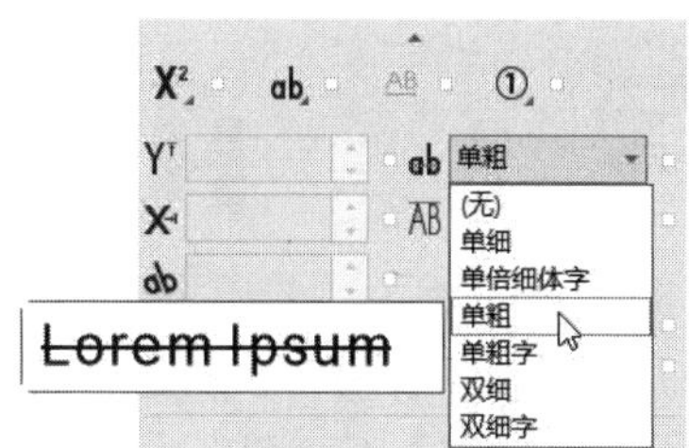

- 【字符上画线】选项：用于为文本添加上画线效果。该选项的下拉列表中向用户提供了 6 种预设的上画线样式。单击【字符上画线】按钮，在弹出的下拉列表中可以选择预设效果。

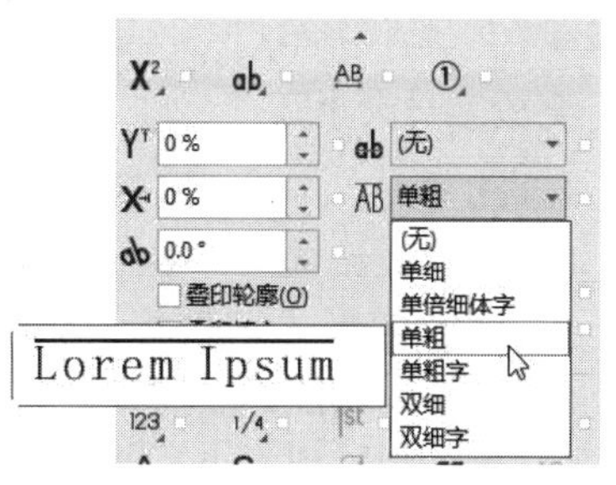

2. 设置上标和下标

在输入一些数学或其他自然科学方面的文本时，常要对文本中的某一字符使用上标或下标。在 CorelDRAW 中，用户可以方便地将文本改为上标或下标。

要将字符更改为上标或下标，先要使用【文本】工具选中文本对象中的字符，然后在【文本】泊坞窗中，单击【位置】按钮。在弹出的下拉列表中，选择【上标(自动)】选项，可以将选定的字符更改为其他字符的上标。

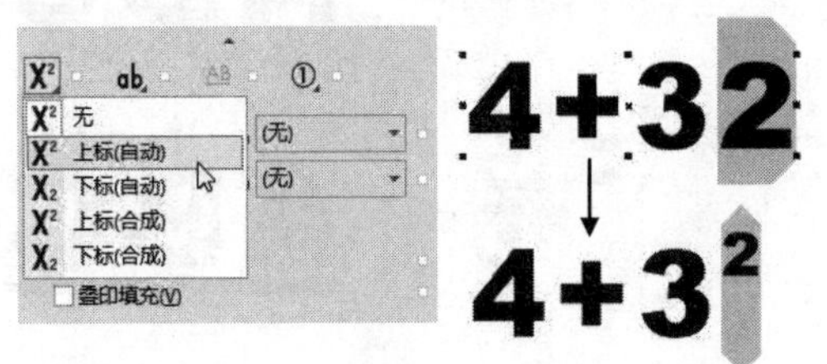

选择【下标(自动)】选项可以将选定的字符更改为其他字符的下标。

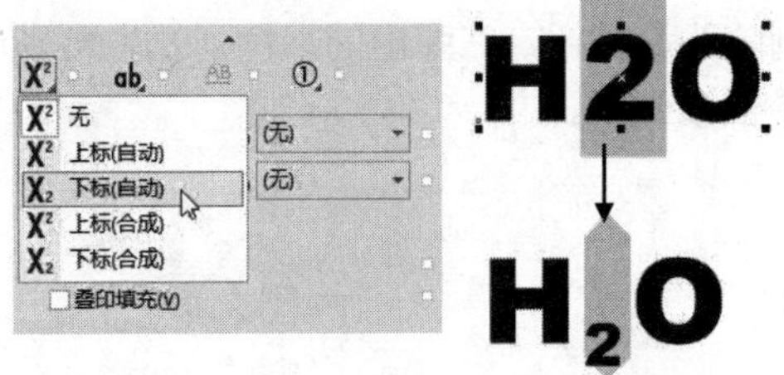

要取消上标或下标设置，先使用【文本】工具选定上标或下标字符，然后在【文本】泊坞窗中的【位置】下拉列表中，选择【无】选项即可。

知识点滴

如果选择支持下标和上标的 OpenType 字体，则可以应用相应的 OpenType 功能。但是，如果选择不支持上标和下标的字体(包括 OpenType 字体)，则可以应用字符的合成版，这是 CorelDRAW 通过改变默认字体字符的特性生成的。

3. 更改字母大小写

在 CorelDRAW 中，对于输入的英文文本，可以根据需要设置句首字母大写、全部小写或全部大写等形式。通过 CorelDRAW 提供的更改大小写功能，还可以进行大小写字母间的转换。要实现大小写的更改，可以通过【更改大小写】命令，或【文本】泊坞窗来实现。

在选择文本对象后，选择【文本】|【更改大小写】命令，打开【更改大小写】对话框。在该对话框中，选中其中的 5 个单选按钮之一，然后单击 OK 按钮可以更改文本对象的大小写。

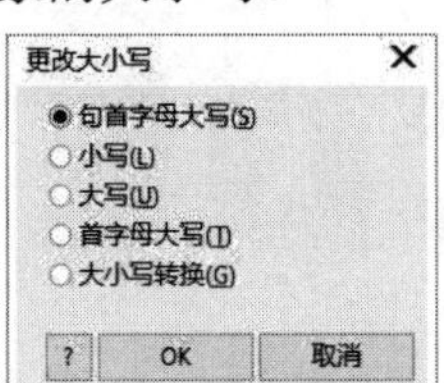

Black or white
black or white
BLACK OR WHITE
Black Or White

- 【句首字母大写】：选中该单选按钮，使选定文本中每个句子的第一个字母大写。
- 【小写】：选中该单选按钮，将把选定文本中的所有英文字母转换为小写。
- 【大写】：选中该单选按钮，将把选定文本中的所有英文字母转换为大写。
- 【首字母大写】：选中该单选按钮，使选定文本中的每一个单词的首字母大写。
- 【大小写转换】：选中该单选按钮，可以实现大小写的转换，即将所有大写字母改为小写字母，而将所有的小写字母改为大写字母。

用户也可以在【文本】泊坞窗中，单击【大写字母】按钮，在弹出的下拉列表中更改的字母大小写。

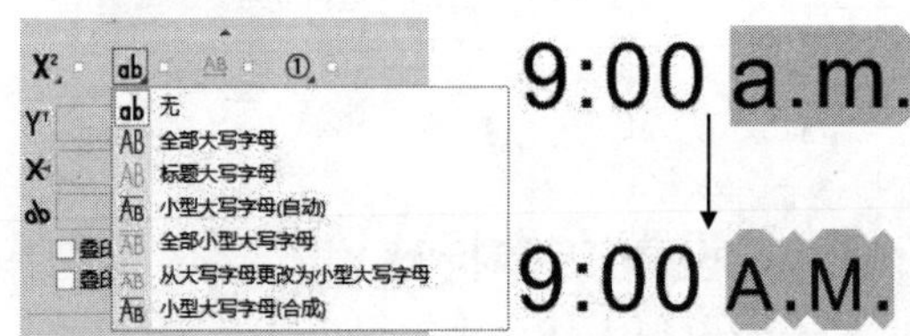

9.3.5 设置对齐方式

在 CorelDRAW 中，用户可以对创建的文本对象进行多种对齐方式的编排，以满足不同版面编排的需要。段落文本的对齐方式是基于段落文本框的边框进行对齐的，而美术字文本的对齐方式是基于输入文本时的插入点位置进行对齐的。

要实现段落文本与美术字文本的对齐，可以通过使用【文本】工具属性栏和【文本】泊坞窗来进行操作。用户可以根据自己的需要和习惯，选择合适的方法进行操作。

要使用【文本】工具属性栏对齐段落文本，可以先使用【文本】工具选择所需对齐的文本对象，然后单击属性栏中的【文本对齐】按钮，从弹出的下拉列表中选择相应的对齐选项；或单击【文本】泊坞窗中【段落】选项组中的文本对齐按钮即可。

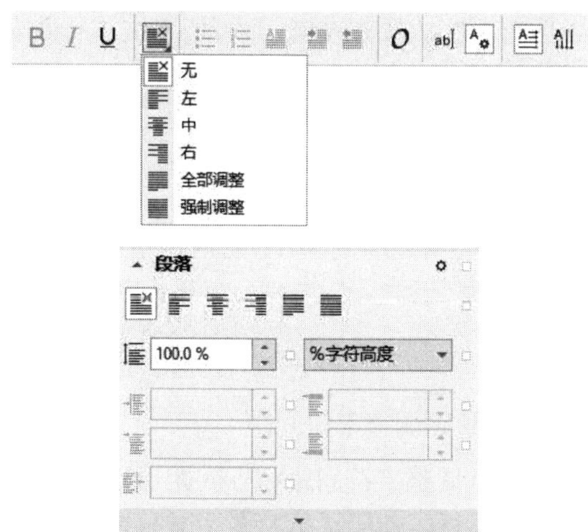

- 【无水平对齐】：单击该按钮，所选择的文本对象将不应用任何对齐方式。
- 【左对齐】：如果所选择的文本对象是段落文本，单击该按钮，将会以文本框左边界对齐文本对象；如果所选择的文本对象是美术字文本，将会相对插入点左对齐文本对象。

春 望

国破山河在，城春草木深。
感时花溅泪，恨别鸟惊心。
烽火连三月，家书抵万金。
白头搔更短，浑欲不胜簪。

- 【中】：如果所选择的文本对象是段落文本，单击该按钮，将会以文本框中心点对齐文本对象；如果所选择的文本对象是美术字文本，将会相对插入点中心对齐文本对象。

春 望

国破山河在，城春草木深。
感时花溅泪，恨别鸟惊心。
烽火连三月，家书抵万金。
白头搔更短，浑欲不胜簪。

- 【右对齐】：如果所选择的文本对象是段落文本，单击该按钮，将会以文本框右边界对齐文本对象；如果所选择的文本对象是美术字文本，将会相对插入点右对齐文本对象。

春 望

国破山河在，城春草木深。
感时花溅泪，恨别鸟惊心。
烽火连三月，家书抵万金。
白头搔更短，浑欲不胜簪。

- 【两端对齐】：如果所选择的文本对象是段落文本，单击该按钮，将会以文本框两端边界分散对齐文本对象，但不分散对齐末行文本对象；如果所选择的文本对象是美术字文本，将会以文本对象最长行的宽度分散对齐文本对象。
- 【强制两端对齐】：如果所选择的文本是段落文本，单击该按钮，将会以文本框两端边界分散对齐文本对象，并且末行文本对象也进行强制分散对齐；如果所选择的文本对象是美术字文本，将会相对插入点两端对齐文本对象。

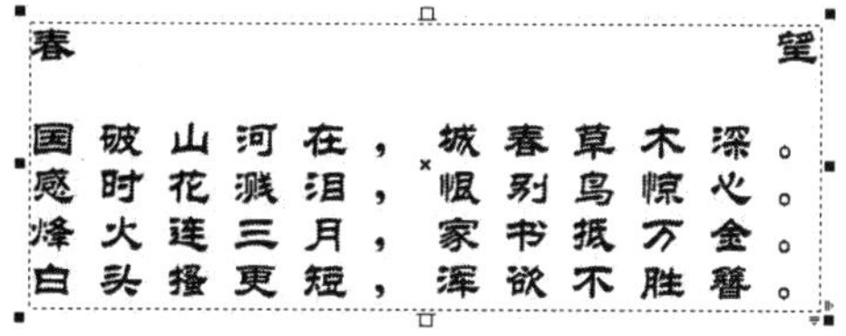

9.3.6　设置文本缩进

文本的段落缩进可以改变段落文本框与框内文本的距离。首行缩进可以调整段落文本的首行与其他文本行之间的空格字符数；左缩进、右缩进可以调整除首行外的文本与段落文本框之间的距离。

【例9-7】设置段落文本的缩进。
视频+素材 (素材文件\第09章\例9-7)

step 1 打开一个素材文档，使用【选择】工具选中段落文本。

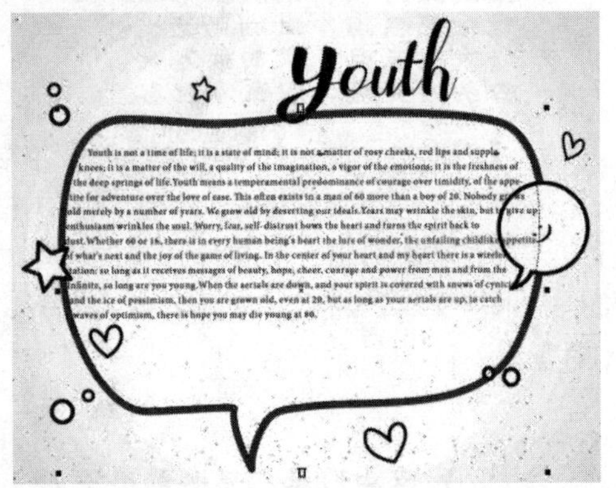

step 2 单击属性栏中的【文本】按钮，打开【文本】泊坞窗，在泊坞窗中展开【段落】选项组。分别在【左行缩进】和【右行缩进】数值框中输入20mm，然后按下Enter键设置段落文本的左右缩进。

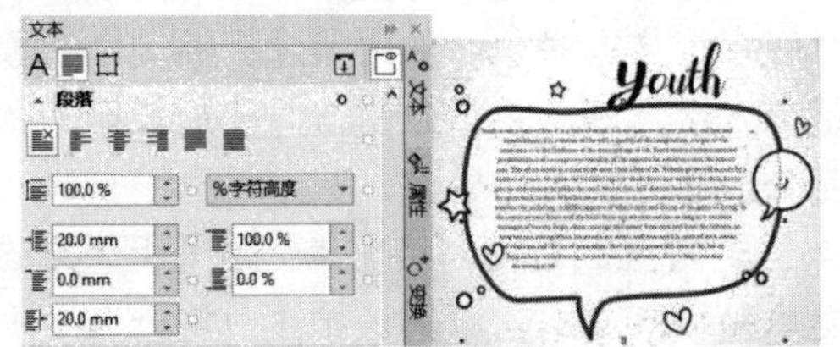

step 3 在【首行缩进】数值框中输入30mm，然后按下Enter键设置段落文本首行缩进。

9.3.7 设置字符间距

调整字符间距可以使文本美观且易于阅读。在CorelDRAW中，不论是美术字文本还是段落文本，都可以精确设置字符间距和行距。

1. 使用【形状】工具调整间距

在CorelDRAW中，可以使用【形状】工具调整字符间距。选中文本后，使用【形状】工具在文本框右边的控制符号⫸上按住鼠标左键，拖动鼠标光标到适当位置后释放鼠标左键，即可调整文本的字间距。

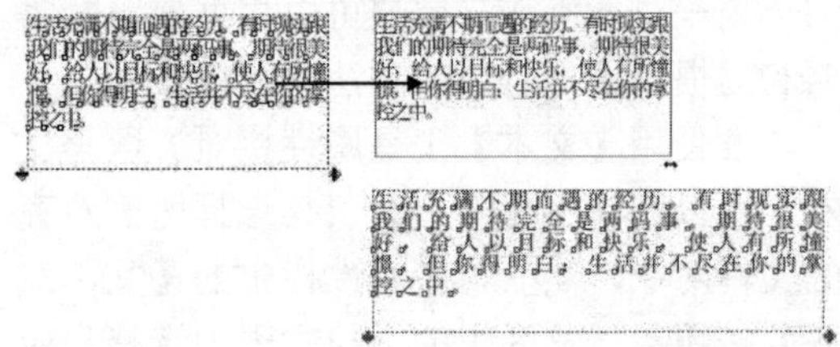

要调整行间距，可按住鼠标左键拖动文本框下面的控制符号⇣，拖动鼠标光标到适当位置后释放鼠标左键，即可调整文本行距。

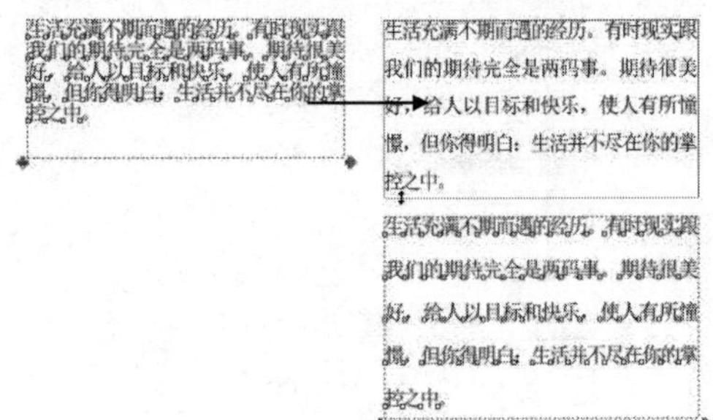

2. 精确调整字符间距

通过调整字符间距和行间距可以提高文本的可读性。使用【形状】工具只能大概调整字符间距，要对间距进行精确的调整，可以通过在【文本】泊坞窗中设置精确参数的方式来完成。

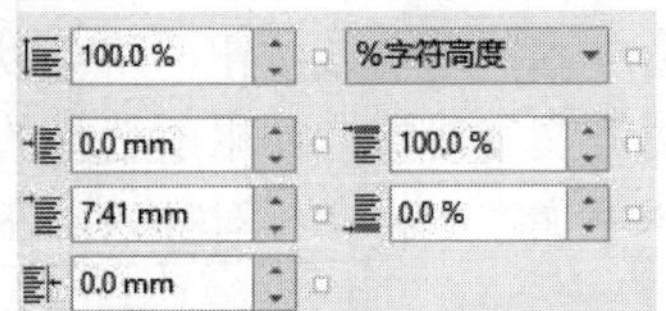

- 【段前间距】选项：用于设置在段落文本之前插入的间距。

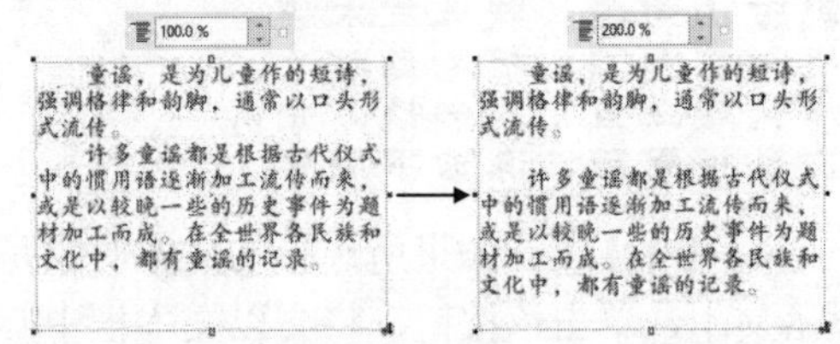

- 【段后间距】选项：用于设置在段落文本之后插入的间距。
- 【行间距】选项：用于设置行之间的距离。

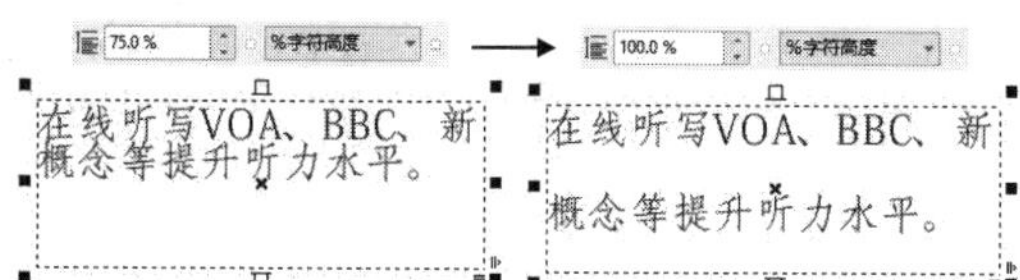

▶【垂直间距单位】：用于选择行间距的测量单位；【%字符高度】选项允许用户使用相对于字符高度的百分比值；【点】选项允许使用点为单位；【点大小的%】选项允许用户使用相对于字符点大小的百分比值。

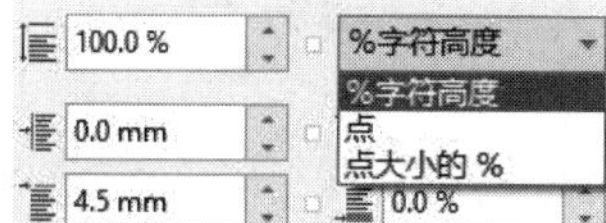

▶【字符间距】选项：可以更改文本块中的字符之间的距离。

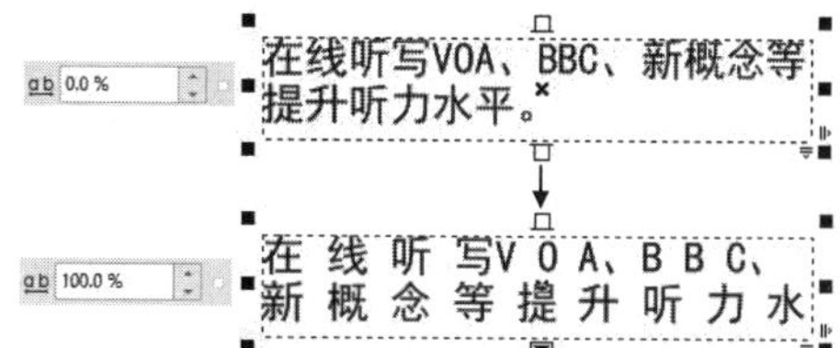

▶【字间距】选项：可以调整字之间的距离。

▶【语言间距】选项：可以控制文档中多语言文本的间距。

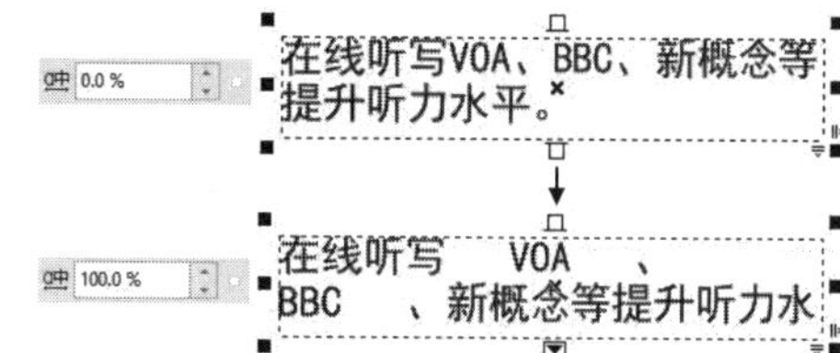

9.4 制作文本特殊效果

在 CorelDRAW 2020 中，用户可以根据需要设置段落文本、添加项目符号，并且还可以在其中插入一些特殊的字符。

9.4.1 插入特殊字符

插入特殊字符是指将特殊字符作为文本对象或图形对象添加到文本中，CorelDRAW 2020 提供了许多预设的字符，用户在进行作品设计时，可以非常方便地调用。

【例 9-8】插入特殊字符。

视频+素材（素材文件\第 09 章\例 9-8）

step 1 打开一个绘图文档。使用【2 边标注】工具在图形对象边缘单击并拖曳，创建标注。

step 2 选择【文本】|【字形】命令，打开【字形】泊坞窗。在泊坞窗的【字符过滤器】下拉列表中选择【样式集 2】复选框，然后在显示的列表框中选中所需的字形。

step 3 将所需的字符样式拖曳到绘图页面中，即可插入特殊字符。

step 4 使用【属性滴管】工具单击标注文字，再单击插入的特殊字符，即可调整插入字符属性，然后将其拖曳至合适的位置，即可完成插入字符的操作。

9.4.2 设置首字下沉

要设置首字下沉效果，可以在【文本】工具属性栏上单击【首字下沉】按钮，或在【文本】泊坞窗的【段落】选项组中单击【首字下沉】按钮。用户还可以选择【文本】|【首字下沉】命令，或单击【文本】泊坞窗的【段落】选项组右侧的按钮，在弹出的下拉菜单中选择【首字下沉】命令，打开【首字下沉】对话框。在该对话框中，选中【使用首字下沉】复选框，即可在下方选项中设置首字下沉效果。

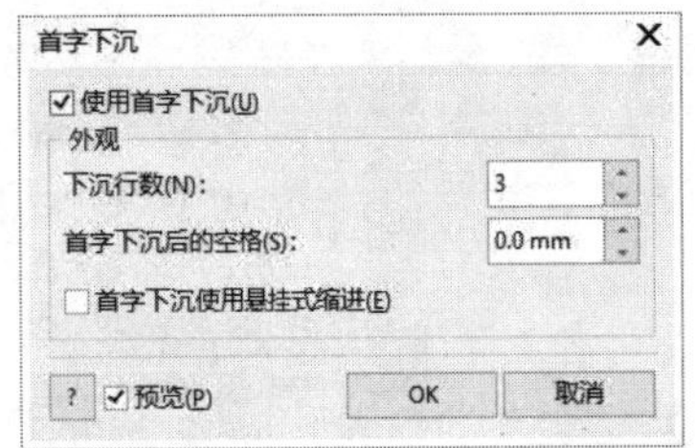

- 【下沉行数】选项：可以指定字符下沉的行数。
- 【首字下沉后的空格】选项：可以指定下沉字符与正文间的距离。
- 【首字下沉使用悬挂式缩进】复选框：可以使首字符悬挂在正文左侧。

知识点滴

要取消段落文本的首字下沉效果，可在选择段落文本后，单击属性栏中的【首字下沉】按钮，或取消选中【首字下沉】对话框中的【使用首字下沉】复选框。

【例 9-9】利用首字下沉制作版面。
视频+素材 (素材文件\第 09 章\例 9-9)

step 1 新建一个A4大小的横向空白文档。单击标准工具栏中的【导入】按钮，导入素材图像。

step 2 使用【矩形】工具在页面中绘制一个正方形。然后使用【选择】工具右击置入的图像，在弹出的快捷菜单中选择【PowerClip内部】命令，当显示黑色箭头后，单击刚绘制的正方形，将导入的图像置入正方形中，并在调色板中设置正方形的轮廓色为无。

step 3 使用【矩形】工具在页面中绘制一个矩形条，并将其填充为橘色。

step 4 选择【文本】工具，在属性栏的【字体】下拉列表中选择【方正大黑简体】，设置【字体大小】为30pt，然后输入文字，并更改字体颜色为白色。

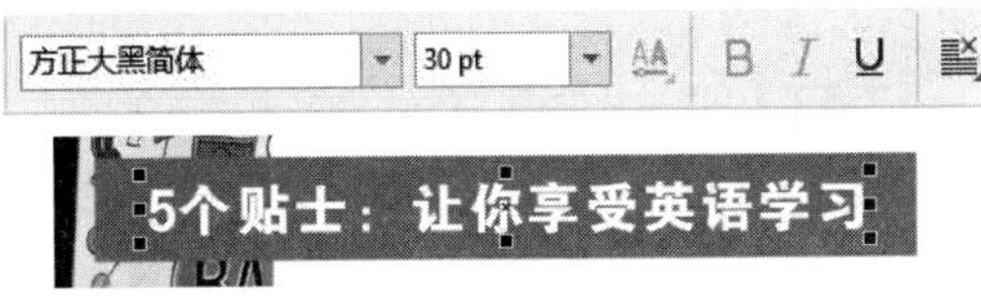

step 5 使用【文本】工具在绘图页面中创建文本框并贴入文本内容。在弹出的【导入/粘贴文本】对话框中选中【保持字体和格式】单选按钮，然后单击OK按钮。

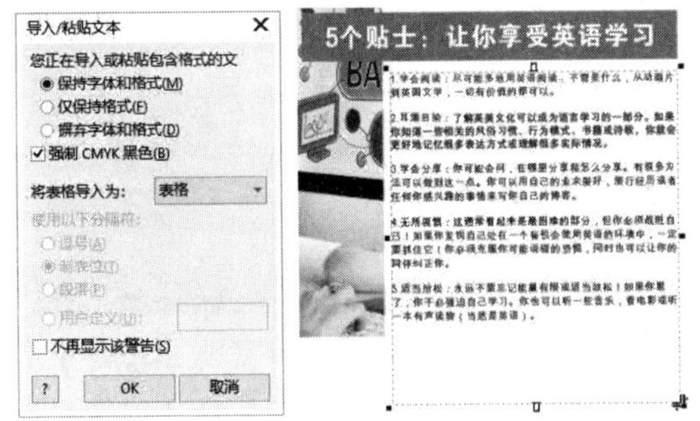

step 6 使用【选择】工具选中文本框，选择【文本】|【首字下沉】命令，打开【首字下沉】对话框，选中【使用首字下沉】复选框。

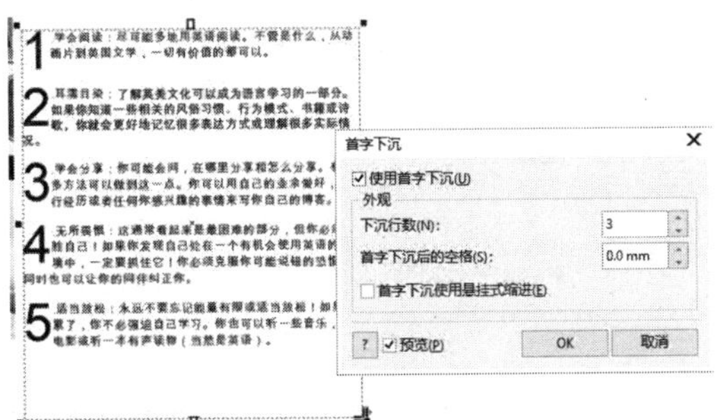

step 7 在【外观】选项组中，设置【下沉行数】数值为 2，【首字下沉后的空格】数值为 2mm，选中【首字下沉使用悬挂式缩进】复选框，然后单击OK按钮完成制作。

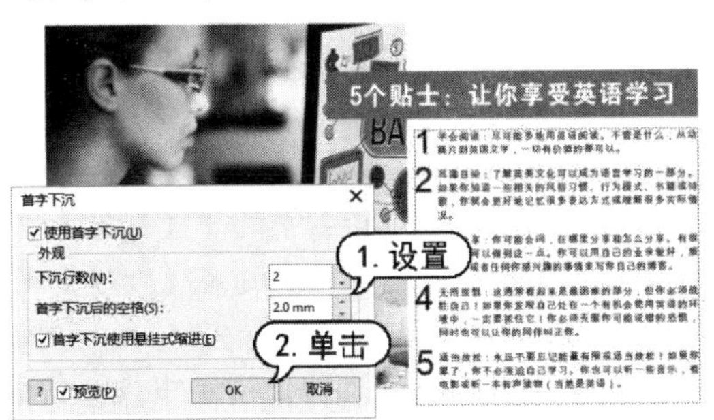

9.4.3　添加项目符号和编号

为文本添加项目符号或编号，可以使文本中一些并列的段落风格统一、条理清晰。

在 CorelDRAW 中，为用户提供了丰富的项目符号和编号样式。在【文本】工具属性栏上单击【项目符号列表】按钮或【编号列表】按钮，或在【文本】泊坞窗的【段落】选项组中单击【项目符号列表】按钮或【编号列表】按钮，即可添加项目符号或编号。

用户还可以设置项目符号和编号样式，选择【文本】|【项目符号和编号】命令，或单击【文本】泊坞窗中的【段落】选项组右侧的按钮，在弹出的下拉菜单中选择【项目符号和编号】命令，打开【项目符号和编号】对话框。在该对话框中，选中【列表】复选框，即可在下方选项中为段落文本的句首添加各种项目符号或编号。

在【类型】选项组中，选中【项目符号】单选按钮。然后在【字形】下拉面板中可以选择项目符号的样式。

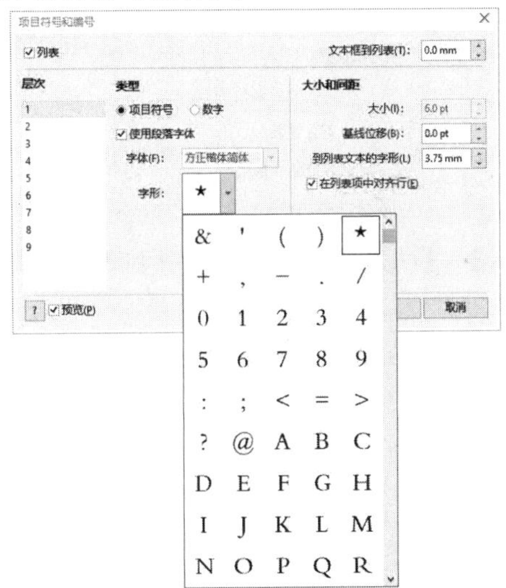

> **实用技巧**
>
> 在【文本框到列表】数值框中可以设置项目符号或编号到文本框的距离。

选中【数字】单选按钮，取消选中【使用段落字体】复选框，可在下面的选项中设置编号样式。

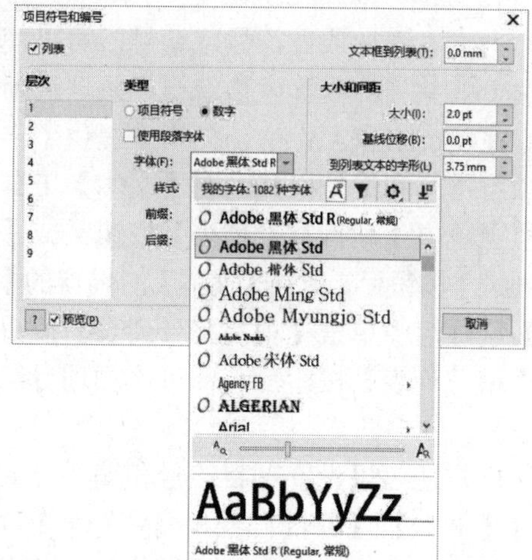

▶【字体】：在该下拉列表中选择编号的字体。

▶【样式】：在该下拉列表中选择编号的样式。

▶【前缀】/【后缀】文本框：可在文本框中输入编号项目内容。

在【项目符号和编号】对话框的【大小和间距】选项组中还可以设置项目符号或编号的位置。

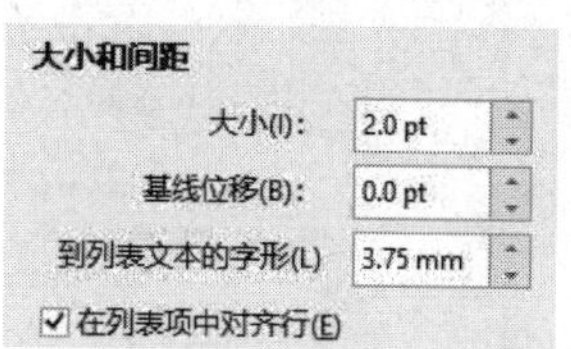

▶【大小】选项：设置项目符号或编号的大小。

▶【基线位移】选项：指定项目符号或编号从基线位移的距离。

▶【到列表文本的字形】选项：指定项目符号或编号和文本之间的距离。

▶【在列表项中对齐行】复选框：选择该复选框，即可添加具有悬挂式缩进格式的项目符号和编号。

实用技巧

用户可以更改项目符号和编号的颜色。使用【文本】工具选择项目符号或编号，然后单击调色板中的颜色即可。

【例 9-10】添加项目符号和编号。

视频+素材（素材文件\第 09 章\例 9-10）

step 1 打开一个绘图文档，使用【文本】工具选中文本框中需要添加项目符号的段落文本。

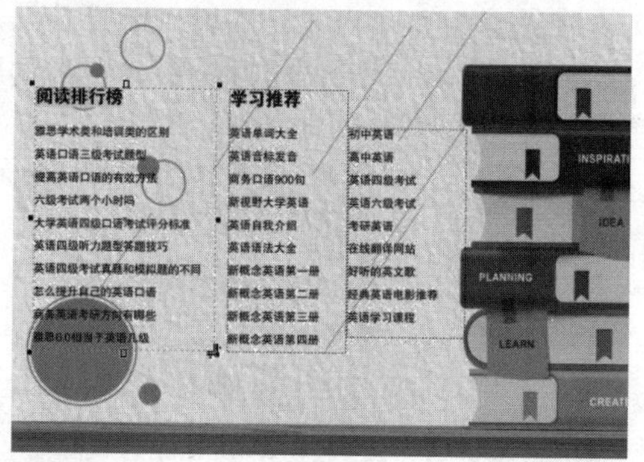

step 2 选择【文本】|【项目符号和编号】命令，打开【项目符号和编号】对话框。在该对话框中选中【列表】复选框，在【类型】选项组中选中【项目符号】单选按钮，选中【使用段落字体】复选框，在【字形】下拉列表中选择一种项目符号样式，然后单击OK按钮应用设置。

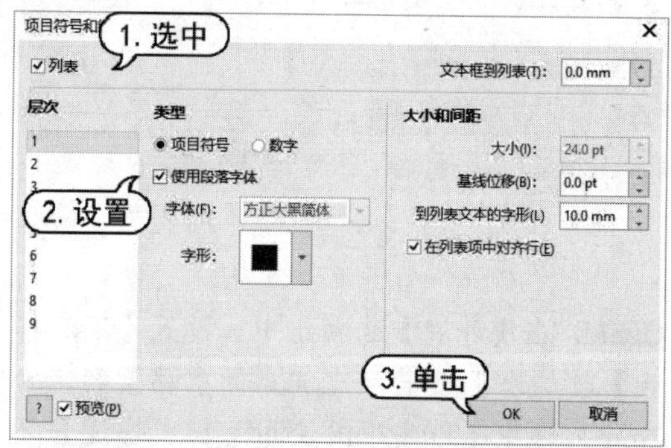

step 3 使用【文本】工具选中文本框中需要添加编号的段落文本。选择【文本】|【项目符号和编号】命令，打开【项目符号和编号】对话框。在该对话框中选中【列表】复选框，在【类型】选项组中选中【数字】单选按钮，在【样式】下拉列表中选择一种编号样式；在【大小和间距】选项组中设置【到列表文本的字形】为 5mm，然后单击OK按钮应用设置。

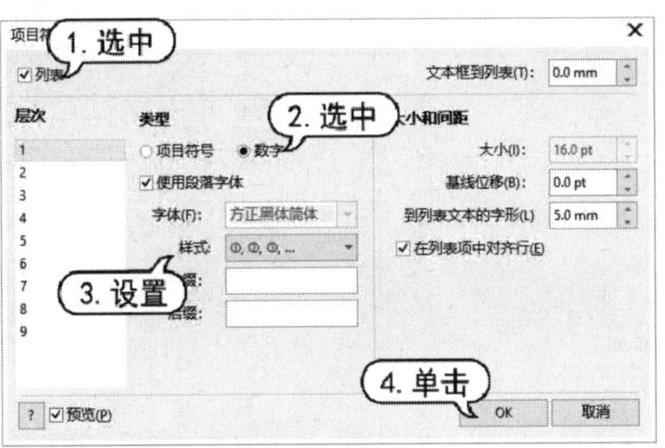

step 4 继续使用【文本】工具选中文本框中需要添加项目符号的段落文本。在属性栏中单击【项目符号列表】按钮添加上一次设置的项目符号。

step 5 继续使用【文本】工具选中文本框中需要添加项目符号的段落文本。选择【文本】|【项目符号和编号】命令，打开【项目符号和编号】对话框。在该对话框中选中【列表】复选框，在【类型】选项组中选中【项目符号】单选按钮，取消选中【使用段落字体】复选框，在【字形】下拉列表中选择一种项目符号样式，在【大小和间距】选项组中设置【大小】为 20pt，然后单击OK按钮应用设置。

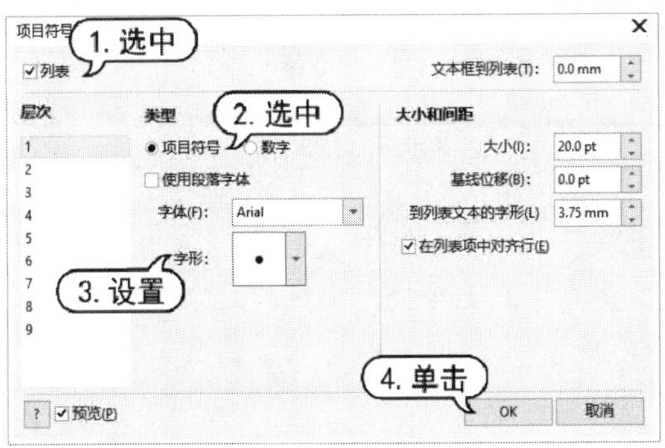

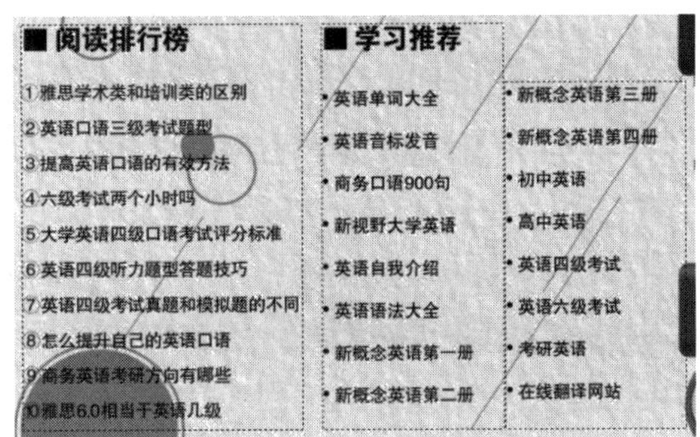

9.4.4 设置分栏

对文本对象进行分栏操作是一种非常实用的编排方式。在 CorelDRAW 中提供的分栏格式可分为等宽和不等宽两种。用户可以为选择的段落文本对象添加一定数量的栏，还可以为栏设置栏间距。用户在添加、编辑或删除栏时，可以为保持段落文本框的长度而重新调整栏的宽度，也可以为保持栏的宽度而调整文本框的长度。在选中段落文本对象后，选择【文本】|【栏】命令，打开【栏设置】对话框，在其中可以为段落文本分栏。

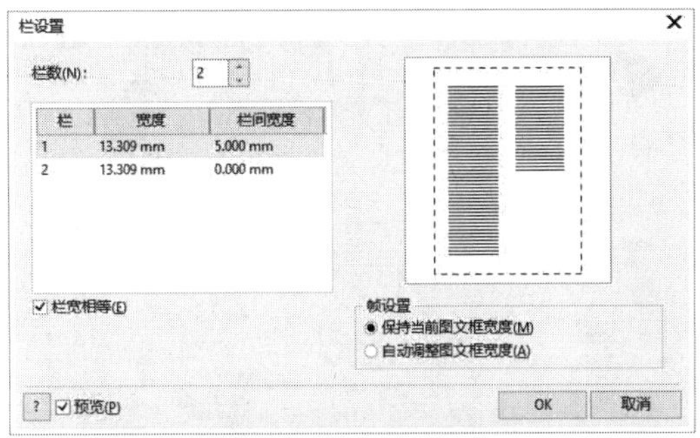

知识点滴

在【栏设置】对话框中，如果选中【保持当前图文框宽度】单选按钮，可以在增加或删除分栏的情况下，仍保持文本框的宽度不变；如果选中【自动调整图文框宽度】单选按钮，那么当增加或删除分栏时，文本框会自动调整而栏的宽度将保持不变。

【例 9-11】设置分栏版式。
视频+素材 (素材文件\第 09 章\例 9-11)

step 1 打开一个绘图文档，使用【选择】工具选中段落文本对象。

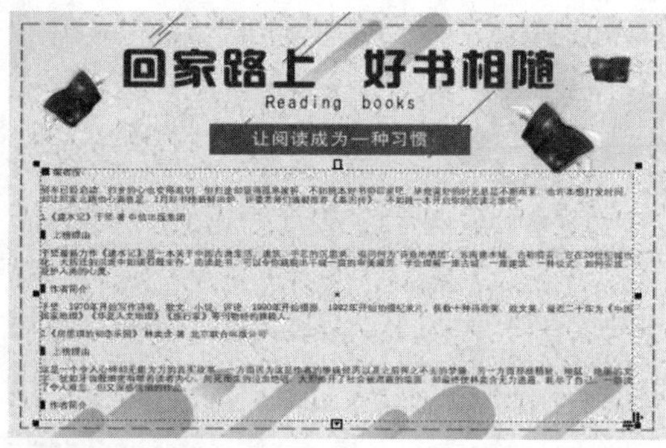

step 2 选择【文本】|【栏】命令，打开【栏设置】对话框。在该对话框中设置【栏数】数值为 3，【栏间宽度】为 100px，然后单击 OK按钮应用设置。

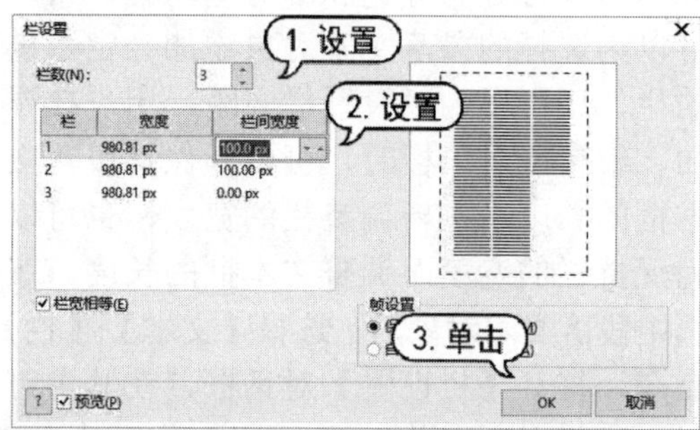

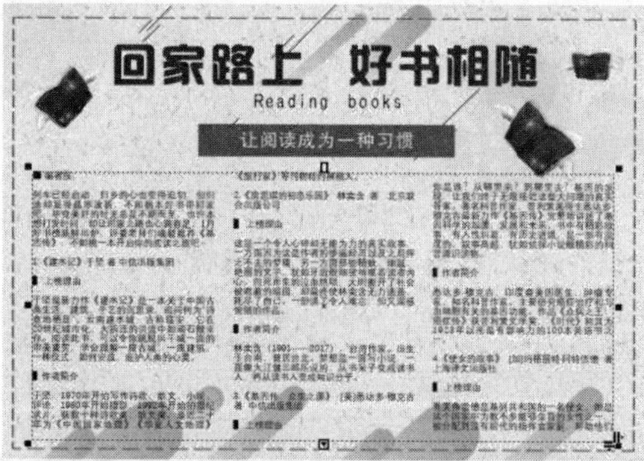

知识点滴

对于已经添加了等宽栏的文本，还可以进一步改变栏的宽度和栏间距。使用【文本】工具选择所需操作的文本对象，这时文本对象将会显示分栏线，将光标移至文本对象中间的分栏线上时，光标将变为双向箭头，按住鼠标左键并拖动分界线，可调整栏宽和栏间距。

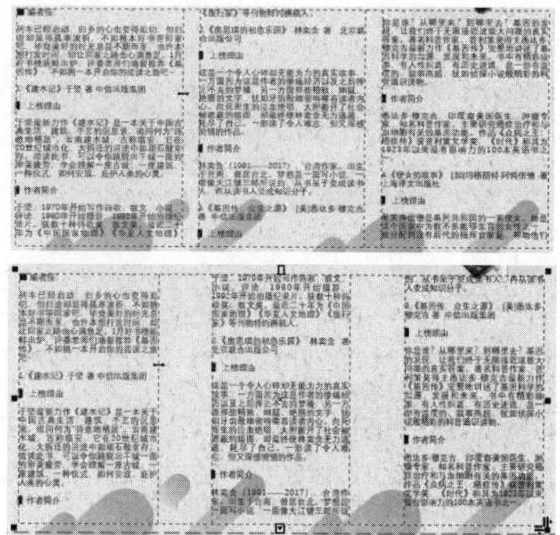

9.4.5 将文本转换为曲线

虽然文本对象之间可以通过相互转换进行各种编辑，但如果要将文本作为特殊图形对象应用图形对象的编辑操作，那么就需要将文本对象转换为具有图形对象属性的曲线以适应编辑调整的操作。

用户如果想将文本对象转换为曲线图形对象，可以在绘图页面中选择需要操作的文本对象，再选择菜单栏中的【对象】|【转换为曲线】命令，或按 Ctrl+Q 组合键将文本对象转换为曲线图形对象，然后使用【形状】工具通过添加、删除或移动文字的节点改变文本的形状。也可以使用【选择】工具选择文本对象后右击，在打开的快捷菜单中选择【转换为曲线】命令，将文本对象转换为曲线图形对象。

实用技巧

文本对象一旦被转换为曲线图形对象后，将不再具有原有的文本属性了，也就是说其将不能再进行与文本对象相关的各种编辑处理。

【例 9-12】制作网页广告 banner。
视频+素材 (素材文件\第 09 章\例 9-12)

step 1 在打开的绘图文档中，使用【选择】工具选择需要转换为曲线的文本对象。选择

【对象】|【转换为曲线】命令，将文本对象转换为曲线。

step 2 使用【形状】工具选中文字路径上的节点并调整路径形状。

step 3 使用【钢笔】工具在文字上绘制如下图所示的形状，并将其填充色设置为C:53 M:18 Y:2 K:0，轮廓色为无，完成效果的制作。

9.4.6　图文混排

在排版设计中，经常需要对图形、图像和文字进行编排。在 CorelDRAW 中，可以使文本沿图形外部边缘形状进行排列。需要注意的是，文本绕图的功能不能应用于美术字文本。如果美术字文本需要使用该功能，必须先将美术字文本转换为段落文本。

如果需要对输入的文本对象实现文本绕图编排效果，可以在所选的图形对象上单击鼠标右键，从弹出的快捷菜单中选择【段落文本换行】命令，然后将图形对象拖动到段落文本上释放，这时段落文本将会自动环绕在图形对象的周围。

实用技巧

选择图形对象后，也可以单击属性栏中的【文本换行】按钮，在弹出的下拉面板中选择换行方式，设置换行偏移数值。

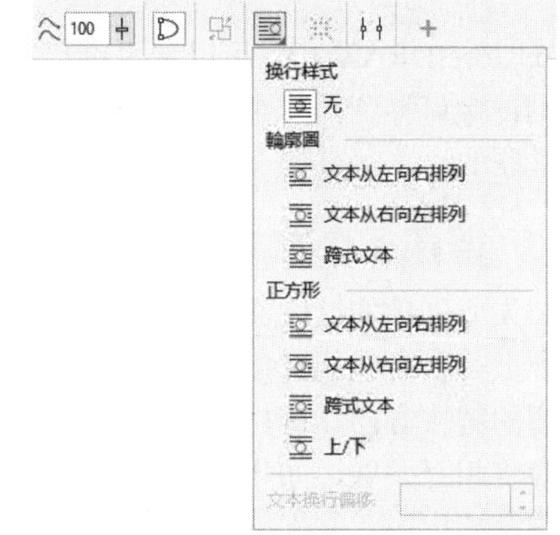

【例 9-13】制作杂志内页。

视频+素材 (素材文件\第 09 章\例 9-13)

step 1 在打开的绘图文档中，使用【选择】工具选择要在其周围环绕文本的对象。

step 2 在【属性】泊坞窗中单击【总结】按钮，打开【段落文本换行】下拉列表，选择【轮廓图-从左向右排列】选项，设置【文本换行偏移】为 1.5mm，完成图文混排设置。

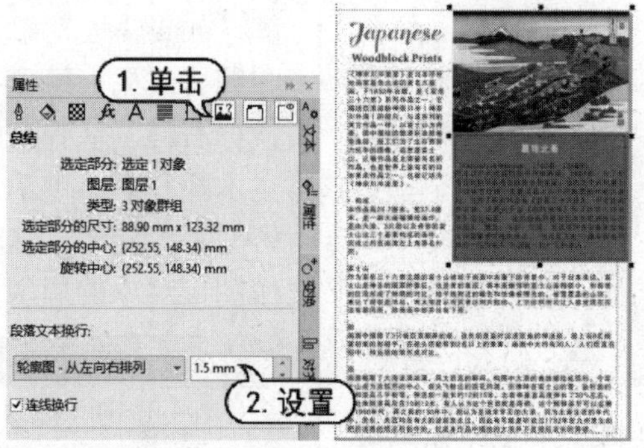

9.5 文本的链接

在 CorelDRAW 中，可以通过链接文本的方式，将一个段落文本分离成多个文本框链接，文本框链接可移到同一个页面的不同位置，也可以在不同页面中进行链接，它们之间始终是相互关联的。

9.5.1 链接多个文本框

如果所创建的绘图文件中有多个段落文本，那么可以将它们链接在一起，并显示文本内容的链接方向。链接后的文本框中的文本内容将相互关联，如果前一个文本框中的文本内容超出所在文本框的大小，那么所超出的文本内容将会自动出现在后一个文本框中，以此类推。

链接的多个文本框中的文本对象属性是相同的，如果改变其中一个文本框中文本的字体或文字大小，其他文本框中的文本也会发生相应的变化。

【例 9-14】制作菜谱。
视频+素材 (素材文件\第 09 章\例 9-14)

step① 打开素材文档，选择【文本】工具，在绘图页面中的适当位置创建多个文本框。

step② 在Windows资源管理器中打开所需的文档，并复制文档内容。再使用CorelDRAW中的【文本】工具在第一个段落文本框中单击，并按Ctrl+V组合键进行粘贴，在打开的【导入/粘贴文本】对话框中，选中【摒弃字体和格式】单选按钮，然后单击OK按钮粘贴文本。

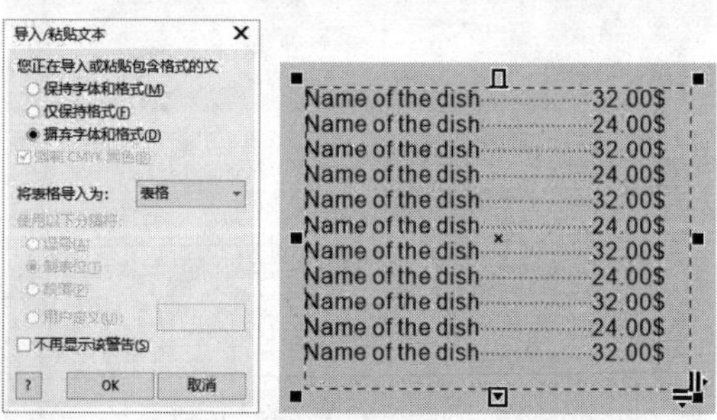

step③ 移动光标至文本框下方的▣控制点上，光标变为双向箭头形状。单击鼠标左键，光标变为▤形状后，将光标移到另一个文本框中，光标变为黑色箭头后单击，即可将未显示的文本显示在文本框中，并可以将两个文本框进行链接。

step④ 使用相同的操作方法，链接其他文本框，完成菜谱的制作。

实用技巧

使用【选择】工具选择文本对象，移动光标至文本框下方的▼控制点上，光标变为双向箭头形状，单击鼠标左键，光标变为▤形状后，在页面上的其他位置按下鼠标左键拖动出一个段落文本框，此时未显示的文本部分将自动转移到新创建的链接文本框中。

9.5.2 链接段落文本框与图形对象

文本对象的链接不仅限于段落文本框之间，也可以应用于段落文本框与图形对象之间。当段落文本框中的文本内容与未闭合路径的图形对象链接时，文本对象将会沿路径进行链接；当段落文本框中的文本内容与闭合路径的图形对象链接时，会将图形对象当作文本框进行文本对象的链接。

【例 9-15】链接段落文本框与图形对象。
视频+素材 (素材文件\第 09 章\例 9-15)

step① 在打开的绘图文件中，使用【选择】工具选择段落文本。

step② 移动光标至文本框下方的控制点上，光标变为双向箭头形状。单击鼠标左键，光标变为▤形状后，将光标移到图形对象中，光标变为黑色箭头后单击可链接文本框和图形对象。

step③ 使用【选择】工具调整文本框大小，即可改变链接效果。

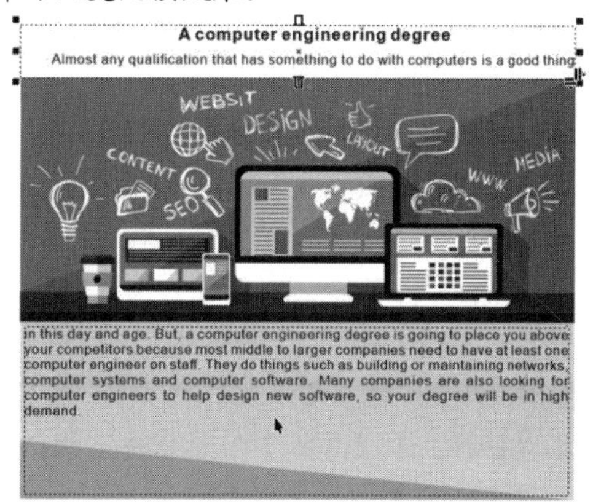

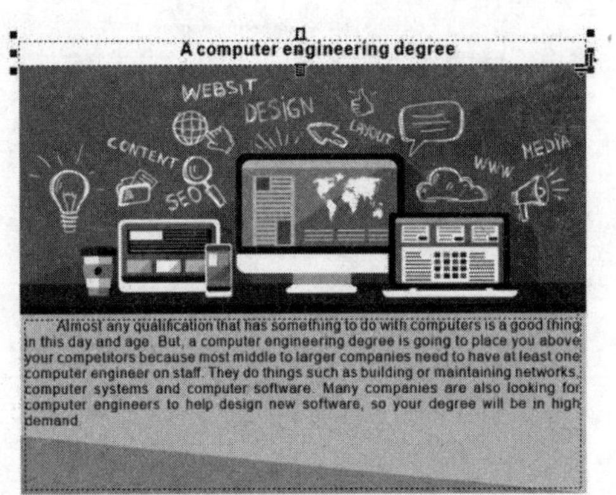

9.5.3 解除对象之间的链接

要解除文本链接，可以在选取链接的文本对象后，按 Delete 键删除。删除链接后，剩下的文本框仍保持原来的状态。另外，在选取所有的链接对象后，可以选择【文本】|【段落文本框】|【断开链接】命令，将链接断开。断开链接后，文本框各自独立。

9.6 案例演练

本章的案例演练介绍“制作节日海报”这个综合实例，使用户通过练习从而巩固本章所学知识。

【例 9-16】制作节日海报。
视频+素材 (素材文件\第 09 章\例 9-16)

step 1 选择【文件】|【新建】命令，打开【创建新文档】对话框。在该对话框的【名称】文本框中输入“节日海报”，在【页面大小】下拉列表中选择A4 选项，然后单击OK按钮创建新文档。

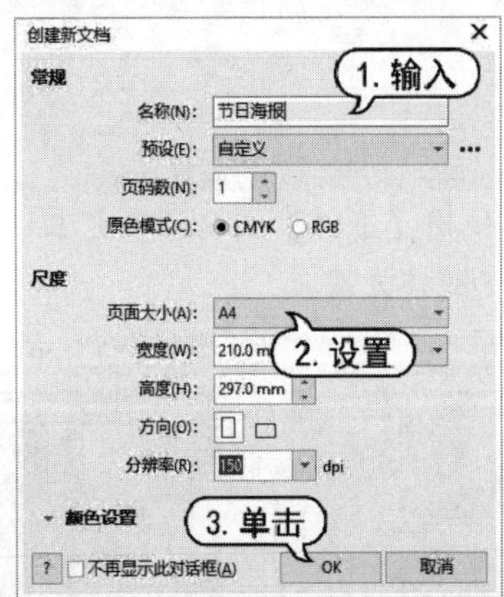

step 2 选择【布局】|【页面背景】命令，打开【选项】对话框。在该对话框中选中【位图】单选按钮，单击【浏览】按钮，打开【导入】对话框。在【导入】对话框中选择所需的图像文件，单击【导入】按钮。

step 3 在【选项】对话框中选中【自定义尺寸】单选按钮，设置【水平】数值为 210，然后单击OK按钮。

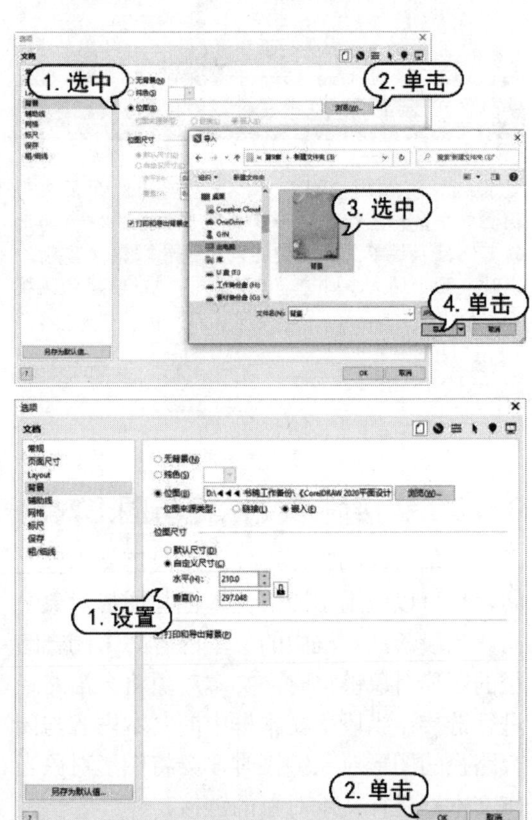

step 4 使用【矩形】工具在绘图页面中拖动绘制矩形，在属性栏中设置对象大小的【宽度】为 145mm，【高度】为 190mm。然后在【属性】泊坞窗中，设置轮廓色为白色，【轮廓宽度】为 16pt，在【角】选项组

中单击【斜接角】按钮。

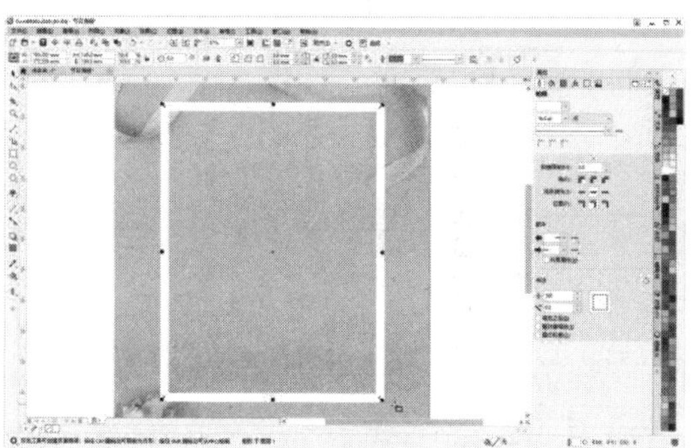

step 5 选择【对象】|【将轮廓转换为对象】命令，选择【交互式填充】工具，在属性栏中单击【渐变填充】按钮，再单击【椭圆形渐变填充】按钮，在绘图页面中显示的渐变控制柄上设置渐变填充色为C:0 M:0 Y:0 K:0 至C:0 M:0 Y:0 K:0 至C:0 M:34 Y:7 K:0，然后调整渐变效果。

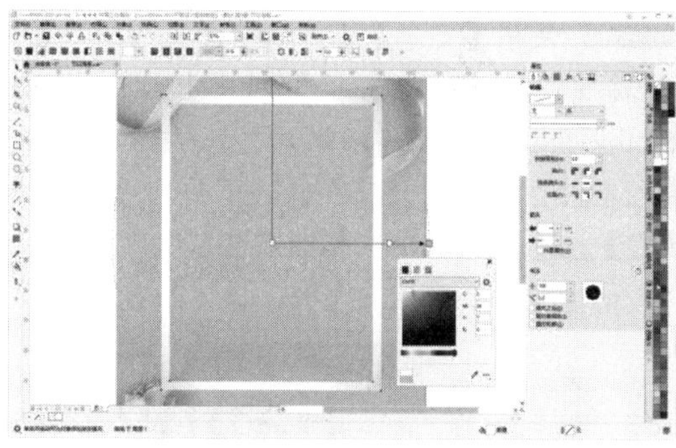

step 6 使用【矩形】工具在步骤(4)中创建的矩形框中拖动绘制矩形。然后取消其轮廓色，在【属性】泊坞窗中设置填充色为C:1 M:18 Y:5 K:0。

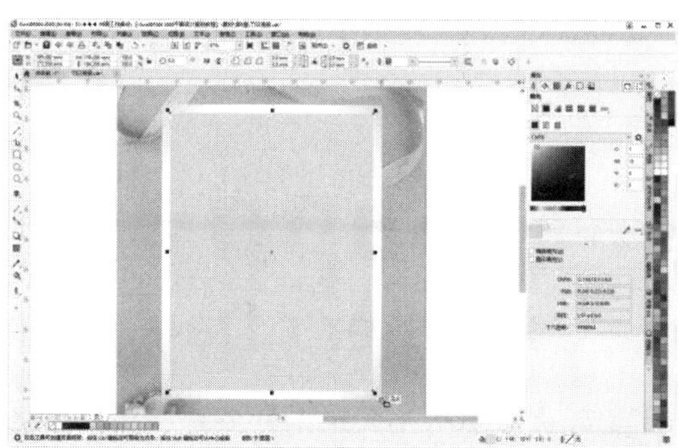

step 7 选择【阴影】工具，在属性栏的【预设】下拉列表中选择【内发光】选项，设置【阴影颜色】为C:0 M:31 Y:23 K:0，在【合并模式】下拉列表中选择【乘】选项，设置【阴影不透明度】数值为30，【阴影羽化】数值为6。

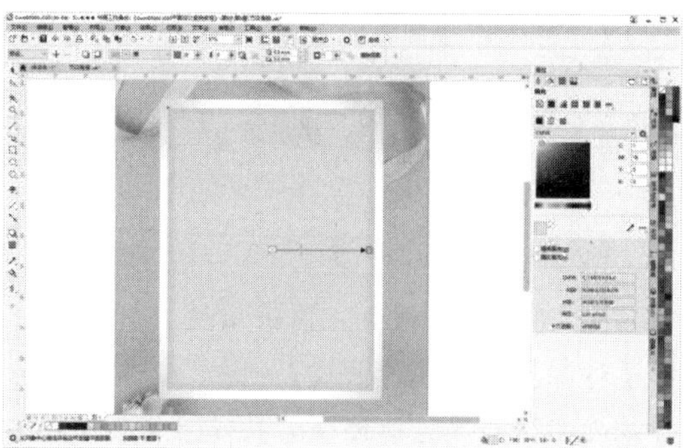

step 8 使用【选择】工具选中步骤(4)至步骤(7)创建的对象并右击，在弹出的快捷菜单中选择【锁定】命令。

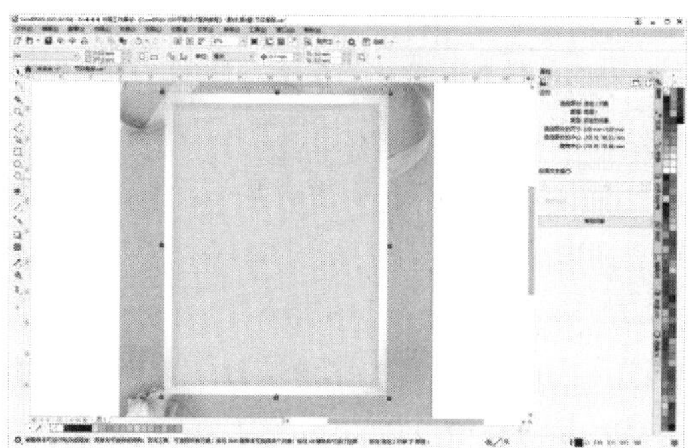

step 9 使用【文本】工具在绘图页面中单击，在属性栏的【字体】下拉列表中选择【汉仪菱心体简】，设置【字体大小】为110pt，单击【文本对齐】按钮，在弹出的下拉列表中选择【右】选项，然后输入文本内容。

step 10 在绘图窗口的标尺上，单击并按住鼠标拖动创建辅助线。然后选择【形状】工具，依据辅助线调整文本对象的节点位置。

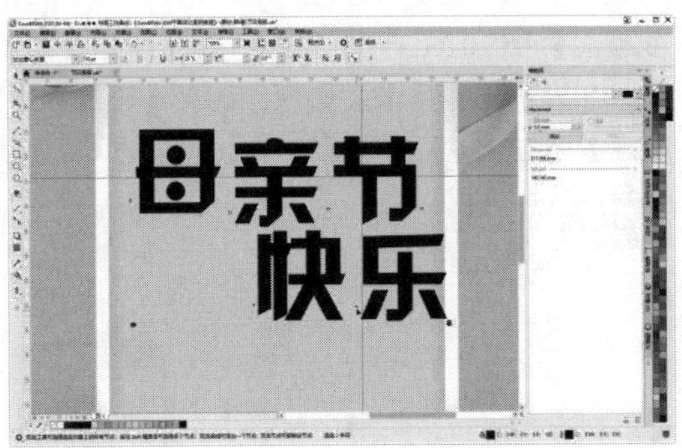

step 11 使用【选择】工具选中文本对象，选择【对象】|【转换为曲线】命令，将文本对象转换为曲线对象。在标准工具栏中单击【显示辅助线】按钮，隐藏辅助线。

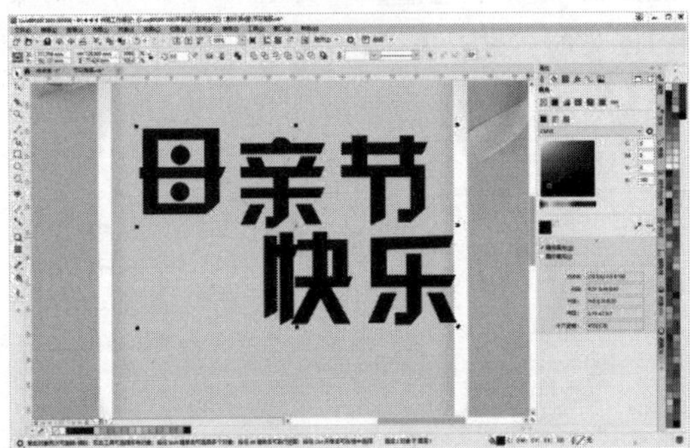

step 12 选择【形状】工具，按下图所示调整文本对象曲线的形状。

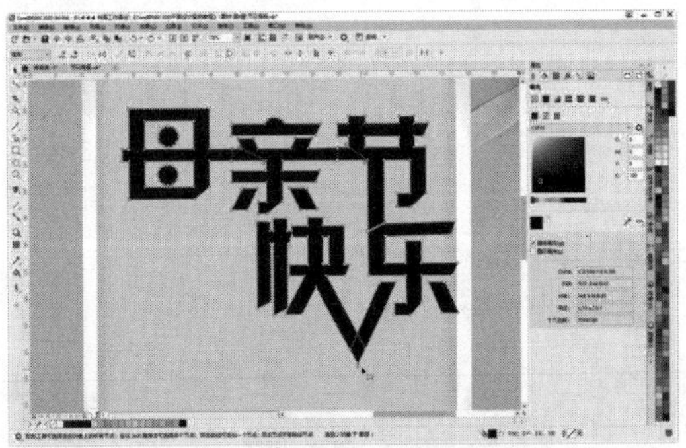

step 13 使用【选择】工具选中全部文本对象曲线，在属性栏中单击【焊接】按钮。

step 14 选择【交互式填充】工具，在属性栏中单击【渐变填充】按钮。使用【交互式填充】工具在文本对象曲线下方单击并向上拖动，创建渐变填充，并在【属性】泊坞窗中设置渐变填充色为C:24 M:99 Y:40 K:0 至C:2 M:93 Y:6 K:0 至C:30 M:45 Y:0 K:0。

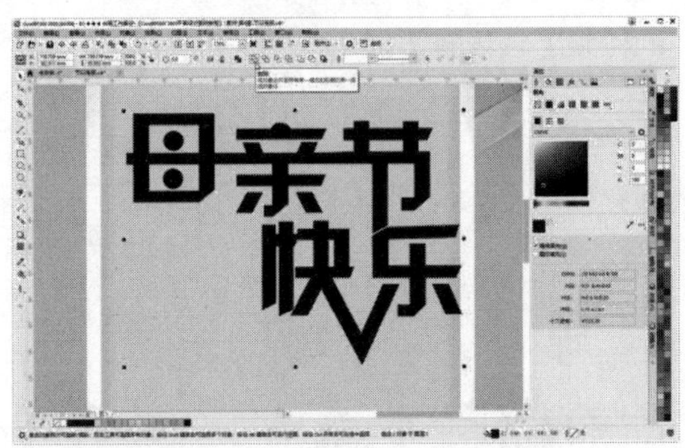

step 15 使用【文本】工具在绘图页面中单击，在属性栏的【字体】下拉列表中选择Adobe Gothic Std B，设置【字体大小】为19pt，单击【文本对齐】按钮，在弹出的下拉列表中选择【右】选项，然后输入文本内容。

step 16 使用【文本】工具选中第一行文字内容，在属性栏中更改【字体大小】为33pt。

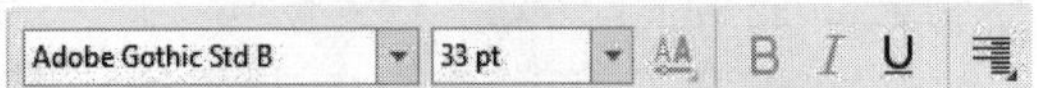

step 17 选择【交互式填充】工具，在属性栏中单击【渐变填充】按钮。使用【交互式填充】工具在文本对象下方单击并向上拖动，

创建渐变填充，并在【属性】泊坞窗中设置渐变填充色为C:24 M:99 Y:40 K:0 至C:2 M:93 Y:6 K:0 至C:30 M:45 Y:0 K:0。

step 18 选中文本对象，选择【阴影】工具，在属性栏的【预设】下拉列表中选择【平面右下】选项，设置【阴影颜色】为C:0 M:100 Y:0 K:0，在【合并模式】下拉列表中选择【如果更暗】选项，设置【阴影不透明度】数值为 50，【阴影羽化】数值为 8，【阴影偏移】的x数值为 1mm，y数值为－1mm。

step 19 在标准工具栏中单击【导入】按钮，打开【导入】对话框。在该对话框中选中所需的图像文件，单击【导入】按钮。

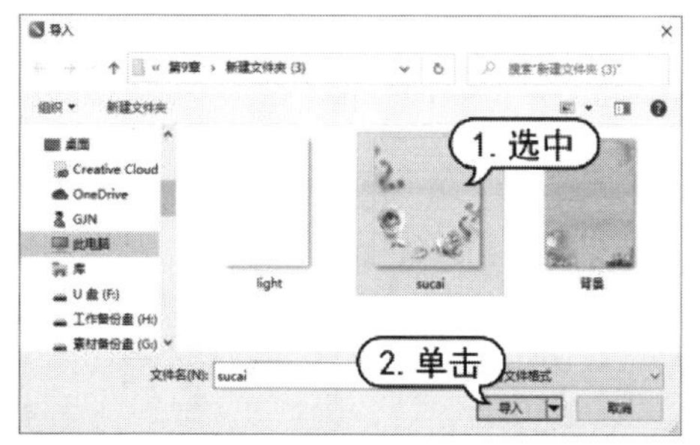

step 20 在绘图页面中单击，导入图像。在属性栏中单击【锁定比率】按钮，设置对象大小的【宽度】为 210mm。然后右击导入的图像，在弹出的快捷菜单中选择【锁定】命令。

step 21 使用【选择】工具选中步骤(9)至步骤(18)中创建的文本对象，然后调整文字位置。

step 22 使用【文本】工具在绘图页面中单击，在【文本】泊坞窗的【字体】下拉列表中选择Palace Script MT，设置【字体大小】为 250pt，文本颜色为【洋红】，然后输入文本内容。

step 23 选择【透明度】工具，在属性栏的【合并模式】下拉列表中选择【叠加】选项。

step 24 选择【文本】工具，在绘图页面中单击，在【文本】泊坞窗的【字体】下拉列表中选择【黑体】，设置【字体大小】为

24pt，然后输入文本内容。

step 25 选择【阴影】工具，在属性栏的【预设】下拉列表中选择【小型辉光】选项，设置【阴影颜色】为【洋红】，设置【阴影不透明度】数值为20，【阴影羽化】数值为20。

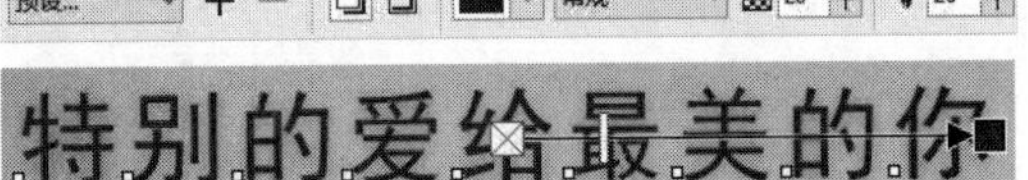

step 26 在标准工具栏中单击【导入】按钮，打开【导入】对话框。在该对话框中选中所需的图像文件，单击【导入】按钮。

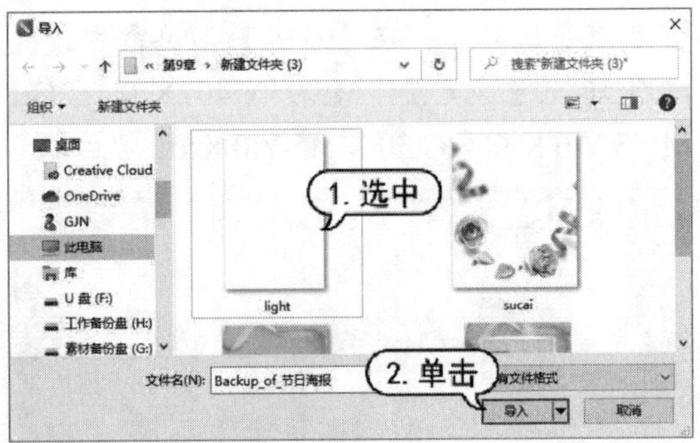

step 27 在绘图页面中单击，导入图像。在属性栏中单击【锁定比率】按钮，设置对象大小的【宽度】为210mm。

step 28 在标准工具栏中单击【保存】按钮，打开【保存绘图】对话框。在该对话框中单击【保存】按钮，完成本例的制作。

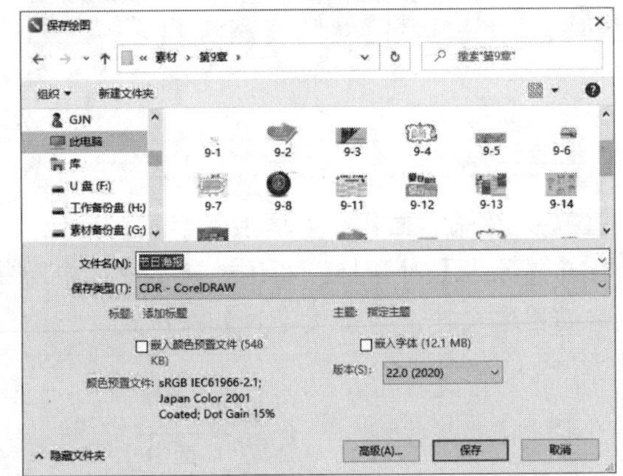

第 10 章

制作特殊的图形效果

在 CorelDRAW 2020 中，不仅可以绘制出精美的图形，还可以为图形添加各种特殊的图形效果。本章主要介绍制作混合效果、变形效果、阴影效果及透明效果等内容。

本章对应视频

例 10-1 创建混合效果
例 10-2 制作炫丽背景图案
例 10-3 制作水晶按钮
例 10-4 制作演出宣传单
例 10-5 使用透镜处理照片
例 10-6 制作招生广告

10.1 制作混合效果

【混合】工具是CorelDRAW中用途最广泛的工具之一。利用该工具可以定义对象形状和阴影的混合、增加文字和图片效果等。【混合】工具应用于两个对象之间，经过中间形状和颜色的渐变合并两个对象，创建混合效果。当两个对象进行混合时，是沿着两个对象间的路径，以一连串连接图形，在两个对象之间创建渐变进行变化的。这些中间生成的对象会在两个原始对象的形状和颜色之间产生平滑渐变的效果。

10.1.1 创建混合效果

在CorelDRAW中，可以创建两个或多个对象之间形状和颜色的混合效果。在应用混合效果时，对象的填充方式、排列顺序和外形轮廓等都会直接影响混合效果。要创建混合效果，先在工具箱中选择【混合】工具，然后单击第一个对象，并按住鼠标拖动到第二个对象上后，释放鼠标即可创建混合效果。

【例10-1】创建混合效果。
视频+素材 (素材文件\第10章\例10-1)

step 1 选择工具箱中的【椭圆】工具绘制圆形，在调色板中取消轮廓色，按F11键打开【编辑填充】对话框，在该对话框中单击【均匀填充】按钮，设置填充色为C:0 M:80 Y:100 K:0，然后单击OK按钮。

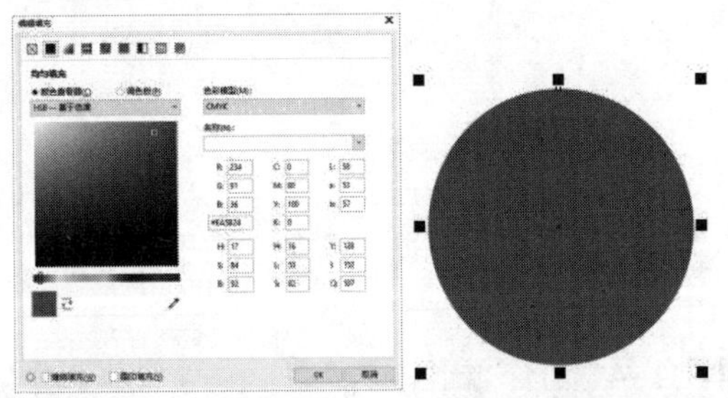

step 2 使用【选择】工具选中绘制的图形，在【变换】泊坞窗中单击【位置】按钮，选中【距离】单选按钮，设置【在水平轴上为对象的位置指定一个值】为3mm，【副本】数值为1，单击【应用】按钮。然后在调色板中单击【深黄】色板填充复制的圆形。

step 3 使用【选择】工具选中两个圆形，在【形状】泊坞窗顶部的下拉列表中选择【移除前面对象】选项，然后单击【应用】按钮。

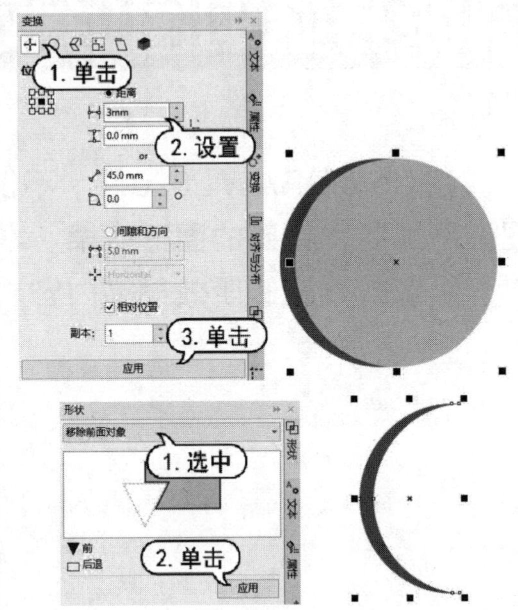

step 4 在【变换】泊坞窗中单击【位置】按钮，选中【间隙和方向】单选按钮，设置【间隙】数值为40mm，在【定向】下拉列表中选择Horizontal，设置【副本】数值为1，单击【应用】按钮。然后在调色板中单击【深黄】色板填充复制的形状。

step 5 在工具箱中选择【混合】工具，在起始对象上按下鼠标左键不放，向另一个对象拖动鼠标，释放鼠标即可创建混合效果，然后在属性栏中设置【调和对象】数值为6，单击【顺时针调和】按钮，完成对象的混合。

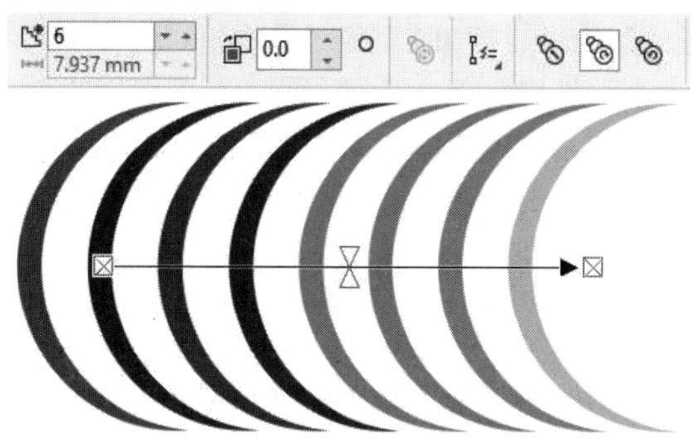

10.1.2　调整混合效果

创建对象之间的混合效果后，除了可以通过光标调整混合效果的控件来调整混合效果外，也可以通过设置【混合】工具属性栏中的相关参数选项来调整混合效果。在【混合】工具属性栏中，各主要参数选项的作用如下。

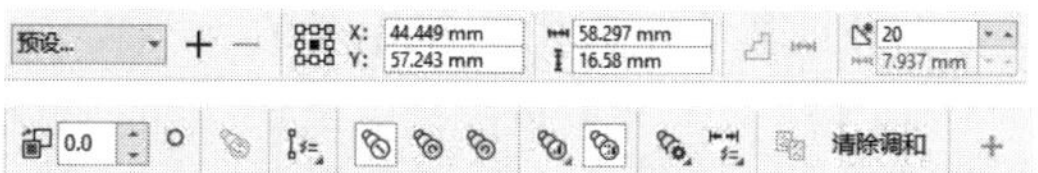

➤ 【预设】选项：在该选项下拉列表中提供了混合预设样式。

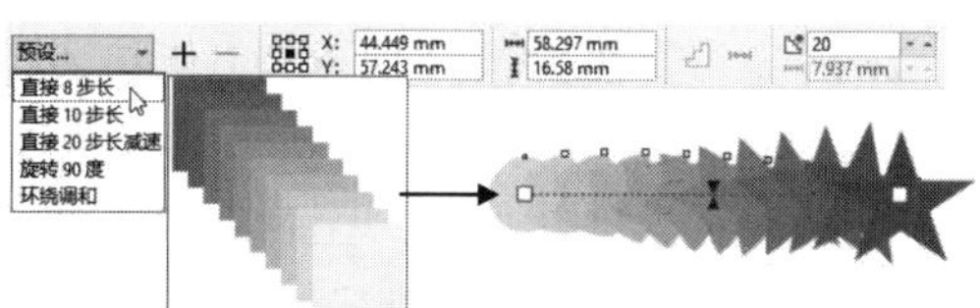

知识点滴

在属性栏中，单击【预设】选项，在弹出的下拉列表中包含 5 种预设混合效果，选择任意一种即可创建混合效果。当然，也可以将当前的混合效果存储为预设以便之后使用。选中创建的混合效果，单击属性栏中的【添加预设】按钮+，在打开的【另存为】对话框中选择保存路径并为混合效果命名即可。

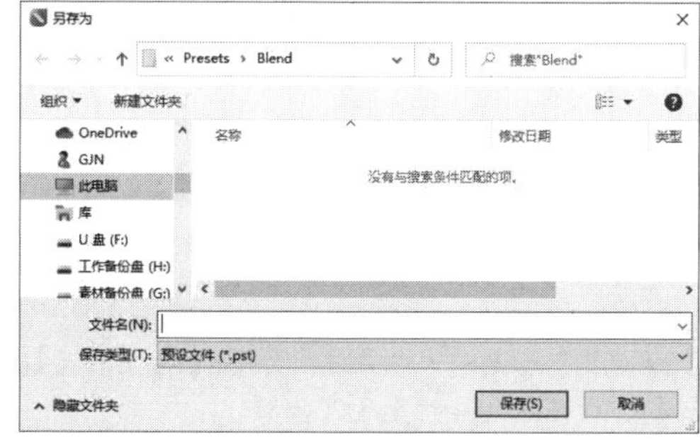

➤ 【混合对象】选项：用于设置混合效果的混合步数或形状之间的偏移距离。

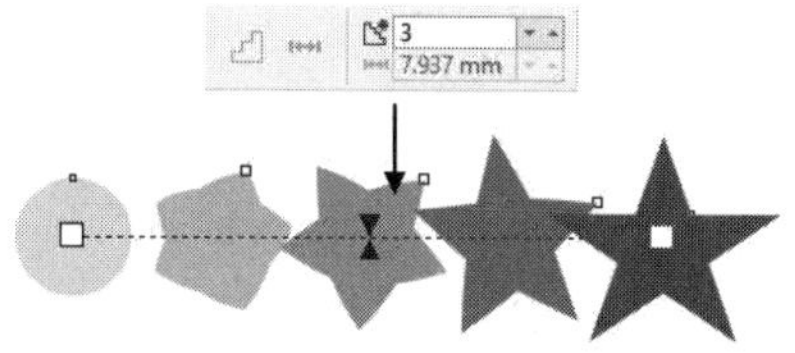

➤ 【混合方向】选项：用于设置混合效果的角度。

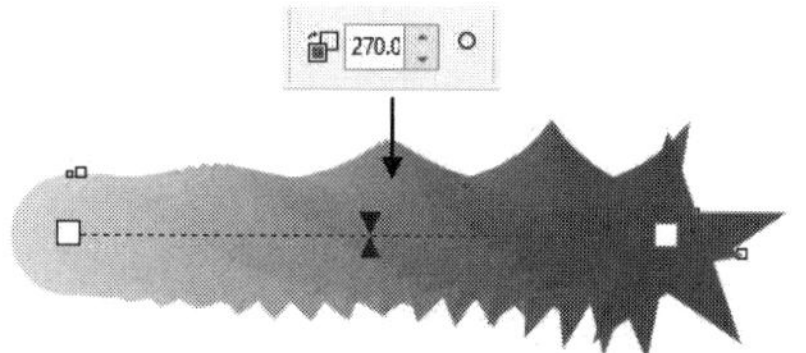

➤ 【环绕混合】选项：按混合方向在对象之间产生环绕式的混合效果，该按钮只有在为混合对象设置了混合方向后才能使用。

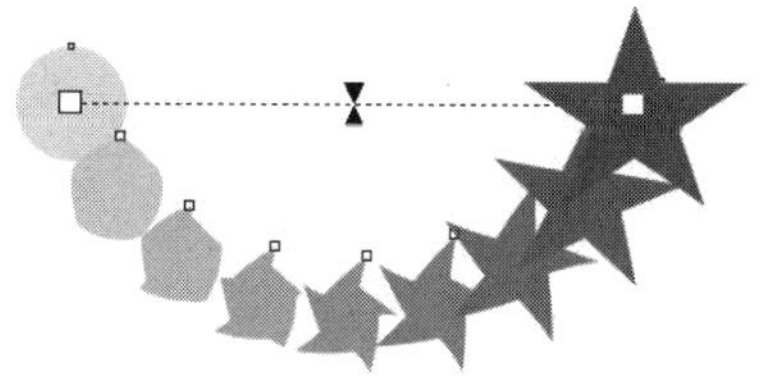

➤ 【路径属性】：单击该按钮，可以打开该选项菜单，其中包括【新路径】【显示路径】和【从路径分离】3 个命令。【新路径】命令用于重新选择混合效果的路径，从而改变混合效果中过渡对象的排列形状；【显示路径】命令用于显示混合效果的路径；【从路径分离】命令用于将混合效果的路径从过渡对象中分离。

➤ 【直接混合】按钮：直接在所选对象的填充颜色之间进行颜色过渡。

➤ 【顺时针混合】按钮：使对象上的填充颜色按色轮盘中的顺时针方向进行颜色过渡。

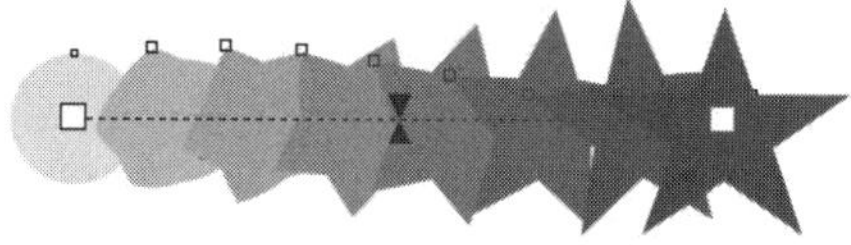

➤ 【逆时针混合】按钮：使对象上的填充颜色按色轮盘中的逆时针方向进行颜色过渡。

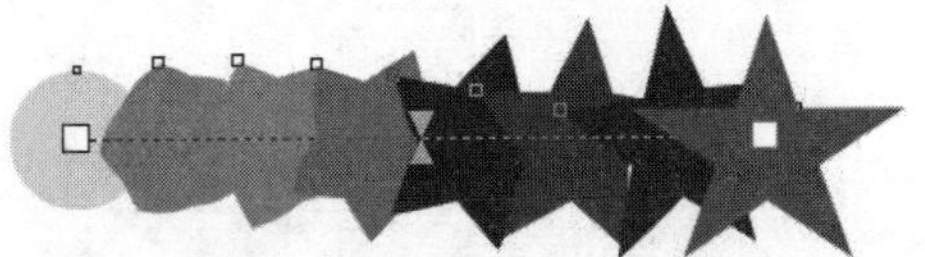

▶【对象和颜色加速】按钮：单击该按钮，弹出【加速】下拉面板，拖动【对象】和【颜色】滑块可调整形状和颜色的加速效果。

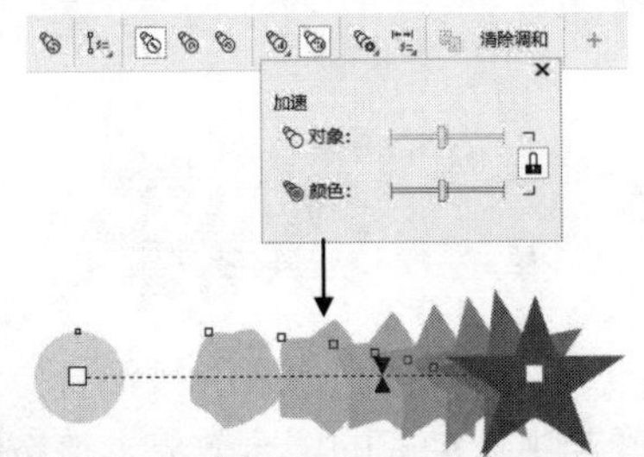

知识点滴

【加速】选项中的按钮呈锁定状态时，表示【对象】和【颜色】同时加速。单击该按钮，将其解锁后，可以分别对【对象】和【颜色】进行设置。

▶【调整加速大小】：单击该按钮，可按照均匀递增方式改变加速效果。

▶【更多混合选项】：单击该按钮，可以拆分和融合混合、旋转混合中的对象和映射节点。

▶【起始和结束对象属性】选项：用于重新设置应用混合效果的起始端和结束端对象。在绘图窗口中重新绘制一个用于应用混合效果的图形，将其填充为所需的颜色并取消外部轮廓。选择混合对象后，单击【起始和结束对象属性】按钮，在弹出式选项中选择【新终点】命令，此时光标变为状态；在新绘制的图形对象上单击鼠标左键，即可重新设置混合的末端对象。

实用技巧

将工具切换到【选择】工具，在页面空白位置单击，取消所有对象的选取状态，再拖动混合效果中的起始端对象或末端对象，可以改变对象之间的混合效果。

用户还可以通过【混合】泊坞窗调整创建的混合效果。先选择绘图窗口中应用混合效果的对象，再选择菜单栏中的【窗口】|【泊坞窗】|【效果】|【混合】命令，打开【混合】泊坞窗。单击【混合】泊坞窗底部的三角按钮，展开扩展选项。在该泊坞窗中，设置混合的步长值和旋转角度，然后单击【应用】按钮即可。

▶【映射节点】按钮：单击该按钮后，单击起始对象上的节点，然后单击结束对象上的节点，即可映射混合的节点。

▶【拆分】按钮：单击该按钮，光标变为黑色曲线箭头后，在需要拆分位置的对象上单击，即可将一个混合对象拆分为复合混合对象。需要注意的是，在紧挨起始对象或结束对象的混合对象处单击，可将起始对象或结束对象从混合效果中分离出来。

▶【熔合始端】按钮：单击该按钮，可熔合拆分或复合混合中的起始对象。

▶【熔合末端】按钮：单击该按钮，可熔合拆分或复合混合中的结束对象。

▶【始端对象】按钮：单击该按钮，可更改混合的起始对象。

▶【末端对象】按钮：单击该按钮，可更改混合的结束对象。

▶【路径属性】按钮：单击该按钮，可设置对象的混合路径属性。

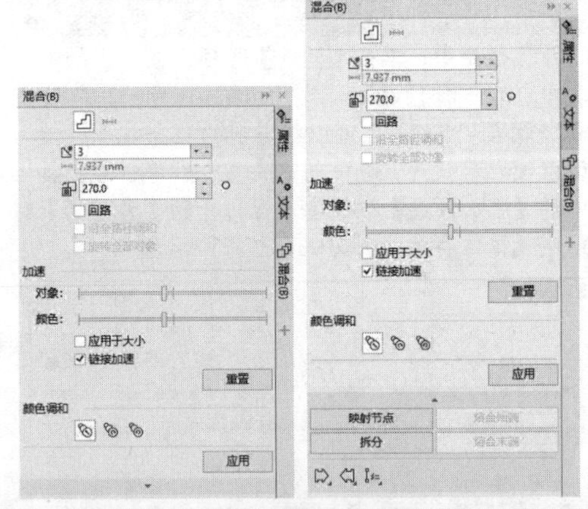

知识点滴

选择混合对象后，选择【对象】|【顺序】|【逆序】命令，可以反转对象的混合顺序。

10.1.3　创建复合混合

使用【混合】工具，从一个对象拖动到另一个混合对象的起始对象或结束对象上，即可创建复合混合。

用户还可以将两个起始对象群组为一个对象，然后使用混合工具进行拖动混合，此时混合的起始节点在两个起始对象中间。

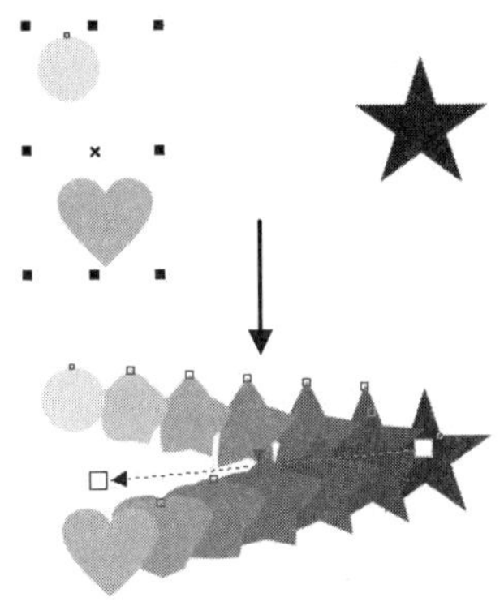

10.1.4　沿路径创建混合

在对象之间创建混合效果后，可以通过【路径属性】功能，使混合对象按照指定的路径进行混合。使用【混合】工具在两个对象间创建混合后，单击属性栏上的【路径属性】按钮，在弹出的下拉列表中选择【新建路径】选项。当光标变为黑色曲线箭头后，使用鼠标单击要混合的曲线路径，即可将混合对象按照指定的路径进行混合。

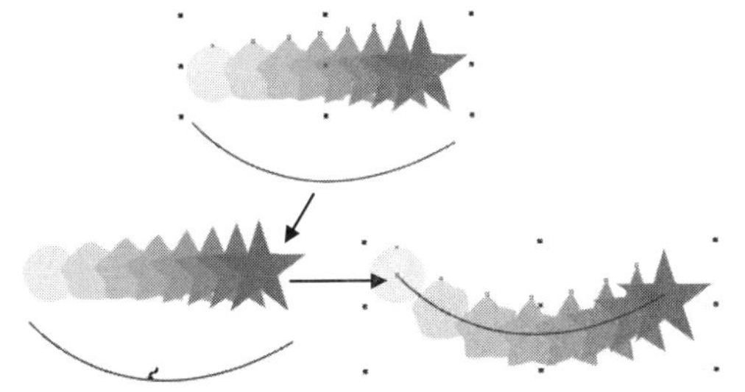

在工具箱中选择【混合】工具，使用该工具选择第一个对象，然后按住 Alt 键，拖动鼠标绘制到第二个对象的线条，在第二个对象上释放鼠标，即可沿手绘路径混合对象。

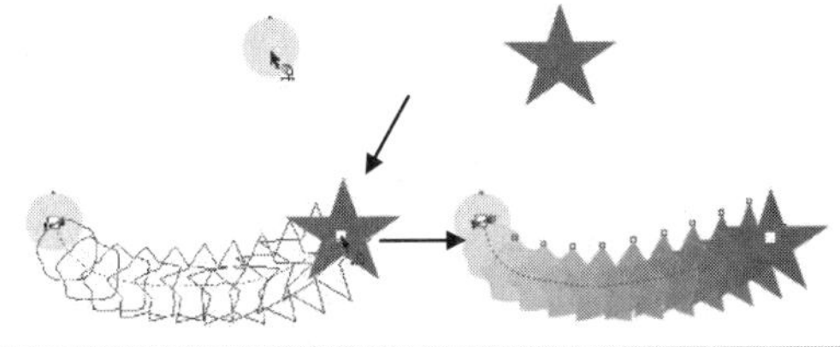

实用技巧

如果混合路径为曲线，调整路径后混合的形态也会改变。首先选中混合的对象，然后单击工具箱中的【形状】工具，随即便会显示混合路径，拖曳节点即可调整路径。

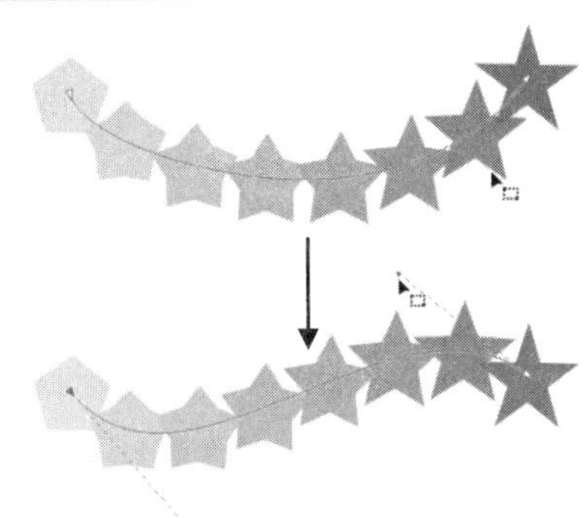

10.1.5　复制混合属性

当绘图窗口中有两个或两个以上的混合对象时，使用【复制混合属性】功能，可以将其中一个混合对象的属性复制到另一个混合对象中，得到具有相同属性的混合效果。

选择需要修改混合属性的目标对象，单击属性栏中的【复制混合属性】按钮，当光标变为黑色箭头形状时单击用于复制混合属性的源对象，即可将源对象中的混合属性复制到目标对象中。

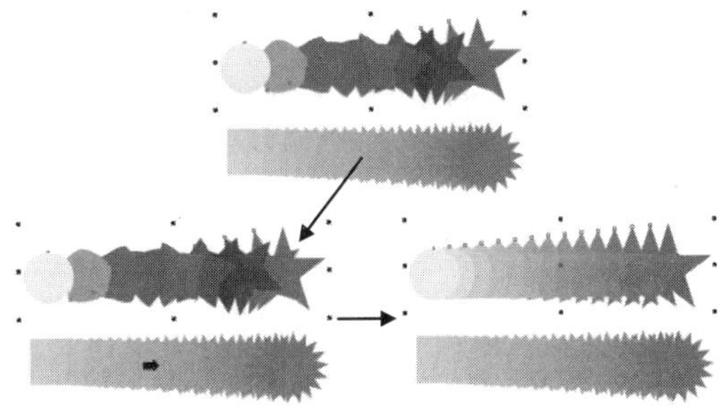

10.1.6 拆分混合效果

应用混合效果后的对象，可以通过菜单命令将其分离为相互独立的个体。要分离混合对象，可以在选择混合对象后，选择【对象】|【拆分混合】命令或按 Ctrl+K 组合键拆分群组对象。分离后的各个独立对象仍保持分离前的状态。

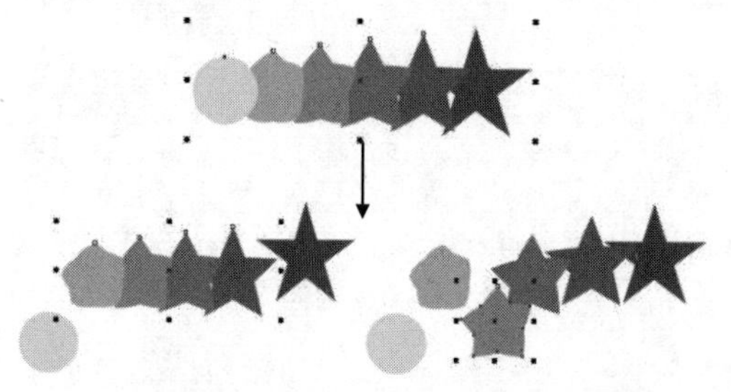

混合对象被分离后，之前用于创建混合效果的起始端和结束端对象都可以被单独选取，而位于两者之间的其他图形将以群组的方式组合在一起，按 Ctrl+U 组合键可取消组合，进行下一步操作。

10.1.7 清除混合效果

为对象应用混合效果后，如果不需要再使用此种效果，可以清除对象的混合效果，只保留起始端和结束端对象。选择混合对象后，要清除混合效果，只需选择【效果】|【清除混合】命令，或单击属性栏中的【清除混合】按钮即可。

10.2 制作变形效果

使用【变形】工具可以改变对象的外观形状。用户可以先使用【变形】工具进行对象的基本变形，然后通过【变形】工具属性栏进行相应编辑和调整变形效果。

10.2.1 应用预设变形效果

在【变形】工具属性栏中，通过单击【预设】按钮，在弹出的下拉列表中可以选择 5 种变形效果。

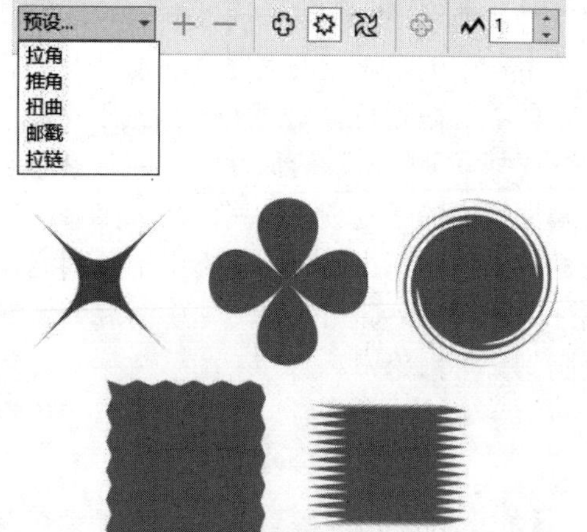

10.2.2 制作推拉变形

在【变形】工具属性栏中单击【推拉变形】按钮，用户可以在绘图窗口中通过推入和外拉边缘使对象变形。将光标放在图形中央位置，按住鼠标左键向外拖曳，即可创建外拉的变形效果。

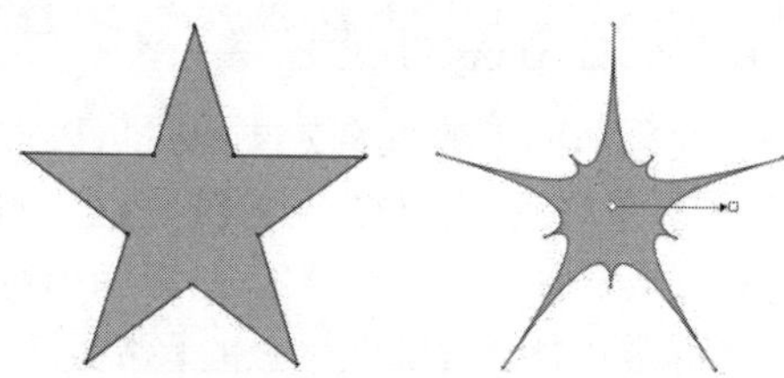

如果将光标移至图形边缘，按住鼠标左键向内拖曳，即可创建推入的变形效果。

在【推拉振幅】数值框中可以调整对象的扩充和收缩效果。当数值为正值时，创建外拉的变形效果；当数值为负值时，则创建内推的变形效果。

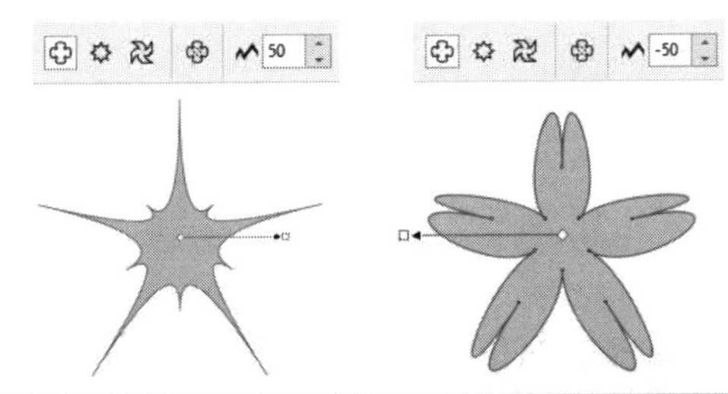

实用技巧

拖动变形控制线上的□控制点，可以任意调整变形的失真幅度；拖动◇控制点，可调整对象的变形角度。

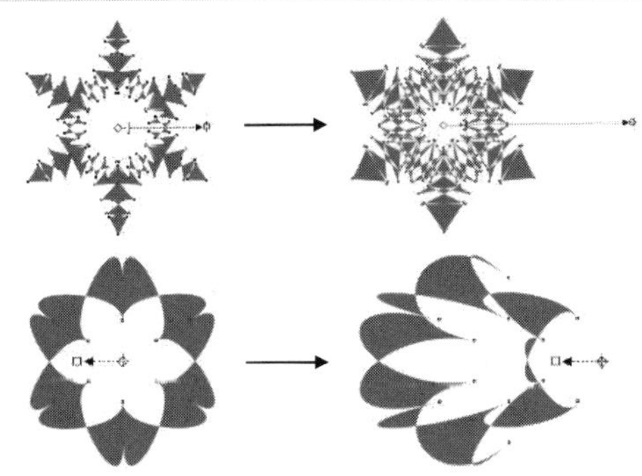

10.2.3　制作拉链变形

在【变形】工具属性栏中单击【拉链变形】按钮，用户可以在绘图窗口中将锯齿效果应用到对象边缘。在【拉链振幅】数值框中可以调整锯齿效果中的锯齿高度。在【拉链频率】数值框中可以调整锯齿效果中锯齿的数量。

属性栏中的【随机变形】按钮、【平滑变形】按钮和【局部变形】按钮用于创建 3 种不同类型的变形效果。

创建拉链变形效果后，单击【随机变形】按钮，可以创建随机拉链变形效果。

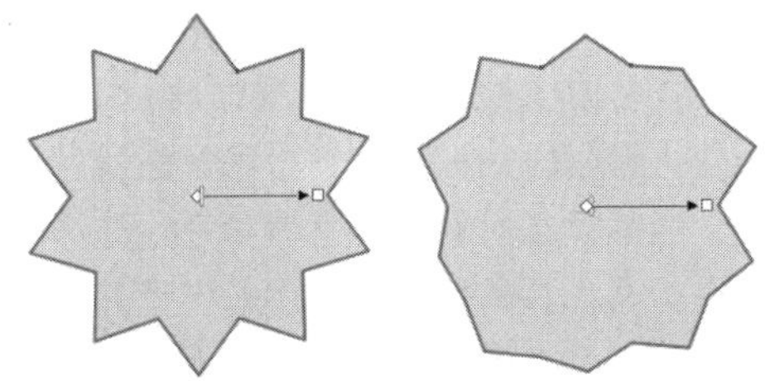

单击【平滑变形】按钮，可以创建平滑节点的效果。

单击【局部变形】按钮，则随着变形的进行，逐步降低变形效果。

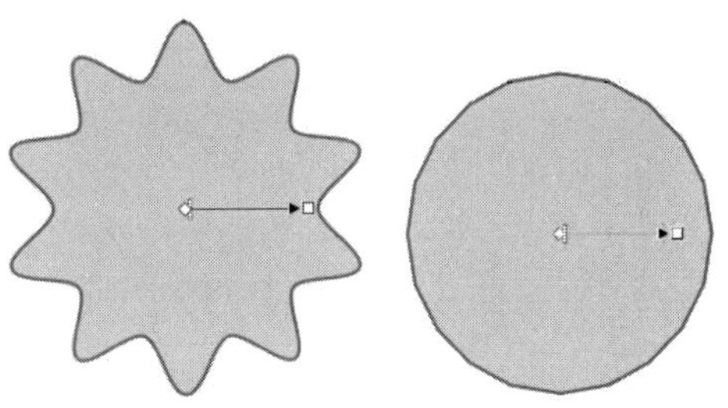

10.2.4　制作扭曲变形

在【变形】工具属性栏中单击【扭曲变形】按钮，用户可以在绘图窗口中创建旋涡状的变形效果。将光标放在图形上，按住鼠标左键拖动，接着沿着图形边缘拖动鼠标进行扭曲变形。拖动的圈数越多，扭曲变形效果越明显。

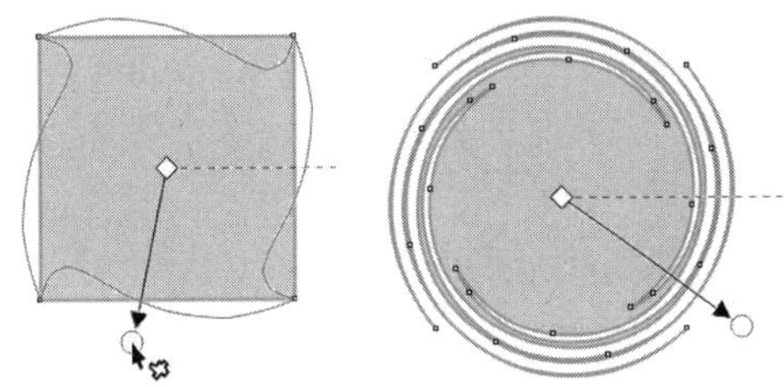

1. 调整扭曲变形的旋转方向

单击【顺时针旋转】按钮，可以创建顺时针扭曲变形效果。单击【逆时针旋转】按钮，则可创建逆时针扭曲变形效果。

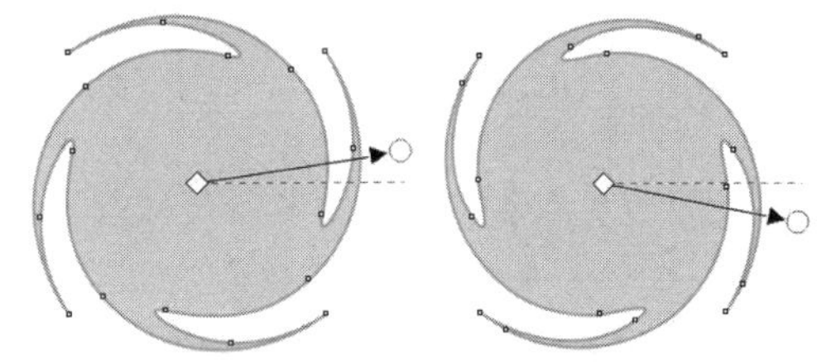

2. 设置扭曲变形的旋转效果

属性栏中的【完全旋转】数值框用于调整对象旋转扭曲的程度，数值越大旋转扭曲的效果越强烈。

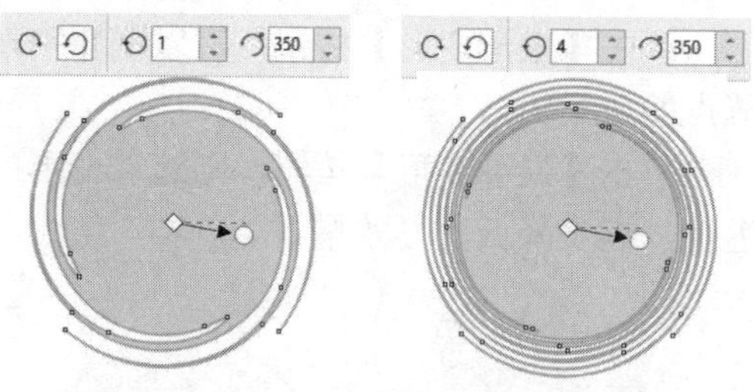

在【附加度数】数值框中输入数值，可以设置在【完全旋转】的基础上附加的旋转度数，可对扭曲变形后的对象做进一步的扭曲处理。

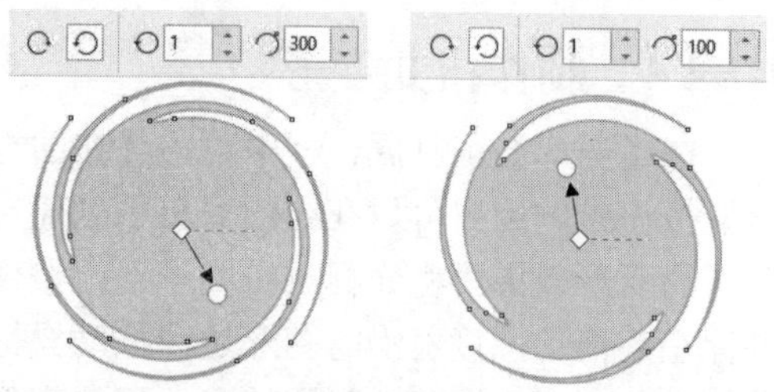

【例 10-2】制作炫丽背景图案。
视频+素材 (素材文件\第 10 章\例 10-2)

step 1 新建一个宽度和高度都为 80mm的空白文档。使用【2 点线】工具在绘图页面中拖曳绘制一条直线，并在属性栏中设置直线长度为 20mm,【轮廓宽度】为【细线】。

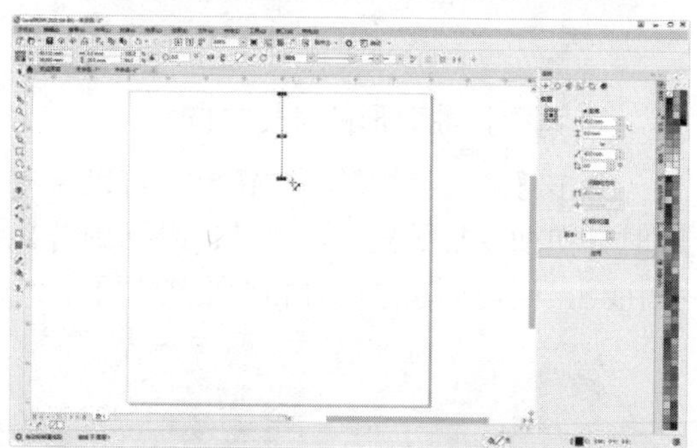

step 2 在【变换】泊坞窗中单击【旋转】按钮，设置对象旋转中心参考点为下中，设置【角度】为 15°，【副本】数值为 24，然后单击【应用】按钮。

step 3 使用【选择】工具选中全部直线对象，选择【变形】工具，在属性栏中单击【扭曲变形】按钮，设置【完整旋转】数值为 2，并按Ctrl+G组合键组合对象。

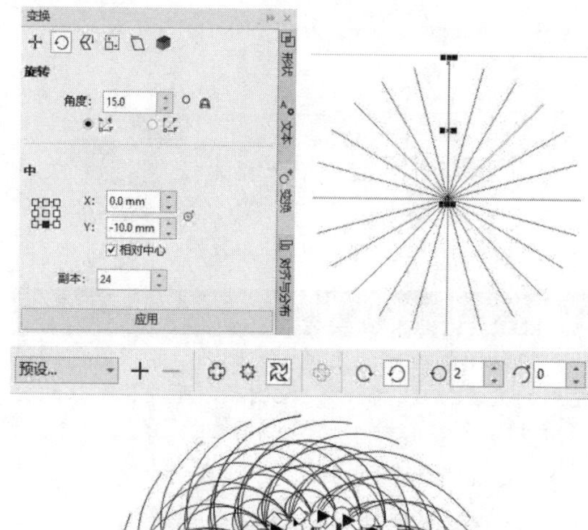

step 4 使用【选择】工具选中组合对象，在【对齐与分布】泊坞窗中的【对齐】选项组中单击【页面边缘】按钮；再单击【左对齐】按钮和【顶端对齐】按钮。

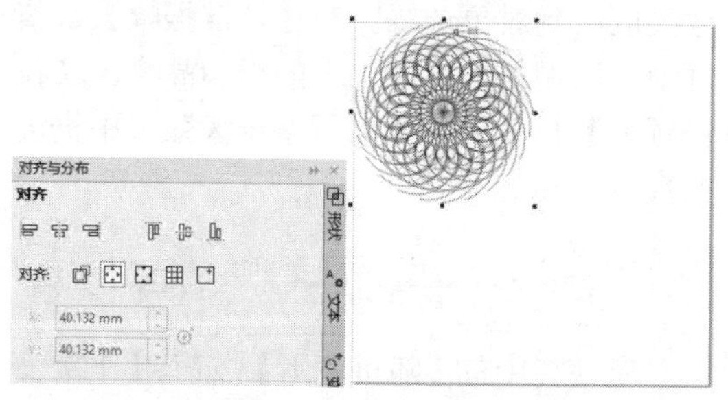

step 5 使用【矩形】工具绘制一个与页面等大的矩形，按Shift+PgDn组合键将其放置在最下层。按F11 键，打开【编辑填充】对话框。在该对话框中单击【椭圆形渐变填充】按钮，设置渐变填充色为C:46 M:100 Y:100 K:24 至C:0 M:51 Y:86 K:0，然后单击OK按钮。

step 6 使用【选择】工具选中步骤(3)创建的对象，然后设置对象轮廓色为白色。选择【透明度】工具，在属性栏的【合并模式】下拉列表中选择【叠加】选项。

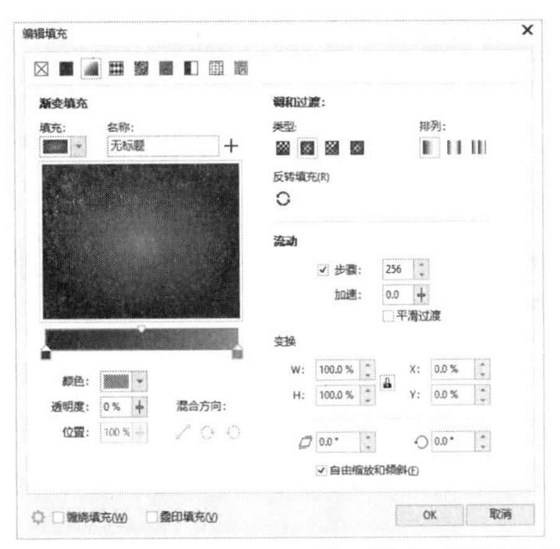

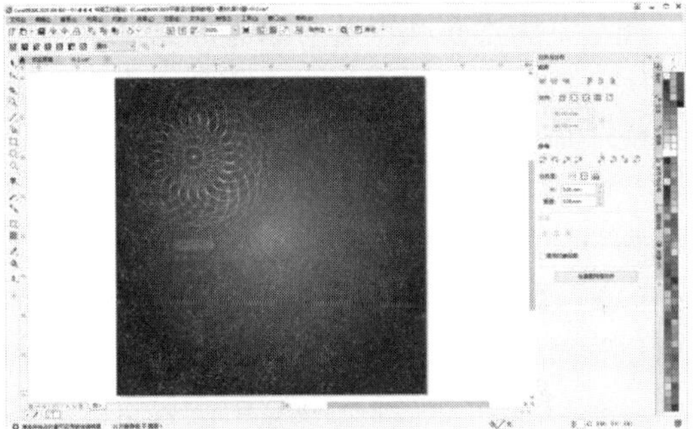

step 7 选择【选择】工具，在【变换】泊坞窗中单击【位置】按钮，选中【间隙和方向】单选按钮，设置【间隙】为 0mm，在【定向】下拉列表中选择Horizontal，设置【副本】数值为 2，单击【应用】按钮。然后按Ctrl+G组合键组合所有对象。

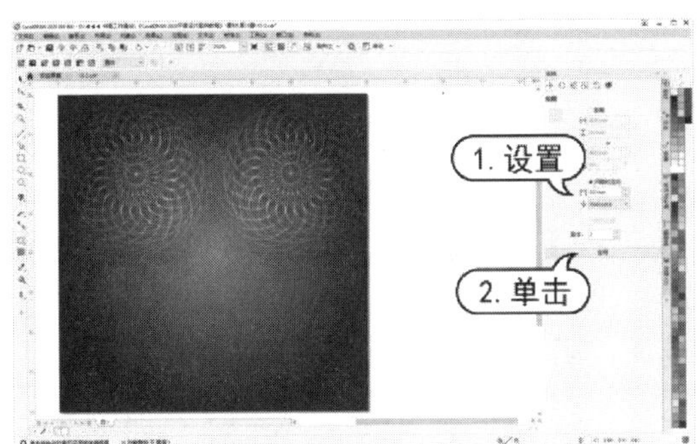

step 8 在【变换】泊坞窗中选中【距离】单选按钮，设置【在水平轴上为对象的位置指定一个值】为 - 20mm，【在垂直轴上为对象的位置指定一个值】为 - 20mm，【副本】数值为 1，然后单击【应用】按钮。

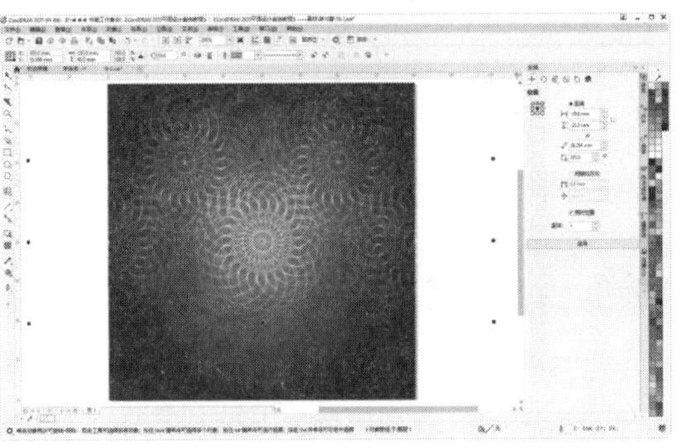

step 9 使用【选择】工具选中组合的对象，进行移动并复制，创建如下图所示的效果。然后按Ctrl+G组合键组合所有对象。

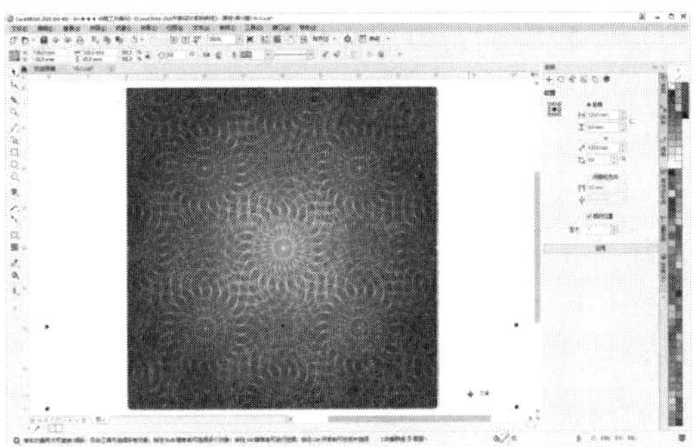

step 10 使用【矩形】工具，绘制一个与页面等大的矩形。然后使用【选择】工具右击上一步创建的组合对象，在弹出的快捷菜单中选择【PowerClip内部】命令，显示黑色箭头后单击刚绘制的矩形，完成背景的制作。

step 11 使用【文本】工具在绘图页面中单击，输入文字内容。在【文本】泊坞窗的【字体】下拉列表中选择Arial Rounded MT Bold，设置【字符间距】数值为 0%，字体颜色为白色，完成背景的制作。

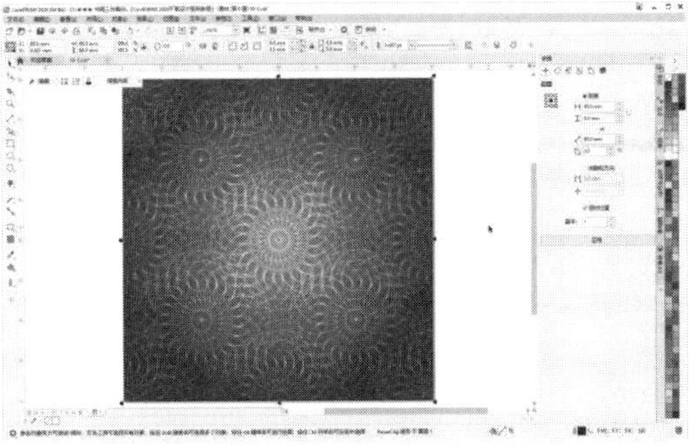

10.2.5 清除变形效果

清除对象上应用的变形效果，可使对象恢复为变形前的状态。使用【变形】工具单击需要清除变形效果的对象，然后选择【对象】|【清除变形】命令或单击属性栏中的【清除变形】按钮即可。

10.3 制作阴影效果

使用【阴影】工具□可以非常方便地为图像、图形、美术字文本等对象添加交互式阴影效果，使对象更加具有视觉层次和纵深感。但不是所有对象都能添加交互式阴影效果，如应用混合效果的对象、应用立体化效果的对象等就不能添加阴影效果。

10.3.1 添加阴影效果

添加阴影效果的操作方法十分简单，只需选择工作区中要操作的对象，然后选择工具箱中的【阴影】工具，在该对象上按下鼠标并拖动，拖动至合适位置后释放鼠标，这样就添加了阴影效果。

添加阴影效果后，通过拖动阴影效果的开始点和结束点，可设置阴影效果的形状、大小及角度；通过拖动控制柄中阴影效果的不透明度滑块，可设置阴影效果的不透明度。另外，还可以通过设置【阴影】工具属性栏中的参数选项进行调整。

- 【预设列表】选项：单击该按钮，在弹出的下拉列表中可选择预设的阴影选项。

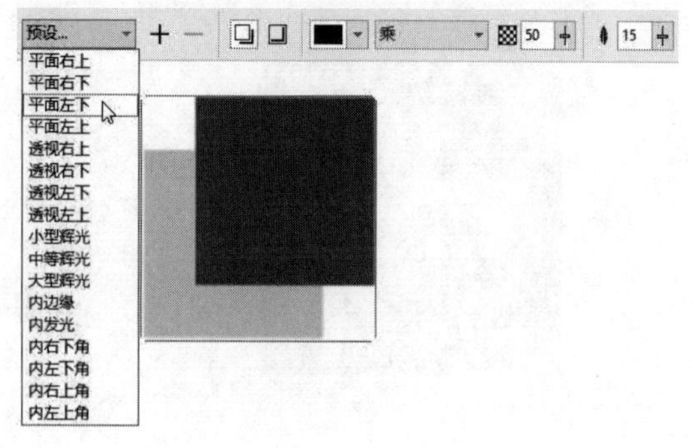

- 【阴影工具】按钮：单击该按钮，可以为对象添加阴影效果。
- 【内阴影工具】按钮：单击该按钮，可以为对象添加内阴影效果。
- 【阴影颜色】选项：用于设置阴影的颜色。
- 【合并模式】选项：单击该按钮，在弹出的下拉列表中可选择阴影颜色与下层对象颜色的混合方式。

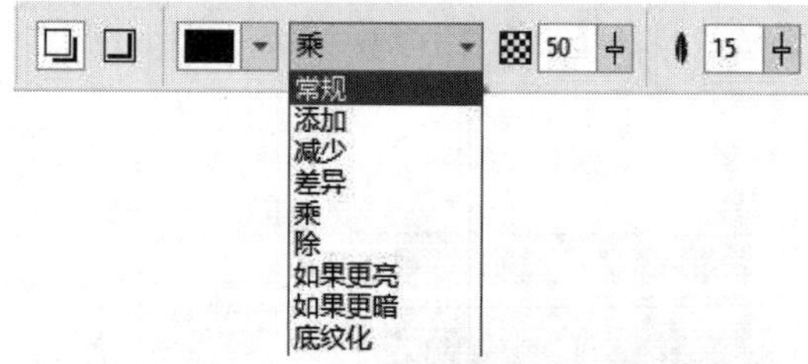

- 【阴影不透明度】选项：用于设置阴影效果的不透明度，其数值越大，不透明度越高，阴影效果也就越强。
- 【阴影羽化】选项：用于设置阴影效果的羽化程度，其取值范围为0~100。
- 【羽化方向】选项：用于设置阴影羽化的方向。单击该按钮，在弹出的下拉列表中可以选择【高斯式模糊】【向内】【中间】【向外】和【平均】5个选项，用户可以根据需要进行选择。
- 【羽化边缘】选项：用于设置羽化边

缘的效果类型。单击该按钮，在弹出的下拉列表中可以选择【线性】【方形的】【反白方形】和【平面】4 个选项，用户可以根据需要进行选择。

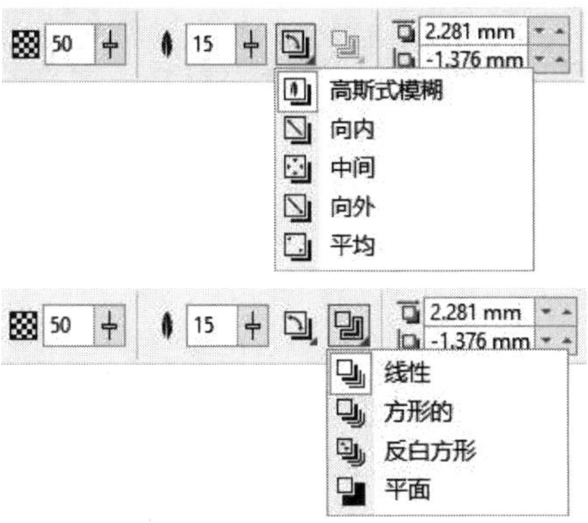

- 【阴影偏移】选项：用于设置阴影和对象之间的距离。
- 【阴影角度】选项：用于设置阴影效果起始点与结束点之间构成的水平角度的大小。
- 【阴影延展】选项：用于设置阴影效果的向外延伸程度。用户可以直接在数值框中输入数值，也可以单击其选项按钮通过移动滑块进行调整。随着滑块向右移动，阴影效果向外延伸越远。
- 【阴影淡出】选项：用于设置阴影效果的淡化程度。用户可以直接在数值框中输入数值，也可以单击其选项按钮通过移动滑块进行调整。滑块向右移动，阴影效果的淡化程度越大；滑块向左移动，阴影效果的淡化程度越小。

创建阴影效果后，拖动黑色箭头旁边的节点，可以调整阴影位置。

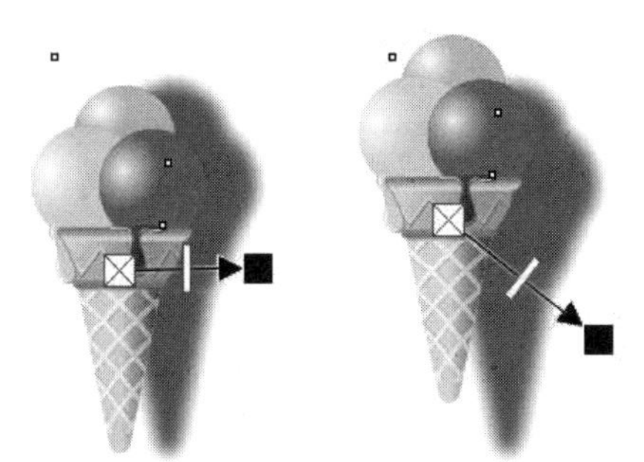

阴影有 5 个起始点，分别为上、下、左、右和中间。在图形中间位置按住鼠标左键拖动创建阴影效果，那么图形的起始点就在中间。拖动☒控制点，可以调整阴影起始点的位置。

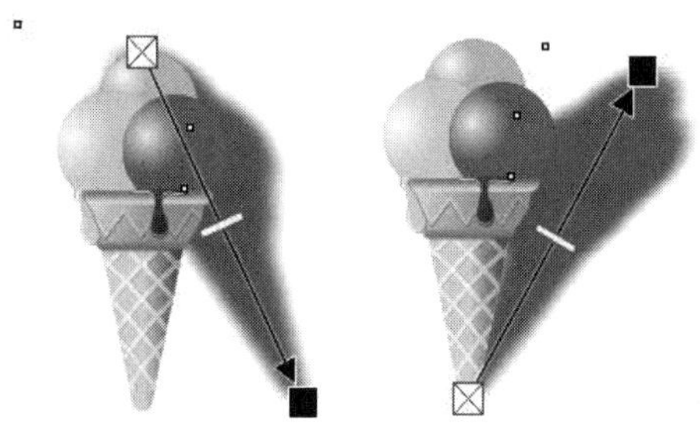

拖曳控制柄上的长方形滑块，可以调整阴影的过渡效果。

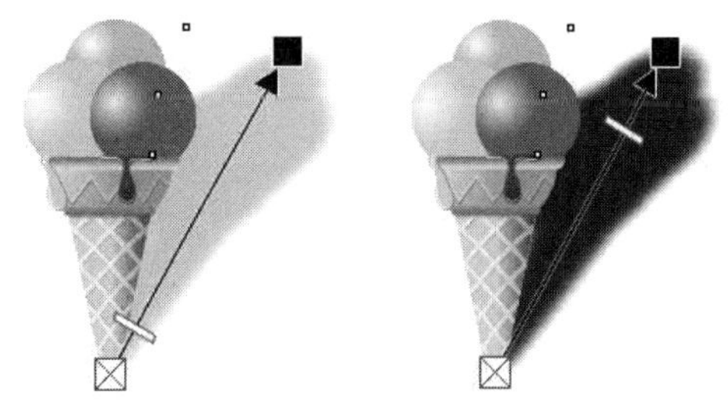

【例 10-3】制作水晶按钮。
视频+素材 (素材文件\第 10 章\例 10-3)

step 1 新建一个空白文档，使用【椭圆形】工具绘制一个圆形。取消其轮廓色，按F11 键打开【编辑填充】对话框。在该对话框中单击【渐变填充】按钮，设置渐变填充色为C:0 M:0 Y:0 K:70 至C:0 M:0 Y:0 K:10，【旋转】为 90°，然后单击OK按钮。

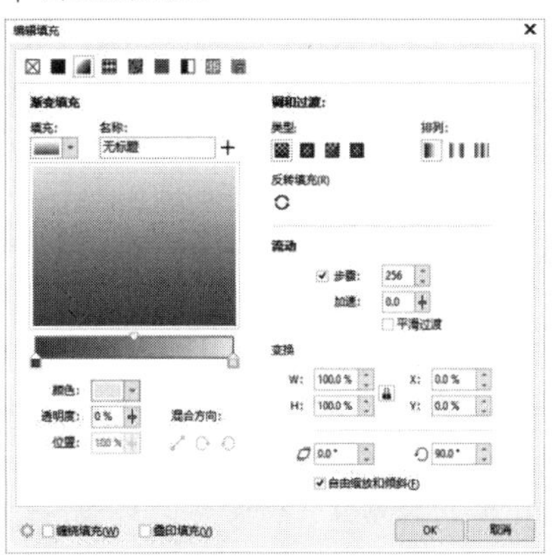

step 2 使用【3点曲线】工具绘制曲线，使用【智能填充】工具单击曲线下方的半圆形区域，创建智能填充对象。

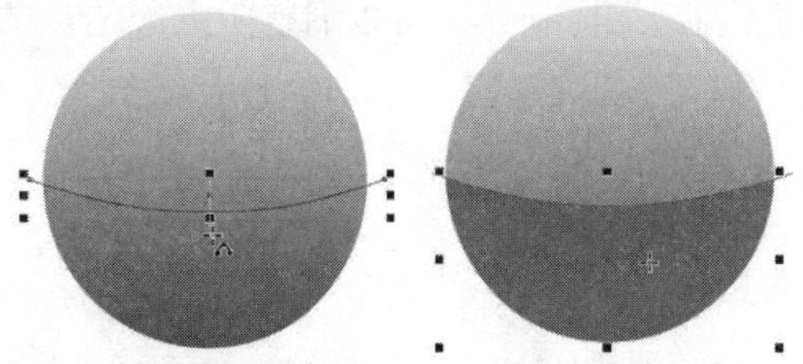

step 3 选择【交互式填充】工具，在属性栏中单击【渐变填充】按钮，在显示的渐变控制柄上设置渐变填充色为C:0 M:0 Y:0 K:100至C:0 M:0 Y:0 K: 0，并调整渐变角度。然后删除绘制的曲线。

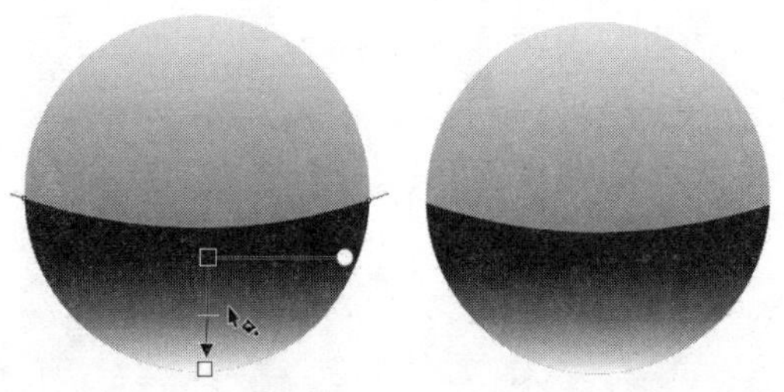

step 4 使用【选择】工具选中步骤(1)创建的圆形，按Ctrl+C组合键进行复制，再按Ctrl+V组合键进行粘贴，并按Shift键缩小复制的圆形。选择【交互式填充】工具，在显示的渐变控制柄上设置渐变填充色为C:0 M:0 Y:0 K:10至C:0 M:0 Y:0 K:100。

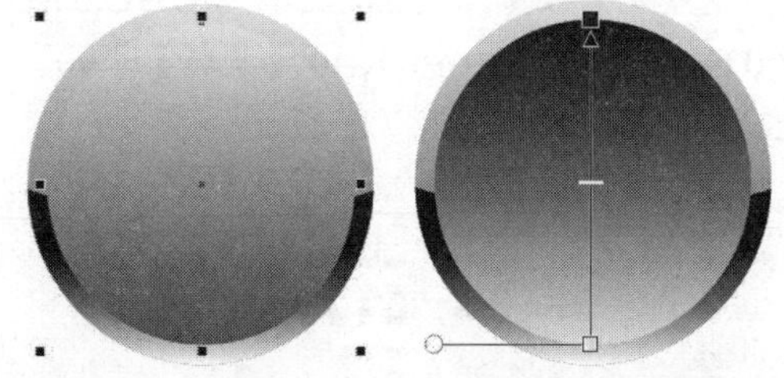

step 5 使用【选择】工具选中上一步创建的圆形，按Ctrl+C组合键进行复制，再按Ctrl+V组合键进行粘贴，并按Shift键缩小复制的圆形。选择【交互式填充】工具，在属性栏中单击【反转填充】按钮并调整渐变控制柄。

step 6 继续使用【选择】工具选中上一步创建的圆形，按Ctrl+C组合键进行复制，再按Ctrl+V组合键进行粘贴，并按Shift键缩小复制的圆形，然后填充黑色。

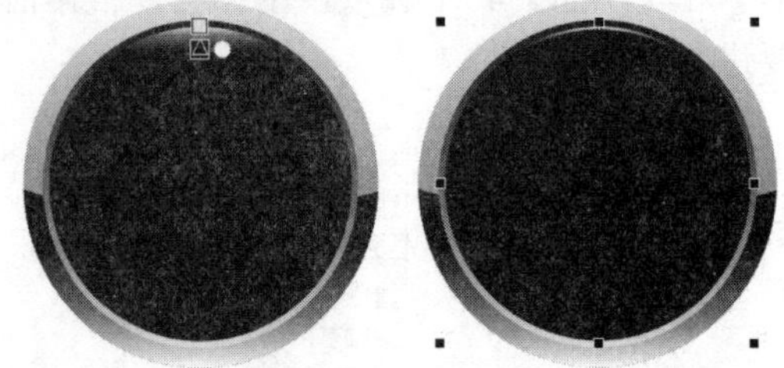

step 7 选择【阴影】工具，将鼠标光标移动至上一步创建的圆形中心位置，按住鼠标左键向右下方拖动创建阴影，然后在属性栏中设置【阴影不透明度】数值为100，【阴影羽化】数值为20，【羽化方向】为【向内】，阴影颜色为洋红，【合并模式】为【常规】。

step 8 按Ctrl+K组合键拆分刚创建的阴影和圆形，按Shift+PgUp组合键将阴影对象放置在最上方，并移动至按钮之中。

step 9 在按钮左上角使用【矩形】工具绘制高光图形，取消轮廓色并填充为白色。

step 10 按Ctrl+G组合键组合高光图形，选择【透明度】工具，在属性栏中单击【渐变透明度】按钮，调整显示的控制柄。

step 11 使用【选择】工具选中步骤(1)创建的圆形，使用【阴影】工具从下向上拖动创建阴影，在属性栏中设置【阴影羽化】数值为50。

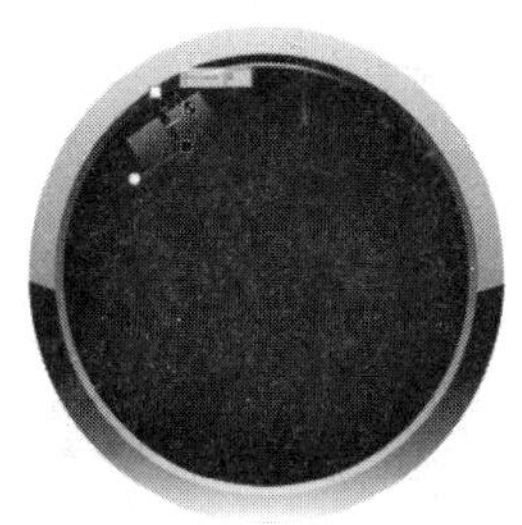

知识点滴

在对象的中心按下鼠标左键并拖动鼠标，可创建出与对象相同形状的阴影效果。在对象的边缘线上按下鼠标左键并拖动鼠标，可创建具有透视的阴影效果。

step 12　按Ctrl+A组合键全选绘图页面中的图形对象，按Ctrl+C组合键进行复制，再按Ctrl+V组合键进行粘贴，并在属性栏中设置【缩放因子】数值为 50%。

step 13　使用【选择】工具选中复制的按钮对象中的阴影图形，按F11 键打开【编辑填充】对话框，将其填充色设置为【酒绿】色。

step 14　使用【选择】工具选中复制的按钮对象，按Ctrl+C组合键进行复制，再按Ctrl+V组合键进行粘贴，然后按Shift+PgDn组合键将其放置在其他按钮对象的下方，并按F11 键打开【编辑填充】对话框，将其填充色设置为C:0 M:78 Y:100 K:0。

step 15　使用【选择】工具分别选中并组合按钮对象，调整其位置。然后选择【矩形】工具，绘制与绘图页面同等大小的矩形，按Shift+PgDn组合键将矩形放置在最下方。选择【交互式填充】工具，在属性栏中单击【渐变填充】按钮，在显示的渐变控制柄上设置渐变填充色为C:0 M:0 Y:0 K:40 至C:0 M:0 Y:0 K:0，并调整渐变角度，完成水晶按钮的制作。

10.3.2　拆分、清除阴影效果

用户可以将对象和阴影拆分成两个相互独立的对象，拆分后的对象仍保持原有的颜色和状态。要将对象与阴影拆分，在选择整个阴影对象后，选择【对象】|【拆分墨滴阴影】命令，或按 Ctrl+K 组合键即可。拆分阴影后，使用【选择】工具移动图形或阴影对象，可以看到对象与阴影拆分后的效果。

要清除阴影效果，只需选中阴影对象后，选择【效果】|【清除阴影】命令或单击属性栏中的【清除阴影】按钮即可。

10.3.3　复制阴影效果

使用【阴影】工具选中未添加阴影效果的对象，在属性栏中单击【复制阴影效果属性】按钮，当光标变为黑色箭头时，单击目标对象的阴影，即可复制该阴影属性到所选对象。

10.4　制作透明效果

透明效果实际就是在对象上应用类似于填充的灰阶遮罩。应用透明效果后，选择的对象会透明显示排列在其后面的对象。使用【透明度】工具，可以很方便地为对象应用均匀、渐变、图样或底纹等透明效果。

使用【透明度】工具后可以通过手动调节和工具属性栏两种方式调整对象的透明效果。使用【透明度】工具单击要应用透明效果的对象，然后从属性栏中选择透明度类型。

知识点滴

在属性栏中，单击【合并模式】按钮，从弹出的下拉列表中可以选择透明度颜色与下层对象颜色混合的方式。

10.4.1　创建均匀透明度

选中要添加透明度的对象，然后选择【透明度】工具，在属性栏中单击【均匀透明度】按钮，再从【透明度挑选器】中选择透明度效果。单击属性栏中的【透明度挑选器】下拉按钮，在弹出的下拉面板中将透明度分为25个等级。在【透明度挑选器】中，颜色越暗的色板透明度数值越低；反之，越亮的色板透明度数值越高。单击某一色板，即可设置相应透明度。

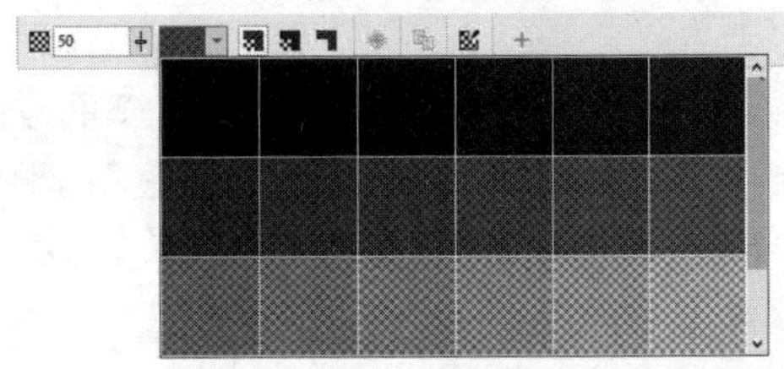

通过调整【透明度】数值可以设置透明度大小。默认情况下，【透明度】数值为50。【透明度】数值越大，对象越透明。在数值框内输入数值，然后按 Enter 键即可设置图形的透明度。用户也可以单击【透明度】数值框右侧的按钮，随即显示隐藏的滑块，拖动滑块即可调整图形的透明度。

知识点滴

在属性栏中，分别单击【全部】按钮、【填充】按钮、【轮廓】按钮可将透明度应用于所选中对象的填充和轮廓、填充、轮廓。

10.4.2　创建渐变透明度

选中要添加透明度的对象，然后选择【透明度】工具，在属性栏中单击【渐变透明度】按钮，再从【透明度挑选器】中选择透明度效果，或单击【线性渐变透明度】按钮、【椭圆形渐变透明度】按钮、【锥形渐变透明度】按钮、【矩形渐变透明度】按钮应用渐变透明度。

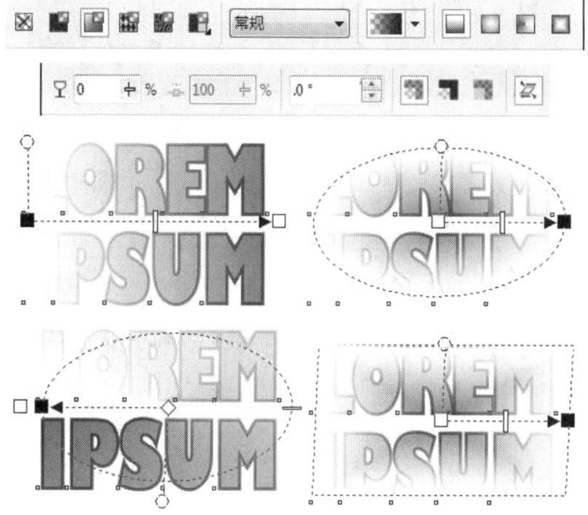

用户还可以通过图形对象上的透明度控制线调整渐变透明度效果。要调整透明度起始位置，直接拖动控制线上的白色方块端，或选中控制线上的白色方块端后，在属性栏中设置【节点透明度】数值即可。

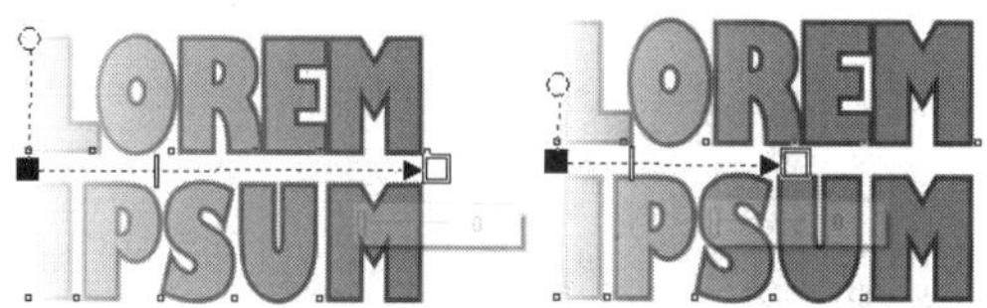

要调整透明度结束位置，直接拖动控制线上的黑色方块端，或选中控制线上的黑色方块端后，在属性栏中设置【节点透明度】数值即可。

要调整透明度渐进效果，拖动控制线上的滑块即可。

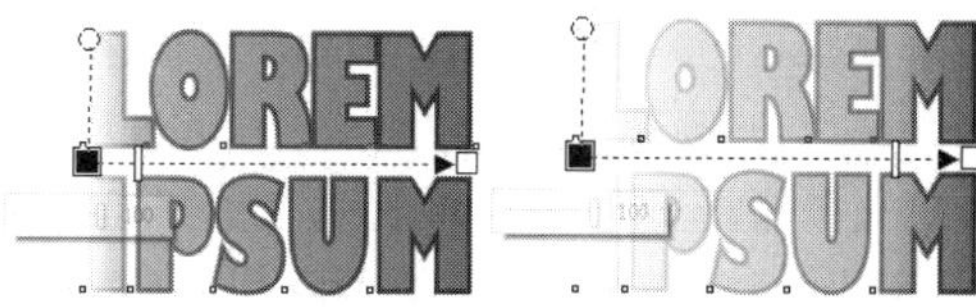

要调整角度旋转透明度，调整控制线上的圆形端，或在属性栏中设置【旋转】数值即可。

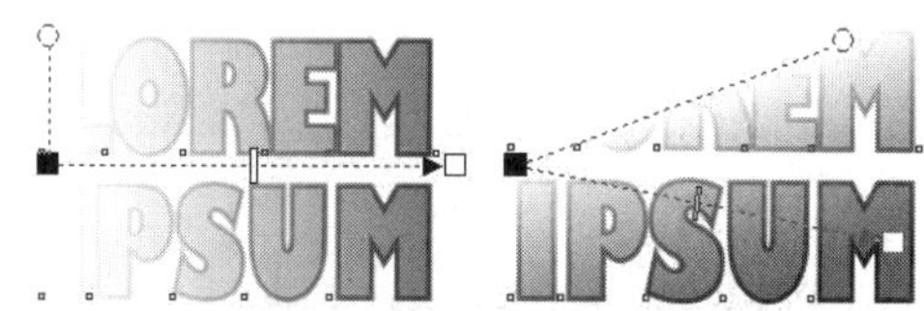

知识点滴

在使用渐变透明度后，单击属性栏中的【编辑透明度】按钮，可以打开【编辑透明度】对话框，编辑修改透明度效果。

【例 10-4】制作演出宣传单。
视频+素材 (素材文件\第 10 章\例 10-4)

step 1　新建一个空白的A4 横向文档，在标准工具栏中单击【导入】按钮，导入一幅素材图像。

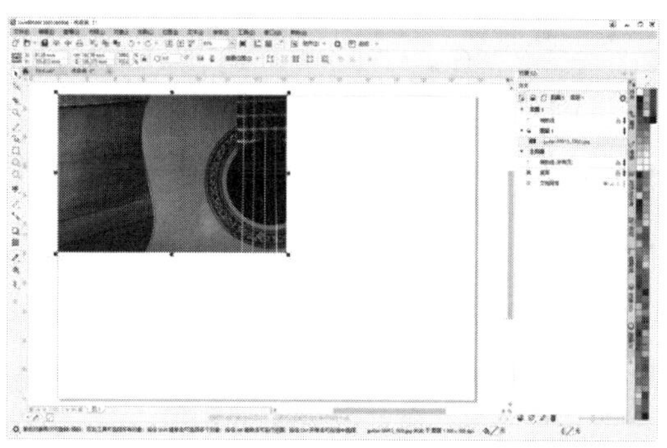

step 2　使用【矩形】工具绘制一个与绘图页

面同等大小的矩形。使用【选择】工具选中上一步导入的素材图像并右击，在弹出的快捷菜单中选择【PowerClip内部】命令，当显示黑色箭头时，单击刚绘制的矩形将图像置入。在浮动工具栏上单击【调整内容】按钮，在弹出的下拉列表中选择【伸展以填充】选项。

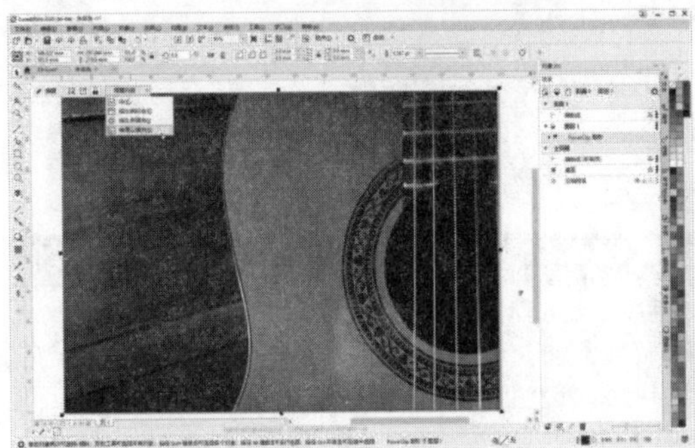

step 3 锁定素材图像，使用【钢笔】工具在绘图页面中绘制下图所示形状。然后选择【交互式填充】工具，在属性栏中单击【渐变填充】按钮，在显示的渐变控制柄上设置渐变色为C:44 M:100 Y:100 K:16 至C:0 M:79 Y:92 K:0，并调整渐变角度。

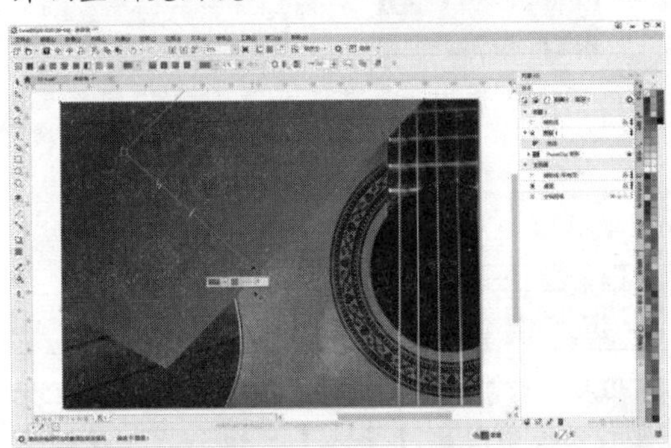

step 4 选择【阴影】工具，在属性栏的【预设】下拉列表中选择【平面右下】选项，设置【阴影不透明度】数值为 75，【阴影羽化】数值为 15，【阴影偏移】水平方向数值为 6mm，垂直方向数值为－6mm。

step 5 使用【钢笔】工具在绘图页面右下角绘制一个三角形。选择【属性滴管】工具，在属性栏中单击【效果】按钮，在弹出的下拉列表中选中【阴影】复选框，然后使用【属性滴管】工具单击步骤(3)创建的图形对象吸取属性，再单击刚绘制的三角形应用属性。

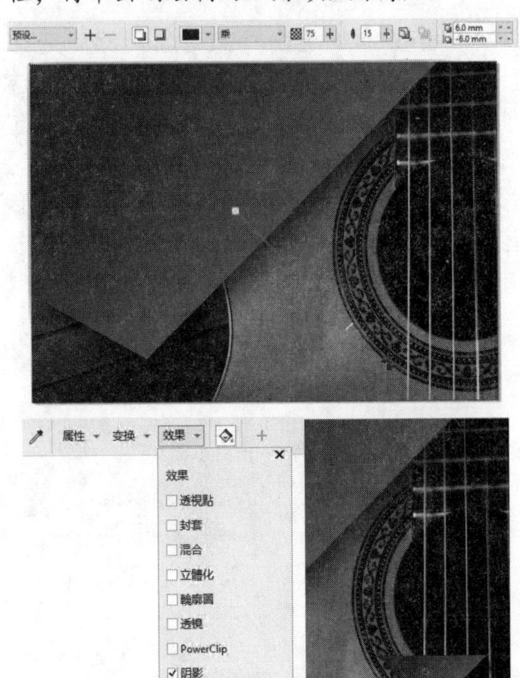

step 6 使用【选择】工具分别选中步骤(3)和步骤(5)创建的图形对象，按Ctrl+C组合键复制对象，按Ctrl+V组合键粘贴对象，然后按Ctrl+PgDn组合键将复制的图形放置在原图形下方，并调整其位置及大小。

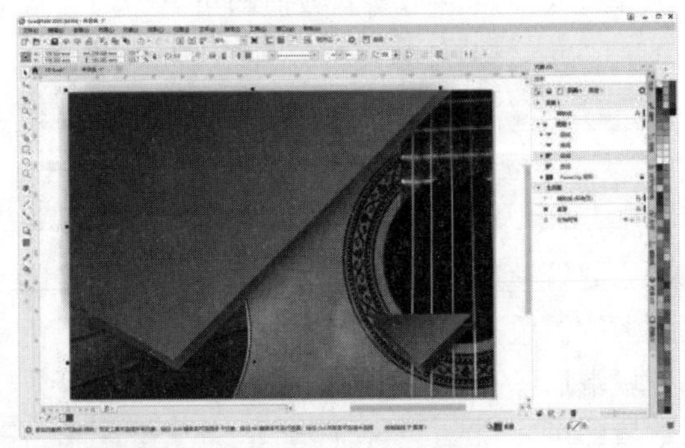

step 7 在标准工具栏中单击【导入】按钮，导入图案素材图像。

step 8 选择【透明度】工具，在属性栏中单击【均匀透明度】按钮，在【合并模式】下拉列表中选择【底纹化】选项，设置【透明度】数值为 50。

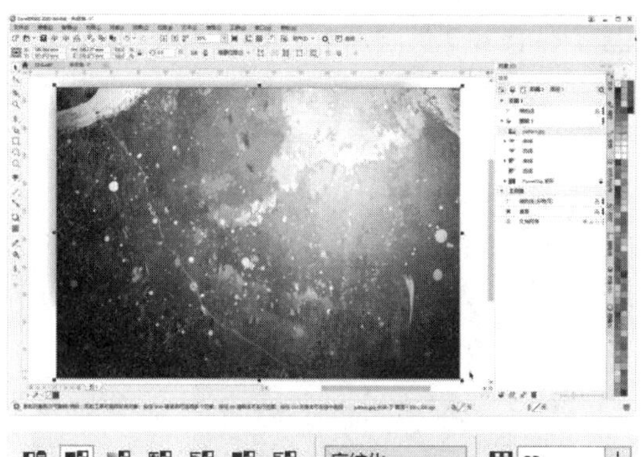

step 9 使用【文本】工具在绘图页面中单击，在属性栏的【字体】下拉列表中选择Swis721 BT，设置【字体大小】为 75pt，单击【粗体】按钮，设置字体颜色为黄色，然后输入文字内容。

step 10 使用【2 点线】工具在绘图页面中绘制直线，在属性栏中设置【轮廓宽度】为 1pt，轮廓颜色为白色。

step 11 使用【文本】工具在绘图页面中单击，在属性栏的【字体】下拉列表中选择【方正黑体简体】，设置【字体大小】为 24pt，字体颜色为黄色，然后输入文字内容。

step 12 继续使用【文本】工具在绘图页面中拖动创建文本框，在属性栏的【字体】下拉列表中选择【方正黑体简体】，设置【字体大小】为 13pt，字体颜色为白色，然后输入文字内容。

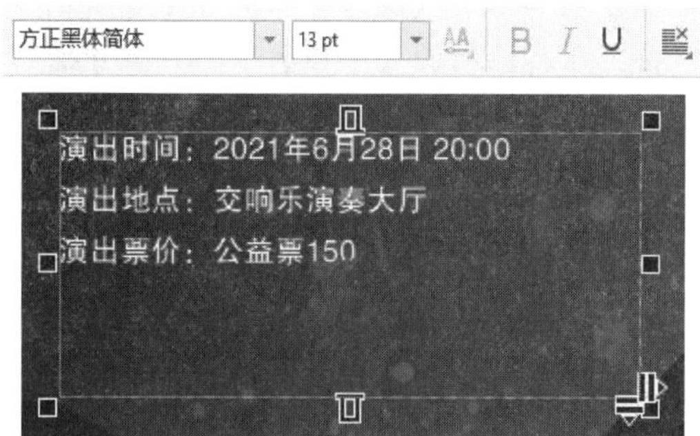

step 13 使用【选择】工具选中段落文本，选择【文本】|【项目符号和编号】命令，打开【项目符号和编号】对话框。在该对话框中选中【列表】复选框，取消选中【使用段落字体】复选框，在【字形】下拉列表中选择一种项目符号样式，设置【到列表文本的字形】为 3mm，然后单击OK按钮。

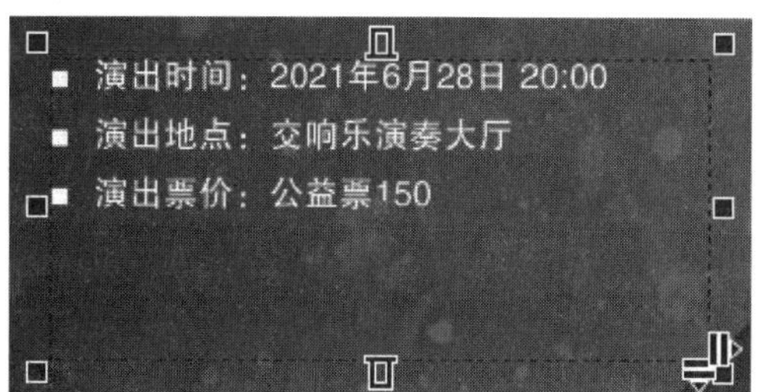

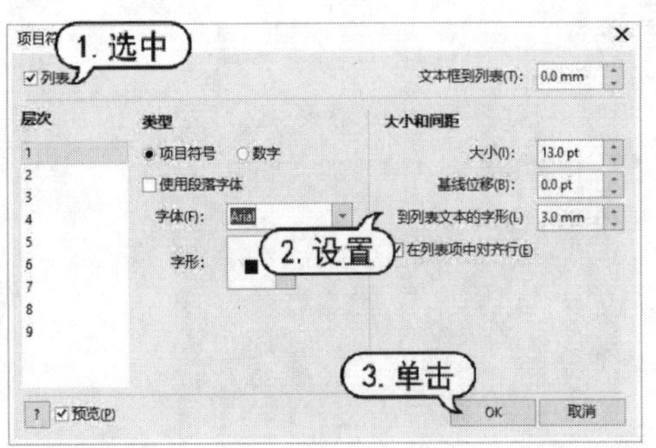

step 14 使用【文本】工具在绘图页面中单击，在属性栏的【字体】下拉列表中选择Arial，设置【字体大小】为48pt，单击【粗体】按钮，设置字体颜色为黄色，然后输入文字内容。

step 15 继续使用【文本】工具在绘图页面中单击，在属性栏的【字体】下拉列表中选择Arial，设置【字体大小】为48pt，单击【粗体】按钮，设置字体颜色为白色，然后输入文字内容。

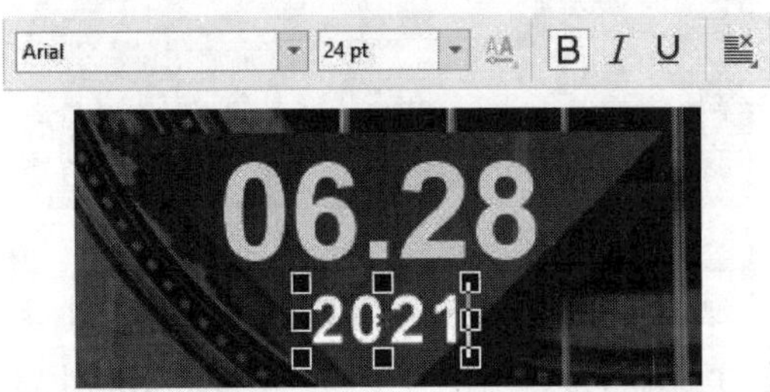

step 16 使用【椭圆形】工具在绘图页面中拖动绘制圆形，并取消轮廓色，设置填充色为【20%黑】。

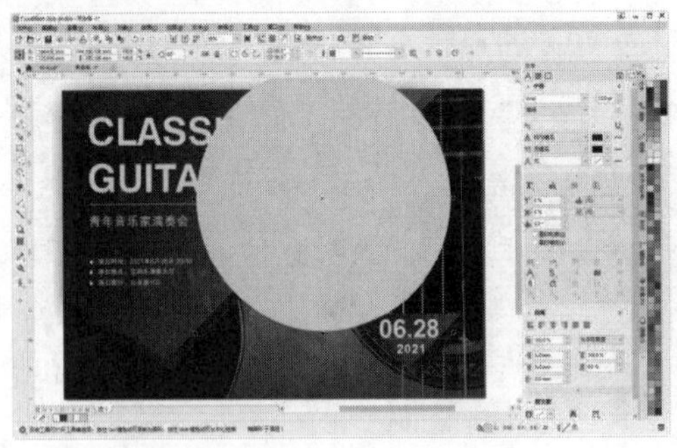

step 17 选择【透明度】工具，在属性栏的【合并模式】下拉列表中选择【叠加】选项。

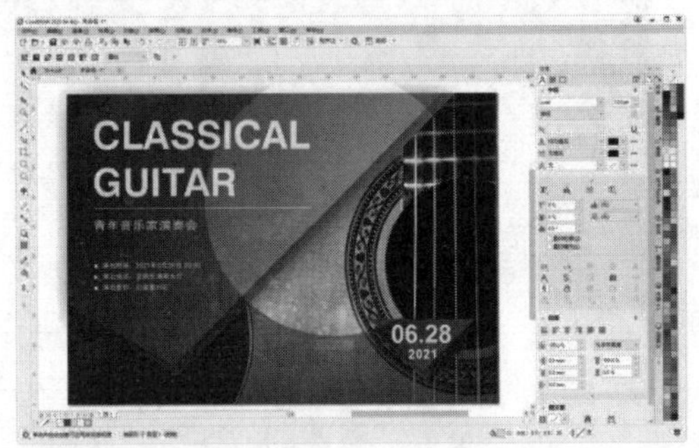

step 18 按Ctrl+C组合键复制刚绘制的圆形，按Ctrl+V组合键粘贴对象。按Shift键缩小复制的圆形，选择【透明度】工具，在属性栏中单击【向量图样透明度】按钮，在【透明度挑选器】下拉列表中选择一种图样。

step 19 按Ctrl+C组合键复制上一步创建的圆形，按Ctrl+V组合键粘贴对象。按Shift键缩小复制的圆形，选择【透明度】工具，在属性栏中单击【渐变透明度】按钮，然后调整显示的渐变透明度控制柄，完成演出宣传单的制作。

10.4.3　创建图样透明度

创建图样透明度，可以美化图片或为文字添加特殊样式的底图等。

1. 创建向量图样透明度效果

在属性栏中单击【向量图样透明度】按钮可以为选中的图形添加带有向量图样的透明效果。图形的透明效果会按照所选向量图样转换为灰度效果后的黑白关系进行显示，图样中越暗的部分越透明，越亮的部分越不透明。

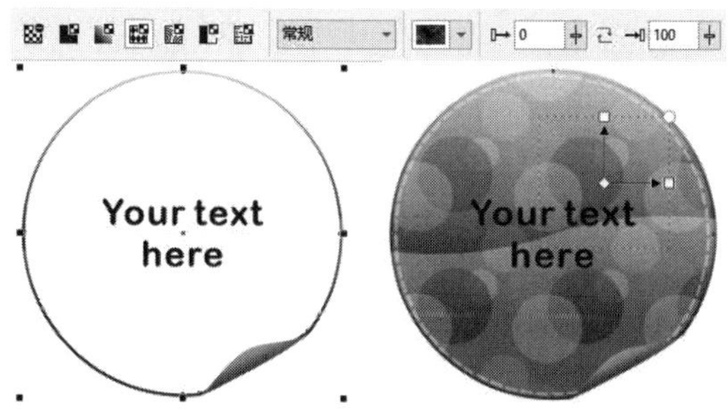

首先选择一个图形对象，单击【透明度】工具按钮，然后单击属性栏中的【向量图样透明度】按钮，接着在【透明度挑选器】中选择一个合适的向量图样即可。

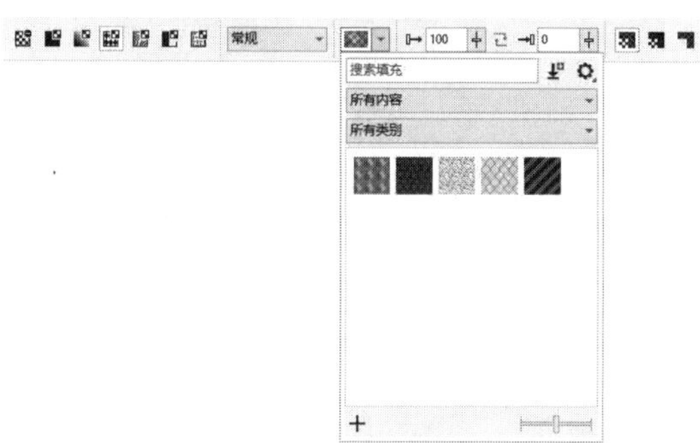

属性栏中的【前景透明度】选项用来设置前景色的透明度。【背景透明度】选项用来设置背景色的透明度。单击【反转】按钮可以将前景色和背景色的透明度反转。

2. 创建位图图样透明度效果

在属性栏中单击【位图图样透明度】按钮，可以为选中的图形添加带有位图图样的透明度效果。图形的透明效果会按照所选位图图样转换为灰度效果后的黑白关系进行显示，图样中越暗的部分越透明，越亮的部分越不透明。

选择一个图形，单击工具箱中的【透明度】工具按钮，然后单击属性栏中的【位图图样透明度】按钮，接着在【透明度挑选器】中选择一个合适的位图图样即可。

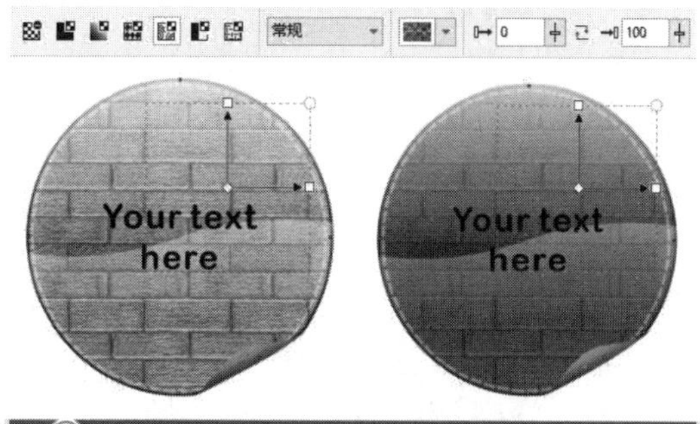

> **知识点滴**
>
> 选择透明的图形，单击属性栏中的【无透明度】按钮，可清除图形的透明度效果。

3. 创建双色图样透明度效果

应用双色图样透明度效果后，黑色部分为透明，白色部分为不透明。选择一个图形，单击工具箱中的【透明度】工具按钮，然后单击属性栏中的【双色图样透明度】按钮，接着在【透明度挑选器】中选择一个双色图样。双色图样透明度效果是通过【前景透明度】和【背景透明度】来调整的。

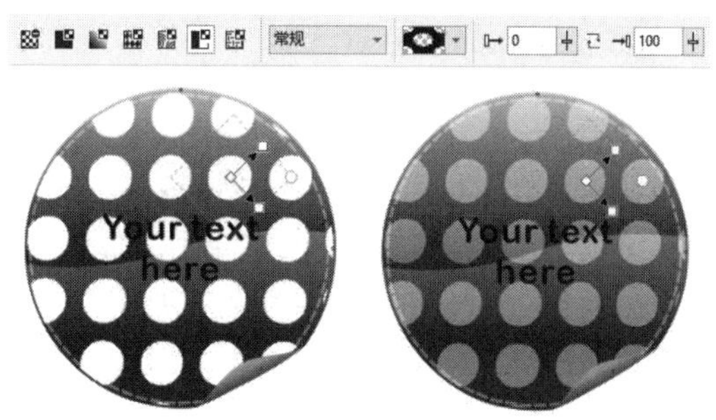

4. 创建底纹透明度效果

底纹透明度效果与位图图样透明度效果相似，都是按照所选图样的灰度关系进行透明度的投射，使对象上产生不规则的透明效果。

选择一个图形，单击属性栏中的【底纹透明度】按钮，然后在【透明度挑选器】中选择一种底纹即可。

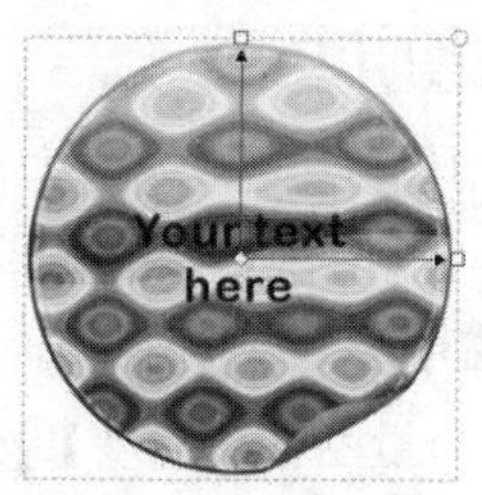

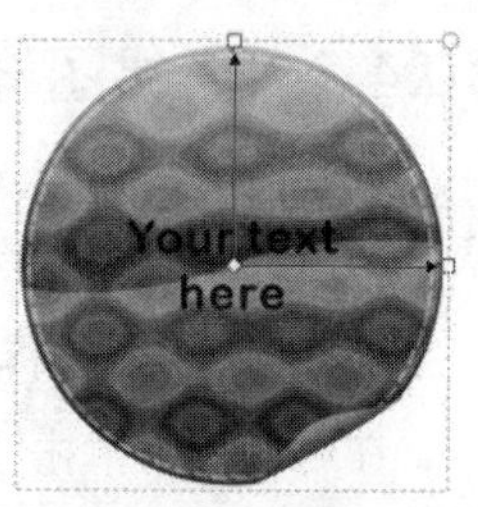

10.5 制作透镜效果

使用透镜功能可以改变透镜下方对象区域的外观，而不改变对象的实际特性和属性。在 CorelDRAW 中可以对任意矢量对象、美术字文本和位图的外观应用透镜。选择【窗口】|【泊坞窗】|【效果】|【透镜】命令，或按 Alt+F3 组合键可以显示【透镜】泊坞窗，用户可以在【透镜】泊坞窗的透镜类型下拉列表中选择所需要的透镜类型。需要注意的是，不能将透镜效果直接应用于链接群组，如勾画轮廓线的对象、斜角修饰边对象、立体化对象、阴影、段落文本或用【艺术笔】工具创建的对象。

- 【变亮】选项：可以使对象区域变亮和变暗，并可设置亮度和暗度的比率。

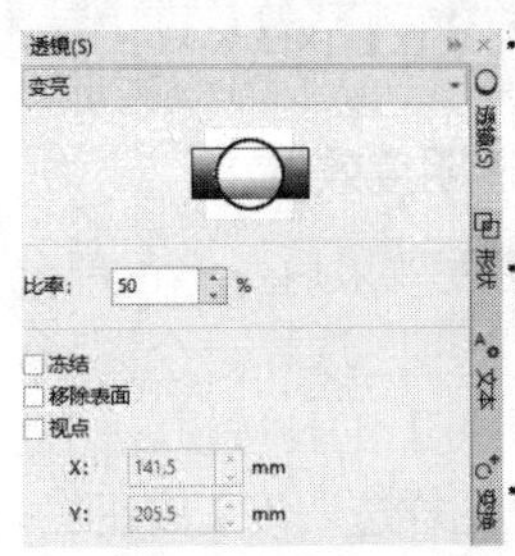

- 【颜色添加】选项：允许模拟加色光线模型。透镜下的对象颜色与透镜的颜色相加，就像混合了光线的颜色。用户可以选择颜色和要添加的颜色量。

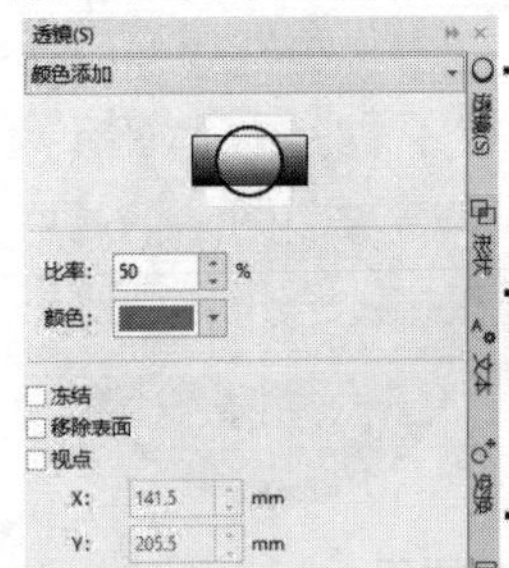

- 【色彩限度】选项：仅允许用黑色和透过的透镜颜色查看对象区域。
- 【自定义彩色图】选项：允许将透镜下方对象区域的所有颜色改为介于指定的两种颜色之间的一种颜色。用户可以选择这个颜色范围的起始色和结束色，以及这两种颜色的渐变。渐变在色谱中的路径可以是直线、向前或向后。

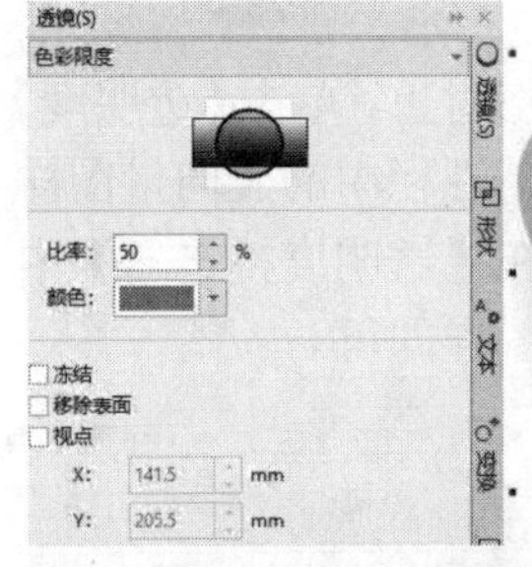

> **实用技巧**
>
> 选中泊坞窗中的【冻结】复选框，可以将应用透镜效果对象下面的其他对象所产生的效果添加成透镜效果的一部分，不会因为透镜或对象的移动而改变该透镜效果；选中【移除表面】复选框，透镜效果只显示该对象与其他对象重合的区域，而被透镜覆盖的其他区域则不可见；选中【视点】复选框，在不移动透镜的情况下，只显示透镜下面对象的部分。

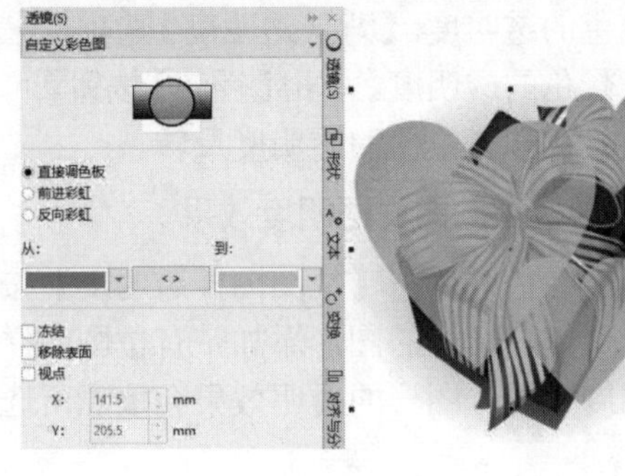

▶【鱼眼】选项：允许根据指定的百分比扭曲、放大或缩小透镜下方的对象。

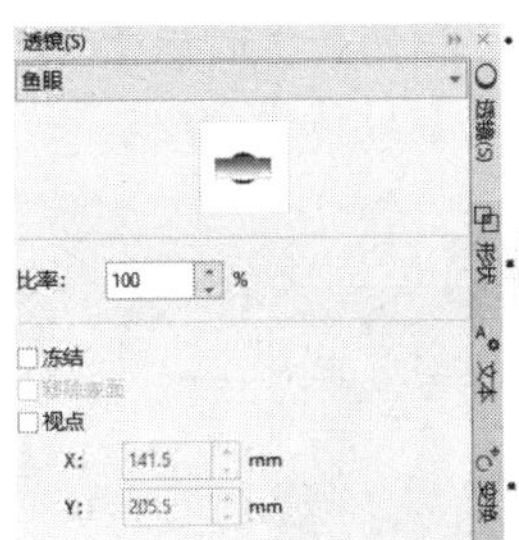

▶【热图】选项：通过在透镜下方的对象区域中模仿颜色的冷暖度等级，来创建红外图像的效果。

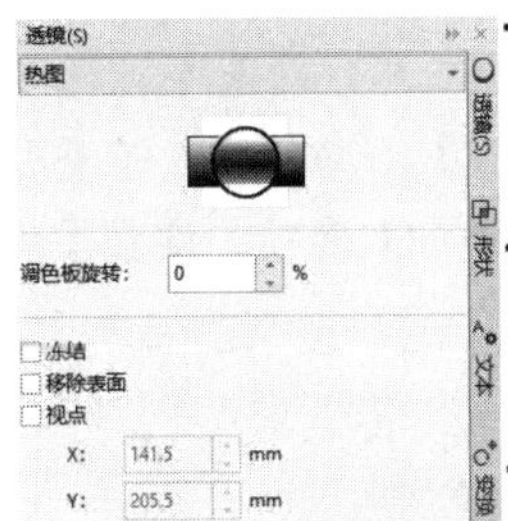

▶【反转】选项：可以将透镜下方的颜色变为其 CMYK 互补色。互补色是指色轮上互为相对的颜色。

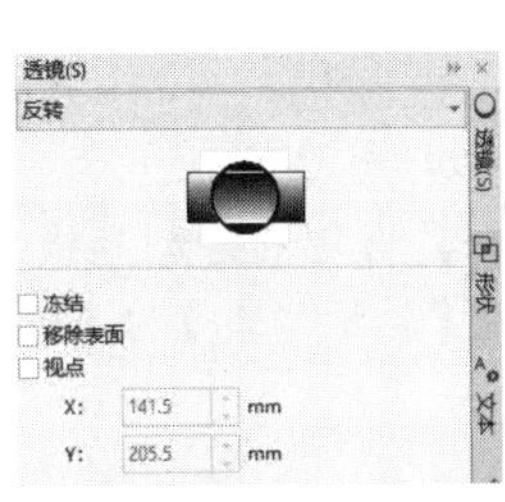

▶【放大】选项：可以按指定的量放大对象上的某个区域。

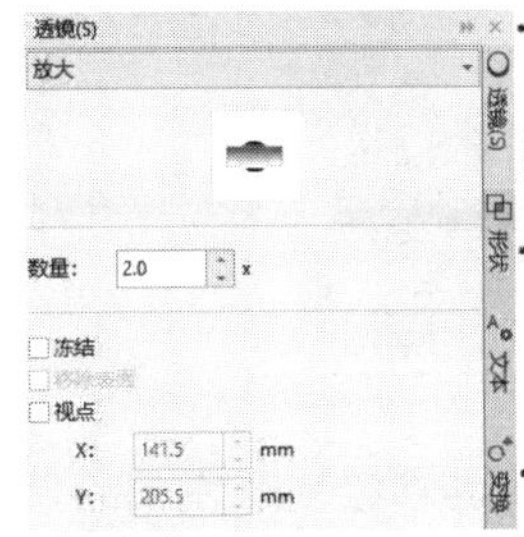

▶【灰度浓淡】选项：可以将透镜下方对象区域的颜色变为其等值的灰度。

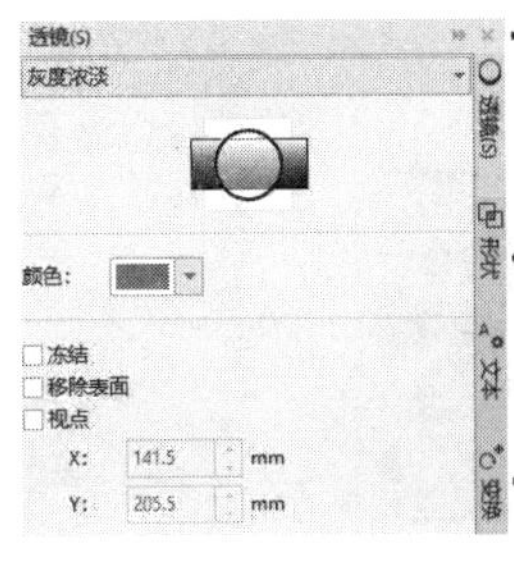

▶【透明度】选项：可以使对象看起来像着色胶片或彩色玻璃。

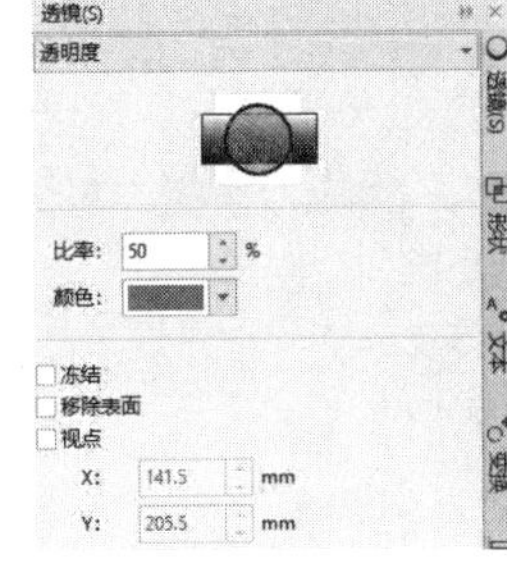

▶【线框】选项：用所选的轮廓或填充色显示透镜下方的对象区域。例如，如果将轮廓设为【红色】，将填充设为【蓝色】，则透镜下方的所有区域看上去都具有红色轮廓和蓝色填充。

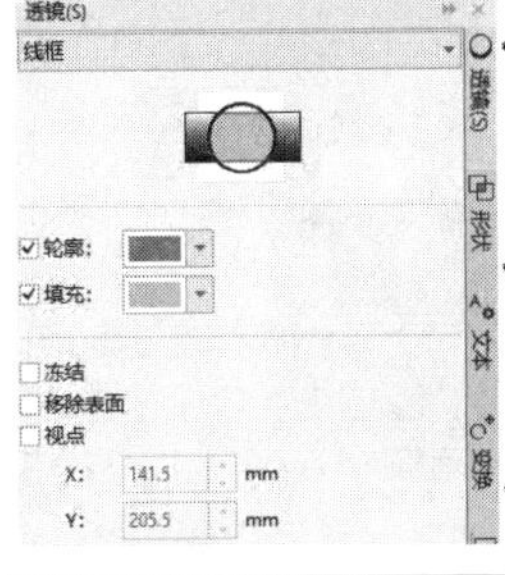

【例 10-5】使用透镜处理照片。
视频+素材 (素材文件\第 10 章\例 10-5)

step 1 新建一个宽度为 297mm，高度为 197mm的空白文档。单击标准工具栏中的【导入】按钮，导入素材图像。

step 2 使用【矩形】工具在绘图页面中绘制矩形，在【属性】泊坞窗中，从【轮廓宽度】下拉列表中选择【无】选项取消其轮廓色；单击【填充】按钮，设置填充色为C:8 M:0 Y:40 K:0。

step 3 使用【选择】工具移动并复制刚绘制的矩形，调整其大小，在【属性】泊坞窗中将其填充色更改为C:100 M:20 Y: 0 K:0。

step 4 继续使用【选择】工具移动并复制刚创建的矩形，调整其大小，在【属性】泊坞窗中将其填充色更改为C:7 M:82 Y:56 K:0。

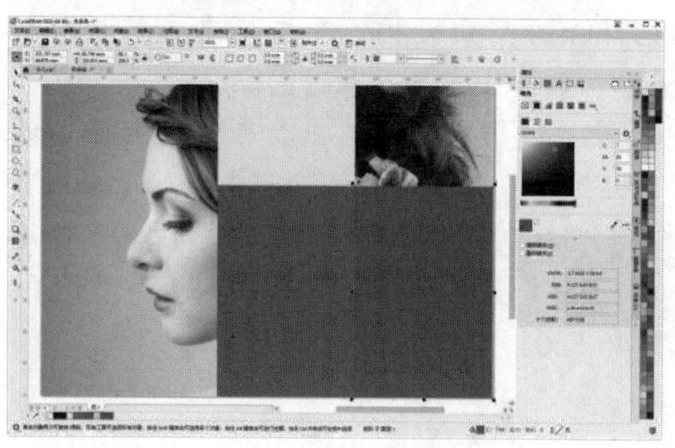

step 5 选择【窗口】|【泊坞窗】|【效果】|【透镜】命令，显示【透镜】泊坞窗。在【透镜】泊坞窗的透镜类型下拉列表中选择【颜色添加】选项，设置【比率】数值为30%。

step 6 再使用【选择】工具分别选中黄色矩形和蓝色矩形，在【透镜】泊坞窗的透镜类型下拉列表中选择【颜色添加】选项，设置【比率】数值为30%。

step 7 使用【2点线】工具沿矩形绘制直线，在【属性】泊坞窗中设置【轮廓宽度】为6pt，轮廓颜色为白色。

step 8 使用【矩形】工具在绘图页左侧绘制一个矩形，取消轮廓色并填充为白色。

step 9 使用【文本】工具在绘图页面中单击并输入文字内容，然后使用【选择】工具调整其旋转角度，在【属性】泊坞窗中单击【字符】按钮，在【字体】下拉列表中选择Arial，设置【字体大小】为 60pt，字体颜色为C:100 M:0 Y:100 K:0。

step 10 使用【2 点线】工具绘制直线，在【属性】泊坞窗中设置轮廓色为C:100 M:0 Y:100 K:0，【轮廓宽度】为 4pt，在【线条样式】下拉列表中选择一种样式，完成本例的制作。

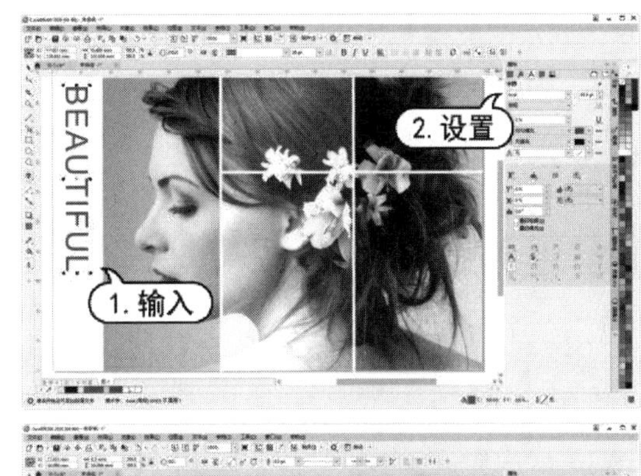

10.6 案例演练

本章的案例演练介绍“制作招生广告”这个综合实例，使用户通过练习从而巩固本章所学知识。

【例 10-6】制作招生广告。
视频+素材 (素材文件\第 10 章\例 10-6)

step 1 在标准工具栏中单击【新建】按钮，打开【创建新文档】对话框。在该对话框的【名称】文本框中输入“招生广告”，设置【宽度】为 210mm，【高度】为 297mm，然后单击OK按钮新建文档。

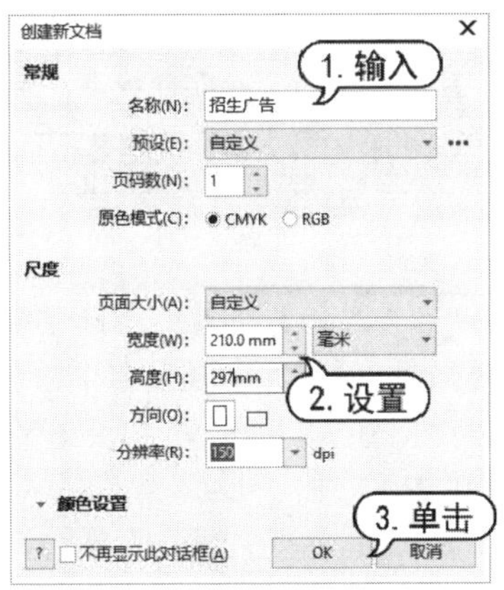

step 2 使用【矩形】工具在页面中拖动绘制矩形，并在属性栏中取消选中【锁定比率】单选按钮，设置对象大小的【宽度】为 210mm，【高度】为 140mm。然后打开【对齐与分布】泊坞窗，在【对齐】选项组中单击【页面边缘】按钮，然后再单击【顶端对齐】按钮和【水平居中对齐】按钮。

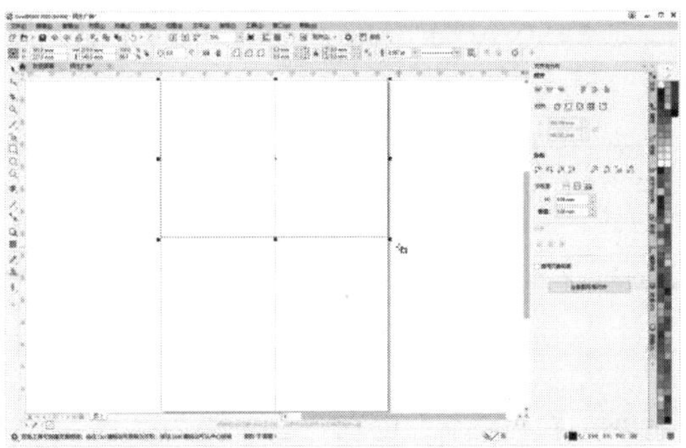

step 3 在绘制的矩形上右击鼠标，从弹出的快捷菜单中选择【转换为曲线】命令。然后使

用【形状】工具选中矩形节点，在属性栏中单击【转换为曲线】按钮，并调整形状。

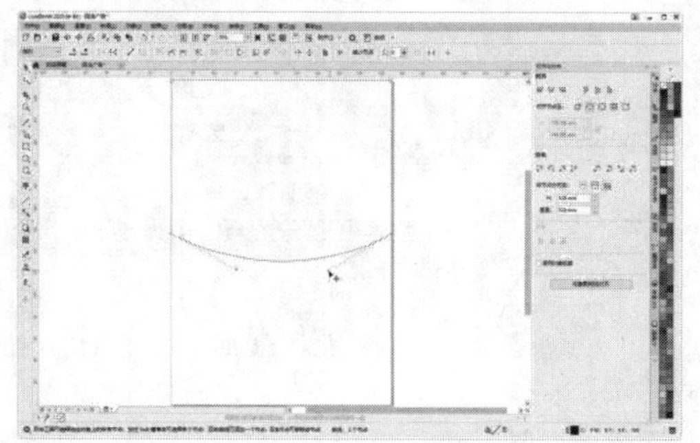

step 4 在标准工具栏中单击【导入】按钮，打开【导入】对话框。在该对话框中选择所需的图像文件，然后单击【导入】按钮。

step 5 在绘图页面中单击，导入图像。右击导入的图像，在弹出的快捷菜单中选择【PowerClip内部】命令，当显示黑色箭头后，单击步骤(2)创建的图形对象，将图像置入图形内。单击浮动工具栏中的【选择内容】按钮，然后调整图像大小及位置。

step 6 在调色板中将轮廓色设置为【无】。并在图像对象上右击，从弹出的快捷菜单中选择【锁定对象】命令。

step 7 使用【矩形】工具在绘图页面中拖动绘制矩形，并在属性栏中设置对象大小的【宽度】为 210mm，【高度】为 10mm。然后将其轮廓色设置为无，在【属性】泊坞窗中设置其填充色为C:0 M:89 Y:36 K:0。

step 8 在【变换】泊坞窗中单击【位置】按钮，选中【距离】单选按钮，设置【在垂直轴上为对象位置指定一个值】为 -10mm，【副本】数值为 3，然后单击【应用】按钮。

step 9 使用【选择】工具分别选中刚创建的副本矩形，并在【属性】泊坞窗中分别设置填充色为C:62 M:0 Y:8 K:0、C:4 M:26 Y:100 K:0和C:1 M:97 Y:1 K:1。

step 10 选中步骤(7)至步骤(9)创建的矩形，按Ctrl+G组合键组合对象。使用【封套】工具调整组合对象的外观。

step 11 选择【阴影】工具，在刚创建的封套对象上单击，并从上往下拖动鼠标创建阴影效果，然后在属性栏中设置【阴影不透明度】数值为30，【阴影羽化】数值为8。

step 12 选择【椭圆形】工具，在绘图页面中拖动绘制一个圆形，将其轮廓色设置为无，在【属性】泊坞窗中设置填充色为C:4 M:26 Y:100 K:0。

step 13 按Ctrl+C组合键复制刚绘制的圆形，按Ctrl+V组合键进行粘贴，并按Shift键缩小刚复制的圆形。

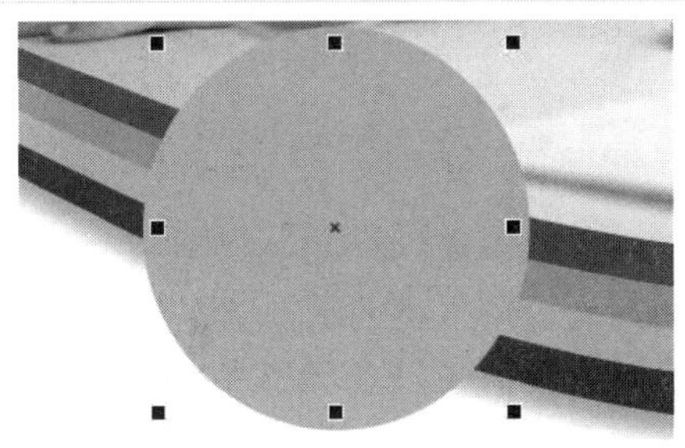

step 14 在标准工具栏中单击【导入】按钮，打开【导入】对话框。在该对话框中选中所需的素材图像，单击【导入】按钮。

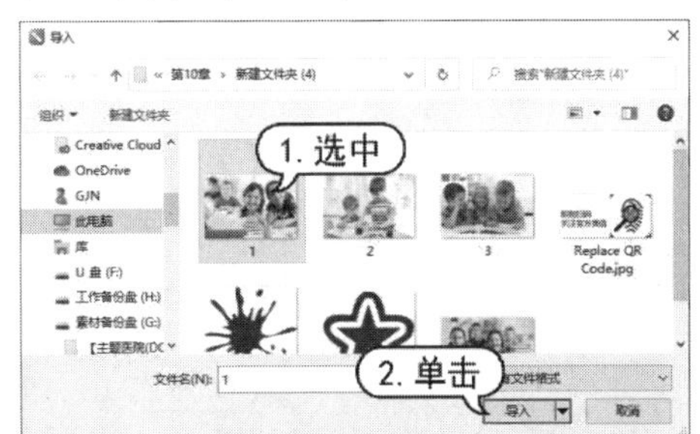

step 15 在绘图页面中单击，导入图像。右击导入的图像，在弹出的快捷菜单中选择【PowerClip内部】命令，当显示黑色箭头时，单击步骤(13)中创建的圆形，将图像置入圆形中。然后在浮动工具栏中单击【调整内容】按钮，在弹出的下拉列表中选择【按比例填充】选项，再单击【选择内容】按钮，调整图像位置。

step 16 使用【选择】工具选中步骤(12)创建的圆形。选择【阴影】工具，在属性栏的【预设】下拉列表中选择【小型辉光】选项，在【阴影颜色】下拉面板中选中【80%黑】色板，设置【阴影羽化】数值为 10。

step 17 使用【选择】工具选中步骤(13)至步骤(15)创建的对象。在【变换】泊坞窗的【位置】选项组中，设置【在水平轴上为对象位置指定一个值】为 60mm，【在垂直轴上为对象位置指定一个值】为 0mm，【副本】数值为 2，然后单击【应用】按钮。

step 18 使用【选择】工具分别选中刚创建的副本圆形，并在【属性】泊坞窗中分别设置填充色为C:1 M:97 Y:1 K:1 和C:62 M:0 Y:8 K:0。

step 19 使用【选择】工具选中图文框，在显示的浮动工具栏上单击【提出内容】按钮，然后删除图像。

step 20 在标准工具栏中单击【导入】按钮，导入所需的素材图像。然后将其拖动至上一步创建的空白图文框中，并在浮动工具栏中单击【调整内容】按钮，在弹出的下拉列表中选择【按比例填充】选项。

step 21 使用与步骤(19)至步骤(20)相同的操作方法，替换中间圆形图文框内的图像。

step 22 使用【选择】工具分别选中圆形和图

文框对象，按Ctrl+G组合键组合对象，并调整其位置。

step 23 选择【文本】工具，在绘图页面中单击并输入文字内容。然后在【文本】泊坞窗的【字体】下拉列表中选择【方正大黑简体】，设置【字体大小】为 79pt,【文本颜色】为C:0 M:60 Y:100 K:0,【轮廓宽度】为 3pt,【轮廓颜色】为白色，位置为外部轮廓。

step 24 选择【阴影】工具，在文字对象上单击并向右下拖动鼠标，创建阴影效果。

step 25 使用【文本】工具在绘图页中单击并输入文字内容。

step 26 选中【属性滴管】工具，在属性栏中单击【属性】按钮，在弹出的下拉列表中选中【轮廓】【填充】和【文本】复选框；单击【效果】按钮，在弹出的下拉列表中选中【阴影】复选框。然后使用【属性滴管】工具单击步骤(23)中创建的文字对象，再单击上一步中创建的文字对象应用属性。

step 27 在【文本】泊坞窗中更改文字对象的填充色为C:100 M:0 Y:0 K:0。

step 28 在标准工具栏中单击【导入】按钮，导入所需的素材图像。

step 29 在属性栏中单击【描摹位图】下拉按钮，在弹出的下拉列表中选择【轮廓描摹】|【高质量图像】命令，打开【PowerTRACE】对话框。在该对话框中设置【细节】和【拐角平滑度】数值均为100，【平滑】数值为10，选中【删除重叠】复选框，然后单击OK按钮应用设置。

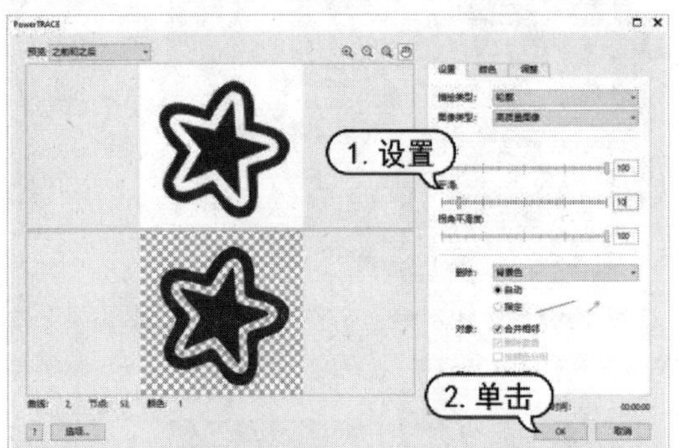

step 30 在属性栏中设置【轮廓宽度】为1.5pt，并设置轮廓色为白色。

step 31 选择【阴影】工具，在文字对象上单击并向右下拖动鼠标，创建阴影效果。

step 32 移动并复制星形对象，然后将其填充色更改为C:100 M:0 Y:0 K:0。

step 33 在标准工具栏中单击【导入】按钮，导入所需的素材图像。在属性栏中单击【描摹位图】下拉按钮，在弹出的下拉列表中选择【轮廓描摹】|【高质量图像】命令，打开【PowerTRACE】对话框。在该对话框中设置【细节】数值为100，【平滑】数值为10，【拐角平滑度】数值为35，选中【删除重叠】复选框，然后单击OK按钮应用设置。

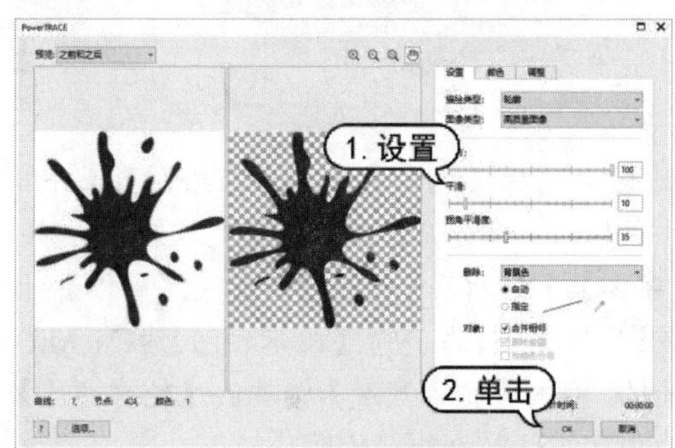

step 34 在属性栏中设置【轮廓宽度】为2pt，并设置轮廓色为白色。选择【阴影】工具，在文字对象上单击并拖动鼠标创建阴影效果，在属性栏中设置【阴影羽化】数值为5。

step 35 使用【选择】工具选中上一步创建的对象，移动并复制该对象。然后更改部分对象的填充色为C:100 M:0 Y:0 K:0和C: 0 M:20 Y:100 K:0。

step 36　选择【矩形】工具，在绘图页面顶部拖动绘制一个矩形，并在属性栏中设置【圆角半径】为 5mm，在【属性】泊坞窗中设置填充色为C:1 M:97 Y:1 K:1。

step 37　使用【文本】工具在绘图页面中单击，在属性栏的【字体】下拉列表中选择【方正黑体简体】，设置【字体大小】为 20pt，字体颜色为白色，然后输入文字内容。

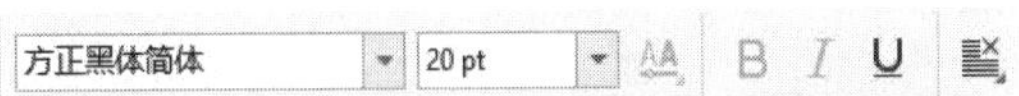

早教课程-家庭教育-游戏玩乐

step 38　继续使用【文本】工具在绘图页面中单击，输入文字内容。然后在【文本】泊坞窗的【字体】下拉列表中选择【方正兰亭大黑_GBK】，设置【字体大小】为 30pt。使用【文本】工具选中第一行文字，将其字体颜色设置为C:1 M:97 Y:1 K:1。再使用【文本】工具选中第二行文字，将其字体颜色设置为C:100 M:0 Y:0 K:0。

step 39　使用【文本】工具在绘图页面中拖动创建文本框，在【文本】泊坞窗的【字体】下拉列表中选择【方正黑体简体】，设置【字体大小】为 14pt，字体颜色为C:79 M:45 Y:62 K:2，单击【两端对齐】按钮，设置【首行缩进】为 10mm，然后输入文字内容。

step 40　使用【文本】工具在图像中单击，在【属性】泊坞窗中设置字体样式为【方正黑体简体】，设置【字体大小】为 14pt，行间距为 14 点，然后输入文字内容。再使用【文本】工具选中刚输入的第二排文字内容，在【属性】泊坞窗中更改字体大小为 16pt。

方正黑体简体　14 pt

活动详情网站
WWW.XXX.COM

活动详情网站
WWW.XXX.COM

step 41　选择【矩形】工具，在绘图页面中拖动绘制矩形，并将其填充色设置为黑色。

活动详情网站
WWW.XXX.COM

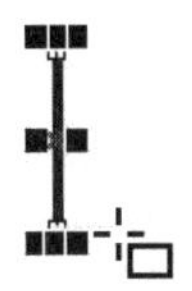

step 42　使用【选择】工具选中步骤(40)至步骤(41)创建的对象，进行移动并复制。然后使用【文本】工具修改文字内容。

活动详情网站
WWW.XXX.COM

中心热线电话
010-12345678

step 43　在标准工具栏中单击【导入】按钮，打开【导入】对话框。在该对话框中选中所需的素材图像，单击【导入】按钮。

step 44　在绘图页面中单击，导入图像。在属性栏中选中【锁定比率】按钮，设置【缩放因子】数值为 18%。

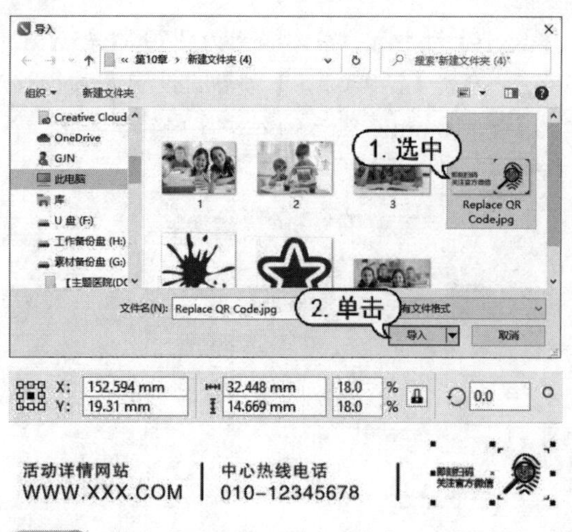

step 45 使用【选择】工具调整步骤(40)至步骤(44)创建的对象的位置。

活动详情网站
WWW.XXX.COM
中心热线电话
010-12345678

step 46 在标准工具栏中单击【保存】按钮，打开【保存绘图】对话框。在该对话框中单击【保存】按钮即可保存刚创建的绘图文档。

第 11 章

制作立体图形效果

在 CorelDRAW 2020 中，用户可以对创建的任何矢量图形对象进行立体化处理，包括线条、图形及文字等。通过使用立体化工具，可将二维图形对象创建出三维的立体化视觉效果。立体化的深度、光照的方向和旋转角度等决定了立体化图形对象的外观。

本章对应视频

例 11-1 制作邀请卡

例 11-2 制作潮流插画

例 11-3 添加透视效果

例 11-4 制作电影海报

例 11-5 制作新品上市吊旗

11.1 制作轮廓图

轮廓图效果是由对象的轮廓向内或向外发射而形成的同心图形效果。在 CorelDRAW 中，用户可通过向中心、向内和向外 3 种方向创建轮廓图，不同的方向产生的轮廓图效果也不同。轮廓图效果可以应用于图形或文本对象。

11.1.1 创建轮廓图效果

和创建混合效果不同，轮廓图效果只需在一个图形对象上即可完成。使用【轮廓图】工具可以在选择对象的内外边框中添加等距轮廓线，轮廓线与原来对象的轮廓形状保持一致。创建对象的轮廓图效果后，除了可以通过光标调整轮廓图效果的控件调整轮廓图效果外，也可以通过设置【轮廓图】工具属性栏中的相关参数选项来调整轮廓图效果。

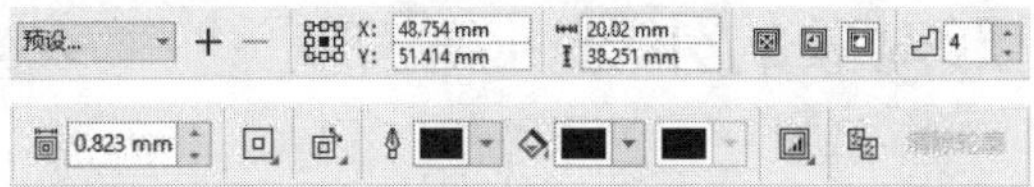

- 【预设】：在该下拉列表中可以选择预设的轮廓图样式。

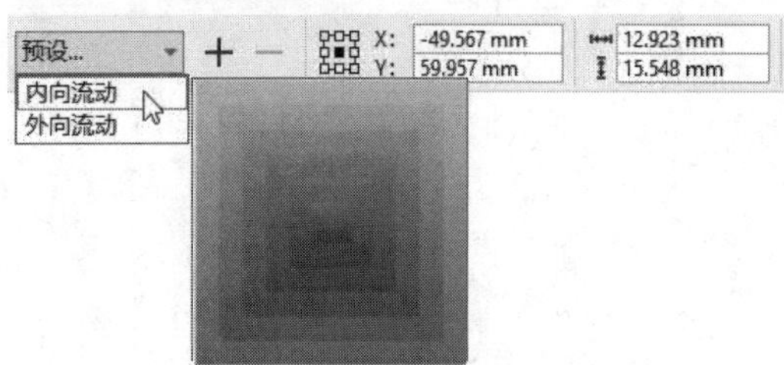

- 【到中心】：单击该按钮，调整为由图形边缘向中心发射的轮廓图效果。将轮廓图设置为该方向后，将不能设置轮廓图步数，轮廓图步数将根据所设置的轮廓图偏移量自动进行调整。

- 【内部轮廓】：单击该按钮，调整为向对象内部发射的轮廓图效果。选择该轮廓图方向后，可以在后面的【轮廓图步长】数值框中设置轮廓图的发射数量。

- 【外部轮廓】：单击该按钮，调整为向对象外部发射的轮廓图效果。用户同样也可对其设置轮廓图的步数。

- 【轮廓图步长】选项：在数值框中输入数值可决定轮廓图的发射数量。

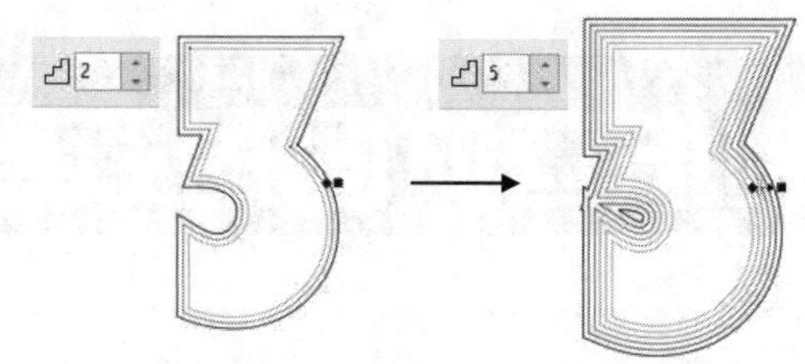

- 【轮廓图偏移】选项：可设置轮廓图效果中各步数之间的距离。

- 【轮廓图角】选项：在该选项的下拉面板中，可以设置轮廓图的角类型，包括【斜接角】【圆角】和【斜切角】选项。

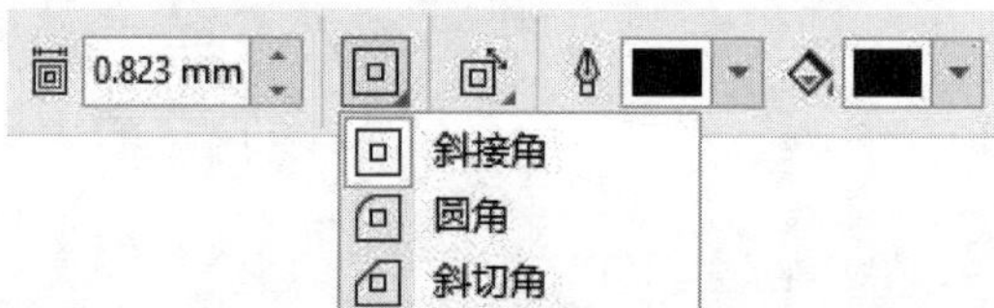

- 【轮廓色】选项：在该选项的下拉面板中，可以设置轮廓色的颜色渐变序列，包括【线性轮廓色】【顺时针轮廓色】和【逆时针轮廓色】选项。

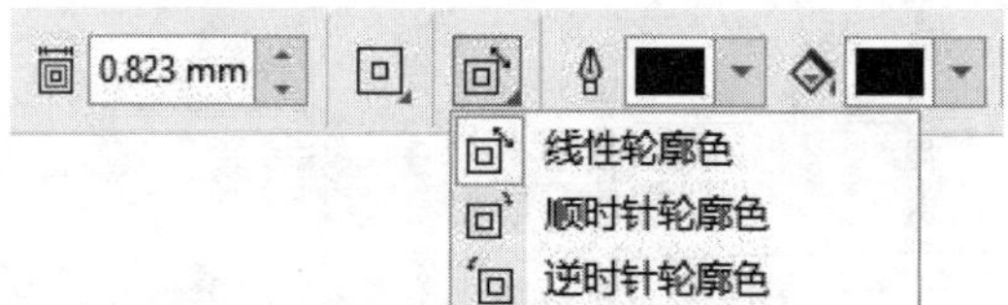

- 【对象和颜色加速】选项：在该选项的下拉面板中，可以调整轮廓中对象大小和颜色变化的速率。

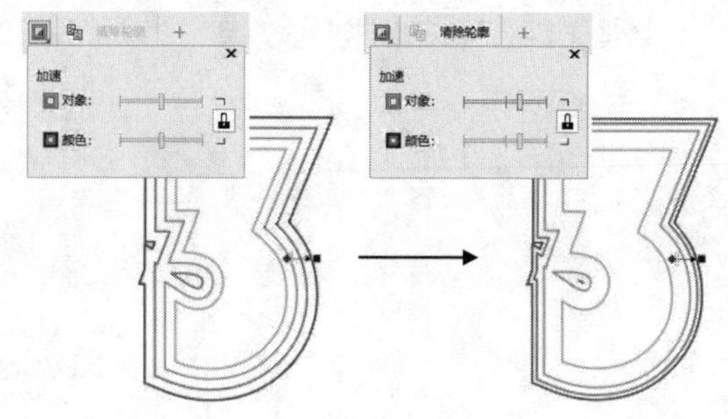

▶ 【复制轮廓图属性】按钮：单击该按钮，可以将其他轮廓图属性应用到所选轮廓中。

用户还可以通过【轮廓图】泊坞窗调整创建的混合效果。选中对象后，选择【窗口】|【泊坞窗】|【效果】|【轮廓图】命令，或按Ctrl+F9 组合键，可打开【轮廓图】泊坞窗。

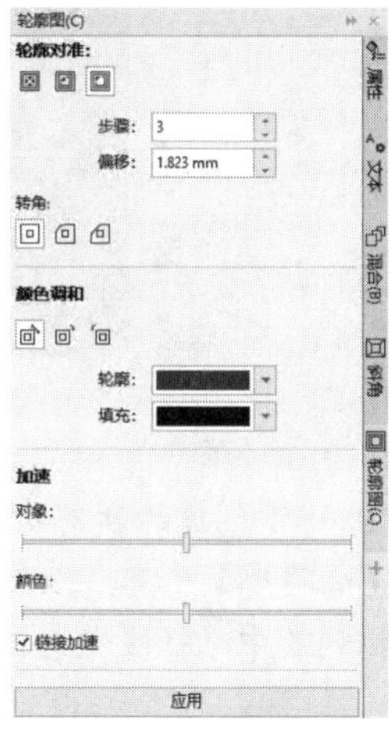

11.1.2　设置轮廓图的填充和颜色

在应用轮廓图效果时，可以设置不同的轮廓颜色和内部填充颜色，不同的颜色设置可产生不同的轮廓图效果。

【例 11-1】制作邀请卡。
视频+素材 (素材文件\第 11 章\例 11-1)

step 1　新建一个宽度为 115mm，高度为 170mm的空白文档。然后使用【矩形】工具在绘图页面左侧拖动绘制一个矩形，在属性栏中取消选中【锁定比率】按钮，设置对象大小的宽度为 70mm，高度为 170mm，并取消轮廓色，填充颜色为 90%黑。

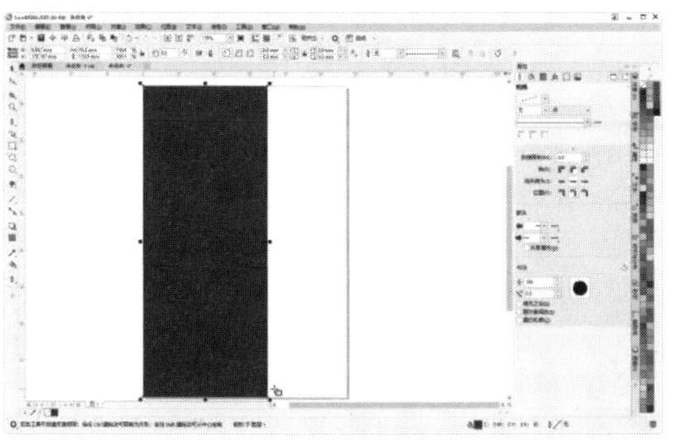

step 2　选择【椭圆形】工具，在刚绘制的矩形右侧拖动绘制一个椭圆形。选择【交互式填充】工具，在属性栏中单击【渐变填充】按钮，再单击【椭圆形渐变填充】按钮，在显示的渐变控制柄上设置渐变填充色为白色至透明度100%的白色。

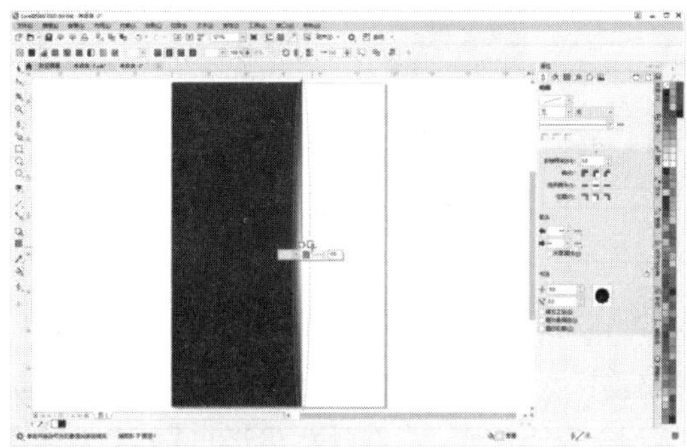

step 3　使用【矩形】工具在刚绘制的椭圆形右半边拖动绘制一个矩形。使用【选择】工具选中绘制的矩形和椭圆形，在属性栏中单击【修剪】按钮。

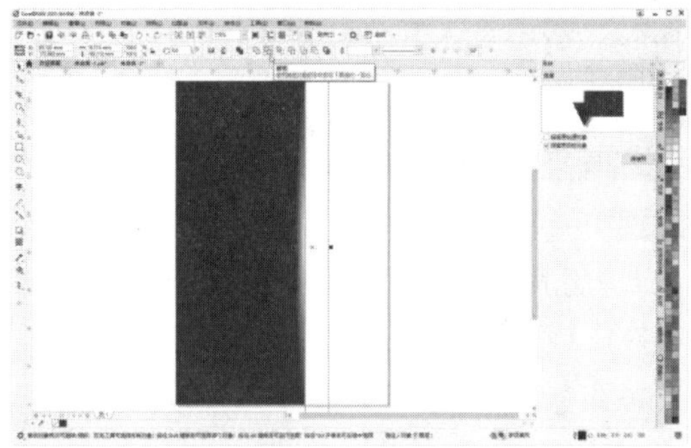

step 4　删除刚绘制的矩形，选中修剪后的椭圆形。选择【透明度】工具，在属性栏中单击【渐变透明度】按钮。

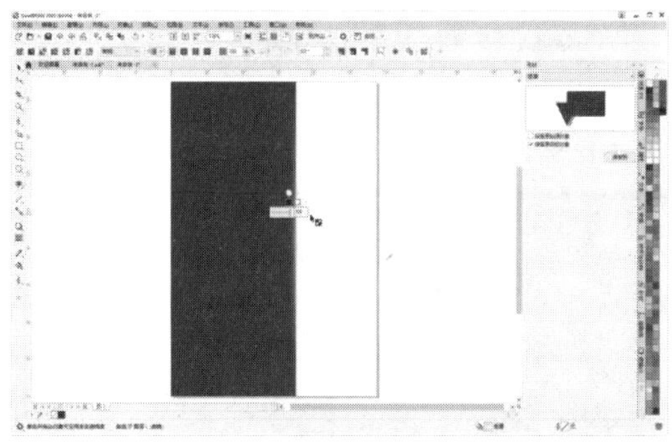

step 5　选中步骤(1)创建的矩形，使用【阴影】

工具从左向右拖动，并在属性栏中设置【阴影不透明度】数值为80,【阴影羽化】数值为10。然后按Ctrl+A组合键选中全部对象，按Ctrl+G组合键组合对象。

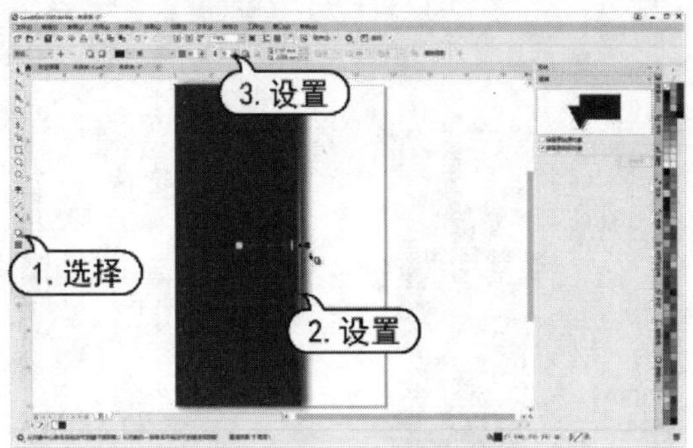

step 6 使用【矩形】工具在绘图页面中拖动绘制一个正方形，在属性栏中选中【锁定比率】按钮，设置对象大小的宽度为30mm。

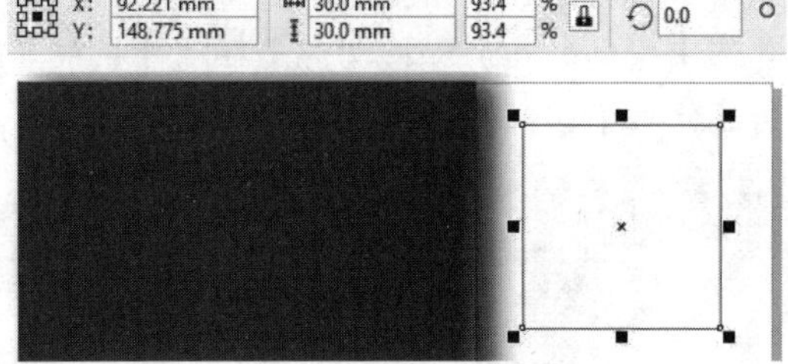

step 7 选择【轮廓图】工具，在绘制的正方形上从外向内拖动，并在属性栏中设置【轮廓图偏移】为2.5mm，【轮廓色】为白色。

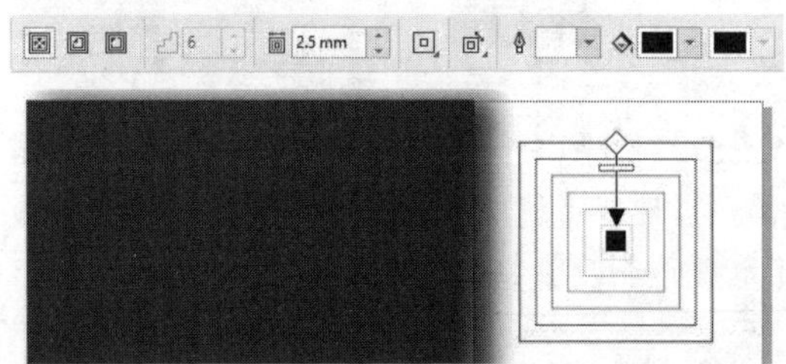

step 8 选择【选择】工具，按住Ctrl键旋转创建的轮廓图。

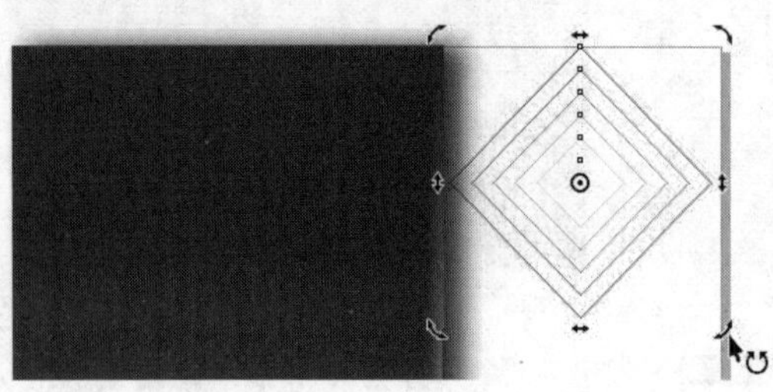

step 9 在【变换】泊坞窗中单击【位置】按钮，设置【在垂直轴上为对象的位置指定一个值】为－15mm，【副本】数值为11，然后单击【应用】按钮。

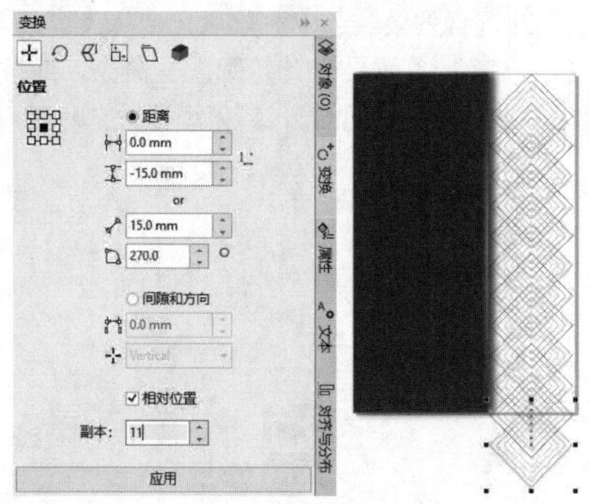

step 10 组合上一步创建的所有对象并调整其位置。选择【透明度】工具，在属性栏的【合并模式】下拉列表中选择【颜色减淡】选项。

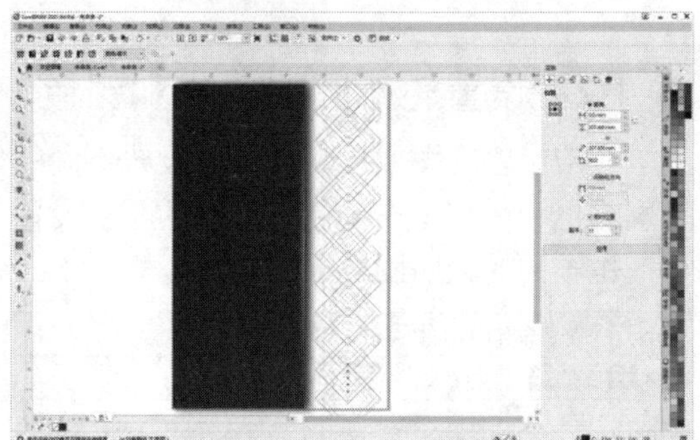

step 11 使用【矩形】工具在绘图页面左侧拖动绘制一个矩形，在属性栏中设置对象大小的高度为170mm，并取消轮廓色，填充颜色为90%黑。

step 12 按Ctrl+A组合键选中全部对象并右

击，在弹出的快捷菜单中选择【顺序】|【逆序】命令。

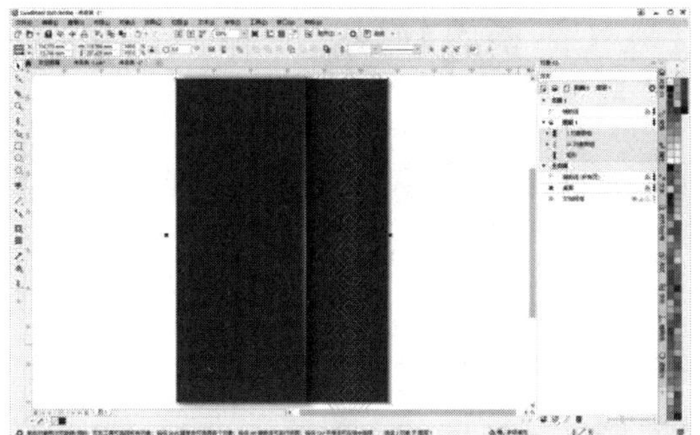

step 13 在标准工具栏中单击【导入】按钮，导入需要的素材图像，按Ctrl+PgDn组合键将其下移一层，并调整其位置及大小。

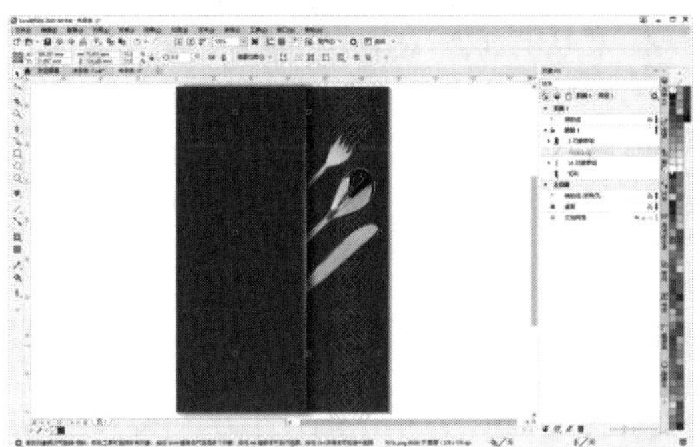

step 14 在标准工具栏中单击【导入】按钮，导入需要的素材图像，并调整其位置及大小。

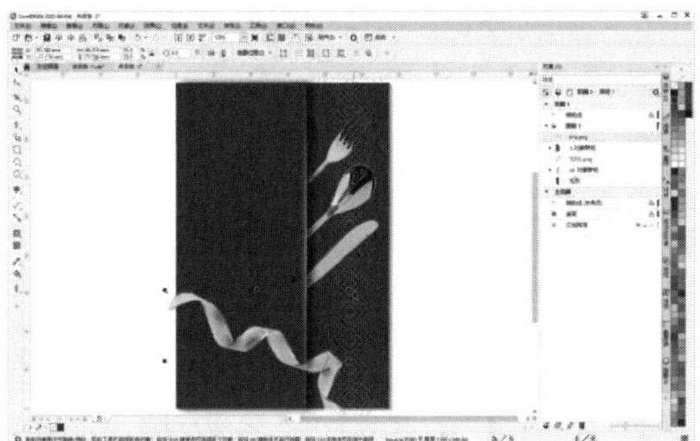

step 15 使用【文本】工具在绘图页面中拖动创建文本框，在【文本】泊坞窗的【字体】下拉列表中选择Adobe Arabic，设置【字体大小】为 55pt，字体颜色为白色，单击【强制两端对齐】按钮，设置【字符间距】数值为 - 50%，然后输入文本内容。

step 16 使用【文本】工具选中第二行文字内容，在属性栏中设置【字体大小】为 71pt。

step 17 选择【交互式填充】工具，在属性栏中单击【渐变填充】按钮，在显示的渐变控制柄上设置渐变填充色为C:0 M:40 Y:80 K:0 至 C:7 M:8 Y:21 K:0 至C:4 M:24 Y:63 K:0，并调整渐变控制柄的角度。

step 18 使用【文本】工具在绘图页面中单击，在属性栏的【字体】下拉列表中选择【宋体】，设置【字体大小】为 13pt，字体颜色为白色，然后输入文字内容。

step 19 使用【文本】工具在绘图页面中拖动创建文本框，在属性栏的【字体】下拉列表中选择【宋体】，设置【字体大小】为 20pt，单击【文本对齐】按钮，在弹出的下拉列表中选择【右】选项，字体颜色为白色，然后输入文字内容。

step 20 按Ctrl+A组合键选中并组合全部对象，使用【矩形】工具绘制一个与页面同等大小的矩形。右击组合对象，在弹出的快捷菜单中选择【PowerClip内部】命令，当显示黑色箭头后，单击刚绘制的矩形，取消轮廓色，完成邀请卡的制作。

11.1.3 拆分与清除轮廓图

拆分和清除轮廓图的操作方法，与拆分和清除混合效果的操作方法相同。要拆分轮廓图，在选择轮廓图对象后，选择【对象】|【拆分轮廓图】命令，或右击鼠标，在弹出的快捷菜单中选择【拆分轮廓图】命令即可。

拆分后的对象仍保持拆分前的状态，用户可以使用【选择】工具移动对象。

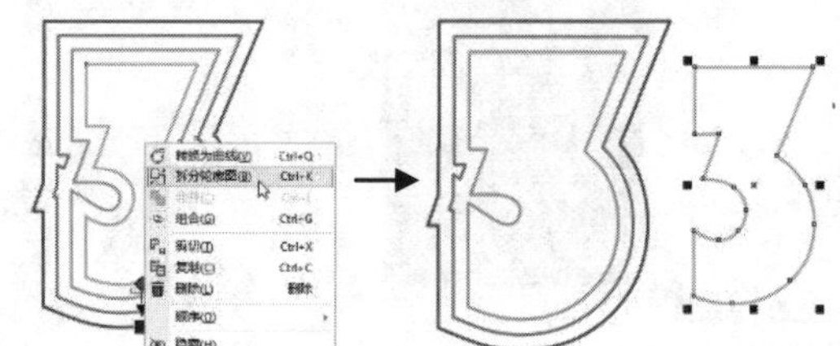

要清除轮廓图效果，在选择应用轮廓图效果的对象后，选择【效果】|【清除轮廓】命令，或单击属性栏中的【清除轮廓】按钮即可。

11.2 制作封套与透视效果

【封套】工具为对象提供了一系列简单的变形效果，为对象添加封套后，通过调整封套上的节点可以使对象产生各种各样的变形效果。

11.2.1 添加封套效果

使用【封套】工具，可以使对象整体形状随封套外形的调整而改变。【封套】工具主要针对图形对象和文本对象进行操作。另外，用户可以使用预设的封套效果，也可以编辑已创建的封套效果创建自定义封套效果。

选择图形对象后，选择【窗口】|【泊坞窗】|【效果】|【封套】命令，或按 Ctrl+F7 组合键，可打开【封套】泊坞窗，单击其中的【添加预设】按钮，在下面的样式列表框中选择一种预设的封套样式，即可将该封套样式应用到图形对象中。

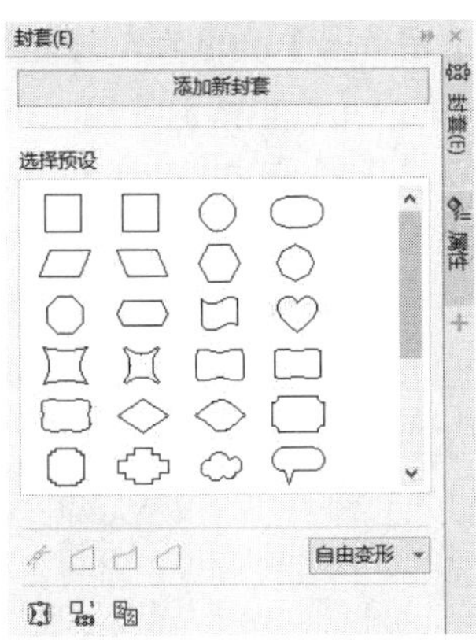

11.2.2　编辑封套效果

在对象四周出现封套编辑框后，可以结合属性栏对封套形状进行编辑。

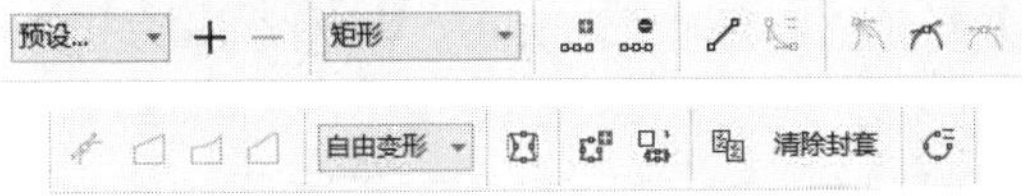

▶【非强制模式】按钮：单击该按钮后，可任意编辑封套形状，更改封套边线的类型和节点类型，还可增加或删除封套的控制点等。

▶【直线模式】按钮：单击该按钮后，移动封套的控制点，可以保持封套边线为直线段。

▶【单弧模式】按钮：单击该按钮后，移动封套的控制点时，封套边线将变为单弧线。

▶【双弧模式】按钮：单击该按钮后，移动封套的控制点时，封套边线将变为 S 形弧线。

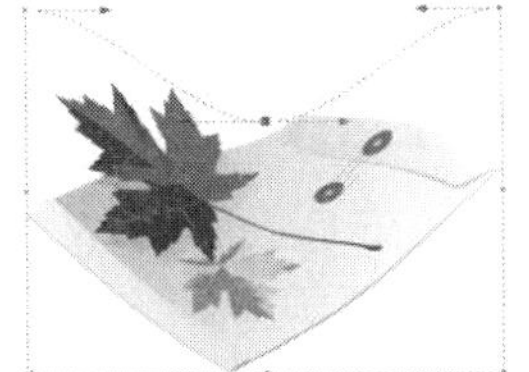

▶【映射模式】：打开该下拉列表，从中可以选择封套中对象的调整方式。

▶【保留线条】按钮：单击该按钮后，应用封套时保留直线。

▶【添加新封套】按钮：单击该按钮后，封套形状恢复为未进行任何编辑时的状态，而封套对象仍保持变形后的效果。

▶【创建封套自】按钮：单击该按钮，然后将鼠标指针移到图形上单击，以选中图形的形状为封套轮廓，为绘图页面中的另一个对象添加新封套。

【例 11-2】制作潮流插画。
视频+素材 (素材文件\第 11 章\例 11-2)

step 1　新建一个A4 的空白文档。使用【矩形】工具绘制一个与页面同等大小的矩形。取消轮廓色，选择【交互式填充】工具，在属性栏中单击【渐变填充】按钮和【椭圆形渐变填充】按钮，在显示的渐变控制柄上设置渐变填充色为C:0 M:0 Y:0 K:0 至C:0 M:0 Y:0 K:20。

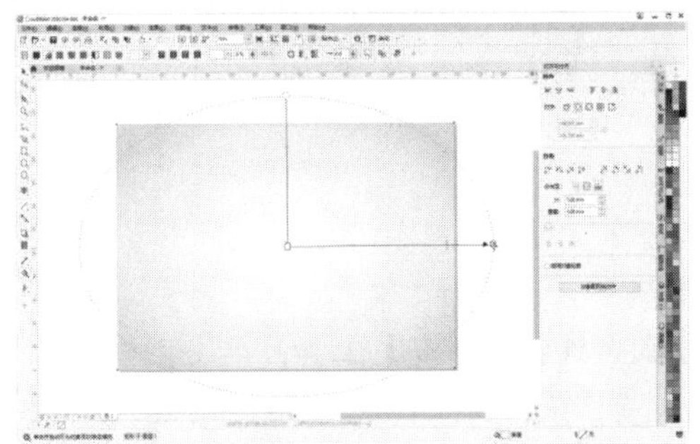

step 2　使用【矩形】工具在绘图页面中拖动绘制矩形，在属性栏中设置对象大小的宽度为297mm，高度为 10mm，并取消轮廓色，填充颜色为绿色。

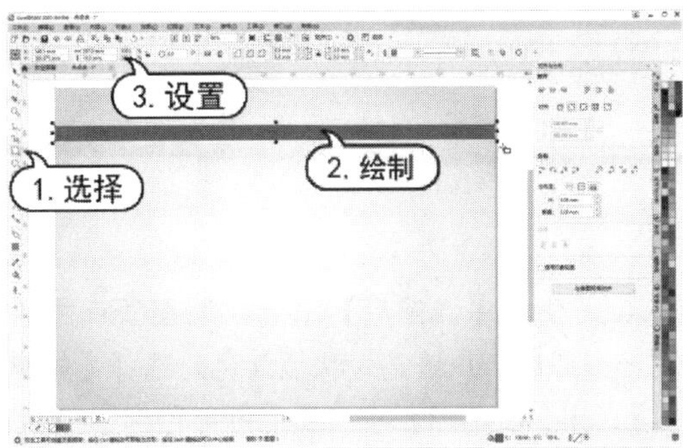

step③ 在【变换】泊坞窗中选中【距离】单选按钮，设置【在垂直轴上为对象的位置指定一个值】为－50mm，【副本】数值为1，然后单击【应用】按钮。然后将创建的矩形副本填充为秋橘红色。

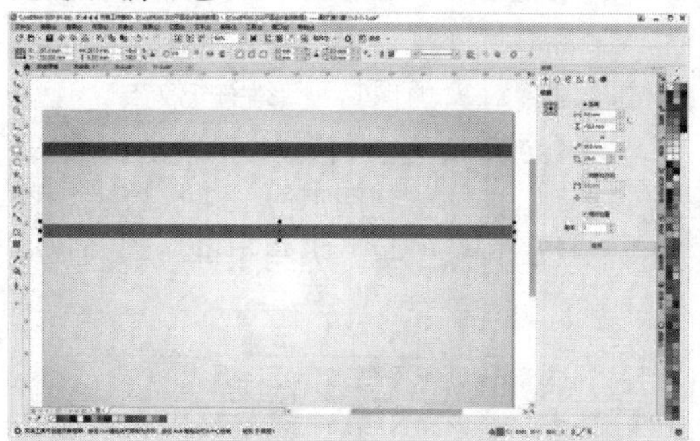

step④ 使用【混合】工具单击两个矩形条，并在属性栏中设置【调和对象】数值为5，单击【逆时针调和】按钮。

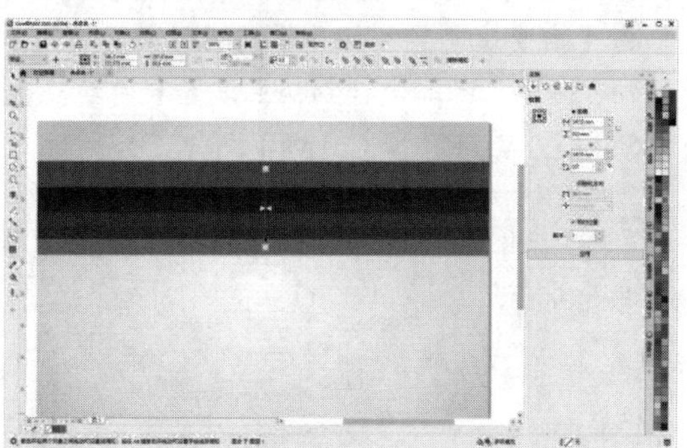

step⑤ 选择【封套】工具，单击刚创建的混合对象，在属性栏中单击【非强制模式】按钮，然后编辑轮廓上的节点进行变形。

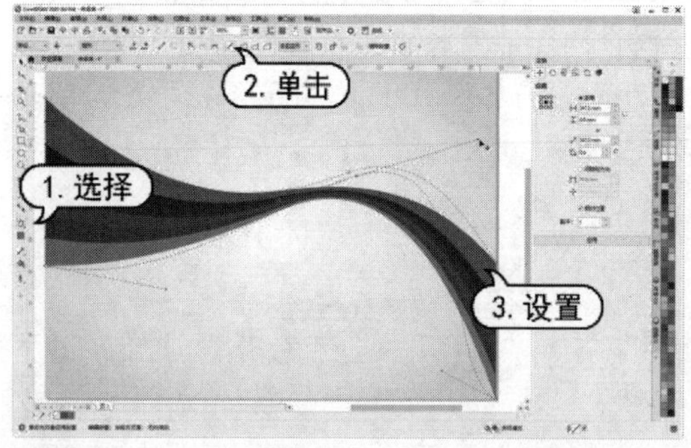

step⑥ 使用【椭圆形】工具在绘图页面中绘制一个圆形，并填充为秋橘红色。选择【轮廓图】工具，在属性栏中单击【内部轮廓】按钮，设置【轮廓图步长】数值为6，【轮廓图偏移】为3mm，单击【轮廓色】按钮，在弹出的下拉列表中选择【逆时针轮廓色】，设置【填充色】为C:66 M:87 Y:0 K:0。

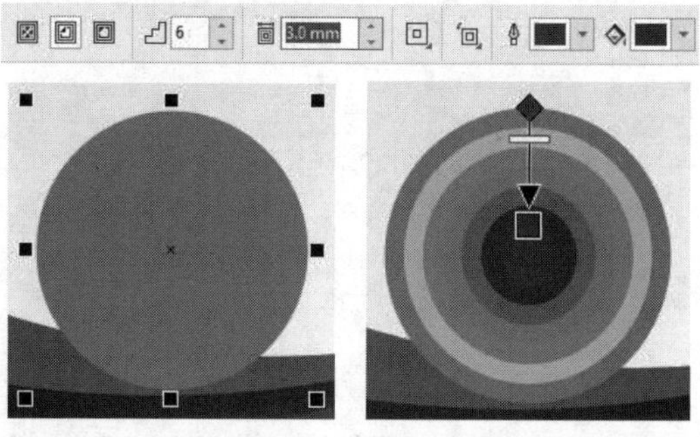

step⑦ 使用【选择】工具选中刚创建的轮廓图对象，移动并复制多个轮廓图对象。然后调整复制的轮廓图对象的大小，再更改其填充色。

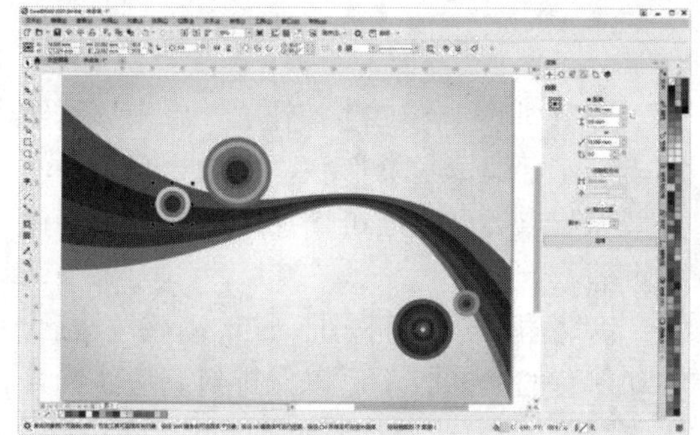

step⑧ 在标准工具栏中单击【导入】按钮，导入所需的素材图像，调整素材图像的大小，完成本例的制作。

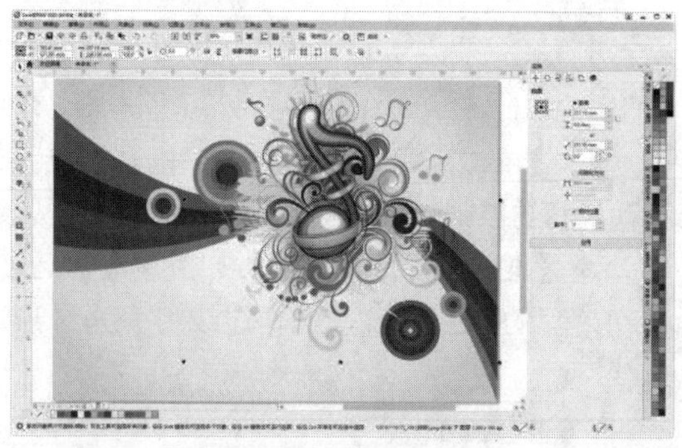

11.2.3 添加透视效果

在CorelDRAW 2020中，使用【对象】|【添加透视】命令，用户可以在绘图页面中更加方便地添加透视效果。

【例 11-3】添加透视效果。
视频+素材 (素材文件\第 11 章\例 11-3)

step 1 选择【文件】|【打开】命令，打开素材文档。

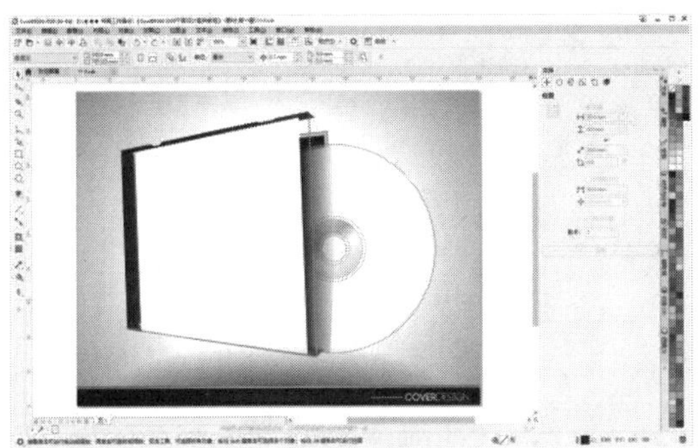

step 2 在标准工具栏中单击【导入】按钮，导入所需的素材图像，并按Ctrl+C组合键复制图像，按Ctrl+V组合键进行粘贴。

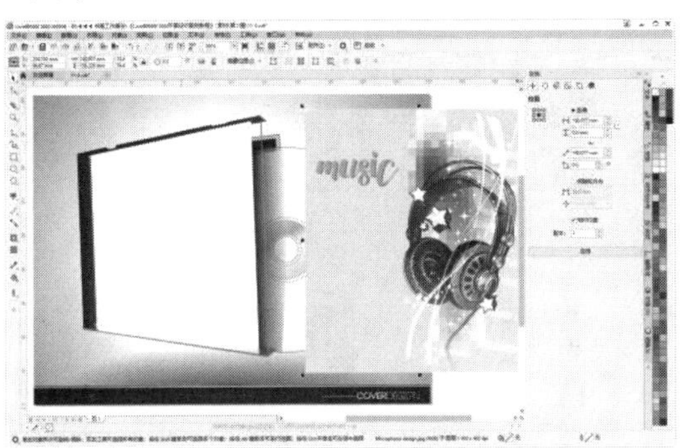

step 3 使用【选择】工具移动并缩小图像，然后选择【对象】|【添加透视】命令，显示控制节点。调整控制节点，改变图像的透视效果。

step 4 使用【选择】工具选中另一幅素材图像并右击，在弹出的快捷菜单中选择【PowerClip内部】命令，当显示黑色箭头时单击光盘图形对象，并在显示的浮动工具栏上单击【调整内容】按钮，在弹出的下拉列表中选择【按比例填充】选项，完成本例的制作。

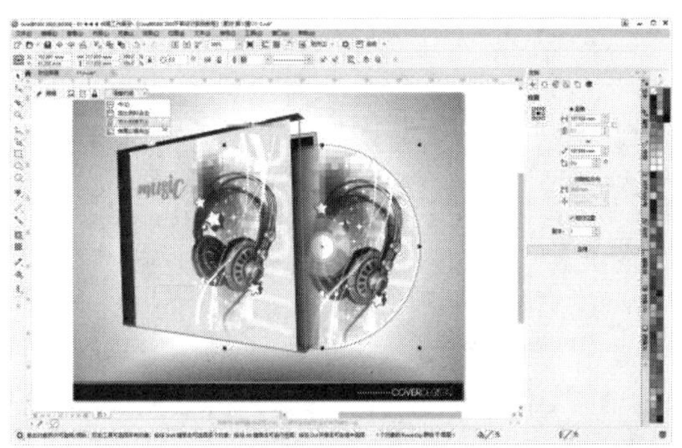

知识点滴

选择【对象】|【清除透视点】命令，可以清除图形对象的透视效果。

11.3 制作立体化效果

应用立体化功能，可以为对象添加三维效果，使对象具有纵深感和空间感。立体化效果可以应用于图形和文本对象。

11.3.1 添加立体化效果

要创建立体化效果，用户可以在工作区中选择操作的对象，并设置填充和轮廓线属性，然后选择工具箱中的【立体化】工具，在对象上按下鼠标并拖动，拖动光标至适当位置后释放，即可创建交互式立体化效果。

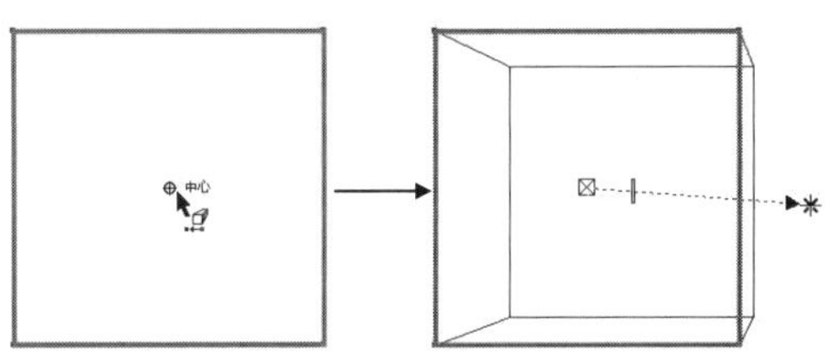

创建立体化效果后，用户还可以通过【立体化】工具属性栏进行颜色模式、斜角边、三维灯光、灭点模式等参数选项的设置。选

择工具箱中的【立体化】工具后，用户可以在属性栏中设置立体化效果。

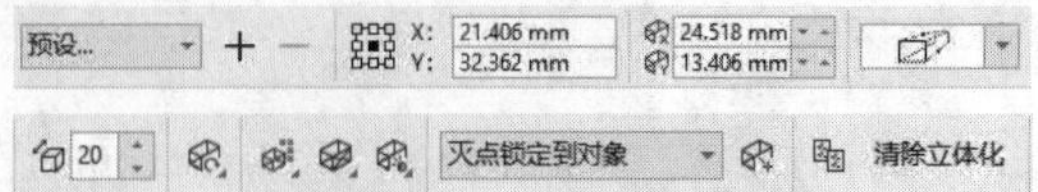

➤ 【预设】：在该选项下拉列表中有 6 种预设的立体化效果，用户可以根据需要进行选择。

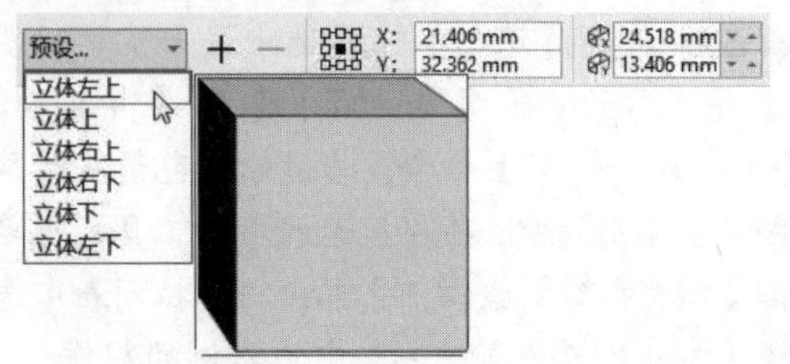

➤ 【灭点坐标】选项：用于设置灭点的水平坐标和垂直坐标。

➤ 【立体化类型】选项：用于选择要应用到对象上的立体化类型。

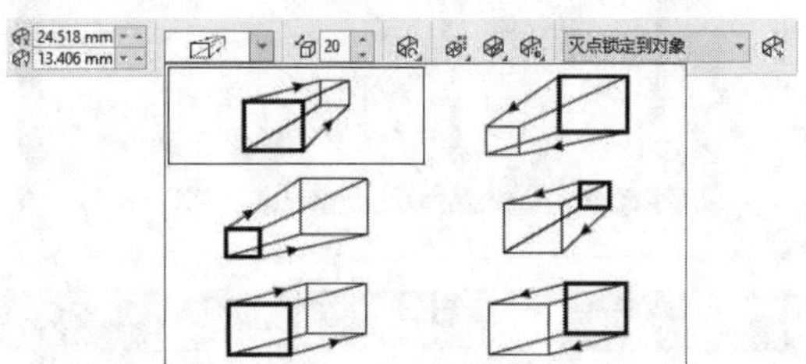

➤ 【深度】选项：用于设置对象的立体化效果深度。

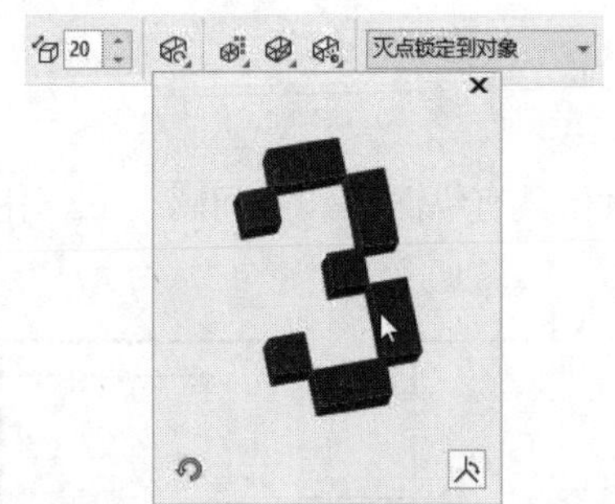

➤ 【立体化旋转】按钮：单击该按钮，可以打开下拉面板。在该下拉面板中，使用鼠标拖动旋转显示的数字，可更改对象立体化效果的方向。如果单击【切换方式】按钮，可以切换至【旋转值】对话框，以数值设置方式调整立体化效果的方向，该对话框中显示 x、y、z 三个坐标旋转值设置文本框，用于设置对象在 3 个轴向上的旋转坐标数值。

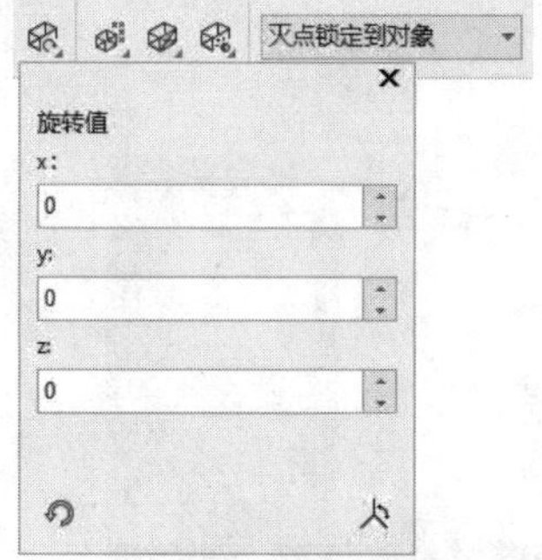

➤ 【立体化颜色】：单击该按钮，可以打开下拉面板。在该下拉面板中，共有【使用对象填充】【使用纯色】和【使用递减的颜色】3 种颜色填充模式。选择不同的颜色填充模式时，其选项有所不同。

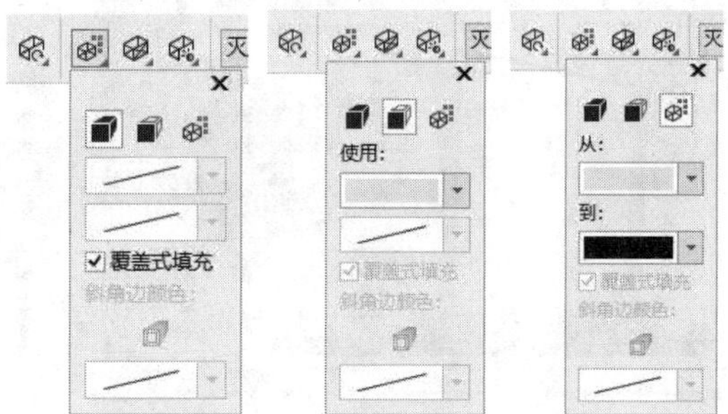

➤ 【立体化倾斜】：单击该按钮，可打开下拉面板。在该下拉面板中，提供了用于设置立体化效果斜角修饰边的参数选项，如斜角修饰边的深度、角度等。

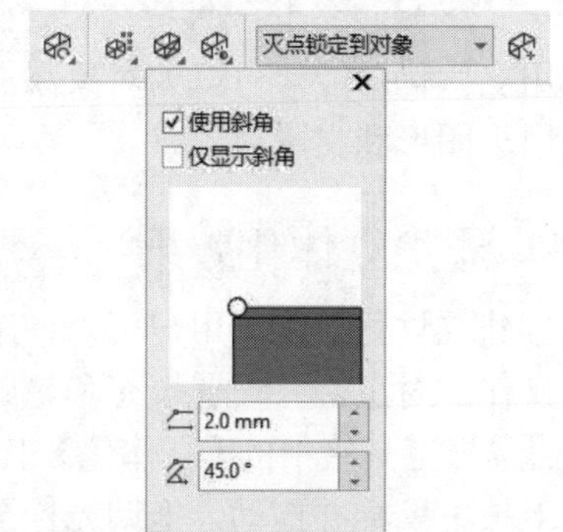

➤ 【立体化照明】：单击该按钮，可打开下拉面板。在该下拉面板中，可以为

对象设置 3 盏立体照明灯，并可设置灯的位置和强度。

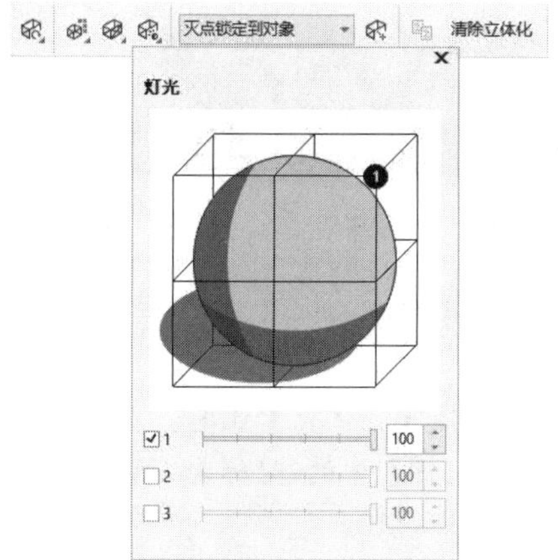

▶【灭点属性】选项：在该选项的下拉列表中，可以选择【灭点锁定到对象】【灭点锁定到页面】【复制灭点，自...】和【共享灭点】4 种立体化效果的灭点属性。

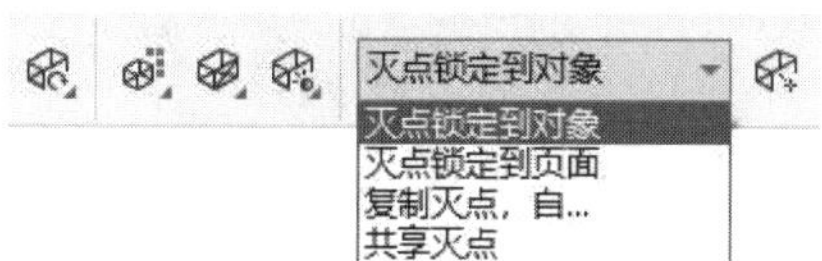

▶【页面或对象灭点】按钮：单击该按钮后，可将灭点的位置锁定到对象或页面中。

【例 11-4】制作电影海报。
视频+素材 (素材文件\第 11 章\例 11-4)

step 1 新建一个A4 大小的空白文档。选择【布局】|【页面背景】命令，打开【选项】对话框。在该对话框中选中【位图】按钮按钮，单击【浏览】按钮，在打开的【导入】对话框中选择所需的图像文档，单击【导入】按钮导入图像。选中【自定义尺寸】单选按钮，设置【水平】数值为 297，然后单击OK按钮。

step 2 使用【文本】工具在绘图页面中单击，在属性栏的【字体】下拉列表中选择Arial Rounded MT Bold，设置【字体大小】为 180pt，单击【文本对齐】按钮，在弹出的下拉列表中选择【中】选项，然后输入文字内容。

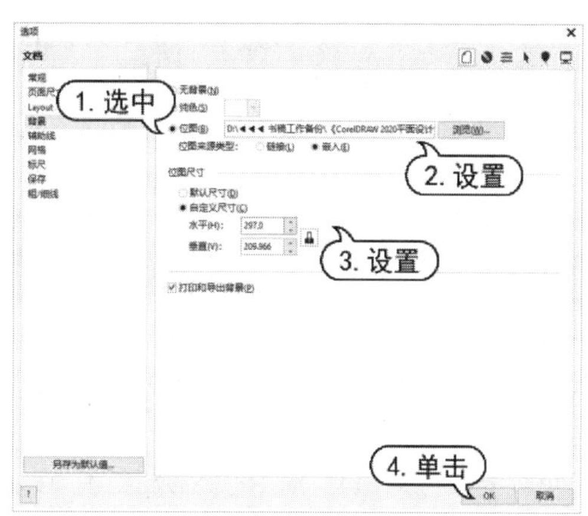

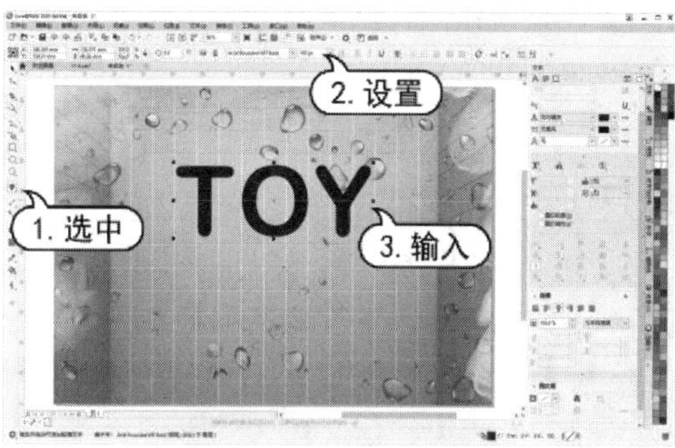

step 3 选择【交互式填充】工具，在属性栏中单击【渐变填充】按钮，然后在显示的渐变控制柄上设置渐变填充色为C:0 M:100 Y:60 K:0 至C:0 M:49 Y:29 K:0 至C:0 M:100 Y:60 K:0。

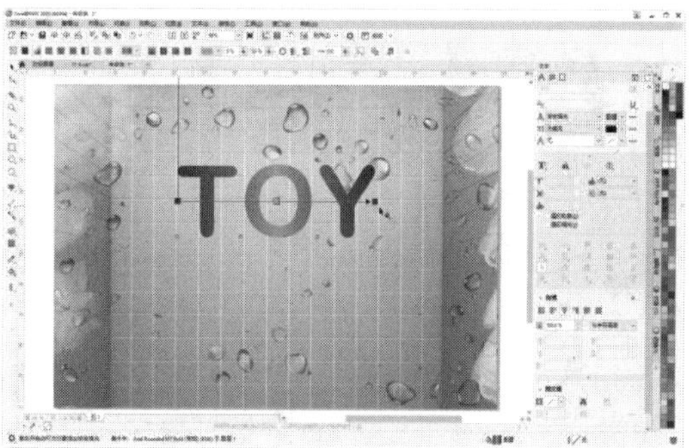

step 4 选择【立体化】工具，在文本对象的中央向下拖动创建立体化效果。然后在属性栏中设置【灭点坐标】中的x坐标为 7mm，y坐标为－33mm。

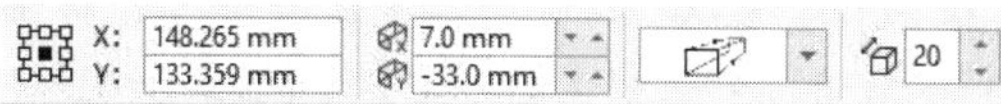

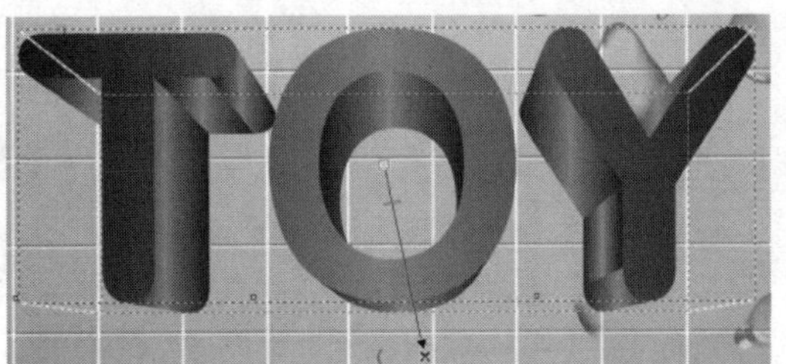

step 5 单击属性栏中的【立体化颜色】按钮，在弹出的下拉面板中选择【使用递减的颜色】按钮，单击【从】下拉按钮，在弹出的下拉面板中设置颜色为C:42 M:100 Y:95 K:9；单击【到】下拉按钮，在弹出的下拉面板中设置颜色为C:0 M:68 Y:33 K:0。

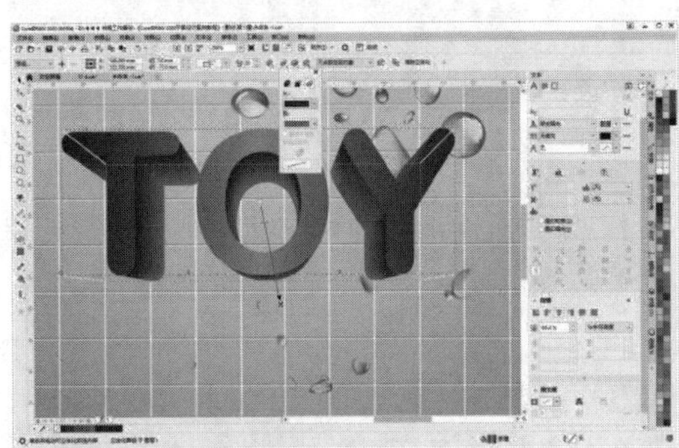

step 6 使用【文本】工具在绘图页面中单击，在属性栏的【字体】下拉列表中选择Arial Rounded MT Bold，设置【字体大小】为100pt，单击【文本对齐】按钮，在弹出的下拉列表中选择【中】选项，然后输入文字内容。

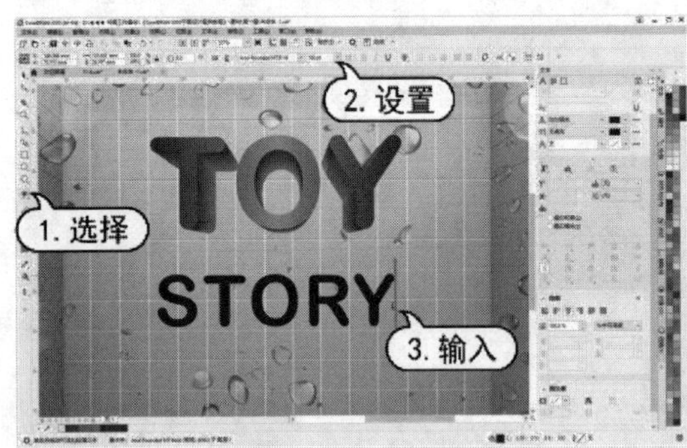

step 7 选择【属性滴管】工具，在属性栏中单击【属性】按钮，在弹出的下拉面板中选中【填充】复选框；单击【效果】按钮，在弹出的下拉面板中选中【立体化】复选框。然后使用【属性滴管】工具单击步骤(2)创建的文字对象，再单击刚创建的文字对象复制属性。

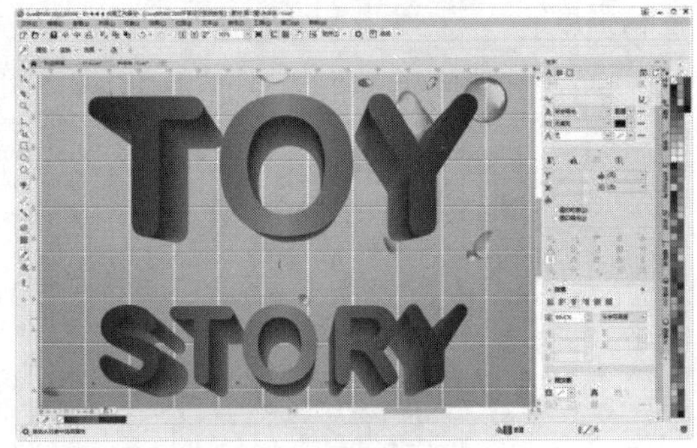

step 8 选择【立体化】工具，在属性栏中设置【灭点坐标】中的x坐标为 7mm，y坐标为33mm。

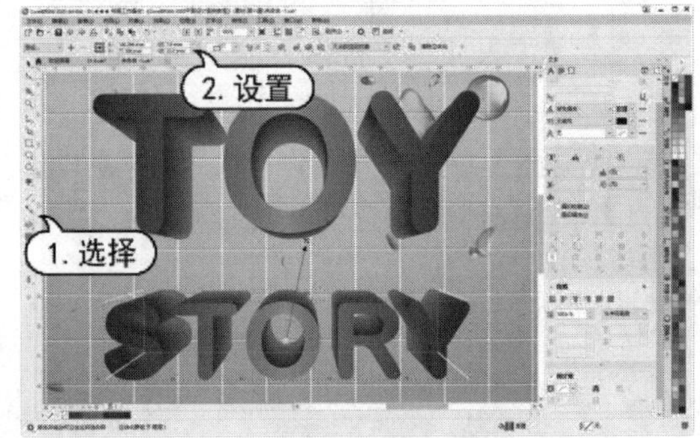

step 9 在标准工具栏中单击【导入】按钮，导入所需的素材图像，并调整其大小及位置。

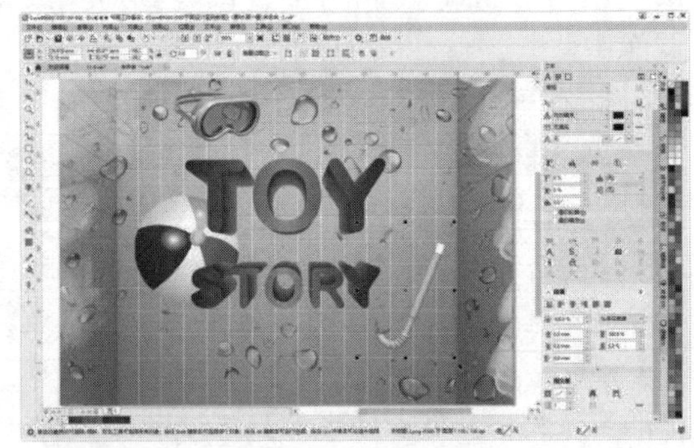

step 10 使用【矩形】工具在绘图页面左侧拖动绘制一个矩形，并在属性栏中设置矩形右侧两个圆角半径为10mm。然后取消轮廓色，设置填充色为C:93 M:79 Y:35 K:1。

step 11 使用【文本】工具在绘图页面中单击，在属性栏的【字体】下拉列表中选择【方正黑体简体】，设置【字体大小】为 36pt，然后输入文字内容，完成本例的制作。

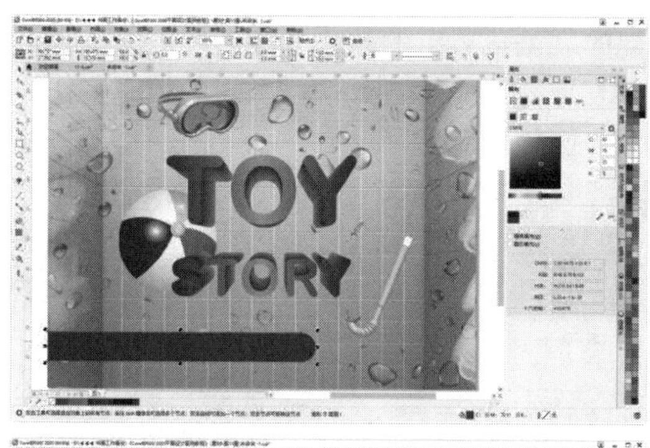

11.3.2　设置立体灭点

灭点即立体化图形立体效果的结束点，在 CorelDRAW 中，可以通过【立体化】工具属性栏上的灭点坐标调整立体化图形立体效果的位置，也可以通过共享灭点和复制灭点对其进行调整。

在属性栏的【灭点坐标】数值框中输入数值，立体化图形就会发生变化。

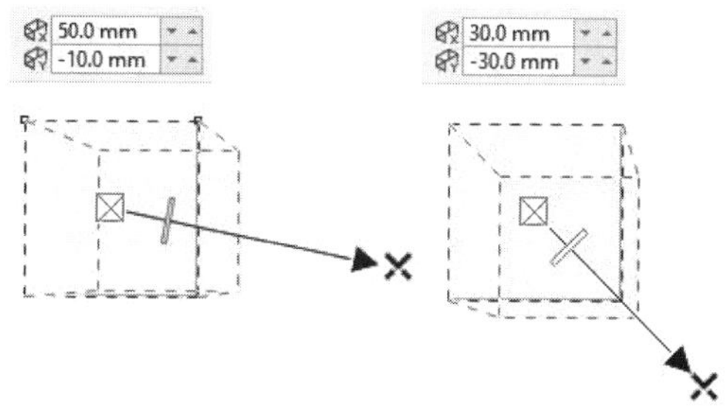

使用【立体化】工具，选中立体化图形，单击箭头后的×标志拖曳即可改变灭点坐标的位置。

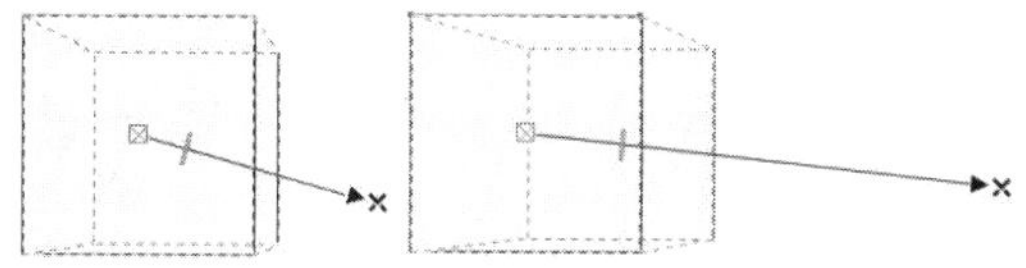

选中立体化图形，在属性栏中的【灭点属性】列表框中选择【复制灭点，自…】选项，当鼠标指针变为形状时，单击另一个立体化图形，即可复制灭点坐标。

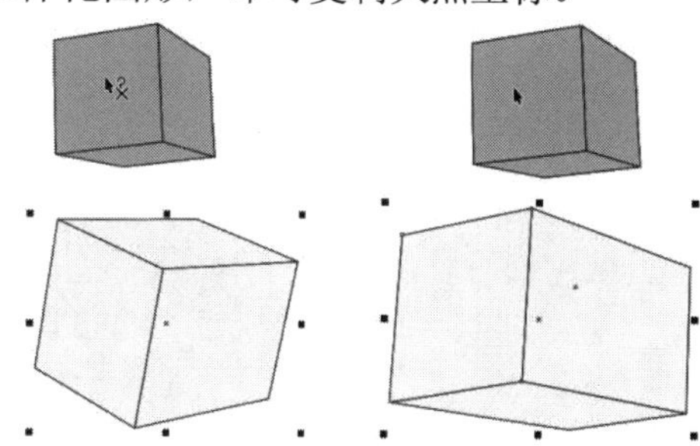

【共享灭点】可以同时调整两个或两个以上的立体化图形。选择一个立体化图形，在属性栏上的【灭点属性】列表框中选择【共享灭点】选项，当鼠标指针变为形状时，单击另一个立体化图形，即可共享灭点坐标。

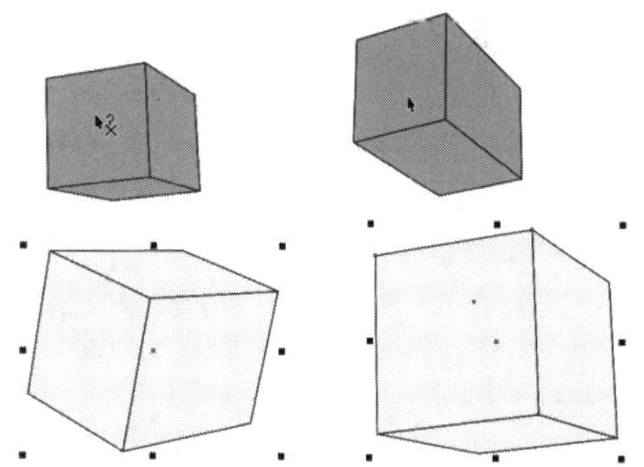

11.3.3　设置旋转效果

旋转立体化图形时可以进行平面旋转和立体化旋转，操作方法有以下 3 种。

选取工具箱中的【选择】工具，选中立体化图形中的正面图形，单击即可旋转立体化图形的正面图形，立体化图形的立体效果会随正面图形的旋转而旋转。

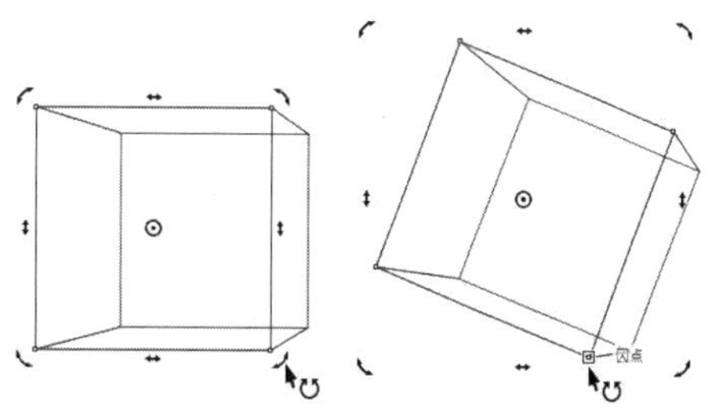

使用【立体化】工具在图形对象上创建立体化效果后，再使用【立体化】工具在对象上单击，即可显示旋转图标。此时，按住鼠标拖动即可旋转对象。

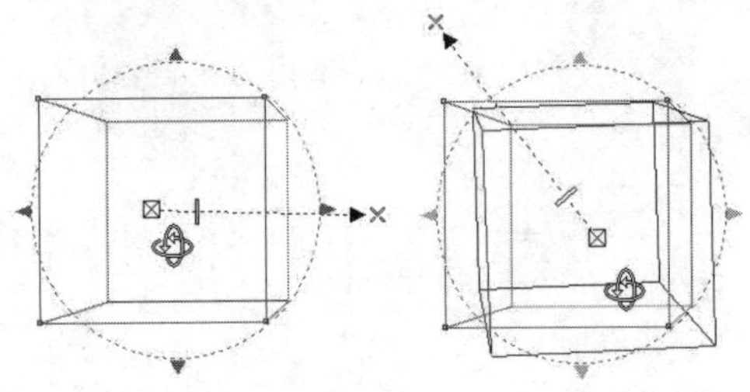

选择工具箱中的【选择】工具，在绘图页面中选中立体化图形整体，在属性栏中单击【立体化旋转】按钮，在弹出的列表中旋转图形，即可调整图形的整体旋转。

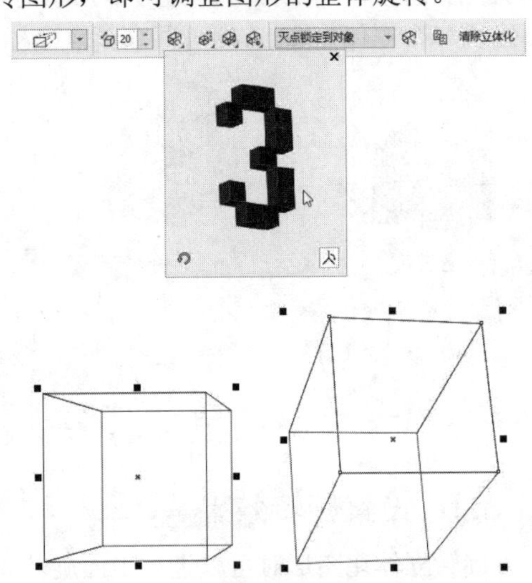

11.3.4 设置立体化颜色效果

在 CorelDRAW 2020 中，通过对象填充、纯色填充及渐变填充，可以为立体化图形填充丰富的颜色。

1. 使用对象进行填充

选中带有立体化效果的图形，单击属性栏中的【立体化颜色】按钮，默认情况下创建的立体化效果的颜色为【使用对象进行填充】，这种填充的特点是以图形的填充色作为立体面的颜色。

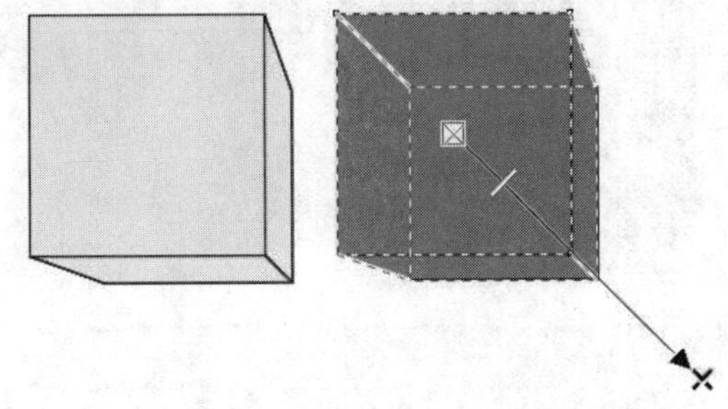

2. 使用纯色

单击【使用纯色】按钮右侧的下拉按钮，在弹出的下拉面板中设置一种颜色，此时立体图形侧面部分的颜色就会变为选择的颜色。通常立体图形侧面部分的颜色要深于正面部分的颜色。

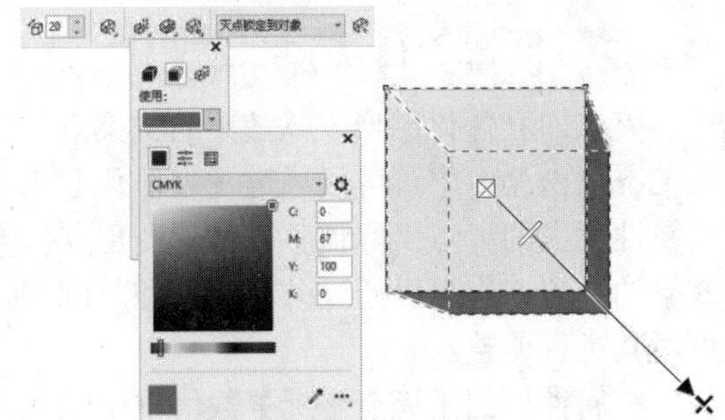

3. 使用递减的颜色

【使用递减的颜色】填充的特点是从一种颜色到另一种颜色过渡。单击【使用递减的颜色】按钮，然后设置【从】的颜色，接着设置【到】的颜色。

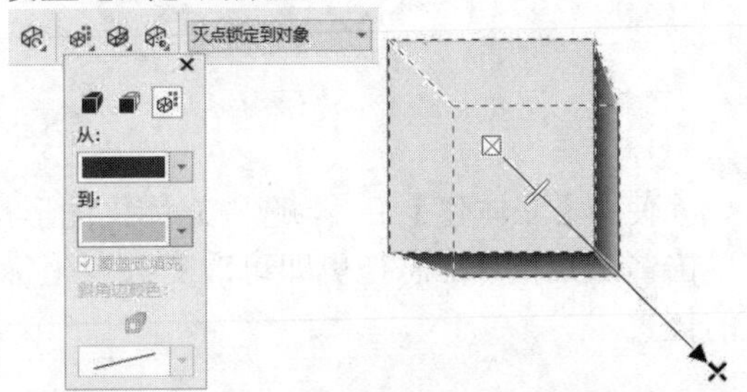

11.4 制作斜角效果

斜角效果广泛运用在产品设计、网页按钮、字体设计等方面，可以丰富设计效果。在

CorelDRAW 中用户可以使用【斜角】命令修改对象边缘，使对象产生三维效果。

选中要添加斜角效果的对象，然后在【斜角】泊坞窗中进行设置，设置完成后单击【应用】按钮即可。

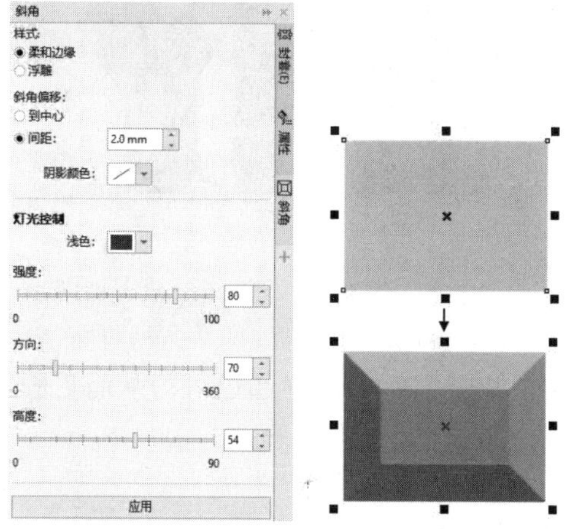

实用技巧

斜角效果只能运用在矢量对象和文本对象上，不能对位图对象进行操作。

- 【样式】选项：用于中选择斜角的应用样式，包括【柔和边缘】和【浮雕】两个单选按钮。
- 【到中心】：选中该单选按钮，可以从对象中心开始创建斜角。
- 【间距】：选中该单选按钮，可以创建从边缘开始的斜角，在后面的文本框中输入数值可以设定斜面的宽度。
- 【阴影颜色】：在后面的下拉列表中可选取阴影斜面的颜色。
- 【浅色】：在后面的下拉列表中可选取聚光灯的颜色。聚光灯的颜色会影响对象和斜面的颜色。
- 【强度】：拖动滑块，或在数值框中输入数值，可以更改光源的强度。
- 【方向】：拖动滑块，或在数值框中输入数值，可以更改光源的方向。
- 【高度】：拖动滑块，或在数值框中输入数值，可以更改光源的高度。

实用技巧

选中添加了斜角效果的对象，然后选择【对象】|【清除效果】命令，可将添加的效果删除。

11.5　制作块阴影

使用【块阴影】工具可以创建由简单线条构成的阴影效果，使对象呈现出立体感。使用方法非常简单，首先选中一个对象，单击【块阴影】工具，然后在属性栏中设置块阴影颜色等参数，接着在对象上按住鼠标左键拖动，即可得到块阴影效果。

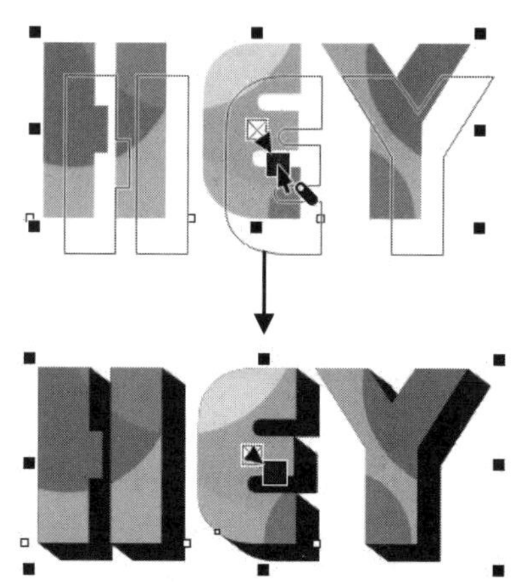

用户也可以选中已添加块阴影效果的对象，在【块阴影】工具属性栏中重新修改参数。

在【深度】数值框中，可以输入数值指定块阴影的深度。在【定向】数值框中，可以输入数值指定块阴影的角度。

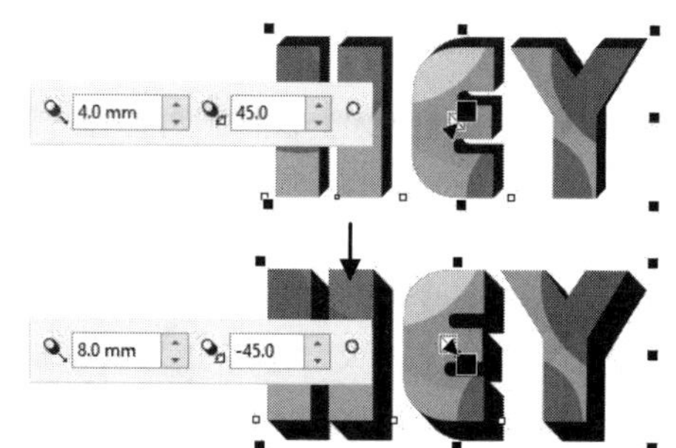

单击【块阴影颜色】下拉按钮，在弹出的下拉面板中可以更改阴影颜色。

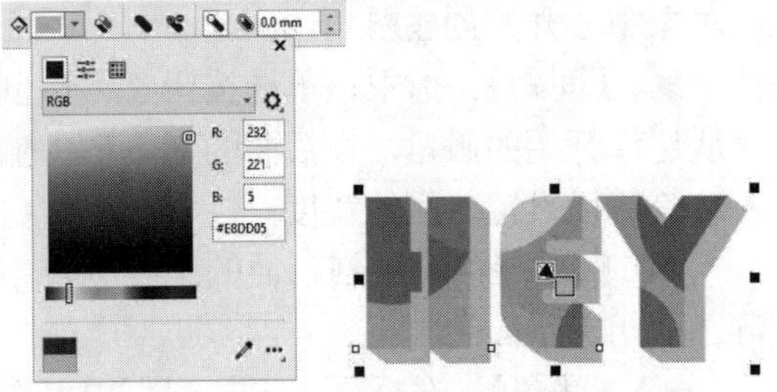

单击【从对象轮廓生成】按钮，可以激活后面的【展开块阴影】数值框。在数值框中输入数值，可以指定量增加块阴影尺寸。

11.6 案例演练

本章的案例演练介绍“制作新品上市吊旗”这个综合实例，用户通过练习从而巩固本章所学知识。

【例 11-5】制作新品上市吊旗。
视频+素材 (素材文件\第 11 章\例 11-5)

step 1 在标准工具栏中单击【新建】按钮，打开【创建新文档】对话框。在该对话框的【名称】文本框中输入“新品上市吊旗”，设置【宽度】为 450mm，【高度】为 300mm，然后单击OK按钮新建文档。

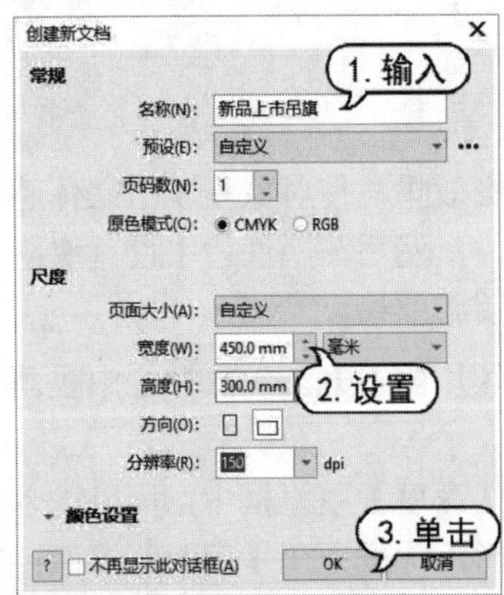

step 2 选择【布局】|【页面背景】命令，打开【选项】对话框。在该对话框中选中【位图】单选按钮，单击【浏览】按钮，打开【导入】对话框。在【导入】对话框中选择所需的图像文档，然后单击【导入】按钮。

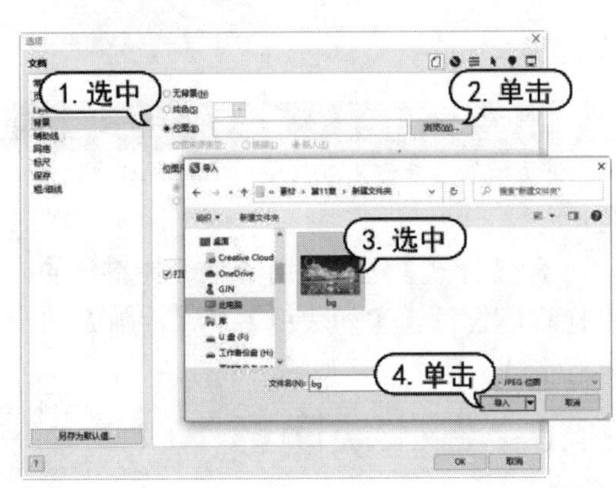

step 3 在【选项】对话框的【位图尺寸】选项组中选中【自定义尺寸】单选按钮，设置【水平】数值为 460，然后单击OK按钮。

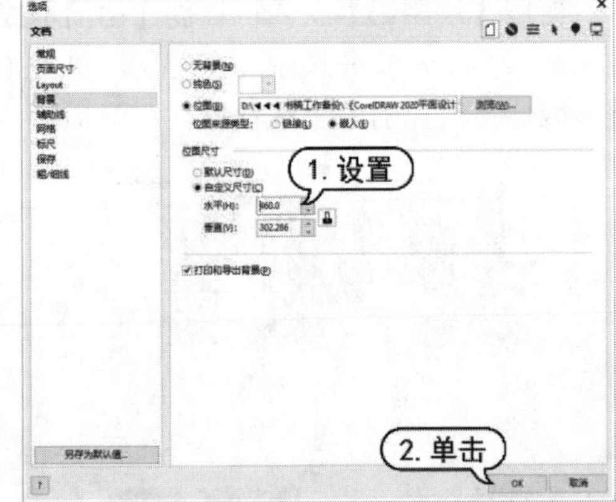

step 4 使用【矩形】工具在绘图页面底部绘制一个矩形。在调色板中将轮廓色设置为【无】。然后双击状态栏中的【填充】图标，打开【编辑填充】对话框。在该对话框中单击【渐变填充】按钮，设置渐变填充色为C:11 M:11 Y:91 K:0 至C:0 M:53 Y:100 K:0，【位置】数值

为 25%，【填充宽度】数值为 60%，【旋转】数值为 －65°，然后单击OK按钮应用填充。

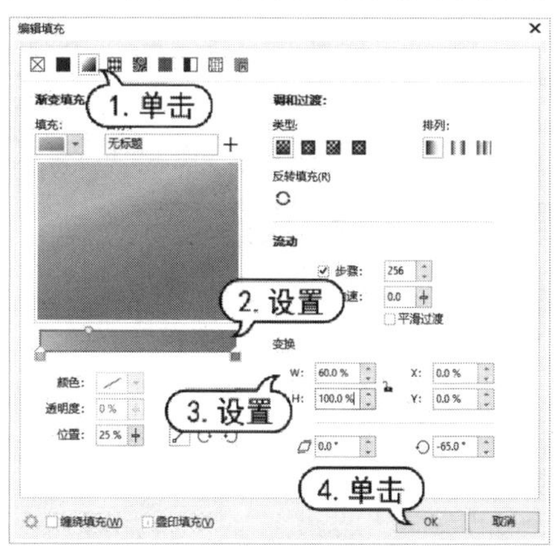

step 5　按Ctrl+Q组合键将矩形转换为曲线。选择【形状】工具，按下图所示调整其形状。

step 6　按Ctrl+C组合键复制刚绘制的图形，按Ctrl+V组合键进行粘贴。然后双击状态栏中的【填充】图标，打开【编辑填充】对话框。设置渐变填充色为C:100 M:0 Y:0 K:0 至 C:0 M:0 Y:0 K:0，【位置】为数值 50%，【填充宽度】数值为 160%，【旋转】数值为 －35°，然后单击OK按钮应用填充。

step 7　使用【形状】工具选择步骤(6)中复制的图形对象，并调整形状效果。

step 8　在【对象】泊坞窗中单击【新建图层】按钮，新建【图层 2】。选择【文本】工具，在页面中输入文字内容。使用【选择】工具选中刚创建的文本对象。在【文本】泊坞窗的【字体】下拉列表中选择【方正综艺简体】，设置【字体大小】为 260pt，文本颜色为【白色】。

step 9　选择【对象】|【转换为曲线】命令，将文字转换为曲线，并使用【形状】工具调整文字形状。

step 10　使用【选择】工具选中上一步创建的文字对象，按Ctrl+C组合键复制文字对象，按

Ctrl+V组合键粘贴文字对象。选择【阴影】工具，在属性栏中单击【预设】按钮，从弹出的下拉列表中选择【小型辉光】选项，单击【阴影颜色】下拉按钮，从弹出的下拉列表框中选择【黑色】选项，设置【阴影羽化】数值为7。

step 11 按Ctrl+PgDn组合键将其向下移动一层，然后使用【选择】工具选中步骤(9)中创建的文字对象。选择【立体化】工具，在文字对象上单击并向右下方拖动鼠标，在属性栏中设置【灭点坐标】的x轴数值为128mm，y轴数值为－100mm，【深度】数值为5，单击【立体化颜色】按钮，在弹出的下拉面板中，单击【使用递减的颜色】按钮，设置【从】颜色为C:0 M:0 Y:0 K:5，【到】颜色为C:0 M:0 Y:0 K:90。

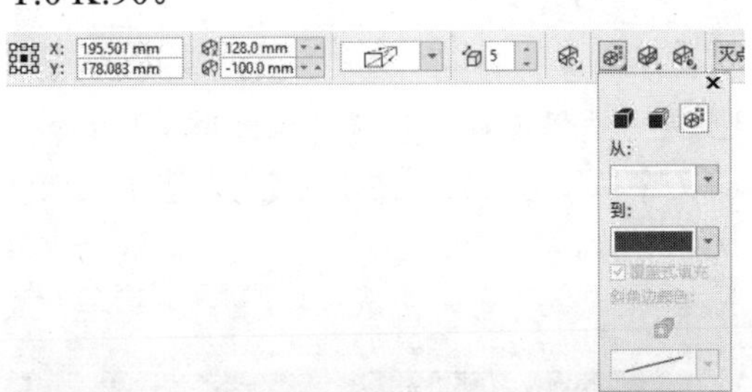

step 12 使用【选择】工具选中步骤(9)和步骤(11)创建的文字对象，按Ctrl+G组合键组合对象，并调整和旋转文字组合对象的位置及角度。

step 13 在标准工具栏中单击【导入】按钮，打开【导入】对话框。在该对话框中选择所需的图像文件，然后单击【导入】按钮。

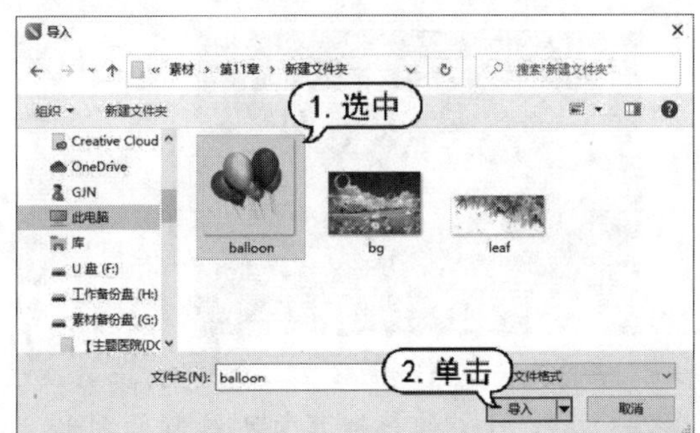

step 14 在页面中单击，导入图像，并按Ctrl+PgDn将图像向下移动一层，然后调整导入图像的位置及大小。

step 15 打开【变换】泊坞窗，单击【缩放和镜像】按钮，单击【水平镜像】按钮，设置【副本】数值为1，单击【应用】按钮。然后调整镜像后的图像的位置及大小。

step 16 在标准工具栏中单击【导入】按钮，打开【导入】对话框。在该对话框中选择所需的图像文件，然后单击【导入】按钮。

step 17 在页面中单击，导入图像。打开【对齐与分布】泊坞窗，在【对齐】选项组中单击【页面边缘】按钮，然后单击【右对齐】和【顶端对齐】按钮。

step 18 使用【文本】工具在页面中单击，输入文字内容。在【文本】泊坞窗的【字符】选项组中的【字体】下拉列表中选择Magneto，设置【字体大小】为 250pt；在【段落】选项组中，设置【字符间距】数值为－25%，并调整文字位置。

step 19 按F11 键打开【编辑填充】对话框。在该对话框中单击【渐变填充】按钮，设置【旋转】数值为 90°，在渐变条上设置渐变填充色为C:0 M:15 Y:93 K:0 至C:0 M:67 Y:100 K:0，然后单击OK按钮。

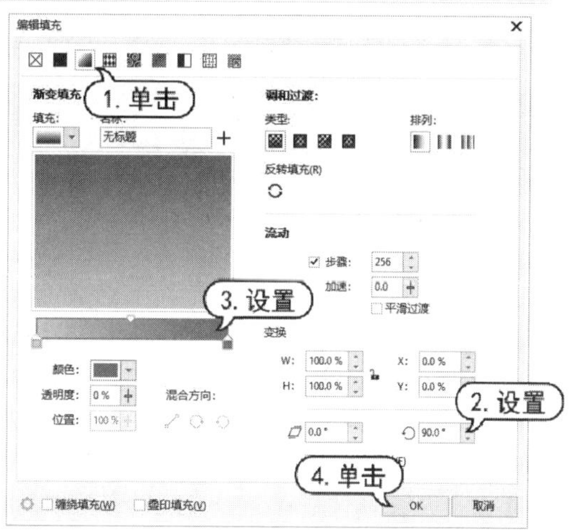

step 20 使用【椭圆形】工具在复制的文字上拖动绘制椭圆形。

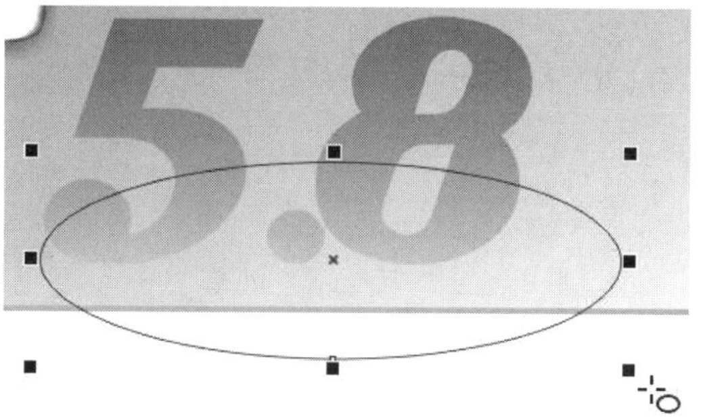

step 21 使用【选择】工具选中步骤(19)创建的文字对象。选择【智能填充】工具，在属性栏中设置填充色为白色，然后使用【智能填充】工具单击椭圆形外部的文字部分。

step 22 删除绘制的椭圆形，使用【选择】工具选中白色文字部分，按Ctrl+G组合键组合对象。选择【透明度】工具，在属性栏中单击【渐

变透明度】按钮，在【合并模式】下拉列表中选择【叠加】选项，然后在图形上从上往下拖动创建透明度效果。

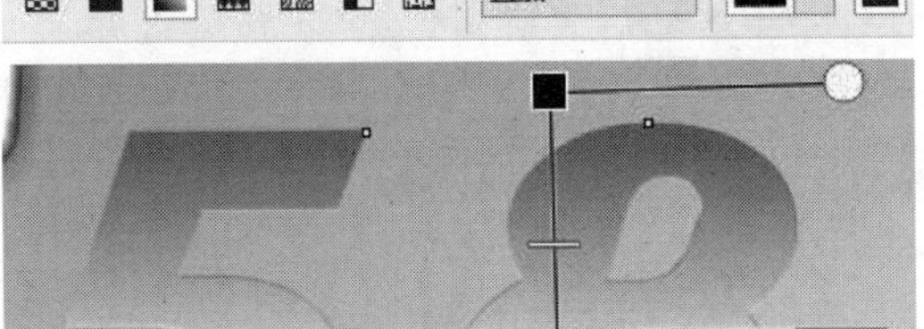

step 23 选择步骤(19)和步骤(22)中创建的对象，然后按Ctrl+G组合键进行组合。选择【阴影】工具，在属性栏中单击【预设】按钮，从弹出的下拉列表中选择【平面右下】选项，设置【阴影的不透明度】数值为 80，【阴影羽化】数值为 6，然后调整阴影效果。

step 24 使用【文本】工具在页面中单击，在属性栏的【字体】下拉列表中选择【方正黑体简体】，设置【字体大小】为 60pt，然后输入文字内容。

step 25 使用【形状】工具选中文字节点并调整字符位置。

step 26 在标准工具栏中单击【保存】按钮，打开【保存绘图】对话框。在该对话框中单击【保存】按钮即可保存刚创建的绘图文档。

第 12 章

编辑图像效果

在 CorelDRAW 2020 中，除了可以创建和编辑矢量图形外，还可以对位图图像进行处理。CorelDRAW 提供了多种针对位图图像的编辑处理命令和功能。了解和掌握这些命令和功能的使用方法，有助于用户处理位图图像。

本章对应视频

例 12-1 导入位图图像

例 12-2 导入并裁剪位图

例 12-3 使用【位图颜色遮罩】命令

例 12-4 手动扩充位图边框

例 12-5 使用【图像调整实验室】命令

例 12-6 使用【取样/目标平衡】命令

例 12-7 制作怀旧感照片效果

本章其他视频参见视频二维码列表

12.1 导入位图对象

在 CorelDRAW 中，不仅可以绘制各种效果的矢量图形，还可以通过导入位图，对位图进行编辑处理，制作出更加完美的画面效果。

选择【文档】|【导入】命令，或按 Ctrl+I 组合键；或在标准工具栏中单击【导入】按钮；或在绘图窗口中的空白位置上右击，在弹出的快捷菜单中选择【导入】命令，打开【导入】对话框。

在【导入】对话框中，选择需要导入的文件。将鼠标光标移到文件名上停顿片刻后，在光标下方会显示出该图片的尺寸、类型和大小等信息，单击该对话框中的【导入】按钮可导入图像。

【例 12-1】在 CorelDRAW 中导入位图图像。
视频+素材 (素材文件\第 12 章\例 12-1)

step 1 新建一个空白文档，选择【文件】|【导入】命令，或单击属性栏中的【导入】按钮，打开【导入】对话框。在该对话框中双击需要导入的文件所在的文件夹，然后选中需要导入的文件。

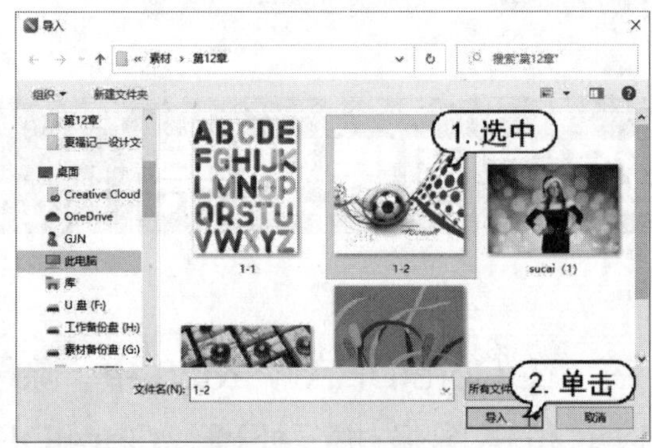

step 2 单击【导入】按钮，关闭【导入】对话框，此时光标变为下图所示状态，同时在光标后面会显示该文件的大小和导入时的操作说明。

1-2.jpg
w: 51.308 mm, h: 47.667 mm
单击并拖动以便重新设置尺寸。
按 Enter 可以居中。
按空格键以使用原始位置。

step 3 在页面上按住鼠标左键拖出一个红色虚线框，释放鼠标后，位图将以虚线框的大小被导入。

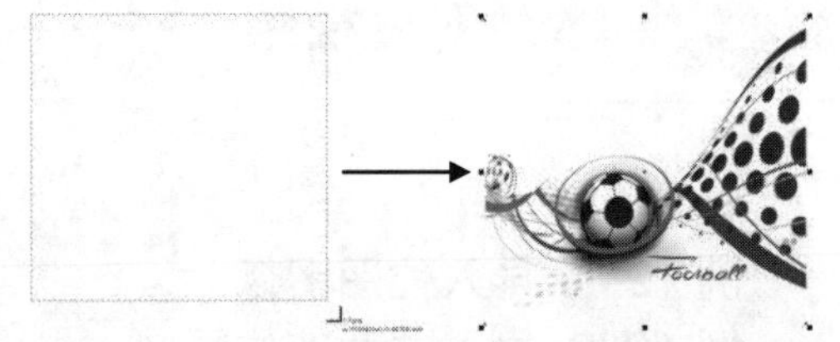

12.2 将矢量图转换为位图

在 CorelDRAW 中，一些特定的命令只能针对位图进行编辑，那么此时就需要将矢量图转换为位图。

选择一个矢量对象，选择【位图】|【转换为位图】命令，在弹出的【转换为位图】对话框中对【分辨率】和【颜色模式】等进行设置。设置完成后，单击 OK 按钮，矢量图就会转换为位图。

- 【分辨率】：在该下拉列表中可以选择一种合适的分辨率，分辨率越高，转换为位图后的清晰度越高，文件所占存储空间也越多。

➤【颜色模式】：在该下拉列表中可选择转换的颜色模式。

➤【光滑处理】：选中该复选框，可以防止在转换为位图后出现锯齿。

➤【透明背景】：选中该复选框，可以在转换为位图后保留原对象的通透性。

转换为位图
分辨率(E): 150 dpi
Color
颜色模式(C): CMYK 色（32 位）
总是叠印黑色(V)
选项
光滑处理(A)
透明背景(T)
未压缩的文件大小: 19.8 KB
OK　取消

12.3　编辑位图对象

在 CorelDRAW 的绘图页面中添加位图图像后，可以对位图进行裁剪、重新取样等操作。

12.3.1　裁剪位图对象

对于位图的裁剪，CorelDRAW 提供了两种方式，一种是在导入前对位图进行裁剪，另一种是在输入后对位图进行剪切。

1. 导入时裁剪

在导入位图的【导入】对话框中，选择【导入】下拉列表中的【裁剪并装入】选项，可以打开【裁剪图像】对话框。

【例 12-2】在 CorelDRAW 中导入并裁剪位图。
视频+素材（素材文件\第 12 章\例 12-2）

step 1 选择【文件】|【导入】命令，在弹出的【导入】对话框中选中需要导入的位图文件，单击【导入】按钮右侧的箭头，在弹出的下拉列表中选择【裁剪并装入】选项，打开【裁剪图像】对话框。

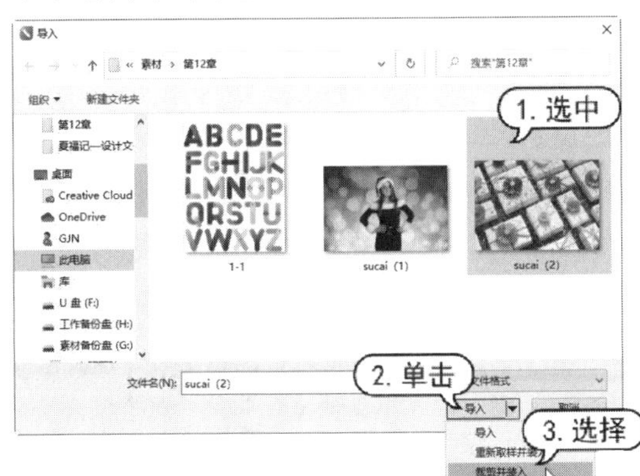

step 2 在【裁剪图像】对话框的预览窗口中，可以拖动裁剪框四周的控制点，控制图像的裁剪范围。在控制框内按下鼠标左键并拖动，可调整控制框的位置，被框选的图像将被导入绘图文档中，其余部分将被裁剪掉。用户也可以在【选择要裁剪的区域】选项组中，输入精确的数值调整裁剪框的大小。

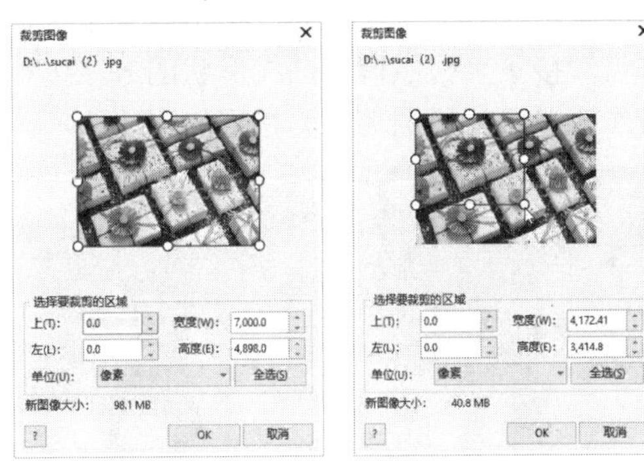

step 3 单击OK按钮，关闭【裁剪图像】对话框，再在绘图页面中单击即可导入并裁剪图像。

2. 导入后裁剪

在将位图导入当前绘图文件后，还可以使用【裁剪】工具和【形状】工具对位图进行裁剪。使用【裁剪】工具可以将位图裁剪为矩形。选择【裁剪】工具，在位图上按下鼠标左键并拖动，创建一个裁剪控制框，拖动控制框上的控制点，调整裁剪控制框的大小和位置，使其框选需要保留的图像区域，然后在裁剪控制框内双击，即可将位于裁剪控制框外的图像裁剪掉。

使用【形状】工具可以将位图裁剪为不规则的各种形状。使用【形状】工具单击位图图像，此时在图像边角上将出现 4 个控制节点，接下来按照调整曲线形状的方法进行操作，即可将位图裁剪为指定的形状。

12.3.2 重新取样位图

通过重新取样位图，可以增加像素以保留原始图像的更多细节。在进行重新取样的时候，用户可以使用绝对值或百分比修改位图的大小，修改位图的水平或垂直分辨率，选择重新取样后的位图的处理质量等。

按 Ctrl+I 组合键打开【导入】对话框，选择需要导入的图像后，在【导入】选项的下拉列表中选择【重新取样并装入】选项，打开【重新取样图像】对话框。

在【重新取样图像】对话框中，可更改对象的尺寸大小、分辨率等，从而达到控制文件大小和图像质量的目的。

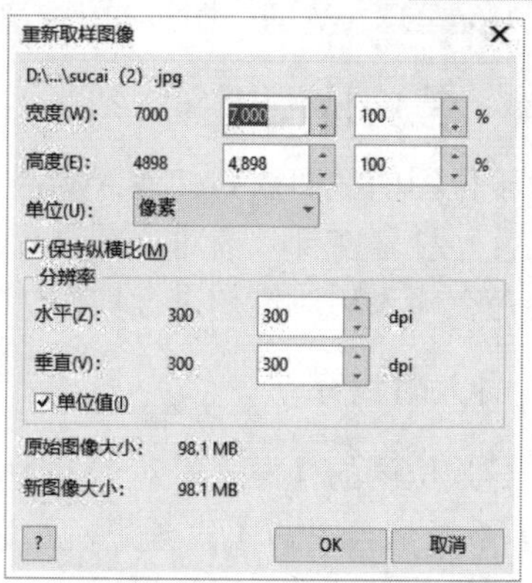

用户也可以在将图像导入当前文件后，再对位图进行重新取样。选中导入的位图后，选择【位图】|【重新取样】命令或者单击属性栏中的【对位图重新取样】按钮，可打开【重新取样】对话框。

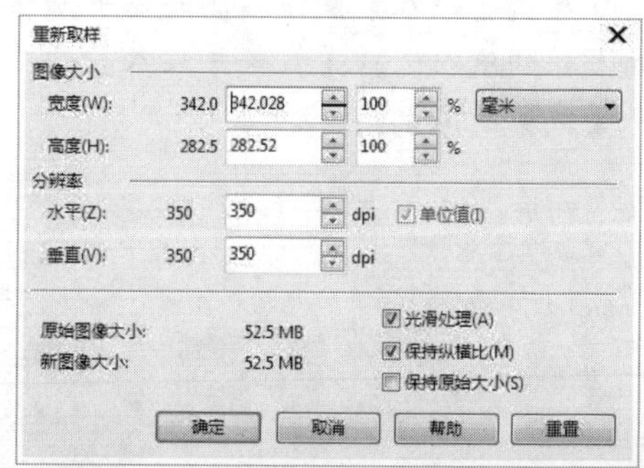

知识点滴

在【重新取样】对话框中选中【光滑处理】复选框后，可以最大限度地避免曲线外观参差不齐；选中【保持纵横比】复选框，并在【宽度】或【高度】数值框中输入适当的数值，可以保持位图的比例；用户也可以在【图像大小】的数值框中，根据位图原始大小输入百分比，对位图重新取样。

12.3.3　位图颜色遮罩

通过执行【位图颜色遮罩】命令，可以隐藏或显示某种特定颜色的图像，从而制作出奇特的图像效果。

【例 12-3】在 CorelDRAW 中使用【位图颜色遮罩】命令。
视频+素材 (素材文件\第 12 章\例 12-3)

step 1 选择【文件】|【导入】命令，导入一幅位图图像，并将其调整至合适的大小和位置。

step 2 使用【选择】工具选择位图图像，选择【位图】|【位图遮罩】命令，打开【位图遮罩】泊坞窗。选中【隐藏选定项】单选按钮，在列表框中选中第一个复选框，并设置【容限】数值为 25%，然后使用【属性滴管】工具在图像中单击。

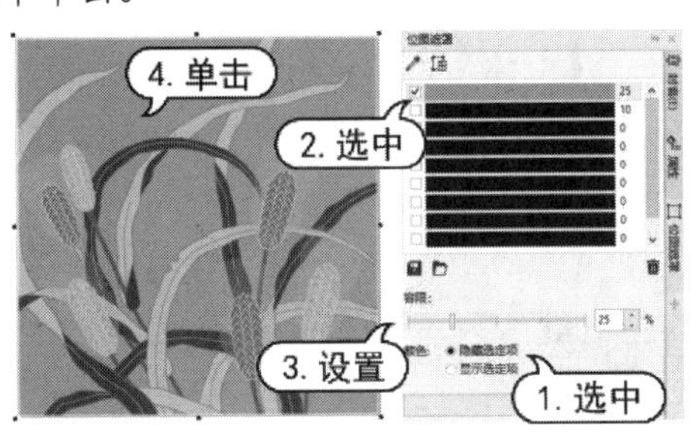

step 3 单击【应用】按钮，即可创建位图颜色遮罩，隐藏选取的颜色。

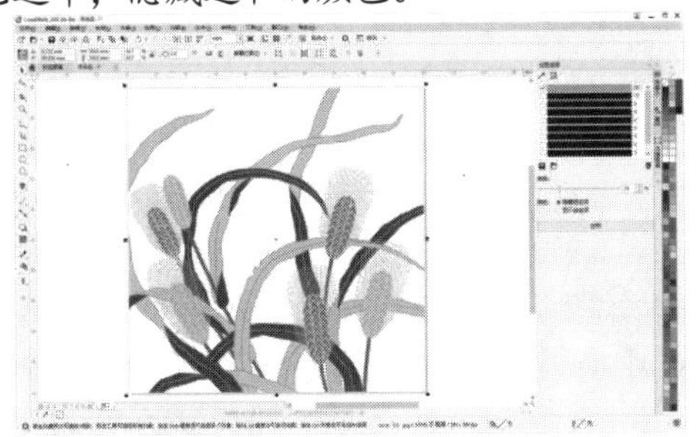

12.3.4　位图边框扩充

【位图边框扩充】命令用于扩充位图图像边缘的空白部分，用户可以自动扩充位图边框，也可以手动扩充位图边框。

1. 自动扩充位图边框

如果要自动扩充位图边框，可以选择【位图】|【位图边框扩充】|【自动扩充位图边框】命令，再次选择该命令即可取消自动扩充边框功能。

2. 手动扩充位图边框

除了可以自动扩充位图边框外，也可以手动扩充位图边框。

【例 12-4】在 CorelDRAW 中手动扩充位图边框。
视频+素材 (素材文件\第 12 章\例 12-4)

step 1 选择【文件】|【打开】命令，打开素材文件。

step 2 在工作区中选择位图图像，然后选择【位图】|【位图边框扩充】|【手动扩充位图边框】命令，打开【位图边框扩充】对话框。在该对话框中取消选中【保持纵横比】复选框，在【扩大到】选项组中设置【宽度】为 845 像素，【高度】为 476 像素。

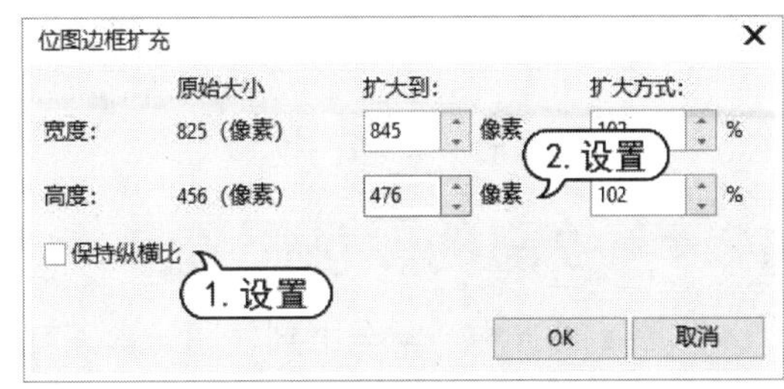

step③ 设置完成后，单击OK按钮即可扩充图像边框。

12.3.5 矫正图像

使用【矫正图像】对话框可以快速矫正位图图像。在【矫正图像】对话框中，可以通过移动滑块、输入旋转角度或使用箭头键来旋转图像，并且可以使用预览窗口动态预览对图像所做的调整。

选中位图后，选择【位图】|【矫正图像】命令，即可打开【矫正图像】对话框。

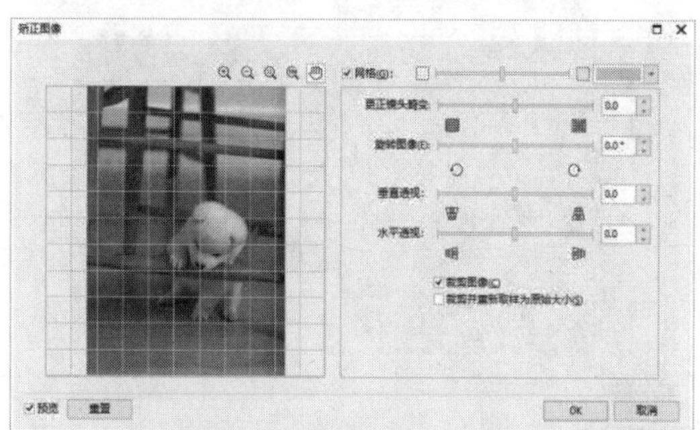

实用技巧

默认情况下，矫正后的图像将被裁剪到预览窗口中显示的裁剪区域中。最终图像与原始图像具有相同的纵横比，但是尺寸较小。用户也可以通过对图像进行裁剪和重新取样保留该图像的原始宽度和高度；或通过禁用裁剪，然后使用【裁剪】工具在图像窗口中裁剪该图像并以某个角度生成图像。

- 【更正镜头畸变】选项：拖动滑块或输入数值，可以校正图像的镜头变形.
- 【旋转图像】选项：拖动滑块或输入数值，可以顺时针或逆时针对图像进行旋转。预览窗口中将自动显示旋转后得到的最大裁剪范围。

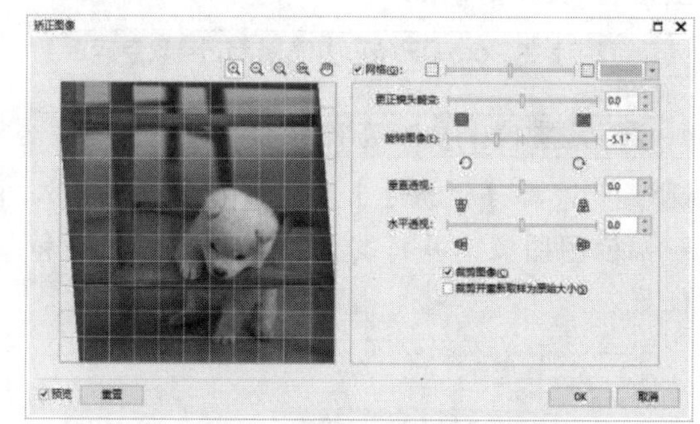

- 【垂直透视】选项：用来校正由于相机向上或向下倾斜而导致的图像透视，使图像中的垂直线平行。
- 【水平透视】选项：也用来校正由于相机原因导致的图像透视，与【垂直透视】不同的是，它可以使水平线平行。
- 【裁剪图像】复选框：选中该复选框，可以裁剪编辑后的图像，并改变图像大小。
- 【裁剪并重新取样为原始大小】复选框：选中该复选框，可以使图像在被裁剪内容后，自动放大到与原图像相同的尺寸。不选中该复选框，则被裁剪后的图像大小不变。
- 【网格】选项：在颜色面板中可以设置参考网格的颜色。移动滑块，可以放大或缩小网格的密度。

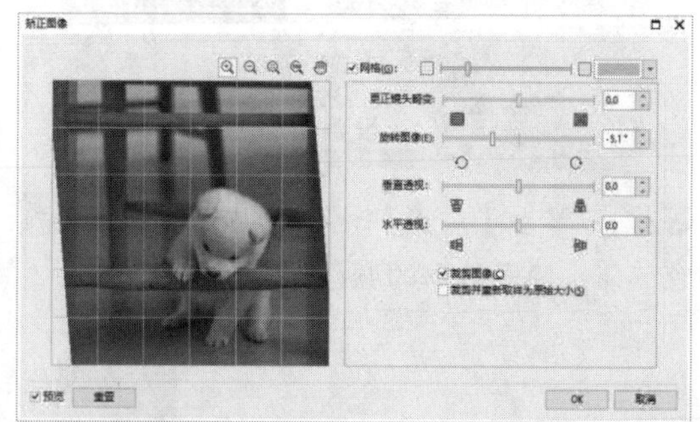

12.4 位图的颜色调整

在平面设计中经常会用到位图元素，有时位图的颜色可能与当前作品的色彩不符，这时就需要对位图进行一定的颜色调整。在 CorelDRAW 中有一些常用的调整位图颜色的命令，通过这些命令可以实现位图元素色彩的变更。在【效果】菜单中，【调整】【变换】和【校正】命令都可用于位图颜色的调整。其中部分调色命令还可以针对矢量图进行操作。

12.4.1　自动调整位图颜色

【自动调整】命令能够自动校正偏色、对比度、曝光度等问题，该命令没有参数设置对话框。选择一个位图，选择【效果】|【调整】|【自动调整】命令，系统会自动分析图像存在的问题并进行处理。完成处理后，图像会发生变化。

需要注意的是，该命令并不一定能得到理想的效果，所以更多的时候都需要利用其他带有参数选项的命令对图像进行调整。

12.4.2　使用【图像调整实验室】

使用【图像调整实验室】命令可以快速、轻松地校正大多数相片的颜色和色调问题。【图像调整实验室】对话框由自动和手动控件组成，这些控件按图像校正的逻辑顺序进行组织。用户不仅可以选择校正特定的图像问题所需的控件，还可以在编辑前对图像的所有区域进行裁剪或修饰。

【例 12-5】使用【图像调整实验室】命令调整图像。
视频+素材 (素材文件\第 12 章\例 12-5)

step① 在打开的绘图文件中，使用【选择】工具选中位图，然后选择【效果】|【调整】|【图像调整实验室】命令，打开【图像调整实验室】对话框。

step② 在该对话框中，单击顶部的【全屏预览之前和之后】按钮，然后设置【温度】数值为 7650、【饱和度】数值为 -15，查看前后调整效果。设置完成后，单击OK按钮应用设置。

实用技巧

单击【创建快照】按钮可以捕获对图像所做的调整。快照缩略图显示在预览窗口的下面，用户可以进行比较以选择图像的最优版本。要删除快照，可以直接选中快照，单击【删除选定的快照】按钮。单击【重置】按钮，可将各项设置的参数值恢复为系统默认值。

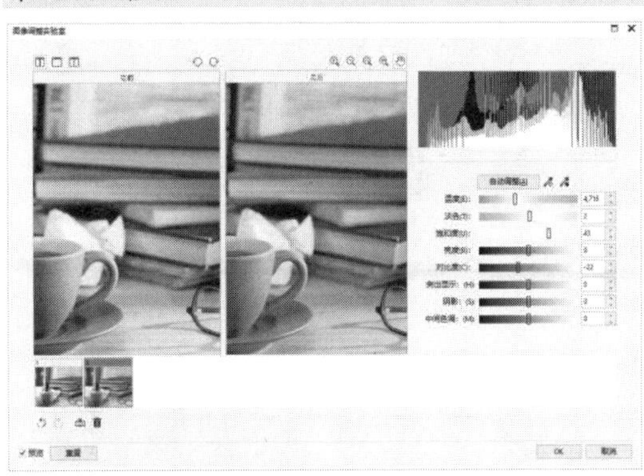

12.4.3 高反差

【高反差】命令通过调整色阶来增强图像的对比度，可以精确地对图像中某一种色调来进行调整，常用于压暗或提亮画面中的颜色。

选中位图对象，选择【效果】|【调整】|【高反差】命令，打开【高反差】对话框。在该对话框中，右侧的直方图直观地显示了图像中每个亮度值的像素点的多少。

1. 伽玛值调整

伽玛值用于调整图像中细节部分的对比度。向左拖曳滑块，可以让画面颜色变暗；向右拖曳滑块，可以让画面颜色变亮。

2. 输出范围压缩

【输出范围压缩】选项用于指定图像最亮色调和最暗色调的标准值。向左拖动三角滑块，可以增加画面黑色的数量；向右拖动三角滑块，可以增加画面白色的数量。

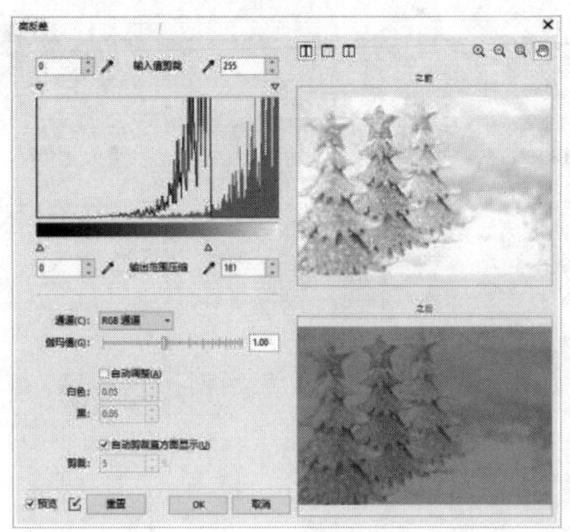

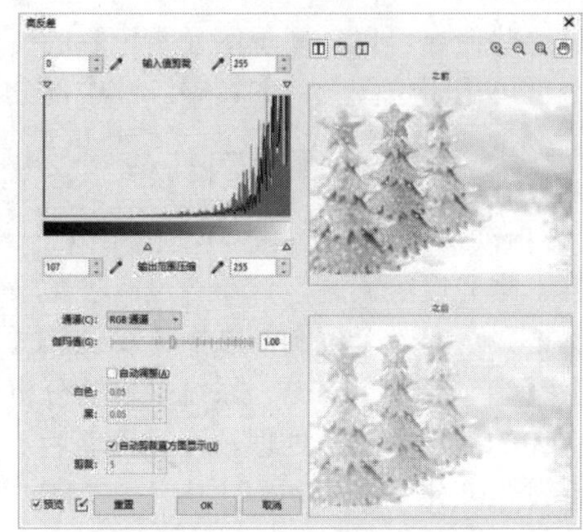

3. 利用通道进行调色

默认情况下对全图进行调色，也就是在【通道】下拉列表中选择【RGB 通道】。在【高反差】对话框中可以对单独的通道进行调色。用户可以在【通道】下拉列表中选择【颜色通道】选项，然后拖动【输出范围压缩】三角形滑块添加或减少颜色含量。

12.4.4 取样/目标平衡

使用【取样/目标平衡】命令可以通过直接从图像中提取颜色样本来调整图像的颜色值。用户可以分别从图像的暗色调、中间色调和浅色调中选取颜色样本，并可以用自定义的目标颜色替换选取的颜色样本。

【例 12-6】使用【取样/目标平衡】命令。
视频+素材 (素材文件\第 12 章\例 12-6)

step 1 选择一个位图，选择【效果】|【调整】|【取样/目标平衡】命令，打开【样本/目标平衡】对话框。

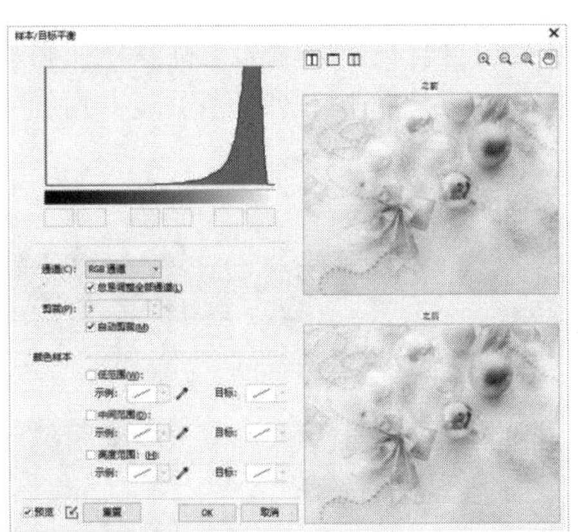

step 2　选中【低范围】复选框，单击【颜色滴管】按钮，然后将光标移至画面中的暗部单击，随即取样的颜色会在【示例】中出现。

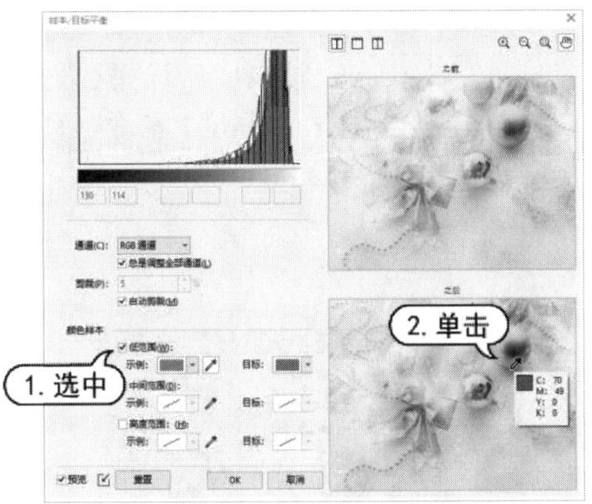

step 3　此时【目标】与【示例】的颜色相同。单击【目标】颜色，打开下拉面板，然后设置合适的颜色。

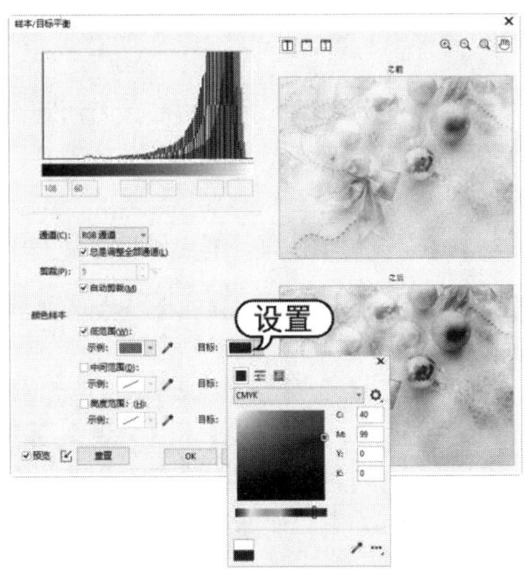

step 4　选中【高度范围】复选框，使用与步骤(2)至步骤(3)相同的操作方法设置颜色，然后单击OK按钮应用颜色调整。

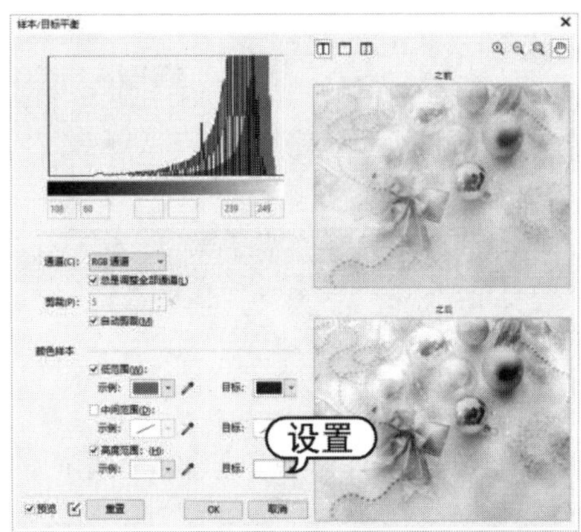

12.4.5　调合曲线

使用【调合曲线】命令可以通过调整曲线形态改变画面的明暗程度和色彩，常用于提高或压暗图像亮度、增强图像亮度/对比度等操作中。

选择一个位图，选择【效果】|【调整】|【调合曲线】命令，打开【调合曲线】对话框。该对话框中的整条曲线大致可以分为 3 部分，右上部分主要控制图像亮部区域，左下部分主要控制图像暗部区域，中间部分用于控制图像中间调区域。在曲线上单击添加控制点，然后拖曳即可进行调整。

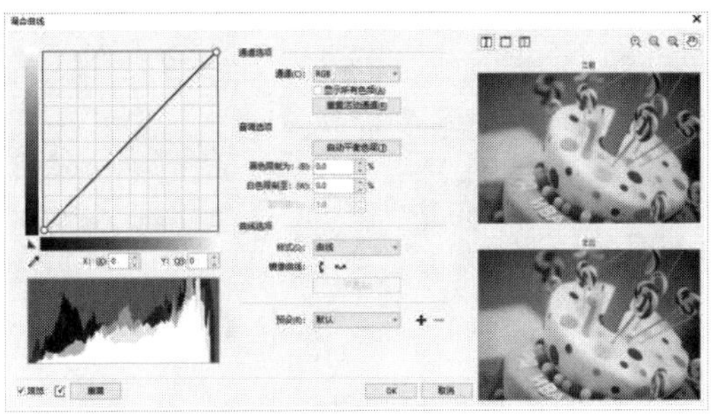

1. 提高画面亮度

在曲线上单击添加一个控制点，然后按住鼠标左键将其向左上方拖动。此时画面亮度被提高。

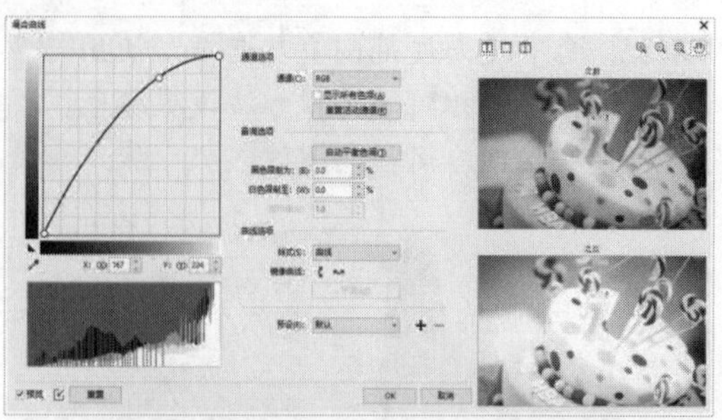

知识点滴

在曲线的控制点上单击，将其选中，然后按 Delete 键，即可将其删除。

2. 压暗画面亮度

若将控制点向右下方拖动，则画面的亮度会变暗。

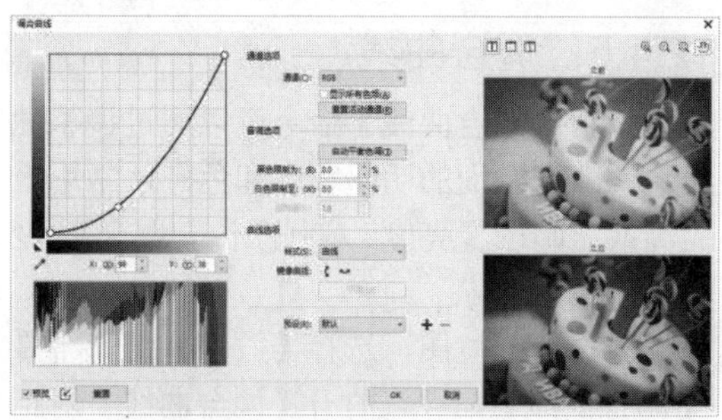

3. 增强画面的亮度和对比度

在曲线亮部区域添加控制点，向左上方拖动，然后在暗部添加控制点，向右下方拖动，此时会提升画面亮度，增强对比度。

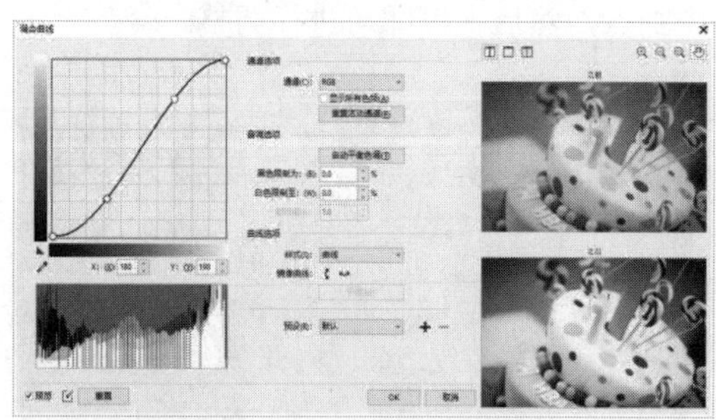

4. 对单独的通道进行调色

在【调合曲线】对话框中，还可以对图像的各个通道进行调整。通过调整单个通道的曲线，可以调整画面的颜色。在【通道】下拉列表中选择各个通道，然后调整曲线形状进行调色。将单一通道的曲线向上扬，则相当于在当前画面中增加这种颜色；将单一通道的曲线向下压，则相当于减少画面中的这种颜色。

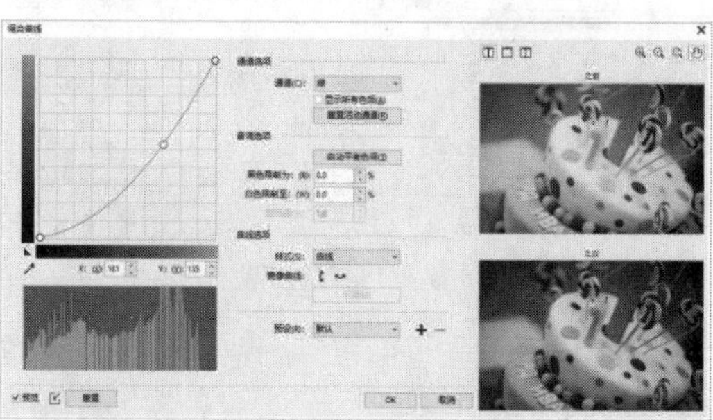

12.4.6 亮度/对比度/强度

【亮度/对比度/强度】命令用于调整矢量对象或位图的亮度、对比度和颜色的强度。

选择矢量图形或位图对象，选择【效果】|【调整】|【亮度/对比度/强度】命令，可打开【亮度/对比度/强度】对话框。

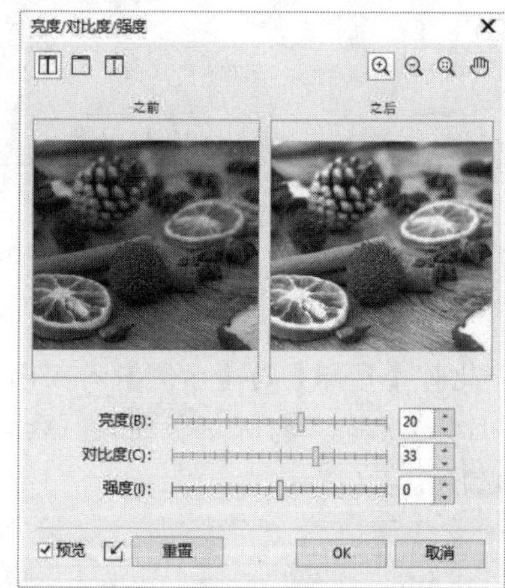

- 【亮度】选项：用来提高或者压暗图像的亮度。数值越低，图像越暗；数值越高，图像越亮。
- 【对比度】选项：用来增强或减弱图像的对比度。数值越低，图像对比越弱；数值越高，图像对比越强烈。
- 【强度】选项：可加亮绘图的浅色区域或加暗深色区域。【对比度】和【强度】选项通常一起调整，因为增加对比度有时会使阴影和高光中的细节丢失，而增加强度可以还原这些细节。

12.4.7　颜色平衡

【颜色平衡】命令通过对图像中互为补色的色彩进行平衡处理，来校正图像色偏。

选择矢量图形或位图对象，选择【效果】|【调整】|【颜色平衡】命令，可打开【颜色平衡】对话框。

在【范围】选项组中选择影响的范围，然后分别拖动【青--红】【品红--绿】和【黄--蓝】滑块，或在右侧的数值框中输入数值进行调整，设置完成完后单击 OK 按钮。

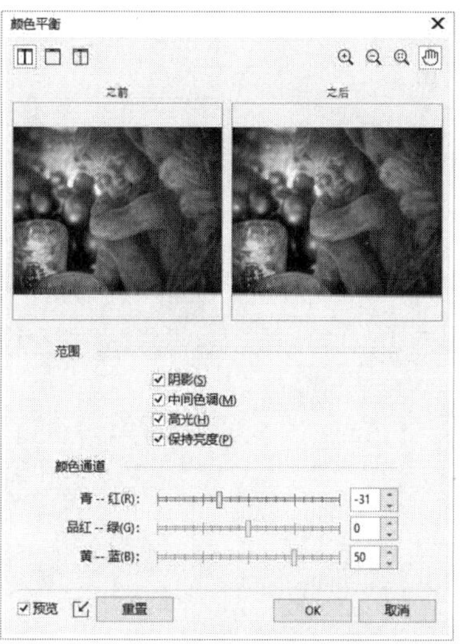

知识点滴

【范围】选项组中的【阴影】【中间色调】和【高光】选项用来设置调整色彩平衡的范围。选中【保持亮度】复选框，可以在调整对象颜色的同时保持对象的亮度。

12.4.8　伽玛值

在 CorelDRAW 中，【伽玛值】命令主要用于调整对象的中间色调，对深色和浅色影响较小。选择矢量图形或位图对象，选择【效果】|【调整】|【伽玛值】命令，可打开【伽玛值】对话框。在该对话框中向左拖动【伽玛值】滑块，可以使图像变暗；向右拖动【伽玛值】滑块，可以使图像变亮。设置完成后，单击 OK 按钮。

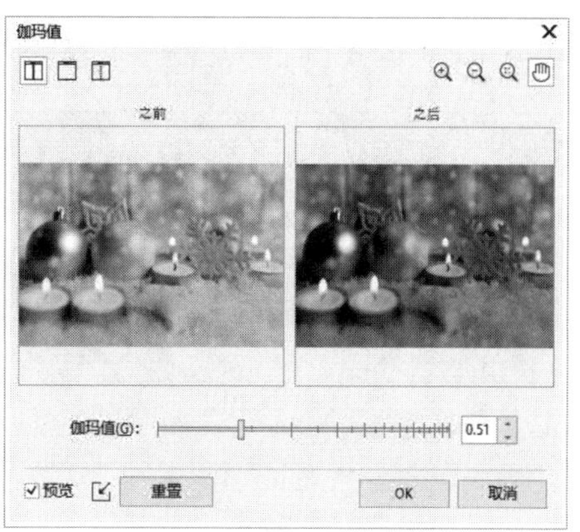

12.4.9　色度/饱和度/亮度

【色度/饱和度/亮度】命令可以通过调整滑块位置或设置数值，更改画面颜色的倾向、色彩的鲜艳程度和亮度。

选择位图对象，选择【效果】|【调整】|【色度/饱和度/亮度】命令，可打开【色度/饱和度/亮度】对话框。

1. 对全图进行调色

在该对话框中选中【主对象】单选按钮，这样调色效果会影响整个画面；接着拖动【色度】滑块，可以更改图像的色相。设置完成后，单击 OK 按钮确认操作。

【饱和度】选项用来更改图像颜色的饱和度，向左拖动滑块，可以降低画面颜色的饱和度；向右拖动滑块，可以提高画面颜色的饱和度。

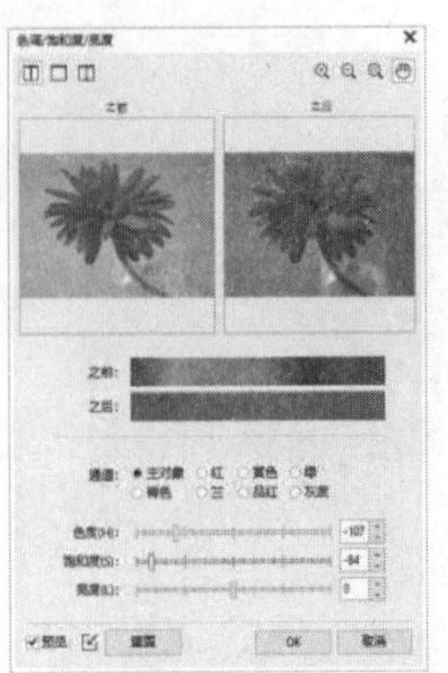

【亮度】选项用来更改图像的亮度，向左拖动滑块，可以降低画面的亮度；向右拖动滑块，可以提高画面的亮度。

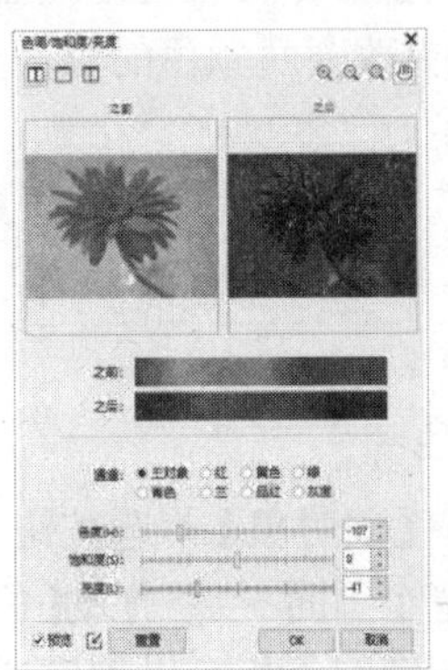

2. 对单一通道进行调色

选择一幅颜色分布明显的位图，选择【效果】|【调整】|【色度/饱和度/亮度】命令，打开【色度/饱和度/亮度】对话框。在该对话框的【通道】选项组中选择一种颜色通道，然后调整【色度】【饱和度】或【亮度】选项。设置完成后，单击 OK 按钮，此时可以看到，被选中的颜色发生了变化，而其他颜色没有变化。

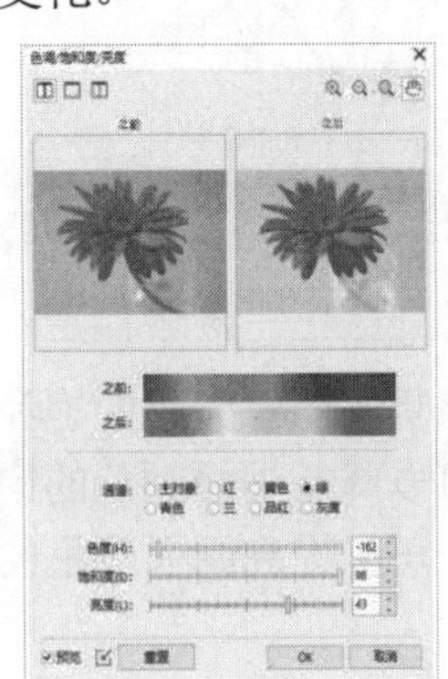

12.4.10 所选颜色

【所选颜色】命令主要用来调整位图中每种颜色的色彩及浓度，也可以在不影响其他主要颜色的情况下有选择地修改任何主要颜色中的颜色。

选择位图图像，选择【效果】|【调整】|【所选颜色】命令，打开【所选颜色】对话框。在该对话框的【色谱】选项组中，选中所需调整的颜色，然后在【调整】选项组中调整所选色谱的颜色数量，向左拖动滑块可以减少颜色数量，向右拖动滑块可以增加颜色数量。

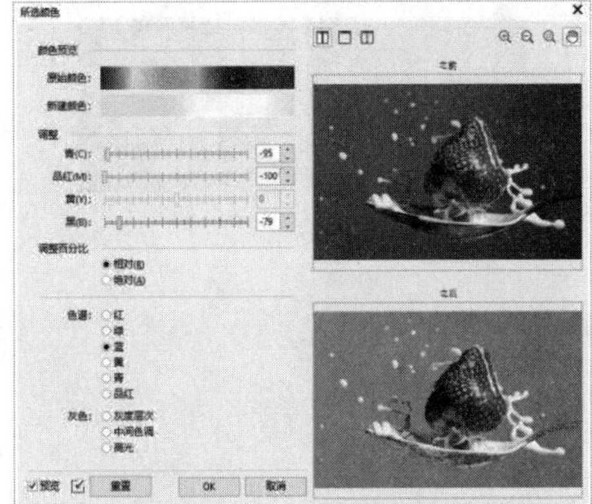

12.4.11 替换颜色

【替换颜色】命令主要针对图像中的某种颜色区域进行调整，将选择的颜色替换为其他颜色。选择位图图像，选择【效果】|【调整】|【替换颜色】命令，打开【替换颜色】对话框。在该对话框中单击按钮，然后将光标移到图像上，单击进行颜色拾取。

接着单击【输出】选项右侧的下拉按钮，在弹出的下拉面板中选择一种颜色，即可通过预览看到当前颜色被替换后的效果。

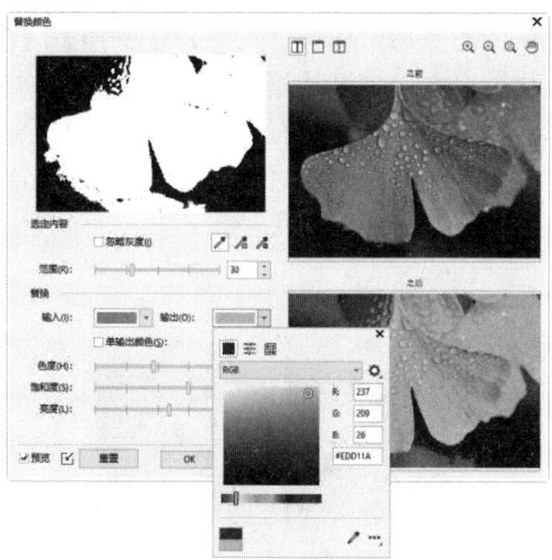

此时颜色替换的范围过大，用户可以向左拖动【范围】滑块，减少颜色替换的范围。调整完成后，单击 OK 按钮应用设置。

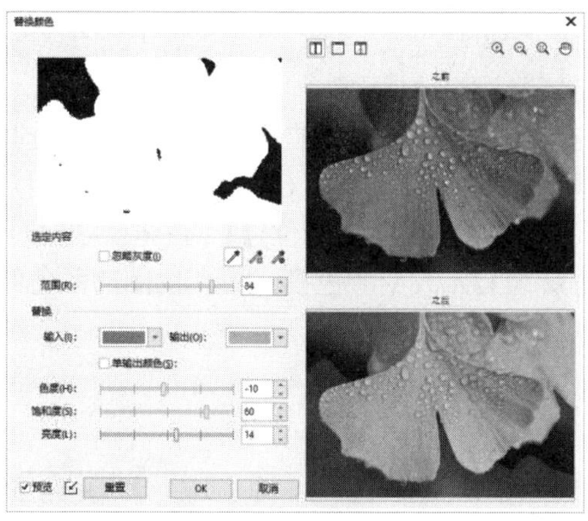

12.4.12 通道混合器

选择位图后，选择【效果】|【调整】|【通道混合器】命令，在打开的【通道混合器】对话框中，设置【色彩模型】和【输出通道】选项，然后拖动【输入通道】选项组中的颜色滑块，单击 OK 按钮结束操作。

- 【输出通道】选项：在该下拉列表中可以选择一个通道，对图像的色调进行调整。
- 【输入通道】选项：用来设置源通道在输出通道中所占的百分比。将一个源通道的滑块向左拖曳，可以减小该通道在输出通道中所占的百分比；向右拖曳滑块，则可以增大该通道在输出通道中所占的百分比。

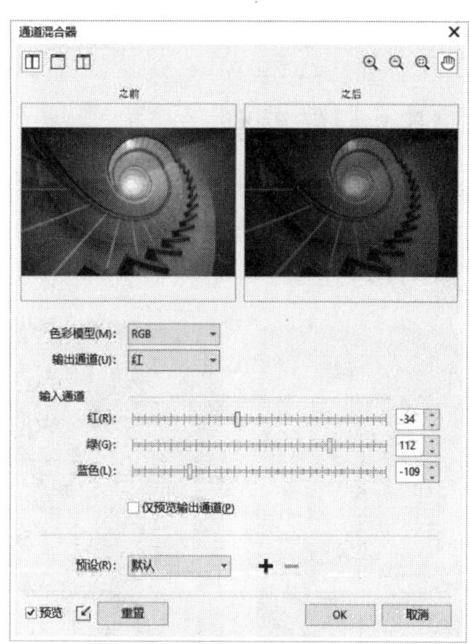

12.4.13 取消饱和

【取消饱和】命令可以将彩色图像变为黑白效果，选择位图图像后，选择【效果】|【调整】|【取消饱和】命令，可以将位图对象的颜色转换为与其相对的灰度效果。

12.4.14 去交错

【去交错】命令主要用于处理使用扫描设备输入的位图，消除位图上的网点。选择位图对象后，选择【效果】|【变换】|【去交错】命令，在打开的【去交错】对话框中设置【扫描线】和【替换方法】，然后单击 OK 按钮结束操作。

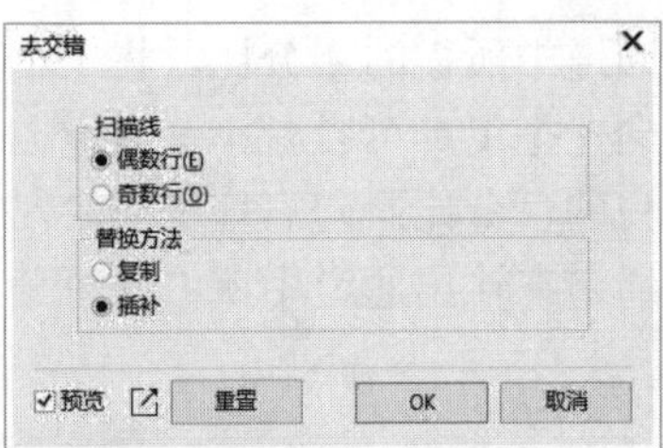

12.4.15 反转颜色

选择矢量图形或位图对象后，选择【效果】|【变换】|【反转颜色】命令，图像的颜色发生了反转。

12.4.16 极色化

【极色化】命令通过移除画面中色调相似的区域，得到色块化的效果。选择矢量图形或位图对象后，选择【效果】|【变换】|【极色化】命令，打开【极色化】对话框。拖动【层次】滑块调整数值，【层次】数值越小，画面中颜色数量越少，色块化越明显，【层次】数值越大，画面中颜色越多。

12.5 改变位图模式

颜色模式是指图像在显示与打印时定义颜色的方式。如果要更改位图的颜色模式，选择【位图】|【模式】菜单命令，在打开的子菜单中选择相关命令即可。在 CorelDRAW 中为用户提供了丰富的位图颜色模式，包括【黑白(1 位)】【灰度(8 位)】【双色(8 位)】【调色板色(8 位)】【RGB 色(24 位)】【Lab 色(24 色)】和【CMYK 色(32 位)】。改变颜色模式后，位图的颜色结构也会随之变化。

12.5.1 黑白模式

应用黑白模式，位图只显示为黑白色。这种模式可以清楚地显示位图的线条和轮廓图，适用于一些简单的图形图像。选择【位图】|【模式】|【黑白(1 位)】命令，打开【转换至 1 位】对话框。

实用技巧

在【转换至 1 位】对话框中选择不同的转换方法后，出现在对话框中的选项也会发生相应的改变。用户可以根据实际需要对画面效果进行调整。

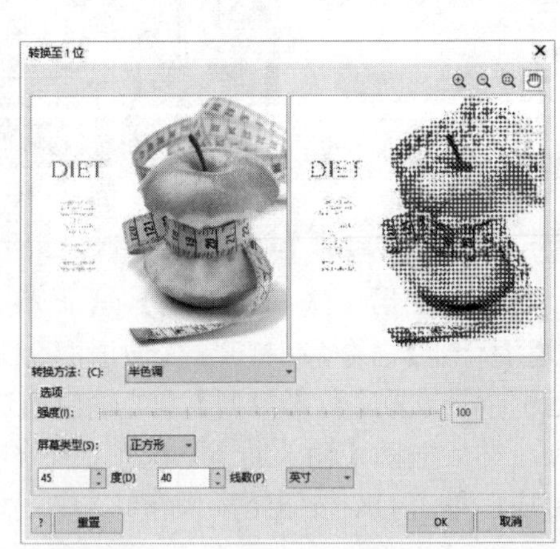

- 【转换方法】下拉列表：在该下拉列表中可以选择转换方法。选择不同的转换方法，位图的黑白效果也不相同。

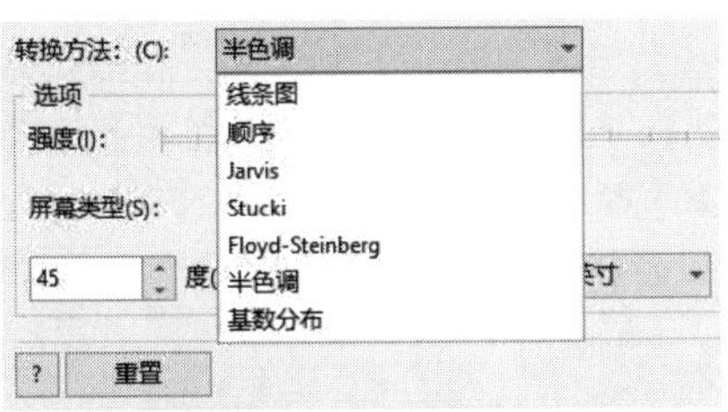

➤ 【屏幕类型】下拉列表：在该下拉列表中可以选择屏幕类型选项。

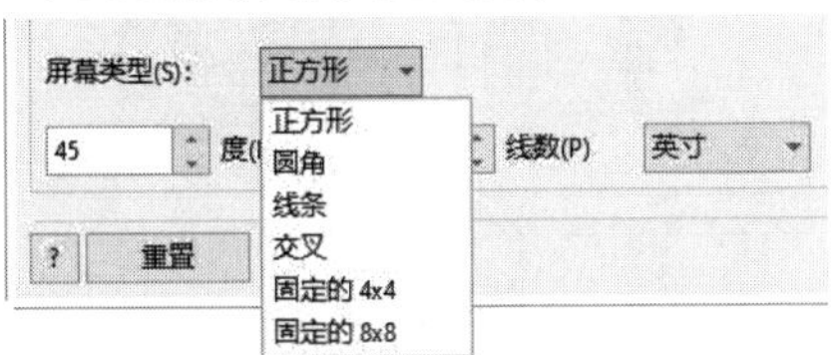

12.5.2　灰度模式

灰度模式使用亮度(L)来定义颜色，颜色值的定义范围为 0～255。灰度模式是没有彩色信息的，可应用于作品的黑白印刷。应用灰度模式后，可以去掉图像中的色彩信息，只保留 0~255 的不同级别的灰度颜色，因此图像中只有黑、白、灰的颜色显示。

使用【选择】工具选中对象，然后选择【位图】|【模式】|【灰度(8 位)】命令，即可将图像转换为灰度效果。

12.5.3　双色调模式

双色模式包括单色调、双色调、三色调和四色调 4 种类型，可以使用 1~4 种色调构成图像色彩。选择【位图】|【模式】|【双色调(8 位)】命令，可打开【双色调】对话框。【双色调】对话框中包括【曲线】和【叠印】两个选项卡。

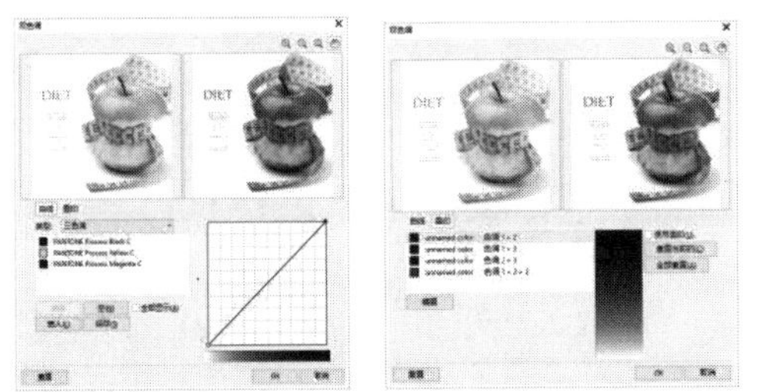

在【曲线】选项卡下，可以设置灰度级别的色调类型和色调曲线弧度，其中主要包括以下几个选项。

➤ 【类型】下拉列表：用于选择色调的类型，有单色调、双色调、三色调和四色调 4 个选项。

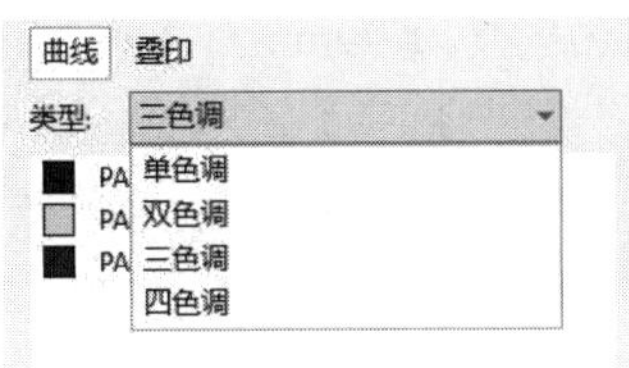

➤ 【颜色列表】：显示了目前色调类型中的颜色。单击选择一种颜色，在右侧窗口中可以看到该颜色的色调曲线。在色调曲线上单击鼠标，可以添加一个调节节点，通过拖动该节点可改变曲线上这一节点颜色的百分比。将节点拖到色调曲线编辑窗口之外，可将该节点删除。在【颜色列表】中选中色板名称，单击【编辑】按钮，可以在弹出的【选择颜色】对话框中选择其他的颜色。

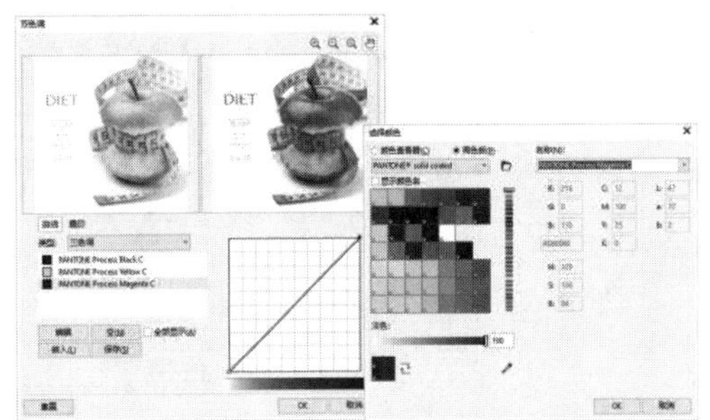

➤ 【空】按钮：单击该按钮，可以使色调曲线编辑窗口中保持默认的未调节状态。

➤ 【全部显示】复选框：选中该复选框，可显示目前色调类型中所有的色调曲线。

➤ 【装入】按钮：单击该按钮，在弹出的【加载双色调文件】对话框中可以选择软件为用户提供的双色调样本设置。

➤ 【保存】按钮：单击该按钮，可以保存目前的双色调设置。

➤ 【重置】按钮：单击该按钮，可以恢复对话框的默认状态。

➤ 曲线框：可通过设置曲线形状来调节图像的颜色。

【例 12-7】制作怀旧感照片效果。
视频+素材 (素材文件\第 12 章\例 12-7)

step 1 新建一个A4 大小的空白文档。使用【矩形】工具在绘图页面中拖动绘制一个矩形，在属性栏中取消选中【锁定比率】按钮，设置矩形的宽度为99mm，高度为190mm。然后在【对齐与分布】泊坞窗的【对齐】选项组中单击【页面边缘】按钮，再单击【左对齐】按钮和【顶端对齐】按钮。

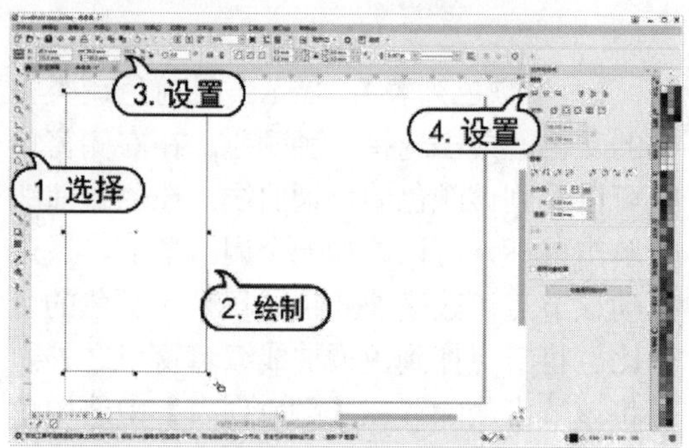

step 2 在【变换】泊坞窗中单击【位置】按钮，选中【间隙和方向】单选按钮，在【定向】下拉列表中选择Horizontal，设置【副本】数值为2，然后单击【应用】按钮。

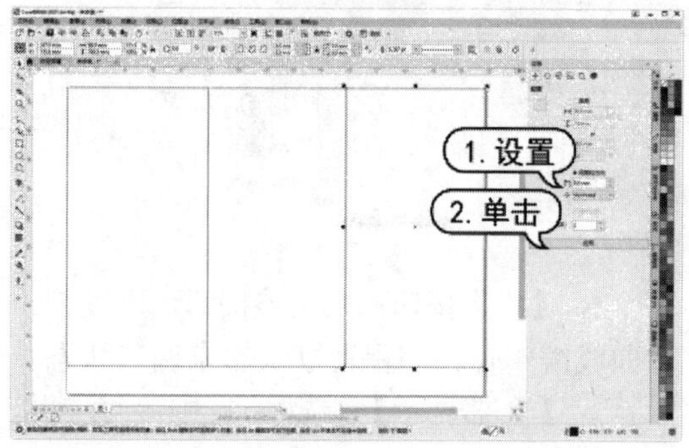

step 3 单击标准工具栏上的【导入】按钮，在文档中导入素材图像。

step 4 选择【位图】|【模式】|【双色调(8 位)】命令，打开【双色调】对话框。在该对话框的【类型】下拉列表中选择【双色调】选项，在下方的【颜色列表】中选中【PANTONE Process Yellow C】色板，单击【编辑】按钮。

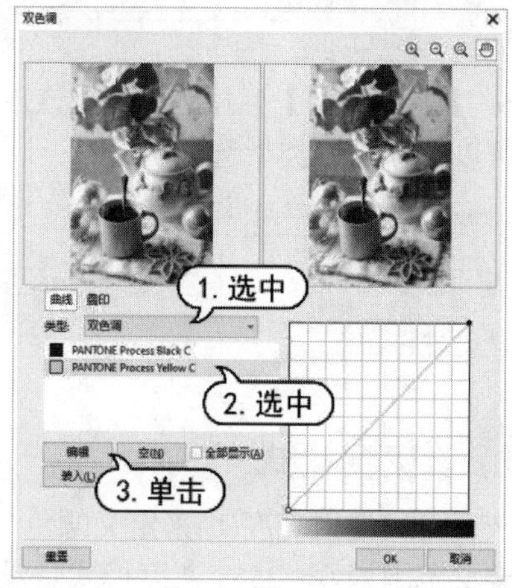

step 5 在弹出的【选择颜色】对话框中选中【PANTONE Process Cyan C】色板，单击OK按钮关闭该对话框。

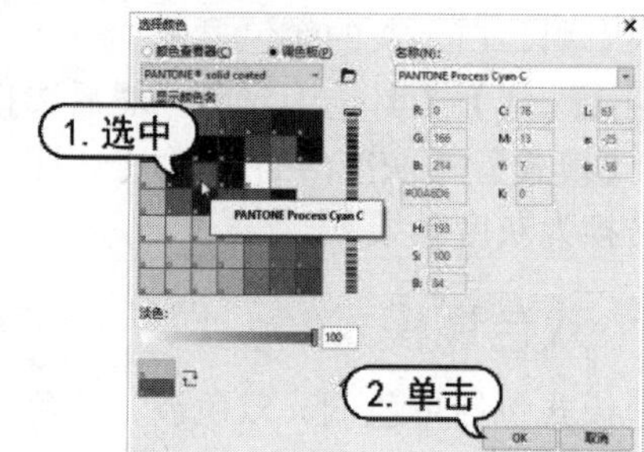

step 6 在【双色调】对话框中通过设置曲线框中的曲线形状来调整图像的颜色，然后单击OK按钮应用设置。

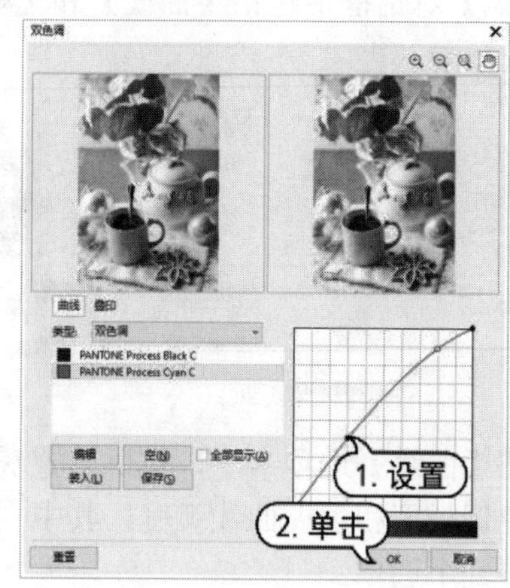

step 7　右击图像，在弹出的快捷菜单中选择【PowerClip内部】命令。当显示黑色箭头时，单击步骤(1)绘制的矩形，并在浮动工具栏上单击【调整内容】按钮，在弹出的下拉列表中选择【按比例填充】选项，然后将矩形轮廓色设置为无。

step 8　使用与步骤(3)至步骤(7)相同的操作方法导入图像，并在【双色调】对话框中设置色调颜色为PANTONE Red 032 C，调整曲线框中曲线的形状，单击OK按钮。

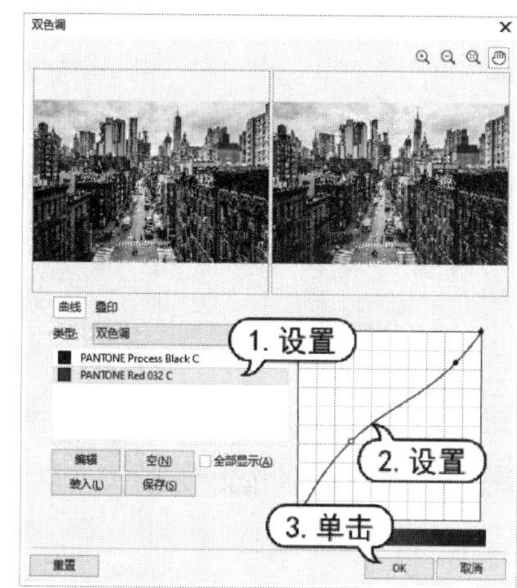

step 9　右击图像，在弹出的快捷菜单中选择【PowerClip内部】命令。当显示黑色箭头时，单击中间的矩形，并在浮动工具栏上单击【调整内容】按钮，在弹出的下拉列表中选择【按比例填充】选项，然后将矩形轮廓色设置为无。

step 10　继续使用与步骤(3)至步骤(7)相同的操作方法导入图像，并在【双色调】对话框中调整曲线框中曲线的形状。

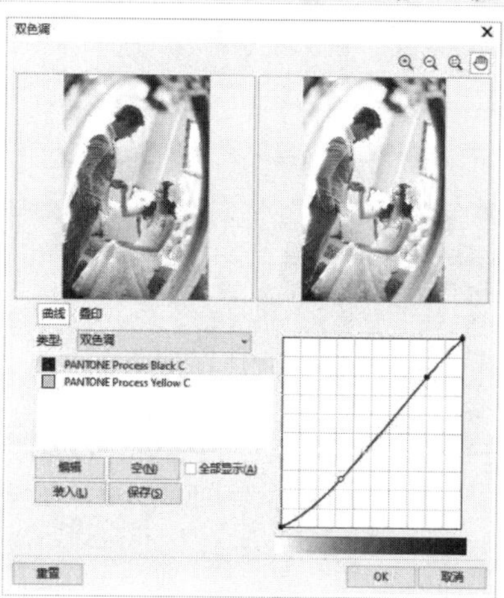

step 11　右击图像，在弹出的快捷菜单中选择【PowerClip内部】命令。当显示黑色箭头时，单击右边的矩形，并在浮动工具栏上单击【调整内容】按钮，在弹出的下拉列表中选择【按比例填充】选项，然后将矩形轮廓色设置为无。

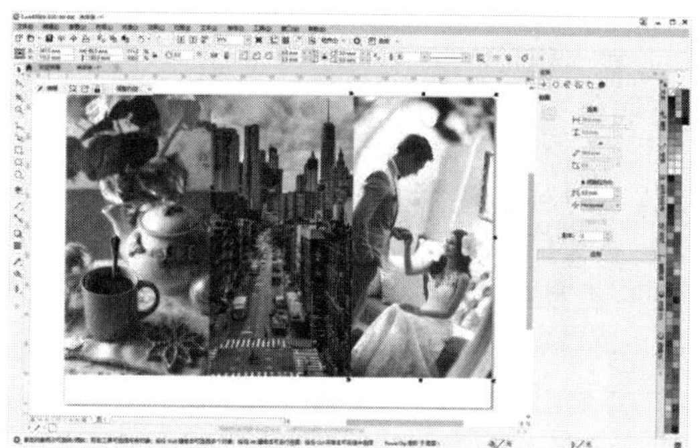

step 12　使用【矩形】工具在绘图页面底部绘制一个矩形并取消轮廓色，填充颜色为40%黑，然后按Shift+PgDn组合键将其放置在图像下层。

step 13　使用【选择】工具选中3幅图像，使用【阴影】工具从图像上方向下拖动创建阴影，并在属性栏中设置【阴影不透明度】数值为 50，【阴影羽化】数值为 10。

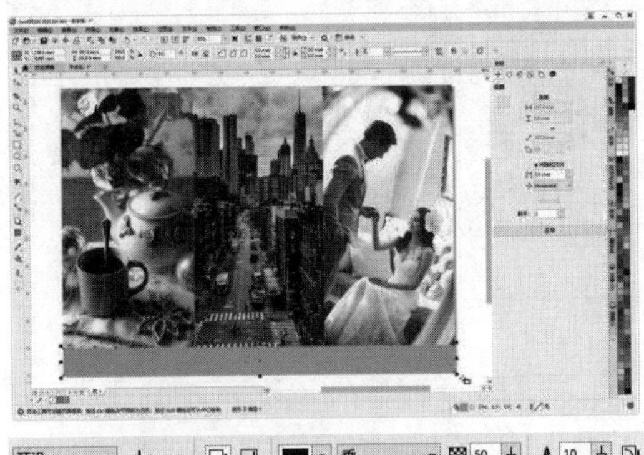

step 14 使用【文本】工具在绘图页面中单击，在属性栏的【字体】下拉列表中选择Adobe Gothic Std B，设置【字体大小】为 72pt，字体颜色为白色，然后输入文字内容，完成本例的制作。

12.5.4 调色板色模式

调色板色模式最多能够使用 256 种颜色来保存和显示图像。将位图转换为调色板色模式后，可以减小文件的大小。系统提供了不同的调色板类型，用户也可以根据位图中的颜色来创建自定义调色板。如果要精确地控制调色板所包含的颜色，还可以在转换时指定使用颜色的数量和灵敏度范围。选择【位图】|【模式】|【调色板色(8 位)】命令，打开【转换至调色板色】对话框。

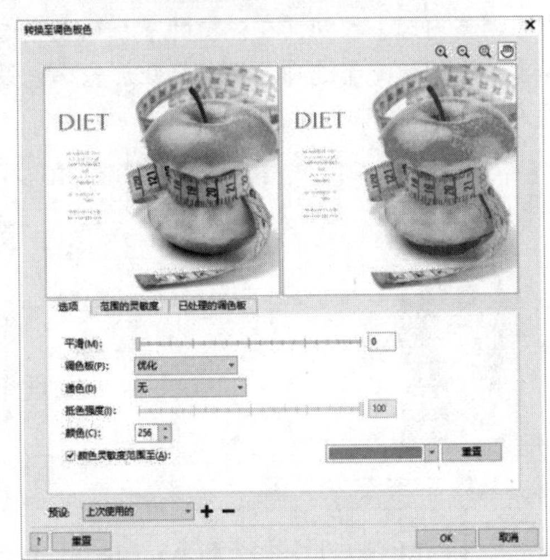

该对话框中包括【选项】【范围的灵敏度】和【已处理的调色板】3 个选项卡。展开【已处理的调色板】选项卡，可以看到当前调色板中所包含的颜色。

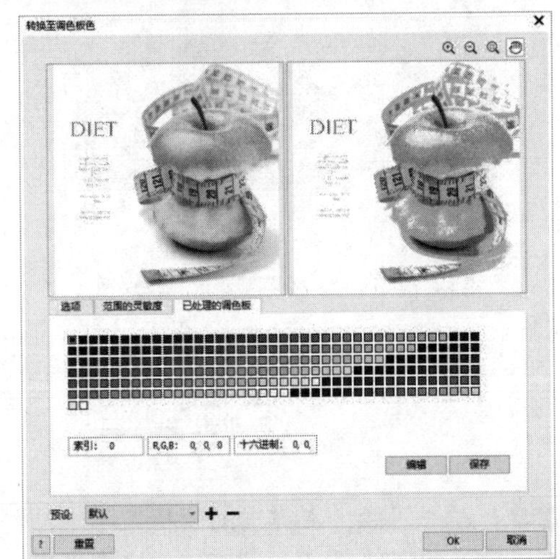

在【选项】选项卡中，主要选项的功能如下。

- 【平滑】滑块：用于设置颜色过渡的平滑程度。
- 【调色板】下拉列表：用于选择调色板的类型。
- 【递色】下拉列表：用于选择图像抖动的处理方式。

➤【颜色】数值框：在【调色板】中选择【适应性】和【优化】两种调色板类型后，可以在【颜色】数值框中设置位图的颜色数量。

在【范围的灵敏度】选项卡中，可以设置转换颜色过程中某种颜色的灵敏程度。

➤【所选颜色】选项组：首先在【选项】选项卡的【调色板】下拉列表中选择【优化】类型，选中【颜色灵敏度范围至】复选框，单击其右边的颜色下拉按钮，在弹出的颜色列表中选择一种颜色，此时在【范围的灵敏度】选项卡内的【所选颜色】中显示为所吸取的颜色。

➤【重要性】滑块：用于设置所选颜色的灵敏度范围。

➤【亮度】滑块：该选项用来设置颜色转换时，亮度、绿红轴和蓝黄轴的灵敏度。

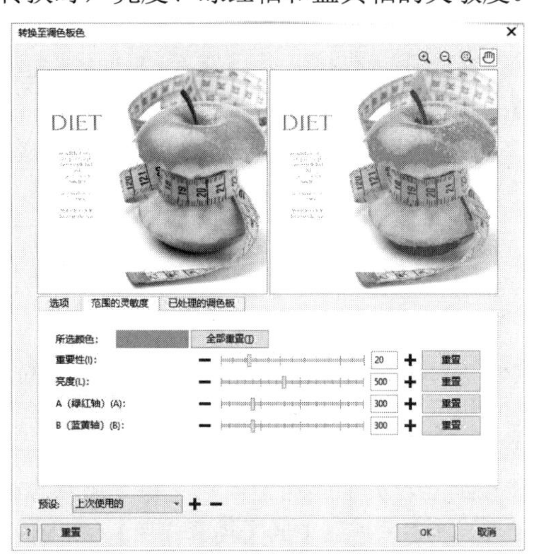

12.5.5　RGB 色

RGB 颜色模式中的 R、G、B 分别代表红色、绿色和蓝色的相应值，3 种颜色叠加形成其他的颜色，也就是真彩色，RGB 颜色模式的数值设置范围为 0～255。在 RGB 颜色模式中，当 R、G、B 值均为 255 时，显示为白色；当 R、G、B 值均为 0 时，显示为纯黑色，因此也称之为加色模式。选择【位图】|【模式】|【RGB 色(24 位)】命令，即可将图像转换为 RGB 颜色模式。

12.5.6　Lab 色

Lab 颜色模式是国际色彩标准模式，它能产生与各种设备匹配的颜色，还可以作为中间色实现各种设备颜色之间的转换。选择【位图】|【模式】|【Lab 色(24 位)】命令，即可将图像转换为 Lab 颜色模式。

实用技巧

Lab 颜色模式在理论上说，包括了人眼可见的所有色彩，它所能表现的色彩范围比任何颜色模式都广泛。当 RGB 和 CMYK 两种模式互相转换时，最好先转换为 Lab 颜色模式，这样可以减少转换过程中颜色的损耗。

12.5.7　CMYK 色

CMYK 颜色模式中的 C、M、Y、K 分别代表青色、品红、黄色和黑色的相应值，各色彩的设置范围均为 0%～100%，四色色彩混合能够产生各种颜色。在 CMYK 颜色模式中，当 C、M、Y、K 值均为 100 时，结果为黑色；当 C、M、Y、K 值均为 0 时，结果为白色。选中位图后，选择【位图】|【模式】|【CMYK 色(32 位)】命令，即可将图像转换为 CMYK 模式。

12.6　描摹位图

CorelDRAW 中除了具备将矢量图转换为位图的功能外，同时还具备将位图转换为矢量图的功能。通过描摹位图命令，即可将位图按不同的方式转换为矢量图。在实际工作中，应用描摹位图功能，可以帮助用户提高编辑图形的工作效率，如在处理扫描的线条图案、徽标、艺术形体字或剪贴画时，可以先将这些图像转换为矢量图，然后在转换后的矢量图基础上进行相应的调整和处理，即可省去重新绘制的时间，以最快的速度将其应用到设计中。

12.6.1 快速描摹位图

使用【快速描摹】命令，可以一步完成将位图转换为矢量图的操作。选择需要描摹的位图，然后选择【位图】|【快速描摹】命令，或单击属性栏中的【描摹位图】按钮，从弹出的下拉列表中选择【快速描摹】命令，即可将选择的位图转换为矢量图。

12.6.2 中心线描摹位图

【中心线描摹】命令使用未填充的封闭和开放曲线(如笔触)来描摹图像。此种方式适用于描摹线条图纸、施工图、线条画和拼版等。【中心线描摹】方式提供了【技术图解】和【线条画】两种预设样式，用户可以根据所要描摹的图像内容选择适合的描摹样式。选择【技术图解】样式，可以使用很细很淡的线条描摹黑白图像；选择【线条画】样式，可以使用很粗且很突出的线条描摹黑白草图。

知识点滴

选中需要描摹的位图后，选择【位图】|【中心线描摹】|【技术图解】或【线条画】命令，都可以打开 PowerTRACE 对话框。在其中调整跟踪控件的细节、线条平滑度和拐角平滑度，得到满意的描摹效果后，单击 OK 按钮，即可将选择的位图按指定的样式转换为矢量图。

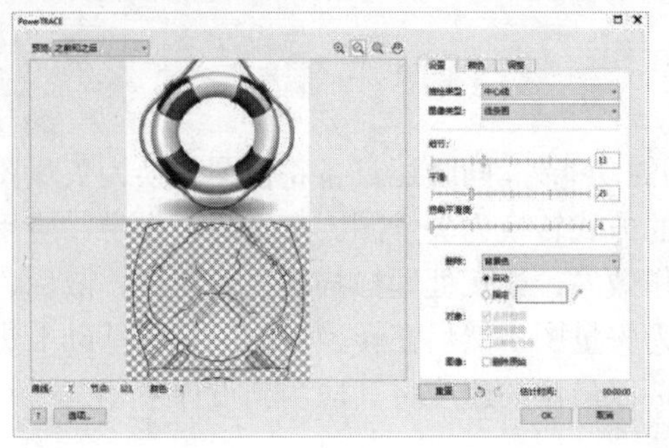

12.6.3 轮廓描摹位图

【轮廓描摹】命令使用无轮廓的曲线对象来描摹图像，它适用于描摹剪贴画、徽标、相片图像、低质量和高质量图像。【轮廓描摹】方式提供了 6 种预设样式，包括线条画、徽标、详细徽标、剪贴画、低品质图像和高质量图像。

- 线条图：用于描摹黑白草图和图像。
- 徽标：用于描摹细节和颜色都较少的简单徽标。
- 详细徽标：用于描摹包含精细细节和许多颜色的徽标。
- 剪贴画：用于描摹细节量和颜色数不同的现成图形。
- 低品质图像：用于描摹细节不足(或包括要忽略的精细细节)的相片。
- 高质量图像：用于描摹高质量、超精细的相片。

选择需要描摹的位图，然后选择【位图】|【轮廓描摹】命令，在展开的下一级子菜单中选择所需要的预设样式，然后在打开的 PowerTRACE 对话框中调整描摹结果。调整完成后，单击 OK 按钮即可。

【例 12-8】在 CorelDRAW 应用程序中描摹位图图像。

视频+素材 (素材文件\第 12 章\例 12-8)

step 1 在打开的绘图文件中选择需要描摹的位图，单击属性栏中的【描摹位图】按钮，从弹出的下拉列表中选择【轮廓描摹】|【高质量图像】命令，打开PowerTRACE对话框。

step 2 在PowerTRACE对话框中拖动【细节】滑块至 80,【平滑】滑块至 45。

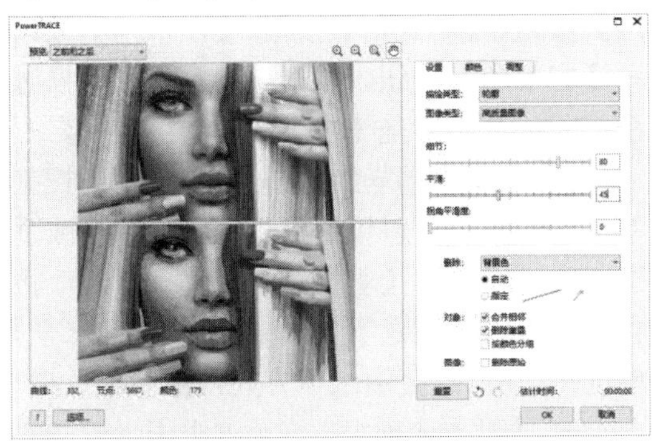

step 3 设置完成后，单击OK按钮描摹位图。

12.7　制作位图滤镜特效

CorelDRAW 2020 提供了一系列用于创建位图滤镜效果的菜单命令，使用这些菜单命令可以创建出专业的具有艺术气息的位图效果。

12.7.1　应用三维效果

在 CorelDRAW 中，使用【三维效果】命令组可以为位图添加各种模拟的三维立体效果。【三维效果】命令组包含了【三维旋转】【柱面】【浮雕】【卷页】【透视】【挤远/挤近】和【球面】7 种命令。下面介绍几种常用的命令。

1. 【三维旋转】命令

【三维旋转】命令用于将指定的图形对象沿水平和垂直方向旋转。

在菜单栏中选择【效果】|【三维效果】|【三维旋转】命令，可以打开【三维旋转】对话框。在该对话框中的【垂直】文本框和【水平】文本框中，可以分别设置垂直与水平旋转的角度，选中【最适合】复选框可以使经过变形后的位图适应于图框。

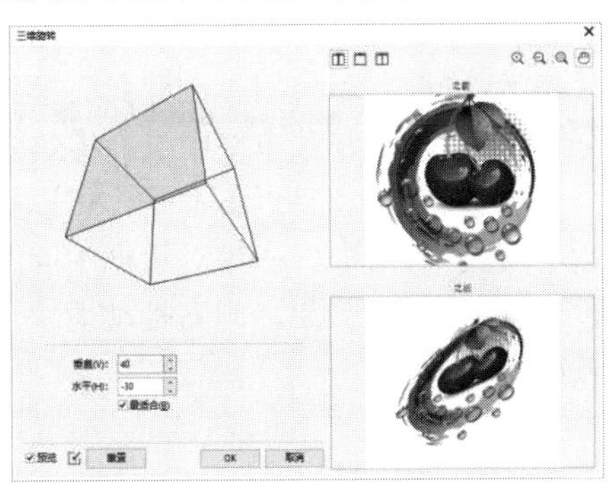

2. 【柱面】命令

选择【效果】|【三维效果】|【柱面】命令，可以打开【Cylinder】对话框。在【柱面模式】选项组中可以选择柱面的方向，拖动【百分比】滑块，可以设置柱面向内侧或外侧拉伸的效果。

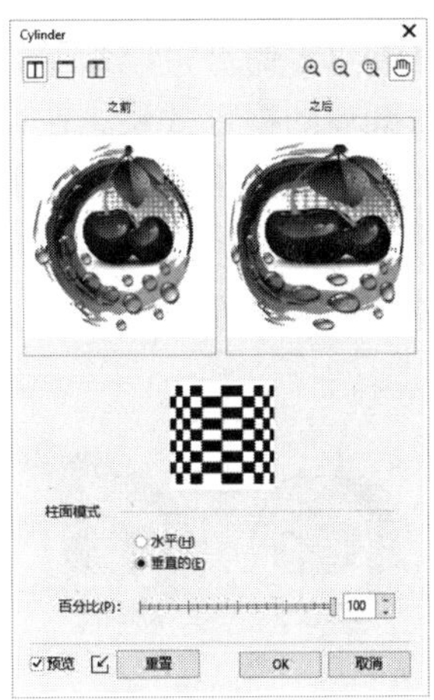

3. 【浮雕】命令

使用【浮雕】命令可以使图片对象产生类似浮雕的效果。在菜单栏中选择【效果】|【三维效果】|【浮雕】命令，可以打开【浮雕】对话框。

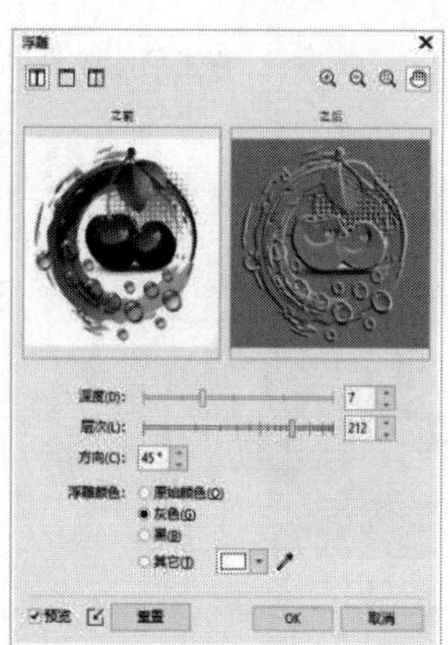

【浮雕】对话框中各主要参数选项的功能如下。

- 【深度】选项：拖动滑块可以调整浮雕效果的深度。
- 【层次】选项：拖动滑块可以控制浮雕的层次效果，越往右拖浮雕效果越明显。
- 【方向】数值框：用来设置浮雕效果的方向。
- 【浮雕颜色】选项组：在该选项组中可以选择转换成浮雕效果后的颜色样式。

4. 【卷页】命令

使用【卷页】命令可以为图片对象创建出类似纸张翻卷的视觉效果。在菜单栏中选择【效果】|【三维效果】|【卷页】命令，可以打开【卷页】对话框。【卷页】对话框中各主要参数选项的功能如下。

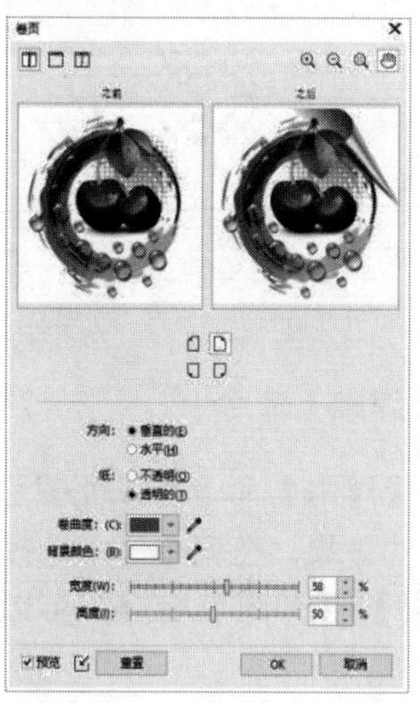

- 【卷页类型】按钮：【卷页】对话框中提供了 4 种卷页类型按钮，分别为【左上角】按钮、【右上角】按钮、【左下角】按钮和【右下角】按钮。打开【卷页】对话框时系统默认选择的是【右上角】卷页类型。
- 【方向】选项组：该选项组用于控制卷页的方向，可以设置卷页方向为水平或垂直方向。当选中【垂直的】单选按钮时，将会沿垂直方向创建卷页效果；当选中【水平】单选按钮时，将会沿水平方向创建卷页效果。
- 【纸】选项组：该选项组用于控制卷页纸张的透明效果，用户可以设置不透明或透明。
- 【卷曲度】选项：右边的色样框显示当前选择的卷页颜色，单击色样按钮右边的下三角按钮，将打开颜色选择器，从中可以选择所需的颜色。用户也可以从当前图像中选择一种颜色作为卷页的颜色，只需单击色样框右边的吸管工具按钮，然后在图像中所想要的颜色上单击即可。
- 【背景颜色】选项：用于控制卷页背景的颜色。
- 【宽度】和【高度】选项：用于设置卷页的宽度和高度。

实用技巧

在所有命令效果对话框中，单击【预览】按钮，可预览应用后的效果；单击【重置】按钮，可取消对话框中各选项参数的修改，返回到默认状态。单击【全屏预览之前和之后】按钮、【全屏预览】按钮或【拆分预览之前和之后】按钮可切换预览窗口。将鼠标光标移到预览窗口中，当光标变为小手形状时，单击鼠标左键拖动，可平移视图。

5. 【挤远/挤近】命令

【挤远/挤近】命令用于创建具有三维深度感的图形对象。在菜单栏中选择【效果】|【三维效果】|【挤远/挤近】命令，可以打开【挤远/挤近】对话框。在该对话框中向左拖动滑块可创建挤近效果；向右拖动滑块可创建挤远效果。

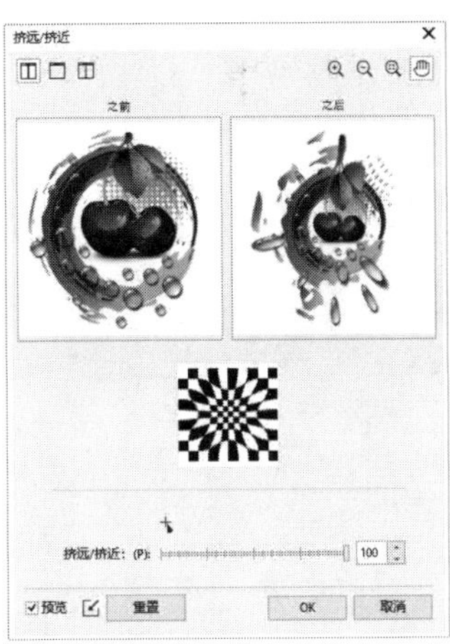

6. 【球面】命令

【球面】命令用于创建具有三维深度感的球面效果的图形对象。在菜单栏中选择【效果】|【三维效果】|【球面】命令，可以打开【球面】对话框。在该对话框中调节滑块可以改变变形效果，向左拖动滑块，将会使变形中心周围的像素缩小，产生包围在球面内侧的效果；向右拖动滑块，将使变形中心周围的像素放大，产生包围在球面外侧的效果。

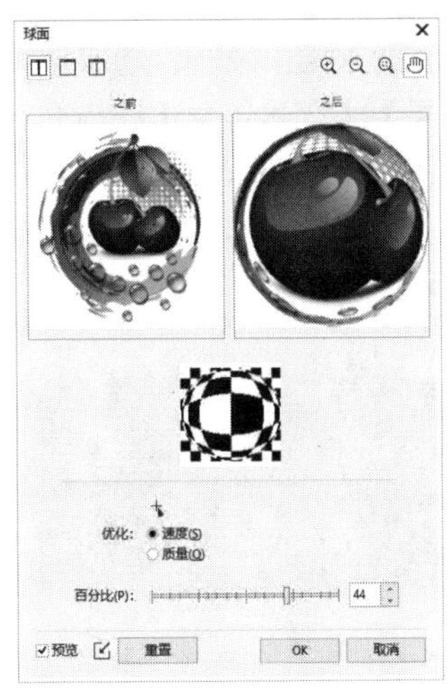

12.7.2　应用艺术笔触

在【艺术笔触】命令组中，用户可以模拟各种笔触，设置图像为炭笔画、蜡笔画、立体派、印象派、钢笔画、点彩派、水彩画和水印画等画面效果。它们主要用于将位图转换为传统手工绘画的效果。

1. 【炭笔画】命令

使用【炭笔画】命令可以将图像制作成如木炭绘制的画面效果。

用户在绘图页面中选择图像后，选择【效果】|【艺术笔触】|【炭笔画】命令，可以打开【木炭】对话框。

在【木炭】对话框中，各主要参数选项的作用如下。

- 【大小】选项：用于控制炭粒的大小，其取值范围为 1～10。当取较大的值时，添加到图像上的炭粒较大；取较小的值时，炭粒较小。用户可以拖动该选项中的滑块来调整炭粒的大小，也可以直接在右边的文本框中输入需要的数值。
- 【边缘】选项：用于控制描边的层次，取值范围为 0～10。

2. 【蜡笔画】命令

使用【蜡笔画】命令可以将图片对象中的像素分散，从而产生蜡笔绘画的效果。用户在绘图页面中选择图像后，在菜单栏中选择【效果】|【艺术笔触】|【蜡笔画】命令，可打开【蜡笔】对话框。

在该对话框中拖动【大小】滑块可以设置像素分散的稠密程度；拖动【轮廓】滑块可以设置图片对象轮廓显示的轻重程度。

3. 【立体派】命令

使用【立体派】命令可以将图像中相同颜色的像素组合成颜色块，形成类似立体派的绘画风格。选择位图对象后，选择【效果】|【艺术笔触】|【立体派】命令，可打开【立体派】对话框，设置好各项参数后，单击 OK 按钮。

在【立体派】对话框中，各主要参数选项的作用如下。

- 【大小】滑块：用于设置颜色块的色块大小。

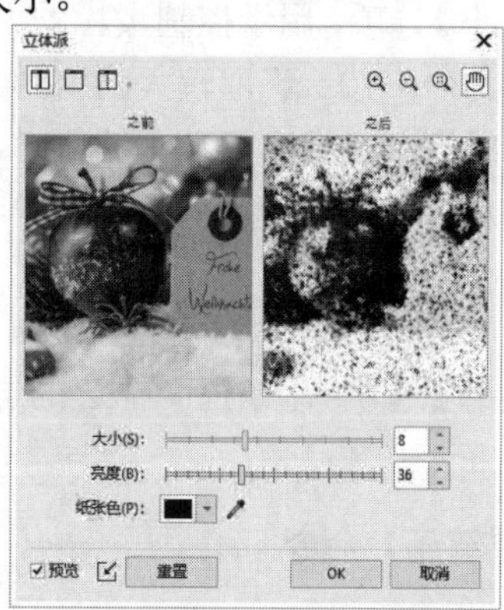

- 【亮度】滑块：用于调节画面的亮度。
- 【纸张色】选项：用于设置背景纸张的颜色。

4. 【印象派】命令

使用【印象派】命令可以将图像制作成类似印象派的绘画风格。选取位图对象后，选择【效果】|【艺术效果】|【印象派】命令，打开【印象派】对话框，设置好各项参数后，单击 OK 按钮。

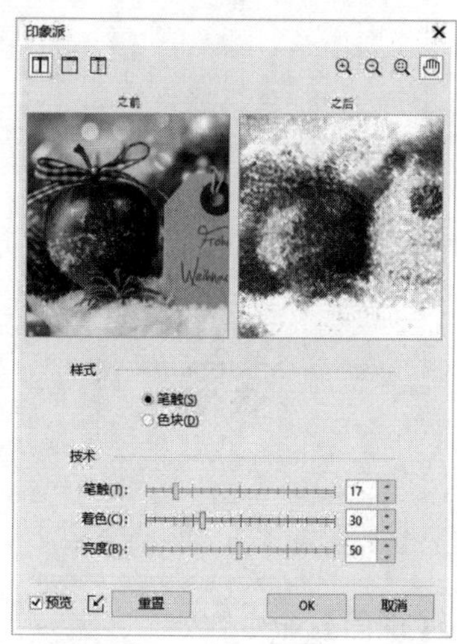

在【印象派】对话框中，各主要参数选项的作用如下。

- 【样式】选项组：可以设置【笔触】或【色块】样式作为构成画面的元素。
- 【技术】选项组：可以通过调整【笔触】【着色】和【亮度】3 个滑块，以获得最佳的画面效果。

5. 【调色刀】命令

【调色刀】命令可以将图像制作成类似使用调色刀绘制的绘画效果。选取位图对象后，选择【效果】|【艺术笔触】|【调色刀】命令，打开【调色刀】对话框，设置好各项参数后，单击 OK 按钮。

6. 【钢笔画】命令

使用【钢笔画】命令可以使图像产生使用钢笔和墨水绘画的效果。选取位图对象后，

选择【效果】|【艺术笔触】|【钢笔画】命令，可打开【钢笔画】对话框。

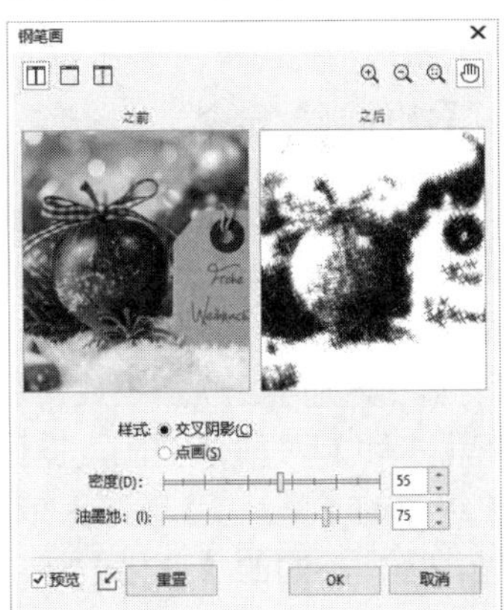

在【钢笔画】对话框中，各主要参数选项的作用如下。

- 【样式】选项组：可以选择【交叉阴影】和【点画】两种绘画样式。
- 【密度】滑块：可以通过调整滑块设置笔触的密度。
- 【油墨池】滑块：可以通过调整滑块设置画面颜色的深浅。

7. 【点彩派】命令

使用【点彩派】命令可以将图像制作成由大量颜色点组成的图像效果。选取位图后，选择【效果】|【艺术笔触】|【点彩派】命令，打开【点彩派画家】对话框。在该对话框中设置好各项参数后，单击 OK 按钮即可。

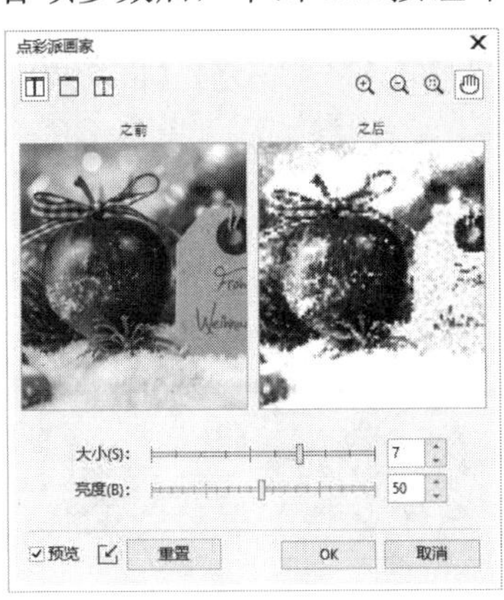

8. 【木版画】命令

使用【木版画】命令可以在图像的彩色和黑白之间产生鲜明的对照点。选取位图对象后，选择【效果】|【艺术效果】|【木版画】命令，打开【木版画】对话框。使用【颜色】选项可以制作彩色木版画效果；使用【白色】选项可以制作黑白版画效果。

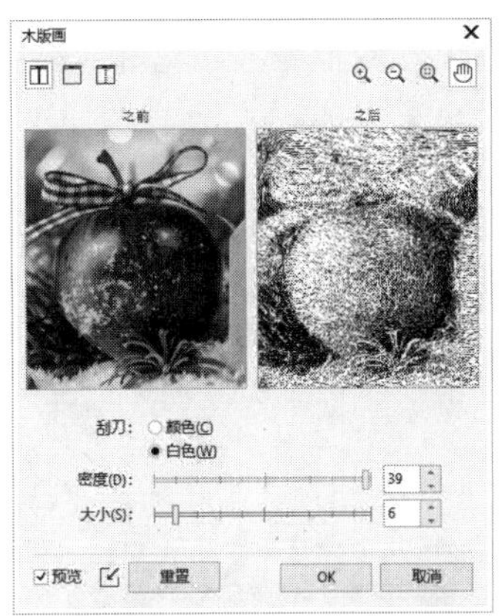

9. 【素描】命令

使用【素描】命令可以使图像产生如素描、速写等手工绘画的效果。用户在绘图页面中选择图像后，在菜单栏中选择【效果】|【艺术笔触】|【素描】命令，可打开【素描】对话框。

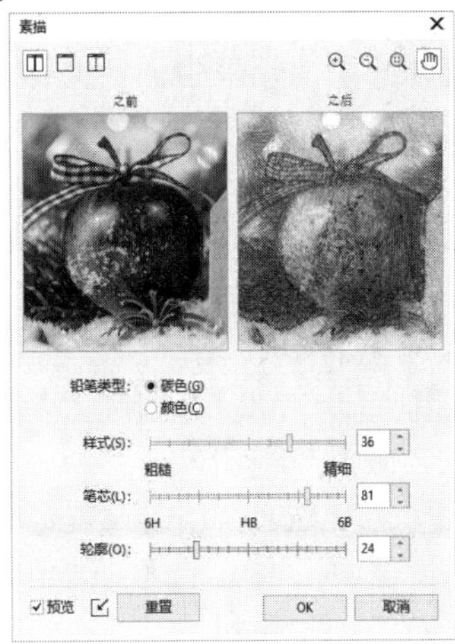

在【素描】对话框中，各主要参数选项的作用如下。

▶【铅笔类型】选项组：选中【碳色】单选按钮可以创建黑白图片对象；选中【颜色】单选按钮可以创建彩色图片对象。

▶【样式】选项：用于调整素描对象的平滑度，数值越大，画面越光滑。

▶【笔芯】选项：用于调节笔触的软硬程度，数值越大，笔触越软，画面越精细。

▶【轮廓】选项：用于调节素描对象的轮廓线宽度，数值越大，轮廓线越明显。

10. 【水彩画】命令

使用【水彩画】命令可以使图像产生水彩画效果。用户选中位图后，选择【效果】|【艺术笔触】|【水彩画】命令，可打开【水彩】对话框。

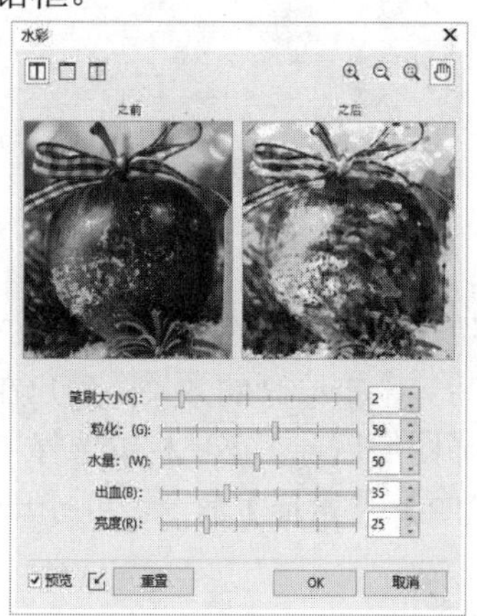

在【水彩】对话框中，各主要参数选项的作用如下。

▶【笔刷大小】选项：用于设置画面中的笔触效果。其取值范围为1～10，数值越小，笔触越细腻，越能表现图像中的更多细节。

▶【粒化】选项：用于设置笔触的间隔。其取值范围为1～100，数值越大，笔触颗粒间隔越大，画面越粗糙。

▶【水量】选项：用于设置笔刷中的含水量。其取值范围为1～100，数值越大，含水量越高，画面越柔和。

▶【出血】选项：用于设置笔刷的速率。其取值范围为1～100，数值越大，速率越大，笔触间的融合程度也越高，画面的层次也就越不明显。

▶【亮度】选项：用于设置图像中的光照强度。其取值范围为1～100，数值越大，光照越强。

11. 【水印画】命令

【水印画】命令可以使图像呈现使用水彩印制画面的效果。选择位图对象后，选择【效果】|【艺术笔触】|【水印画】命令，打开【水印】对话框，设置好各项参数后，单击 OK 按钮。在【水印】对话框中，可以选择【变化】选项组中的【默认】【顺序】或【随机】单选按钮。选择不同的【变化】选项，其水印效果各不相同。

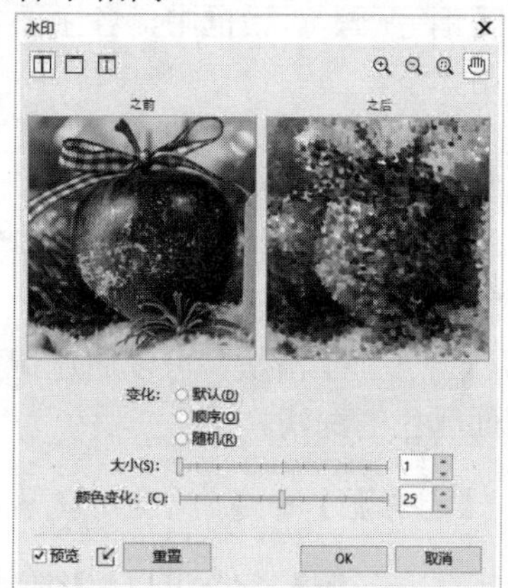

12. 【波纹纸画】命令

使用【波纹纸画】命令可以将图像制作成在带有纹理的纸张上绘制的画面效果。选取位图对象后，选择【效果】|【艺术笔触】|【波纹纸画】命令，打开【波纹纸画】对话框，设置好各项参数后，单击 OK 按钮。

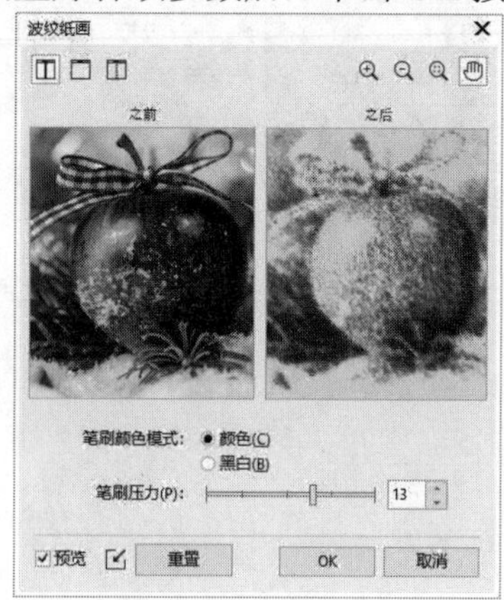

12.7.3 制作模糊效果

使用模糊效果，可以使图像画面柔化、边缘平滑、颜色调和。其中，效果比较明显的是高斯式模糊、动态模糊和放射状模糊效果。

1. 【高斯式模糊】命令

使用【高斯式模糊】命令可以使图像按照高斯分布曲线产生一种朦胧的效果。该命令按照高斯钟形曲线来调节像素的色值，可以改变边缘比较锐利的图像的品质，提高边缘参差不齐的位图的图像质量。

在选中位图后，选择【效果】|【模糊】|【高斯式模糊】命令，可打开【高斯式模糊】对话框。

在该对话框中，【半径】选项用于调节和控制模糊的范围和强度。用户可以直接拖动滑块或在文本框中输入数值设置模糊范围。该选项的取值范围为 0.1～250.0。数值越大，模糊效果越明显。

2. 【动态模糊】命令

使用【动态模糊】命令可以将图像沿一定方向创建镜头运动所产生的动态模糊效果。选取位图后，选择【效果】|【模糊】|【动态模糊】命令，打开【动态模糊】对话框，在其中设置好各项参数，然后单击 OK 按钮即可。

3. 【放射状模糊】命令

使用【放射状模糊】命令可以使位图图像从指定的圆心处产生同心旋转的模糊效果。选取位图对象后，选择【效果】|【模糊】|【放射状模糊】命令，打开【放射状模糊】对话框，在其中拖动【数量】滑块调整模糊效果的强度后，单击 OK 按钮即可。

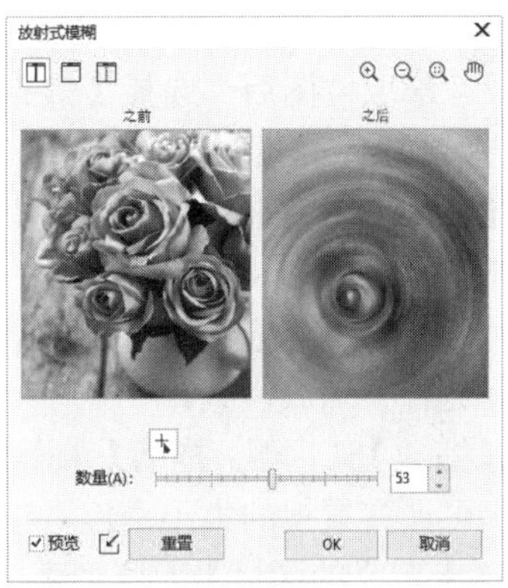

知识点滴

单击按钮，在原始图像预览框中选择放射状模糊的圆心位置，单击该点后将在预览框中留下十字标记。

4. 【缩放】命令

使用【缩放】命令可以从图像的某个点往外扩散，产生爆炸的视觉冲击效果。选取位图后，选择【效果】|【模糊】|【缩放】命令，打开【缩放】对话框，在其中设置好【数量】值后，单击 OK 按钮即可。

12.7.4 制作扭曲效果

使用【扭曲】命令可以对图像创建扭曲变形的效果。该命令组中包含了【块状】【置换】【偏移】【像素】【龟纹】【旋涡】【平铺】【湿笔画】【涡流】和【风吹效果】等命令。下面介绍几种常用的命令。

1. 【置换】命令

使用【置换】命令可以使图像被预置的波浪、星形或方格等图形置换出来，产生特殊的效果。选取位图后，选择【效果】|【扭曲】|【置换】命令，可打开【置换】对话框。

在【置换】对话框中，各主要参数选项的作用如下。

- 【缩放模式】选项组：可选择【平铺】或【伸展适合】缩放模式。
- 【缩放】选项组：拖动【水平】或【垂直】滑块可调整置换的大小密度。
- 【未定义的区域】下拉列表：可选择【重复边缘】或【环绕】选项。
- 【置换样式】列表框：可选择程序提供的置换样式。

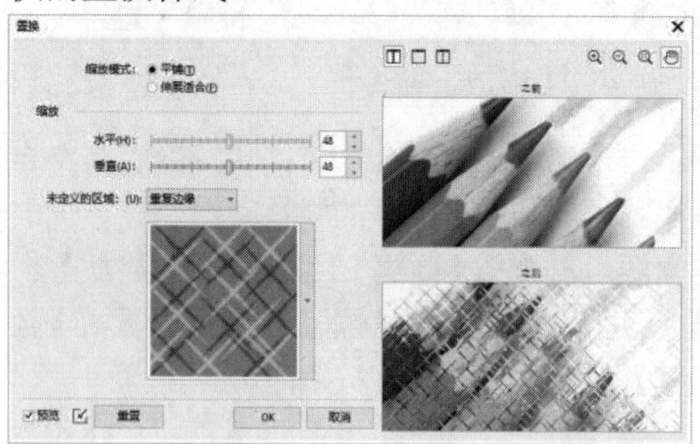

2. 【偏移】命令

使用【偏移】命令可以使图像画面中的对象产生位置偏移效果。选取位图后，选择【效果】|【扭曲】|【偏移】命令，打开【偏移】对话框，在其中设置好各项参数后，单击 OK 按钮即可。

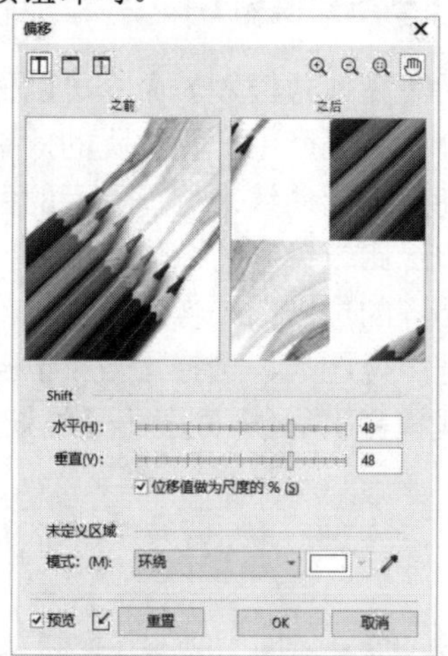

3. 【龟纹】命令

使用【龟纹】命令可以使图像按照设置，对位图中的像素进行颜色混合，产生畸变的波浪效果。选取位图后，选择【效果】|【扭曲】|【龟纹】命令，可打开【龟纹】对话框。

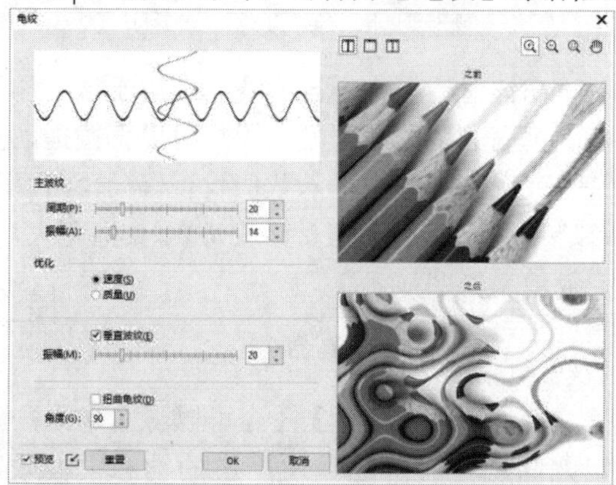

在【龟纹】对话框中，各主要参数选项的作用如下。

- 【主波纹】选项组：拖动【周期】和【振幅】滑块，可调整纵向波动的周期及振幅。
- 【优化】选项组：可以选中【速度】或【质量】单选按钮。

▶【垂直波纹】复选框：选中该复选框，可以为图像添加正交的波纹，拖动【振幅】滑块，可以调整正交波纹的振动幅度。

▶【扭曲龟纹】复选框：选中该复选框，可以使位图中的波纹发生变形，形成干扰波。

▶【角度】数值框：可以设置波纹的角度。

4. 【旋涡】命令

使用【旋涡】命令可以使图像产生顺时针或逆时针的旋涡变形效果。选取位图后，选择【效果】|【扭曲】|【旋涡】命令，打开【旋涡】对话框，在该对话框中设置好各项参数后，单击 OK 按钮即可。

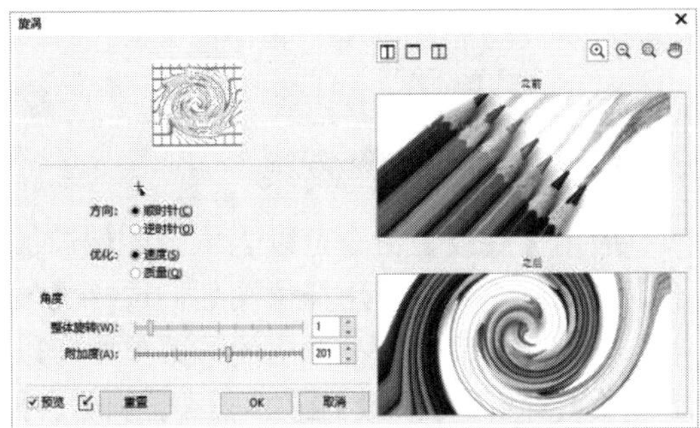

在【旋涡】对话框中，各主要参数选项的作用如下。

▶【方向】选项组：在该选项组中，可以选择【顺时针】单选按钮或【逆时针】单选按钮作为旋涡效果的旋转方向。

▶【优化】选项组：可以选择【速度】或【质量】单选按钮。

▶【角度】选项组：可以通过滑动【整体旋转】滑块和【附加度】滑块来设置旋涡效果。

5. 【湿笔画】命令

使用【湿笔画】命令可以使图像产生类似于油漆未干时，往下流淌的画面效果。选取位图后，选择【效果】|【扭曲】|【湿笔画】命令，打开【湿笔画】对话框，在该对话框中设置好各项参数后，单击 OK 按钮即可。

在【湿笔画】对话框中，各主要参数选项的作用如下。

▶【润湿】滑块：拖动该滑块，可以设置图像中各个对象的油滴数目。数值为正时，从上往下流；数值为负时，从下往上流。

▶【百分比】滑块：拖动该滑块，可以设置油滴的大小。

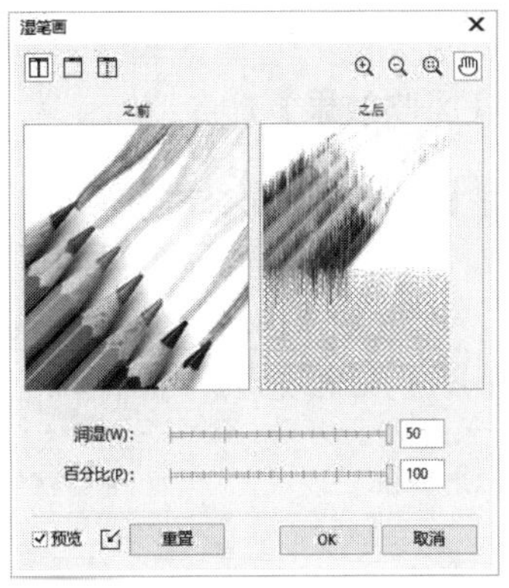

6. 【涡流】命令

使用【涡流】命令可以使图像产生无规则的条纹流动效果。选取位图对象后，选择【效果】|【扭曲】|【涡流】命令，打开【涡流】对话框，在该对话框中设置好各项参数后，单击 OK 按钮即可。

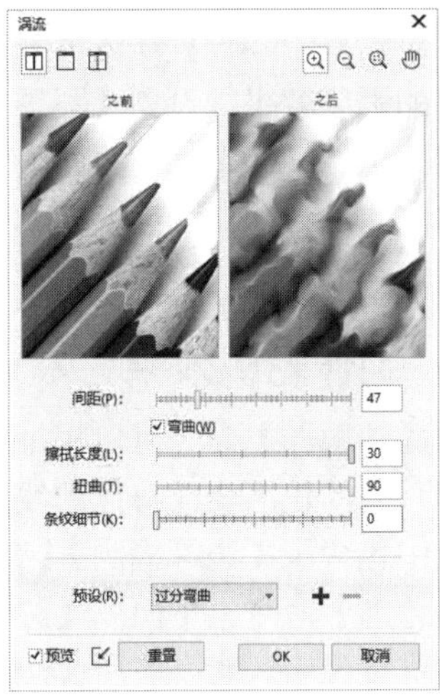

在【涡流】对话框中，各主要参数选项的作用如下。

▶【间距】滑块：可以设置各个涡流之间的距离。

▶【擦拭长度】滑块：可以设置涡流擦拭的长度。

▶【扭曲】滑块：可以设置涡流扭曲的程度。

▶【条纹细节】滑块：可以设置条纹细节的丰富程度。

▶【预设】下拉列表：展开该下拉列表，可以设置涡流的样式。

7. 【风吹效果】命令

使用【风吹效果】命令可以使图像产生类似于被风吹过的画面效果。用户可在选取位图后，选择【效果】|【扭曲】|【风吹效果】命令，打开【风吹效果】对话框。

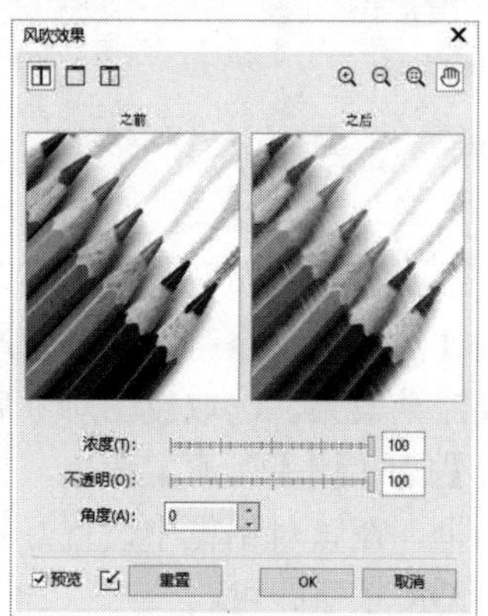

在该对话框中，设置【浓度】选项数值确定风吹的强度效果；设置【不透明】选项数值确定不透明度效果；设置【角度】选项数值确定风吹的方向。设置完成后，单击OK按钮即可。

12.7.5 制作轮廓效果

应用【轮廓图】命令可以根据图像的对比度，使对象的轮廓变成特殊的线条效果。该命令组中包含了【边缘检测】【查找边缘】及【描摹轮廓】命令。下面以【边缘检测】命令为例进行说明。想要应用【边缘检测】命令效果，可在选中位图后，选择【效果】|【轮廓图】|【边缘检测】命令，打开【边缘检测】对话框。

在【边缘检测】对话框中，可以设置背景的颜色，用户可以选择【白色】或【黑色】单选按钮，也可以打开【其他】选项的下拉列表进行选择，或使用吸管工具在图像中选取颜色。另外，用户可以设置【灵敏度】选项数值来确定检测的灵敏度，灵敏度数值越高，检测边缘效果越精确。

12.7.6 制作底纹效果

应用【底纹】命令可以为位图图像添加不规则的底纹效果。选择位图后，选择【效果】|【底纹】命令，在弹出的子菜单中可以选择【鹅卵石】【折皱】【蚀刻】【塑料】【浮雕】和【石头】6 种效果。从中选择某个命令，即可对当前对象应用该效果。

▶【鹅卵石】命令：可以为图像添加一种类似于砖石拼接的效果。

▶【折皱】命令：可以为图像添加一种类似于折皱纸张的效果，常用于制作皮革材质的物品。

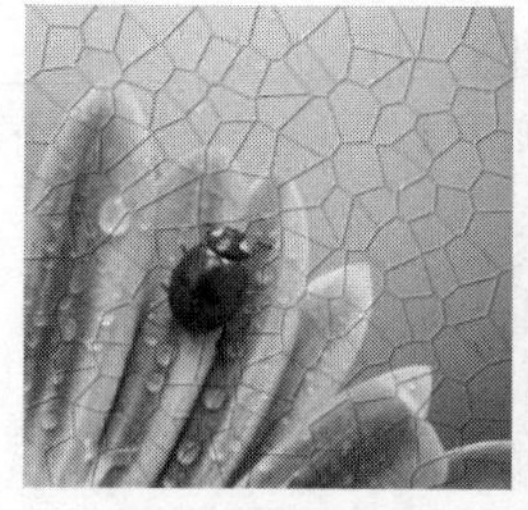 

▶【蚀刻】命令：可以使图像呈现出一种在金属板上雕刻的效果，可用于金币、雕刻的制作。

▶【塑料】命令：可描摹图像的边缘细

节，为图像添加液体塑料质感的效果，使图像看起来更具有真实感。

➤ 【浮雕】命令：可以增强图像的凹凸立体效果，创建出浮雕的感觉。

➤ 【石头】命令：可以使图像产生磨砂感，呈现类似于石头表面的效果。

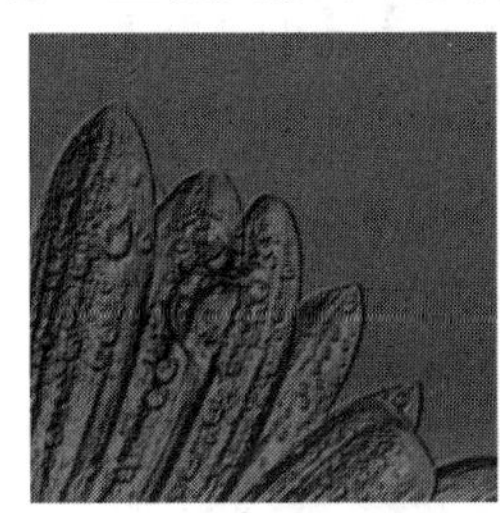

12.7.7　制作创造性效果

应用【创造性】命令可以为图像添加各种具有创意的画面效果。该命令组中包含了【艺术样式】【晶体化】【织物】【框架】【玻璃砖】【马赛克】【散开】【茶色玻璃】【彩色玻璃】【虚光】和【漩涡】命令。下面介绍常用的几种命令。

1. 【艺术样式】命令

【艺术样式】命令采用人工智能预设的图像语言内容对位图应用样式转换，并创建模拟了参考图像的底纹、颜色、视觉图案和美感的样式图像。

选取位图后，选择【效果】|【创造性】|【艺术样式】命令，可打开【艺术样式】对话框。在【艺术样式】对话框中，各主要参数选项的作用如下。

➤ 【样式】下拉列表：可以选择所需要的艺术样式。

➤ 【强度】滑块：可以设置艺术效果的调整强度。

➤ 【细节】选项组：该选项组包括【低】【中】和【高】三个选项，可以控制细节水平。选择【高】选项会锐化边缘并显示更多图像细节，但会增加文件大小和处理时间。

2. 【晶体化】命令

使用【晶体化】命令可以使位图图像产生类似于晶体块状组合的画面效果。选取位图后，选择【效果】|【创造性】|【晶体化】命令，打开【晶体化】对话框，拖动【大小】滑块设置晶体化的大小后，单击 OK 按钮即可。

3.【框架】命令

使用【框架】命令可以使图像边缘产生艺术的抹刷效果。选取位图后，选择【效果】|【创造性】|【框架】命令，可打开【图文框】对话框。

在该对话框的【选择】选项卡中可以选择不同的框架样式。使用【修改】选项卡可以对选择的框架样式进行修改。

4.【马赛克】命令

使用【马赛克】命令可以使位图图像产生类似于马赛克拼接成的画面效果。选取位图后，选择【效果】|【创造性】|【马赛克】命令，打开【马赛克】对话框，在其中设置好【大小】参数、背景色并选中【虚光】复选框后，单击 OK 按钮即可。

5.【散开】命令

使用【散开】命令可以通过扩散像素使图像扭曲。选取位图后，选择【效果】|【创造性】|【散开】命令，打开【扩散】对话框，设置好【水平】和【垂直】参数后，单击 OK 按钮即可。

6.【虚光】命令

使用【虚光】命令可以使图像周围产生虚光的画面效果，选择【效果】|【创造性】|【虚光】命令，可打开【虚光】对话框。在【虚光】对话框中，各主要参数选项的作用如下。

- 【颜色】选项组：用于设置应用于图像中的虚光颜色，包括【黑】【白】和【其他】选项。
- 【形状】选项组：用于设置应用于图像中的虚光形状，包括【椭圆形】【圆形】【矩形】和【正方形】选项。
- 【调整】选项组：用于设置虚光的偏移距离和虚光的强度。

12.8　案例演练

本章的案例演练介绍“制作相机广告”这个综合实例，使用户通过练习从而巩固本章所学知识。

【例 12-9】制作相机广告。
视频+素材 (素材文件\第 12 章\例 12-9)

step 1 新建一个宽度为 900px，高度为 422px 的空白文档。

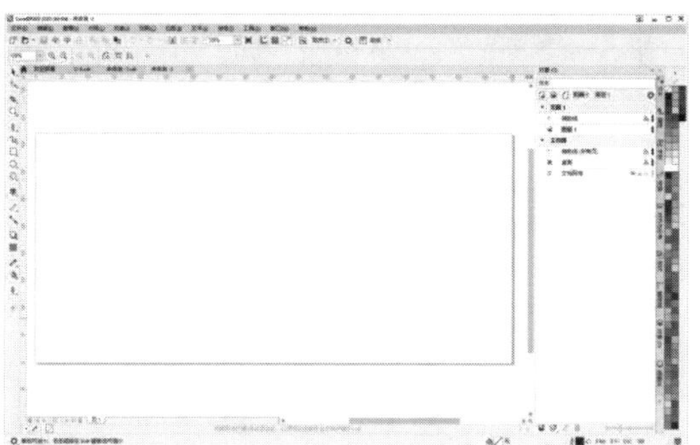

step 2 在标准工具栏中单击【导入】按钮，在打开的【导入】对话框中选择需要的素材图像并导入新建的空白文档中。在属性栏中设置对象原点的参考点为左上，【缩放因子】数值为 20%。

step 3 按Ctrl+C组合键复制刚导入的图像，按Ctrl+V组合键进行粘贴。在【对象】泊坞窗中关闭复制图像的视图，选中步骤(2)导入的图像。

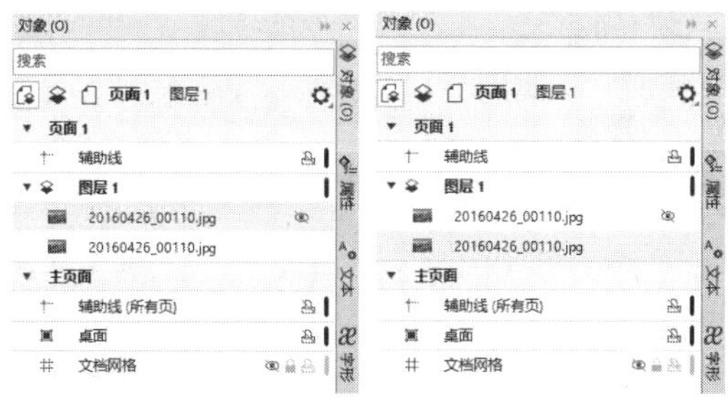

step 4 选择【效果】|【模糊】|【高斯式模糊】命令，打开【高斯式模糊】对话框。在该对话框中设置【半径】为 30 像素，单击OK按钮。

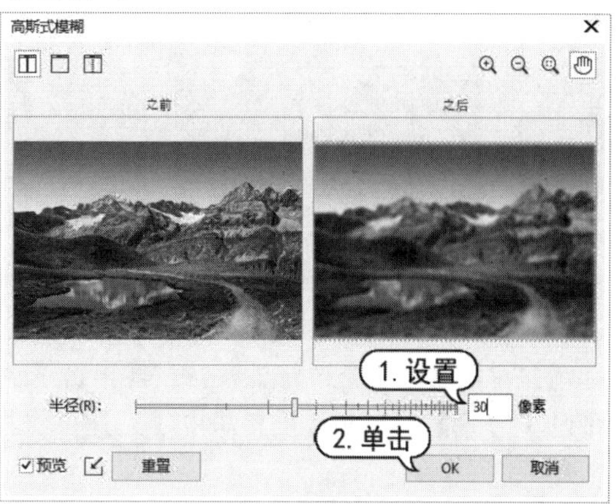

step 5 在【对象】泊坞窗中，重新打开复制图像的视图并选中该视图。选择【透明度】工具，在属性栏中单击【渐变透明度】按钮，然后在图像上调整透明度控制柄的位置。

step 6 选择【矩形】工具，在绘图页面中拖动绘制一个与页面同等大小的矩形。

step 7 在【对象】泊坞窗中选中步骤(2)至步骤(5)导入并编辑的素材图像，右击，在弹出的快捷菜单中选择【PowerClip内部】命令，当显示黑色箭头时，单击刚绘制的矩形。

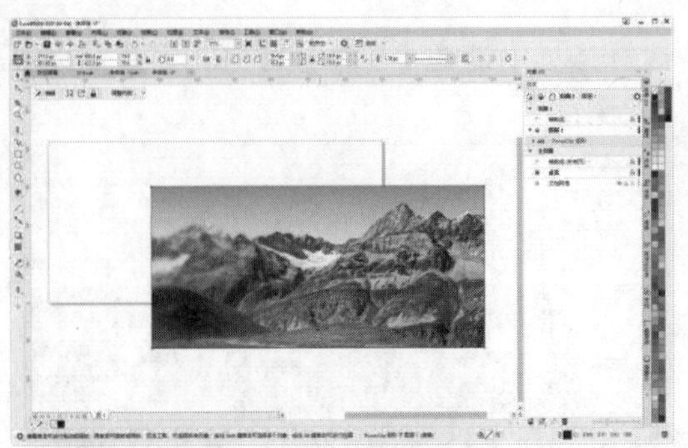

step 8 在【对齐与分布】泊坞窗的【对齐】选项组中单击【页面边缘】按钮，再单击【水平居中对齐】按钮和【垂直居中对齐】按钮。

step 9 使用【选择】工具选中刚创建的PowerCilp矩形对象，在显示的浮动工具栏上单击【选择内容】按钮，然后调整矩形框内图像的大小及位置。

step 10 使用【矩形】工具在绘图页面中拖动绘制一个矩形条。然后选择【交互式填充】工具，在属性栏中单击【渐变填充】按钮，在显示的渐变控制柄上设置渐变填充色为白色至50%黑至白色。

step 11 选择【透明度】工具，在属性栏的【合并模式】下拉列表中选择【叠加】选项。

step 12 使用【文本】工具在绘图页面中拖动创建文本框，在【文本】泊坞窗的【字体】下拉列表中选择【方正大黑简体】，设置【字体大小】为36pt，字体颜色为白色，然后输入文字内容。再在【文本】泊坞窗中设置【行间距】数值为120%，设置第二行文字的【左行缩进】为200px。

step 13 使用【阴影】工具在文本上单击并向下拖动，设置【阴影不透明度】数值为50，【阴影羽化】数值为4。

step 14　在【字形】泊坞窗中打开【字符过滤器】下拉列表，从中选择【符号】选项。在字符列表框中拖动所需符号至绘图页面中。

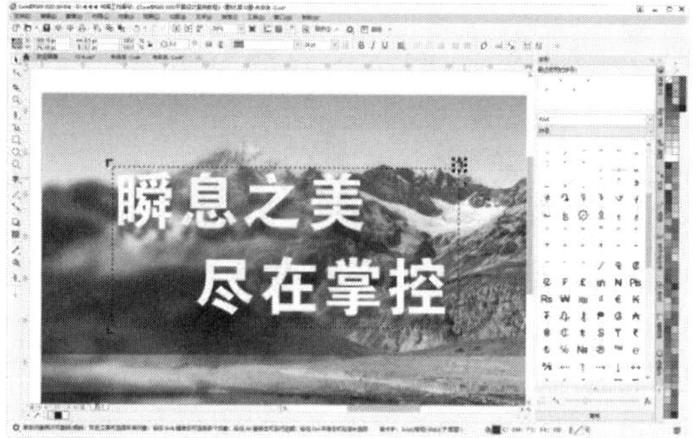

step 15　使用【选择】工具选中创建的符号，在属性栏中设置其【字体大小】为 48pt，并调整其位置。

step 16　使用【文本】工具在绘图页面中单击，在属性栏中设置【字体大小】为 10.5pt，字体颜色为白色，然后输入文字内容。

step 17　继续使用【文本】工具在绘图页面中单击，在属性栏的【字体】下拉列表中选择【方正正中黑简体】，设置【字体大小】为 10pt，然后输入文字内容。

step 18　在标准工具栏中单击【导入】按钮，在弹出的【导入】对话框中选中所需的图像并导入绘图页面中，在属性栏中单击【锁定比率】按钮，设置【缩放因子】数值为 25%。

step 19　选择【阴影】工具，在属性栏中打开【预设】下拉列表，从中选择【平面右下】选项，设置【阴影不透明度】数值为 90，【阴影羽化】数值为 8，然后调整阴影控制柄的角度和距离。

step 20　使用【钢笔】工具绘制下图所示图形，

然后选择【交互式填充】工具，在属性栏中单击【渐变填充】按钮，在显示的渐变控制柄上设置渐变填充色为C:0 M:100 Y:100 K:0 至C:35 M:100 Y:100 K:3，并调整渐变角度。

step 21 使用【文本】工具在绘图页面中单击，在属性栏的【字体】下拉列表中选择SonicCutThru Hv BT，设置【字体大小】为15pt，字体颜色为白色，然后输入文字内容。

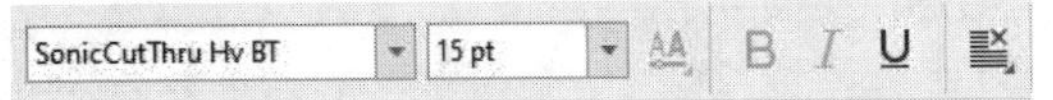

step 22 使用【选择】工具选中刚输入的文字，并按Ctrl键旋转文字角度，完成广告的制作。